第二节点

室内设计施工图

节点图集

编　　著　王　沧

参编人员　陈燕飞　刘　剑　刘海萍　孙成龙

秦　宁　徐子晴　练晓娜

参编单位　上海全筑建筑装饰集团股份有限公司

上海奇福建筑装饰工程设计有限公司

上海思岸建筑装潢设计有限公司

绎偲设计咨询（上海）有限公司

上海玖壹装饰设计工程有限公司

上海金缕金属材料有限公司

绘　　图　严中亚　王　那　肖　艳

江苏凤凰科学技术出版社 · 南京

图书在版编目（CIP）数据

第二节点：室内设计施工图节点图集 / 王沧编著
. -- 南京：江苏凤凰科学技术出版社, 2023.4
ISBN 978-7-5713-3442-0

Ⅰ. ①第… Ⅱ. ①王… Ⅲ. ①室内装饰设计—建筑制
图 Ⅳ. ①TU238

中国国家版本馆CIP数据核字（2023）第013670号

第二节点　室内设计施工图节点图集

编　　著　王　沧
项目策划　凤凰空间/翟永梅
责任编辑　赵　研　刘屹立
特约编辑　翟永梅

出版发行　江苏凤凰科学技术出版社
出版社地址　南京市湖南路1号A楼，邮编：210009
出版社网址　http://www.pspress.cn
总 经 销　天津凤凰空间文化传媒有限公司
总经销网址　http://www.ifengspace.cn
印　　刷　北京博海升彩色印刷有限公司

开　　本　889 mm×1 194 mm　1/16
印　　张　26.5
字　　数　339 000
版　　次　2023年4月第1版
印　　次　2023年4月第1次印刷

标准书号　ISBN 978-7-5713-3442-0
定　　价　198.00元

图书如有印装质量问题，可随时向销售部调换（电话：022-87893668）。

前　言

编写本书的初衷，是为了减少设计人员在施工图绘制中的劳动强度，提高工作效率，减少工作错误及提升业务能力。本书是各项目经理把握施工工艺的有效工具，同时也是设计师实现设计方案落地的得力助手。

众所周知，施工图纸是设计理念和落地方法的完整说明书，是整个专业分包商、供货商乃至售后体系的沟通依据，是整个项目体系的信息沟通媒介，是项目管理的重要依据和保障。施工图起到的作用，是上传下达、承前启后，同时也是设计与施工之间的重要沟通桥梁。图纸越完善，发现的问题也越多，从而可以将大部分的问题解决在施工图纸阶段。工地只负责按图施工即可。而节点图则是施工图纸中最重要的组成部分之一，是细部表达的最终表现，节点的准确性直接影响着施工工艺的落实、施工进度的推进，甚至预决算的有效把控。

本书有五大特点：

一、节点涵盖范围广：涉及室内各部位节点设计、施工工艺、装修材料等。

二、节点绘制标准化：按照统一标准动态块绘制，无任何杂层、杂项，可配合各设计公司的图层转换（CAD图层转换命令：laytrans），便于以最快速度达到出图要求。

三、工艺准确性高：书中所有的节点在编辑完成后，请到多名具有15~30年工作经验的专业施工项目经理、专业生产厂家、装饰装修协会的评审委员会专家进行审核确认和纠偏，以保证工艺的准确性、施工的可落地性。

四、所有节点易精确查找：书中所有节点均进行了系统化整理，首创交叉索引方式，可以以最快速度有针对性地找到相对应的节点。

五、提供下载服务：目前市面上同类型的书籍很多，但配合书本的节点下载服务很少。为提高使用者的出图效率，本书节点特提供CAD原图下载服务，真正地做到所见即所得。

本书取名为《第二节点　室内设计施工图节点图集》，其中“第二”两字主要是考虑到以下两个原因：首先，我们是同类书籍的“晚辈”，没有“前辈”奠定的基础及启发，此书难成，对“前辈”我们肃然起敬；其次，我们以此书抛砖引玉，并深信随着业内的更多反馈及更多专业人士的加入，现有内容在广度和深度上还可以继续提升，所以我们今天还不是最好，仍需努力，不敢懈怠。此书名好记易读，让我们与时俱进，砥砺前行，相互勉励，勇攀高峰。

我们尽己所能地组织各方力量完成本书，希望与各位同仁共勉。书中如有不足之处，还请在“深化在线”论坛发帖指出，有任何关于施工图的问题也可以一并在论坛中讨论，我们会经过详细的求证、论证后进行修改。施工工艺受项目造价、地域、甲方集采库等诸多因素影响，甚至施工单位的不同，都会造成同一施工的工艺差异性很大，本书旨在表达国内比较具有通用性及代表性的工艺做法，力求让读者在书中能找到答案或启示。本书也许不能为你提供在项目中百分之百适用的节点，但一定会让你找到一个类似的节点作为基础，修改后便能适合出图。本书仅仅是个起点，还有不少问题及短板需要解决，相信随着技术问题的解决，这些都会随之解决，我对此深信不疑。

编写及审核此书的团队成员来自全国各地，历时两年不分昼夜地辛苦劳动才得以完成。没有他们的辛勤奉献，此书难以面世，在此表示衷心的感谢。同时也感谢各协助单位，为我们提供了技术和资金上的支持，为我们完成这本书起到了不可替代的作用。借此机会，我们也发出诚挚的邀请，欢迎广大厂商、设计公司及业内有识之士能加入“深化在线”（深化在线唯一官方微信号：SHZXGW）。正所谓“一人难挑千斤担，众人能移万座山”，希望能填补更多的空白点，让此书变得更加充实。最后感谢各位读者朋友的鼎力支持，有了你们的支持，我们才能一直走下去。

我们将把继续拓展、完善本书作为一份梦想去追求，作为一份信仰去守护，作为一份事业去坚持。

王　沧

2023年3月

凡　例

一、索引表中文字表述、节点编号、页码解释：

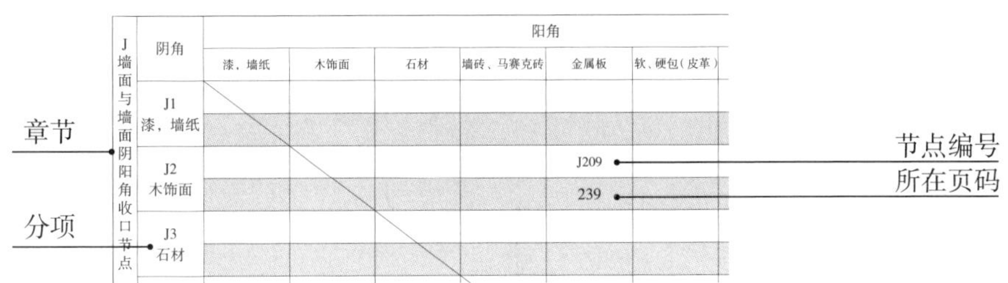

J墙面与墙面阴阳角收口节点
阴角
阳角
漆、墙纸
木饰面
石材
墙砖、马赛克砖
金属板
软、硬包（皮革）
J1 漆、墙纸
J2 木饰面
J3 石材
J209
239
章节
分项
节点编号
所在页码

二、本书中大部分节点均使用交叉索引法，具体内容见索引表。使用方法示例：如下图所示，查找木饰面与石材的墙面阳角收口。

①找到“J 墙面与墙面阴阳角收口章节”；

②对应“阳角”半区；

③对应墙面“木饰面”和“石材”找到相应页面，同时查到节点编号。

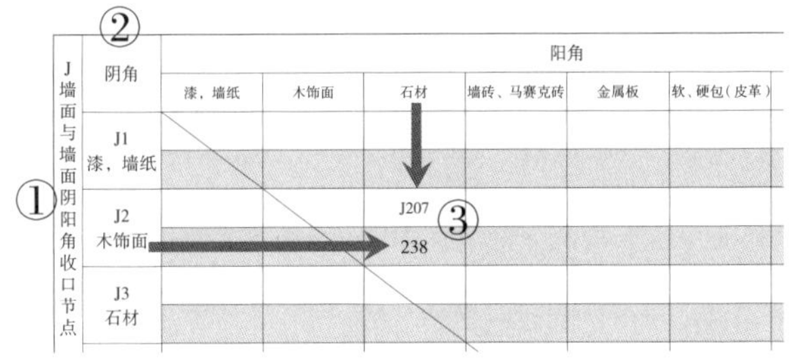

②
J墙面与墙面阴阳角收口节点
阴角
阳角
漆、墙纸
木饰面
石材
墙砖、马赛克砖
金属板
软、硬包（皮革）
J1 漆、墙纸
①
J2 木饰面
J3 石材
J207
③
238

三、索引表中“无”的意思：

1. 表示施工当中不存在。比如墙型表中轻钢龙骨配石材面材，就不符合实际的施工规范，故用“无”表示。

2. 表示无意义。比如阴角收口章节中，乳胶漆对乳胶漆阴角收口，一方面工艺简单，另一方面为节省篇幅，本书不收录。

3. 表示不合逻辑。比如门槛石章节中，房间内没有地暖，按正常配置逻辑，卫生间是不会配有地暖的，如果卫生间配有地暖，则不符合正常逻辑。

四、工装的施工工艺中，因为有消防安全规范的要求，所有 9 mm 厚密度板、12 mm 厚多层板及木龙骨等木制基层均需要防火阻燃处理，在我国南方施工时，有的还需要防虫、防潮、防腐处理，需要因地制宜，在此统一说明。

五、图中收口条均未标注具体尺寸，是因为收口条规格繁多，总有一款适合你的项目，若在实际采购中遇到问题，也可在“深化在线”求助（网址：www.shzx001.com）。

六、本书图内数据单位除有特殊标注外均为毫米（mm）。

七、本书节点为便于查找，作者尽量使用交叉索引法，对各种组合情况节点收口、交接等进行索引编排，方便快速查找节点。但有部分节点并不适合这种索引方法，故只能尽量运用文字表达的方式，告知读者此类节点有多少种收口的情况，并列入索引表中，特此说明。

八、为了方便读者查找，节点图对应的大类序号标注于每页上方，可作为快速查找的参考。

目 录

索引表

A 吊顶节点	A1 石膏板吊顶	平板吊顶	木龙骨天花吊顶节点	卡式龙骨天花吊顶节点	支撑卡件天花乳胶漆吊顶节点	天花石膏板伸缩缝节点	U 形卡件天花吊顶节点一	U 形卡件天花吊顶节点二	天花乳胶漆吊顶节点一	天花乳胶漆吊顶节点二	天花反向支撑节点一	天花反向支撑节点二	天花顶角线造型节点				
			021	021	021	022	022	022	023	023	023	024	024				
		叠级吊顶	石膏板叠级吊顶节点	石膏板叠级吊顶斜撑节点	天花灯带节点一	天花灯带节点二	天花灯带节点三	天花造型灯带节点一	天花造型灯带节点二	天花造型灯带节点三	天花造型节点						
			025	025	026	026	027	027	028	028	029						
		功能吊顶	窗帘盒节点一	窗帘盒节点二	天花风口造型节点一	天花风口造型节点二	固定式挡烟垂壁节点	电动式挡烟垂壁节点	风管吊顶节点	天花凹槽造型节点	天花投影幕造型节点	硬装回风口节点	成品检修口天花节点一	成品检修口天花节点二	成品检修口天花节点三	定制检修口天花节点（和造型隐藏）	天花挡光板灯带造型节点
			030	030	031	031	032	033	034	034	035	035	036	036	037	037	038
			电动可伸缩投影仪安装节点	天花透光膜造型节点	卷帘轨道天花收口节点	重型吊灯安装节点	吊顶马道安装节点										
			038	039	039	040	041										
	A2 金属板吊顶		铝挂片吊顶节点一	铝挂片吊顶节点二	铝方通吊顶节点一	铝方通吊顶节点二	铝方通吊顶节点三	铝格栅吊顶节点一	铝格栅吊顶节点二	铝板吊顶节点一	铝板吊顶节点二	铝板吊顶节点三	铝板吊顶节点四	铝板吊顶节点五	铝板吊顶节点六	金镂金属网吊顶节点	转印蜂窝铝板吊顶节点
			043	044	045	046	047	048	048	049	050	050	051	052	053	054	054
	A3 木饰面吊顶		天花木夹板吊顶节点一	天花木夹板吊顶节点二	天花木夹板吊顶节点三	天花木夹板吊顶节点四	天花成品木饰面吊顶节点一	天花成品木饰面吊顶节点二	天花成品木饰面吊顶节点三	天花成品木饰面吊顶节点四	木夹板叠级吊顶节点一	木夹板叠级吊顶节点二	木夹板叠级灯带吊顶节点一	木夹板叠级灯带吊顶节点二			
			057	057	057	057	057	057	058	058	059	059	060	060			
	A4 透光膜吊顶		A 级防火透光膜节点（开启式）	无影接缝 A 级防火透光膜节点	正常接缝透光膜吊顶节点												
			063	064	065												
	A5 石材吊顶		石材吊顶节点	石材叠级吊顶节点一	石材叠级吊顶节点二												
			067	067	068												
	A6 矿棉板吊顶		矿棉板吊顶节点一	矿棉板吊顶节点二	矿棉板吊顶节点三	矿棉板吊顶节点四											
			070	070	071	071											
	A7 玻璃、镜面吊顶		镜面吊顶节点一	镜面吊顶节点二	玻璃穹顶节点												
			076	077	078												
	A8 GRG 石膏板吊顶		GRG 石膏板吊顶节点一	GRG 石膏板吊顶节点二													
			080	080													

B 地坪节点	楼地板	方块地毯	地砖	企口复合地板	实木地板	防腐木地板	环氧地坪	玻璃地坪	石材	水泥基磨石	PVC 地板	防静电地板	防尘垫
	B1 原楼板	B101	B102	B103	B104	B105	B106	B107	B108	B109、B110	B111	无	B112
		082	082	082	082	082	082	083	083	083	083	—	083
	B2 原楼板（带防水）	无	B201	无	无	无	无	无	B202	无	无	无	无
		—	084	—	—	—	—	—	084	—	—	—	—
	B3 原楼板（带地暖）	B301	B302、B303	B304、B305	无	无	B306	无	B307、B308	B309、B310	B311	无	无
		085	085	086	—	—	086	—	086	087	087	—	—
	B4 架空地板	B401	无	B402、B403	无	无	无	无	无	无	B404	B405	无
		088	—	088	—	—	—	—	—	—	089	089	—

C 区域地坪相关节点															
	C1 卫生间	淋浴间凹槽排水沟节点	淋浴间挡水节点	淋浴间挡水坎节点	淋浴间挡水坎节点（带地暖）	蹲便器施工节点一	蹲便器施工节点二	落地式坐便器施工节点	悬挑式坐便器施工节点	小便斗施工节点	浴缸施工节点				
		092	092	093	093	094	094	095	095	096	097				
	C2 厨房	公装厨房防水导墙节点	后场厨房地面排水沟节点												
		098	098												
	C3 地漏	地漏节点一	地漏节点二	地漏节点三	地漏节点四	地漏节点五	地漏节点六	隐藏式地漏节点	长条形地漏节点	客房卫生间淋浴地漏节点一	客房卫生间淋浴地漏节点二	游泳池溢水沟节点一	游泳池溢水沟节点二	户外平台下水节点	露天花园防堵地漏节点
		099	099	099	100	100	100	101	101	102	102	103	103	104	104
	C4 地面功能	地面预埋插座剖面节点	地面疏散指示剖面节点	临时布展用电穿线剖面节点	地埋灯安装节点										
		105	105	105	105										

D 墙面节点（墙型表）	基层	面层							
		石材	木饰面	瓷砖、马赛克砖	软包、硬包（皮革）	漆（墙纸）	GRG	玻璃、镜面	金属
	D1 轻钢龙骨墙	无	D101、D102、D103、D104	D105、D106、D107	D108、D109、D110	D111	无	D112	无
		—	110	111	112	112	—	112	—
	D2 钢结构墙	D201、D202、D203、D204	D205、D206、D207、D208	D209、D210、D211、D212	D213、D214	D215	D216	D217	D218、D219、D220、D221
		113	114	115	116	116	116	117	118
	D3 轻质砖墙、混凝土墙	D301、D302、D303、D304	D305、D306、D307	D308、D309	D310、D311、D312、D313	D314、D315	D316	D317、D318	D319
		119	120	121	122	123	123	123	123

E 天花与天花收口节点

天花	天花			
	乳胶漆	木饰面	铝板	石材
E1 乳胶漆				
E2 木饰面	E201 126			
E3 铝板	E301 127	E302 127		
E4 石材	E401 128	E402 128	E403 129	
E5 玻璃（镜面）	E501 130	E502 130	E503 131	E504 131

F 地坪与地坪收口节点

地坪	地坪								
	卷毯	方块地毯	实木地板	复合地板	石材	地砖、马赛克砖	水磨石	PVC 地板	素混凝土找平
F1 卷毯									
F2 方块地毯	F201 134								
F3 实木地板	F301 135	F302 135							F303 135
F4 复合地板	F401、F402 136	F403、F404 137	F405 138	F406 138				F407、F408 139	F409 139
F5 石材	F501 140	F502、F503 140	F504、F505 141	F506、F507、F508、F509 142	F510、F511 143				F512 143
F6 地砖、马赛克砖	F601、F602、F603 145	F604、F605 146	F606、F607 146	F608、F609 147	F610 147	F611、F612、F613 148		F614、F615 149	F616 149
F7 水磨石	F701 150	F702 150	F703 150	F704、F705、F706 151	F707、F708 152	F709 152	F710 152		
F8 PVC 地坪	F801 153	F802、F803 153	F804 154	F805、F806 154	F807 155	F808 155	F809、F810 155		

G 墙面与墙面（背景墙）造型收口节点

凹凸造型 \ 平板造型	乳胶漆（壁纸）	木饰面	石材	马赛克砖	软包、硬包（皮革）	金属	镜面
G1 乳胶漆（壁纸）	G101 158 / 无 —	无 —	无 —	G102 158	无 —	无 —	无 —
G2 木饰面	G201 159	G202 159 / 无 —	无 —	G203 160	G204 160	无 —	无 —
G3 石材	G301 161	G302 161	G303 162 / 无 —	G304 162	无 —	G305 163	无 —
G4 马赛克砖	G401 164	G402 164	G403 165	G404 165 / 无 —	无 —	无 —	无 —
G5 软包、硬包（皮革）	G501 166	G502 166	无 —	无 —	G503 167 / G504 167	无 —	无 —
G6 金属	G601 168	无 —	G602 168	无 —	G603 169	无 / 无	无 —
G7 镜面	G701 170	G702 170	无 —	G703 171	G704 171	无 —	无 —

H墙面与天花收口节点	墙面		天花：乳胶漆	天花：铝板	天花：木饰面	天花：镜面	天花：石材	天花：矿棉板
	H1 漆类（墙纸）		H101	H102、H103	H104、H105	H106	H107	H108
			174	175	176	176	177	177
	H2 木饰面		H201	H202	H203	H204	H205	H206
			178	178	179	179	180	180
	石材	H3 湿贴	H301	H302、H303	H304、H305	H306	H307	H308
			181	181	182	182	183	183
		H4 干挂	H401	H402	H403、H404	H405	H406	H407
			184	184	185	186	186	186
	H5 墙砖		H501	H502、H503	H504、H505	H506	H507	H508
			187	187	188	189	189	189
	H6 镜面		H601	H602	H603	H604	H605	H606
			190	190	191	191	192	192
	H7 软包		H701	H702	H703	H704	H705	H706
			193	193	194	194	195	195
	H8 硬包（皮革）		H801	H802	H803	H804	H805	H806
			196	196	197	197	198	198
	H9 金属板		H901	H902	H903	H904	H905	H906
			199	199	200	201	202	202

	墙面		地面						
			复合地板	实木地板	地砖	方块地毯（卷毯）	石材	水（基）磨石	PVC 地板
I 墙面与地面收口节点	I1 漆类（墙纸）		I101	I102	I103	I104	I105	I106	I107
			204	204	204	204	205	205	205
	I2 木饰面		I201	I202	I203	I204	I205	I206	I207
			206	206	207	207	208	208	209
	石材	I3 湿贴	I301	I302	I303	I304	I305	I306	I307
			210	210	211	211	211	212	212
		I4 干挂	I401	I402	I403	I404	I405	I406	I407
			213	213	214	214	215	215	215
	I5 墙砖		无	无	I501	I502	I503	I504	I505
			—	—	216	216	216	217	217
	I6 镜面		I601	I602	I603	I604	I605	I606	I607
			218	218	219	219	219	220	220
	I7 软包		I701	I702	I703	I704	I705	I706	I707
			221	221	222	222	223	223	224
	I8 硬包（皮革）		I801	I802	I803	I804	I805	I806	I807
			225	225	226	226	227	227	228
	I9 金属板		I901	I902	I903	I904	I905	I906	I907
			229	229	230	230	231	231	232

J 墙面与墙面阴阳角收口节点	阴角	阳角						
		漆（墙纸）	木饰面	石材	墙砖、马赛克砖	金属板	软包、硬包（皮革）	玻璃
	J1 漆、墙纸	无 / J101	J102	J103	J104	J105	J106	J107
		— / 234	234	234	234	234	234	235
	J2 木饰面	无	J201、J202 / J203、J204、J205、J206	J207	J208	J209	J210	J211
		—	236 / 237	238	238	239	239	240
	J3 石材	无	J301	J302 / J303、J304、J305、J306	J307	J308	J309	J310
		—	241	241 / 242	243	243	243	244
	J4 墙砖、马赛克砖	无	J401	J402	无 / J403、J404、J405	J406	J407	J408
		—	245	245	— / 246	247	247	247
	J5 金属板	J501	J502	J503	J504	J505 / J506	J507	J508
		248	248	248	249	249 / 249	250	250
	J6 软包、硬包（皮革）	J601	J602	J603	J604	J605	无 / J606	J607
		251	251	251	252	252	— / 253	253
	J7 玻璃	J701	J702	J703	J704	J705	J706	J707 / J708
		254	254	254	255	255	256	256 / 256

K门槛石收口节点	卧室	卫生间			
		石材	石材（带地暖）	地砖	地砖（带地暖）
	K1 石材	K101	无	K102	无
		258	—	258	—
	K2 石材（带地暖）	K201	K202	K203	K204
		259	259	260	260
	K3 地板	K301	无	K302	无
		262	—	263	—
	K4 地板（带地暖）	K401	K402	K403	K404
		264	264	265	265
	K5 地毯	K501	无	K502	无
		266	—	266	—

K门槛石收口节点	K6 阳台门槛石		
	K601	K602	K603
	267	267	268

T 门节点	单开门 施工节点	子母门 施工节点	超高门 施工节点	极简门 施工节点	玻璃门 施工节点	内嵌式移门 施工节点	外挂式移门 施工节点	电动移门 施工节点	逃生门 施工节点	进户门 施工节点	消火栓隐形门（烤漆玻璃面）施工节点	消火栓隐形门（铝板饰面）施工节点	消火栓隐形门［软（硬）包饰面］施工节点	消火栓隐形门（木饰面）施工节点	消火栓隐形门（石材饰面一）施工节点
	320	322	324	326	328	330	332	334	336	338	340	341	342	343	344
	消火栓隐形门（石材饰面二）施工节点	隐形门 施工节点	淋浴间门 施工节点	电梯门 施工节点	设备间隐形门 施工节点	防火卷帘门 施工节点	店面卷帘门 施工节点	旋转门 施工节点	变轨移门 施工节点	活动折叠门 施工节点	巴士门 施工节点				
	345	350	352	354	356	358	360	362	364	366	368				
U 台盆柜节点	台上盆一 施工节点	台上盆二 施工节点	台下盆一 施工节点	台下盆二 施工节点	台下盆三 施工节点	台下盆四 施工节点	台下盆五 施工节点								
	370	371	372	373	374	375	376								
V 前台家具节点	前台家具一 施工节点	前台家具二 施工节点	前台家具三 施工节点	前台家具四 施工节点	前台家具五 施工节点	前台家具六 施工节点	前台家具七 施工节点								
	378	379	380	381	382	383	384								
W 栏杆节点	栏杆一 施工节点	栏杆二 施工节点	栏杆三 施工节点	栏杆四 施工节点	栏杆五 施工节点										
	386	387	388	389	390										
X 幕墙节点	点支式幕墙转角封边节点	点支式玻璃幕墙纵剖节点	点支式幕墙底部纵剖节点	点式玻璃幕墙顶部纵剖节点	点支式玻璃幕墙中部纵剖节点	点支式幕墙底部纵剖节点	吊挂式玻璃幕墙节点	隐框玻璃幕墙节点	隐框玻璃幕墙节点全图	明框玻璃幕墙节点全图	室内外玻璃幕墙节点一	室内外玻璃幕墙节点二	室内外玻璃幕墙节点三	点支式玻璃幕墙抗风柱节点	明框玻璃幕墙遮阳帘节点
	392	392	392	392	392	392	393	394	395	396	397	397	397	398	398
	玻璃幕墙女儿墙收口节点	明框玻璃幕墙活动百叶节点	斜角 30° 窗节点	地面完成面与建筑幕墙交接节点一	地面完成面与建筑幕墙交接节点二										
	399	399	400	401	402										

A

吊顶节点

1 石膏板吊顶

2 金属板吊顶

3 木饰面吊顶

4 透光膜吊顶

5 石材吊顶

6 矿棉板吊顶

7 玻璃、镜面吊顶

8 GRG石膏板吊顶

1　石膏板吊顶

课堂小知识

轻钢龙骨石膏板天花施工流程

一、准备工作

根据设计和安全的要求，可在吊顶前在房间地面上或顶上弹线，避免暗藏灯具及设备与吊顶主龙骨、吊杆位置相撞，然后确定每个吊点的位置，做出标记。

二、沿边龙骨的安装

用膨胀螺栓或射钉将U形沿边龙骨固定在墙面上，相邻膨胀螺栓间距为600 mm，两端膨胀螺栓距离不大于50 mm。

三、吊杆及可调节吊挂件的安装

1.根据高度切割吊杆，用膨胀螺栓将吊杆固定在顶棚上，吊杆应垂直，连接牢固无松动。

2.吊杆安装标准为：距四周墙边的距离不得超过300 mm，两根吊杆之间不超过1200 mm（通常为900 mm或1000 mm）。

3.当吊杆与设备相遇时，应调整并增设吊杆，当吊杆长度超过1500 mm时，应设置反支撑。

4.安装可调节吊挂件时，需压住可调节吊挂件的两翼，将两翼上的孔对准吊杆穿入，当达到预定位置时松手。

四、上层C形龙骨的安装

1.将可调节吊挂件卡入上层龙骨槽内，若龙骨长度不够，则需用C形龙骨接长件进行接长，但相邻龙骨的接头应错开。

2.上层龙骨间距根据吊杆间距设置为1200 mm(通常为900 mm或1000 mm）。

3.上层C形龙骨安装后应及时校正其位置标高，应按房间短向跨度的千分之一到千分之三起拱。

五、下层C形龙骨的安装

1.将下层C形龙骨插入已固定好的U形沿边龙骨内。若龙骨长度不够，则需用C形龙骨接长件进行接长。

2.下层龙骨间距一般为300 mm或400 mm，用上下龙骨连接件将上下层龙骨连接在一起。

3.按设计排设管线，用十字连接件构成灯孔、排风口，并标出位置。

六、填充玻璃棉

吊顶龙骨安装完毕后，在安装石膏板之前，可根据设计要求选择一定规格的玻璃棉，置于龙骨框架上。

七、安装纸面石膏板

1.纸面石膏板的长边应垂直于次龙骨安装。

2.纸面石膏板应错缝安装，安装双层石膏板时，上下层板的接缝应错开，不得在同一根龙骨上接缝。

3.石膏板间距不得大于3 mm。

4.纸面石膏板螺钉与板边距离：楔形边宜为10~15 mm，切割边宜为15~20 mm。

5.板周边钉距宜为150 mm，板中钉距不得大于200 mm。

6.螺钉宜略低于纸面0.5~1 mm，不得使纸面破损。钉眼应做防锈处理，在灯孔、排风孔位置预先将石膏板按实际尺寸开孔。

7.纸面石膏板安装的允许偏差应符合表面平整度为3 mm，接缝高低差为1 mm。

八、接缝处理

1.使用材料：填缝料+水（水灰比例为0.65:1）。

2.使用清洁的容器和搅拌工具，先加水，后加填缝料，搅拌至均匀，用量以40 min内使用完计算。

3.接缝处先用填缝料填缝，待完全干燥后，在接缝处用刮刀涂抹第一层填缝料，将接缝纸带贴于接缝处，刮平压实，刮去纸带下多余填缝料，注意平整。

4.待第一层填缝料干燥后，再涂抹第二层填缝料覆盖接缝处，增加接缝纸带黏结性能。注意表面的光滑平整，待干燥后，表面可满批腻子或预混腻子。

1.1 平板吊顶

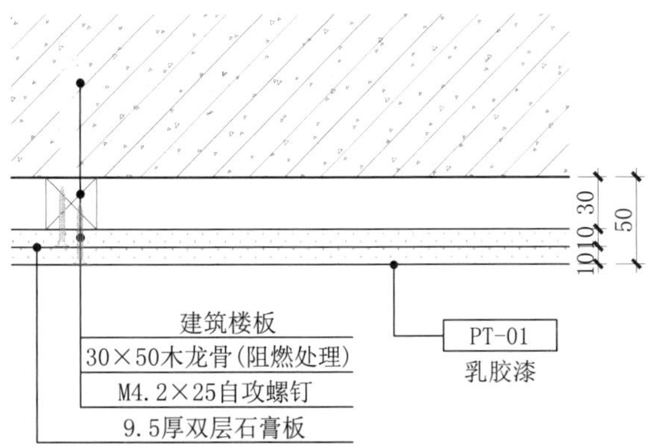
30
50
10
10
建筑楼板
30×50木龙骨(阻燃处理)
M4.2×25自攻螺钉
9.5厚双层石膏板
PT-01
乳胶漆

A101 木龙骨天花吊顶节点 / 1:5

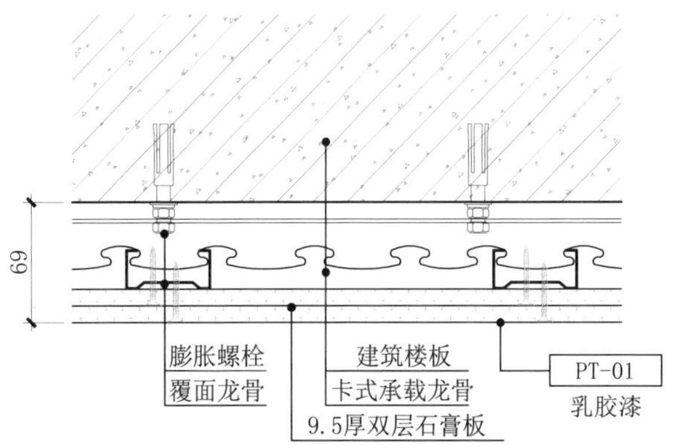
69
膨胀螺栓
覆面龙骨
建筑楼板
卡式承载龙骨
9.5厚双层石膏板
PT-01
乳胶漆

A102 卡式龙骨天花吊顶节点 / 1:5

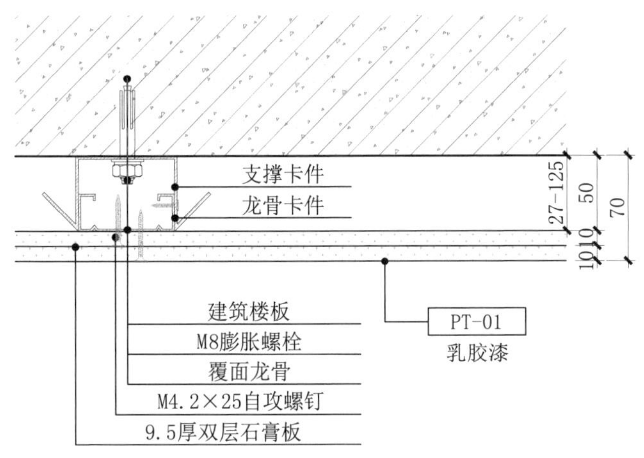
支撑卡件
龙骨卡件
27-125
50
70
10
10
建筑楼板
M8膨胀螺栓
覆面龙骨
M4.2×25自攻螺钉
9.5厚双层石膏板
PT-01
乳胶漆

A103 支撑卡件天花乳胶漆吊顶节点 / 1:5

课堂小知识

上人和不上人吊顶系统的主要区别是什么？

上人吊顶和不上人吊顶系统的主要区别在于主龙骨。

上人吊顶系统中，主龙骨是60龙骨，规格为DC60 mm × 27 mm × 1.2 mm,副龙骨一般是DC60或者DC50的龙骨，60副龙骨的规格为DC60 mm × 27 mm × 0.6 mm，50副龙骨的规格为DC50 mm × 19 mm × 0.5 mm；吊杆多采用⌀8 mm或⌀10 mm的规格。主龙骨上需铺设马道，将维修人员的重量传递到主龙骨上，主龙骨间距一般不大于1.2 m。副龙骨间距通常为400 mm一档排布密度，每600 mm一档需要增加一根横撑龙骨，与副龙骨形成400 mm × 600 mm的方格。

不上人吊顶系统，主龙骨一般为DU50 mm × 15 mm × 1.2 mm厚壁龙骨，副龙骨规格为DC50 mm × 19 mm × 0.5 mm，吊杆可采用⌀6 mm或者⌀8 mm的规格。副龙骨间距通常为400 mm一档排布密度，每600 mm一档需要增加一根横撑龙骨。

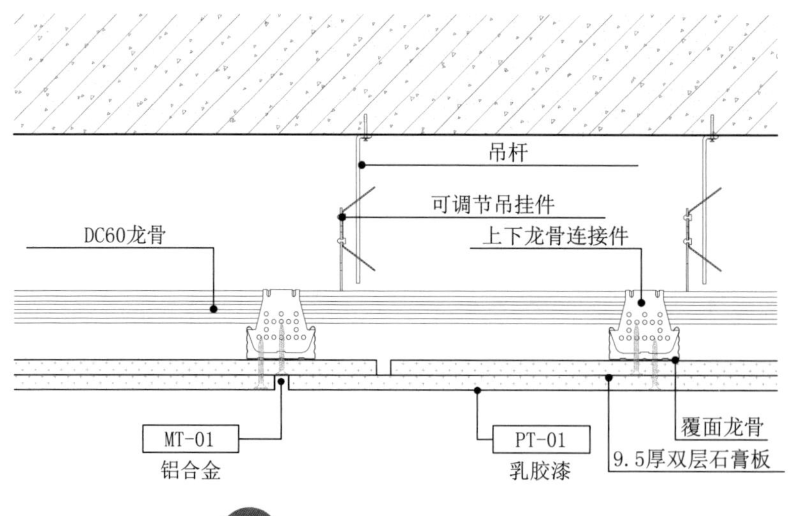
吊杆
可调节吊挂件
DC60龙骨
上下龙骨连接件
MT-01
铝合金
PT-01
乳胶漆
覆面龙骨
9.5厚双层石膏板

A104 天花石膏板伸缩缝节点 / 1∶5

注：石膏板吊顶单边距离超过12 m应设置伸缩缝，双层石膏板天花需留10~20 mm宽的缝，并且底层石膏板留缝位置应在次龙骨上，以增加稳定性。

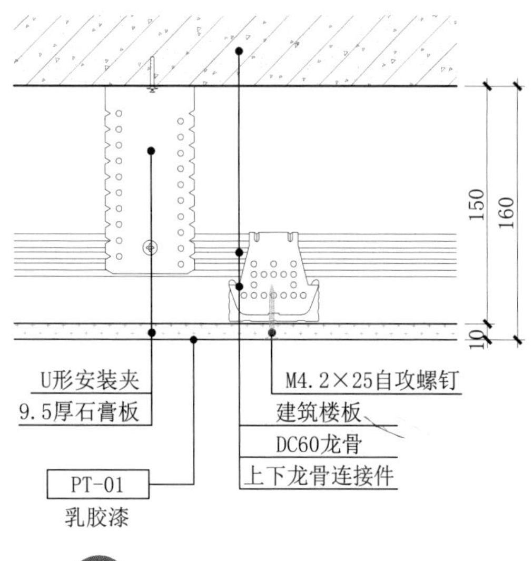
150
160
10
U形安装夹
9.5厚石膏板
M4.2×25自攻螺钉
建筑楼板
DC60龙骨
上下龙骨连接件
PT-01
乳胶漆

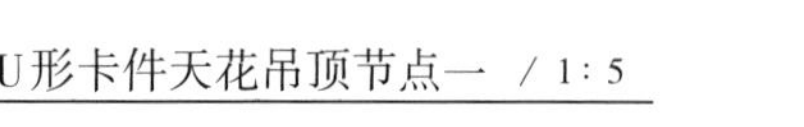
A105 U形卡件天花吊顶节点一 / 1∶5

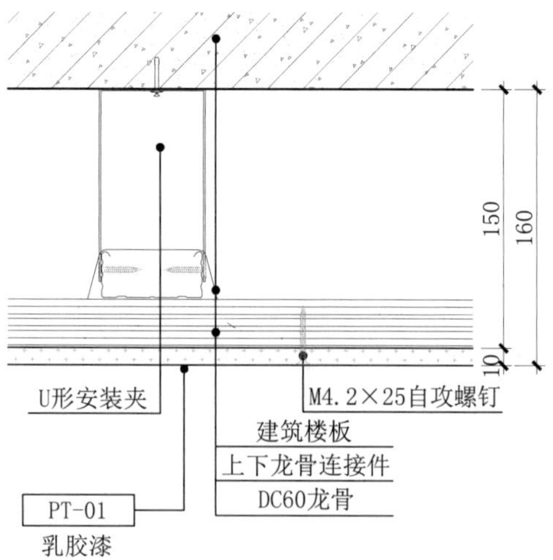
150
160
10
U形安装夹
M4.2×25自攻螺钉
建筑楼板
上下龙骨连接件
DC60龙骨
PT-01
乳胶漆

A106 U形卡件天花吊顶节点二 / 1∶5

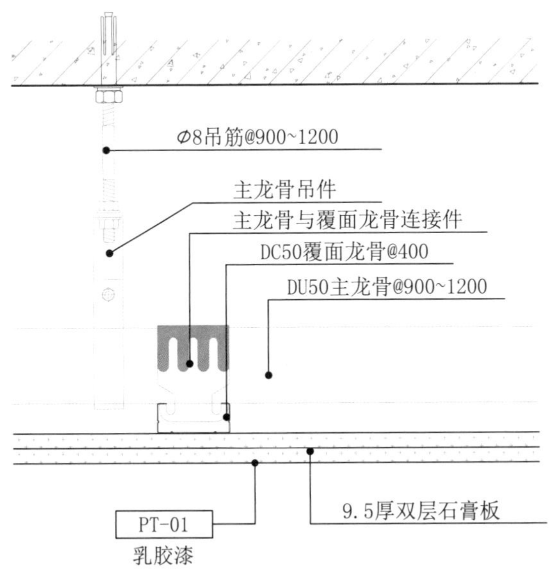
Ø8吊筋@900~1200
主龙骨吊件
主龙骨与覆面龙骨连接件
DC50覆面龙骨@400
DU50主龙骨@900~1200
PT-01
乳胶漆
9.5厚双层石膏板

A107 天花乳胶漆吊顶节点一 / 1:5

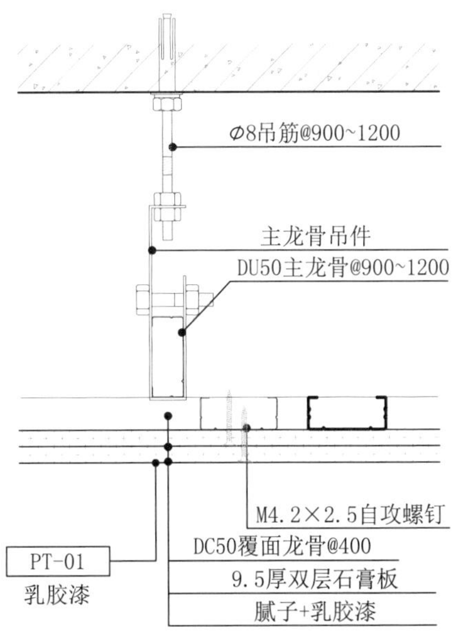
Ø8吊筋@900~1200
主龙骨吊件
DU50主龙骨@900~1200
M4.2×2.5自攻螺钉
PT-01
乳胶漆
DC50覆面龙骨@400
9.5厚双层石膏板
腻子+乳胶漆

A108 天花乳胶漆吊顶节点二 / 1:5

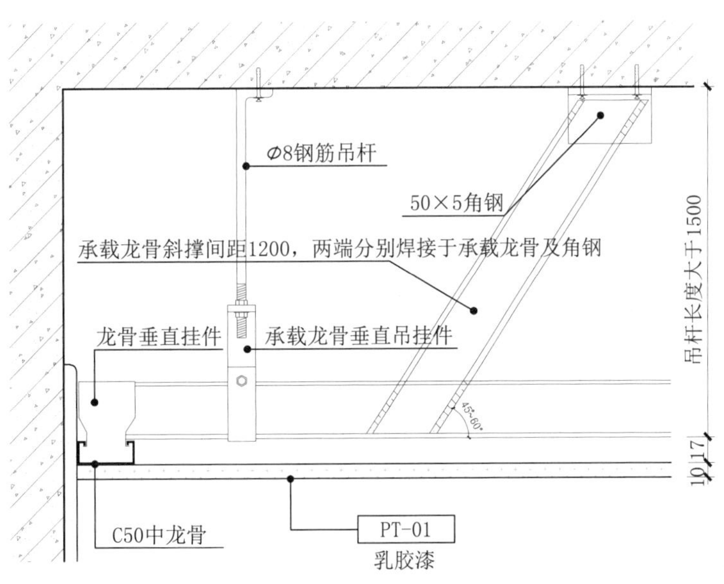
Ø8钢筋吊杆
50×5角钢
承载龙骨斜撑间距1200，两端分别焊接于承载龙骨及角钢
龙骨垂直挂件
承载龙骨垂直吊挂件
吊杆长度大于1500
45°~60°
10 17
C50中龙骨
PT-01
乳胶漆

A109 天花反向支撑节点一 / 1:5

课堂小知识

为什么要做反向支撑？

《建筑装饰装修工程施工质量验收标准》GB 50202—2018第7.1.11条规定，吊顶距主龙骨端部距离大于300 mm时，应增加吊杆。当吊杆长度大于1.5 m时，应设置反支撑。当吊杆与设备相遇时，应调整并增设吊杆。规定适用在杆距超过3 m后，需要提供连接的转换层结构。反支撑的作用主要是当室内产生负风压的时候，控制吊顶板面向上移动。当板面受到风荷载作用时，会上下浮动，吊杆通常使用Ø 6~Ø 10 mm钢筋制作，可以控制板面向下移动，而不能控制板面向上移动。反支撑可以撑住板面，不让板面向上移动，从而达到控制板面变形的作用。

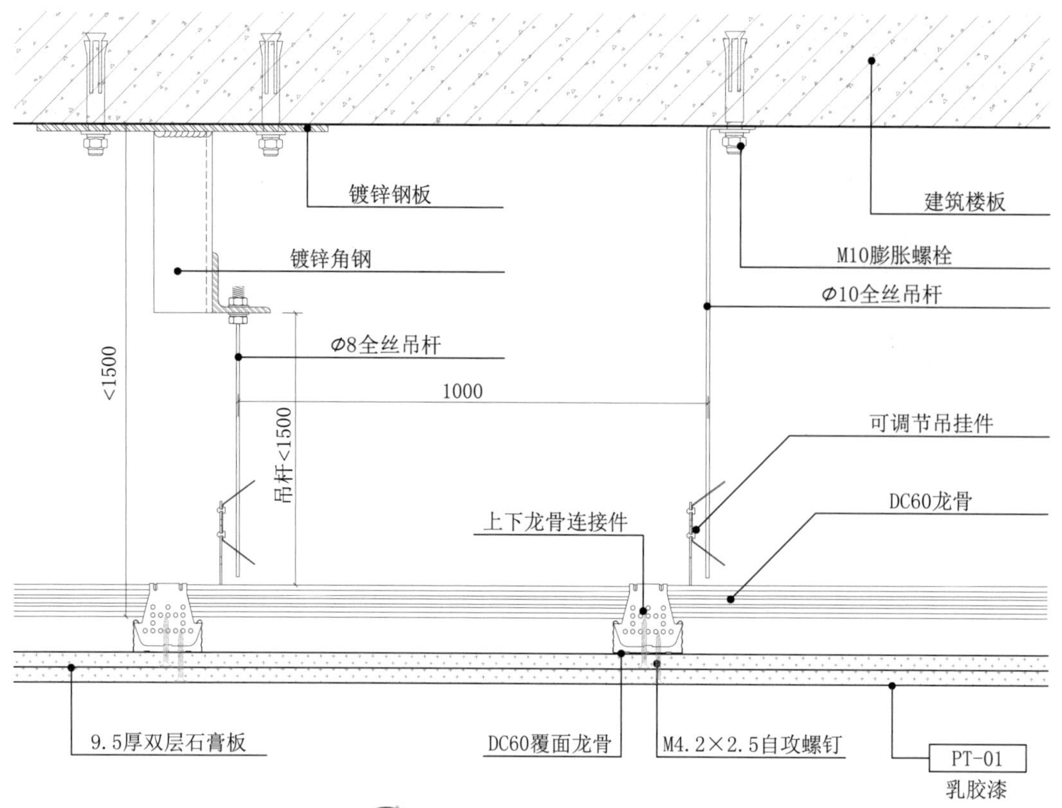
镀锌钢板
建筑楼板
镀锌角钢
M10膨胀螺栓
Ø10全丝吊杆
Ø8全丝吊杆
<1500
1000
吊杆<1500
可调节吊挂件
DC60龙骨
上下龙骨连接件
9.5厚双层石膏板
DC60覆面龙骨
M4.2×2.5自攻螺钉
PT-01
乳胶漆

A110 天花反向支撑节点二 / 1:5

建筑楼板

吊杆

U形沿边龙骨

可调节吊挂件

9.5厚双层石膏板

PT-01

乳胶漆

成品石膏线条(乳胶漆饰面)

A111 天花顶角线造型节点 / 1:5

1.2 叠级吊顶

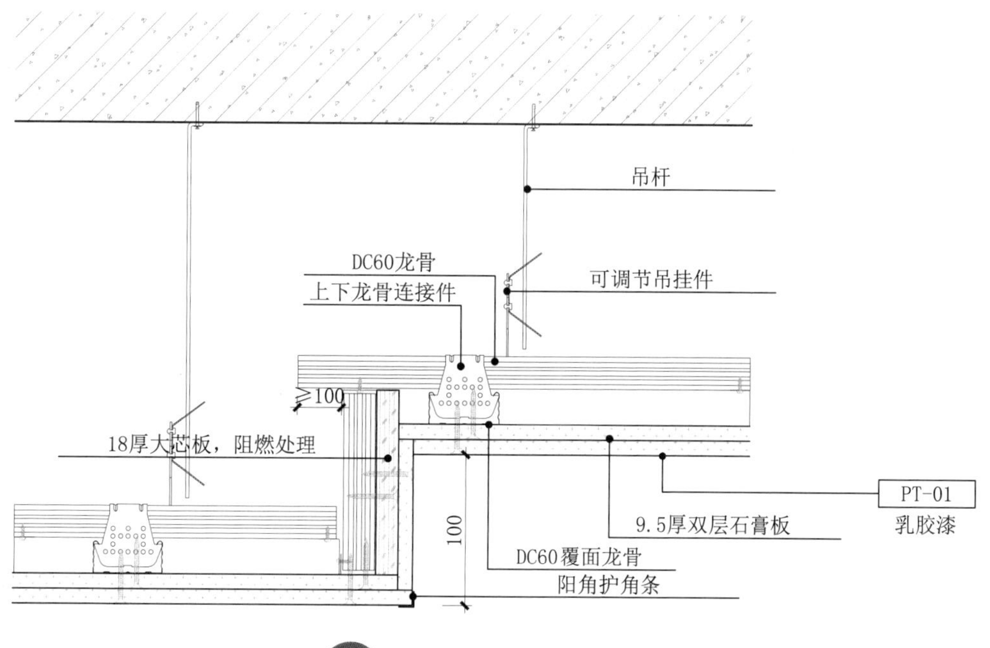
吊杆
DC60龙骨
可调节吊挂件
上下龙骨连接件
≥100
18厚大芯板，阻燃处理
PT-01
乳胶漆
9.5厚双层石膏板
100
DC60覆面龙骨
阳角护角条

A121 石膏板叠级吊顶节点 / 1∶5

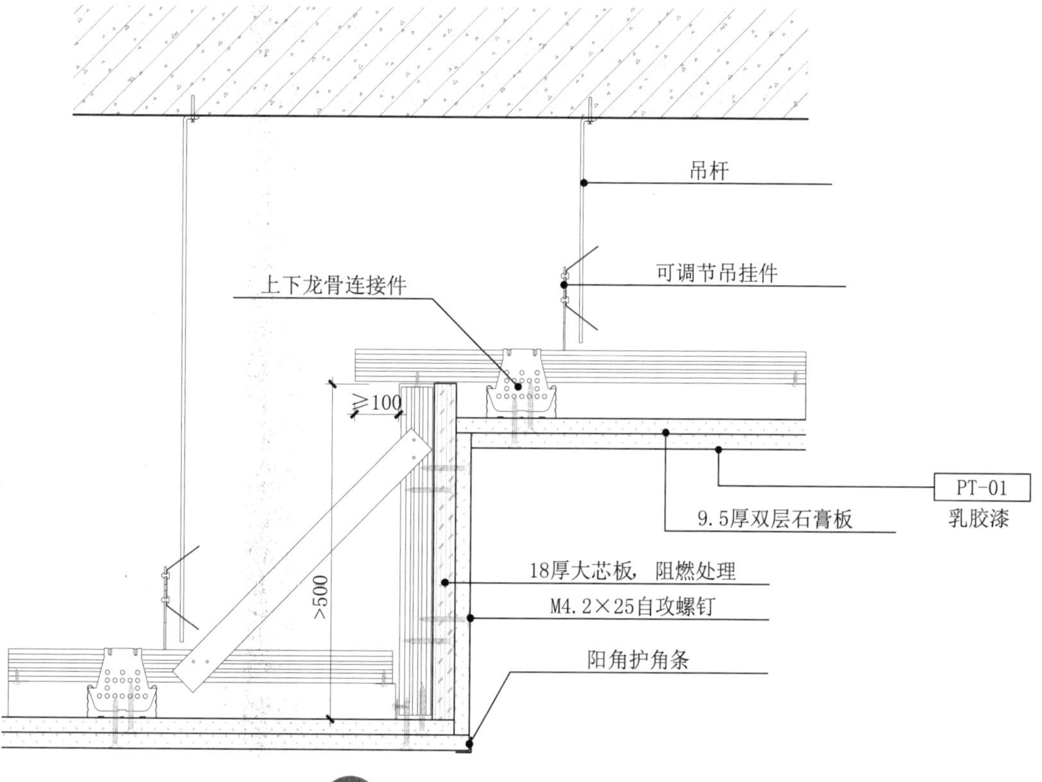
吊杆
可调节吊挂件
上下龙骨连接件
≥100
PT-01
乳胶漆
9.5厚双层石膏板
18厚大芯板，阻燃处理
>500
M4.2×25自攻螺钉
阳角护角条

A122 石膏板叠级吊顶斜撑节点 / 1∶5

注：当吊顶竖向龙骨大于500 mm时，需设置斜撑加固。

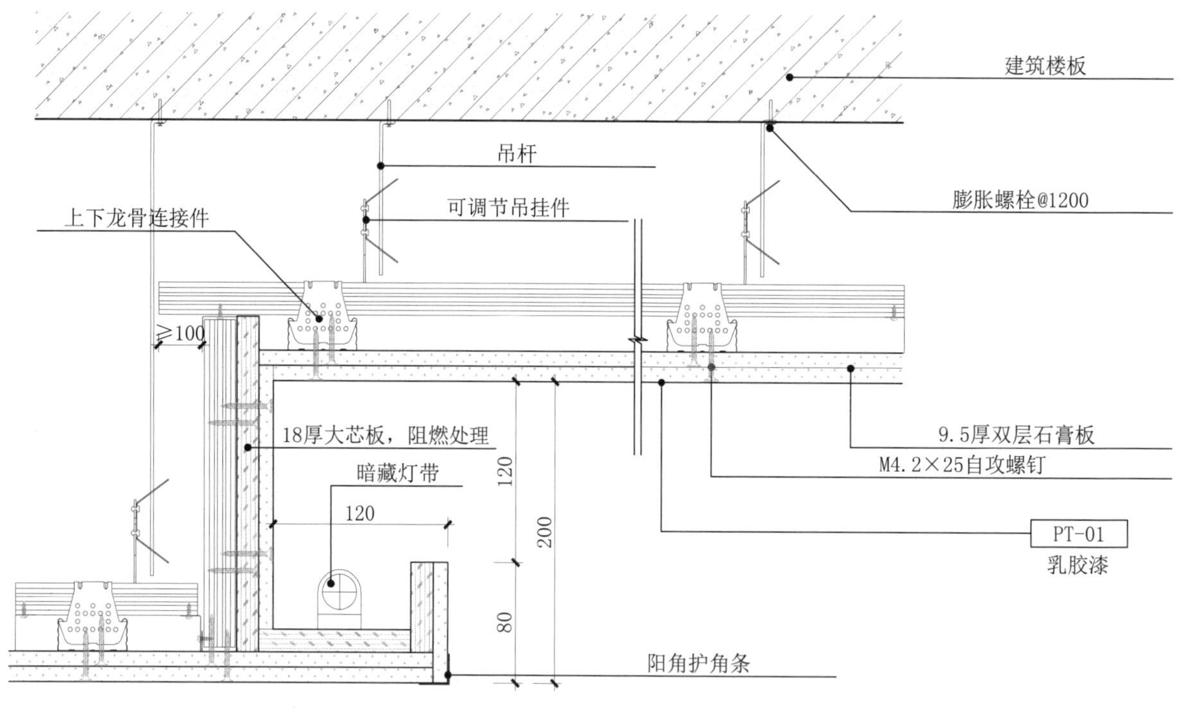
建筑楼板
吊杆
膨胀螺栓@1200
可调节吊挂件
上下龙骨连接件
≥100
18厚大芯板，阻燃处理
9.5厚双层石膏板
M4.2×25自攻螺钉
暗藏灯带
120
120
200
PT-01
乳胶漆
80
阳角护角条

A123 天花灯带节点一 / 1:5

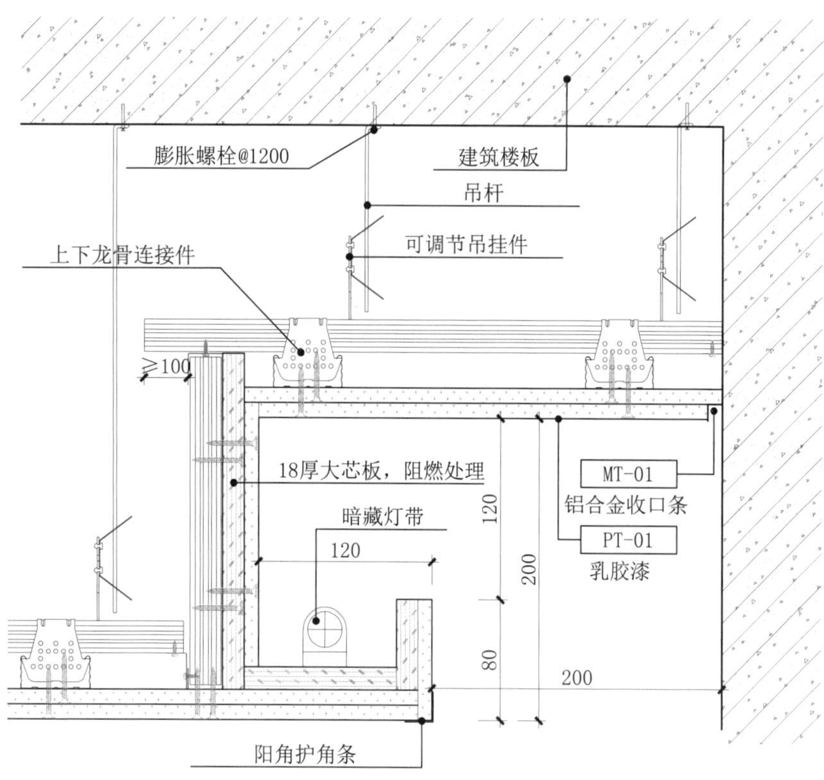
膨胀螺栓@1200
建筑楼板
吊杆
可调节吊挂件
上下龙骨连接件
≥100
18厚大芯板，阻燃处理
MT-01
铝合金收口条
暗藏灯带
120
120
PT-01
乳胶漆
200
80
200
阳角护角条

A124 天花灯带节点二 / 1:5

天花灯带（A124）

注：根据《建筑内部装修设计防火规范》GB 50222—2017的规定，安装在金属龙骨上燃烧性能等级达到B_1级的纸面石膏板、矿棉吸声板，可作为A级装修材料使用在天花吊顶工程中。

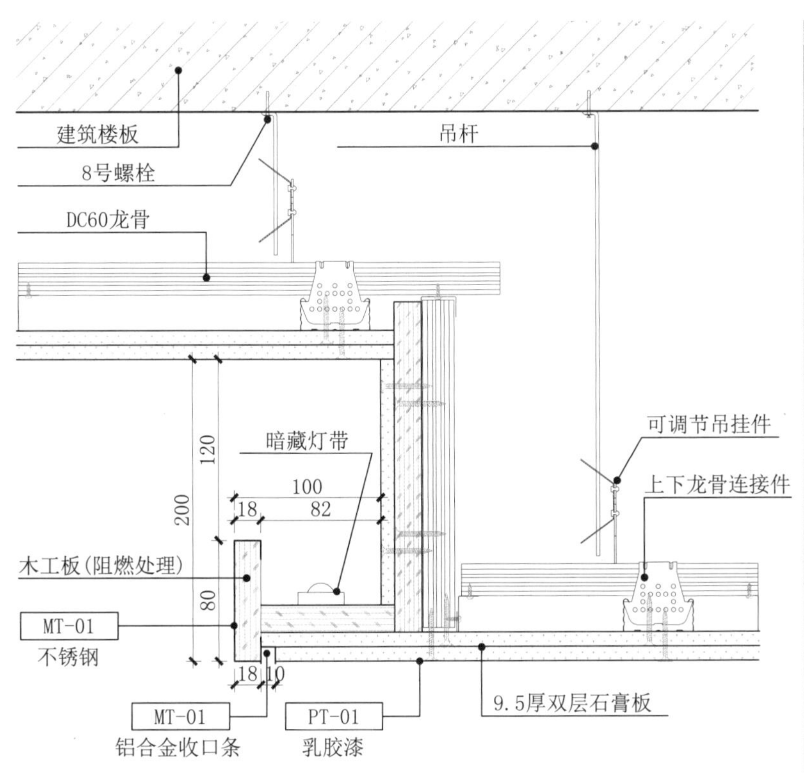

建筑楼板
8号螺栓
吊杆
DC60龙骨
暗藏灯带
120
200
100
18
82
木工板(阻燃处理)
80
MT-01
不锈钢
18
10
MT-01
铝合金收口条
PT-01
乳胶漆
9.5厚双层石膏板
可调节吊挂件
上下龙骨连接件

A125 天花灯带节点三 / 1:5

天花灯带（A125）

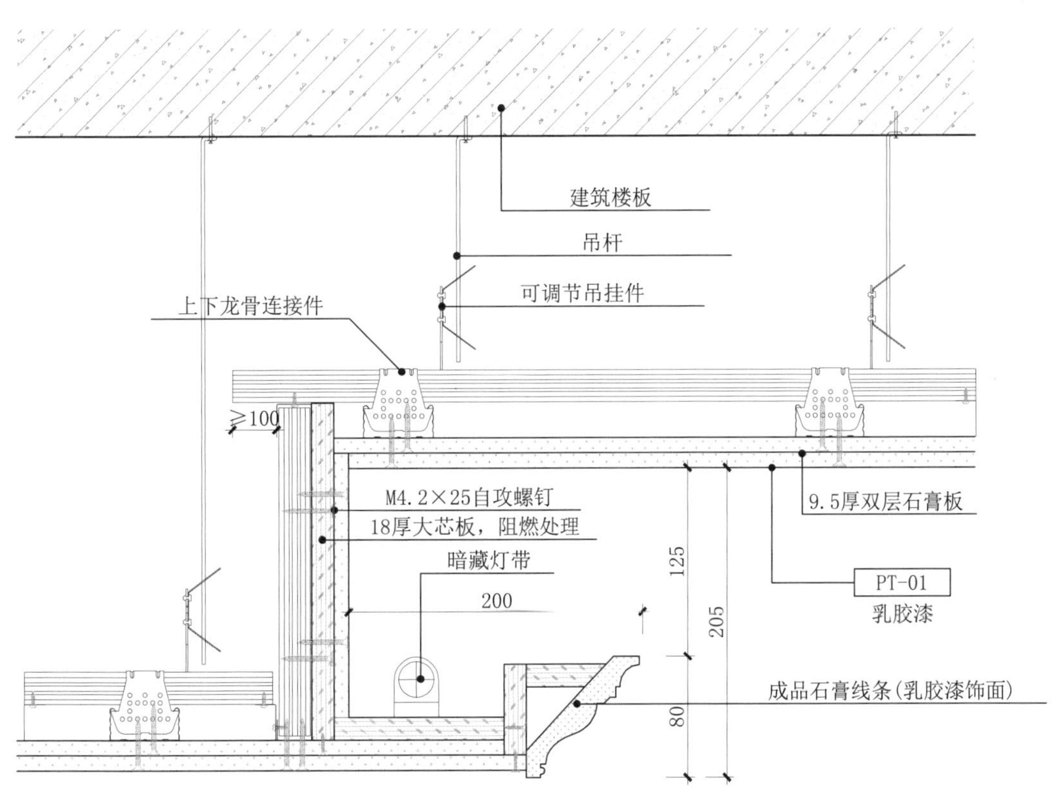

建筑楼板
吊杆
可调节吊挂件
上下龙骨连接件
≥100
M4.2×25自攻螺钉
18厚大芯板，阻燃处理
暗藏灯带
200
9.5厚双层石膏板
PT-01
乳胶漆
125
205
成品石膏线条(乳胶漆饰面)
80

A126 天花造型灯带节点一 / 1:5

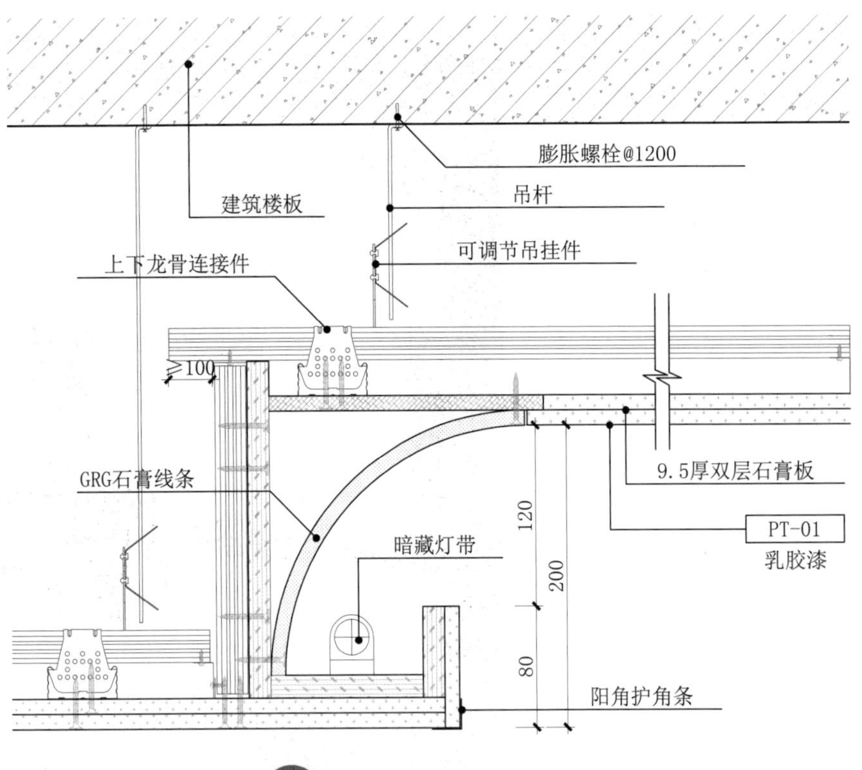

膨胀螺栓@1200
建筑楼板
吊杆
可调节吊挂件
上下龙骨连接件
≥100
GRG石膏线条
9.5厚双层石膏板
PT-01
乳胶漆
暗藏灯带
120
200
80
阳角护角条

A127 天花造型灯带节点二 / 1:5

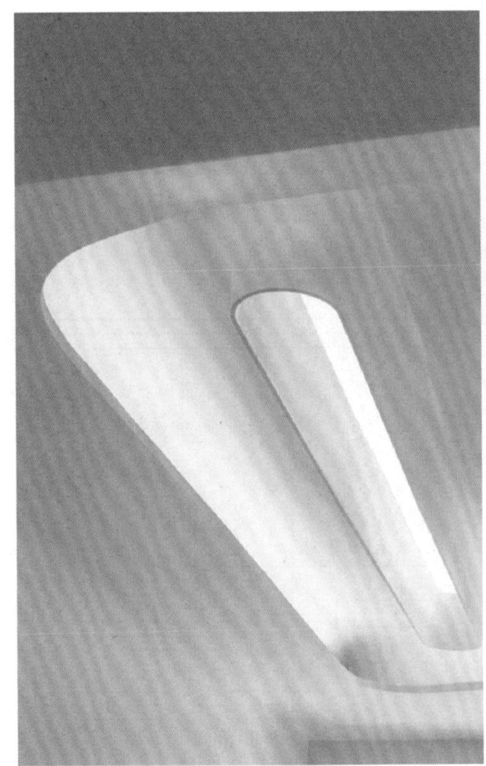

天花造型灯带（A127）

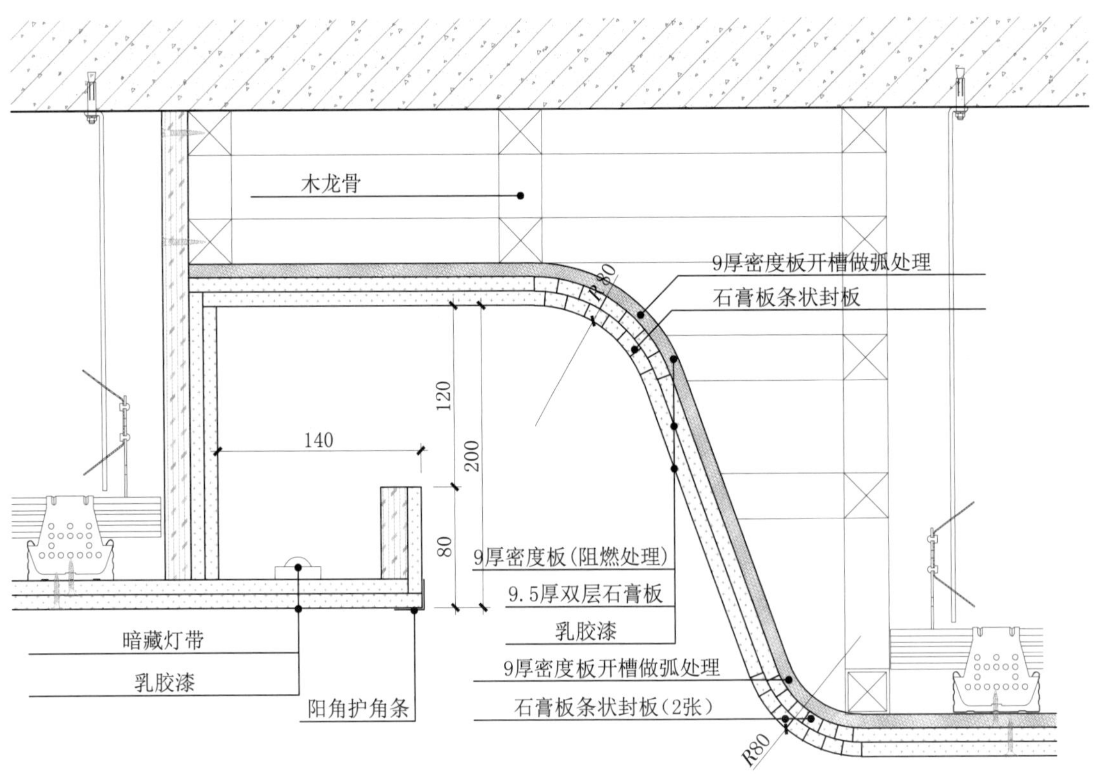

木龙骨
9厚密度板开槽做弧处理
石膏板条状封板
R80
140
120
200
80
9厚密度板(阻燃处理)
9.5厚双层石膏板
乳胶漆
9厚密度板开槽做弧处理
石膏板条状封板(2张)
R80
暗藏灯带
乳胶漆
阳角护角条

A128 天花造型灯带节点三 / 1:5

注：施工中遇到弧形吊顶的情况很常见，一般情况有两种解决方法。一是开模具，用快速石膏定型即GRG材料解决，这种方法比较省人工，直接安装成品弧度的GRG造型即可，但仅限于批量房型适用，可以摊薄模具成本。二是工人在现场用木工板等直接塑型，然后用9 mm厚密度板和石膏板开V形缝，进行弯曲处理，缺点是比较费人工，对造型的把控度不如GRG成品，对于同种造型数量不多的情况，建议工人现场制作。

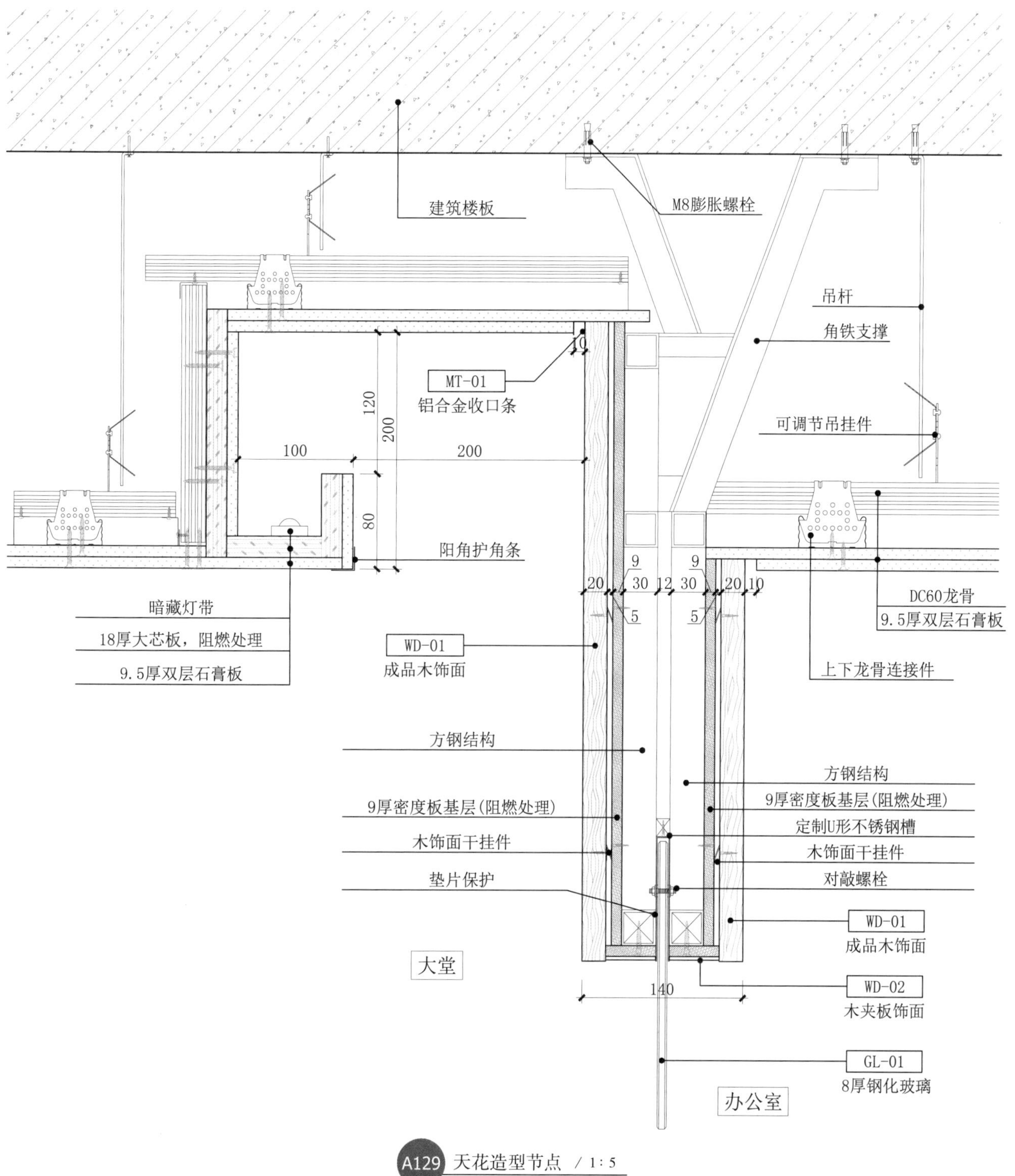
建筑楼板
M8膨胀螺栓
吊杆
角铁支撑
可调节吊挂件
MT-01
铝合金收口条
10
120
200
100
200
80
阳角护角条
暗藏灯带
18厚大芯板，阻燃处理
9.5厚双层石膏板
9
9
20
30
12
30
20
10
5
5
DC60龙骨
9.5厚双层石膏板
上下龙骨连接件
WD-01
成品木饰面
方钢结构
方钢结构
9厚密度板基层(阻燃处理)
9厚密度板基层(阻燃处理)
定制U形不锈钢槽
木饰面干挂件
木饰面干挂件
垫片保护
对敲螺栓
WD-01
成品木饰面
大堂
140
WD-02
木夹板饰面
GL-01
8厚钢化玻璃
办公室

A129 天花造型节点 / 1:5

1.3 功能吊顶

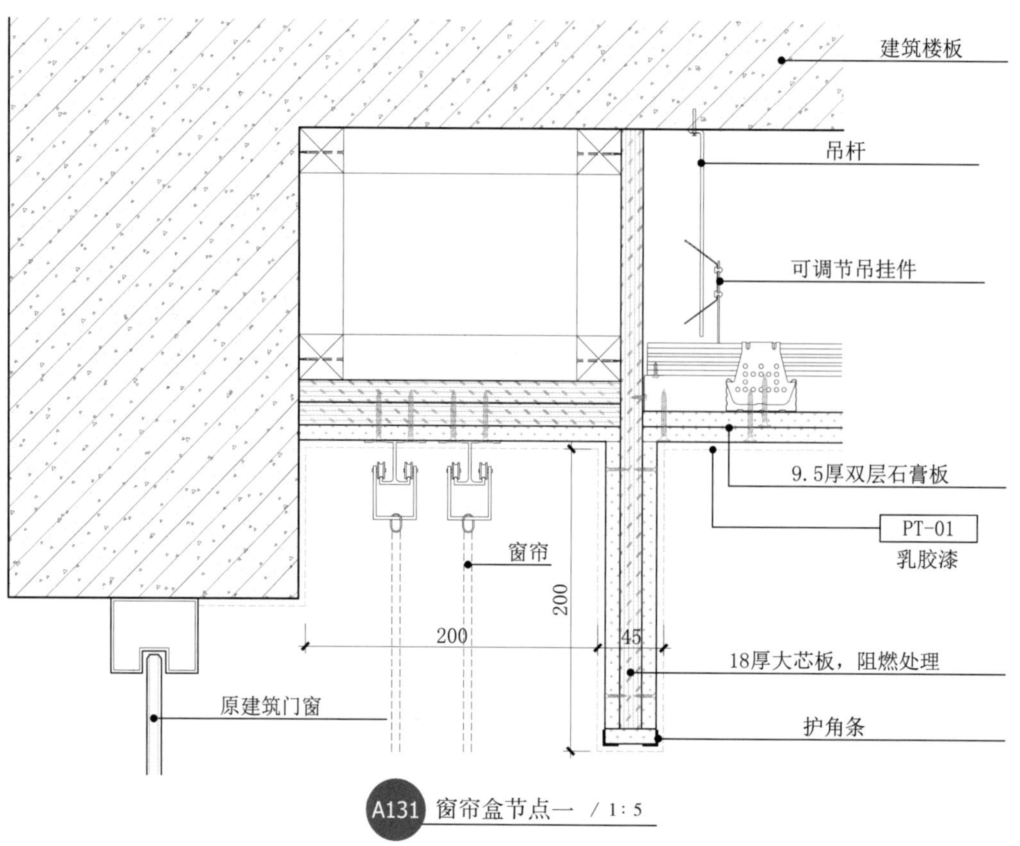
建筑楼板
吊杆
可调节吊挂件
9.5厚双层石膏板
PT-01
乳胶漆
窗帘
200
200
45
18厚大芯板，阻燃处理
原建筑门窗
护角条

A131 窗帘盒节点一 / 1:5

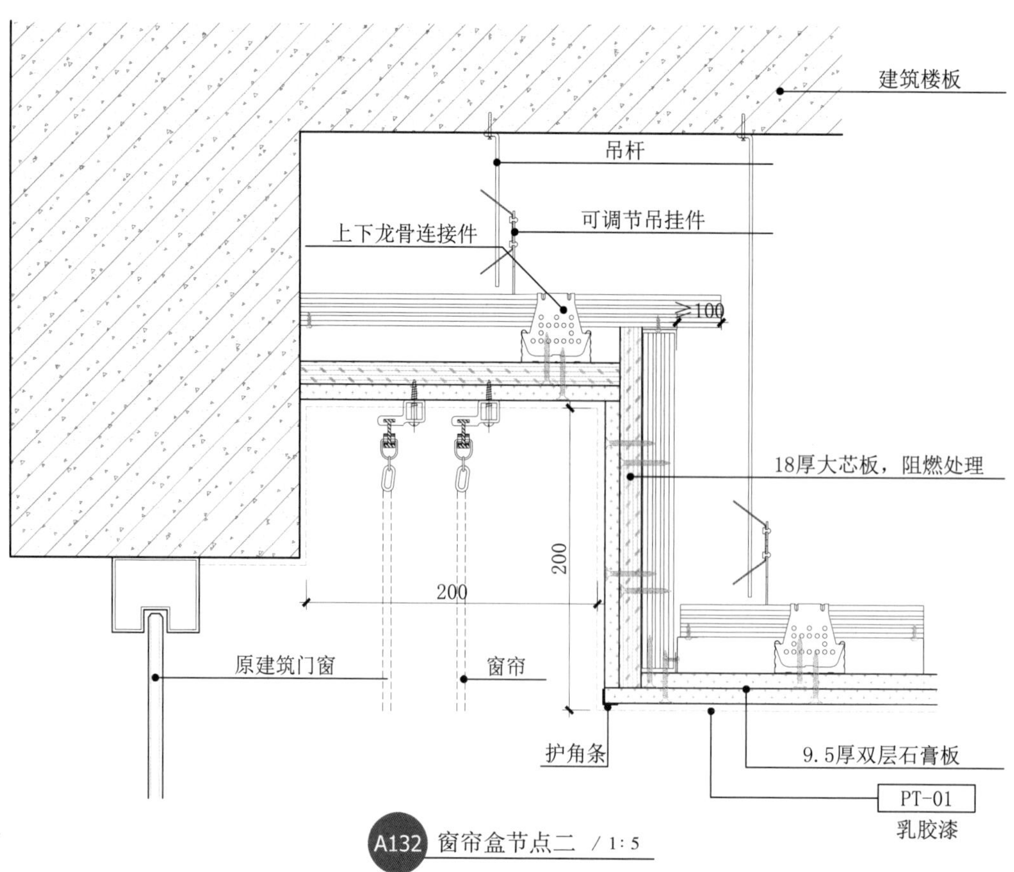
建筑楼板
吊杆
可调节吊挂件
上下龙骨连接件
≥100
18厚大芯板，阻燃处理
200
200
原建筑门窗
窗帘
护角条
9.5厚双层石膏板
PT-01
乳胶漆

A132 窗帘盒节点二 / 1:5

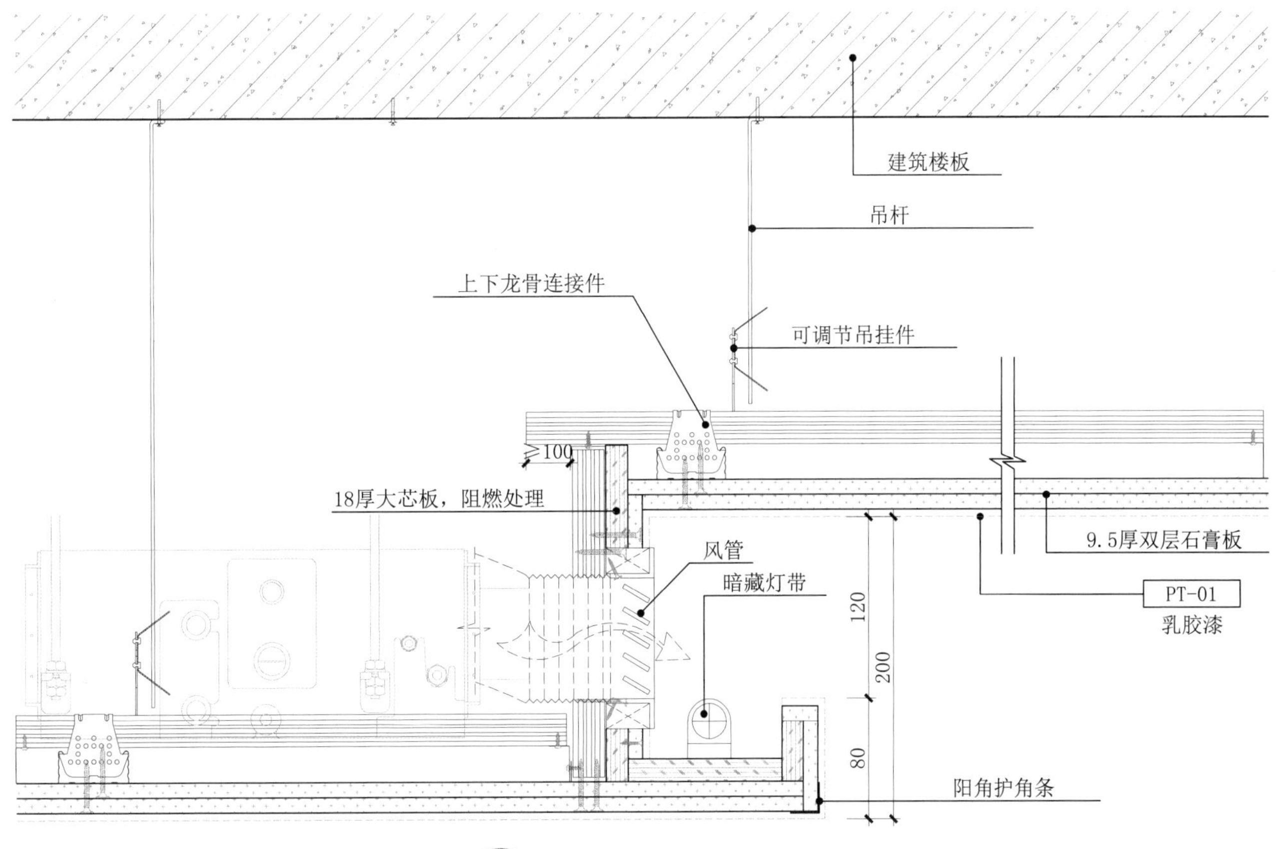

建筑楼板
吊杆
上下龙骨连接件
可调节吊挂件
100
18厚大芯板，阻燃处理
风管
暗藏灯带
9.5厚双层石膏板
PT-01
乳胶漆
120
200
80
阳角护角条

A133 天花风口造型节点一 / 1∶5

风管
建筑楼板
可调节吊挂件
100
吊杆
18厚大芯板，阻燃处理
暗藏灯带
120
200
120
上下龙骨连接件
阳角护角条
80
200
9.5厚双层石膏板
PT-01
乳胶漆

A134 天花风口造型节点二 / 1∶5

注：施工中经常使用的阳角护角条，主要起两个作用：一是防撞，如墙面乳胶漆阳角护角条；二是塑型，用护角条比较便于制作90° 的阳角，省人工，很多天花上使用它，就是为了塑型。

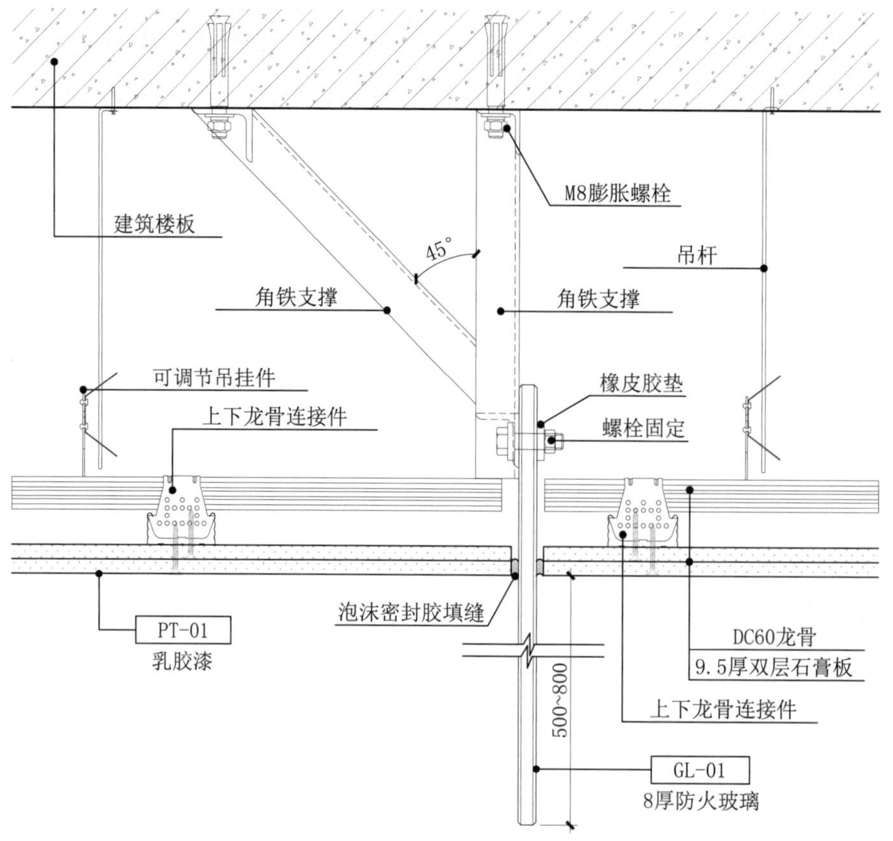
M8膨胀螺栓
建筑楼板
45°
吊杆
角铁支撑
角铁支撑
可调节吊挂件
橡皮胶垫
上下龙骨连接件
螺栓固定
泡沫密封胶填缝
PT-01
乳胶漆
DC60龙骨
9.5厚双层石膏板
500~800
上下龙骨连接件
GL-01
8厚防火玻璃

A135 固定式挡烟垂壁节点 / 1∶5

课堂小知识

挡烟垂壁的作用是什么？

挡烟垂壁是消防系统的组成部分，在高层民用建筑的地下与大空间排烟系统中作烟区分隔的装置。当消防控制中心发出火警信号或直接接受“烟感”信号后，置于吊顶上方的软质挡烟垂壁迅速垂落至设定高度，形成烟区分隔。由排烟风机将高温烟气排出室外，为火警区救生和疏散创造了环境，争取了时间。

挡烟垂壁按一个单元或多个单元制作安装，控制机构装于墙面或柱面上。当发生火灾时，控制中心发出信号，使电机或执行机构启动，挡烟垂壁开始工作（也可用手动按钮或烟传感器控制），形成一个高500~800 mm的挡烟垂壁，各单元徐徐上升直到恢复原位。展开、收回相关设备联动也可实现自动控制。

挡烟垂壁应采用非燃材料制作，如钢板、夹丝玻璃、钢化玻璃等。至于固定挡烟板或活动式挡烟垂壁（帘），当建筑物净空较低时，宜采用活动式挡烟垂壁（帘）。有一点值得注意，普通玻璃遇高温膨胀，可能由于受框架限制而炸裂，在人员密集场所易造成人身安全事故，同时也会使防烟分区失效。

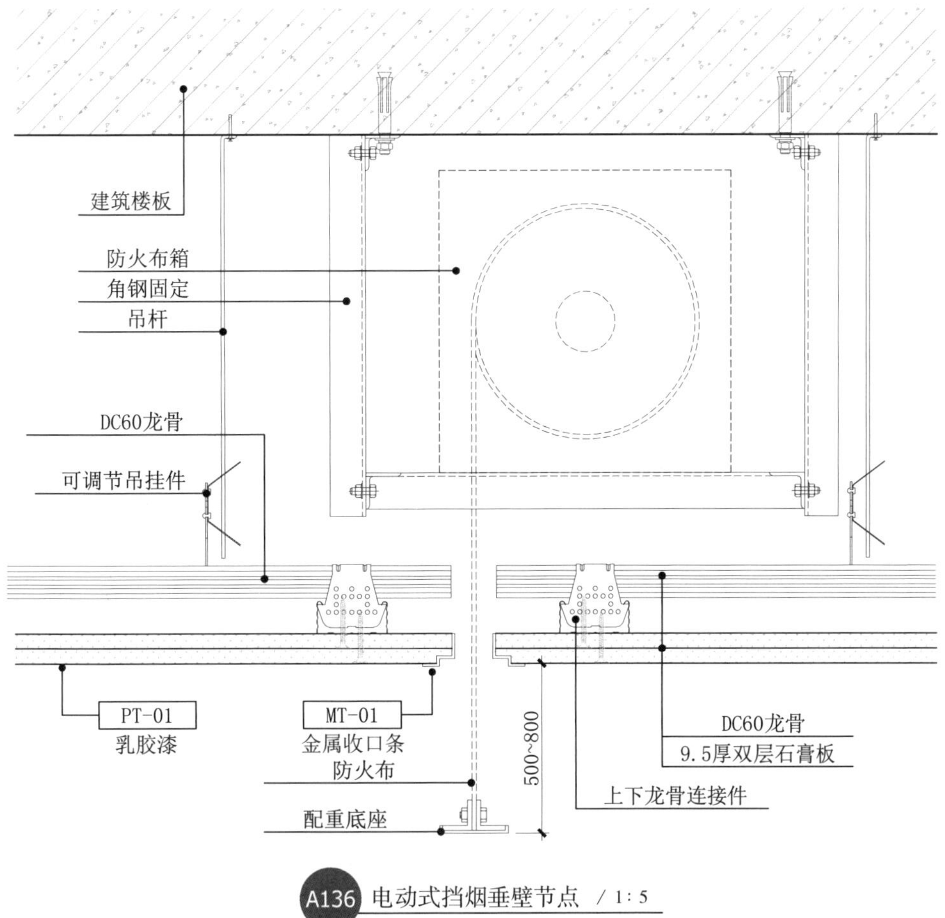
建筑楼板
防火布箱
角钢固定
吊杆
DC60龙骨
可调节吊挂件
PT-01
乳胶漆
MT-01
金属收口条
防火布
配重底座
500~800
DC60龙骨
9.5厚双层石膏板
上下龙骨连接件

A136 电动式挡烟垂壁节点 / 1∶5

课堂小知识

挡烟垂壁的分类

挡烟垂壁用非燃材料制成，是从顶棚下垂不小于500 mm的固定或活动的挡烟设施。挡烟垂壁主要分为电动式挡烟垂壁和固定式挡烟垂壁。

电动式挡烟垂壁与消防中心联动，平时帘片是卷在里面的，当有应急信号输入时，卷帘自动打开，帘片下垂500 mm。

固定式挡烟垂壁可分为固定布基式、透明玻璃式、夹丝玻璃式。

固定布基式，主要用在消防管道比较多的工厂以及地下车库，下垂500 mm。

透明玻璃式，主要用在超市、大型商场以及无尘车间，下垂500 mm。

夹丝玻璃式与透明玻璃式不同的是，夹丝玻璃由两层玻璃中间夹一层扁形钢丝经特殊工艺压合而成，在遇到爆炸的情况时，可有效预防因玻璃碎片掉落而造成的人员伤亡，大大提高产品安全性。

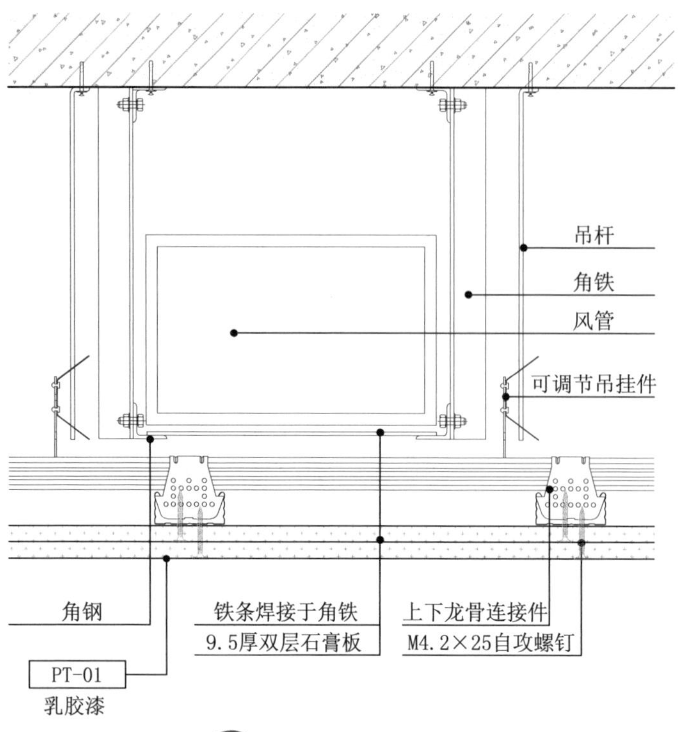
吊杆
角铁
风管
可调节吊挂件
角钢
铁条焊接于角铁
9.5厚双层石膏板
上下龙骨连接件
M4.2×25自攻螺钉
PT-01
乳胶漆

A137 风管吊顶节点 / 1:5

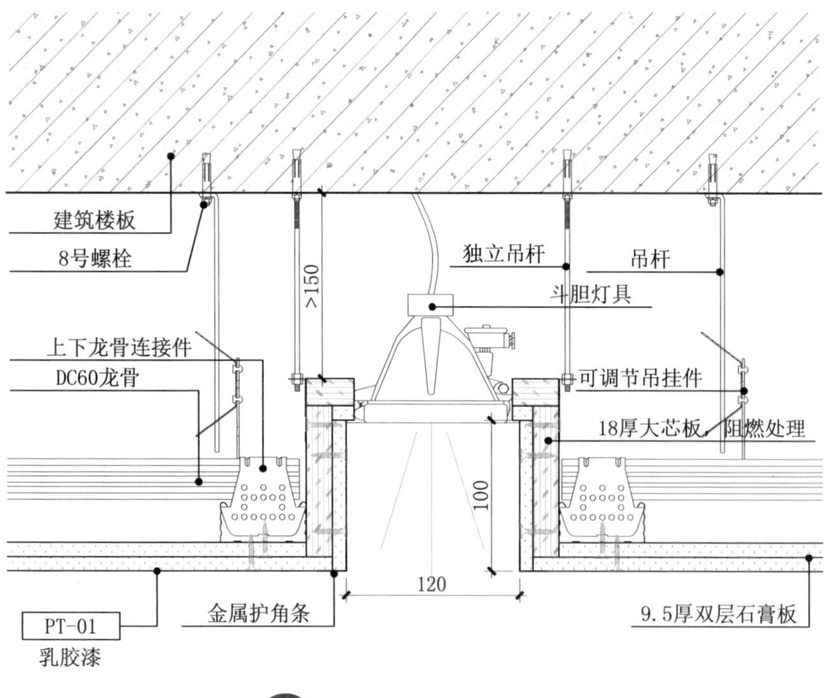
建筑楼板
8号螺栓
>150
独立吊杆
吊杆
斗胆灯具
上下龙骨连接件
DC60龙骨
可调节吊挂件
18厚大芯板，阻燃处理
100
120
PT-01
乳胶漆
金属护角条
9.5厚双层石膏板

A138 天花凹槽造型节点 / 1:5

天花凹槽造型

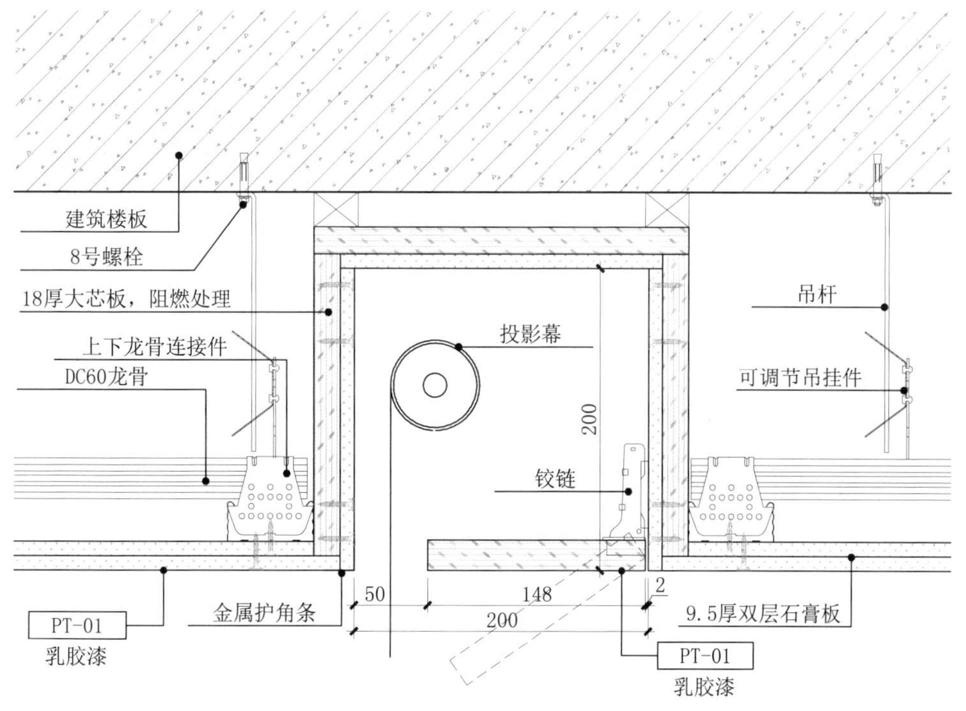

建筑楼板
8号螺栓
18厚大芯板，阻燃处理
上下龙骨连接件
DC60龙骨
投影幕
200
铰链
吊杆
可调节吊挂件
50
148
2
200
PT-01
乳胶漆
金属护角条
9.5厚双层石膏板
PT-01
乳胶漆

A139 天花投影幕造型节点 / 1∶5

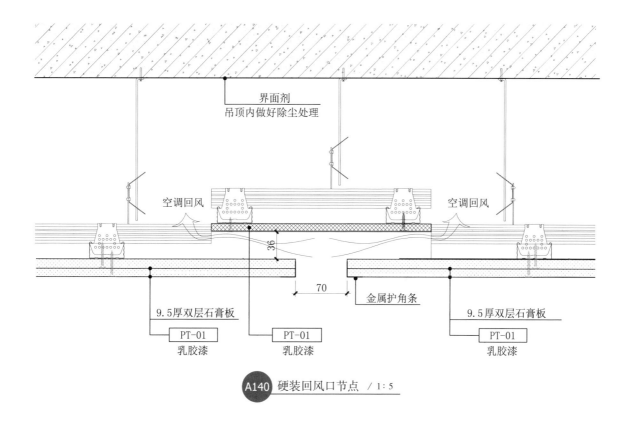

界面剂
吊顶内做好除尘处理
空调回风
空调回风
36
70
金属护角条
9.5厚双层石膏板
9.5厚双层石膏板
PT-01
乳胶漆
PT-01
乳胶漆
PT-01
乳胶漆

A140 硬装回风口节点 / 1∶5

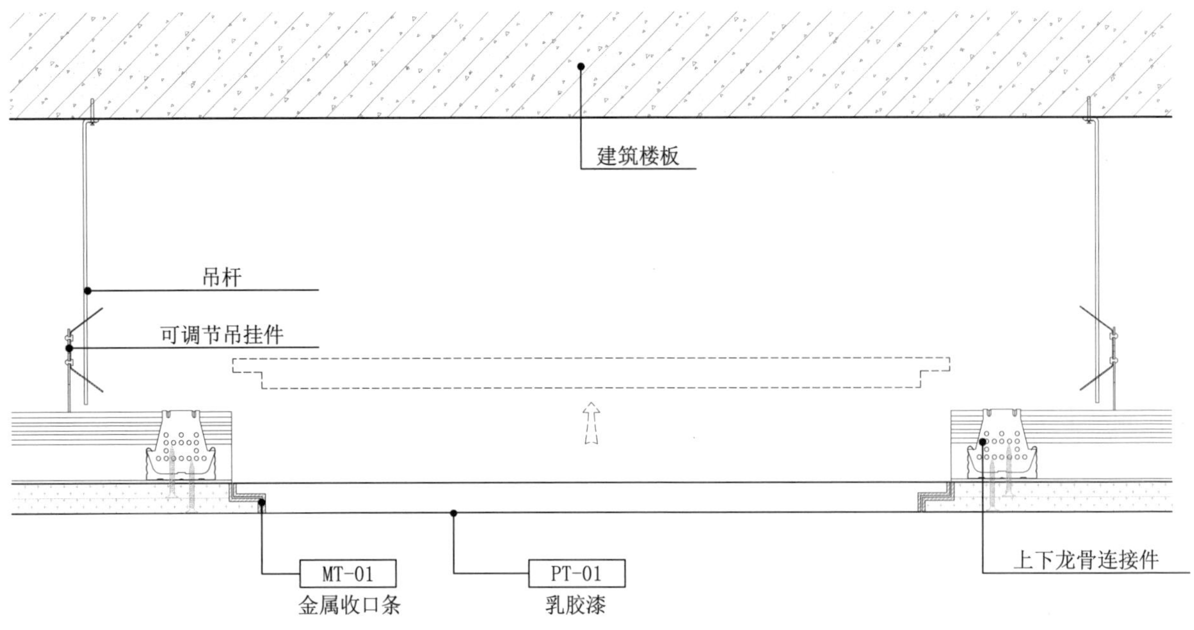

建筑楼板
吊杆
可调节吊挂件
MT-01
金属收口条
PT-01
乳胶漆
上下龙骨连接件

A141 成品检修口天花节点一 / 1:5

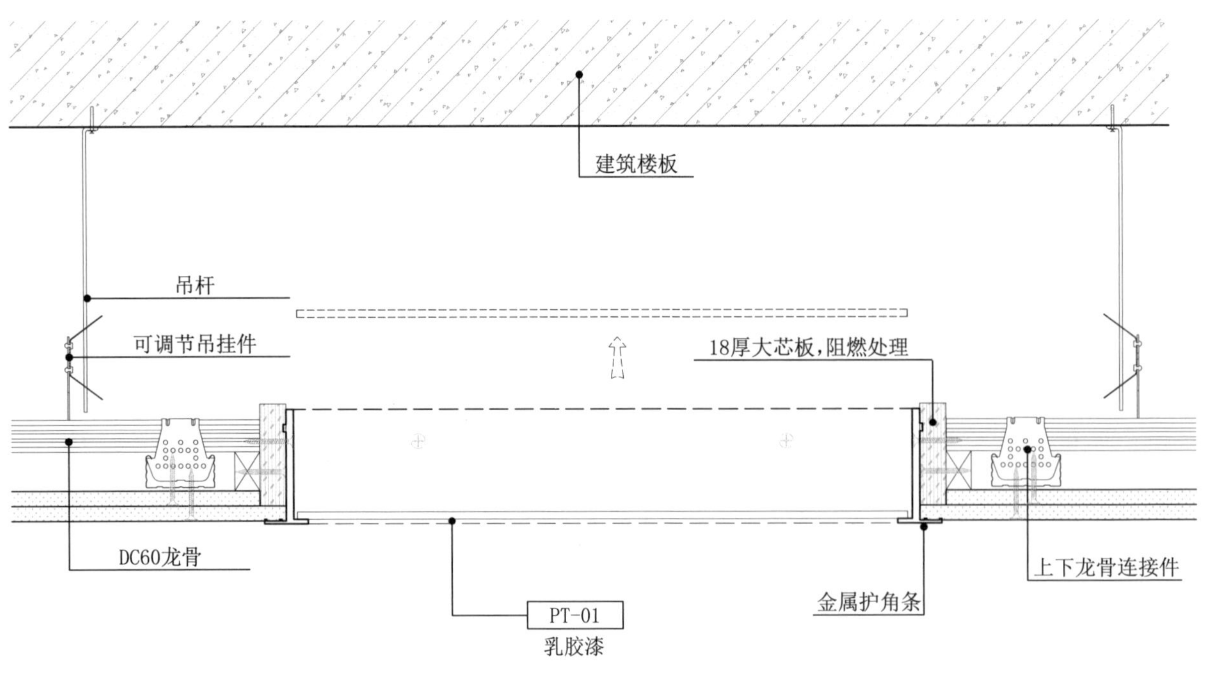

建筑楼板
吊杆
可调节吊挂件
18厚大芯板，阻燃处理
DC60龙骨
PT-01
乳胶漆
金属护角条
上下龙骨连接件

A142 成品检修口天花节点二 / 1:5

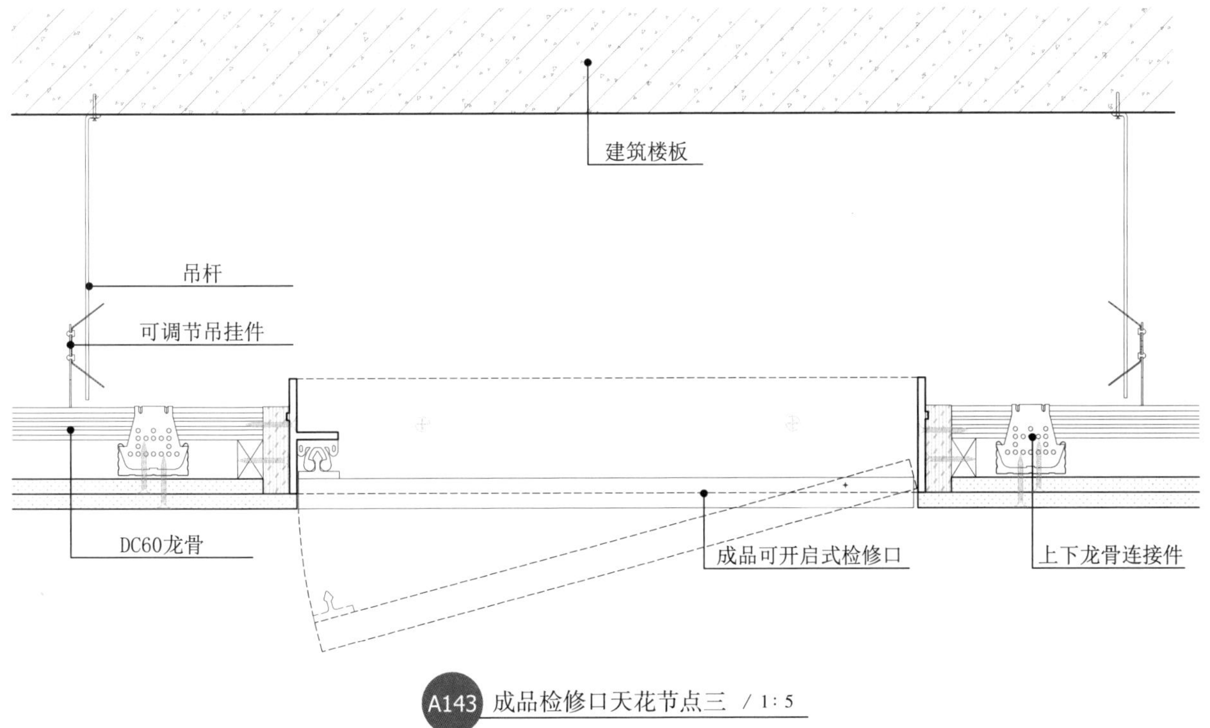
建筑楼板
吊杆
可调节吊挂件
DC60龙骨
成品可开启式检修口
上下龙骨连接件

A143 成品检修口天花节点三 / 1:5

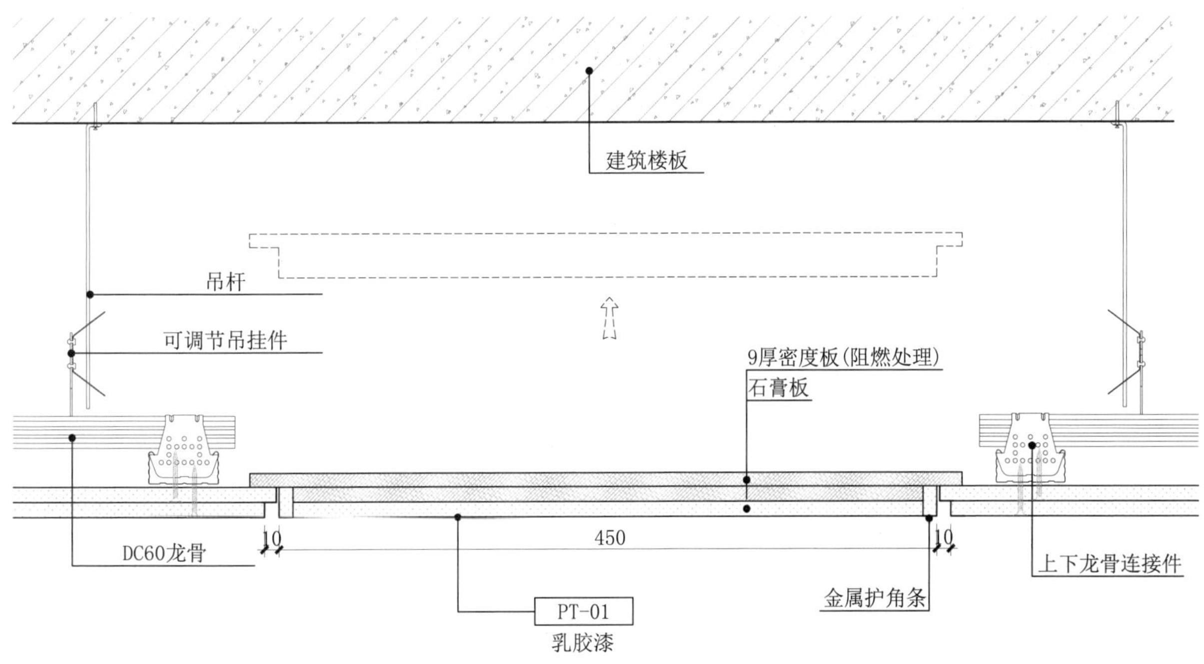
建筑楼板
吊杆
可调节吊挂件
9厚密度板(阻燃处理)
石膏板
DC60龙骨
10
450
10
上下龙骨连接件
金属护角条
PT-01
乳胶漆

A144 定制检修口天花节点（和造型隐藏）/ 1:5

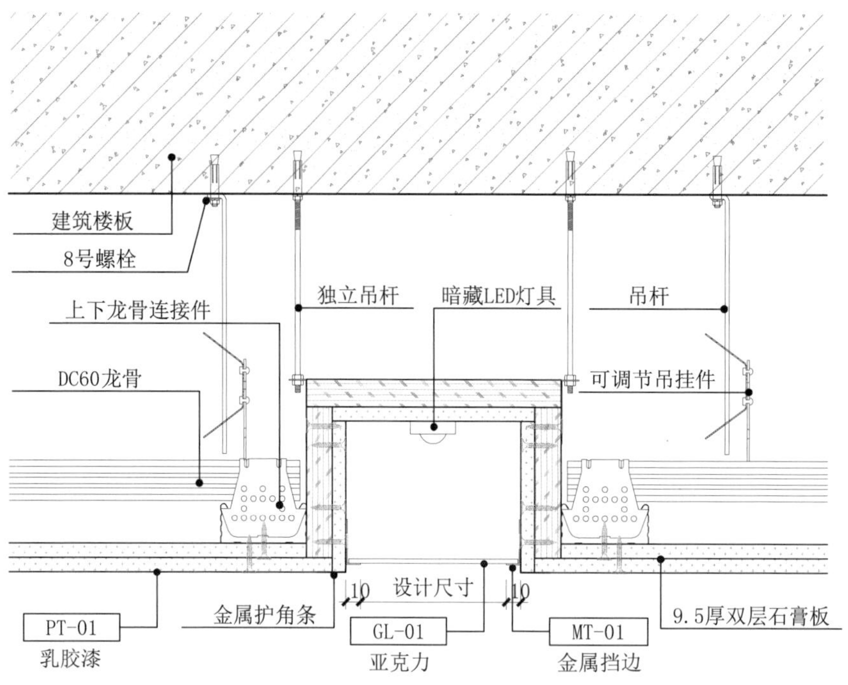
建筑楼板
8号螺栓
上下龙骨连接件
DC60龙骨
独立吊杆
暗藏LED灯具
吊杆
可调节吊挂件
10
设计尺寸
10
PT-01
乳胶漆
金属护角条
GL-01
亚克力
MT-01
金属挡边
9.5厚双层石膏板

A145 天花挡光板灯带造型节点 / 1:5

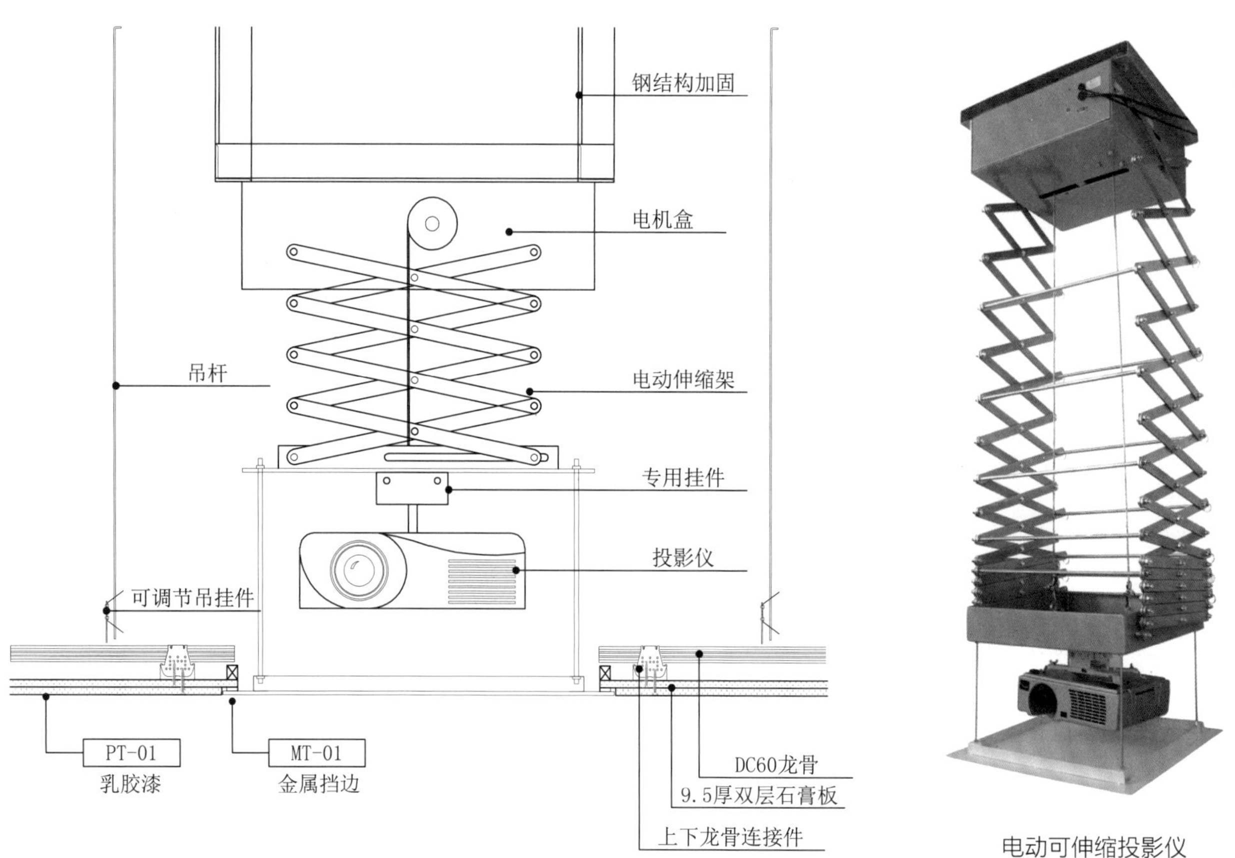
钢结构加固
电机盒
吊杆
电动伸缩架
专用挂件
投影仪
可调节吊挂件
PT-01
乳胶漆
MT-01
金属挡边
DC60龙骨
9.5厚双层石膏板
上下龙骨连接件

电动可伸缩投影仪

A146 电动可伸缩投影仪安装节点 / 1:5

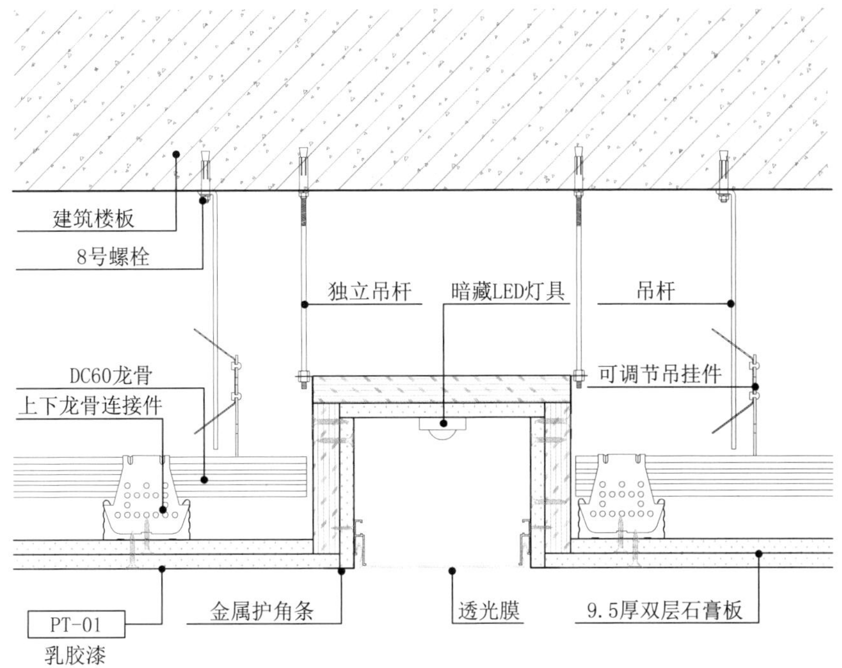
建筑楼板
8号螺栓
独立吊杆
暗藏LED灯具
吊杆
DC60龙骨
上下龙骨连接件
可调节吊挂件
PT-01
乳胶漆
金属护角条
透光膜
9.5厚双层石膏板

A147 天花透光膜造型节点 / 1:5

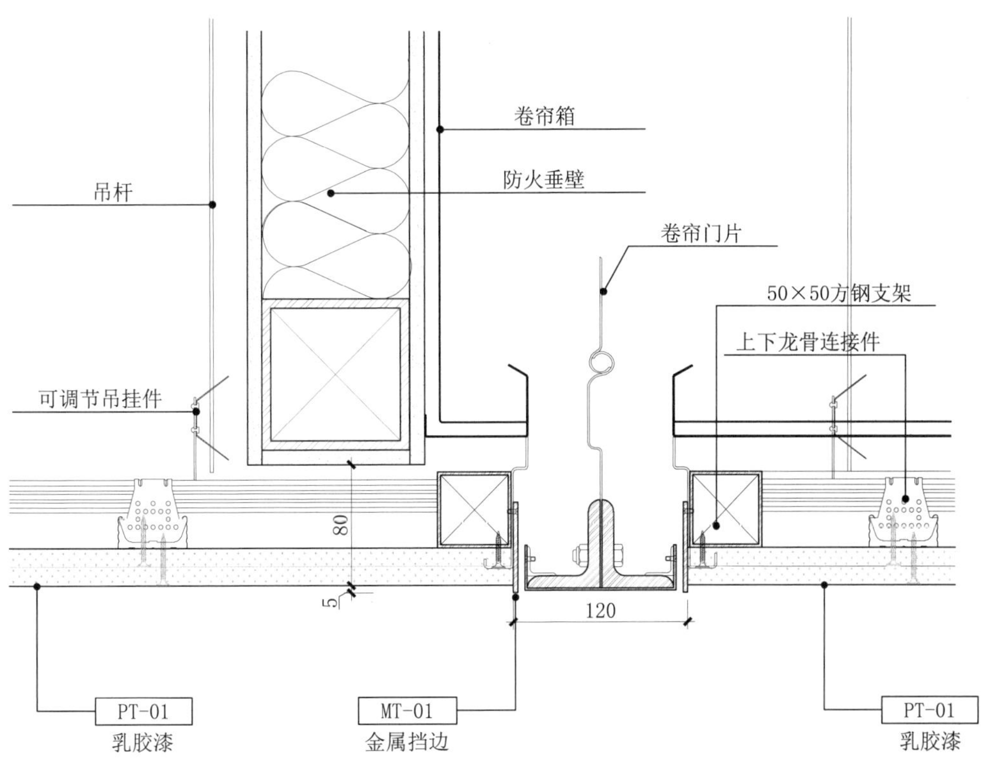
卷帘箱
防火垂壁
吊杆
卷帘门片
50×50方钢支架
上下龙骨连接件
可调节吊挂件
80
5
120
PT-01
乳胶漆
MT-01
金属挡边
PT-01
乳胶漆

A148 卷帘轨道天花收口节点 / 1:5

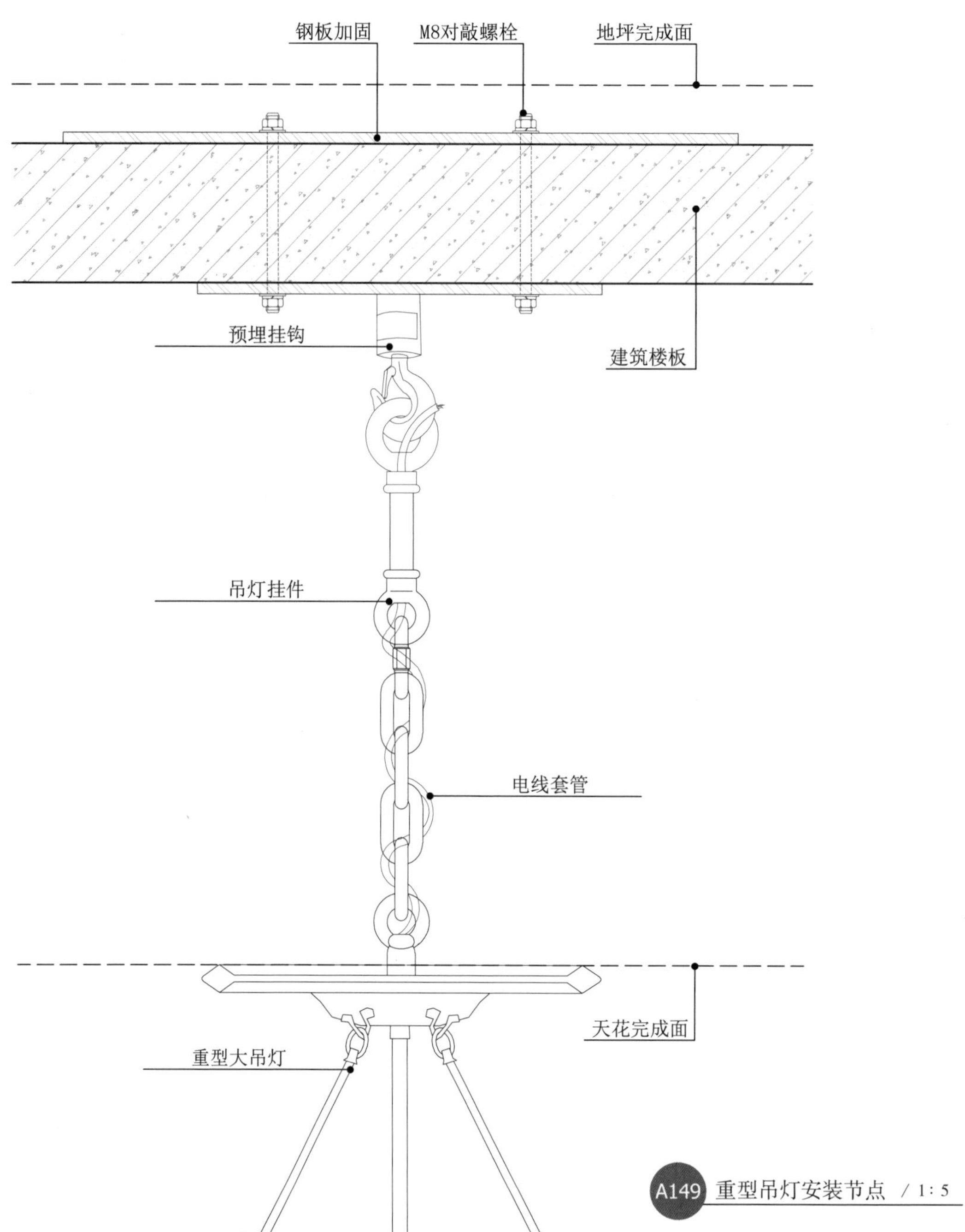
钢板加固
M8对敲螺栓
地坪完成面
预埋挂钩
建筑楼板
吊灯挂件
电线套管
天花完成面
重型大吊灯

A149 重型吊灯安装节点 / 1∶5

课堂小知识

防潮石膏板与防水石膏板有什么区别？

防潮石膏板是用防水护面做纸贴面，芯里还是普通石膏浆。撕去防水护面纸后，石膏芯是不耐水的。

防水石膏板不仅用了防水护面，芯里面的石膏浆也添加了防水剂。防水石膏板主要是防止室内水汽进入，通过在表面涂刷一层防水漆阻隔水分，保护石膏板不渗入水分。合格的防水石膏板在水里浸泡24 h后取出，是不会变形、不会泡坏的。如果用刀子把被水浸透的护面纸剥下来，里面的石膏芯呈塑料板状，不会被泡坏。

如何区分：一般防潮石膏板都是纸面的，防水石膏板表面是没有纸的。还有，防水石膏板的石膏是黄色的，很硬且伴有颗粒；一般石膏板的石膏是纯白色的，很细腻且很软。

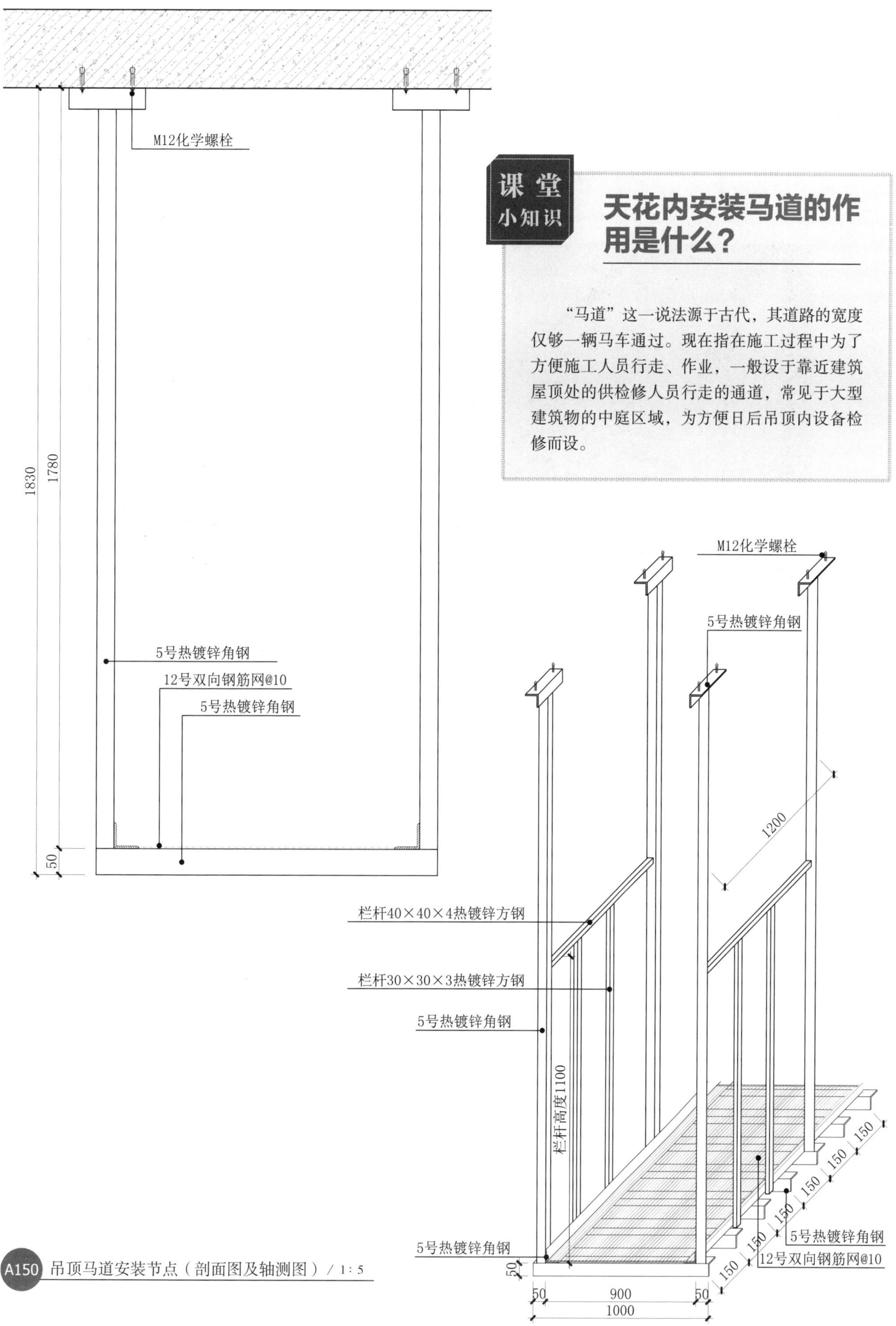
M12化学螺栓
1830
1780
50
5号热镀锌角钢
12号双向钢筋网@10
5号热镀锌角钢
M12化学螺栓
5号热镀锌角钢
1200
栏杆40×40×4热镀锌方钢
栏杆30×30×3热镀锌方钢
5号热镀锌角钢
栏杆高度1100
5号热镀锌角钢
50
50
900
50
1000
150
150
150
150
150
150
5号热镀锌角钢
12号双向钢筋网@10

课堂小知识

天花内安装马道的作用是什么？

“马道”这一说法源于古代，其道路的宽度仅够一辆马车通过。现在指在施工过程中为了方便施工人员行走、作业，一般设于靠近建筑屋顶处的供检修人员行走的通道，常见于大型建筑物的中庭区域，为方便日后吊顶内设备检修而设。

A150 吊顶马道安装节点（剖面图及轴测图）/ 1：5

2　金属板吊顶

铝板吊顶

课堂
小知识

铝板吊顶施工流程

一、弹线

根据楼层标高水平线，按照设计标高，沿墙四周弹好顶棚标高水平线，并以房间中心点为中心在墙上画好龙骨分档位置线。

二、安装主龙骨吊杆

在弹好顶棚标高水平线及龙骨位置线后，确定吊杆下端头的标高，安装预先备好的吊杆，将吊杆用直径M8膨胀螺栓固定在顶棚上。吊杆选用⌀8 mm圆钢，吊筋间距控制在1200 mm以内。

三、安装主龙骨

主龙骨一般选用C38轻钢龙骨，间距控制在1200 mm以内。安装时采用与主龙骨配套的吊件与吊杆连接。

四、安装边龙骨

按天花净高要求，在墙四周用水泥钉固定25 mm×25 mm烤漆龙骨，水泥钉间距不大于300 mm。

五、安装次龙骨

根据铝板的规格尺寸，安装与铝板配套的次龙骨，次龙骨通过吊挂件吊挂在主龙骨上。当次龙骨需接长时，用次龙骨连接件，并在吊挂次龙骨的同时将端头连接，先调直次龙骨后固定。

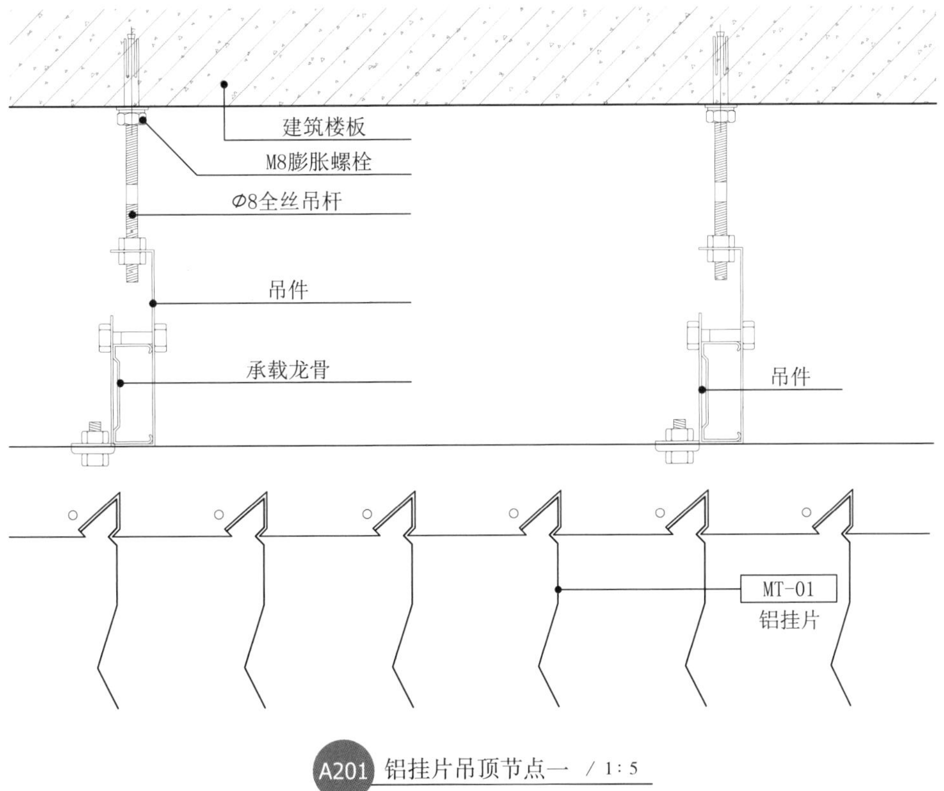
建筑楼板
M8膨胀螺栓
Ø8全丝吊杆
吊件
承载龙骨
吊件
MT-01
铝挂片

A201 铝挂片吊顶节点一 / 1:5

课堂小知识

什么是铝单板?

铝单板主要用于高档建筑的外墙和室内吊顶装修，是目前材料行业的主流产品，很多高档建筑的室内外都会用它来装修。铝单板既可以做出各种难易程度的造型，又可以搭配各种不同的颜色，如红、黄、蓝、绿、紫、金、古铜、香槟色，以及双重颜色、多重颜色等。还可以搭配不同的纹理，如木纹、仿大理石纹等。可对其进行表面处理的油漆也有很多种，氟碳漆主要用于室外，成本比较高，其成分氟树脂可以起到防紫外线的作用。室内可以喷聚酯漆，聚酯漆成本比氟碳漆低些，分为不同厚度，常见的有1.5 mm、2.0 mm、2.5 mm、3.0 mm等，厚度薄的成本相应低些，不同位置可以选择不同厚度的聚酯漆。

现在行业内对铝单板进行喷涂时普遍采用静电喷涂技术，而静电喷涂对喷漆房间的温度和湿度有较高要求，如果控制不好，喷漆涂层的质量将会受到很大的影响。静电喷涂又分为“粉末喷涂”和“油漆喷涂”。经过喷漆、烘烤、自然降温之后，再进行出厂前的膜厚检测和色泽检测，产品合格才可以出厂。

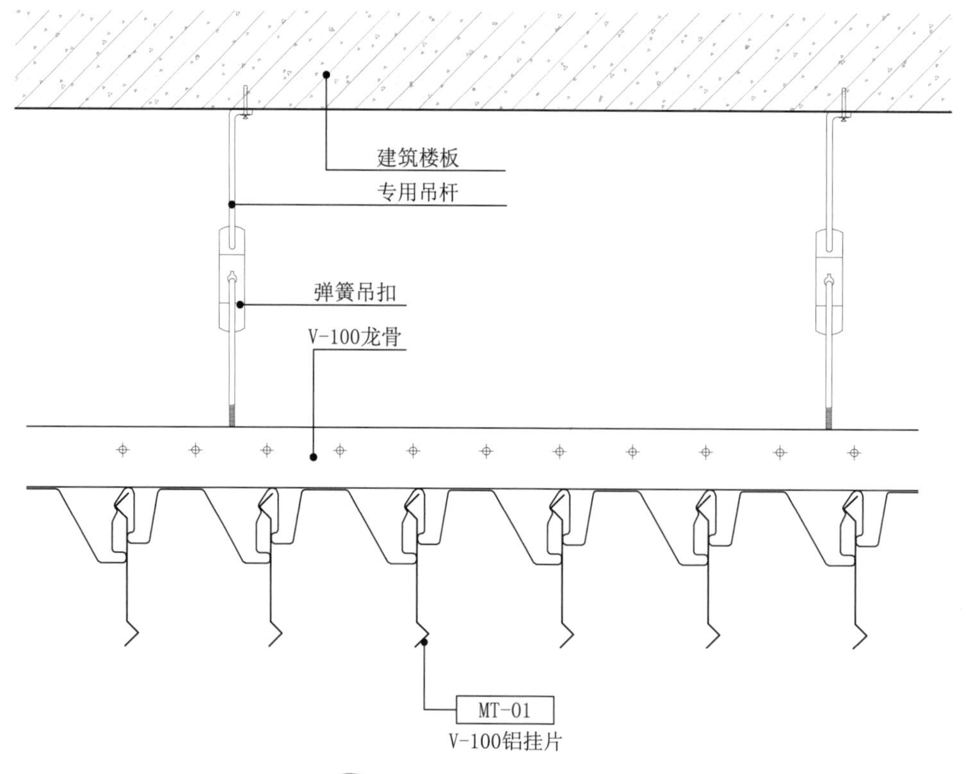
建筑楼板
专用吊杆
弹簧吊扣
V-100龙骨
MT-01
V-100铝挂片

A202 铝挂片吊顶节点二 / 1: 5

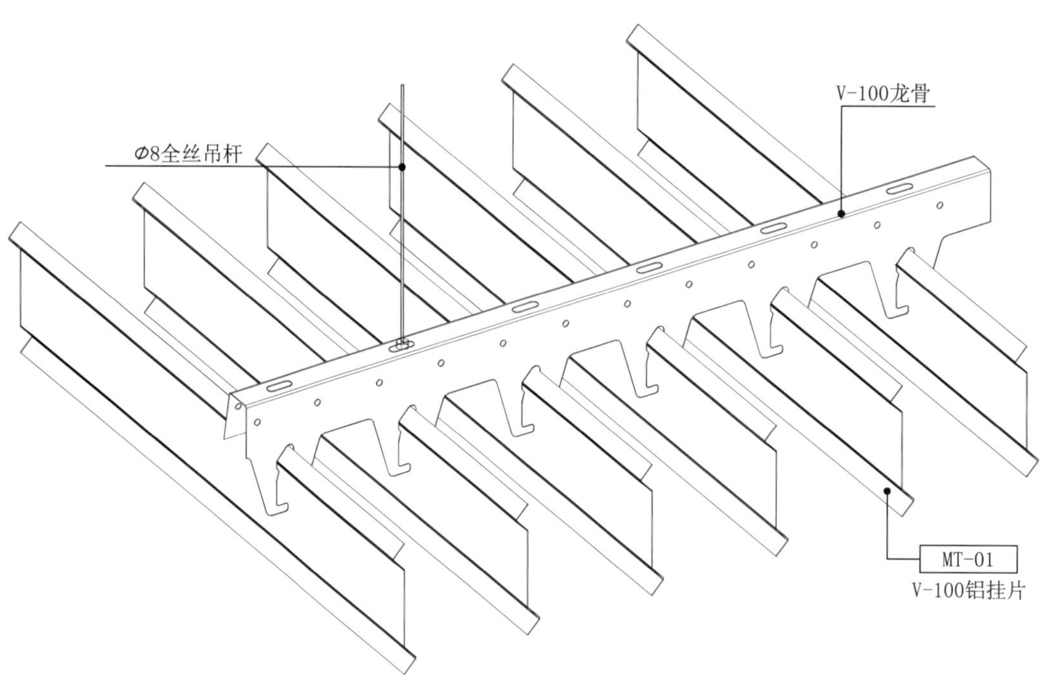
V-100龙骨
Ø8全丝吊杆
MT-01
V-100铝挂片

铝挂片吊顶轴测图

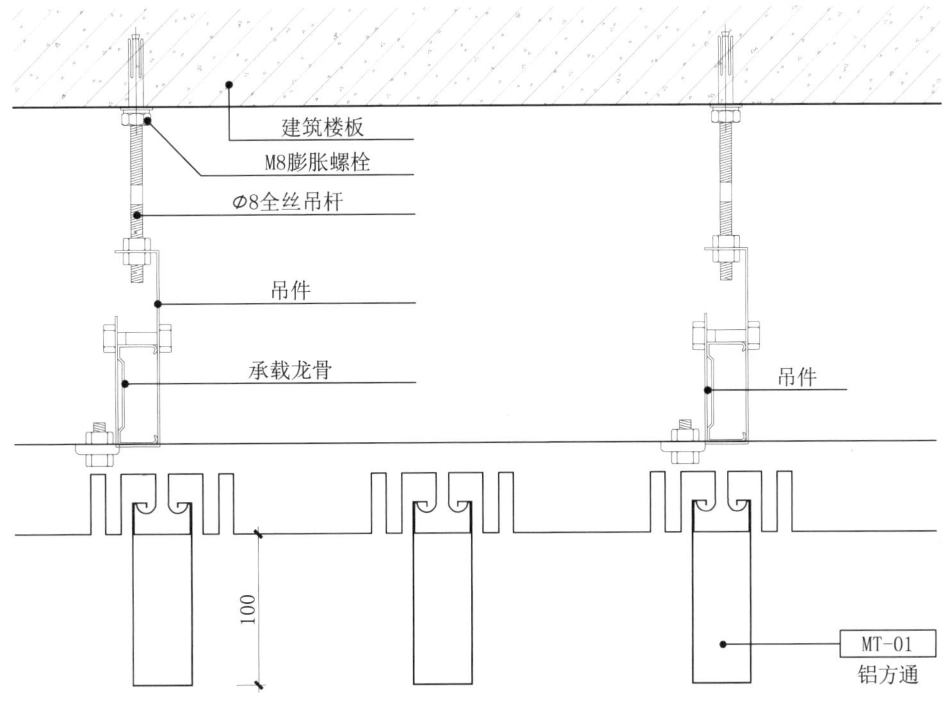
建筑楼板
M8膨胀螺栓
Ø8全丝吊杆
吊件
承载龙骨
吊件
100
MT-01
铝方通

A203 铝方通吊顶节点一 / 1:5

课堂小知识

铝格栅的特点及用途

随着现代办公大楼的兴起，铝挂片、铝方通、铝格栅、铝板的应用随处可见。这种材料之所以发展迅速，是因为它有很多其他材料所不具备的特点。

铝格栅的主、副龙骨纵横分布，层次分明，立体感强，造型新颖，防火耐温，通风好，并且造价低，加工周期短，加工难度小，尺寸多样，型材平整度好，安装损耗小。还有很多用途，如冷气口、排气口、跌级、灯具等，广泛应用于大型商场、酒吧、候车室、机场、地铁站等，大方美观。

这种板以往用于室外装修，近年常用于室内，效果也非常好。它的品种很多，板面图案有仿金属、仿花岗岩、仿大理石等，而且各种颜色齐全。

使用铝格栅装修顶棚，会使整个厅堂显得更加具有立体感。顶棚色彩丰富，再结合光源布置，可使空间更多变，能使装饰设计人员有充分余地发挥艺术构思，使空间更有个性。如将光源隐藏于铝格栅下散射出来，光线非常柔和，避免了直接照明的眩光，且光损失量很小；若将光源镶嵌在铝格栅之中，可使整个空间明暗变化丰富，照明也更加优化。

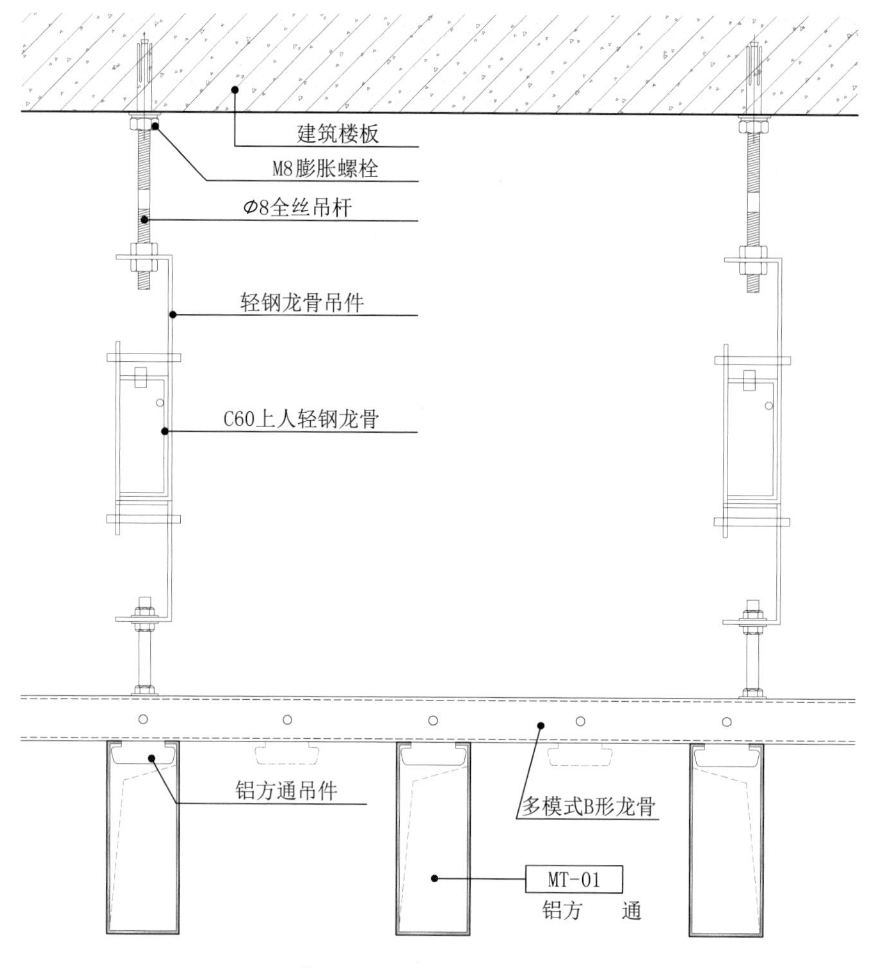
建筑楼板
M8膨胀螺栓
Ø8全丝吊杆
轻钢龙骨吊件
C60上人轻钢龙骨
铝方通吊件
多模式B形龙骨
MT-01
铝方 通

A204 铝方通吊顶节点二 / 1:5

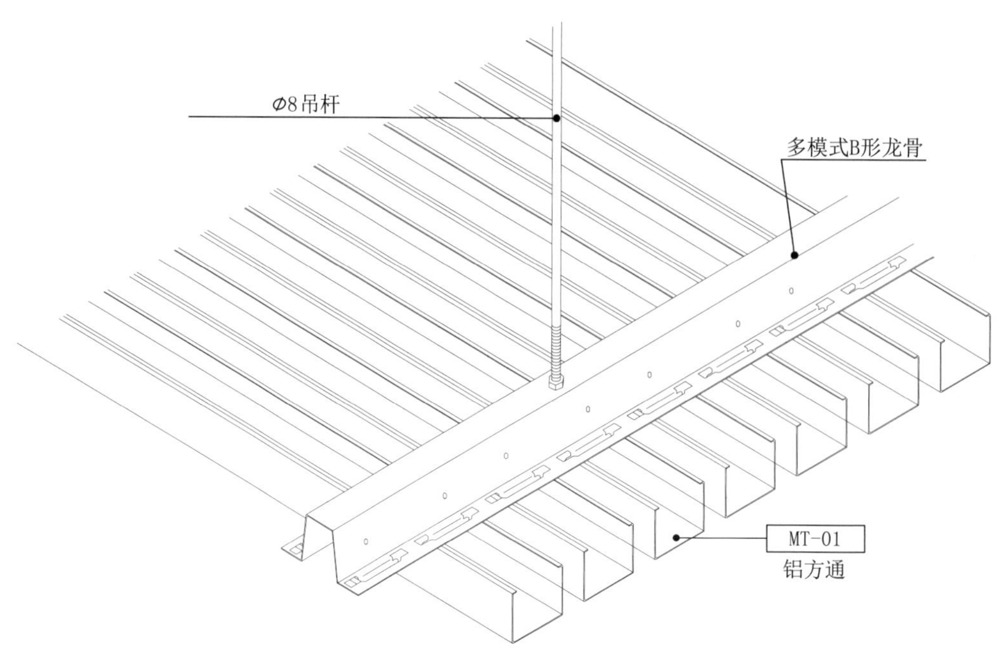
Ø8吊杆
多模式B形龙骨
MT-01
铝方通

铝方通吊顶轴测图（A204）

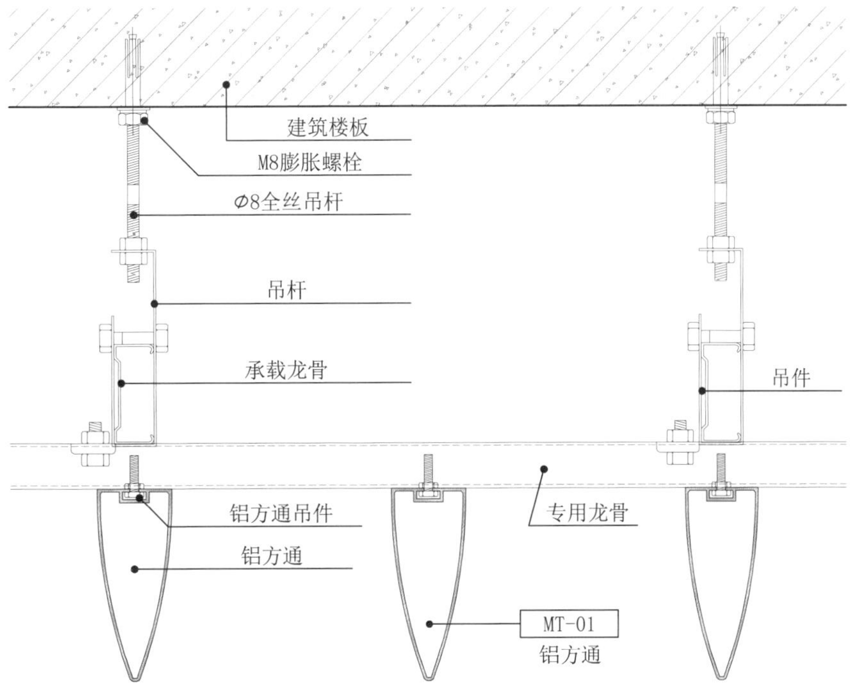
建筑楼板
M8膨胀螺栓
Ø8全丝吊杆
吊杆
承载龙骨
吊件
铝方通吊件
铝方通
专用龙骨
MT-01
铝方通

A205 铝方通吊顶节点三 / 1:5

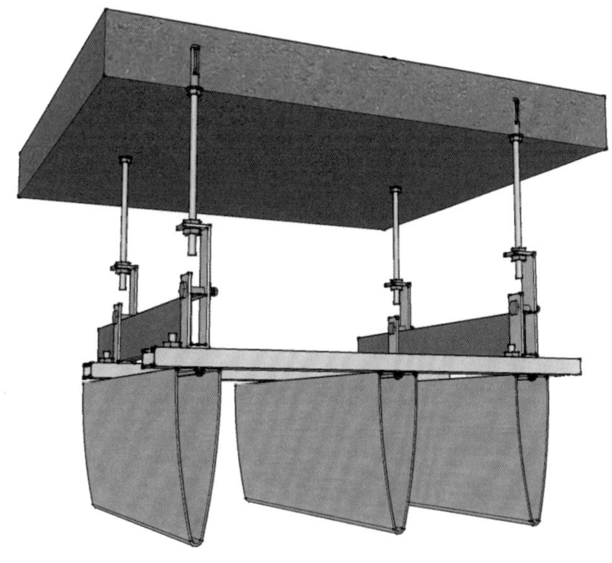

三维示意图（A205）

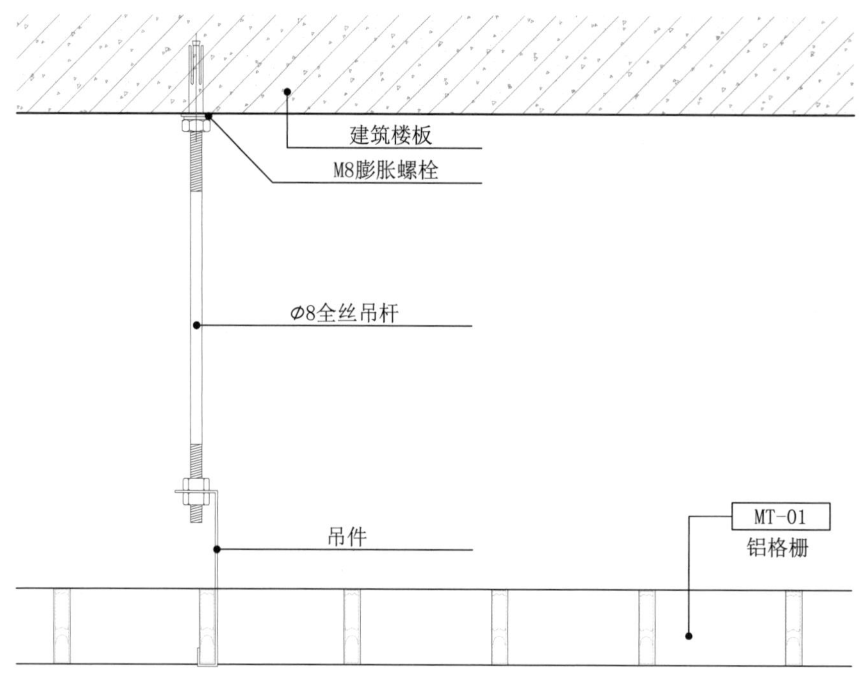
建筑楼板
M8膨胀螺栓
Ø8全丝吊杆
吊件
MT-01
铝格栅

A206 铝格栅吊顶节点一 / 1 : 5

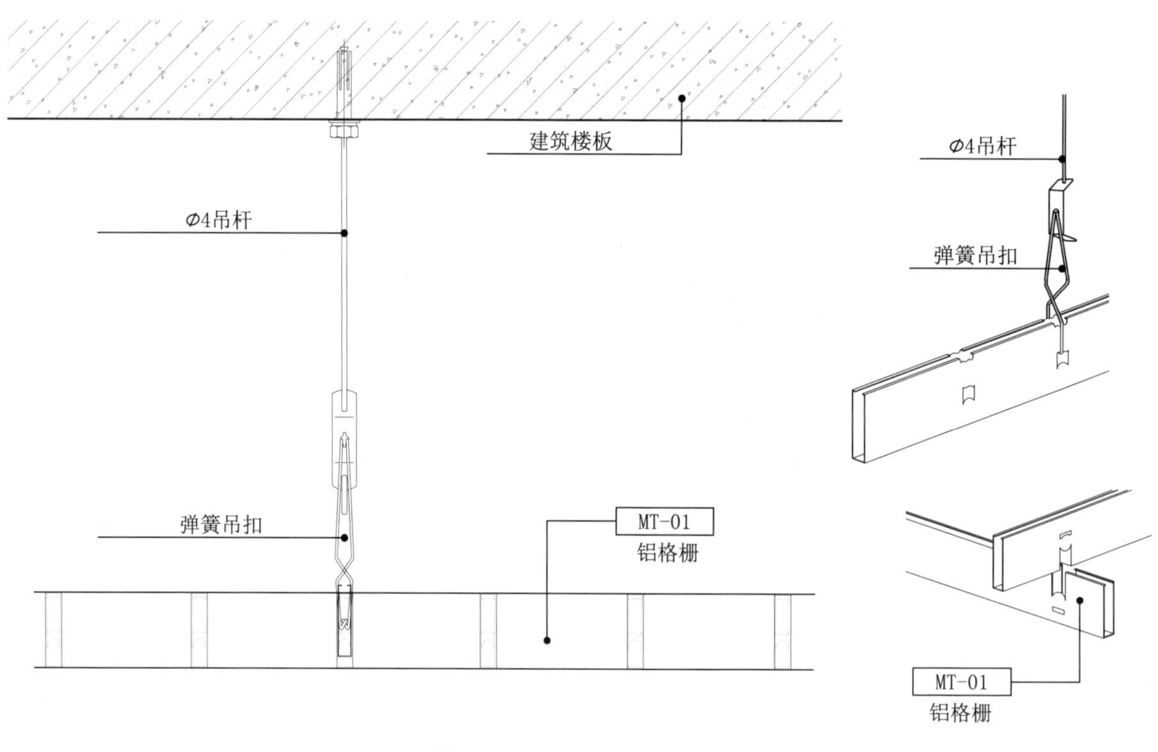
建筑楼板
Ø4吊杆
弹簧吊扣
MT-01
铝格栅
Ø4吊杆
弹簧吊扣
MT-01
铝格栅

A207 铝格栅吊顶节点二 / 1 : 5

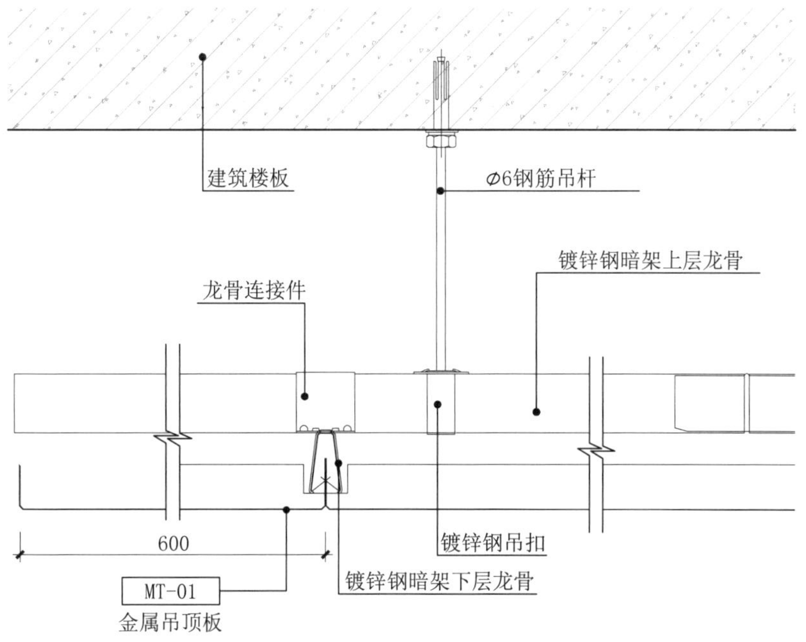
建筑楼板
Ø6钢筋吊杆
镀锌钢暗架上层龙骨
龙骨连接件
600
镀锌钢吊扣
MT-01
金属吊顶板
镀锌钢暗架下层龙骨

A208 铝板吊顶节点一 / 1：5

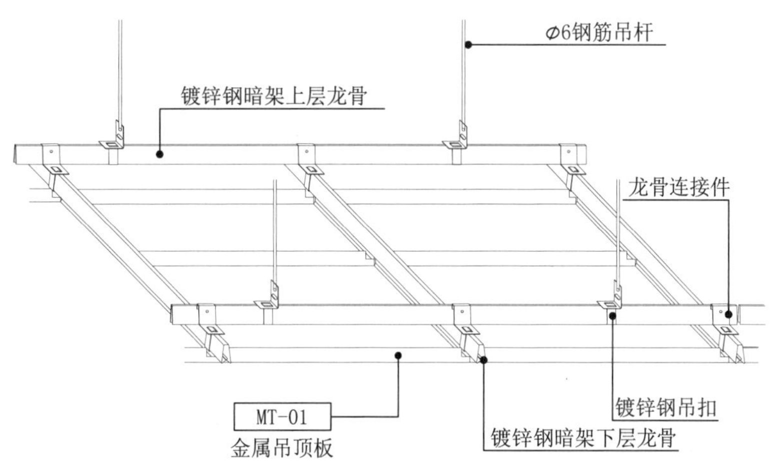
Ø6钢筋吊杆
镀锌钢暗架上层龙骨
龙骨连接件
MT-01
金属吊顶板
镀锌钢吊扣
镀锌钢暗架下层龙骨

铝板吊顶轴测图（A208）

课堂小知识

铝单板的特性

铝单板是指用铝锭轧制加工而成的矩形板材，分为纯铝板、合金铝板、薄铝板、中厚铝板、花纹铝板。

厚度在0.2~5 mm，宽200 mm以上，长16 m以内的铝单板称为铝板材或者铝片材。厚度在0.2 mm以下的为铝材，宽200 mm以内的为排材或者条材。当然随着大设备的进步，宽度做到600 mm的铝板也比较多。

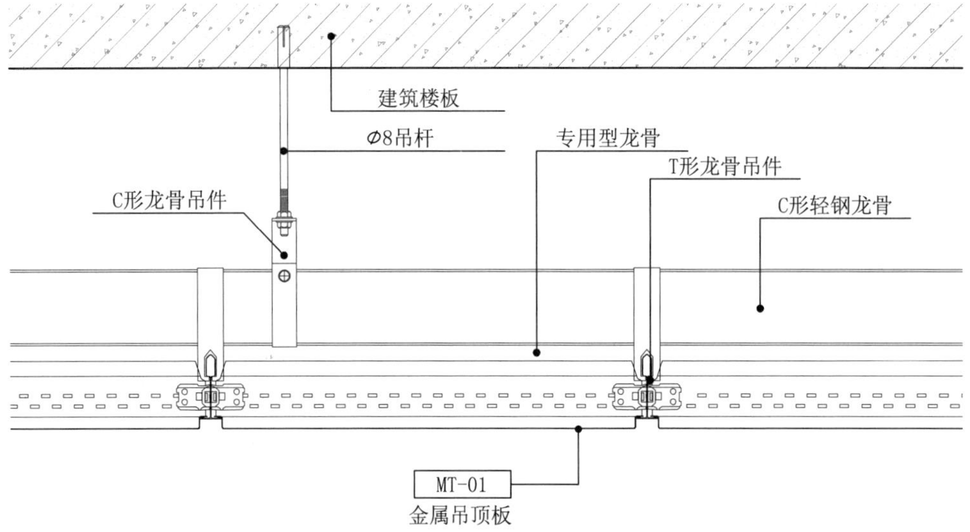
建筑楼板
Ø8吊杆
专用型龙骨
T形龙骨吊件
C形龙骨吊件
C形轻钢龙骨
MT-01
金属吊顶板

A209 铝板吊顶节点二 / 1∶5

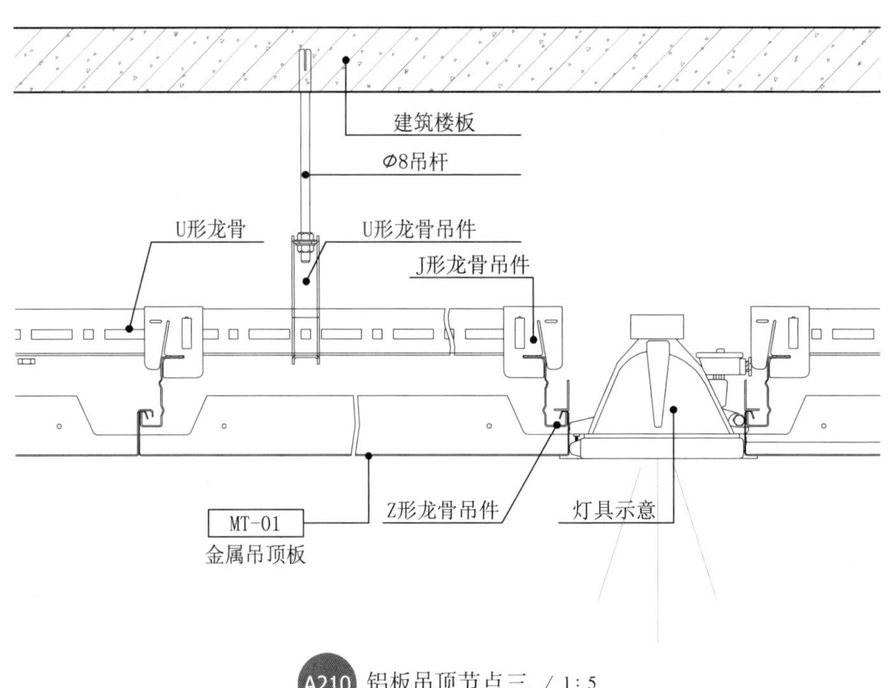
建筑楼板
Ø8吊杆
U形龙骨
U形龙骨吊件
J形龙骨吊件
MT-01
金属吊顶板
Z形龙骨吊件
灯具示意

A210 铝板吊顶节点三 / 1∶5

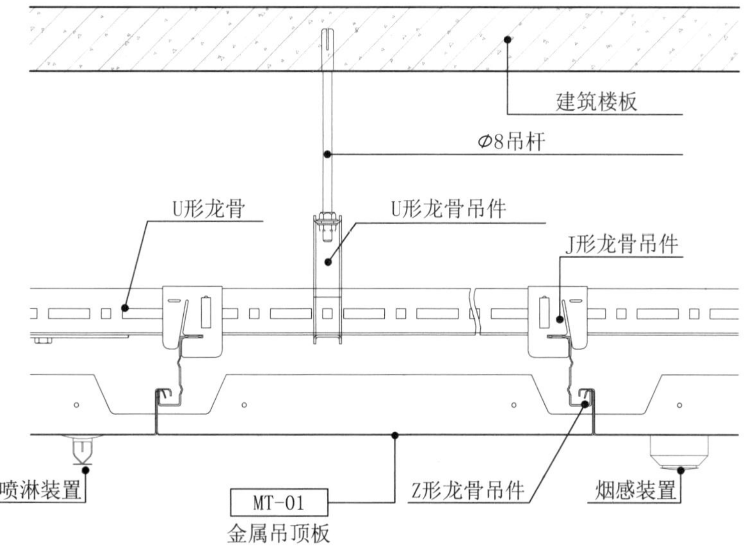
建筑楼板
Φ8吊杆
U形龙骨
U形龙骨吊件
J形龙骨吊件
喷淋装置
MT-01
金属吊顶板
Z形龙骨吊件
烟感装置

A211 铝板吊顶节点四 / 1:5

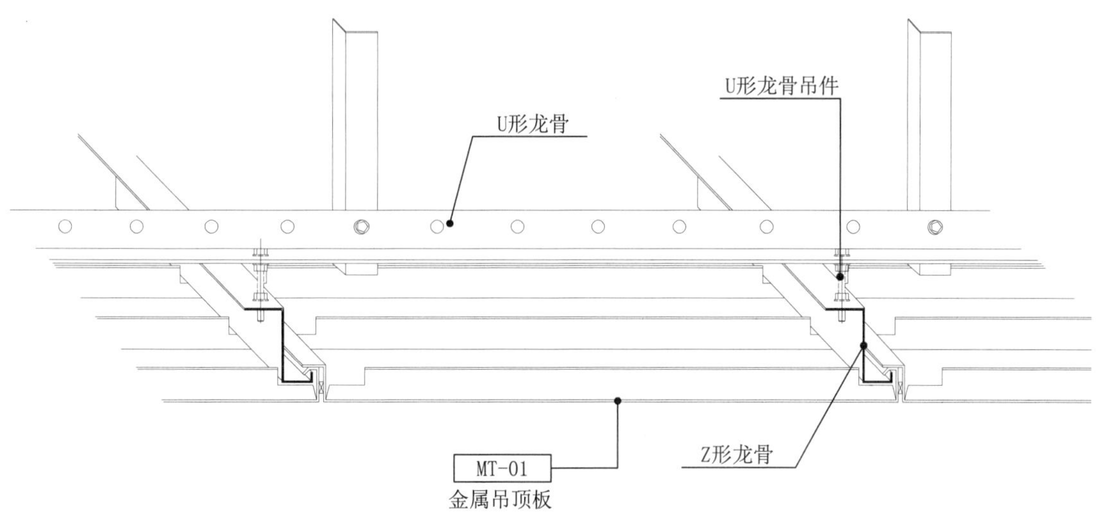
U形龙骨吊件
U形龙骨
MT-01
金属吊顶板
Z形龙骨

铝板吊顶轴测图（A211）

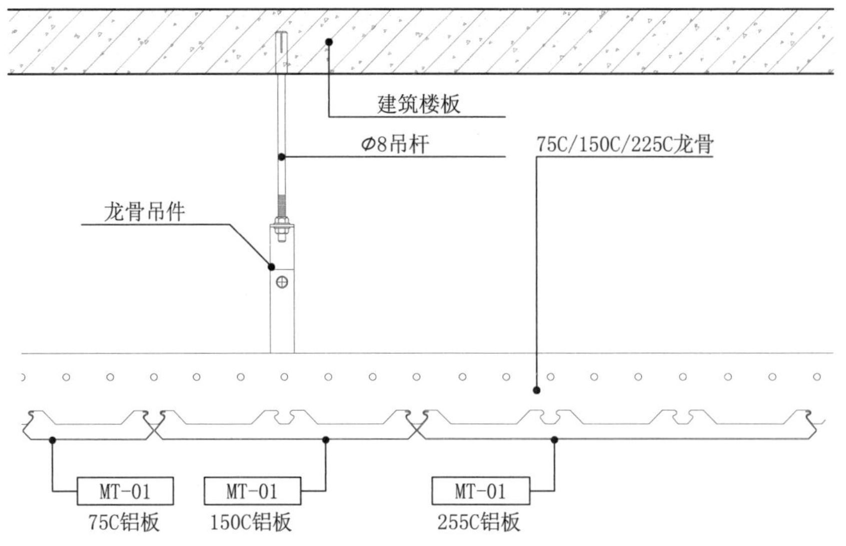
建筑楼板
Ø8吊杆
75C/150C/225C龙骨
龙骨吊件
MT-01
75C铝板
MT-01
150C铝板
MT-01
255C铝板

A212 铝板吊顶节点五 / 1∶5

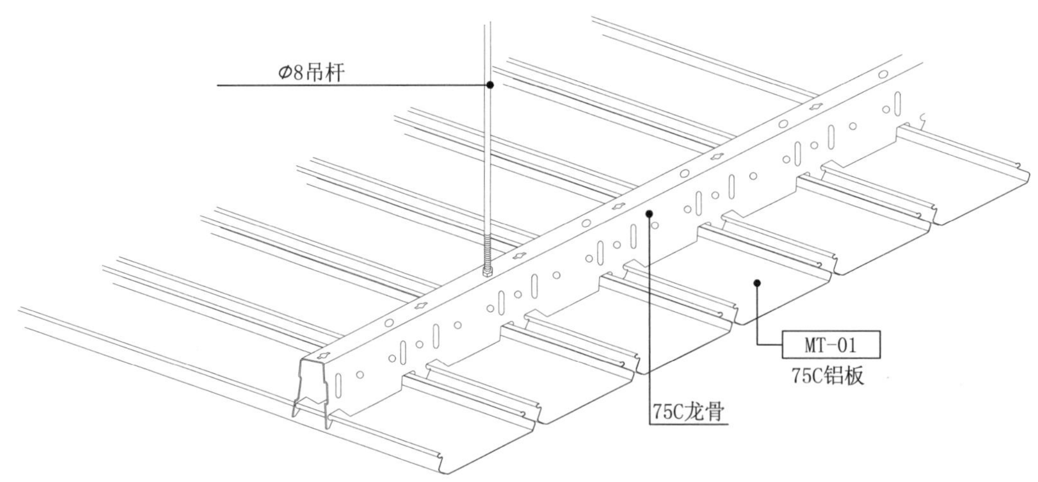
Ø8吊杆
MT-01
75C铝板
75C龙骨

铝板吊顶轴测图（A212）

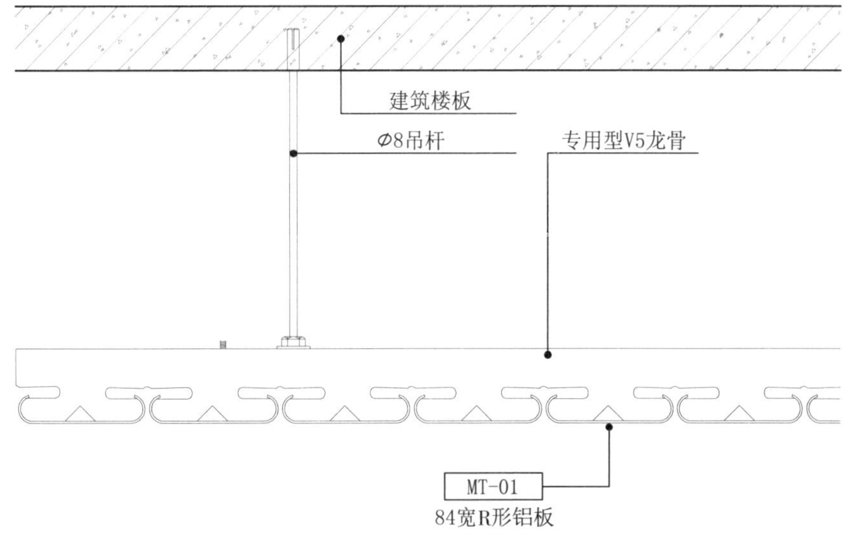
建筑楼板
Ø8吊杆
专用型V5龙骨
MT-01
84宽R形铝板

A213 铝板吊顶节点六 / 1∶5

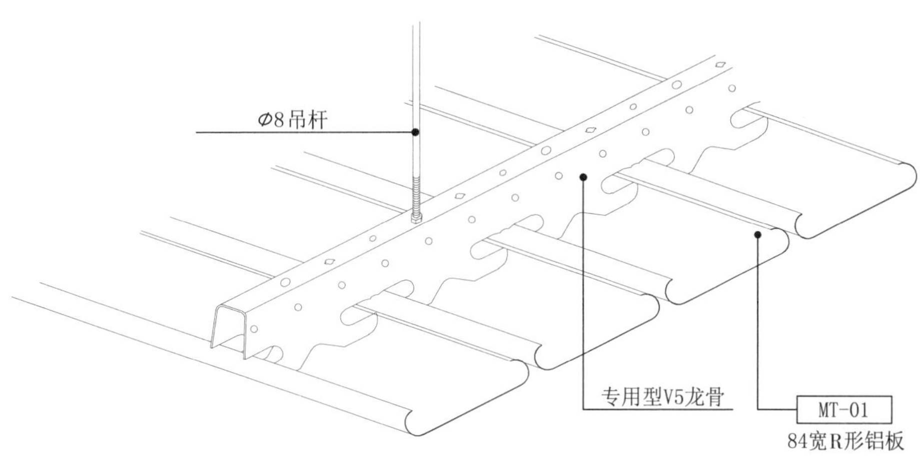
Ø8吊杆
专用型V5龙骨
MT-01
84宽R形铝板

铝板吊顶轴测图（A213）

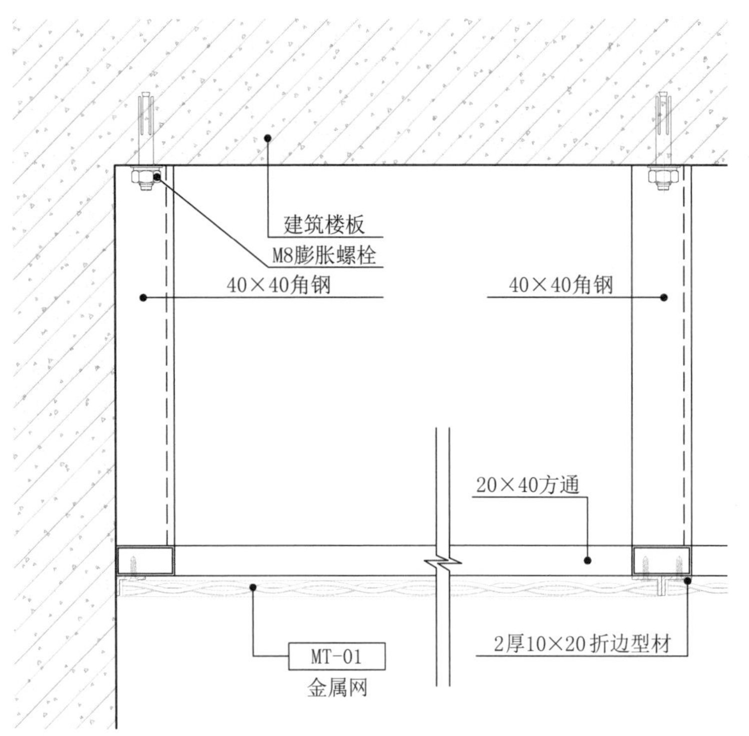

建筑楼板
M8膨胀螺栓
40×40角钢
40×40角钢
20×40方通
MT-01
金属网
2厚10×20折边型材

A214 金镂金属网吊顶节点 / 1:5

金镂金属网吊顶

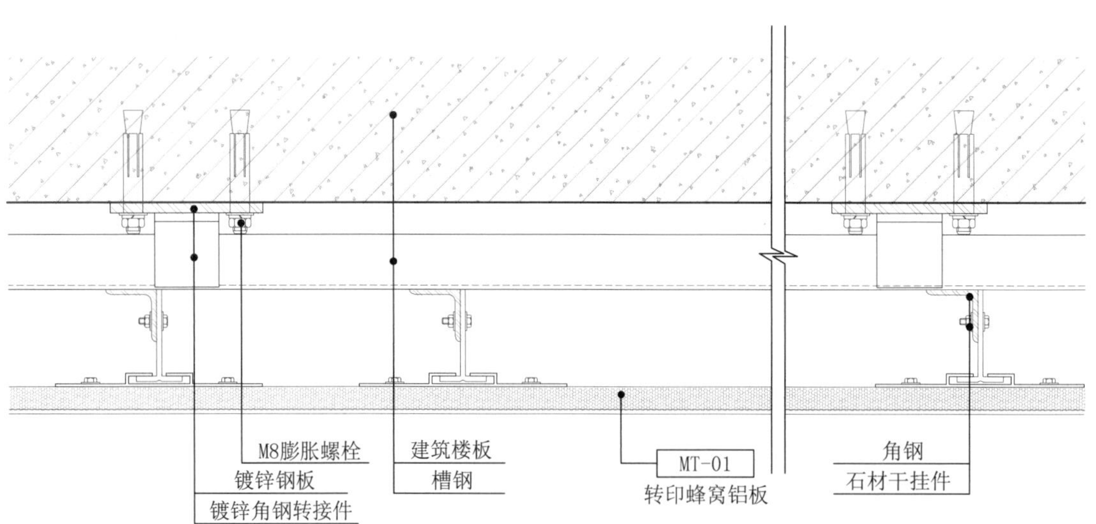

M8膨胀螺栓
镀锌钢板
镀锌角钢转接件
建筑楼板
槽钢
MT-01
转印蜂窝铝板
角钢
石材干挂件

A215 转印蜂窝铝板吊顶节点 / 1:5

转印蜂窝铝板吊顶

3 木饰面吊顶

课堂小知识

木饰面吊顶施工流程

一、工艺流程

顶棚标高弹水平线→安装吊杆→安装龙骨→起拱调平→安装木底板→安装木饰面板。

二、操作工艺

1.弹线时用水准仪在房间内每个墙（柱）角上标出水平点（若墙体较长，中间也应适当标几个点），弹出水准线（水准线距地面一般为500 mm）。从水准线至吊顶设计高度加上金属板的厚度和折边的高度，用粉线沿墙（柱）弹出水准线，即为吊顶次龙骨的下皮线。同时，按吊顶平面图，在混凝土顶板弹出主龙骨的位置。主龙骨应从吊顶中心向两边安装，最大间距为1000 mm，若遇到梁和管道，使固定点间距大于设计和规程要求时，应增加吊杆的固定点。

2.安装吊杆时采用膨胀螺栓固定吊挂杆件。不上人的吊顶，如果吊杆长度小于1000 mm，可以采用⌀6 mm的吊杆，如果大于1000 mm，应采用⌀8 mm的吊杆，如果大于1500 mm，还应设置反向支撑。吊杆可以采用冷拔钢筋和盘圆钢筋，但若采用盘圆钢筋，应用机械将其拉直。上人的吊顶，如果吊杆长度小于1000 mm，可以采用⌀8 mm的吊杆，如果大于1000 mm，应采用⌀10 mm的吊杆，如果大于1500 mm，应设置反向支撑。吊杆的一端同∟30×30×3角码焊接（角码的孔径应根据吊杆和膨胀螺栓的直径确定），另一端可以用攻丝套出大于100 mm的丝杆，也可以买成品丝杆焊接。制作好的吊杆应做防锈处理，用膨胀螺栓固定在楼板上，用冲击电锤打孔，孔径应稍大于膨胀螺栓的直径。

3.龙骨安装：

（1）安装边龙骨前应按设计要求弹线，沿墙（柱）上的水平龙骨线把L形镀锌轻钢条用自攻螺钉固定在预埋木砖上，在混凝土墙（柱）上可用射钉固定，射钉间距不应大于吊顶次龙骨的间距。如果罩面板是固定的单铝板或铝塑板，可以用密封胶直接收边，也可以加阴角进行修饰。

（2）主龙骨应吊挂在吊杆上。主龙骨间距为900~1000 mm，主龙骨分不上人UC38小龙骨、上人UC60大龙骨两种。安装主龙骨一般宜平行于房间长向，同时应起拱，以按房间短向跨度的1/200~1/300安装为宜。主龙骨的悬臂段长度不应大于300 mm，否则应增加吊杆。接长主龙骨应采取对接方式，相邻龙骨的对接接头要相互错开。跨度大于12 m的吊顶，应在主龙骨上，每隔12 m加一道大龙骨，垂直于主龙骨并焊接牢固。吊顶若设检修走道，应另设附加吊挂系统，用螺栓连接10 mm宽的吊杆与长度为1200 mm的∟45×5角钢横担。横担间距为1800~2000 mm，在横担上铺设走道，可以用6号槽钢两根，间距为600 mm，槽钢之间用10 mm宽的钢筋焊接，钢筋的间距为1100 mm，将槽钢与横担角钢焊接牢固。在走道的一侧设有栏杆，高度为900 mm，可以用50 mm×4 mm的角钢做立柱，焊接在走道槽钢上，立柱之间用30 mm×4 mm的扁钢连接。

（3）安装次龙骨和横撑龙骨。次龙骨分暗龙骨和明龙骨两种。暗龙骨吊顶，即安装罩面板时将次龙骨封闭在罩面板内，在顶棚表面看不见次龙骨。明龙骨吊顶，即安装罩面板时将次龙骨明露在罩面板下，在顶棚表面能够看见次龙骨。次龙骨应紧贴主龙骨安装，间距为300~600 mm。次龙骨分为T形烤漆龙骨、T形铝合金龙骨和各种条形扣板厂家配带的专用龙骨。用T形镀锌铁片连接件把次龙骨固定在主龙骨上时，次龙骨的两端应搭在L形边龙骨的水平翼缘上。横撑龙骨应用连接件将其两端连接在通长龙骨上。明龙骨系列的横撑龙骨搭接处的间隙不得大于1 mm。

龙骨之间一般采用连接件连接，有些部位可采用抽芯铆钉连接。应全面校正次龙骨的位置及平整度，连接件应错位安装。

4.安装木底板应用自攻螺钉固定，并经过防潮处理。安装时先将木板就位，用直径小于自攻螺钉直径的钻头将板与龙骨钻通，再用自攻钉拧紧。木板要在自由状态下固定，不得出现弯棱、凸鼓现象。木板的长边应沿纵向次龙骨铺设，固定板用的次龙骨间距不应大于600 mm。

5.安装木饰面板可用胶贴在木底板上，在贴的同时注意胶要涂匀，各个位置都应涂到，保证木饰面板和木底板之间的牢固粘结。

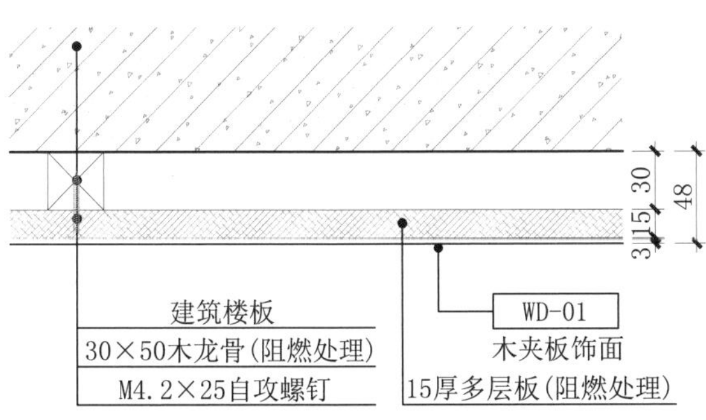
30
48
15
3
建筑楼板
30×50木龙骨(阻燃处理)
M4.2×25自攻螺钉
WD-01
木夹板饰面
15厚多层板(阻燃处理)

A301 天花木夹板吊顶节点一 / 1:5

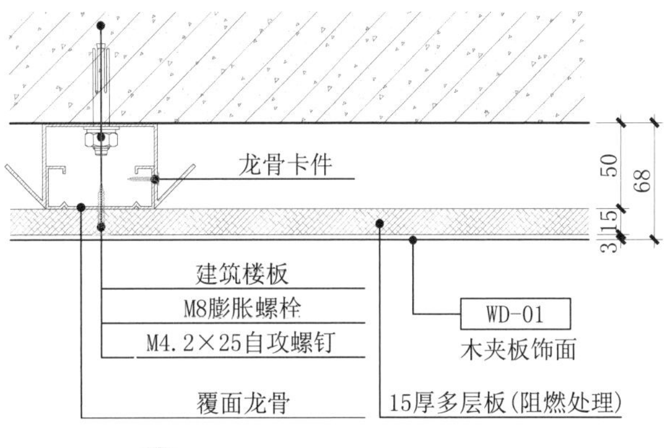
龙骨卡件
50
68
15
3
建筑楼板
M8膨胀螺栓
M4.2×25自攻螺钉
覆面龙骨
WD-01
木夹板饰面
15厚多层板(阻燃处理)

A302 天花木夹板吊顶节点二 / 1:5

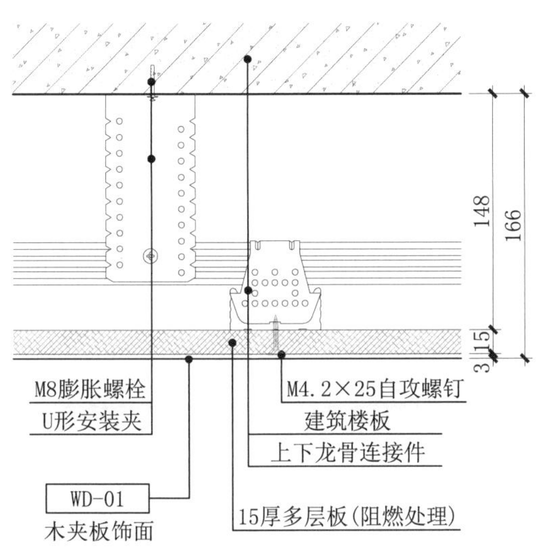
148
166
15
3
M8膨胀螺栓
U形安装夹
M4.2×25自攻螺钉
建筑楼板
上下龙骨连接件
WD-01
木夹板饰面
15厚多层板(阻燃处理)

A303 天花木夹板吊顶节点三 / 1:5

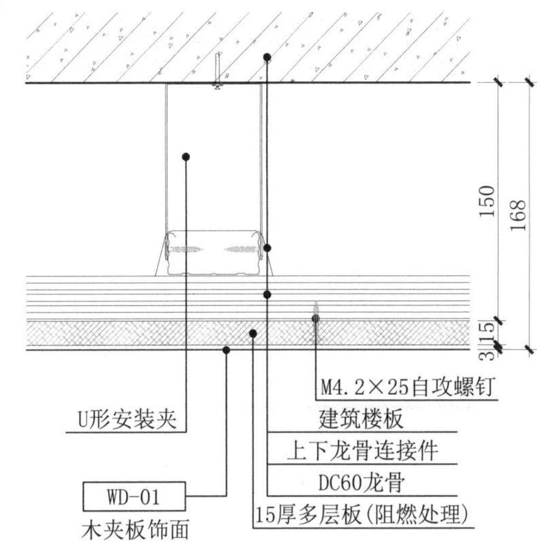
150
168
15
3
U形安装夹
M4.2×25自攻螺钉
建筑楼板
上下龙骨连接件
DC60龙骨
WD-01
木夹板饰面
15厚多层板(阻燃处理)

A304 天花木夹板吊顶节点四 / 1:5

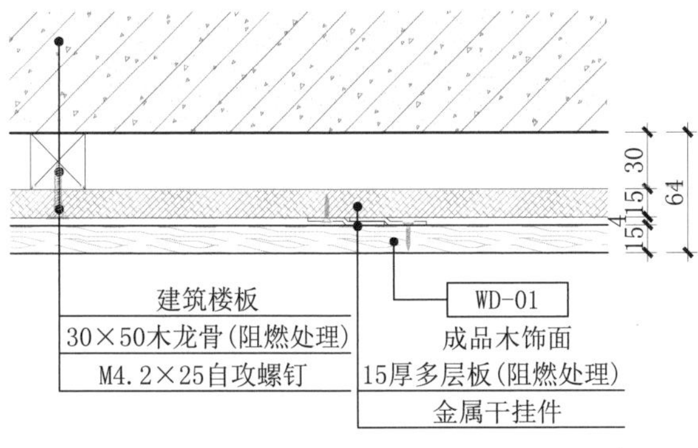
30
15
4
15
64
建筑楼板
30×50木龙骨(阻燃处理)
M4.2×25自攻螺钉
WD-01
成品木饰面
15厚多层板(阻燃处理)
金属干挂件

A305 天花成品木饰面吊顶节点一 / 1:5

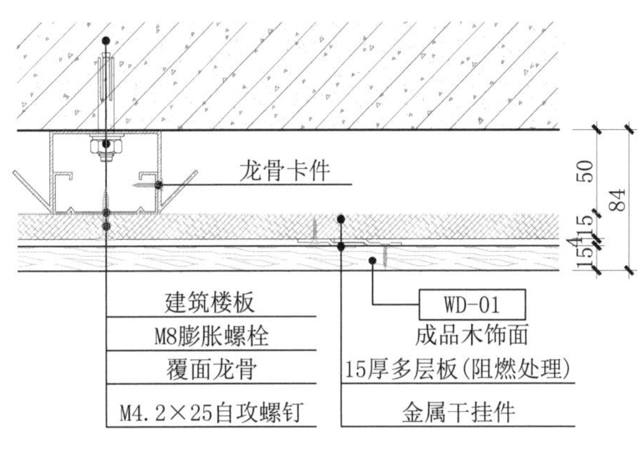
龙骨卡件
50
84
15
4
15
建筑楼板
M8膨胀螺栓
覆面龙骨
M4.2×25自攻螺钉
WD-01
成品木饰面
15厚多层板(阻燃处理)
金属干挂件

A306 天花成品木饰面吊顶节点二 / 1:5

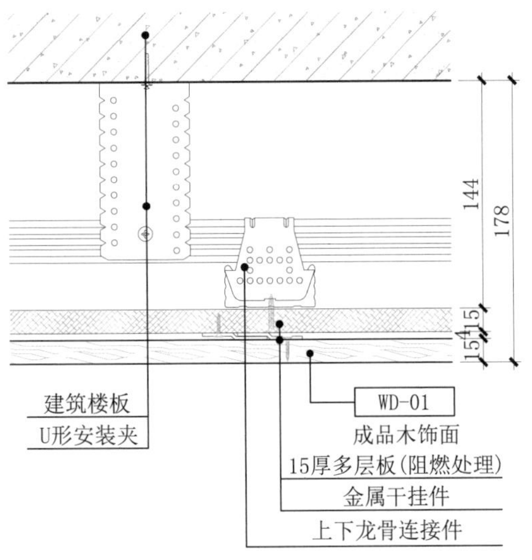
144
178
15
15
建筑楼板
U形安装夹
WD-01
成品木饰面
15厚多层板(阻燃处理)
金属干挂件
上下龙骨连接件

A307 天花成品木饰面吊顶节点三 / 1:5

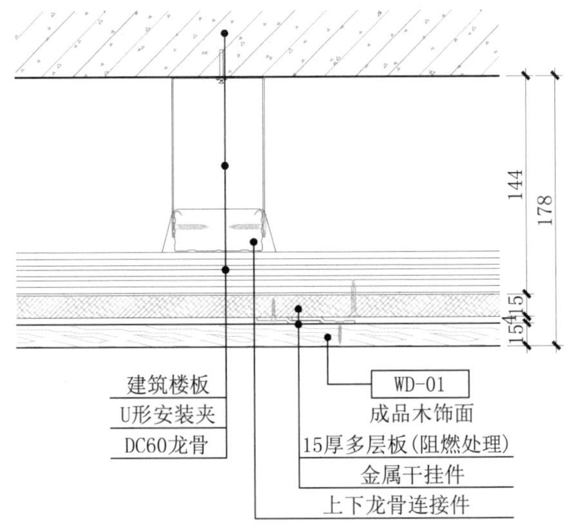
144
178
15
15
建筑楼板
U形安装夹
DC60龙骨
WD-01
成品木饰面
15厚多层板(阻燃处理)
金属干挂件
上下龙骨连接件

A308 天花成品木饰面吊顶节点四 / 1:5

天花成品木饰面吊顶

课堂小知识

木饰面板概念

木饰面板，也称装饰单板贴面胶合板或面漆木饰面板，它是将天然木材或科技木刨切成一定厚度（通常大于0.2 mm）的薄片，黏附于胶合板表面，经热压而成的一种板材，种类繁多、施工简单，是目前应用较为广泛的室内装修、家具制作的表面材料。常用的木饰面板材规格尺寸为2440 mm × 1220 mm，厚3 mm。

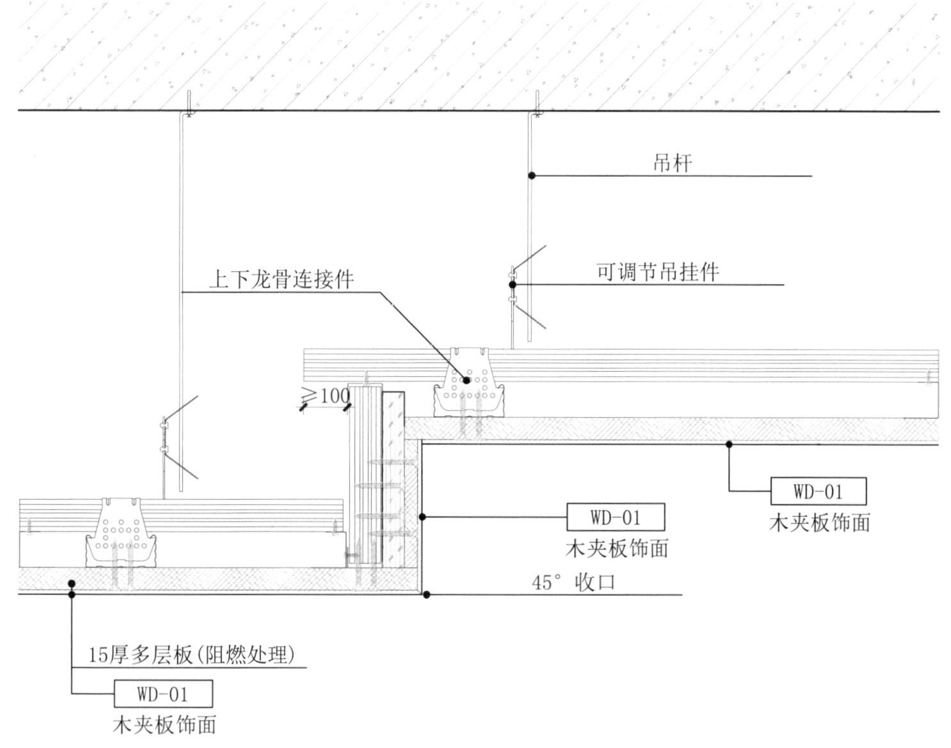
吊杆
可调节吊挂件
上下龙骨连接件
≥100
WD-01
木夹板饰面
WD-01
木夹板饰面
45° 收口
15厚多层板(阻燃处理)
WD-01
木夹板饰面

A309 木夹板叠级吊顶节点一 / 1:5

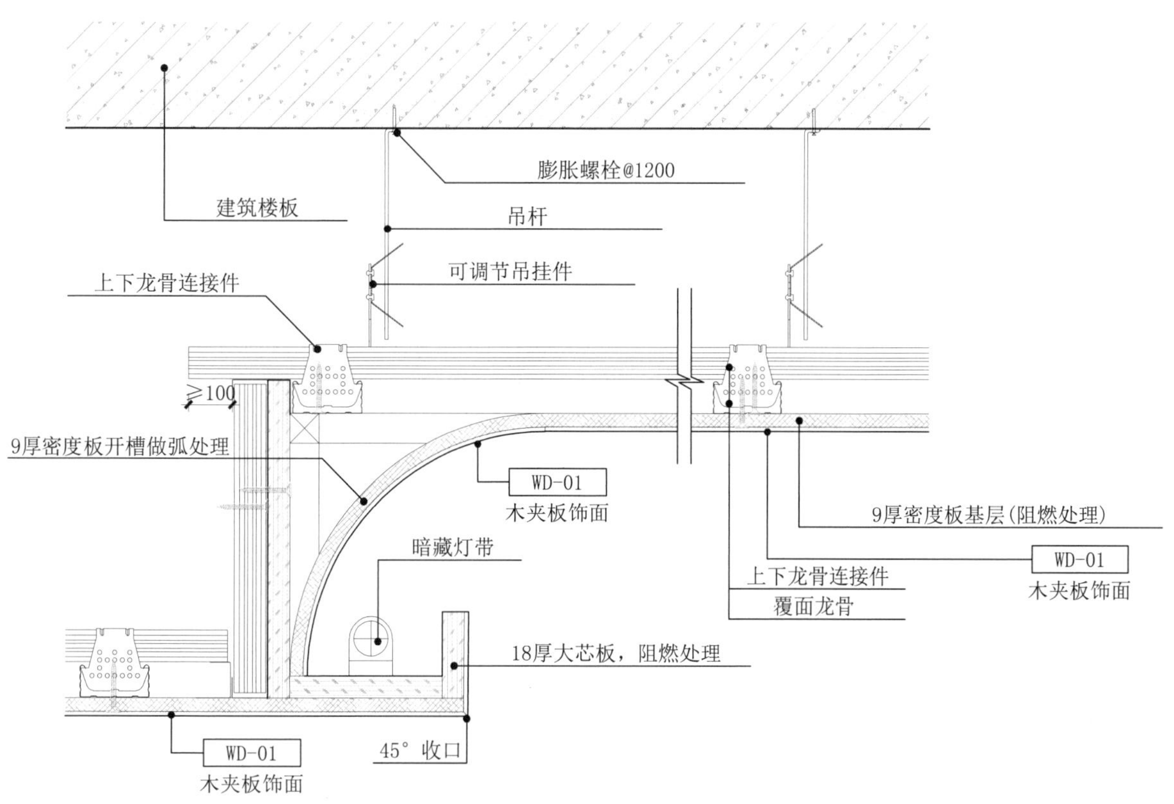
膨胀螺栓@1200
建筑楼板
吊杆
可调节吊挂件
上下龙骨连接件
≥100
9厚密度板开槽做弧处理
WD-01
木夹板饰面
9厚密度板基层(阻燃处理)
暗藏灯带
WD-01
木夹板饰面
上下龙骨连接件
覆面龙骨
18厚大芯板，阻燃处理
WD-01
木夹板饰面
45° 收口

A310 木夹板叠级吊顶节点二 / 1:5

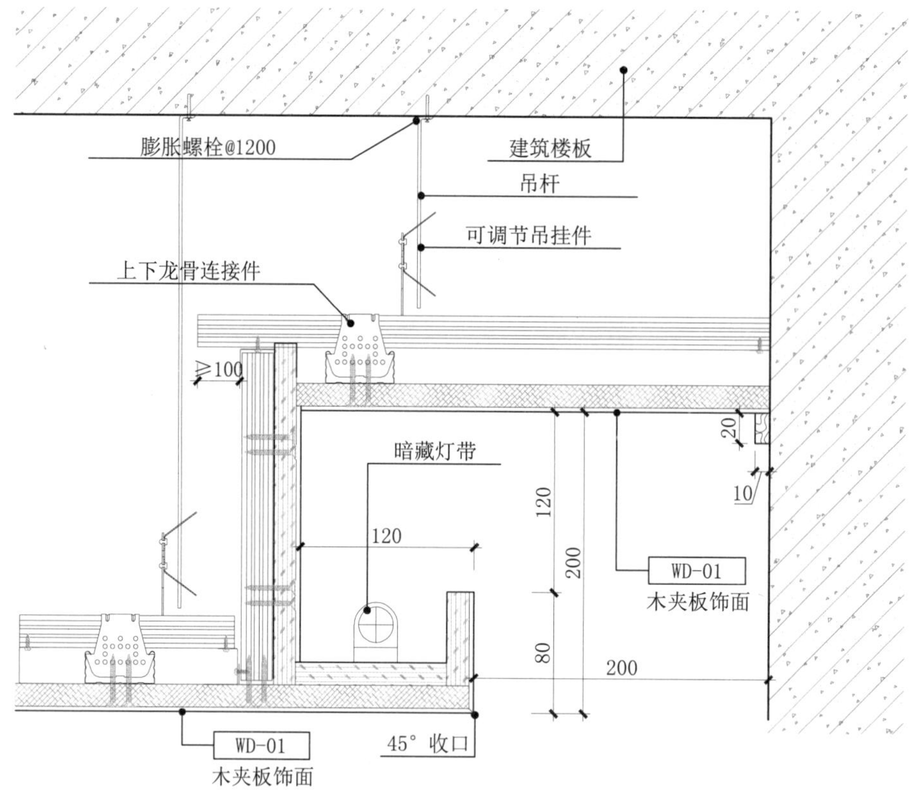
膨胀螺栓@1200
建筑楼板
吊杆
可调节吊挂件
上下龙骨连接件
≥100
暗藏灯带
20
10
120
120
200
WD-01
木夹板饰面
80
200
WD-01
木夹板饰面
45° 收口

A311 木夹板叠级灯带吊顶节点一 / 1:5

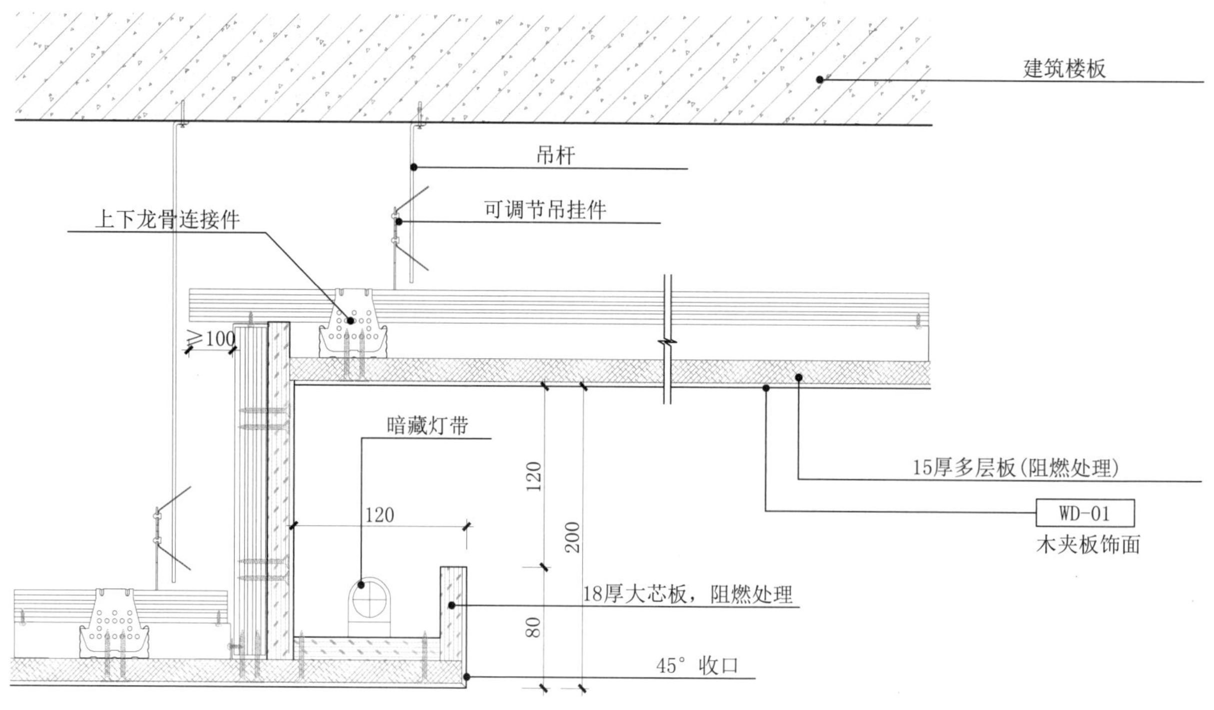
建筑楼板
吊杆
可调节吊挂件
上下龙骨连接件
≥100
暗藏灯带
120
120
200
15厚多层板(阻燃处理)
WD-01
木夹板饰面
18厚大芯板，阻燃处理
80
45° 收口

A312 木夹板叠级灯带吊顶节点二 / 1:5

木夹板叠级灯带吊顶

4 透光膜吊顶

课堂小知识

透光膜吊顶施工流程及优势

做室内吊顶装饰的时候，有些客户会要求吊顶呈现透明的效果，这样晚上就能够有灯光的照射，将吊顶的效果更加美轮美奂地展现出来。吊顶与照明结合在一起有很多种呈现的方式，其中透光膜吊顶是比较受消费者欢迎的一种，因为加入了透光膜的设计，晚上灯光的照明效果也能更加直观地呈现出来。

一、透光膜吊顶施工工艺

1.基层处理：软膜天花需在做好底架的基础上进行安装，底架可采用木方、方管等材料，底架与特制龙骨接触面的宽度要求大于2.5 cm，且安装牢固、无松动。天花灯具、消防装置等处理完毕，如条件允许，可在原天花层面刷一层乳胶漆，以防灰尘掉落。

2.软膜材料前期加工：严格按照安装图纸要求，对软膜材料进行剪裁、焊接等，要求软膜整体颜色、批次一致，焊接无缝隙。

3.安装软膜特制龙骨：在已做好的底架基础上，严格按图纸要求固定软膜特制龙骨，龙骨固定方式随底架材料改变，可采用枪钉、拉钉等。龙骨安装要求平整，两条龙骨之间接缝宽度小于2 mm。

4.软膜安装：严格按照图纸要求，在已做好的特制龙骨基础上安装软膜，软膜安装要拉紧、平整、颜色一致。对于规格超过1 m的软膜，应采用热吹风将膜吹软，之后再拉紧，这样可保证安装后平整一致。灯与膜的距离应保证在25~30 cm，所有消防装置、筒灯等需要做好预留孔。

二、透光膜吊顶优点

1.透光膜吊顶具有防水、防火的功能。一般发生于传统天花上的漏水意外，往往都导致用户非常狼狈，而如果未能及时阻止漏水，会造成室内更大损失，甚至影响到下一个楼层。而透光膜吊顶则是用PVC材质做成的软膜，安装结构上采用封闭式设计，所以当遇到漏水情况时，能暂时承托污水，让业主及时做出处理。透光膜吊顶符合多个国家防火标准，在我国的防火标准为B_1级。

2.透光膜吊顶安装方便。透光膜吊顶可直接安装在墙壁、木方、钢结构、石膏板墙和木板墙上，适合各种建筑结构，并且软膜龙骨只需用螺钉按一定的距离均匀固定即可，安装十分方便。在整个安装过程中，不会有溶剂挥发，不落尘，不对本空间内的其他摆设产生影响，不影响正常的生产工作和生活秩序。

3.透光膜吊顶具有优异的抗老化功能。专用龙骨分为PVC和铝合金两种材质，软膜的主要构造成分是PVC，软膜扣边也是由PVC以及几种特殊添加剂制成的。所有这些组件的寿命都可达十年以上，在正确的安装使用过程中不会产生裂纹，不会脱色或小片脱落。透光膜吊顶在出厂前已预先混合一种名为BIO-PRUF的抗微生物添加剂进行抗菌处理。经此特殊处理后的材料能够抵抗及防治微生物生滋生于物体表面，给予用户一种额外的保障。

4.透光膜吊顶安全环保。透光膜吊顶在环保方面具有突出的优势，它完全符合欧洲及中国各项检测标准。软膜全部由环保原料制成，不含镉、乙醇等有害物质，可回收，在制造、运输、安装、使用、回收过程中不会对环境产生任何影响，完全符合当今社会的环保要求。透光膜吊顶施工工艺如上，设计施工之前，可以先请室内设计师来家里，看看是否有足够的空间做透光膜吊顶，因为透光膜吊顶虽然施工不麻烦，但对环境有相应的要求。

透光膜吊顶

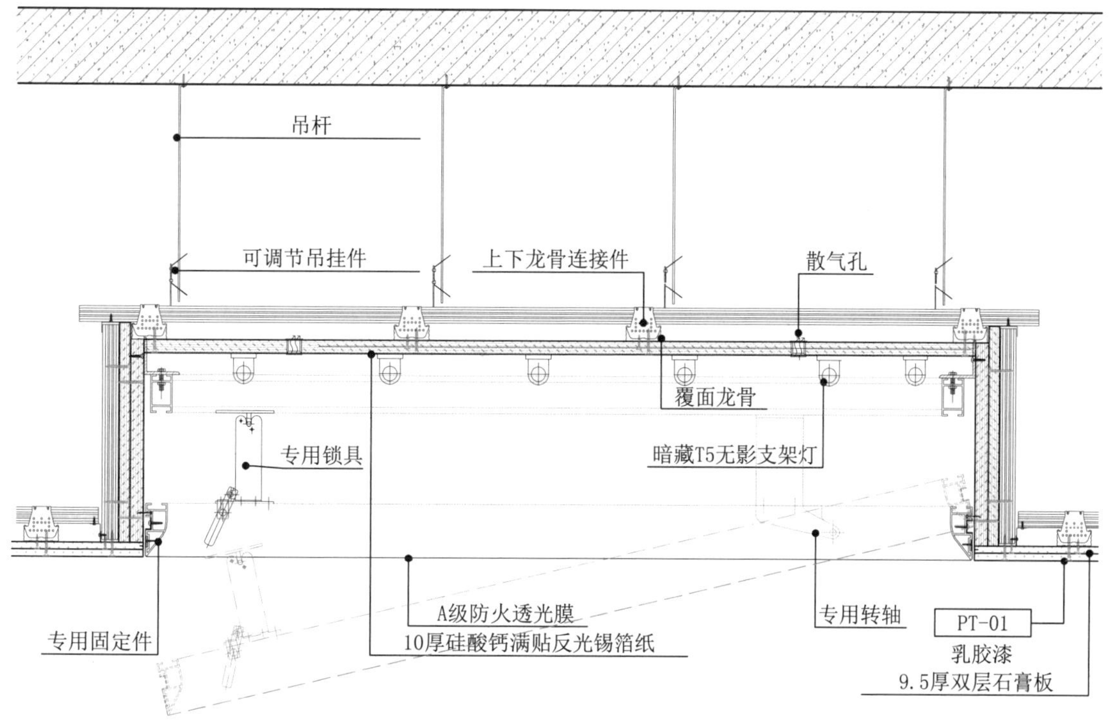
吊杆
可调节吊挂件
上下龙骨连接件
散气孔
覆面龙骨
专用锁具
暗藏T5无影支架灯
专用固定件
A级防火透光膜
10厚硅酸钙满贴反光锡箔纸
专用转轴
PT-01
乳胶漆
9.5厚双层石膏板

A401 A级防火透光膜节点（开启式）/ 1:10

无影接缝A级防火透光膜吊顶

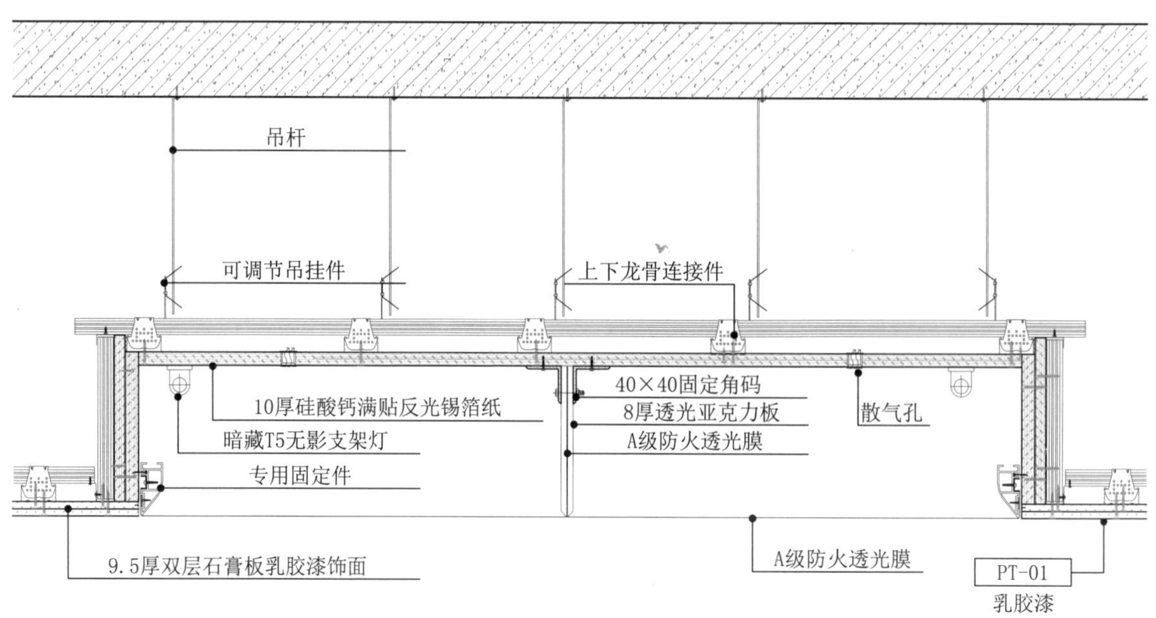
吊杆
可调节吊挂件
上下龙骨连接件
40×40固定角码
8厚透光亚克力板
散气孔
10厚硅酸钙满贴反光锡箔纸
暗藏T5无影支架灯
A级防火透光膜
专用固定件
9.5厚双层石膏板乳胶漆饰面
A级防火透光膜
PT-01
乳胶漆

A402 无影接缝A级防火透光膜节点 / 1:10

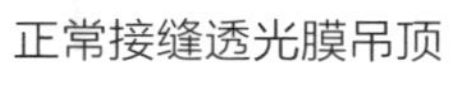

正常接缝透光膜吊顶

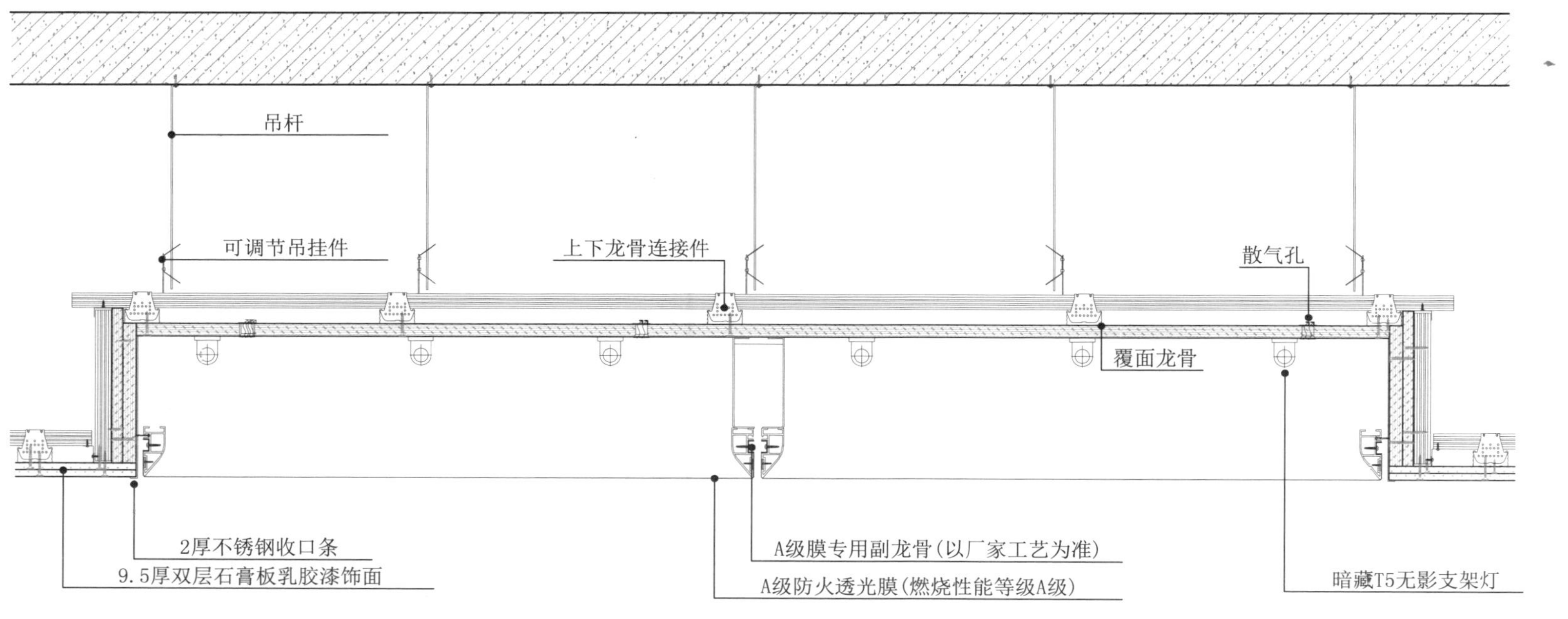
吊杆
可调节吊挂件
上下龙骨连接件
散气孔
覆面龙骨
2厚不锈钢收口条
9.5厚双层石膏板乳胶漆饰面
A级膜专用副龙骨(以厂家工艺为准)
A级防火透光膜(燃烧性能等级A级)
暗藏T5无影支架灯

A403 正常接缝透光膜吊顶节点 / 1:10

5 石材吊顶

课堂 小知识

石材吊顶施工流程

1. 首先应按照设计图纸进行钢龙骨的造型定型，然后固定龙骨架。在室内，可以用膨胀螺栓直接把钢骨架固定在有混凝土的地方，比如梁上。一般不建议固定在砌体墙上，因为目前基本都是框架结构，砌体墙都是不承重的，石材密度较大，又是在吊顶上，易发生危险。

2. 钢龙骨安装牢固后就可以对石材进行切割，可以现场切割造型，也可以在工厂做好再运到工程现场。一般建议现场切割，因为预先在工厂加工可能会有较大误差。

3. 石材切割好后，可以进行干挂施工。这个步骤必须严格按照规范施工，不可以为贪图方便或追求速度直接用云石胶粘，这样很不安全，必须使用连接件进行连接。用连接件连接属于软连接，可以接受一些变形而不会直接掉下来。如果直接使用云石胶，一旦遇到沉降或者其他变形，很可能导致脱落。规范中也明确规定了不允许使用云石胶，要求石材干挂必须使用环氧树脂石材幕墙干挂结构胶（AB胶）。干挂胶质量的好坏直接关系着石材的安装质量和效果的好坏。但长期以来，许多施工单位为降低成本，贪图施工方便快捷，往往以云石胶替代石材干挂胶，产生极大的安全隐患。

4. 最后就是打磨抛光和处理接缝。接缝的地方一定要仔细处理，让石材看起来有浑然一体的感觉，才能显示出石材本身应该有的华贵和大气。

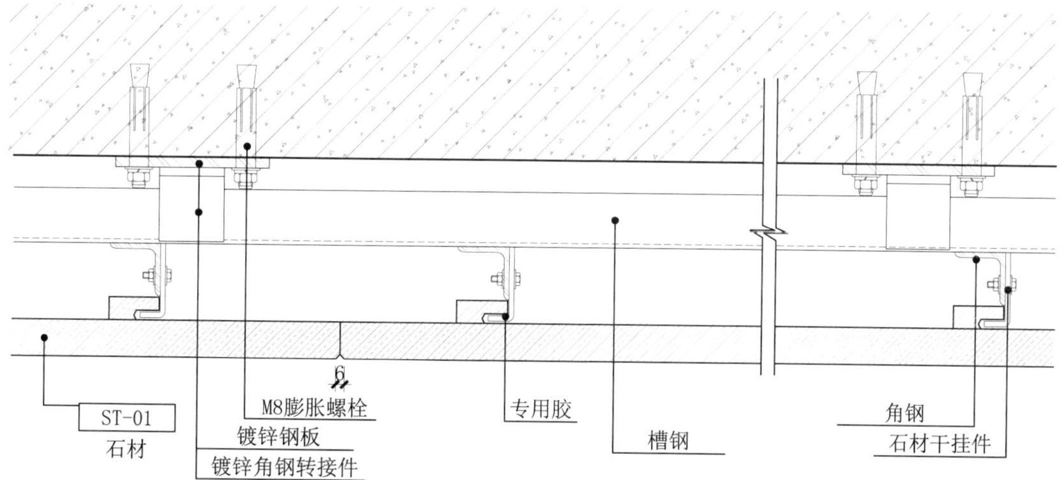
6
ST-01
石材
M8膨胀螺栓
镀锌钢板
镀锌角钢转接件
专用胶
槽钢
角钢
石材干挂件

A501 石材吊顶节点 / 1：5

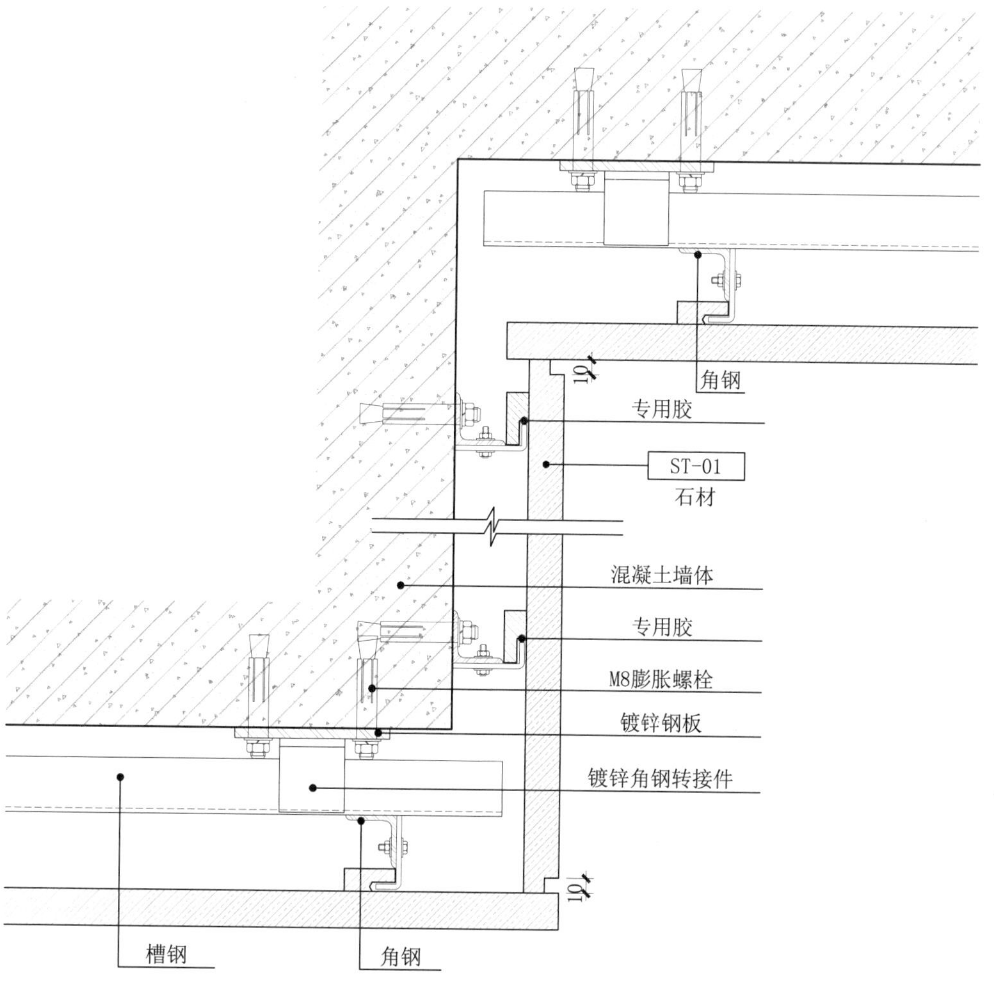
角钢
10
专用胶
ST-01
石材
混凝土墙体
专用胶
M8膨胀螺栓
镀锌钢板
镀锌角钢转接件
10
槽钢
角钢

A502 石材叠级吊顶节点一 / 1：5

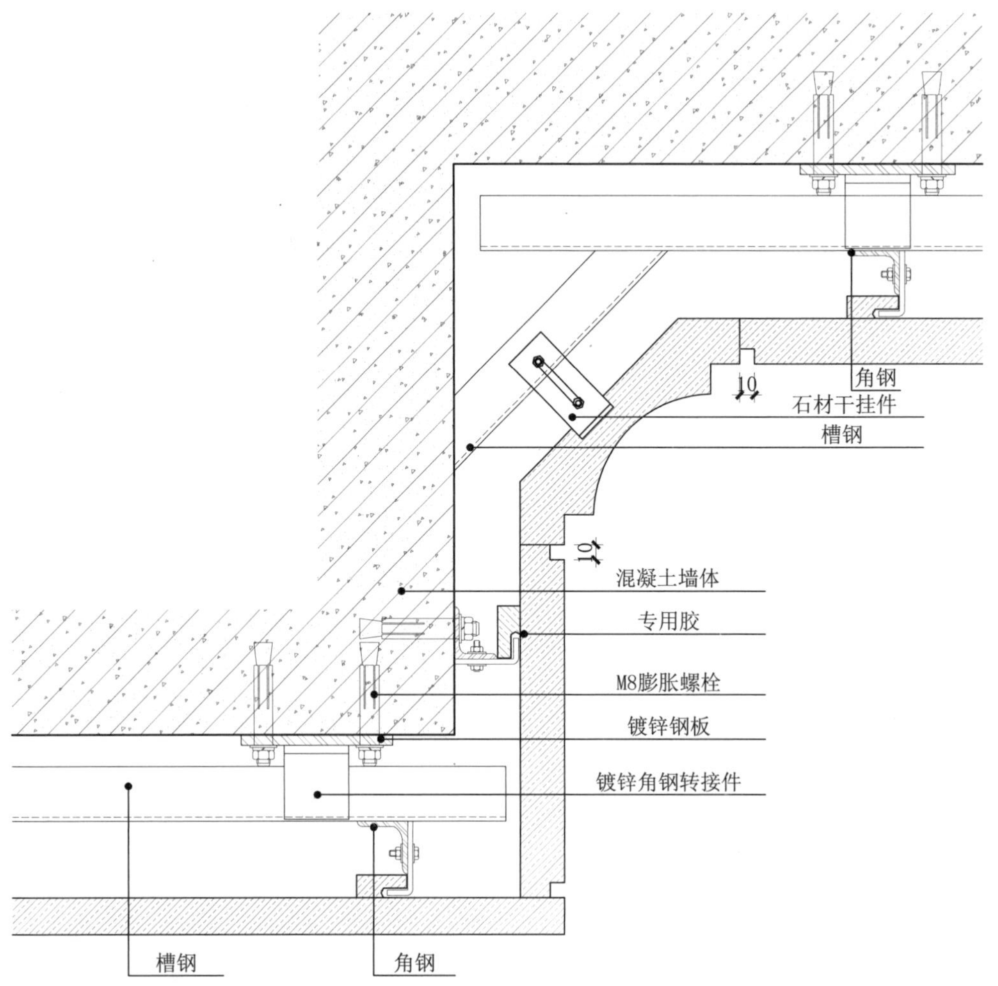
角钢
10
石材干挂件
槽钢
10
混凝土墙体
专用胶
M8膨胀螺栓
镀锌钢板
镀锌角钢转接件
槽钢
角钢

A503 石材叠级吊顶节点二 / 1∶5

注：因石材自身重量大，有极大的安全隐患，故壁龛等墙面造型可以考虑，但大面积石材不宜用作天花吊顶，可考虑用自重较轻的仿石纹蜂窝铝板或转印石纹铝板替代。详见铝板吊顶A215号节点。

6 矿棉板吊顶

课堂
小知识

矿棉板吊顶的特点及安装注意事项

一、矿棉板吊顶的特点

矿棉板吊顶主要以矿物纤维棉为原料制成，最大的特点是具有很好的隔声、隔热效果。其表面可以做成滚花和浮雕等效果，图案有满天星、中心花、核桃纹、条状纹等。矿棉板能隔声、隔热、防火，任何制品都不含石棉，对人体无害，并有抗下陷功能。

矿棉是矿渣和有机物经高温熔化后，由高速离心机甩出的絮状物，无害、无污染，是一种变废为宝且有利于环境的绿色建材。矿棉吸声板是以矿棉为主要原料加工而成的新型环保建材，具有装饰、吸声、保温、隔热、防火等多种功能。

矿棉板被广泛用于各种建筑吊顶及贴壁的室内装修，如宾馆、饭店、剧场、商场、办公场所、播音室、演播厅、计算机房及工业建筑等。该产品能控制和调整混响效果，改善室内音质，降低噪声，改善生活环境和劳动条件。同时，该产品的不燃性能满足建筑设计的防火要求。

二、矿棉板吊顶的安装注意事项

根据施工图纸要求确定吊杆位置，安装吊杆预埋件，刷防锈漆，吊杆用直径为8 mm的钢筋制作，吊点间距为900~1200 mm。安装时，吊杆上端与预埋件焊接，下端套丝后与吊件连接。安装完的吊杆端头外露长度不小于3 mm。

一般采用C38龙骨，间距为900~1200 mm。安装主龙骨时，应将主龙骨吊挂件连接在主龙骨上，拧紧螺丝，并根据要求吊顶起拱1/200，随时检查龙骨平整度。房间主龙骨沿灯具长度方向排布，注意避开灯具位置，走廊内主龙骨沿走廊短方向排布。

配套次龙骨一般选用烤漆T形龙骨，间距与板横向规格相同，将次龙骨通过挂件吊挂在主龙骨上。在与主龙骨平行的方向安装600 mm的横撑龙骨，间距为600 mm或1200 mm。采用L形边龙骨，并与墙体用塑料膨胀管或自攻螺钉固定，固定间距应为200 mm。安装边龙骨前，墙面应用腻子找平，可避免将来墙面在刮腻子时出现污染和不易找平的情况。

矿棉板吊顶

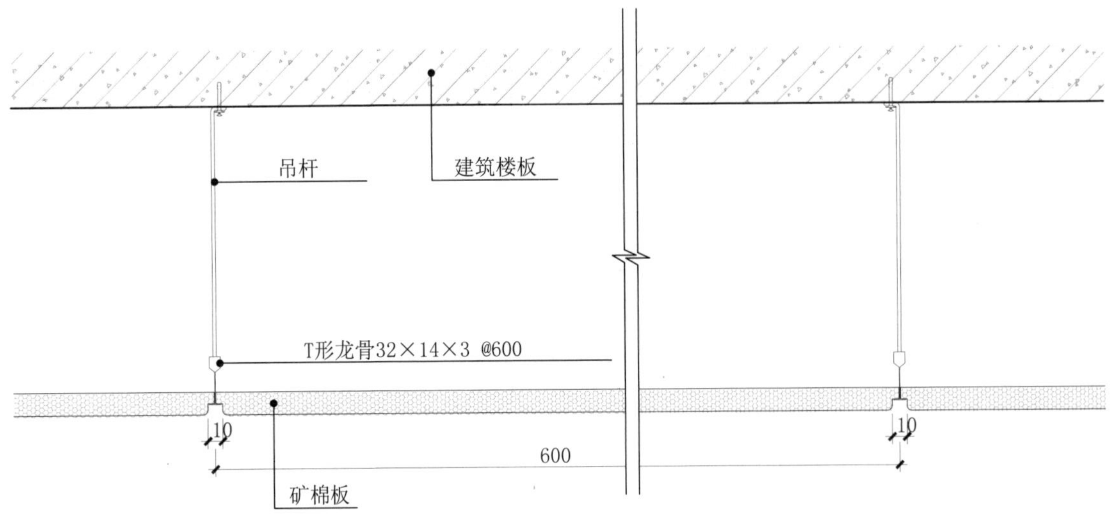
吊杆
建筑楼板
T形龙骨32×14×3 @600
10
10
600
矿棉板

A601 矿棉板吊顶节点一 / 1∶5

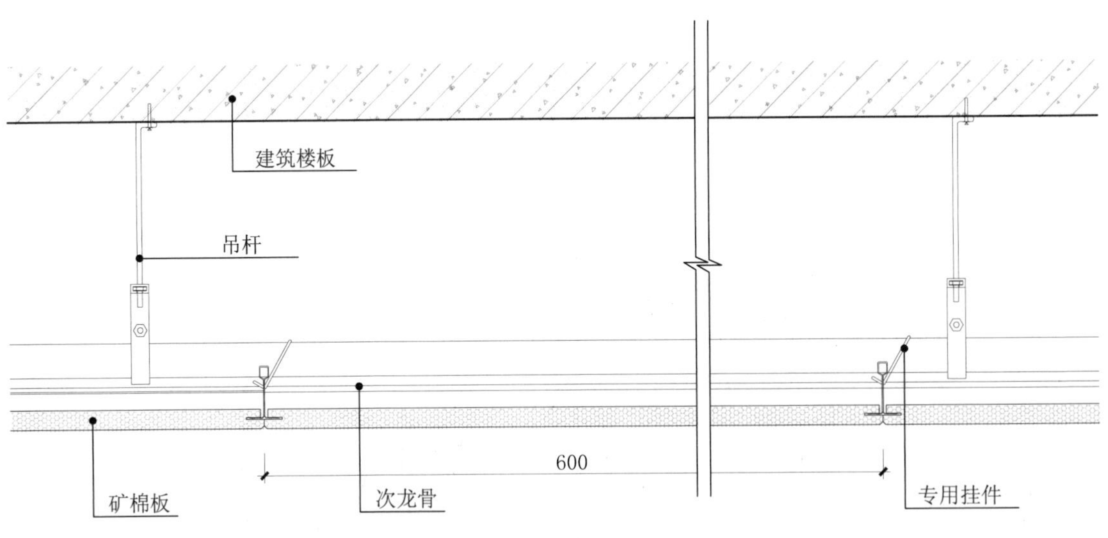
建筑楼板
吊杆
600
矿棉板
次龙骨
专用挂件

A602 矿棉板吊顶节点二 / 1∶5

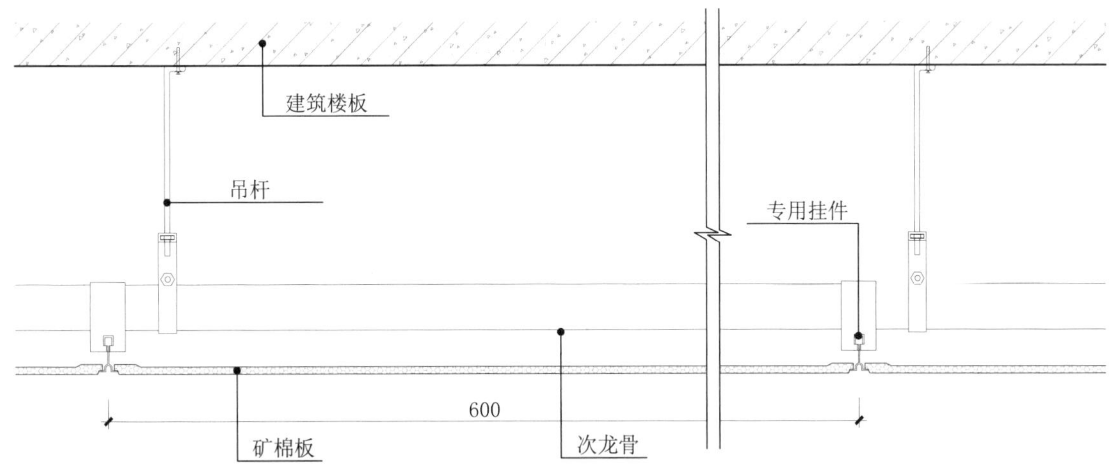
建筑楼板
吊杆
专用挂件
600
矿棉板
次龙骨

A603 矿棉板吊顶节点三 / 1∶5

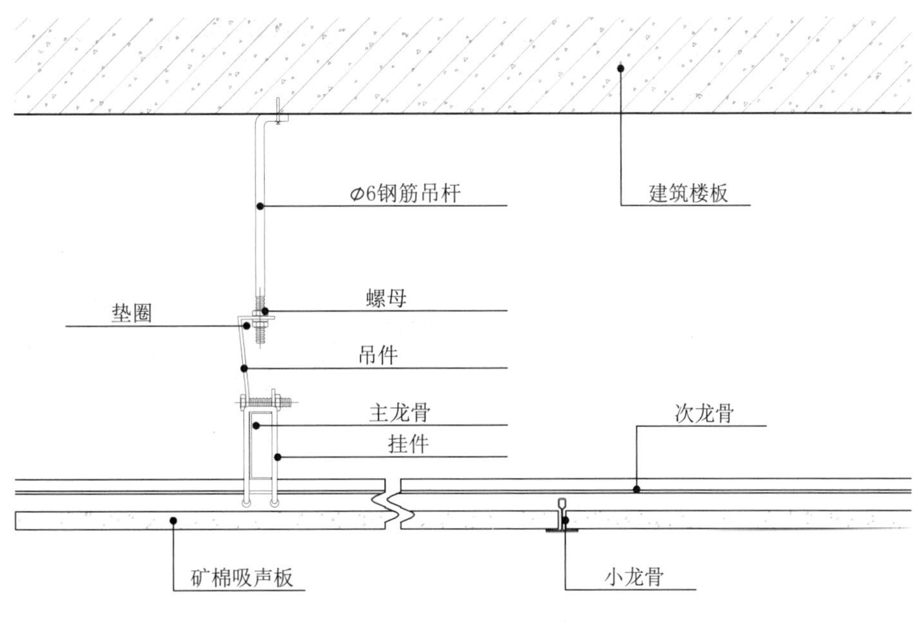
Ø6钢筋吊杆
建筑楼板
螺母
垫圈
吊件
主龙骨
次龙骨
挂件
矿棉吸声板
小龙骨

A604 矿棉板吊顶节点四 / 1∶5

课堂小知识

装饰工程中常见板材的种类

一、刨花板

刨花板又叫蔗渣板，是用木材或其他木质纤维材料制成的碎料，施加胶黏剂后在热力和压力作用下胶合成的人造板，又称碎料板。

刨花板的特点是重量强度比较大（与中密度板制作的家具相比，刨花板家具更轻，便于挪动）、吸水厚度变化小、握钉力好，且生产成本较低，是非常适于板式家具的材料。此外，其生产工艺更容易控制板材的甲醛释放量，如刨花板达到甲醛释放限量等级E_0级标准的生产工艺难度较低，因而产品达到E_0级标准更普遍，价格更经济。

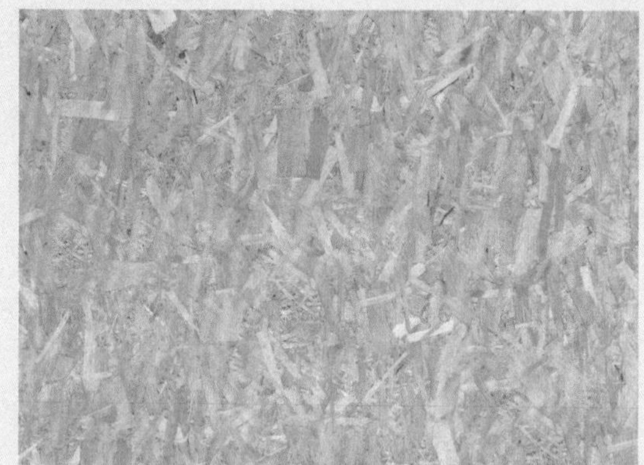

刨花板

二、纤维板

纤维板即密度板，是以木质纤维或其他植物纤维为原料，经纤维制备，施加合成树脂，在加热、加压的条件下压制成的板材，是我国市场上广受消费者欢迎的品种，分为高、中、低三种密度等级。密度板由于结构均匀、材质细密、性能稳定、耐冲击、易加工，在国内家具、装修、乐器和包装等方面应用比较广泛。

纤维板

三、胶合板

胶合板是由木段旋切成单板或由木方刨切成薄木，再用胶黏剂胶合而成的三层或多层的板状材料，通常用奇数层单板，并使相邻层单板的纤维方向互相垂直胶合而成，一般作为室内装饰材料基层使用。胶合板由三层或多层1 mm厚的单板或薄板胶贴热压制而成，通常的长宽规格是1220 mm × 2440 mm，厚度规格有3 mm、5 mm、9 mm、12 mm、15 mm、18 mm等几种。主要木材有榉木、山樟木、柳安木、杨木、桉木等。

胶合板

课堂
小知识

四、细木工板

细木工板防潮效果好，中间是以天然木条粘结而成的芯，两面粘上很薄的木皮，是装修中最主要的材料之一。细木工板的生产工艺导致其表面平整度较差，一般用于吊顶及墙面的基层处理，是目前施工现场使用量最大的一种板材。在挑选时，看它的内部木材，不宜过碎，木材之间缝隙在3 mm左右为宜。

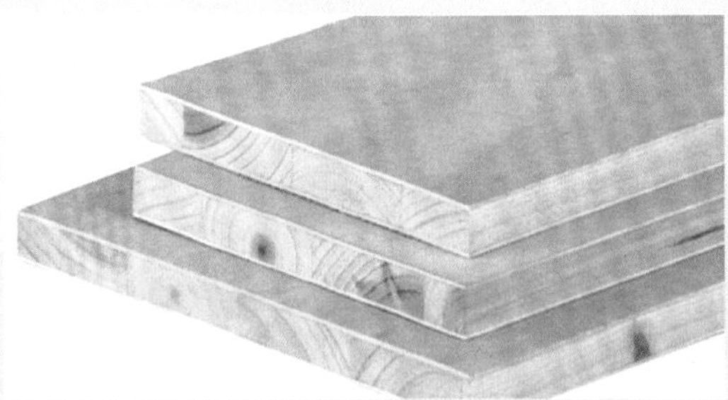

细木工板

五、实木板

实木板板材坚固耐用，纹路自然，大都具有天然木材特有的芳香，具有较好的吸湿性和透气性，不会造成环境污染，有益于人体健康，是制作高档家具、装修房屋的优质板材。

实木板

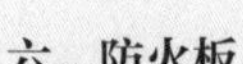

六、防火板

防火板是以硅质材料或钙质材料为主要原料，与一定比例的纤维材料、轻质骨料、黏合剂和化学添加剂混合，经蒸压技术制成的装饰板材，是目前使用较多的一种新型材料。其防火性能好，且因其制造、施工对于黏合胶水的要求比较高，所以质量较好的防火板价格比装饰面板要高。防火板的厚度一般为0.8 mm、1 mm和1.2 mm。这类板主要使用在柜面、桌面等表面装饰中。

防火板

七、纸面石膏板

纸面石膏板是以石膏料浆为芯，掺入适量添加剂与纤维做板芯，以特制的板纸为护面，经加工制成的板材。纸面石膏板质地轻，强度高，防火，防蛀，易于加工。普通纸面石膏板用于内墙、隔墙和吊顶。

纸面石膏板

课堂小知识

八、硅酸钙板

硅酸钙板是以无机矿物纤维或纤维素纤维等松散短纤维为增强材料，以硅质、钙质材料为主体胶结材料，经制浆、成型，在高温、高压饱和蒸汽中加速固化反应，形成的硅酸钙胶凝体而制成的板材，是一种性能优良的新型建筑和工业用板材。其产品防火，防潮，隔声，防虫蛀，耐久性较好，是吊顶、隔断的理想装饰板材。

硅酸钙板

九、水泥板

水泥板是以水泥为主要原材料生产加工的一种建筑板材，是一种介于石膏板和石材之间，可自由切割、钻孔、雕刻的建筑产品。其以优于石膏板、木板的防火、防水、防腐、防虫、隔声性能和远远低于石材的价格而成为建筑行业广泛使用的建筑材料。水泥板有预制的，也有现浇的。

水泥板种类繁多，按档次主要分为普通水泥板、纤维水泥板、纤维水泥压力板，按强度主要分为无压板（普通板）、纤维增强水泥板、高密度纤维水泥压力板，按所用纤维主要分为温石棉纤维水泥板和无石棉纤维水泥板。

水泥板

7 玻璃、镜面吊顶

课堂小知识

玻璃、镜面吊顶的特点、固定方法及安装注意事项

一、玻璃、镜面吊顶的特点

玻璃有放大空间的效果，当层高不是很高时，可以选用玻璃镜子做吊顶，减少空间压迫感。同时由于玻璃反射光的能力较好，配合灯光能够营造非常好的氛围。

玻璃种类较多，其中彩绘玻璃、喷砂玻璃装饰效果特别好，是做吊顶的好材料。此外，为了使用安全，在吊顶位置和其他易被撞击的部位应使用安全玻璃。目前，我国规定钢化玻璃和夹胶玻璃为安全玻璃。

使用玻璃吊顶时还应注意厚度限值，因为玻璃自重大，为安全起见，吊顶玻璃厚度一般控制在5~8 mm。

二、玻璃吊顶固定方法

方法一：胶贴法。

顶面用龙骨打底，在龙骨上用9 mm厚细木工板（阻燃处理）封结合层，找平后再粘玻璃。

方法二：造型压条法。

用细木工板（阻燃处理）做造型后把玻璃放上去，也可用木线条做压条把玻璃固定，还可以用不锈钢压板造型固定。

方法三：用钉子固定法。

可用广告钉安装固定，即用广告钉把玻璃吊顶安装固定在底板上。

三、玻璃吊顶安装注意事项

1.安装前打底板，加强吊顶牢固性。

玻璃吊顶安装前建议在顶面使用龙骨打底，然后在龙骨上封结合层，一般来说，通用9 mm厚细木工板（阻燃处理）同胶合板。

2.玻璃吊顶选材兼顾装饰和安全。

彩绘玻璃、玻璃马赛克、喷砂玻璃等装饰类玻璃都是做玻璃吊顶极好的选材，但由于位置问题，出于安全考虑，在吊顶位置用的玻璃和其他易被撞击的部位应使用安全玻璃，即夹胶玻璃、钢化玻璃等，玻璃厚度一般控制在5~8 mm。

3.过道玻璃吊顶不能单独使用。

不能在吊顶上单独大面积使用玻璃，需用金属、木条或者石膏把玻璃吊顶隔成方格。另外，在一些大的空间使用玻璃吊顶时，玻璃的幅面宽度要尽可能小，因为玻璃的抗弯性相对较差。

4.做好防腐、防火处理并定期检查。

玻璃吊顶所有露明的焊接处，安装玻璃板前必须刷好防锈漆。木骨架与结构接触面应进行防腐处理，龙骨无需粘胶处，需刷防火涂料2~3遍。此外，要定期到玻璃吊顶内检查承重钢结构，当发现玻璃有松动时，要及时查找原因并修复或更换。

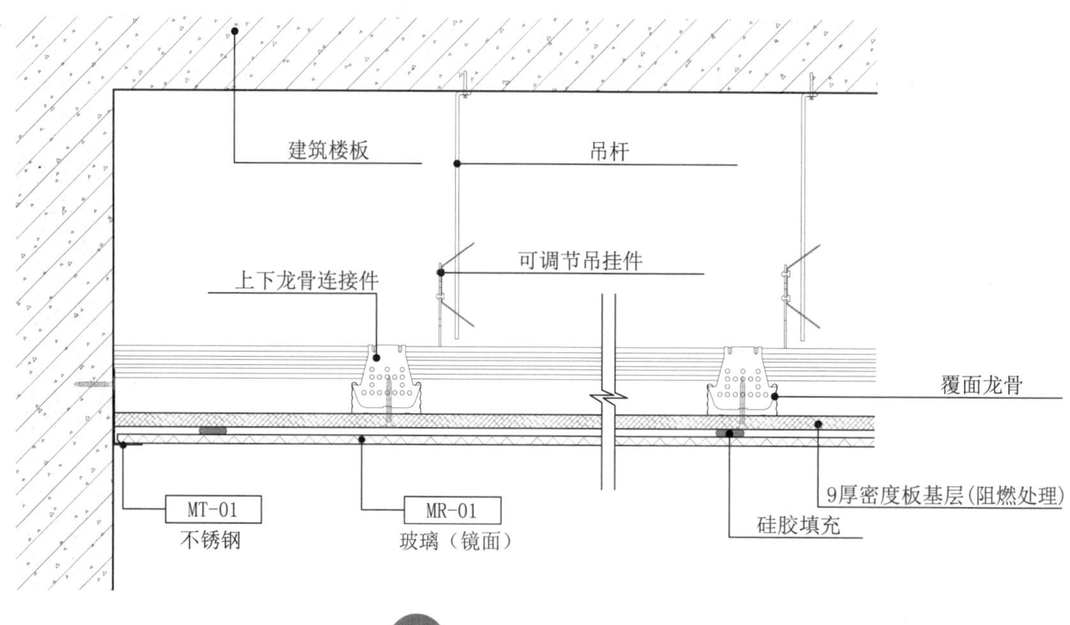
建筑楼板
吊杆
可调节吊挂件
上下龙骨连接件
覆面龙骨
9厚密度板基层(阻燃处理)
硅胶填充
MT-01
不锈钢
MR-01
玻璃（镜面）

A701 镜面吊顶节点一 / 1 : 5

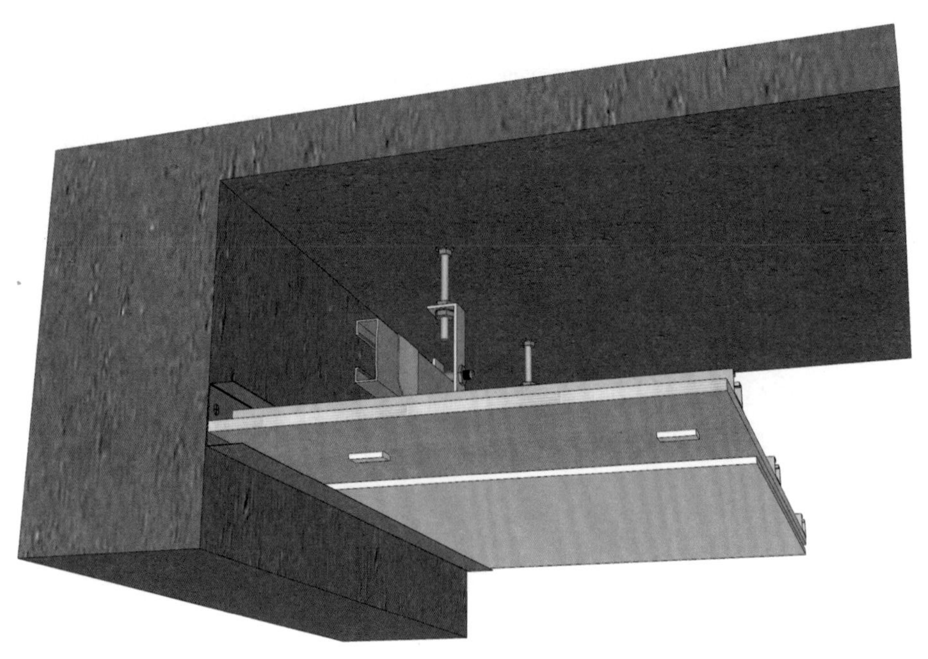

三维示意图（A701）

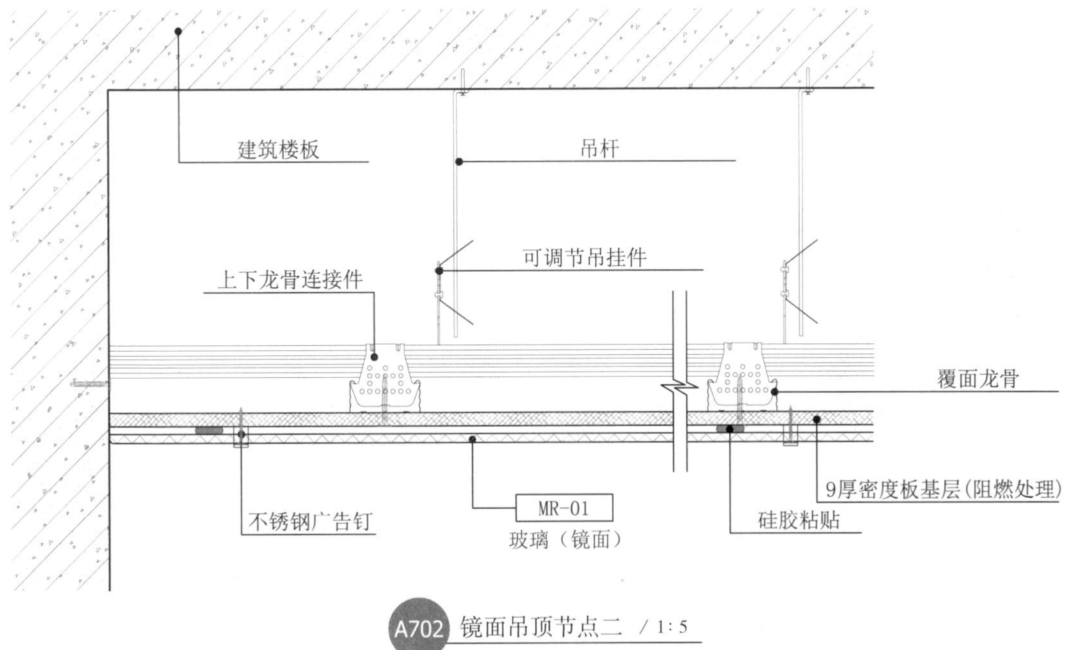
建筑楼板
吊杆
可调节吊挂件
上下龙骨连接件
覆面龙骨
9厚密度板基层(阻燃处理)
不锈钢广告钉
MR-01
玻璃（镜面）
硅胶粘贴

A702 镜面吊顶节点二 / 1:5

注：玻璃吊顶不建议直接用胶粘在天花上，一定要有物理承托方式，以免脱胶带来危险。大面积使用的话，尽量采用透明亚克力板、镜面铝板、镜面不锈钢板来代替玻璃较为稳妥。

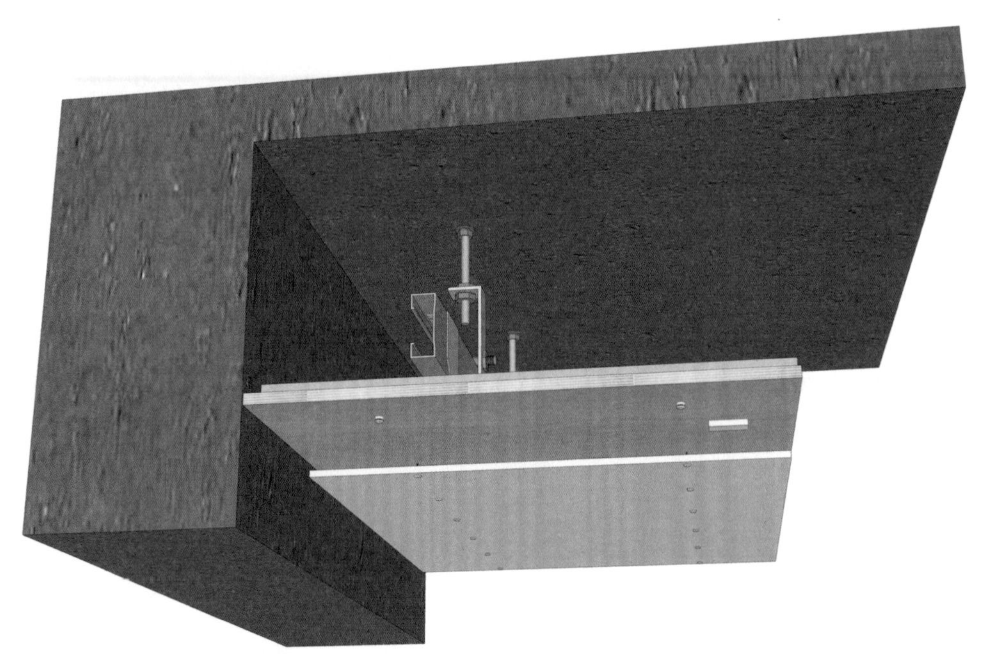

三维示意图（A702）

玻璃穹顶

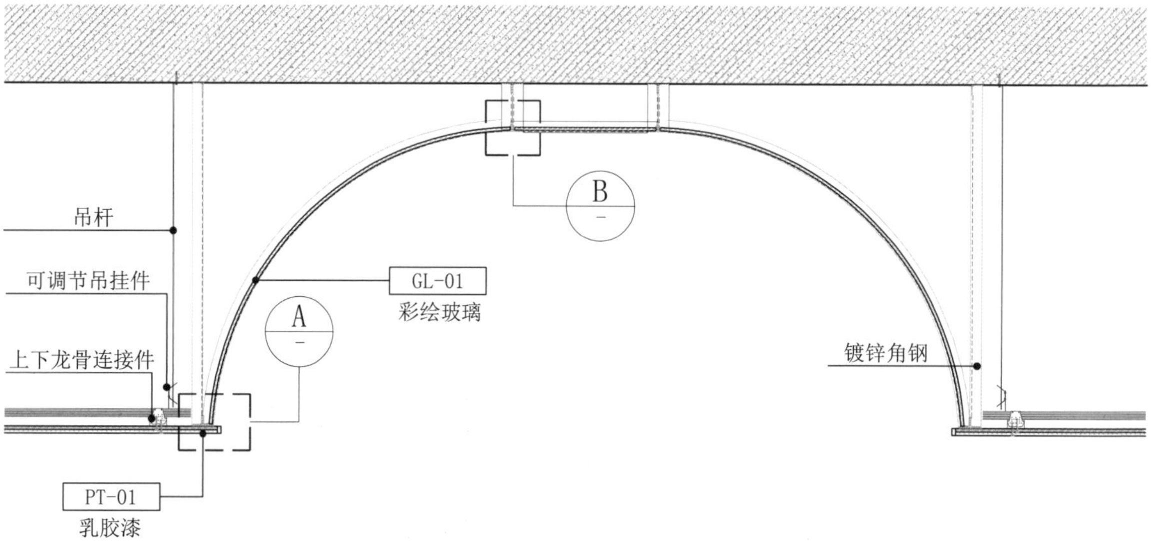

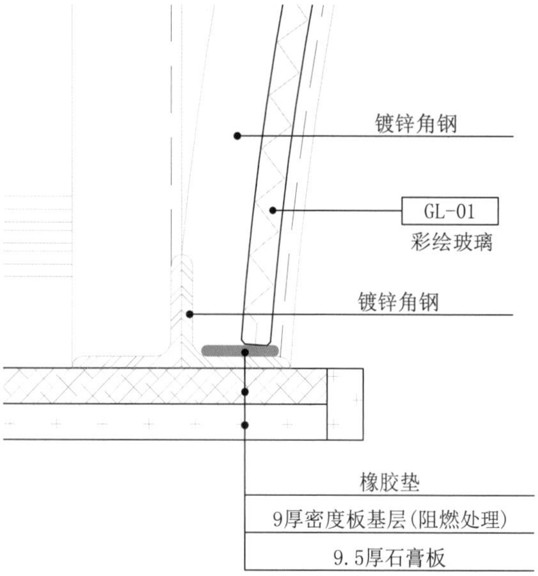

吊杆

可调节吊挂件

上下龙骨连接件

GL-01

彩绘玻璃

B

A

镀锌角钢

PT-01

乳胶漆

镀锌角钢

GL-01

彩绘玻璃

镀锌角钢

橡胶垫

9厚密度板基层(阻燃处理)

9.5厚石膏板

A 节点详图 / 1:2

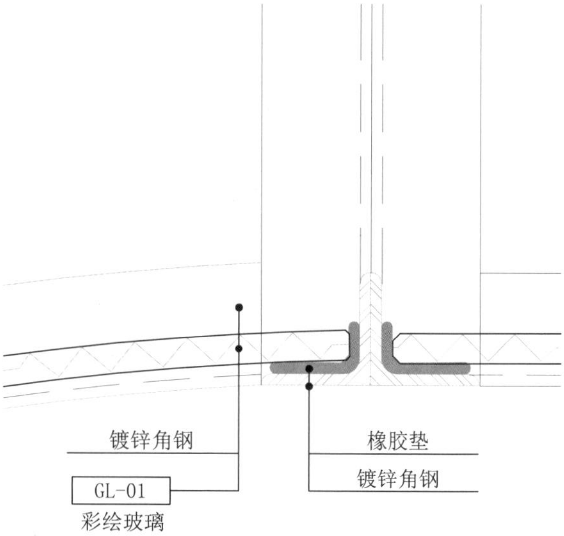

镀锌角钢

GL-01

彩绘玻璃

橡胶垫

镀锌角钢

B 节点详图 / 1:2

A703 玻璃穹顶节点 / 1:20

8 GRG石膏板吊顶

课堂小知识

GRG石膏板特点及工法特点

一、GRG石膏板特点

GRG材料是一种新型装饰材料，不仅具有防水性能、绿色环保性能及可观赏性能等一般装饰材料的优点，更具有非常出色的抗冲击、声光性能，其造型的随意性得到一些建筑师的追捧，因此在当代剧院类公共建筑中得到了越来越多的应用。

剧院类建筑造型新颖、独特，声、光、乐、天桥等设备构造布置复杂。为符合上述设备构造及该类建筑本身各种功能的要求，此类建筑装饰吊顶造型复杂多样。

出色地完成GRG石膏板吊顶的施工，满足剧院类建筑声光、美观、防水、抗冲击等物理、力学、装饰功能的要求，对施工单位将会是不小的挑战。

二、工法特点

1. 剧院类建筑屋架结构多为网架，且屋顶一般非平面，即吊顶上节点标高具有多样性。

2. 室内屋顶有天桥、灯光、声乐设备，吊顶和上述设备交叉布置，既要满足吊顶声光的装饰功能，又要满足不对设备及其固定构件造成破坏或施加过大荷载的要求。

3. 吊顶GRG石膏板造型多样，铺设规模大，且高低不均，对流线型、连续性要求高。

4. GRG石膏板为分块制作，安装时块与块之间、块与其他材料构件之间接缝较多，接缝处工作烦琐，接缝处理工艺要求高。

GRG石膏板吊顶

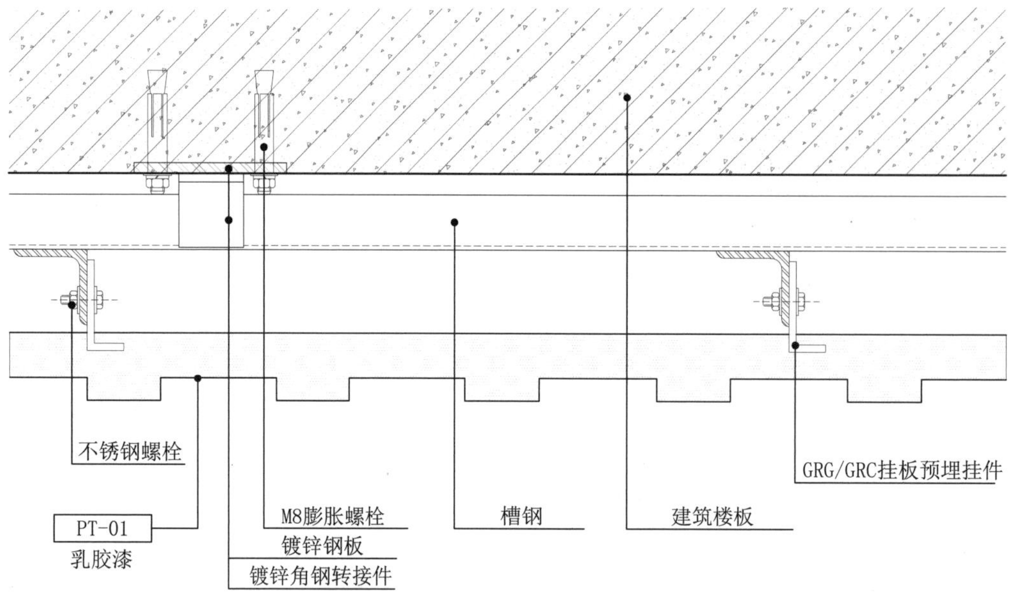
不锈钢螺栓
GRG/GRC挂板预埋挂件
PT-01
乳胶漆
M8膨胀螺栓
镀锌钢板
镀锌角钢转接件
槽钢
建筑楼板

A801 GRG石膏板吊顶节点一 / 1:5

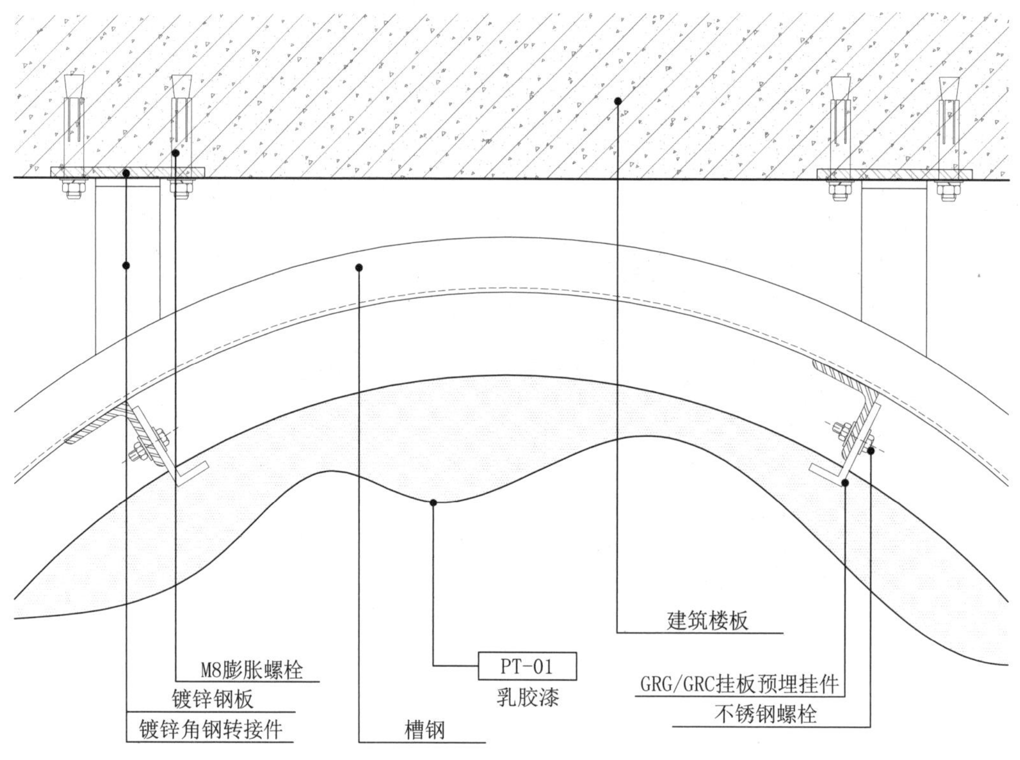
建筑楼板
M8膨胀螺栓
PT-01
乳胶漆
GRG/GRC挂板预埋挂件
镀锌钢板
不锈钢螺栓
镀锌角钢转接件
槽钢

A802 GRG石膏板吊顶节点二 / 1:5

B

地坪节点

1　原楼板

2　原楼板（带防水）

3　原楼板（带地暖）

4　架空地板

1 原楼板

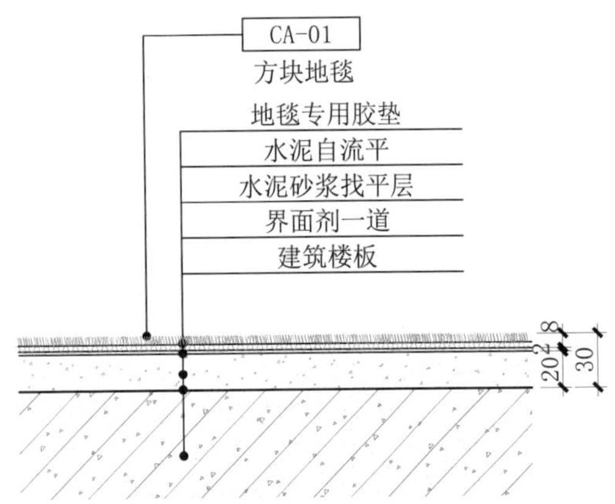
CA-01
方块地毯
地毯专用胶垫
水泥自流平
水泥砂浆找平层
界面剂一道
建筑楼板
8
2
20
30

B101 地毯铺设节点 / 1:5

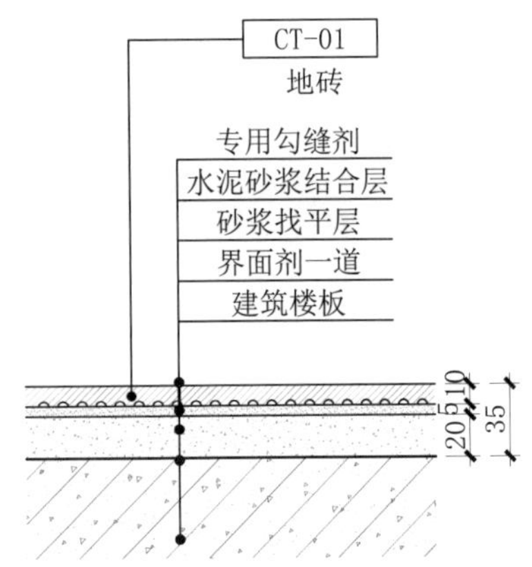
CT-01
地砖
专用勾缝剂
水泥砂浆结合层
砂浆找平层
界面剂一道
建筑楼板
10
5
20
35

B102 地砖铺设节点 / 1:5

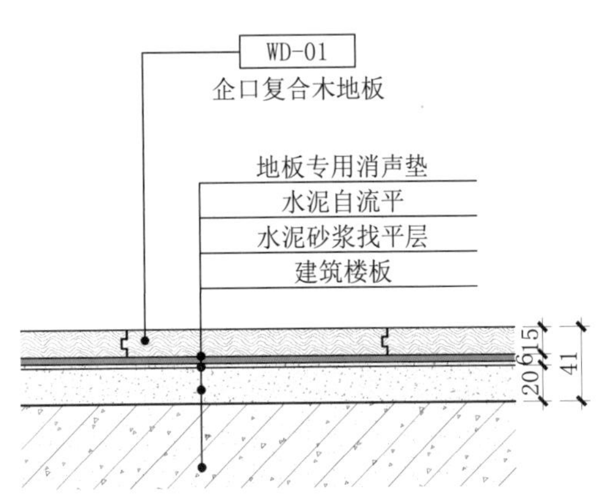
WD-01
企口复合木地板
地板专用消声垫
水泥自流平
水泥砂浆找平层
建筑楼板
15
6
20
41

B103 复合地板铺设节点 / 1:5

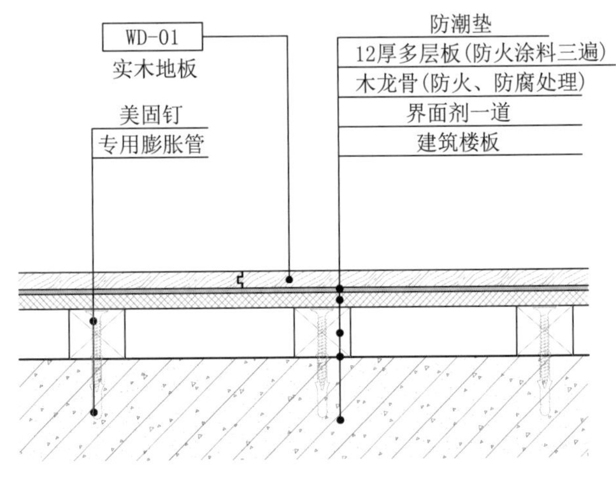
WD-01
实木地板
美固钉
专用膨胀管
防潮垫
12厚多层板(防火涂料三遍)
木龙骨(防火、防腐处理)
界面剂一道
建筑楼板

B104 实木地板铺设节点 / 1:5

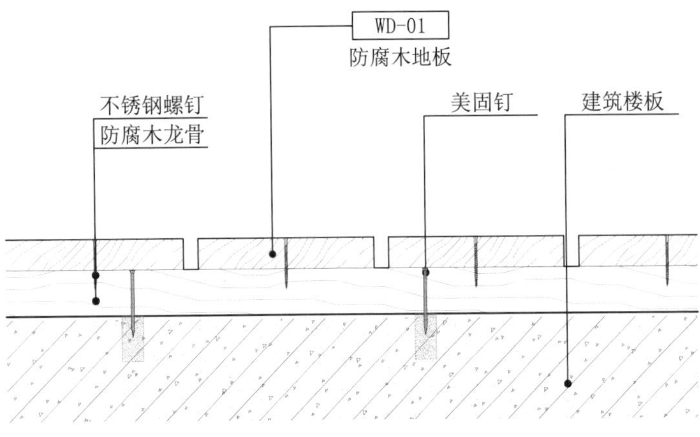
WD-01
防腐木地板
不锈钢螺钉
防腐木龙骨
美固钉
建筑楼板

B105 防腐木地板铺设节点 / 1:5

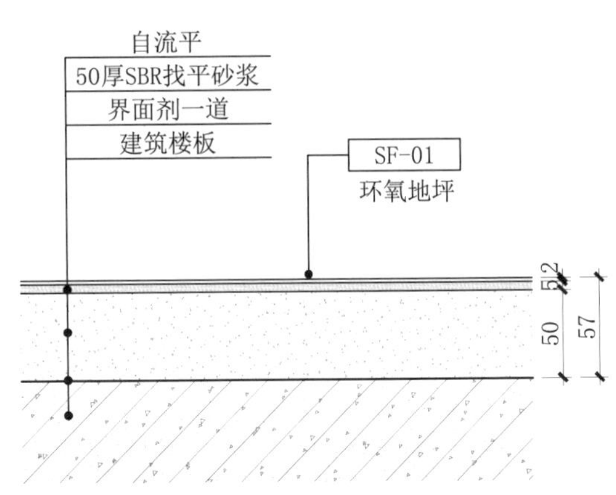
自流平
50厚SBR找平砂浆
界面剂一道
建筑楼板
SF-01
环氧地坪
5
2
50
57

B106 环氧地坪铺设节点 / 1:5

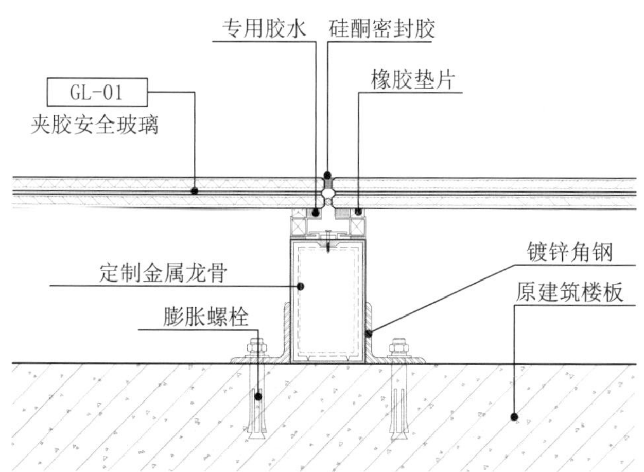
专用胶水
硅酮密封胶
橡胶垫片
GL-01
夹胶安全玻璃
定制金属龙骨
镀锌角钢
原建筑楼板
膨胀螺栓

B107 玻璃地坪施工节点 / 1:5

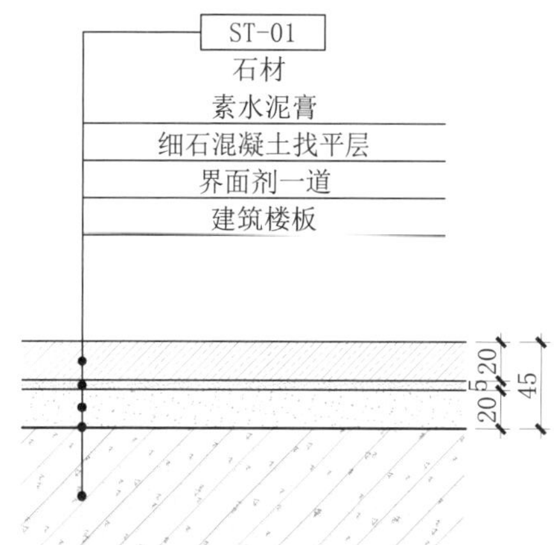
ST-01
石材
素水泥膏
细石混凝土找平层
界面剂一道
建筑楼板
20
5
20
45

B108 石材铺设节点 / 1:5

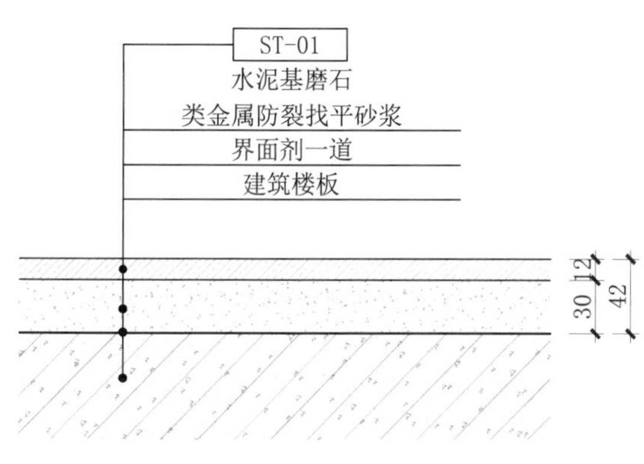
ST-01
水泥基磨石
类金属防裂找平砂浆
界面剂一道
建筑楼板
12
30
42

B109 现浇基磨石施工节点 / 1:5

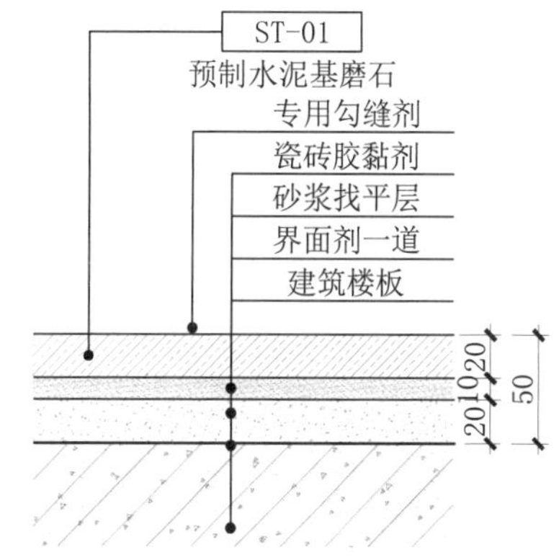
ST-01
预制水泥基磨石
专用勾缝剂
瓷砖胶黏剂
砂浆找平层
界面剂一道
建筑楼板
20
10
20
50

B110 预制水泥基磨石施工节点 / 1:5

注：平整度要求不大于1%，混凝土强度C25以上。

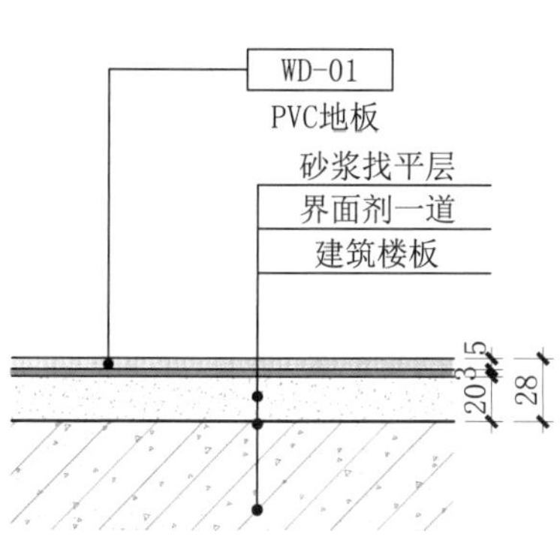
WD-01
PVC地板
砂浆找平层
界面剂一道
建筑楼板
5
3
20
28

B111 PVC地板施工节点 / 1:5

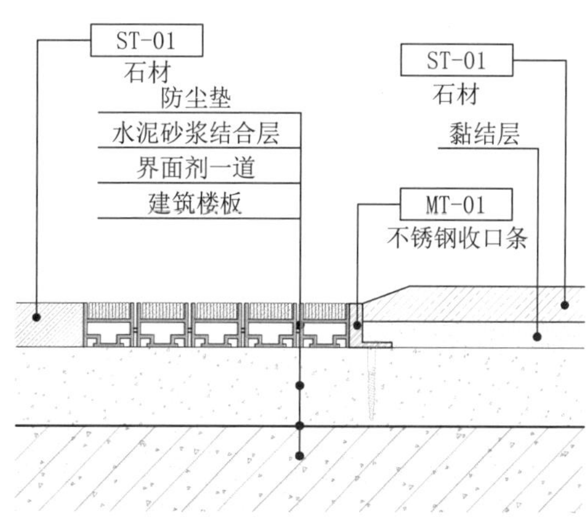
ST-01
石材
防尘垫
水泥砂浆结合层
界面剂一道
建筑楼板
ST-01
石材
黏结层
MT-01
不锈钢收口条

B112 防尘垫施工节点 / 1:5

2 原楼板（带防水）

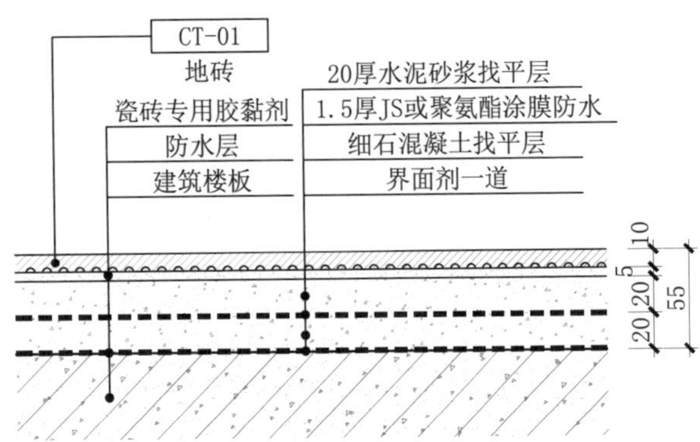
CT-01
地砖
瓷砖专用胶黏剂
防水层
建筑楼板
20厚水泥砂浆找平层
1.5厚JS或聚氨酯涂膜防水
细石混凝土找平层
界面剂一道
10
5
20
20
55

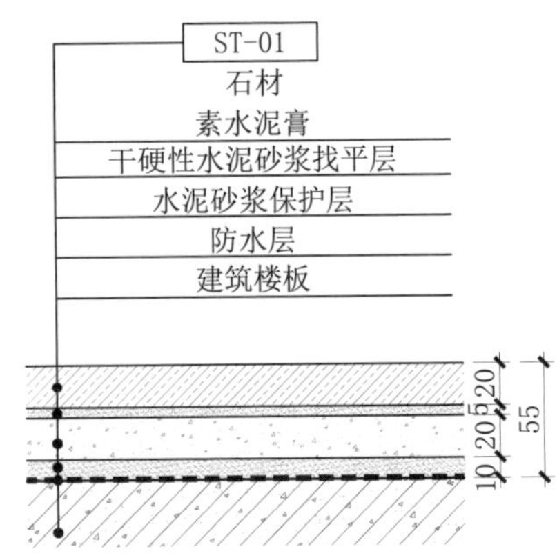
ST-01
石材
素水泥膏
干硬性水泥砂浆找平层
水泥砂浆保护层
防水层
建筑楼板
20
5
20
10
55

B201 地砖铺设节点（带防水）/ 1∶5

B202 石材铺设节点（带防水）/ 1∶5

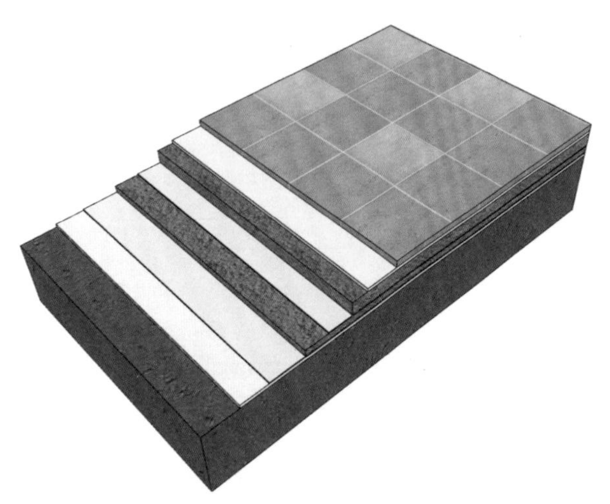

三维示意图（B201）

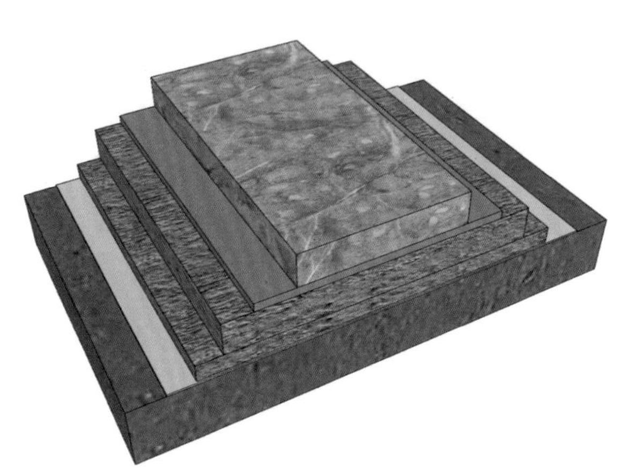

三维示意图（B202）

课堂小知识

施工中的水泥砂浆找平厚度应该是多少？

水泥砂浆在地面和墙面施工中得到了普遍的应用，它的使用让墙面或者地面凝聚力更强，建筑实体更加稳固，对建筑物的稳定和安全起到了积极的作用。水泥砂浆找平厚度要根据基层地面或者墙体的平整度而定。

1.水泥砂浆找平厚度至少为2 cm，若找平厚度大于4 cm，则应使用细混凝土进行找平处理。水泥砂浆找平层应按照1∶3水泥砂浆的质量标准，配置时需要严格依照配比进行施工，施工使用的原材料及搭配一定要符合设计要求以及施工规范的规定。

2.水泥砂浆找平层要求及材料等都是会影响具体施工的，通常等到找平层施工完毕之后，需要在结构板上植筋，植筋通常是ϕ6 mm，间距为800 mm × 800 mm，植筋深度要求进入结构板60 mm，同时地面也不一定用水泥找平。目前地面找平的方法主要有三种：水泥砂浆找平、自流平找平、石膏找平，其中效果最好的是自流平找平，但其价位相对较高。随着技术的发展，自流平找平技术将会越来越好，价位也会逐渐与水泥砂浆找平持平，有望成为未来地面找平方法的首选。

3 原楼板（带地暖）

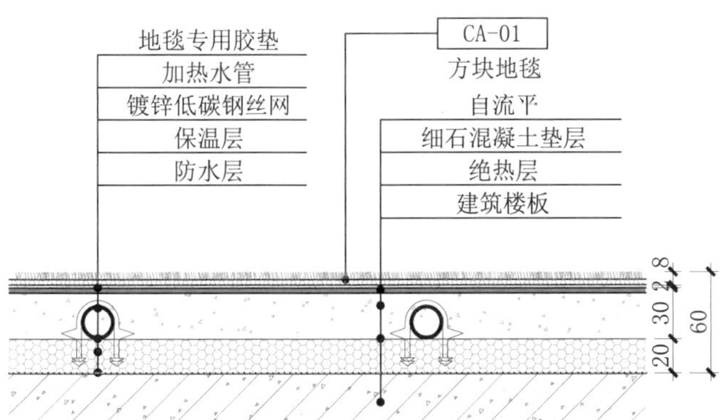

地毯专用胶垫
加热水管
镀锌低碳钢丝网
保温层
防水层
CA-01
方块地毯
自流平
细石混凝土垫层
绝热层
建筑楼板
2
8
30
60
20

B301 地毯铺设节点（带地暖）/ 1:5

三维示意图（B301）

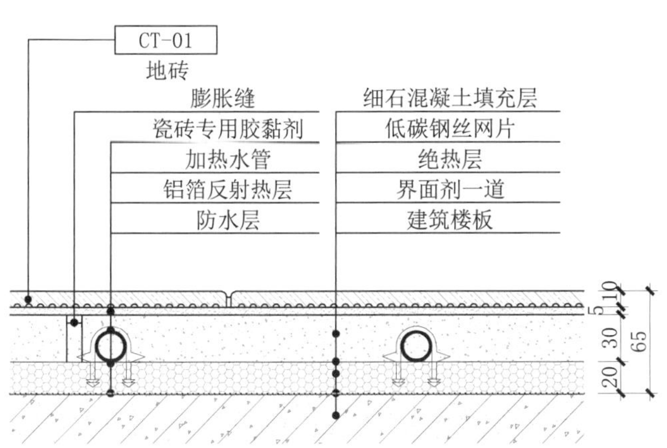

CT-01
地砖
膨胀缝
瓷砖专用胶黏剂
加热水管
铝箔反射热层
防水层
细石混凝土填充层
低碳钢丝网片
绝热层
界面剂一道
建筑楼板
10
5
30
65
20

B302 地砖铺设节点（水地暖）/ 1:5

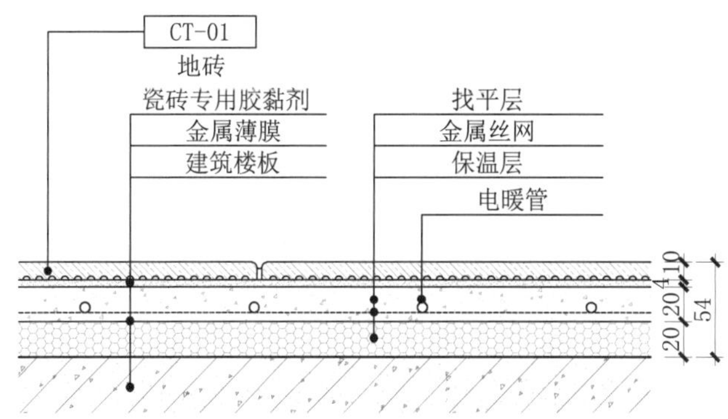

CT-01
地砖
瓷砖专用胶黏剂
金属薄膜
建筑楼板
找平层
金属丝网
保温层
电暖管
10
4
20
54
20

B303 地砖铺设节点（电地暖）/ 1:5

课堂小知识 为什么瓷砖铺贴要留缝？

因为在瓷砖铺贴的过程中存在热胀冷缩、尺寸误差、施工误差等问题，所以施工时应在瓷砖之间留缝隙。

一、瓷砖有热胀冷缩问题

瓷砖及粘贴瓷砖的水泥砂浆都会存在热胀冷缩的问题，在温度或湿度改变的过程中，瓷砖及水泥砂浆都会有一定的伸缩，如果不留缝的话，会导致瓷砖在后期使用过程中出现鼓起或者开裂的现象。

二、瓷砖尺寸存在误差

尽管现在瓷砖都是机械化生产，但是在产品生产的过程中，也会存在一定的尺寸误差，如果不留缝的话，容易出现瓷砖铺贴时的接缝不平整，影响瓷砖的美观。

三、工人施工存在误差

瓷砖的铺贴属于熟练程度非常高的一个施工项目，工人在整个铺贴的过程中，不可能完全做到每片砖都没有误差。此外，不同时间、不同情况铺贴的瓷砖，其效果都会有差异，如果不留缝的话，同样很难保证瓷砖接缝的平直问题，从而影响瓷砖铺贴的连贯性。

最后告诉大家一个小常识，你所选购的规格300 mm的砖实际只有297 mm，规格600 mm的砖实际只有597 mm，以此类推，差的3 mm为砖之间的填缝剂留缝。

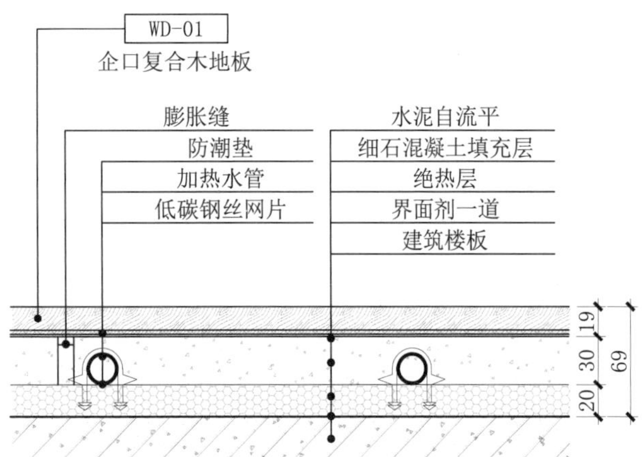
WD-01
企口复合木地板
膨胀缝
防潮垫
加热水管
低碳钢丝网片
水泥自流平
细石混凝土填充层
绝热层
界面剂一道
建筑楼板
19
30
20
69

B304 企口地板铺设节点（水地暖）/ 1:5

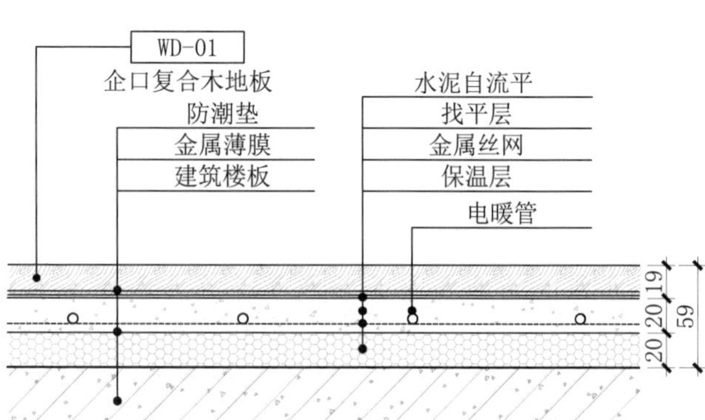
WD-01
企口复合木地板
防潮垫
金属薄膜
建筑楼板
水泥自流平
找平层
金属丝网
保温层
电暖管
19
20
20
59

B305 企口地板铺设节点（电地暖）/ 1:5

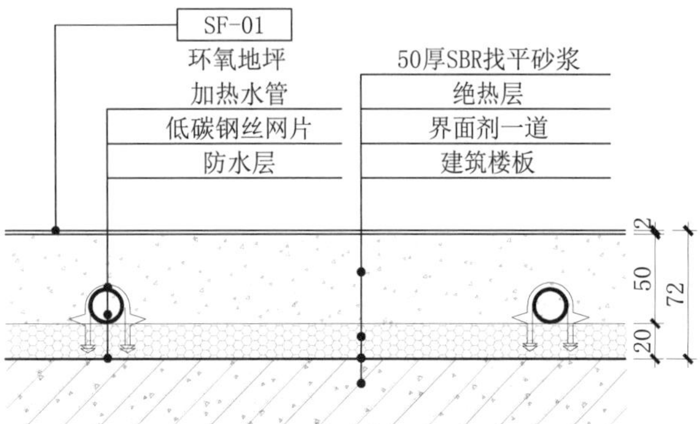
SF-01
环氧地坪
加热水管
低碳钢丝网片
防水层
50厚SBR找平砂浆
绝热层
界面剂一道
建筑楼板
2
50
20
72

B306 环氧地坪施工节点（水地暖）/ 1:5

课堂小知识

水泥砂浆施工注意事项

1.水泥砂浆在使用时，还要经常掺入一些添加剂，如微沫剂、防水粉等，以改善它的和易性与黏稠度。

2.当抹压水泥砂浆面层时，若其干湿度不适宜，应采取措施。如表面稍干，宜淋水予以压光；如确因水灰比稍大，表面难以吸水，可撒干拌的水泥和砂，其体积比为1：1（水泥：砂），砂需过3 mm筛，但撒时应均匀。

3.水泥砂浆面层如遇管线等出现局部面层厚度减薄至10 mm以下时，必须采取防止开裂的措施，一般沿管线走向放置钢筋网片，符合设计要求后方可铺设面层。

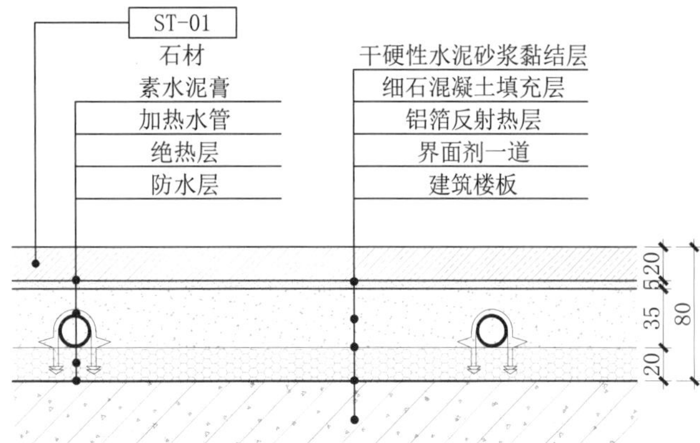
ST-01
石材
素水泥膏
加热水管
绝热层
防水层
干硬性水泥砂浆黏结层
细石混凝土填充层
铝箔反射热层
界面剂一道
建筑楼板
20
5
35
20
80

B307 石材铺设节点（水地暖）/ 1:5

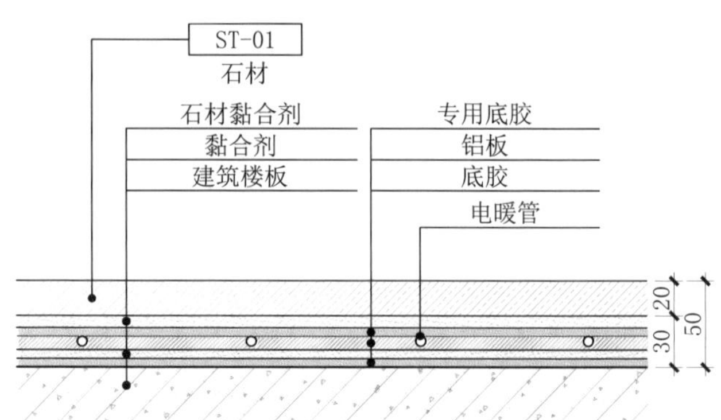
ST-01
石材
石材黏合剂
黏合剂
建筑楼板
专用底胶
铝板
底胶
电暖管
20
30
50

B308 石材铺设节点（铝板工艺电地暖）/ 1:5

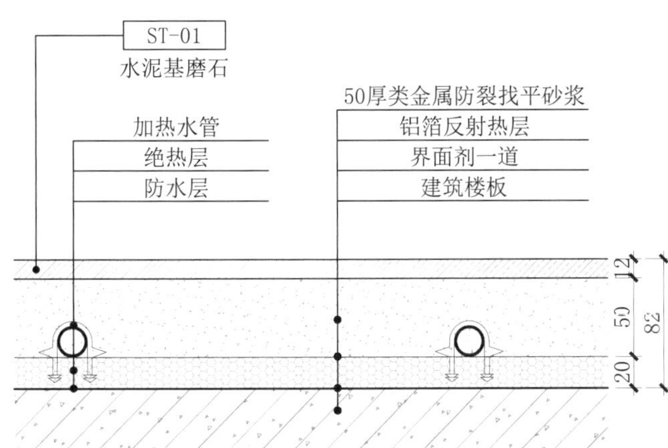
ST-01
水泥基磨石
加热水管
绝热层
防水层
50厚类金属防裂找平砂浆
铝箔反射热层
界面剂一道
建筑楼板
12
50
20
82

B309 现浇基磨石施工节点（带地暖）/ 1∶5

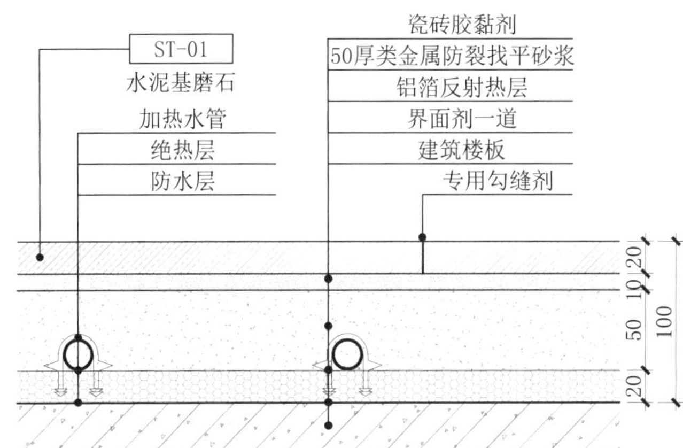
ST-01
水泥基磨石
加热水管
绝热层
防水层
瓷砖胶黏剂
50厚类金属防裂找平砂浆
铝箔反射热层
界面剂一道
建筑楼板
专用勾缝剂
20
10
50
20
100

B310 预制水泥基磨石节点（带地暖）/ 1∶5

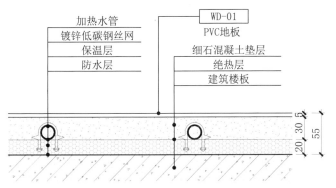

加热水管
镀锌低碳钢丝网
保温层
防水层
WD-01
PVC地板
细石混凝土垫层
绝热层
建筑楼板
5
30
20
55

B311 PVC地板施工节点（带地暖）/ 1∶5

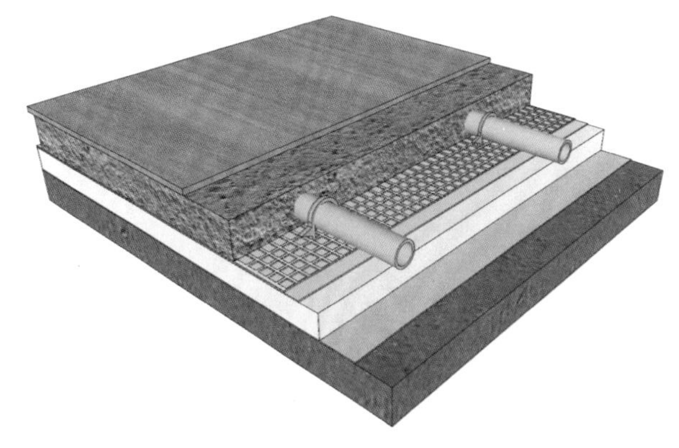

三维示意图（B311）

课堂小知识

水泥砂浆地坪施工方法

1.水泥强度等级不应低于32.5级，严禁使用强度等级达不到要求或存放时间过长的水泥。黄砂宜采用粒径在2.3 mm到3.0 mm之间的中砂作为地坪用砂，黄砂的含泥量不应大于3%，水泥砂浆的稠度不应大于3.5 cm。

2.在水泥砂浆地坪施工前必须先认真清理基层表面浮灰、浆膜及其他污物，采用“二凿二冲洗”方法，即先将基层表面的浮灰或混凝土块凿去，用水冲洗干净，经水冲洗的基层表面就能让人更加清晰地分辨出浮灰，再进行第二次凿除，然后冲洗。

3.水泥砂浆地坪施工前一天或前四五个小时，基层表面要尽量润湿，但不允许有积水现象，在铺设水泥砂浆之前，应在基层均匀涂刷建筑胶水和素水泥浆结合层，其水灰比为0.4~0.5（涂刷之前要将抹灰饼的余灰清扫干净，再洒水湿润），涂刷面积不要过大，边刷边铺面层砂浆，然后铺筑砂浆层。砂浆要尽量干一些（水灰比宜为0.2~0.25），只要施工时能密实铺开即可，若太湿，则容易开裂或空鼓。铺灰时用2 m直尺刮平，拍实木屑，在水泥初凝后、终凝前，用铁板压光压实，压光时间应合理控制，以水泥砂浆表面不再溢出吸附水及表面还可用铁板抹平为准。面层质量良好的地坪，铁板压光的次数一般为三次：第一遍用铁板轻轻抹压面层，细致修抹平整；第二遍压光时间控制在用手指按表面有印但手指不湿的程度，这次压光主要是把表面砂眼抹压平整，消除水泥毛细孔；第三遍压光需稍加大力将面层压平，并用专用工具把柱和踢脚线交角处做成圆角。三次压光时间由水泥的终凝时间决定。

4.产品的保护和养护尤为重要。在完成的面层表面覆盖一层草袋，水泥砂浆没有达到一定的强度前，严禁任何人员进入进行下道工序施工。成品成形24 h后开始浇水养护，保持表面湿润。

4 架空地板

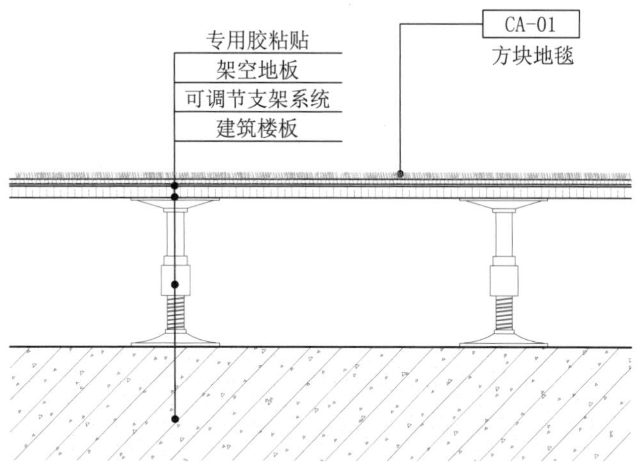
专用胶粘贴
架空地板
可调节支架系统
建筑楼板
CA-01
方块地毯

B401 地毯铺设节点（架空层）/ 1:5

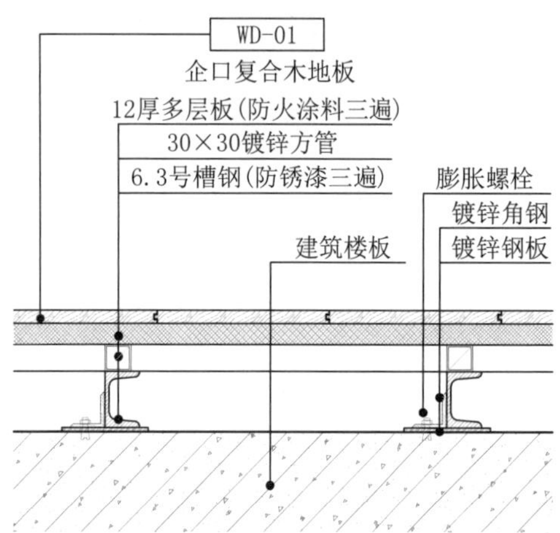
WD-01
企口复合木地板
12厚多层板(防火涂料三遍)
30×30镀锌方管
6.3号槽钢(防锈漆三遍)
膨胀螺栓
镀锌角钢
镀锌钢板
建筑楼板

B402 复合地板铺设节点（架空层）一 / 1:5

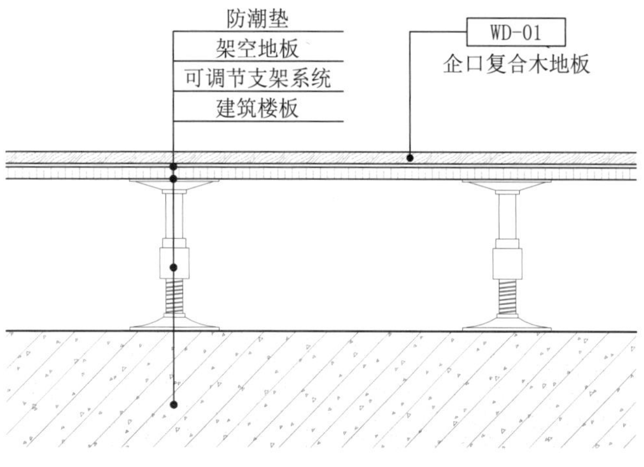
防潮垫
架空地板
可调节支架系统
建筑楼板
WD-01
企口复合木地板

B403 复合地板铺设节点（架空层）二 / 1:5

课堂小知识 室内装修地面防水层浅析

一、常用室内地面防水材料种类

1.911聚氨酯防水材料：防水卷材一般含有挥发性毒气，而且造价高昂，施工要求严格。

2.新型聚合物水泥基防水材料：材料由无机粉料和有机高分子液料复合而成，融合了无机材料耐久性好和有机材料弹性高的特点，涂覆后会形成坚韧的防水涂膜，是家庭防水常见的材料。

3.防水卷材：一般适用于工程施工，如外墙、屋面等。

二、厨房地面装修防水工程

1.装修厨房前应该认真检查一下楼上一层的厨房是否有渗漏问题，如果有的话，应该待楼上做好防水工程以后再进行装修。

2.厨房装修时，如果将原有墙地砖打掉重新装修，不管原来是否做过防水层，重新贴墙地砖之前都应该重做防水层。四周侧墙防水层高300 mm，有浴缸的部位及淋浴器能喷淋到的所有部位都应做防水层。

3.厨房未装修时的防水处理：原先未做防水层的，则按照上述方法加做防水层；原先已做防水层的，则应认真检查，看防水层做得是否到位、有无破损、是否应修补。修补完后注水试验，以楼下及四周墙身无渗漏、无潮湿为合格标准。

4.厨房多水、潮湿的部位装修完工后，其地面的标高宜低于厅房或走廊地面的标高。

厨房门洞处应安装不怕水的石材，在其根部应做防水处理，严防积水从门洞处往客厅渗。

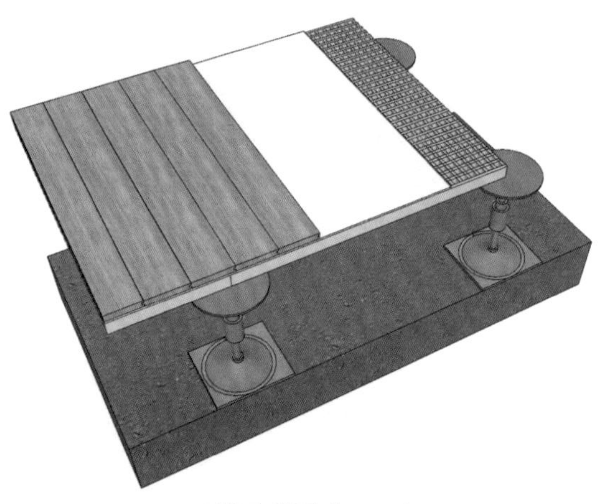

三维示意图（B403）

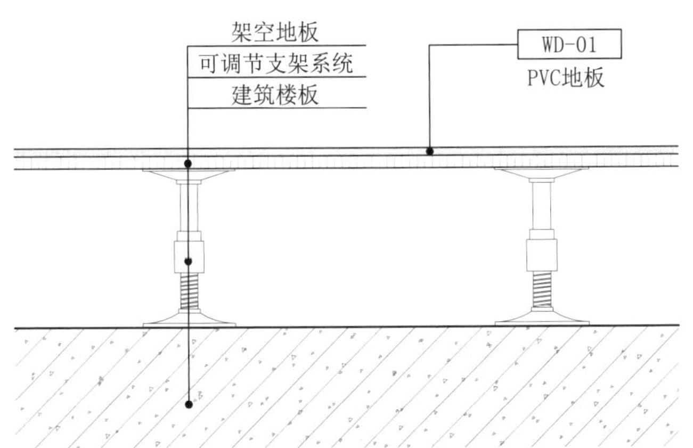
架空地板
可调节支架系统
建筑楼板
WD-01
PVC地板

B404 PVC地板铺设节点（架空层）/ 1∶5

课堂小知识

三、卫浴间防水工程

卫浴间是防水重点区域，如地漏部位、下水管和楼板衔接部位以及马桶管道等部位，都是卫生间最容易漏水的地方。在施工的时候，需要重点处理这些部位，一般其他部位刷两次防水材料，这里需要刷多次。此外，渗漏比较多地出现在过门石下面，施工时，在过门石下面一定要事先做一个防水坡，将防水材料刷到防水坡之上，这样才能形成一个盆状结构，起到蓄水、挡水的作用。

四、防水层设置及规范施工方法

防水层须涂刷2~3遍，否则应增设玻璃纤维网布，且每遍涂刷的固化物厚度不得低于1 mm，并应在其完全干燥后（5~8 h）再进行下一遍施工。涂刷完毕后，还应在涂料防水层上再做一道砂浆保护层，最后粘贴瓷砖。

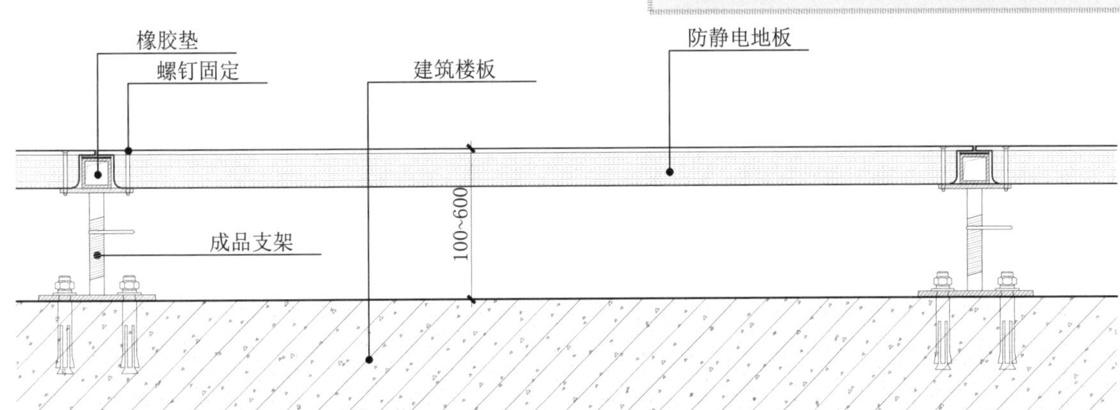
橡胶垫
螺钉固定
建筑楼板
防静电地板
成品支架
100~600

B405 防静电地板铺设节点 / 1∶5

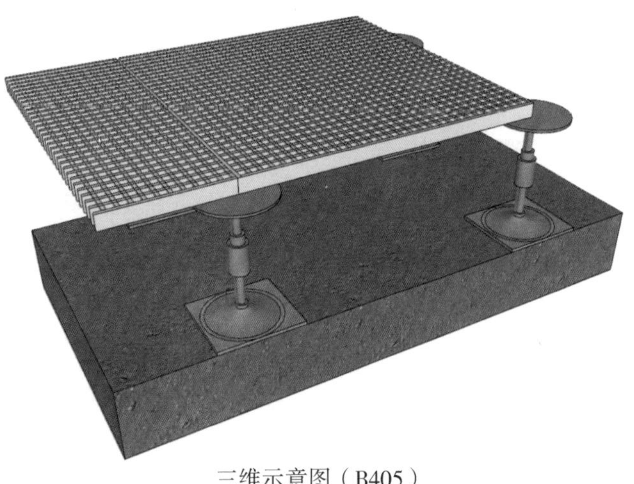

三维示意图（B405）

课堂
小知识

防水保护层

原结构面因高低不平或存在坡度而需进行找平铺设的基层，如水泥砂浆基层、细石混凝土基层等，在其上面铺设的面层或防水、保温层，就是找平层。

砂浆保护层是指为防止工人在进行其他工序施工时反复踩踏防水层，导致防水层被过度摩擦损坏而铺设的一层砂浆，目的就是为了保护防水层。

一、保护层的要求

1. 混凝土结构中，钢筋混凝土是由钢筋和混凝土两种不同材料组成的，两种材料都具有良好的黏结性能是它们共同工作的基础，从钢筋粘结锚固角度对混凝土保护层提出要求，是为了保证钢筋与其周围混凝土共同工作，并使钢筋充分发挥设计所需强度。

2. 钢筋裸露在大气或者其他介质中，容易受蚀生锈，使钢筋的有效截面减少，影响结构受力。因此需要根据耐久性要求规定不同使用环境下混凝土保护层的最小厚度，以保证在设计使用年限内钢筋不发生降低结构可靠度的锈蚀。

3. 有防火要求的钢筋混凝土梁、板及预应力构件，对混凝土保护层提出要求是为了保证在火灾中到达按建筑物的耐火等级确定的耐火极限前，构件不会失去支撑能力。混凝土保护层应符合国家现行相关标准的要求。

二、保护层的厚度

地下室顶板：非载重保护层一般采用C20细石混凝土或钢筋混凝土，厚度为50~80 mm。道路保护层由设计确定。

不上人屋面：一般防水层上面可以用15~25 mm厚水泥砂浆保护。

上人屋面：一般采用40 mm厚C20配筋细石混凝土保护。

地下室底板：细石混凝土保护层厚度应大于50 mm。

一般室内地面：可以用15~25 mm厚水泥砂浆保护。

三、设置保护层的目的

一，为了保护钢筋，减少锈蚀；二，为了避免人为机械损害；三，为了防止气候变化、紫外线照射导致的老化，以延长建筑物使用寿命；四，在屋面上的保护层是为了防止植物根茎刺破。针对不同的目的，采用不同的保护方法。

四、保护层与找平层的区别

1. 厚度不同：相对而言，找平层对厚度没有严格要求，如果设计没有明确坡度要求，则水平坡度不超过1/1000。

2. 作用不同：保护层是为了保护钢筋免受外界腐蚀或其他破坏而设的，以保证钢筋有足够的受力横截面积。找平层只是为了达到平面水平高度统一，有利于美观和满足排水要求。

C

区域地坪相关节点

1 卫生间

2 厨房

3 地漏

4 地面功能相关

1 卫生间

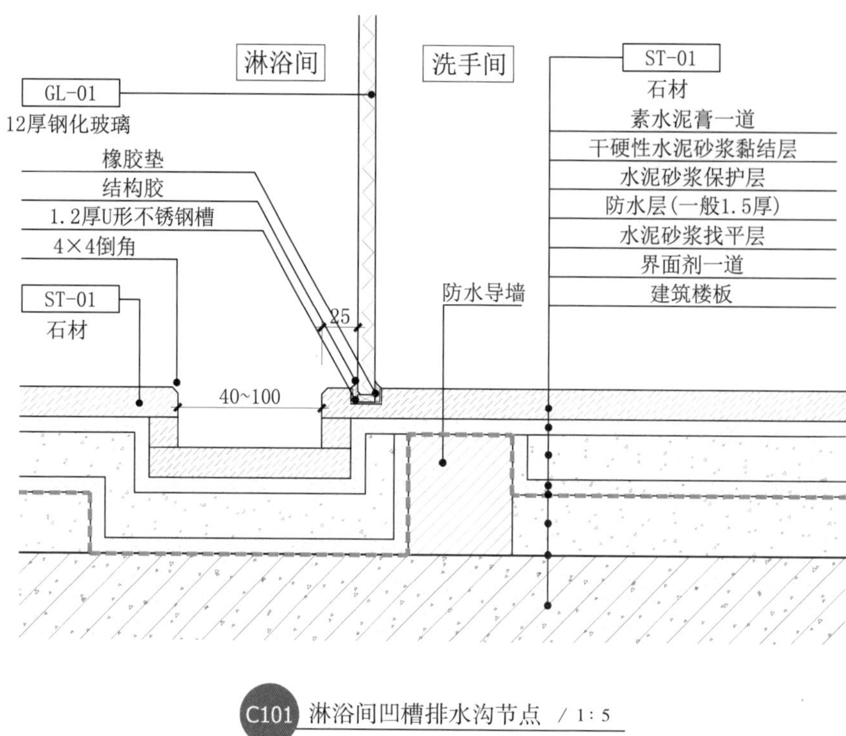
淋浴间
洗手间
GL-01
12厚钢化玻璃
橡胶垫
结构胶
1.2厚U形不锈钢槽
4×4倒角
ST-01
石材
25
40~100
防水导墙
ST-01
石材
素水泥膏一道
干硬性水泥砂浆黏结层
水泥砂浆保护层
防水层(一般1.5厚)
水泥砂浆找平层
界面剂一道
建筑楼板

C101 淋浴间凹槽排水沟节点 / 1:5

注：考虑到人员脚部安全问题，建议此类排水沟做到40 mm宽，地漏处做到100 mm宽。

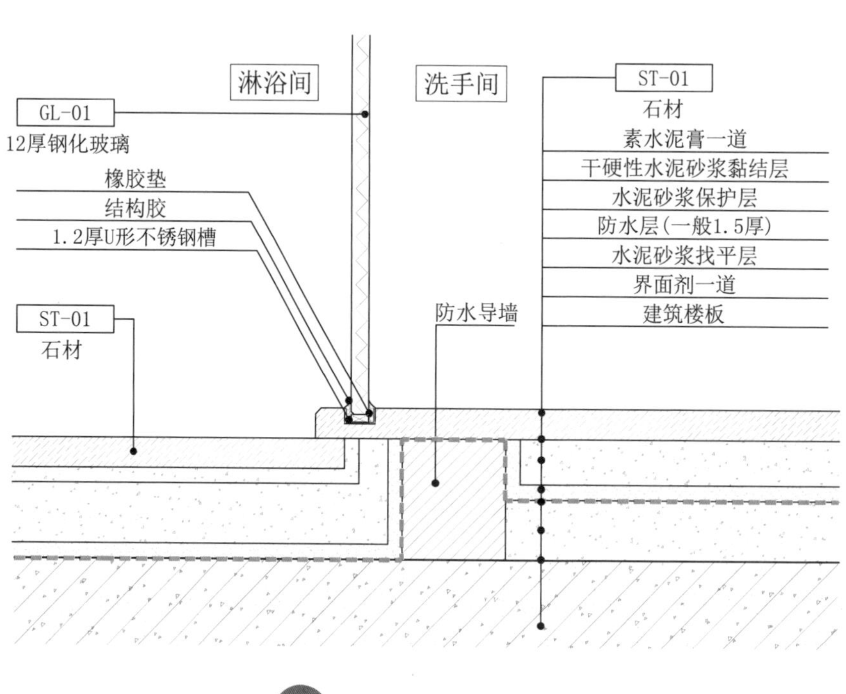
淋浴间
洗手间
GL-01
12厚钢化玻璃
橡胶垫
结构胶
1.2厚U形不锈钢槽
ST-01
石材
防水导墙
ST-01
石材
素水泥膏一道
干硬性水泥砂浆黏结层
水泥砂浆保护层
防水层(一般1.5厚)
水泥砂浆找平层
界面剂一道
建筑楼板

C102 淋浴间挡水节点 / 1:5

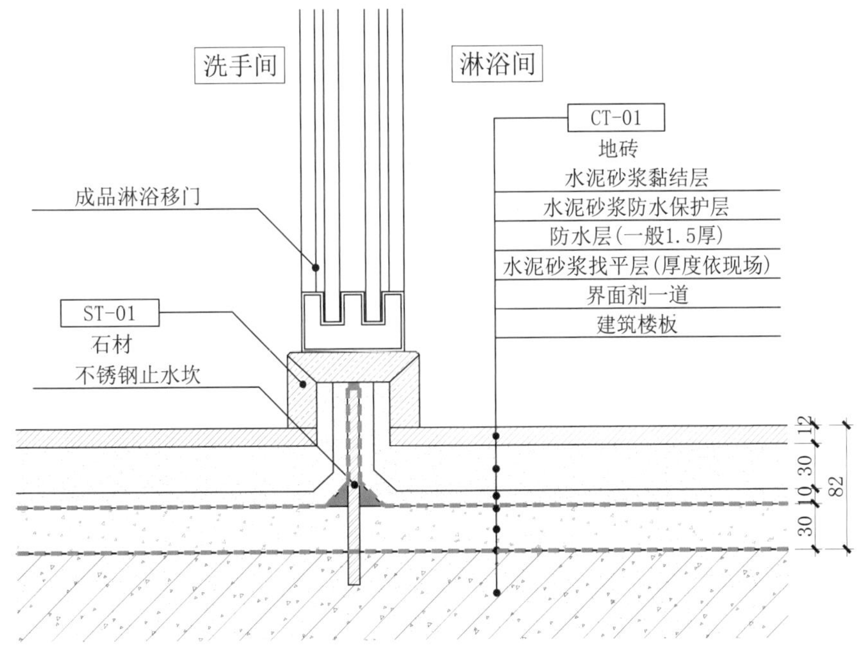
洗手间
淋浴间
CT-01
地砖
水泥砂浆黏结层
水泥砂浆防水保护层
防水层(一般1.5厚)
水泥砂浆找平层(厚度依现场)
界面剂一道
建筑楼板
成品淋浴移门
ST-01
石材
不锈钢止水坎
12
30
10
30
82

C103 淋浴间挡水坎节点 / 1∶5

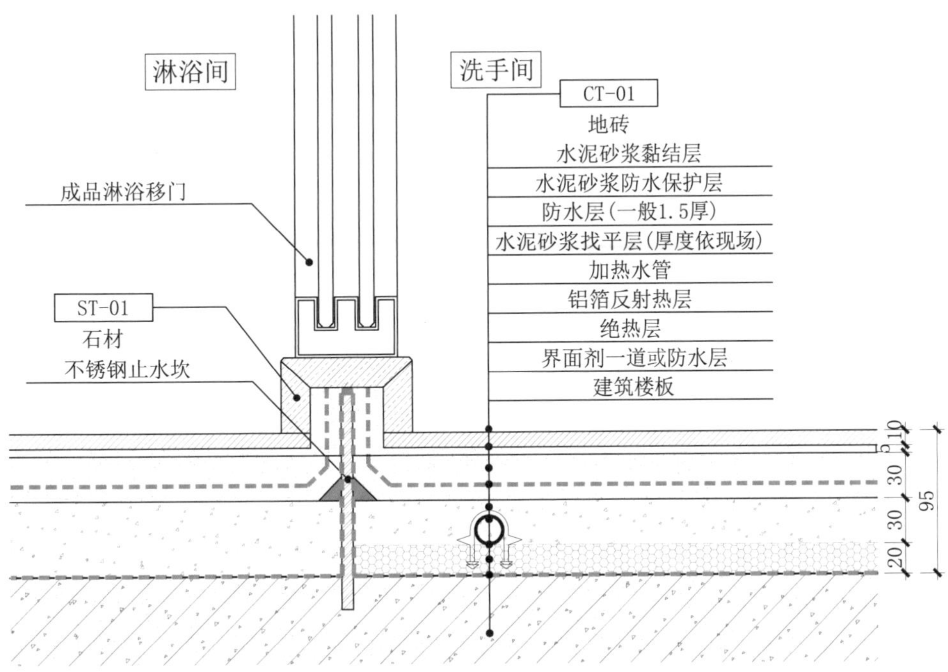
淋浴间
洗手间
CT-01
地砖
水泥砂浆黏结层
水泥砂浆防水保护层
防水层(一般1.5厚)
水泥砂浆找平层(厚度依现场)
加热水管
铝箔反射热层
绝热层
界面剂一道或防水层
建筑楼板
成品淋浴移门
ST-01
石材
不锈钢止水坎
10
5
30
30
20
95

C104 淋浴间挡水坎节点（带地暖）/ 1∶5

课堂小知识

装饰工程中关于防水高度的要求

《住宅装饰装修工程施工规范》GB 50327—2001要求，防水层应从地面延伸到墙面，高出地面30 cm，浴室冲淋房墙面的防水层高度不低于1.8 m。在正常施工中，厨房、卫生间均需要做防水，一般高度为30 cm；淋浴间防水高度为1.8 m，水盆处防水高1 m，其他区域防水高30 cm即可。

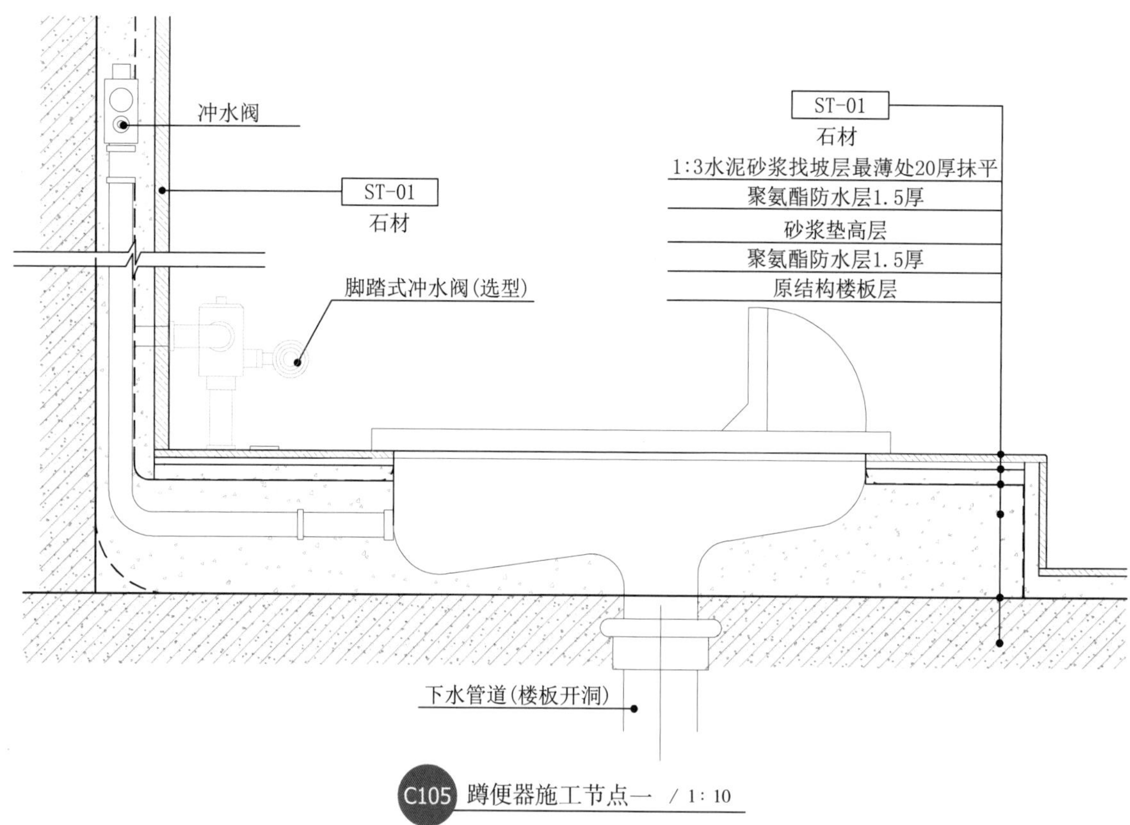
冲水阀
ST-01
石材
脚踏式冲水阀(选型)
ST-01
石材
1:3水泥砂浆找坡层最薄处20厚抹平
聚氨酯防水层1.5厚
砂浆垫高层
聚氨酯防水层1.5厚
原结构楼板层
下水管道(楼板开洞)

C105 蹲便器施工节点一 / 1：10

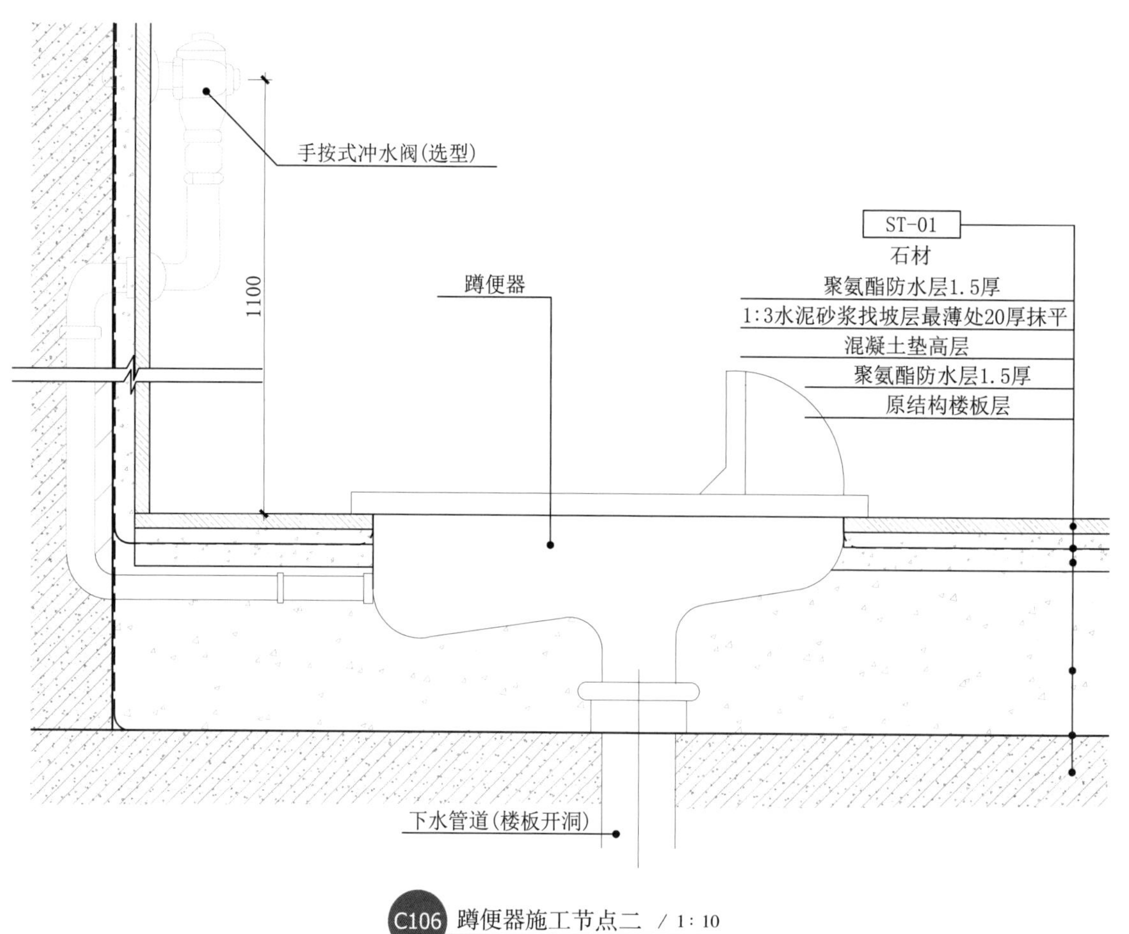
手按式冲水阀(选型)
1100
蹲便器
ST-01
石材
聚氨酯防水层1.5厚
1:3水泥砂浆找坡层最薄处20厚抹平
混凝土垫高层
聚氨酯防水层1.5厚
原结构楼板层
下水管道(楼板开洞)

C106 蹲便器施工节点二 / 1：10

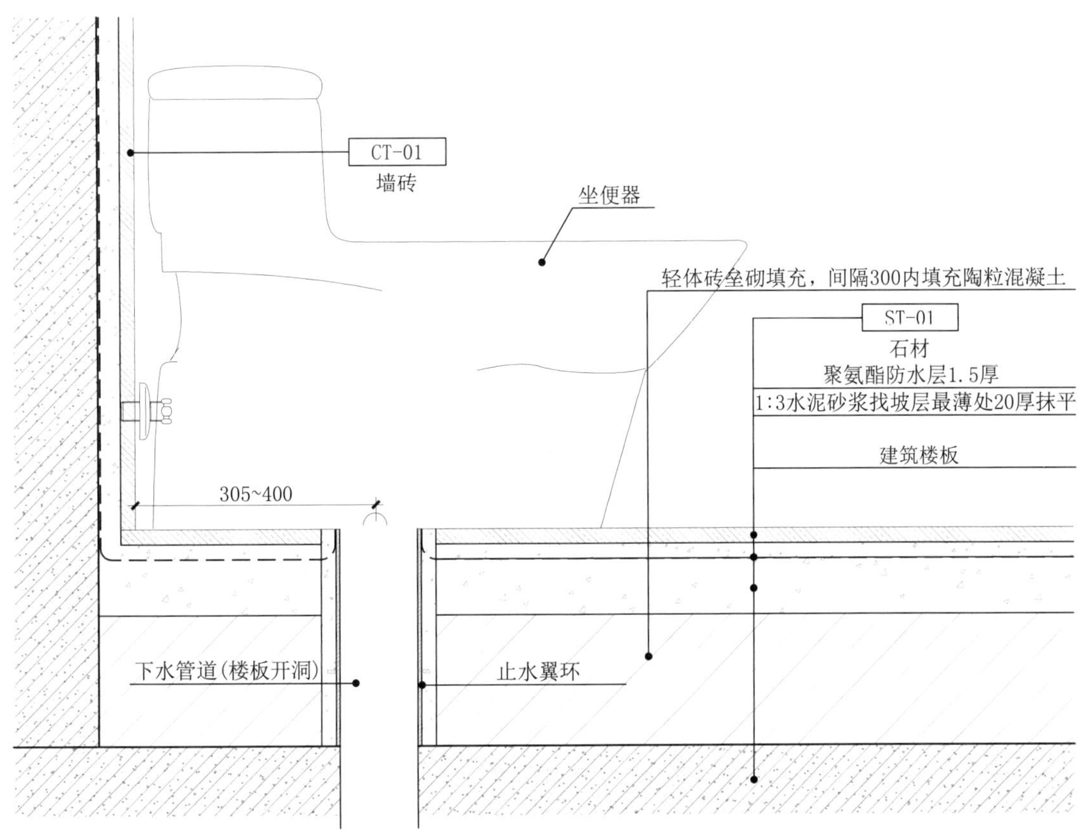
CT-01
墙砖
坐便器
轻体砖垒砌填充，间隔300内填充陶粒混凝土
ST-01
石材
聚氨酯防水层1.5厚
1:3水泥砂浆找坡层最薄处20厚抹平
建筑楼板
305~400
下水管道(楼板开洞)
止水翼环

C107 落地式坐便器施工节点 / 1:10

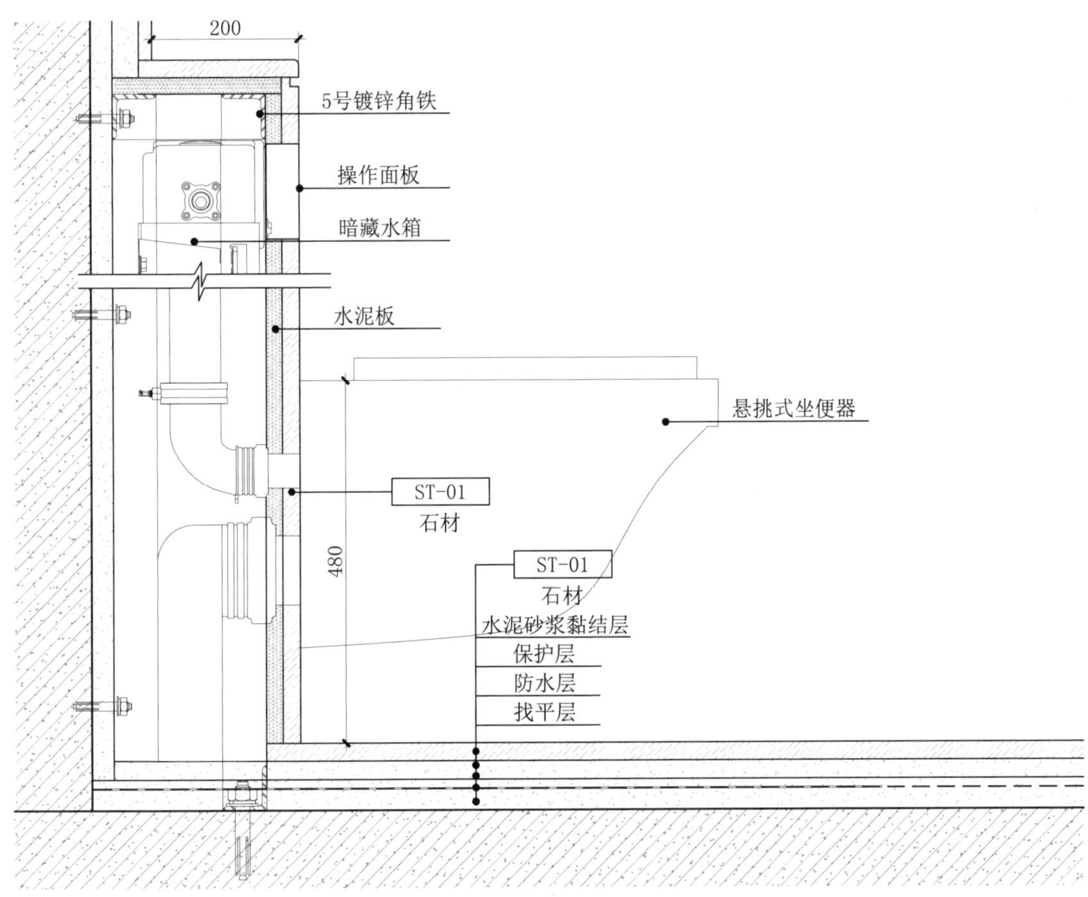
200
5号镀锌角铁
操作面板
暗藏水箱
水泥板
悬挑式坐便器
ST-01
石材
480
ST-01
石材
水泥砂浆黏结层
保护层
防水层
找平层

C108 悬挑式坐便器施工节点 / 1:10

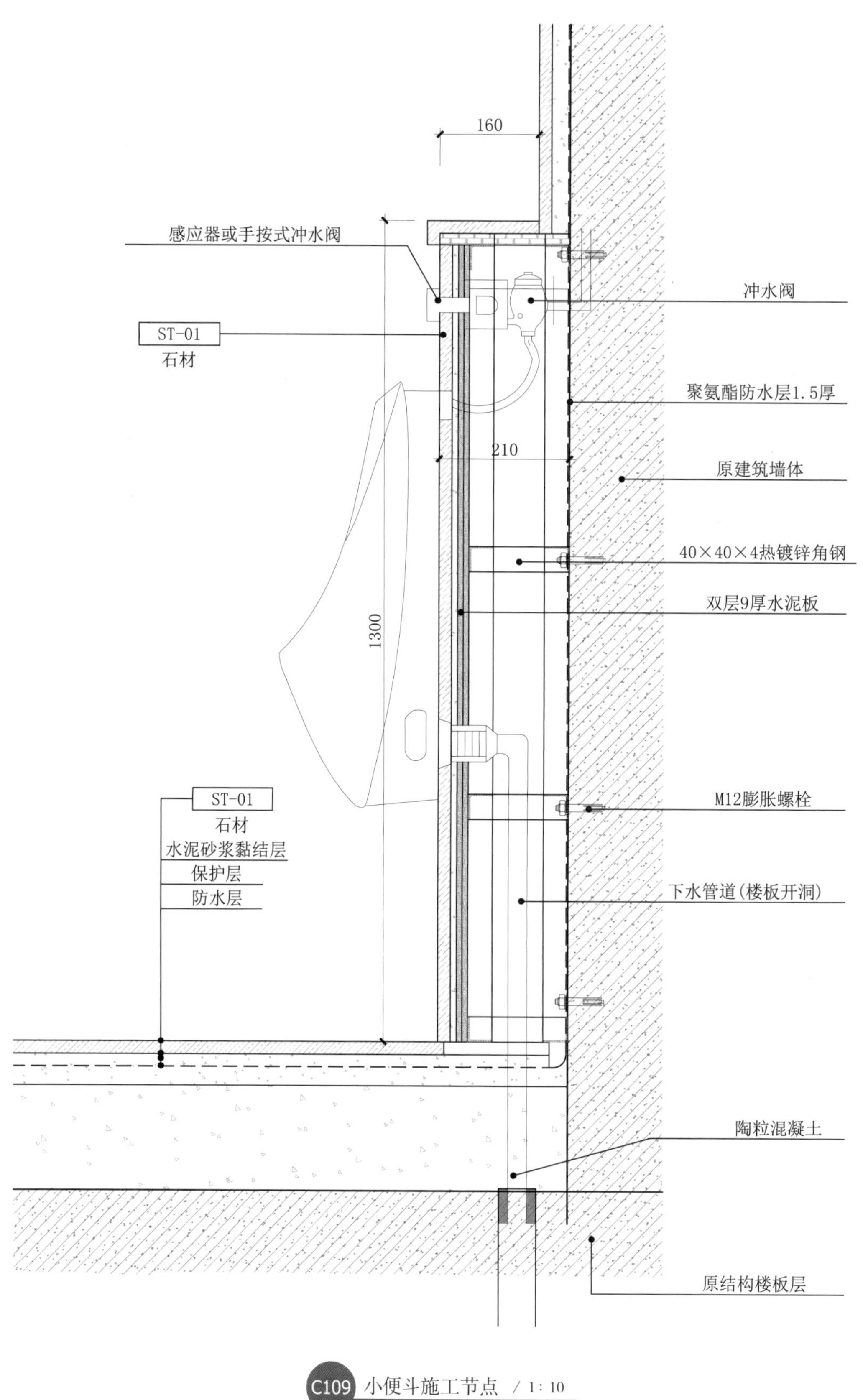
160
感应器或手按式冲水阀
ST-01
石材
冲水阀
聚氨酯防水层1.5厚
210
原建筑墙体
40×40×4热镀锌角钢
双层9厚水泥板
1300
ST-01
石材
水泥砂浆黏结层
保护层
防水层
M12膨胀螺栓
下水管道(楼板开洞)
陶粒混凝土
原结构楼板层

C109 小便斗施工节点 / 1:10

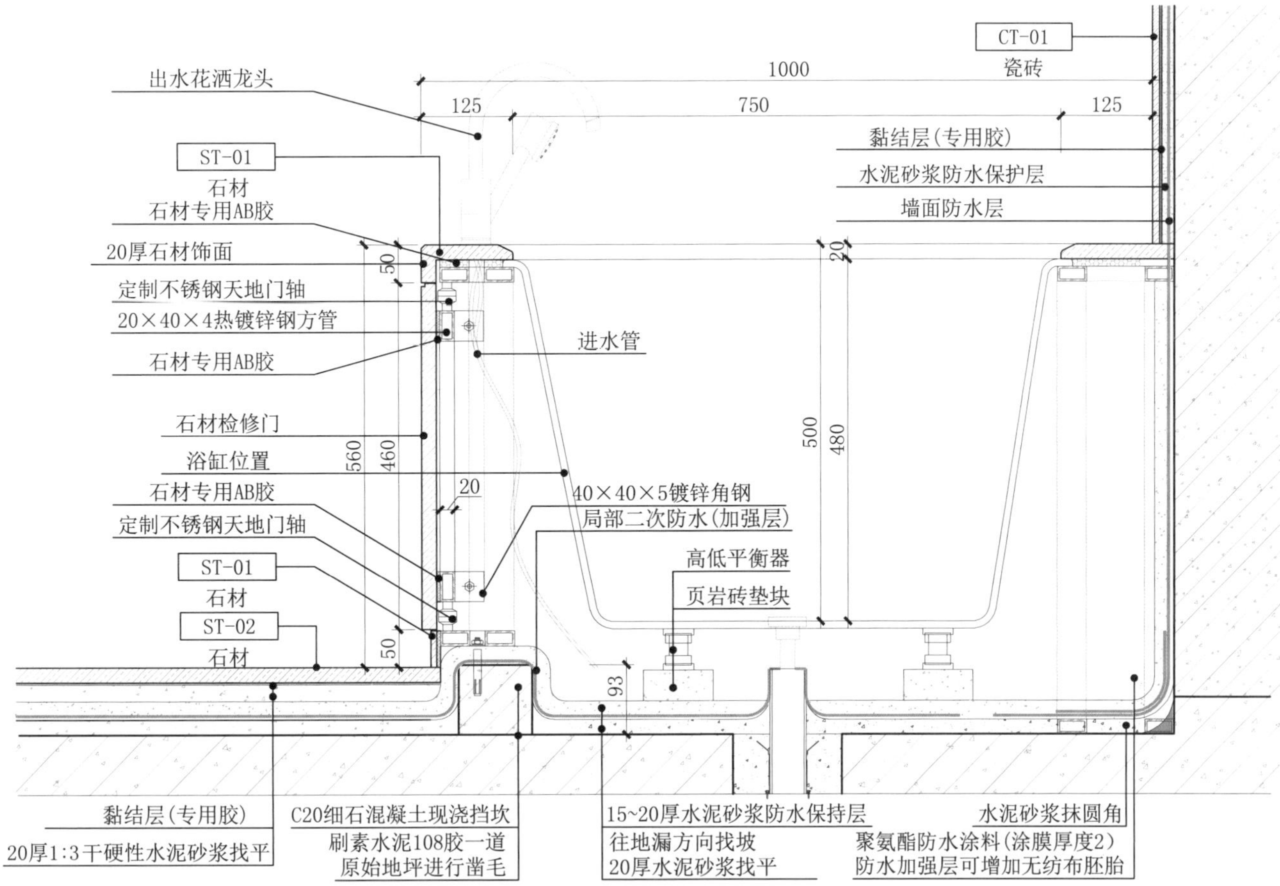

CT-01
瓷砖
1000
125
750
125
出水花洒龙头
黏结层(专用胶)
水泥砂浆防水保护层
墙面防水层
ST-01
石材
石材专用AB胶
20厚石材饰面
20
50
定制不锈钢天地门轴
20×40×4热镀锌钢方管
进水管
石材专用AB胶
石材检修门
500
480
浴缸位置
560
460
20
石材专用AB胶
40×40×5镀锌角钢
定制不锈钢天地门轴
局部二次防水(加强层)
高低平衡器
ST-01
石材
页岩砖垫块
ST-02
石材
50
93
黏结层(专用胶)
20厚1:3干硬性水泥砂浆找平
C20细石混凝土现浇挡坎
刷素水泥108胶一道
原始地坪进行凿毛
15~20厚水泥砂浆防水保持层
往地漏方向找坡
20厚水泥砂浆找平
水泥砂浆抹圆角
聚氨酯防水涂料(涂膜厚度2)
防水加强层可增加无纺布胚胎

C110 浴缸施工节点 / 1∶10

课堂小知识

导墙的作用是什么?

在浇筑卫生间(或厨房)混凝土板面的同时(吊模)浇筑混凝土导墙,导墙一般与墙同宽,高200~300 mm,起到防水、防潮作用。卫生间和厨房的砌体在此混凝土导墙上开始砌筑,其名称为“厨卫防水混凝土翻边”。

另外,导墙可支撑上部结构,并将上部结构的荷载均匀地传递到地基上,起到地梁的作用。

混凝土导墙

2 厨房

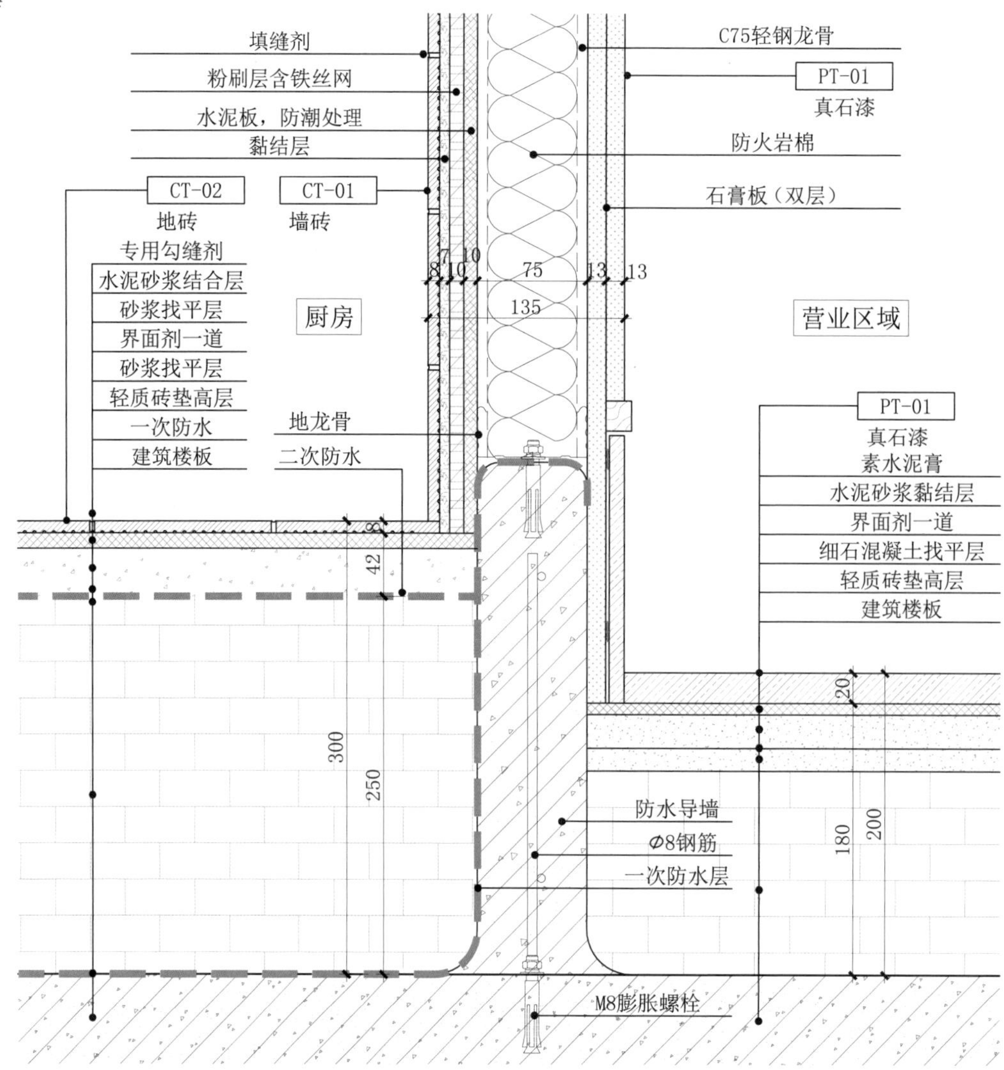

填缝剂
粉刷层含铁丝网
水泥板，防潮处理
黏结层
CT-02
地砖
CT-01
墙砖
专用勾缝剂
水泥砂浆结合层
砂浆找平层
界面剂一道
砂浆找平层
轻质砖垫高层
一次防水
建筑楼板
厨房
地龙骨
二次防水
C75轻钢龙骨
PT-01
真石漆
防火岩棉
石膏板（双层）
营业区域
PT-01
真石漆
素水泥膏
水泥砂浆黏结层
界面剂一道
细石混凝土找平层
轻质砖垫高层
建筑楼板
防水导墙
Ø8钢筋
一次防水层
M8膨胀螺栓
8
7
10
10
75
13
13
135
8
42
300
250
20
180
200

C201 公装厨房防水导墙节点 / 1:5

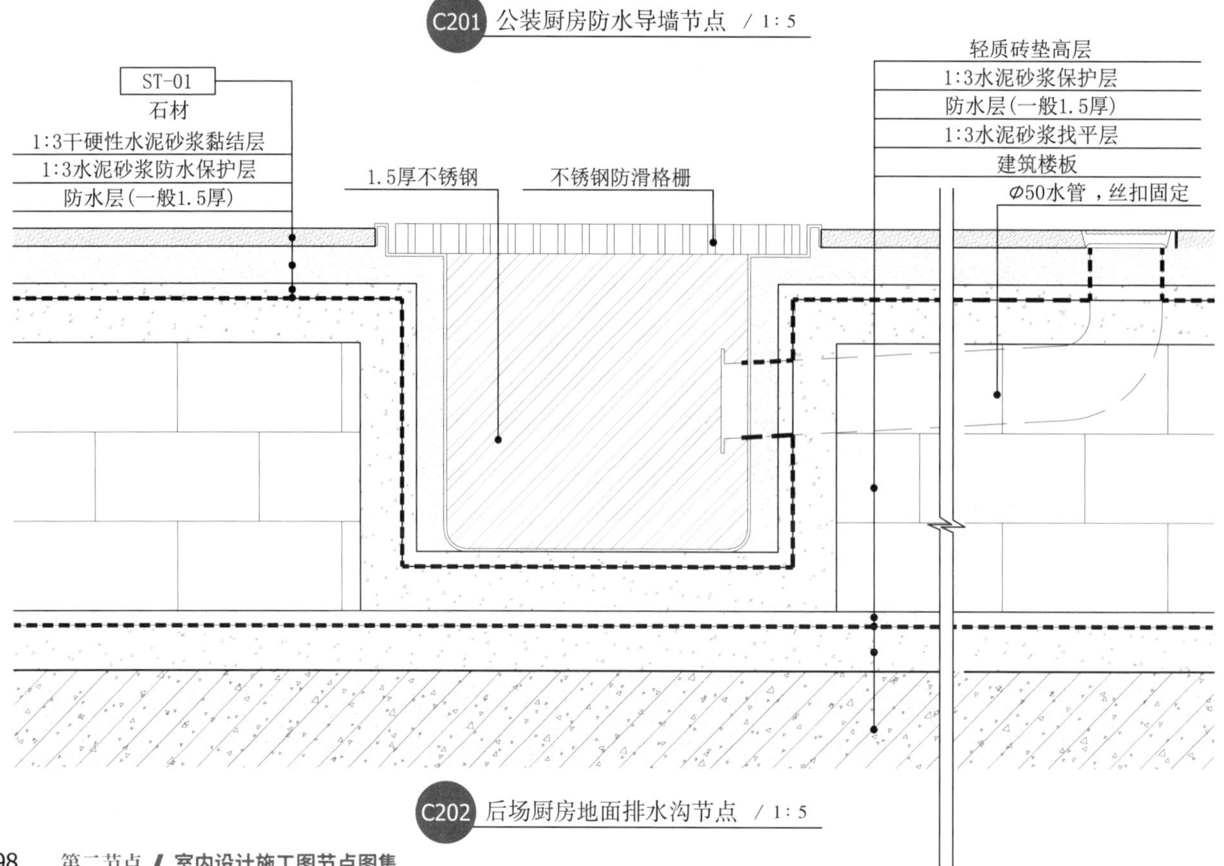

ST-01
石材
1:3干硬性水泥砂浆黏结层
1:3水泥砂浆防水保护层
防水层(一般1.5厚)
1.5厚不锈钢
不锈钢防滑格栅
轻质砖垫高层
1:3水泥砂浆保护层
防水层(一般1.5厚)
1:3水泥砂浆找平层
建筑楼板
Ø50水管，丝扣固定

C202 后场厨房地面排水沟节点 / 1:5

3 地漏

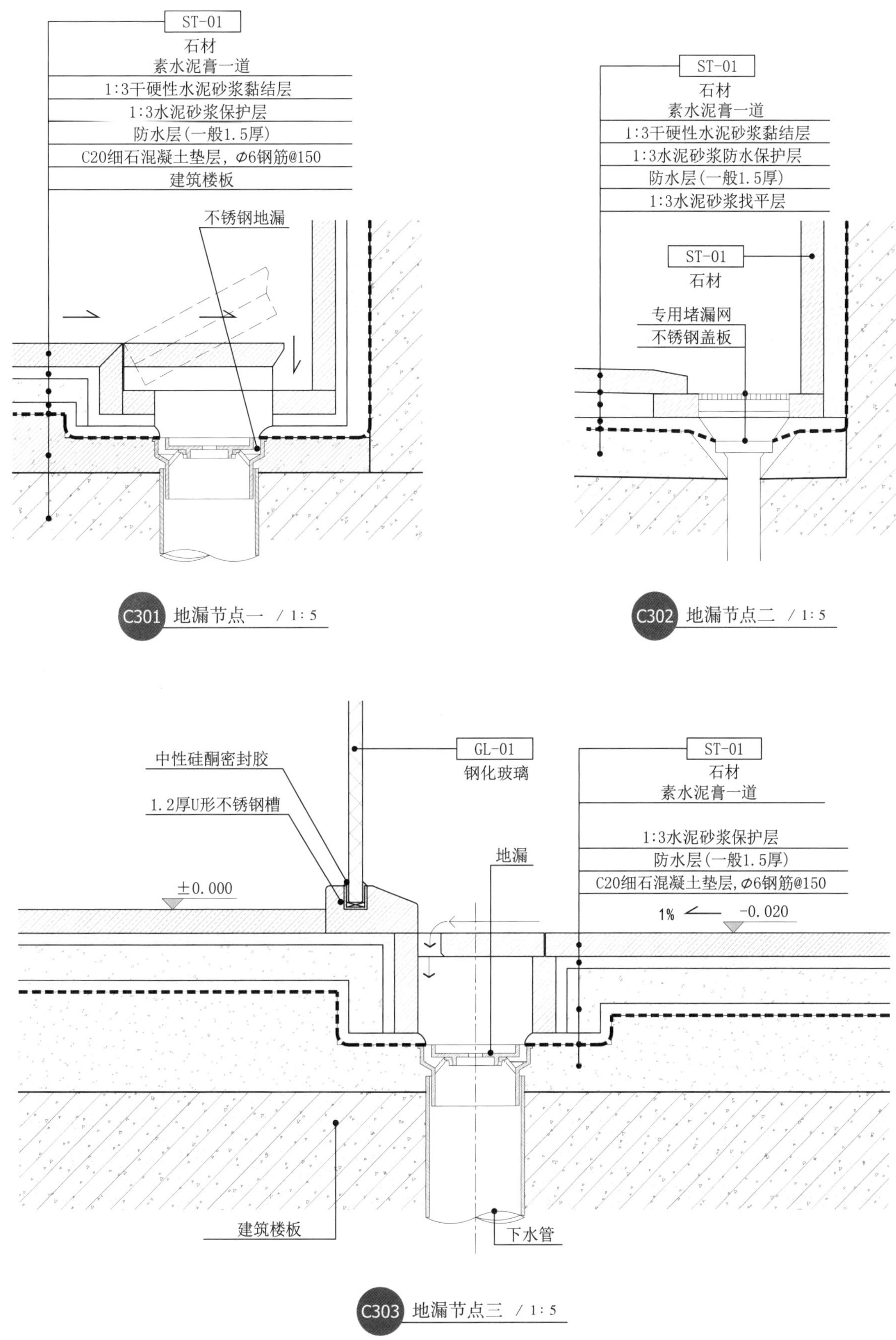
ST-01
石材
素水泥膏一道
1:3干硬性水泥砂浆黏结层
1:3水泥砂浆保护层
防水层(一般1.5厚)
C20细石混凝土垫层，Φ6钢筋@150
建筑楼板
不锈钢地漏
ST-01
石材
素水泥膏一道
1:3干硬性水泥砂浆黏结层
1:3水泥砂浆防水保护层
防水层(一般1.5厚)
1:3水泥砂浆找平层
ST-01
石材
专用堵漏网
不锈钢盖板
GL-01
钢化玻璃
中性硅酮密封胶
1.2厚U形不锈钢槽
地漏
±0.000
ST-01
石材
素水泥膏一道
1:3水泥砂浆保护层
防水层(一般1.5厚)
C20细石混凝土垫层，Φ6钢筋@150
1%
-0.020
建筑楼板
下水管

C301 地漏节点一 / 1:5

C302 地漏节点二 / 1:5

C303 地漏节点三 / 1:5

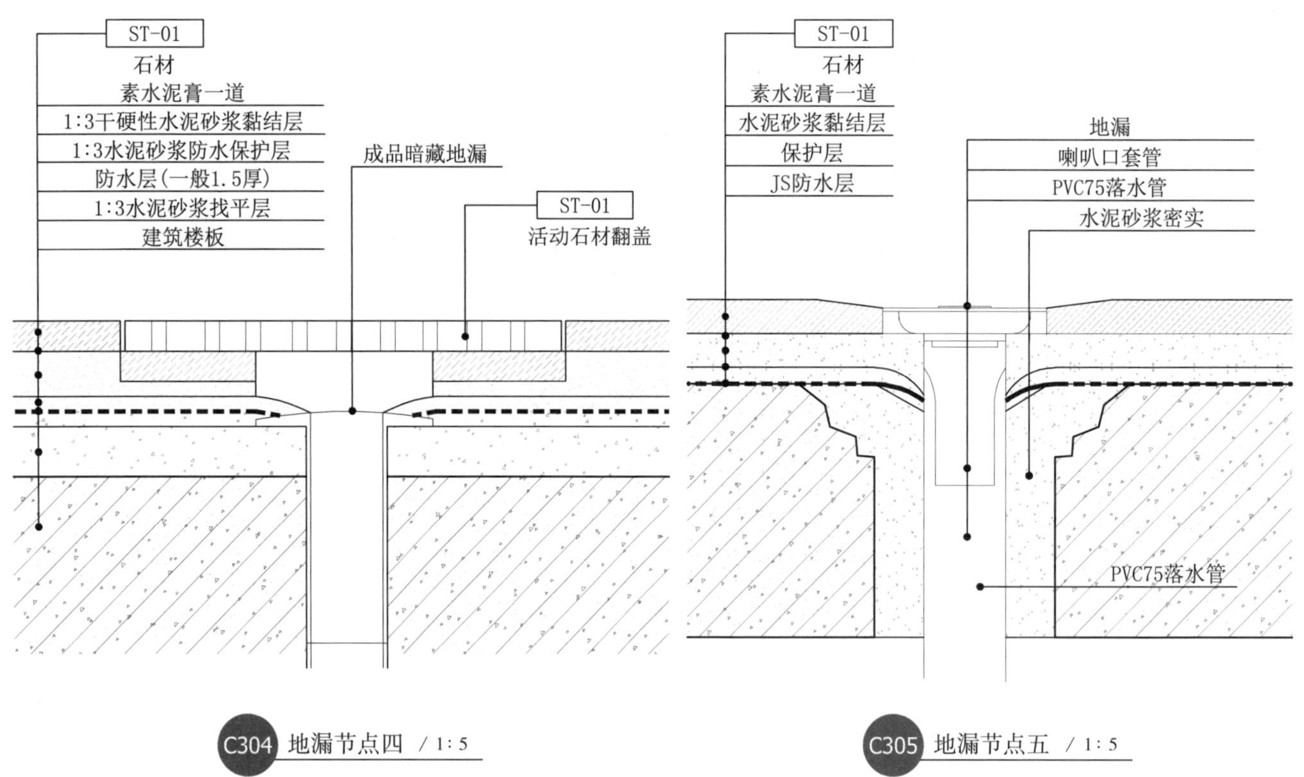
ST-01
石材
素水泥膏一道
1:3干硬性水泥砂浆黏结层
1:3水泥砂浆防水保护层
防水层(一般1.5厚)
1:3水泥砂浆找平层
建筑楼板
成品暗藏地漏
ST-01
活动石材翻盖
ST-01
石材
素水泥膏一道
水泥砂浆黏结层
保护层
JS防水层
地漏
喇叭口套管
PVC75落水管
水泥砂浆密实
PVC75落水管

C304 地漏节点四 / 1:5

C305 地漏节点五 / 1:5

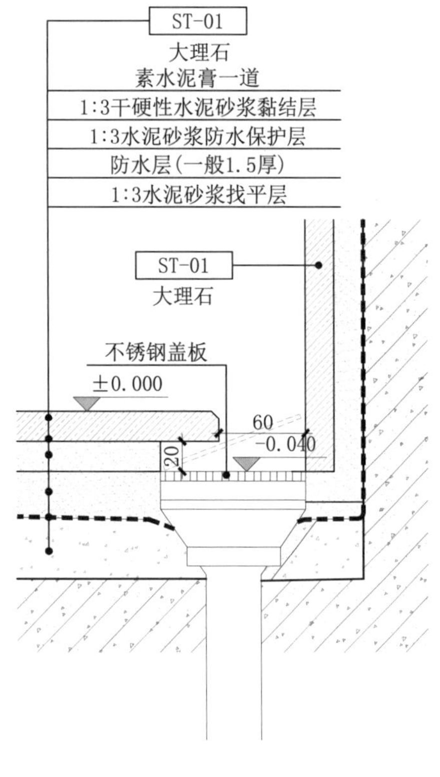
ST-01
大理石
素水泥膏一道
1:3干硬性水泥砂浆黏结层
1:3水泥砂浆防水保护层
防水层(一般1.5厚)
1:3水泥砂浆找平层
ST-01
大理石
不锈钢盖板
±0.000
60
-0.040
20

C306 地漏节点六 / 1:5

课堂小知识 水路打压测试

一、水路打压测试的必要性

水路验收最重要的是要做打压测试。打压测试是为了模拟正常使用时，水压对于水管等材料的冲击，以此检验水管等材料的性能以及安装的严密性等方面。

二、打压测试流程

首先准备好专用的水路水管打压测试工具，主要使用试压泵。在打压测试前，需要封闭排水口并关闭水表后阀门，避免打压测试时损伤水表。正式开始打压后，首先将试压管道末端封堵，再缓慢注水；然后缓慢加压，加压时间不得少于10 min，一般升至0.8 MPa后停止加压，这时观察水路各部位尤其是接头部位是否有渗水；稳压后半个小时内下降的压力以不超过0.05 MPa为合格。建议试验的时间尽量在半小时至1小时。

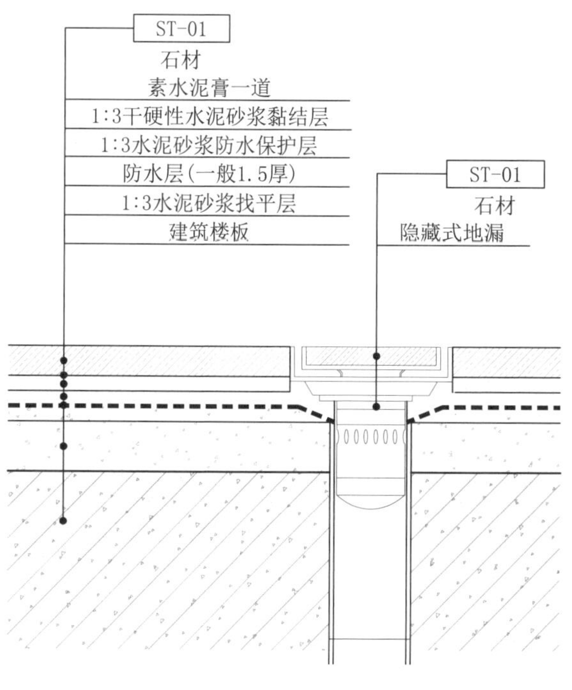
ST-01
石材
素水泥膏一道
1:3干硬性水泥砂浆黏结层
1:3水泥砂浆防水保护层
防水层(一般1.5厚)
1:3水泥砂浆找平层
建筑楼板
ST-01
石材
隐藏式地漏

C307 隐藏式地漏节点 / 1:5

隐藏式地漏

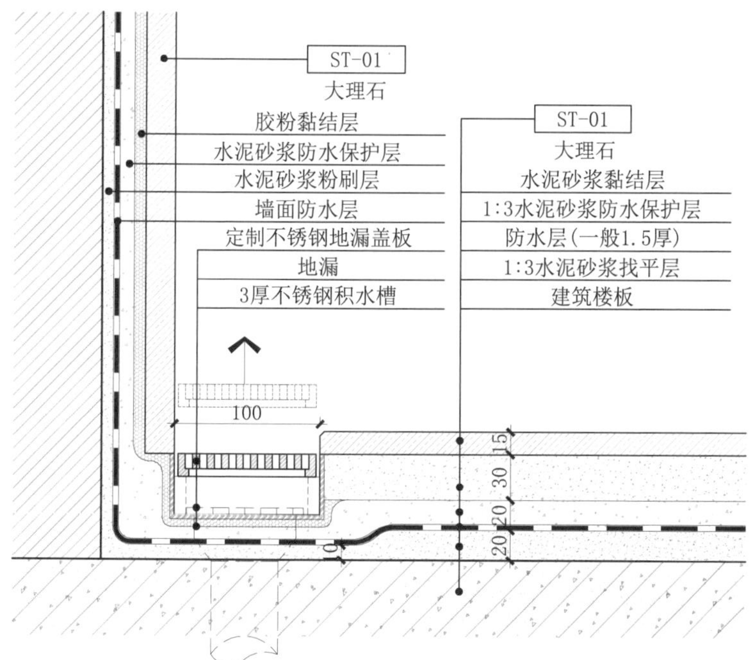
ST-01
大理石
胶粉黏结层
水泥砂浆防水保护层
水泥砂浆粉刷层
墙面防水层
定制不锈钢地漏盖板
地漏
3厚不锈钢积水槽
ST-01
大理石
水泥砂浆黏结层
1:3水泥砂浆防水保护层
防水层(一般1.5厚)
1:3水泥砂浆找平层
建筑楼板
100
15
30
20
20
10

C308 长条形地漏节点 / 1:5

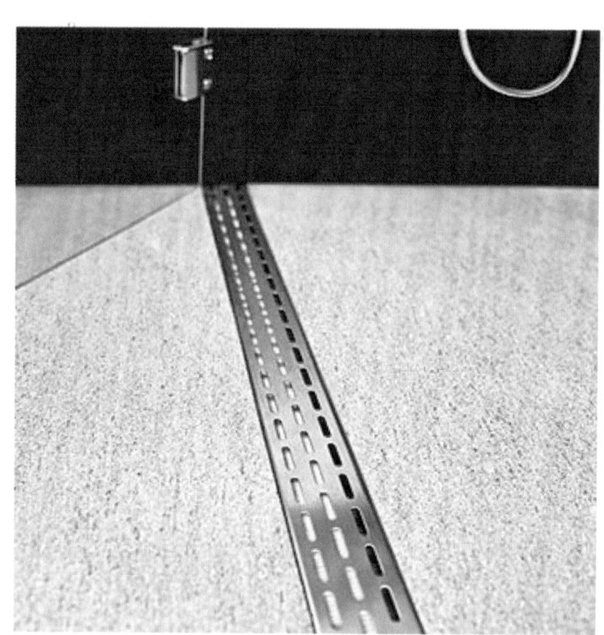

长条形地漏

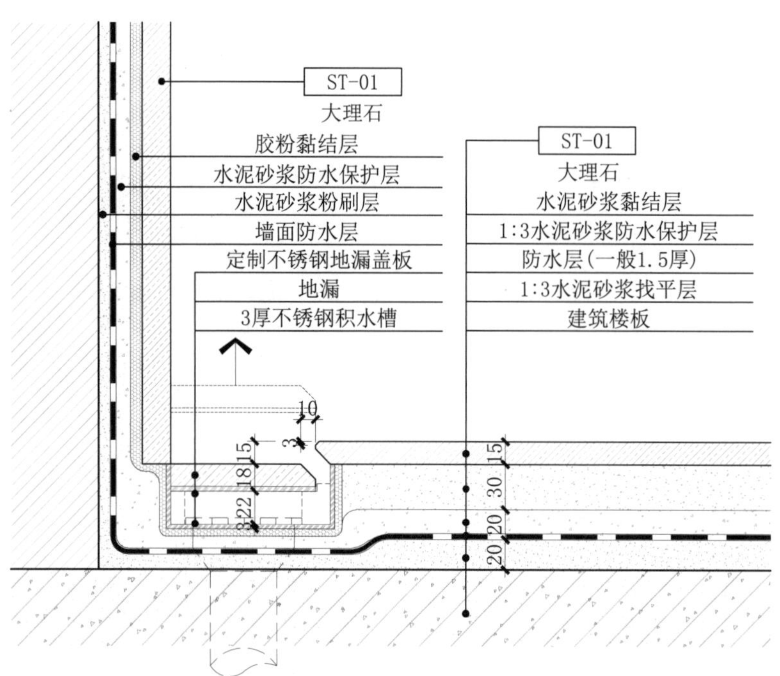
ST-01
大理石
胶粉黏结层
水泥砂浆防水保护层
水泥砂浆粉刷层
墙面防水层
定制不锈钢地漏盖板
地漏
3厚不锈钢积水槽
ST-01
大理石
水泥砂浆黏结层
1:3水泥砂浆防水保护层
防水层(一般1.5厚)
1:3水泥砂浆找平层
建筑楼板
10
3
15
18
3
22
15
30
20
20

C309 客房卫生间淋浴地漏节点一 / 1:5

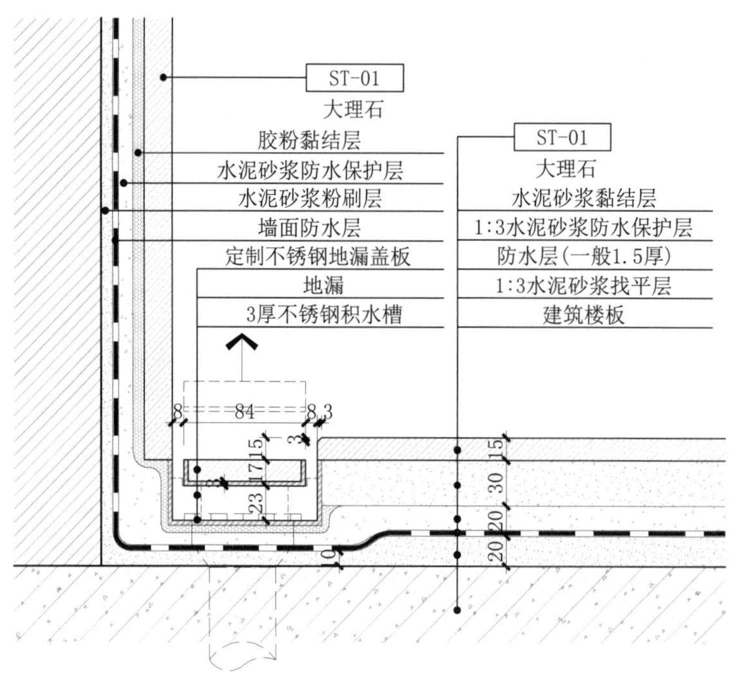
ST-01
大理石
胶粉黏结层
水泥砂浆防水保护层
水泥砂浆粉刷层
墙面防水层
定制不锈钢地漏盖板
地漏
3厚不锈钢积水槽
ST-01
大理石
水泥砂浆黏结层
1:3水泥砂浆防水保护层
防水层(一般1.5厚)
1:3水泥砂浆找平层
建筑楼板
8
84
8
3
3
15
17
23
10
15
30
20
20

C310 客房卫生间淋浴地漏节点二 / 1:5

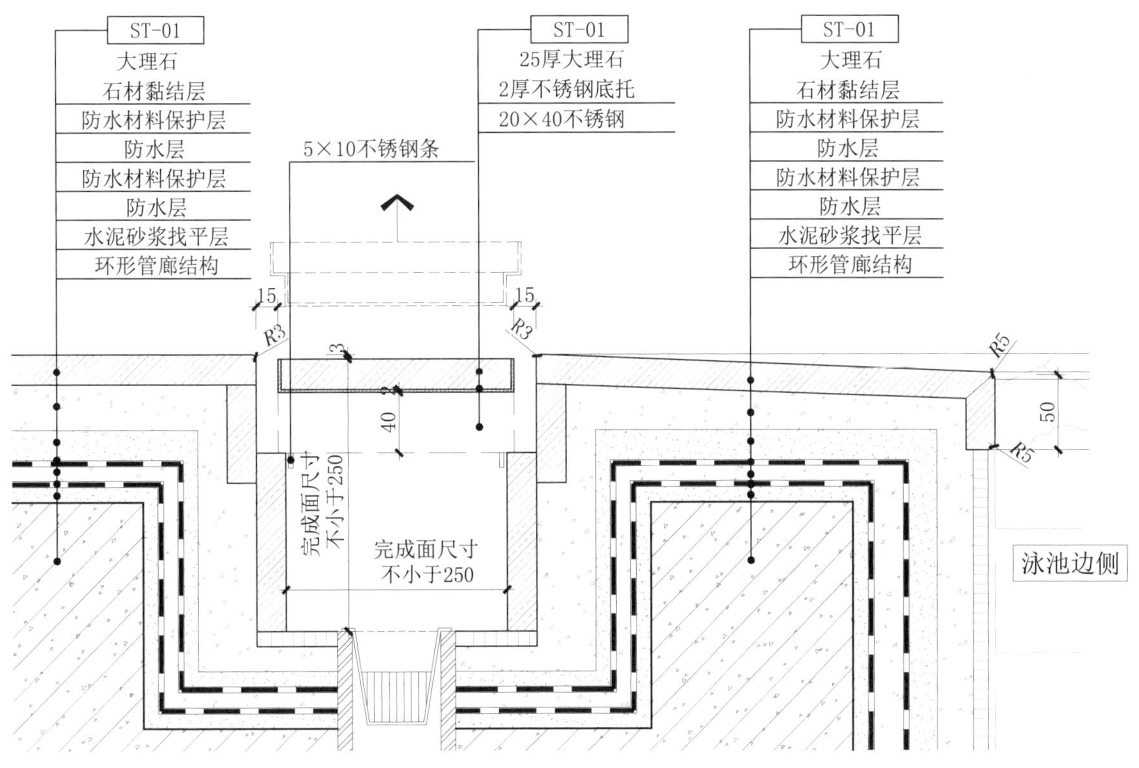
ST-01
大理石
石材黏结层
防水材料保护层
防水层
防水材料保护层
防水层
水泥砂浆找平层
环形管廊结构
ST-01
25厚大理石
2厚不锈钢底托
20×40不锈钢
5×10不锈钢条
ST-01
大理石
石材黏结层
防水材料保护层
防水层
防水材料保护层
防水层
水泥砂浆找平层
环形管廊结构
15
R3
3
40
15
R3
R5
50
R5
完成面尺寸不小于250
完成面尺寸不小于250
泳池边侧

C311 游泳池溢水沟节点一 / 1:5

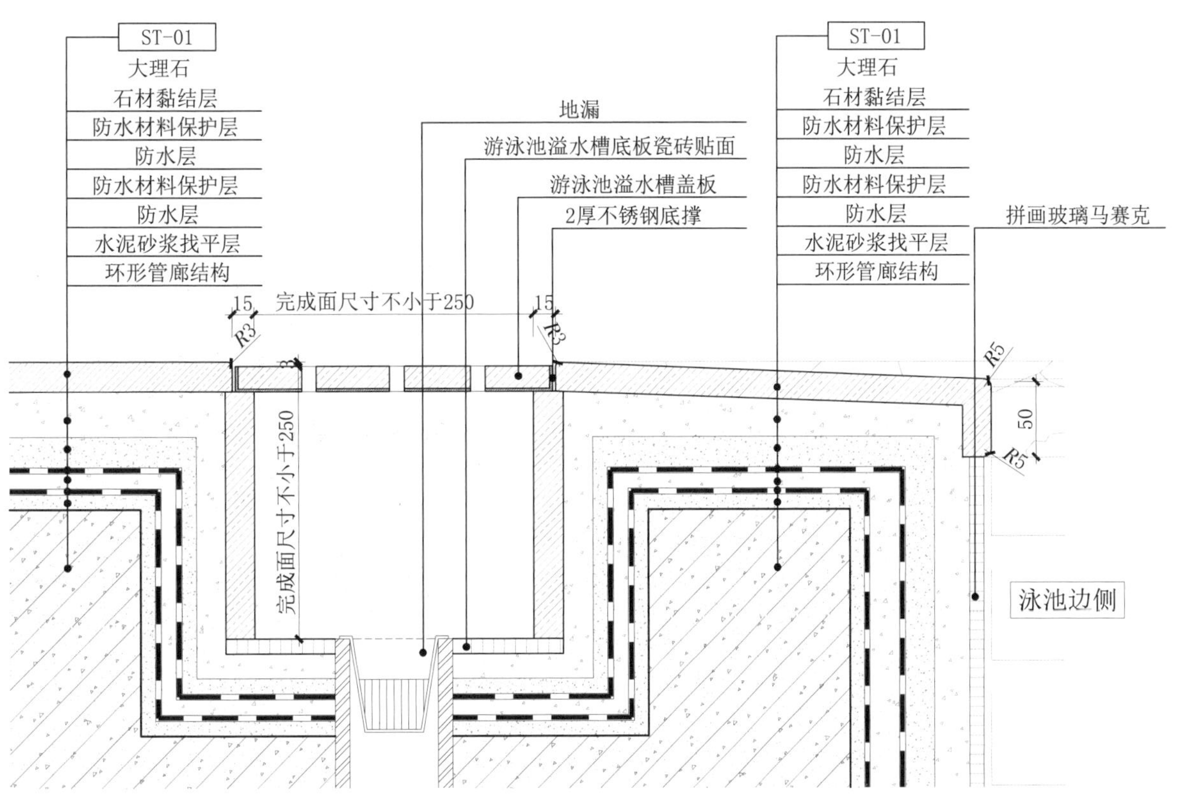
ST-01
大理石
石材黏结层
防水材料保护层
防水层
防水材料保护层
防水层
水泥砂浆找平层
环形管廊结构
地漏
游泳池溢水槽底板瓷砖贴面
游泳池溢水槽盖板
2厚不锈钢底撑
ST-01
大理石
石材黏结层
防水材料保护层
防水层
防水材料保护层
防水层
水泥砂浆找平层
环形管廊结构
拼画玻璃马赛克
15
完成面尺寸不小于250
15
R3
R3
3
R5
50
R5
完成面尺寸不小于250
泳池边侧

C312 游泳池溢水沟节点二 / 1:5

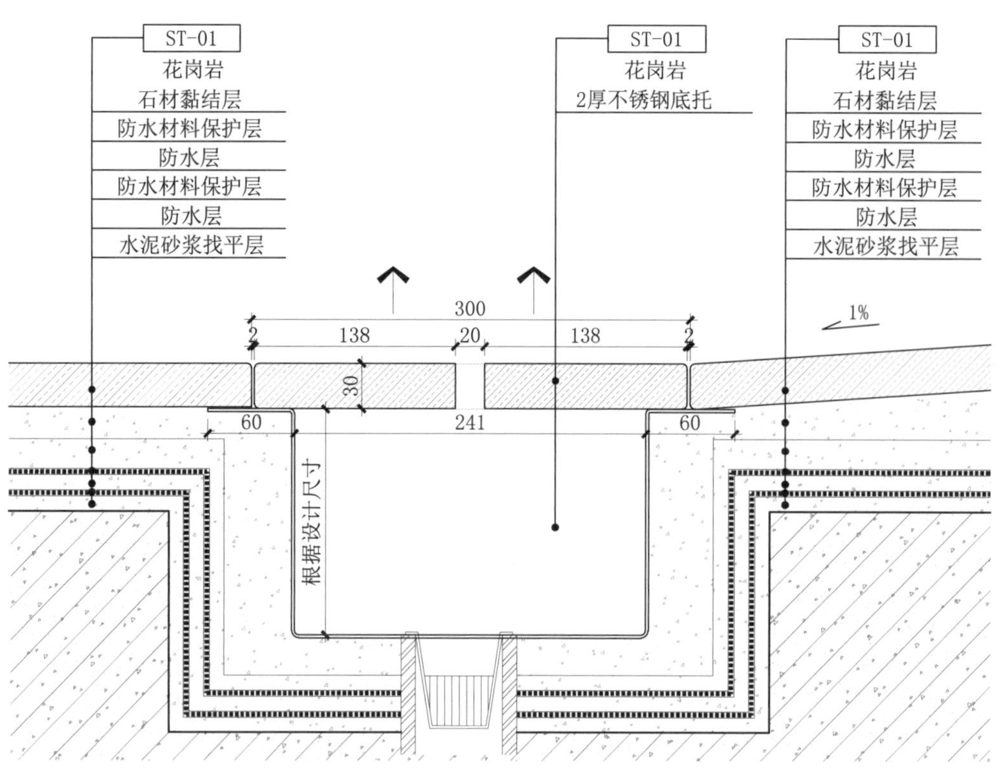

ST-01
花岗岩
石材黏结层
防水材料保护层
防水层
防水材料保护层
防水层
水泥砂浆找平层
ST-01
花岗岩
2厚不锈钢底托
ST-01
花岗岩
石材黏结层
防水材料保护层
防水层
防水材料保护层
防水层
水泥砂浆找平层
300
2
138
20
138
2
1%
30
60
241
60
根据设计尺寸

C313 户外平台下水节点 / 1∶5

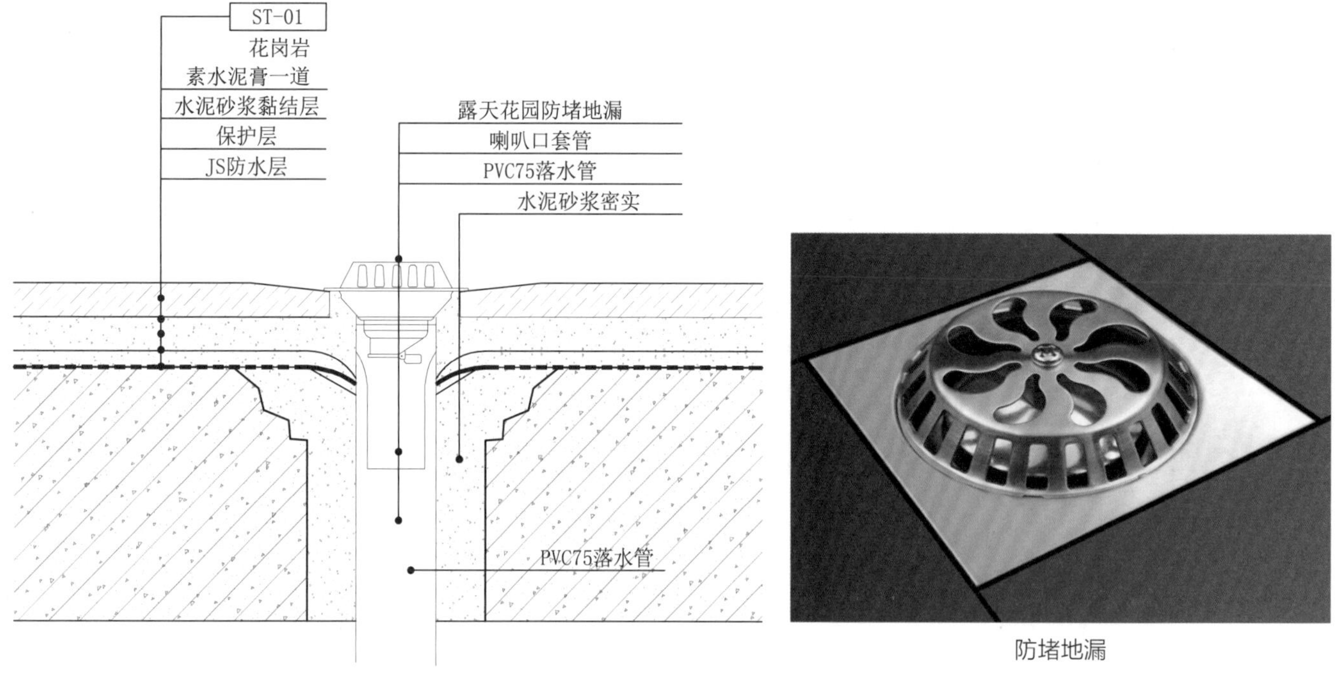

ST-01
花岗岩
素水泥膏一道
水泥砂浆黏结层
保护层
JS防水层
露天花园防堵地漏
喇叭口套管
PVC75落水管
水泥砂浆密实
PVC75落水管

防堵地漏

C314 露天花园防堵地漏节点 / 1∶5

4 地面功能相关

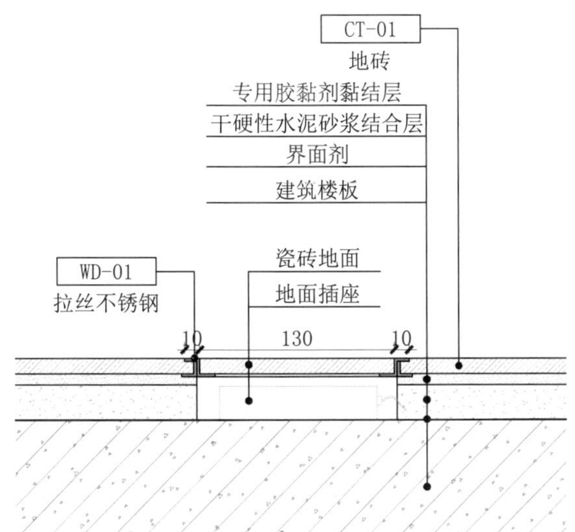
CT-01
地砖
专用胶黏剂黏结层
干硬性水泥砂浆结合层
界面剂
建筑楼板
WD-01
拉丝不锈钢
瓷砖地面
地面插座
10
130
10

C401 地面预埋插座剖面节点 / 1∶5

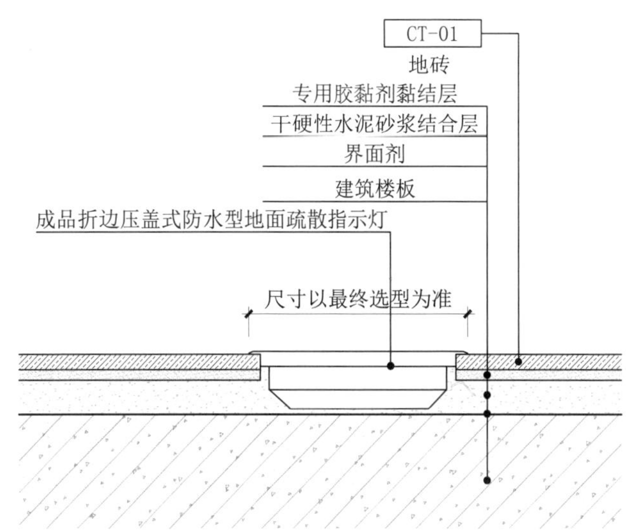
CT-01
地砖
专用胶黏剂黏结层
干硬性水泥砂浆结合层
界面剂
建筑楼板
成品折边压盖式防水型地面疏散指示灯
尺寸以最终选型为准

C402 地面疏散指示剖面节点 / 1∶5

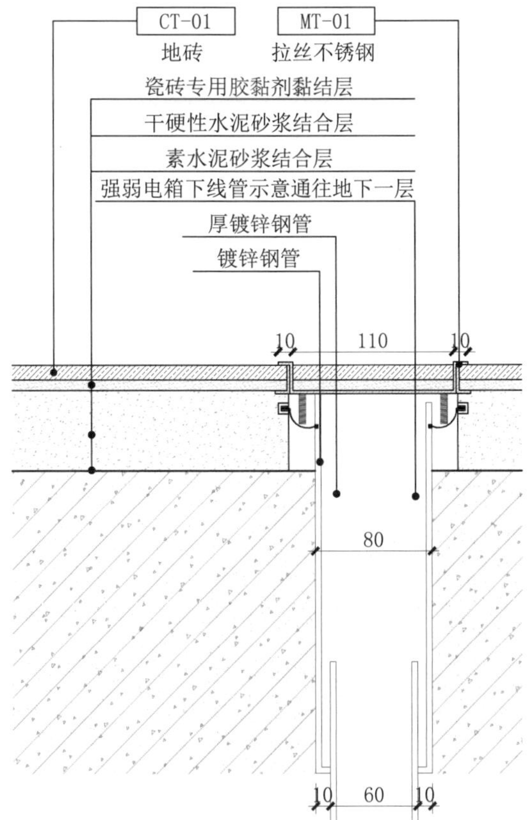
CT-01
地砖
MT-01
拉丝不锈钢
瓷砖专用胶黏剂黏结层
干硬性水泥砂浆结合层
素水泥砂浆结合层
强弱电箱下线管示意通往地下一层
厚镀锌钢管
镀锌钢管
10
110
10
80
10
60
10

C403 临时布展用电穿线剖面节点 / 1∶5

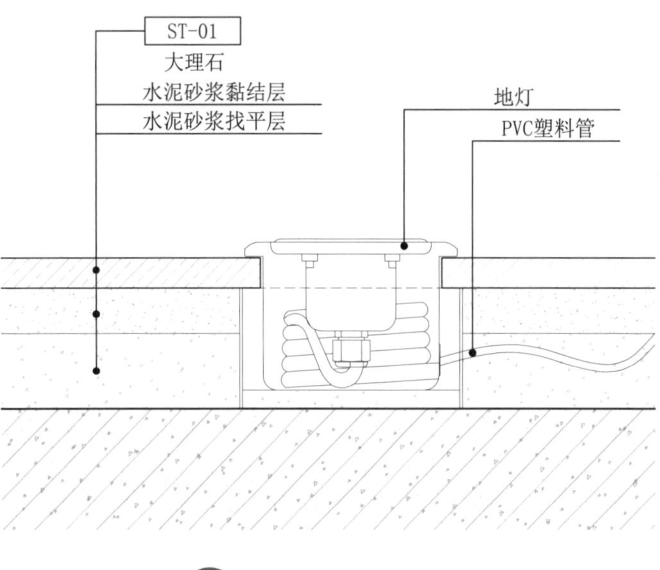
ST-01
大理石
水泥砂浆黏结层
水泥砂浆找平层
地灯
PVC塑料管

C404 地埋灯安装节点 / 1∶5

课堂小知识

装饰工程常用的管材介绍

一、铝塑复合管

铝塑复合管损耗小，盘管易运输，可任意剪裁，易安装，施工方便。但配件为纯铜，价格昂贵，铜件内径小于铝塑复合管内径，口径流量小，且若安装不好，易热胀冷缩、易漏水。管道易受其他专业施工工序的破坏，修补时浪费配件，造价高。铝塑管是由高密度聚乙烯夹铝制成，聚乙烯的熔点为140℃，因此其长期耐高温性能良好，其配套使用的卡套螺母式和钢套钳压式管件，只要正确安装，可靠程度就高。

铝塑复合管

二、PP-R管

PP-R管被建筑给水排水界视为绿色、可靠的管材。PP-R管的管件也是PP-R材质，与铝塑复合管相比，成本较低，且管件安装时是套在管材的外面，流量不减。除纯PP-R管外，现在还有PP-R铝塑管，这种管材的管件与PP-R管相同，但相对于铝塑管的性能，PP-R管成本低于铝塑管，且抗老化和强度性能较好，长距离悬空不下垂、不弯曲。据了解，PP-R管由于聚丙烯本身的分子特性，无论是进口还是国产，都存在耐高温性能差和线膨胀系数大等缺点。因此建设部〔2001〕54号文件明确规定PP-R管长期工作温度不能超过70℃；而其热熔式连接工艺较复杂，推接时易产生堆料缺陷区，导致应力集中，影响管道长期性能。在购买时，要注意产品的实际产地、商标和售后服务保证。

PP-R管

三、PE管

PE管结构单一，综合性能不及铝塑管，主要用于地暖水管。地暖设施一般都由建筑商做好了，家居装修时一般用不到PE管。

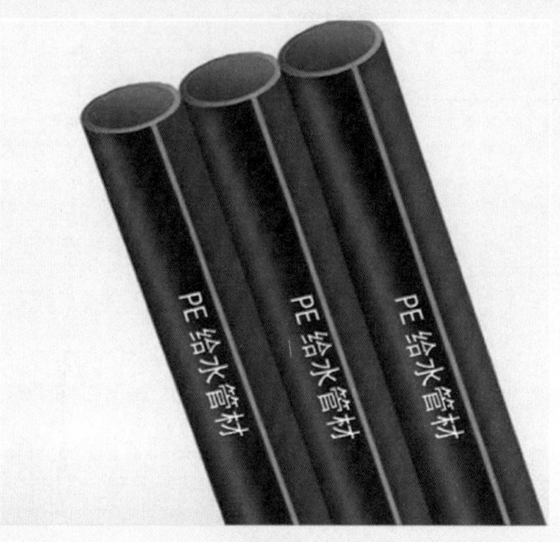
PE 给水管材
PE 给水管材
PE 给水管材

PE管

课堂
小知识

四、PVC-U管

PVC-U管的连接方式为胶粘，遇热时易开胶脱落，只适用于地下管线或者暗埋管线，如果用于大口径高水压明管，必须设计特殊支架，尤其是转角部位，因为水流冲击对其破坏极大。家装时的水管不建议使用PVC-U管，但穿线管一般都是阻燃PVC塑料平导管（PVC穿线管）。

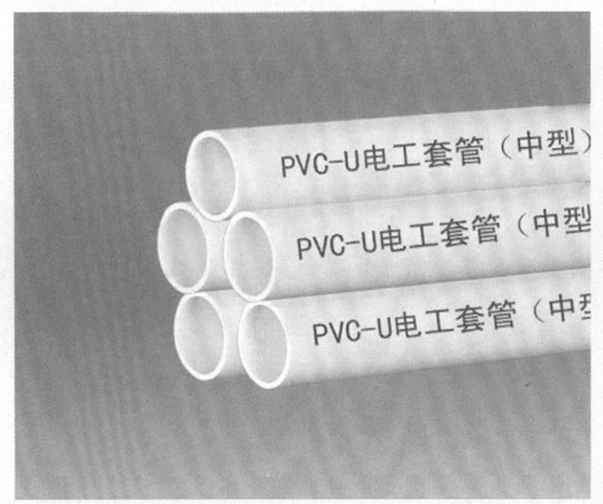
PVC-U电工套管（中型）
PVC-U电工套管（中型
PVC-U电工套管（中型

PVC-U管

五、铜管

铜管的卫生性能优越，但成本很高。铜管的连接方式有焊接（管件分带锡和不带锡两种）、管件卡接（管件分两种，一种是卡箍式的，一种是倒牙咬合、胶圈密封式的）两种。

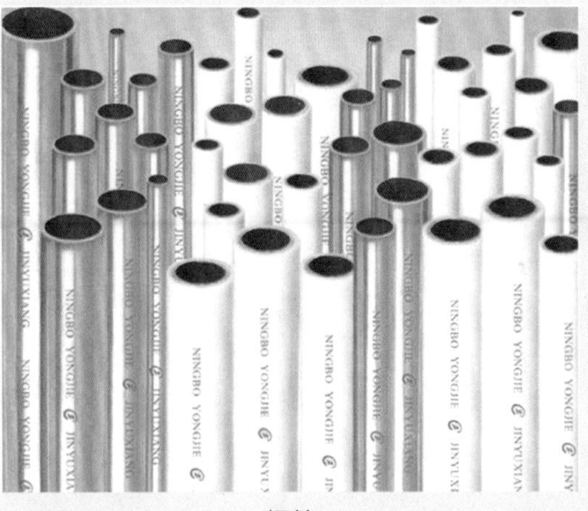
NINGBO YONGJIE

铜管

六、镀锌管

老房子大部分用的都是镀锌管，目前煤气、暖气管道也使用镀锌管。镀锌管作为水管使用几年后，管内产生大量锈垢，流出的黄水不仅污染洁具，而且夹杂着不光滑内壁滋生的细菌，锈蚀也造成水中重金属含量过高，严重危害人体健康。20世纪60—70年代，国际上发达国家开始开发新型管材，并陆续禁用镀锌管。我国原建设部等四部委也发文明确从2000年起禁用镀锌管。

镀锌管

课堂
小知识

七、不锈钢管

不锈钢管属于非常贵的水管，施工困难，很少被采用，性能与铜管类似。

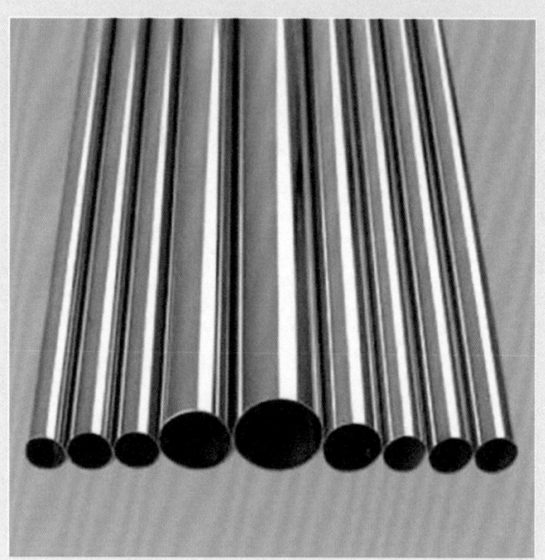

不锈钢管

D

墙面节点（墙型表）

1 轻钢龙骨墙

2 钢结构墙

3 轻质砖墙、混凝土墙

1 轻钢龙骨墙

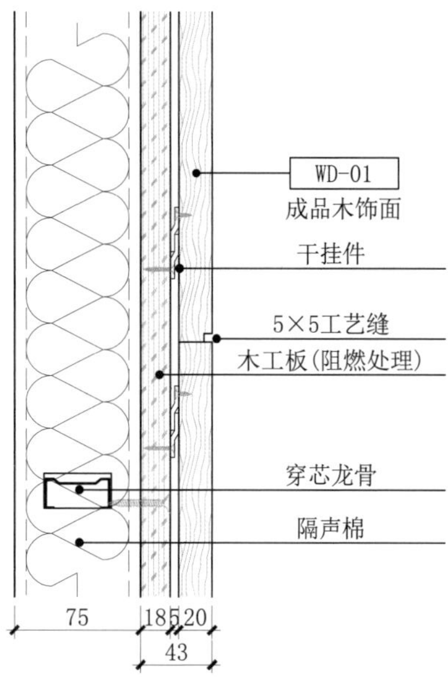
WD-01
成品木饰面
干挂件
5×5工艺缝
木工板(阻燃处理)
穿芯龙骨
隔声棉
75
18
5
20
43

D101 干挂成品木饰面节点一 / 1:5

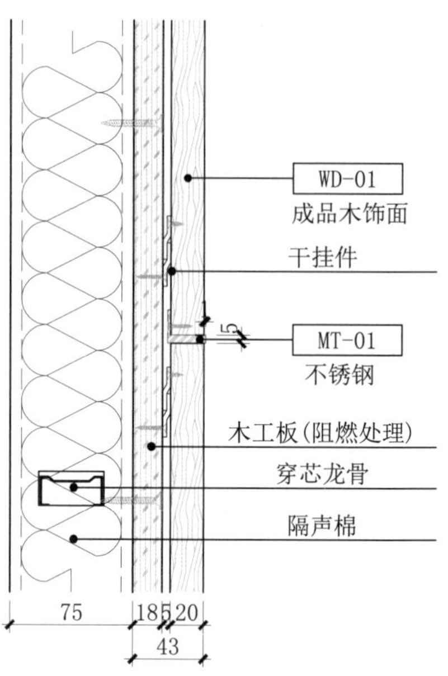
WD-01
成品木饰面
干挂件
5
MT-01
不锈钢
木工板(阻燃处理)
穿芯龙骨
隔声棉
75
18
5
20
43

D102 干挂成品木饰面节点二 / 1:5

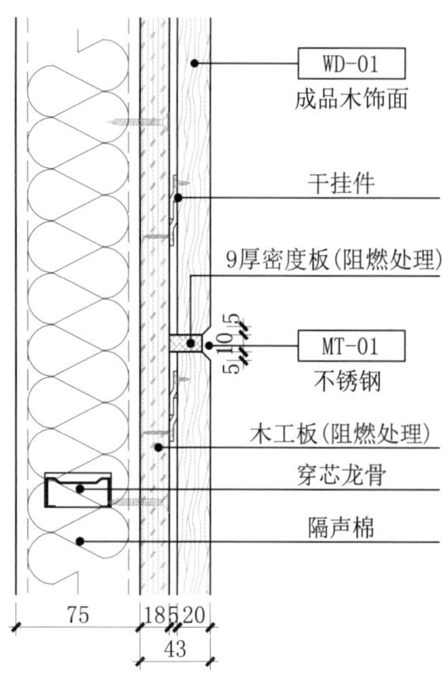
WD-01
成品木饰面
干挂件
9厚密度板(阻燃处理)
MT-01
不锈钢
5
10
5
木工板(阻燃处理)
穿芯龙骨
隔声棉
75
18
5
20
43

D103 干挂成品木饰面节点三 / 1:5

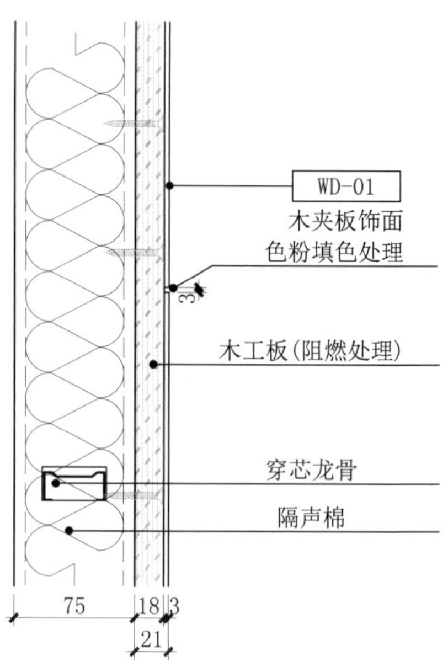
WD-01
木夹板饰面
色粉填色处理
3
木工板(阻燃处理)
穿芯龙骨
隔声棉
75
18
3
21

D104 粘贴木饰面节点 / 1:5

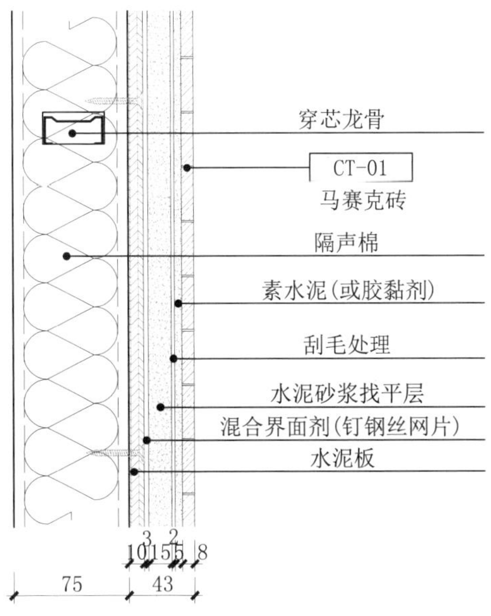
穿芯龙骨
CT-01
马赛克砖
隔声棉
素水泥(或胶黏剂)
刮毛处理
水泥砂浆找平层
混合界面剂(钉钢丝网片)
水泥板
3 2
10 15 5 5 8
75
43

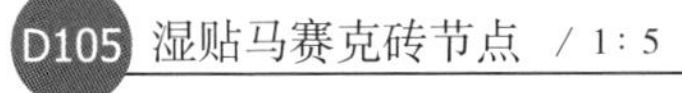
D105 湿贴马赛克砖节点 / 1:5

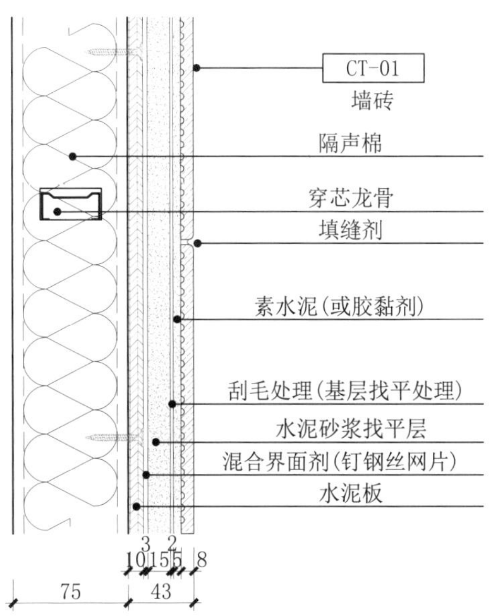
CT-01
墙砖
隔声棉
穿芯龙骨
填缝剂
素水泥(或胶黏剂)
刮毛处理(基层找平处理)
水泥砂浆找平层
混合界面剂(钉钢丝网片)
水泥板
3 2
10 15 5 5 8
75
43

D106 湿贴瓷砖节点 / 1:5

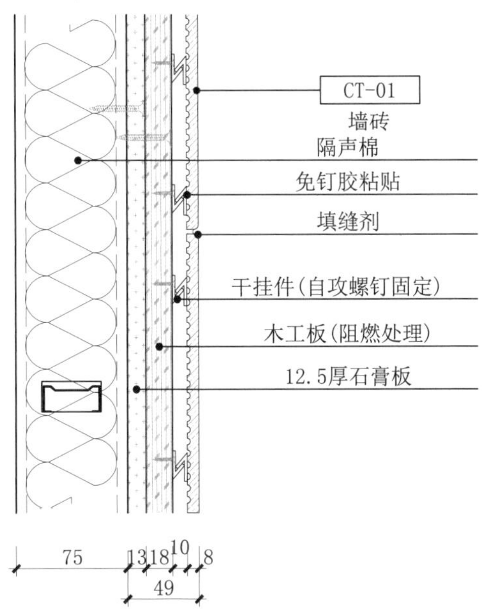
CT-01
墙砖
隔声棉
免钉胶粘贴
填缝剂
干挂件(自攻螺钉固定)
木工板(阻燃处理)
12.5厚石膏板
75
13 18 10 8
49

D107 干挂瓷砖节点 / 1:5

课堂小知识

镘刀施工

把胶泥刮成条纹形状的施工过程叫镘刀施工。当下主流的抹灰工都在使用镘刀施工，一是因为通过这一道道的刮痕，可以保证胶黏剂的平整度和厚度，保证石材完成面的控制以及后期的施工质量；二是因为使用胶泥施工无须水泥砂浆参与粘贴，符合国内提倡的控制砂子用量的监管政策。需要注意的是，胶泥的厚度需要控制在10 mm左右，其胶黏性和性价比才能达到最佳。

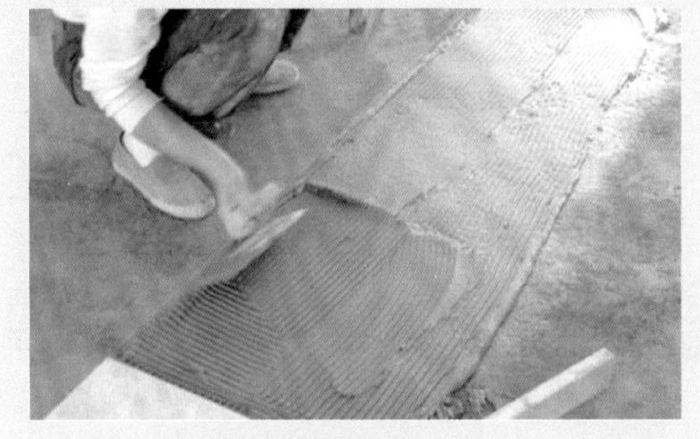

镘刀施工

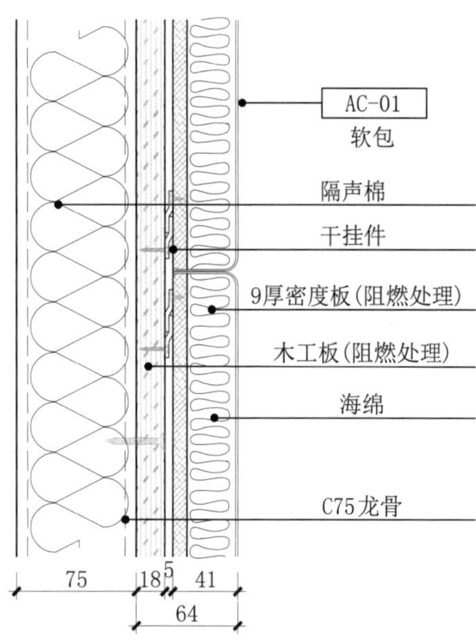
AC-01
软包
隔声棉
干挂件
9厚密度板(阻燃处理)
木工板(阻燃处理)
海绵
C75龙骨
75
18
5
41
64

D108 软包固定节点 / 1∶5

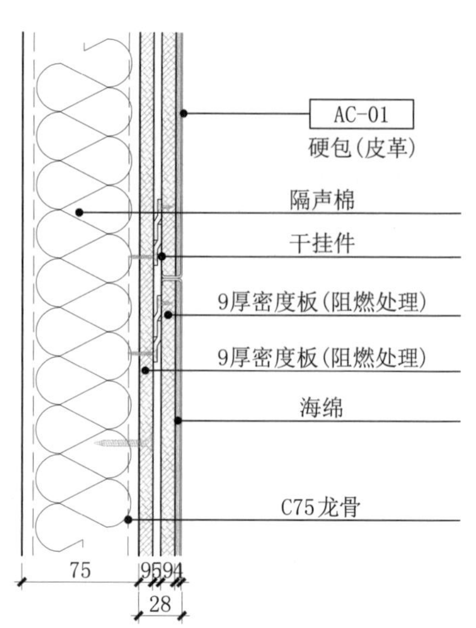
AC-01
硬包(皮革)
隔声棉
干挂件
9厚密度板(阻燃处理)
9厚密度板(阻燃处理)
海绵
C75龙骨
75
9594
28

D109 硬包（皮革）固定节点 / 1∶5

注:《建筑内部装修设计防火规范》GB 50222—1995第3.1.1条规定，当顶棚或墙面表面局部采用多孔或泡沫状塑料时，其厚度不应大于15 mm，且面积不得超过该房间顶棚或墙面积的10%。在新版GB 50222—2017中，此条废除。

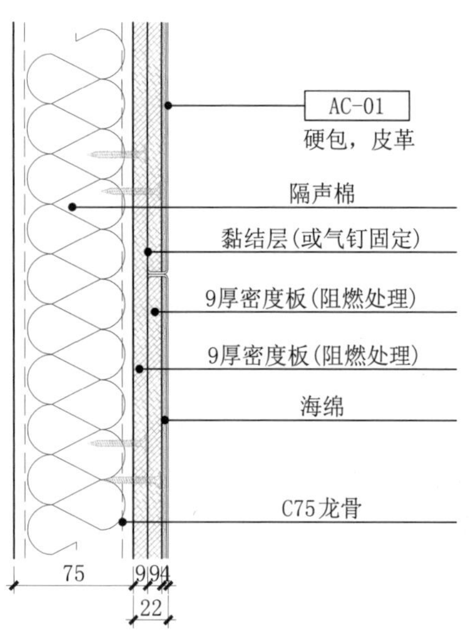
AC-01
硬包，皮革
隔声棉
黏结层(或气钉固定)
9厚密度板(阻燃处理)
9厚密度板(阻燃处理)
海绵
C75龙骨
75
994
22

D110 硬包（皮革）固定节点 / 1∶5

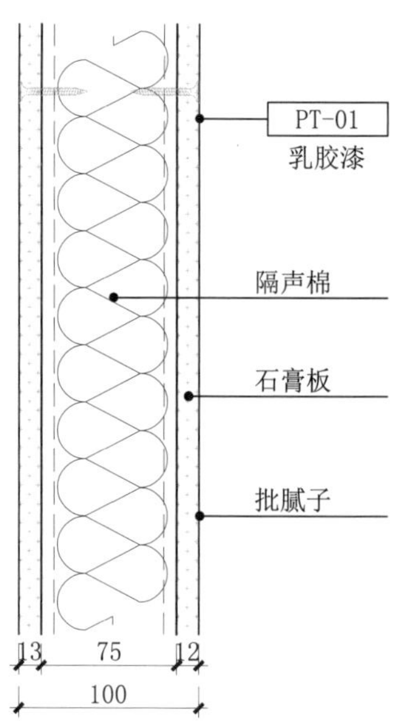
PT-01
乳胶漆
隔声棉
石膏板
批腻子
13
75
12
100

D111 轻钢龙骨乳胶漆节点 / 1∶5

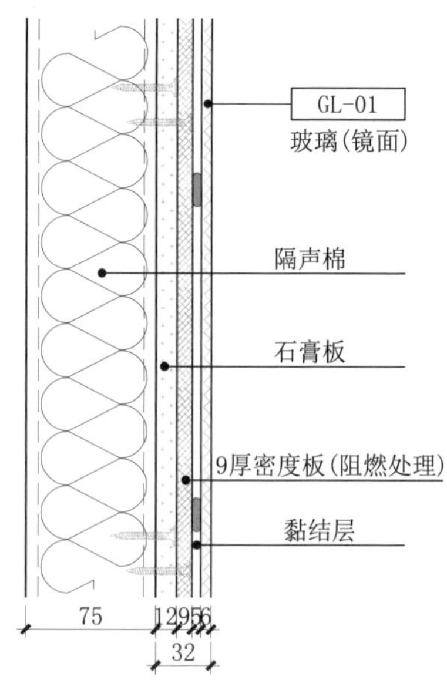
GL-01
玻璃(镜面)
隔声棉
石膏板
9厚密度板(阻燃处理)
黏结层
75
12956
32

D112 轻钢龙骨贴镜面节点 / 1∶5

2 钢结构墙

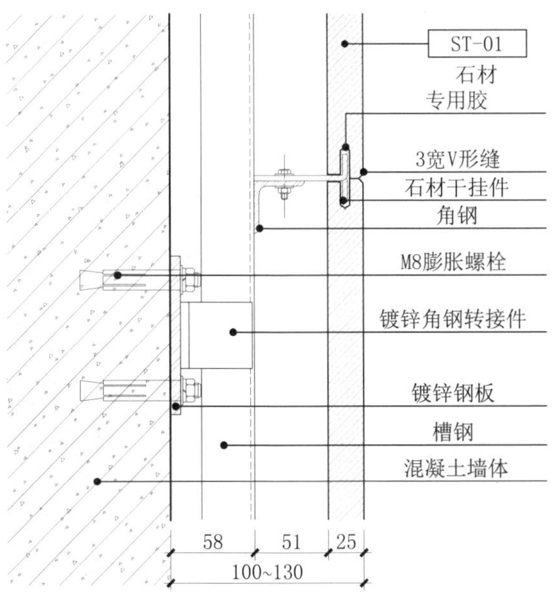
ST-01
石材
专用胶
3宽V形缝
石材干挂件
角钢
M8膨胀螺栓
镀锌角钢转接件
镀锌钢板
槽钢
混凝土墙体
58
51
25
100~130

D201 墙面干挂石材节点一 / 1∶5

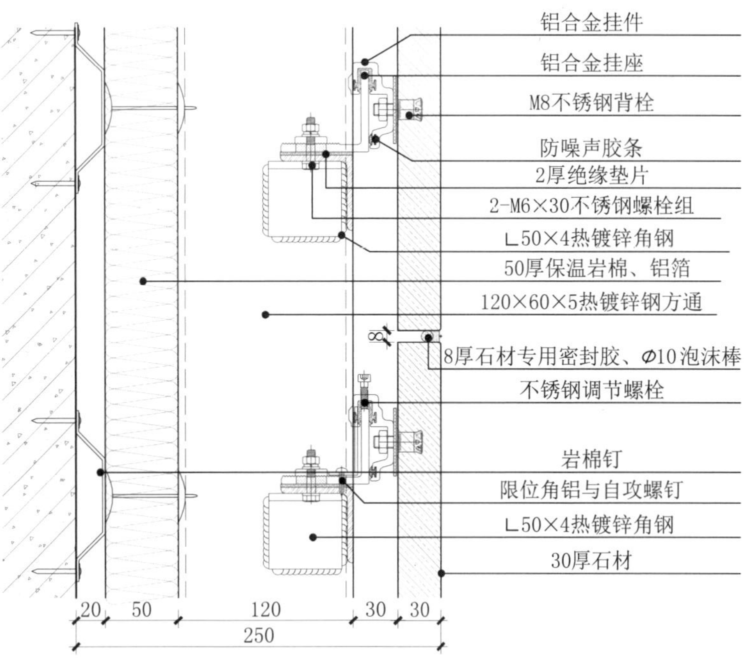
铝合金挂件
铝合金挂座
M8不锈钢背栓
防噪声胶条
2厚绝缘垫片
2-M6×30不锈钢螺栓组
∟50×4热镀锌角钢
50厚保温岩棉、铝箔
120×60×5热镀锌钢方通
8
8厚石材专用密封胶、Ø10泡沫棒
不锈钢调节螺栓
岩棉钉
限位角铝与自攻螺钉
∟50×4热镀锌角钢
30厚石材
20
50
120
30
30
250

D202 墙面干挂石材节点二 / 1∶5

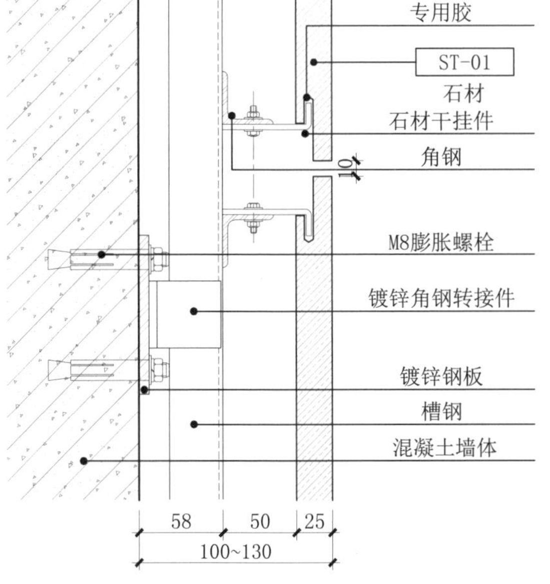
专用胶
ST-01
石材
石材干挂件
角钢
10
M8膨胀螺栓
镀锌角钢转接件
镀锌钢板
槽钢
混凝土墙体
58
50
25
100~130

D203 墙面干挂石材节点三 / 1∶5

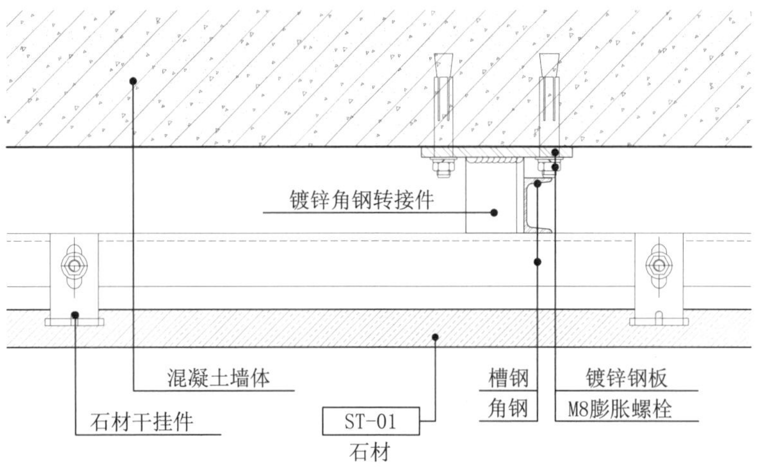
镀锌角钢转接件
混凝土墙体
石材干挂件
ST-01
石材
槽钢
角钢
镀锌钢板
M8膨胀螺栓

D204 墙面干挂石材节点四 / 1∶5

课堂小知识

石材在什么情况下必须进行干挂工艺施工？

《天然石材装饰工程技术规程》JCG/T 60001—2007第5.1.5条规定，石材质量大于40 kg、单块面积超过1 m×1 m或室内高度大于3.5 m时，墙面和柱面必须使用石材干挂工艺。

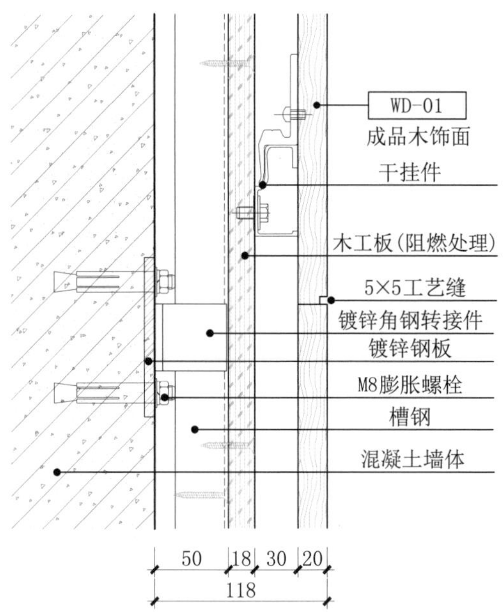
WD-01
成品木饰面
干挂件
木工板(阻燃处理)
5×5工艺缝
镀锌角钢转接件
镀锌钢板
M8膨胀螺栓
槽钢
混凝土墙体
50
18
30
20
118

D205 干挂成品木饰面节点一 / 1:5

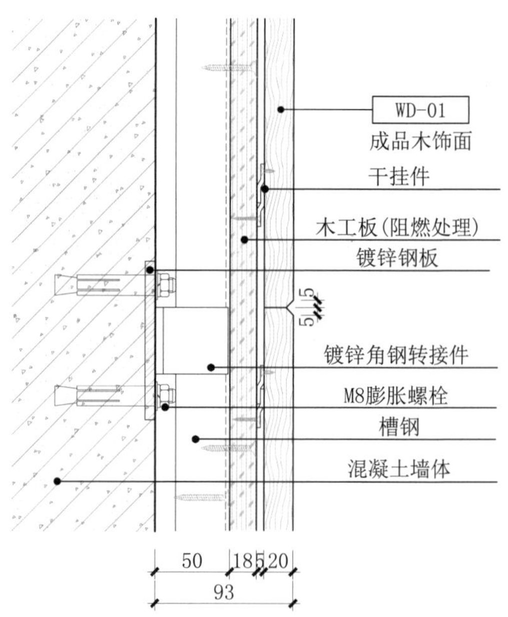
WD-01
成品木饰面
干挂件
木工板(阻燃处理)
镀锌钢板
5
5
镀锌角钢转接件
M8膨胀螺栓
槽钢
混凝土墙体
50
18
5
20
93

D206 干挂成品木饰面节点二 / 1:5

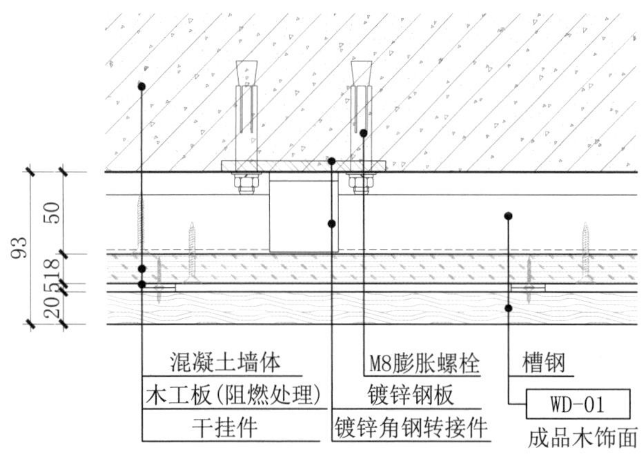
93
50
18
5
20
混凝土墙体
木工板(阻燃处理)
干挂件
M8膨胀螺栓
镀锌钢板
镀锌角钢转接件
槽钢
WD-01
成品木饰面

D207 干挂成品木饰面节点三 / 1:5

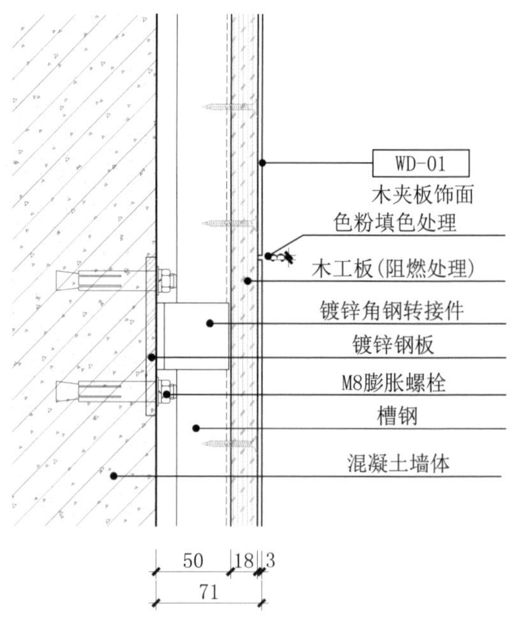
WD-01
木夹板饰面
色粉填色处理
木工板(阻燃处理)
镀锌角钢转接件
镀锌钢板
M8膨胀螺栓
槽钢
混凝土墙体
50
18
3
71

D208 粘贴木饰面节点 / 1:5

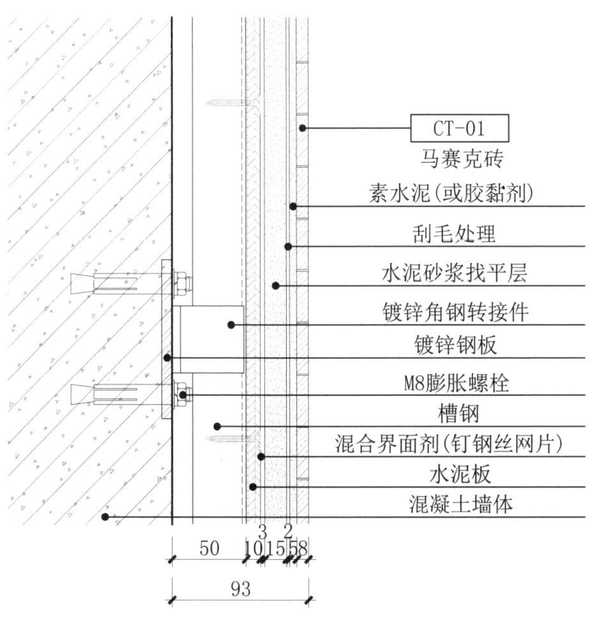
CT-01
马赛克砖
素水泥(或胶黏剂)
刮毛处理
水泥砂浆找平层
镀锌角钢转接件
镀锌钢板
M8膨胀螺栓
槽钢
混合界面剂(钉钢丝网片)
水泥板
混凝土墙体
3
2
50
10
15
5
8
93

D209 湿贴马赛克砖节点 / 1∶5

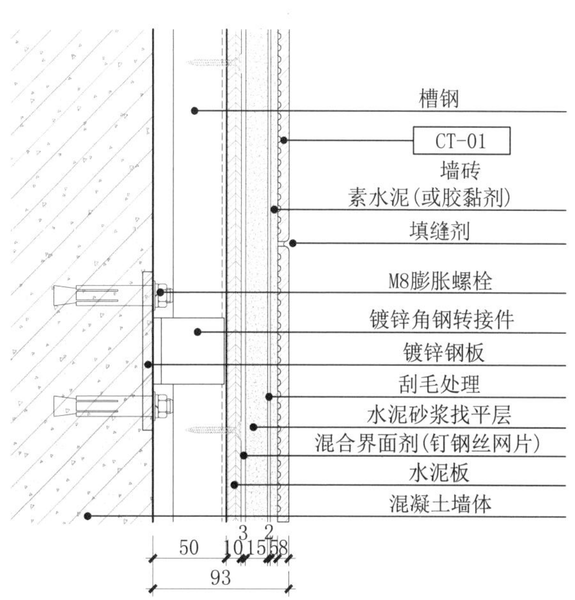
槽钢
CT-01
墙砖
素水泥(或胶黏剂)
填缝剂
M8膨胀螺栓
镀锌角钢转接件
镀锌钢板
刮毛处理
水泥砂浆找平层
混合界面剂(钉钢丝网片)
水泥板
混凝土墙体
3
2
50
10
15
5
8
93

D210 湿贴瓷砖节点 / 1∶5

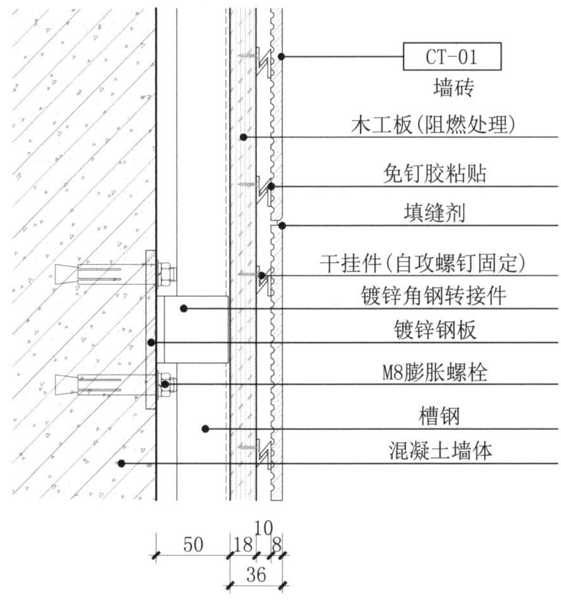
CT-01
墙砖
木工板(阻燃处理)
免钉胶粘贴
填缝剂
干挂件(自攻螺钉固定)
镀锌角钢转接件
镀锌钢板
M8膨胀螺栓
槽钢
混凝土墙体
10
50
18
8
36

D211 干挂瓷砖节点 / 1∶5

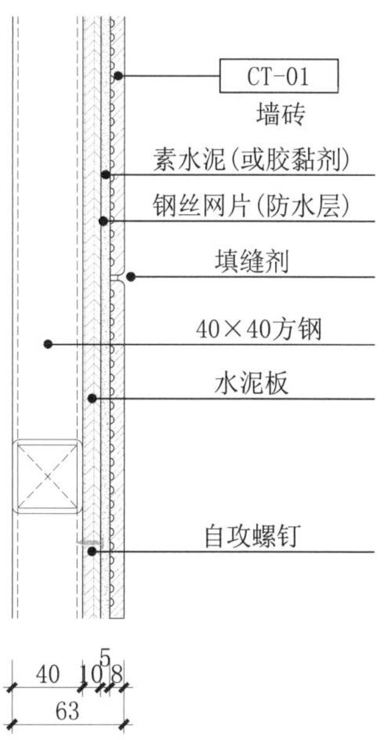
CT-01
墙砖
素水泥(或胶黏剂)
钢丝网片(防水层)
填缝剂
40×40方钢
水泥板
自攻螺钉
5
40
10
8
63

D212 方通贴瓷砖节点 / 1∶5

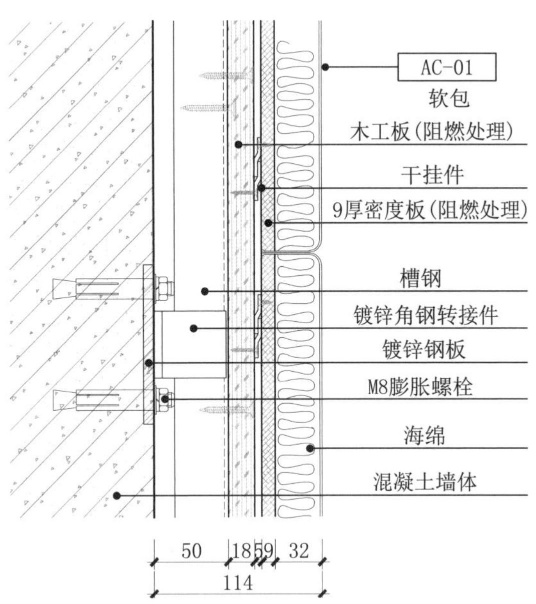
AC-01
软包
木工板(阻燃处理)
干挂件
9厚密度板(阻燃处理)
槽钢
镀锌角钢转接件
镀锌钢板
M8膨胀螺栓
海绵
混凝土墙体
50
18
5
9
32
114

D213 软包固定节点 / 1∶5

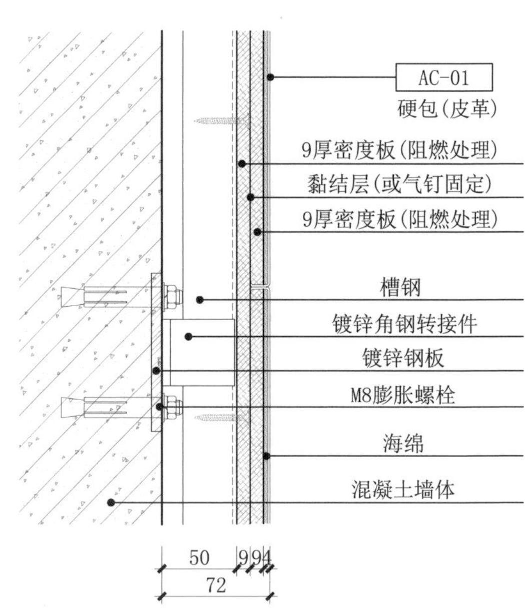
AC-01
硬包(皮革)
9厚密度板(阻燃处理)
黏结层(或气钉固定)
9厚密度板(阻燃处理)
槽钢
镀锌角钢转接件
镀锌钢板
M8膨胀螺栓
海绵
混凝土墙体
50
9
9
4
72

D214 硬包（皮革）固定节点 / 1∶5

注:《建筑内部装修设计防火规范》GB 50222—1995第3.1.1条规定，当顶棚或墙面表面局部采用多孔或泡沫状塑料时，其厚度不应大于15 mm，且面积不得超过该房间顶棚或墙面积的10%。在新版GB 50222—2017中，此条废除。

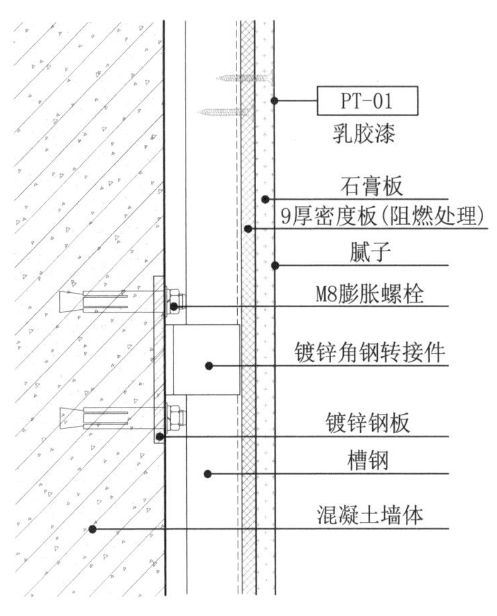
PT-01
乳胶漆
石膏板
9厚密度板(阻燃处理)
腻子
M8膨胀螺栓
镀锌角钢转接件
镀锌钢板
槽钢
混凝土墙体

D215 钢构乳胶漆节点 / 1∶5

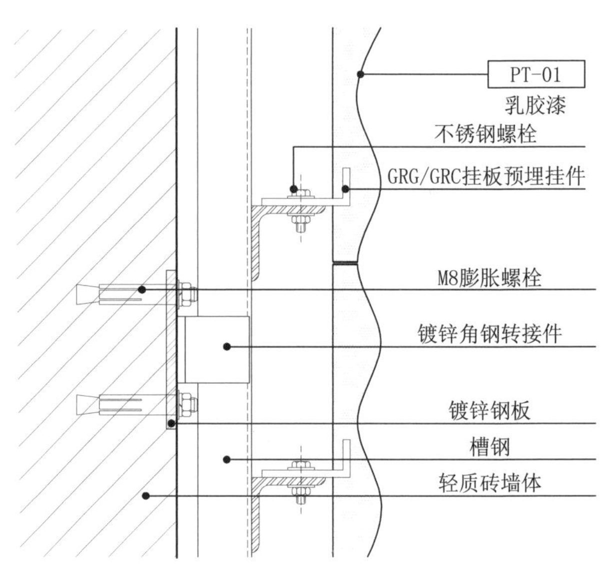
PT-01
乳胶漆
不锈钢螺栓
GRG/GRC挂板预埋挂件
M8膨胀螺栓
镀锌角钢转接件
镀锌钢板
槽钢
轻质砖墙体

D216 GRG固定节点 / 1∶5

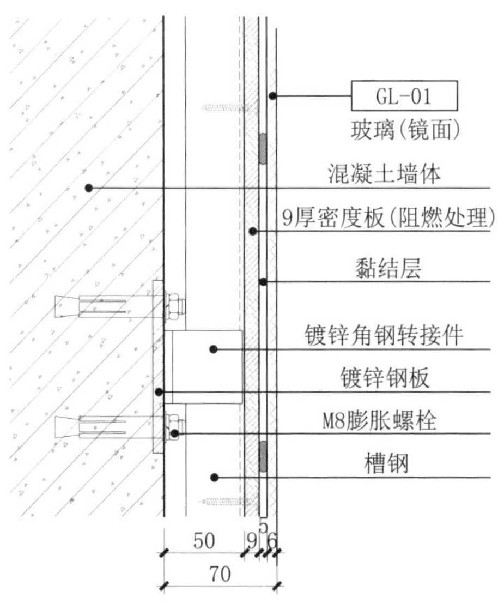
GL-01
玻璃(镜面)
混凝土墙体
9厚密度板(阻燃处理)
黏结层
镀锌角钢转接件
镀锌钢板
M8膨胀螺栓
槽钢
50
9
5
6
70

D217 钢结构贴镜面节点 / 1∶5

三维示意图（D217）

课堂小知识

常用玻璃的种类

1.磨砂玻璃：它是在普通平板玻璃上面再磨砂加工而成，一般厚度在9 mm以下，以5~6 mm厚度居多。

2.钢化玻璃：钢化玻璃又称强化玻璃，它是用物理的或化学的方法，在玻璃表面上形成一个压应力层，玻璃本身具有较高的抗压强度，受压时不会被破坏。当玻璃受到外力作用时，这个压力可将部分拉应力抵消，避免玻璃破裂。虽然钢化玻璃内部处于较大的拉应力状态，但内部无缺陷存在，不会造成破坏，从而达到提高玻璃强度的目的。

3.喷砂玻璃：性能上基本与磨砂玻璃相似，由于两者在外观上雷同，很多业主甚至装修专业人员都会混淆。

4.压花玻璃：它是采用压延方法制造的一种平板玻璃。其最大的特点是透光不透明，多用于洗手间等装修区域。

5.中空玻璃：中空玻璃由两层或两层以上普通平板玻璃所构成。四周用高强度、高气密性复合黏结剂，将两片或多片玻璃与密封条、玻璃条粘结密封，中间充入干燥气体，框内充以干燥剂，以保证玻璃片间空气的干燥度。因留有一定的空腔，而具有良好的保湿、隔热、隔声等性能。

6.热弯玻璃：是由平板玻璃加热软化后在模具中成型，再经退火制成的曲面玻璃。在一些高级装修中出现的频率越来越高，通常需要定制。

7.玻璃砖：玻璃砖的制作工艺基本和平板玻璃一样，不同的是成型方法。其中间为干燥的空气，多用于装饰性项目或者有保温要求的透光造型之中。因为种种原因，目前已不在主流设计材料范围内。

8.玻璃纸：也称玻璃膜，具有多种颜色和花纹。性能随纸膜性能差异而不同，绝大部分起隔热、防红外线、防紫外线、防爆等作用。

9.夹层玻璃：也称夹胶玻璃，就是在两块玻璃之间夹进一层以聚乙烯醇缩丁醛为主要成分的PVB中间膜。玻璃即使破裂，碎片也会被粘在薄膜上，这就有效防止了被碎片扎伤和穿透坠落事件的发生，确保了人身安全，在楼梯栏杆使用较多。

10.真空玻璃：这种玻璃是双层的，由于双层玻璃中间被抽成真空，所以具有热阻极高的特点，这是其他玻璃所不能比拟的。真空窗户有很高的实用性，能抵御炎热、寒冷的侵袭，且具有隔声的效果。

11.防弹玻璃：实际上就是夹层玻璃的一种，只是构成的玻璃多采用强度较高的钢化玻璃，而且夹层的数量也相对较多，多用于银行或者高档住宅等对安全要求非常高的装修工程之中。

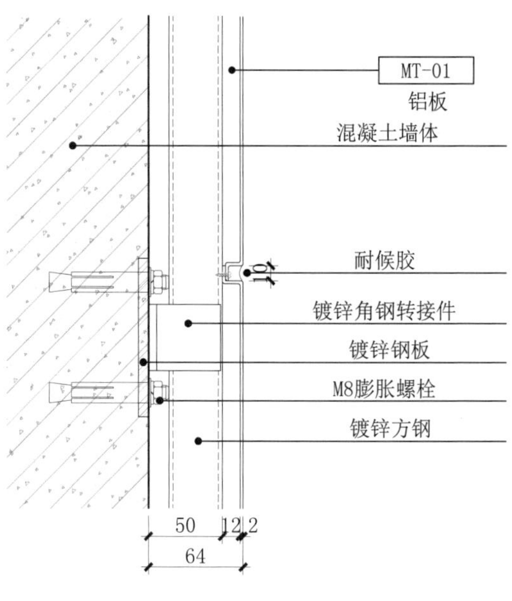
MT-01
铝板
混凝土墙体
耐候胶
10
镀锌角钢转接件
镀锌钢板
M8膨胀螺栓
镀锌方钢
50
12
2
64

D218 铝板施工节点一 / 1:5

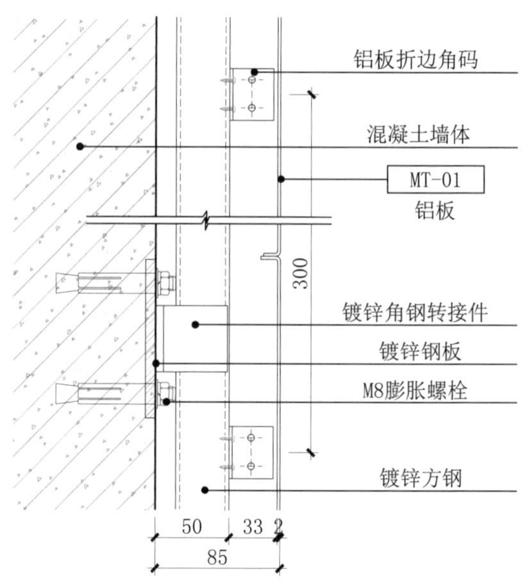
铝板折边角码
混凝土墙体
MT-01
铝板
300
镀锌角钢转接件
镀锌钢板
M8膨胀螺栓
镀锌方钢
50
33
2
85

D219 铝板施工节点二 / 1:5

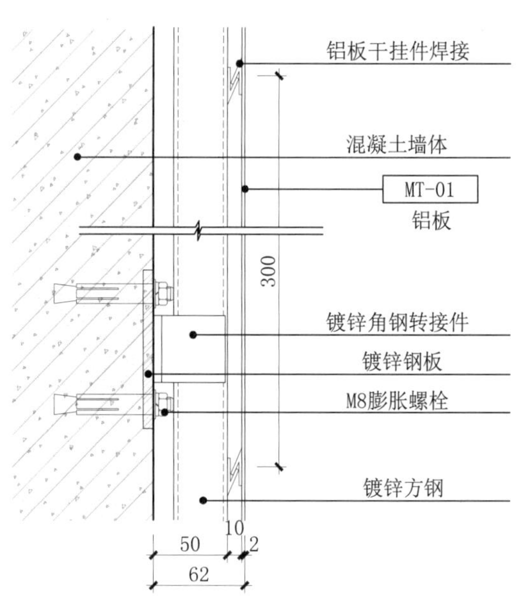
铝板干挂件焊接
混凝土墙体
MT-01
铝板
300
镀锌角钢转接件
镀锌钢板
M8膨胀螺栓
镀锌方钢
10
50
2
62

D220 铝板施工节点三 / 1:5

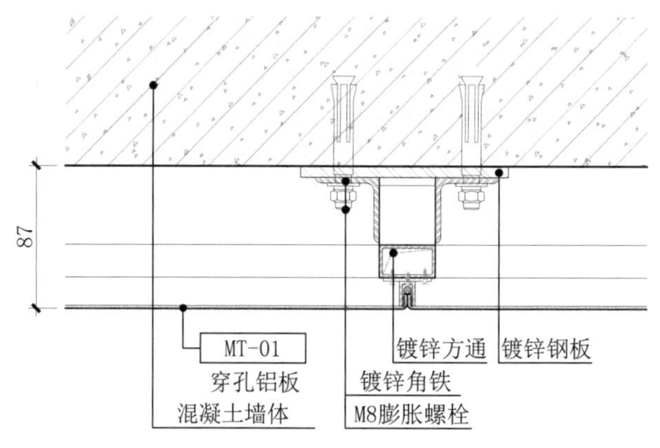
87
MT-01
穿孔铝板
混凝土墙体
镀锌方通
镀锌角铁
M8膨胀螺栓
镀锌钢板

D221 铝板施工节点四 / 1:5

3 轻质砖墙、混凝土墙

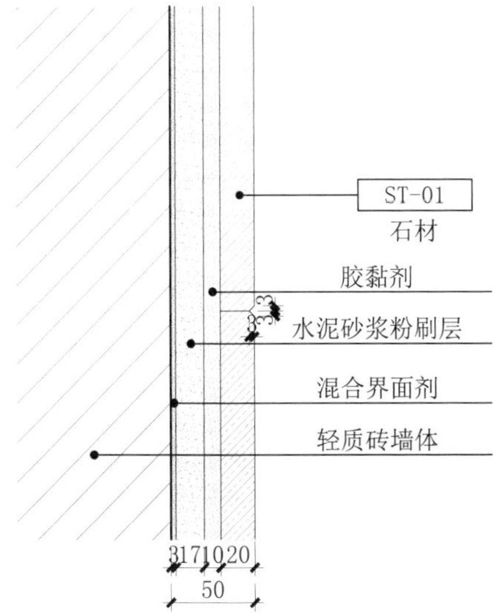
ST-01
石材
胶黏剂
水泥砂浆粉刷层
混合界面剂
轻质砖墙体
3
3
3
17
10
20
50

D301 墙面湿贴石材节点一 / 1∶5

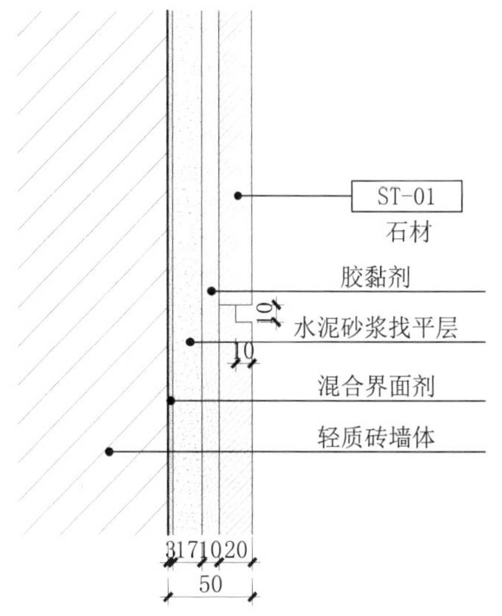
ST-01
石材
胶黏剂
水泥砂浆找平层
混合界面剂
轻质砖墙体
10
10
3
17
10
20
50

D302 墙面湿贴石材节点二 / 1∶5

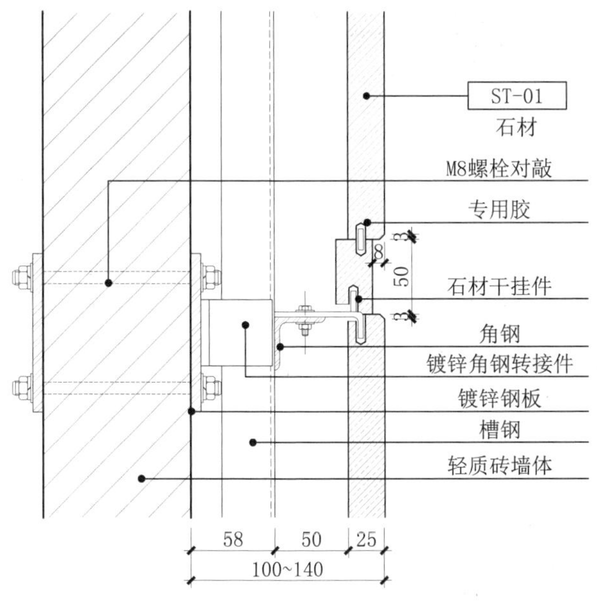
ST-01
石材
M8螺栓对敲
专用胶
石材干挂件
角钢
镀锌角钢转接件
镀锌钢板
槽钢
轻质砖墙体
3
8
50
3
58
50
25
100~140

D303 砖墙干挂石材节点 / 1∶5

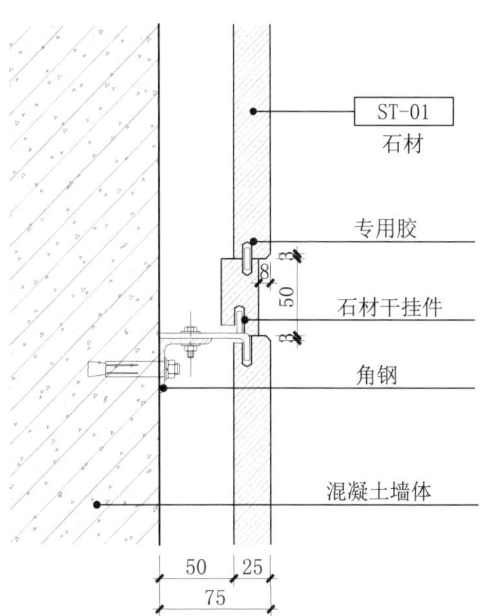
ST-01
石材
专用胶
石材干挂件
角钢
混凝土墙体
3
8
50
3
50
25
75

D304 混凝土墙干挂石材节点 / 1∶5

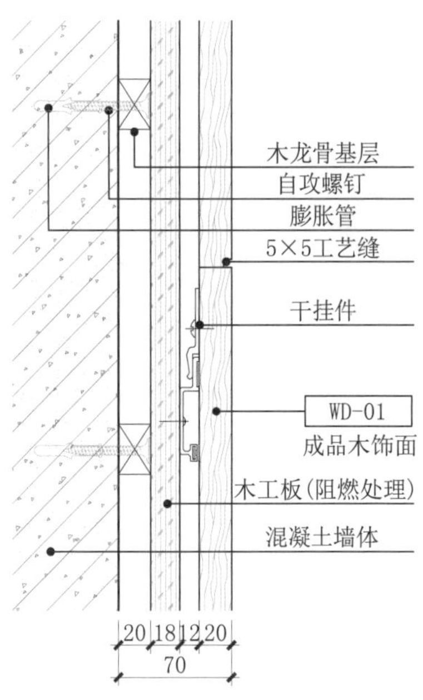
木龙骨基层
自攻螺钉
膨胀管
5×5工艺缝
干挂件
WD-01
成品木饰面
木工板(阻燃处理)
混凝土墙体
20
18
12
20
70

D305 墙面干挂木饰面节点一 / 1:5

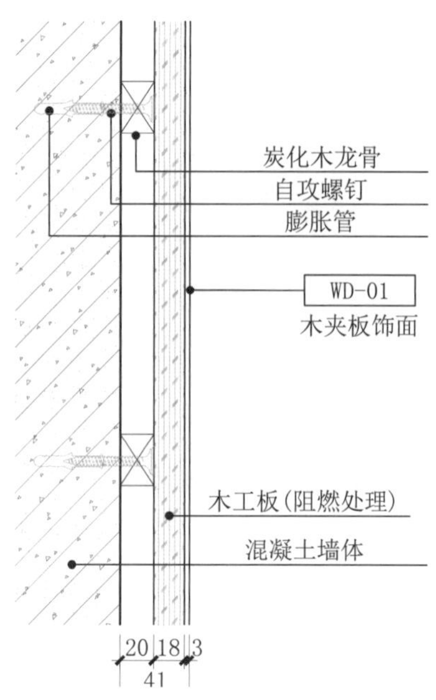
炭化木龙骨
自攻螺钉
膨胀管
WD-01
木夹板饰面
木工板(阻燃处理)
混凝土墙体
20
18
3
41

D306 粘贴木饰面节点 / 1:5

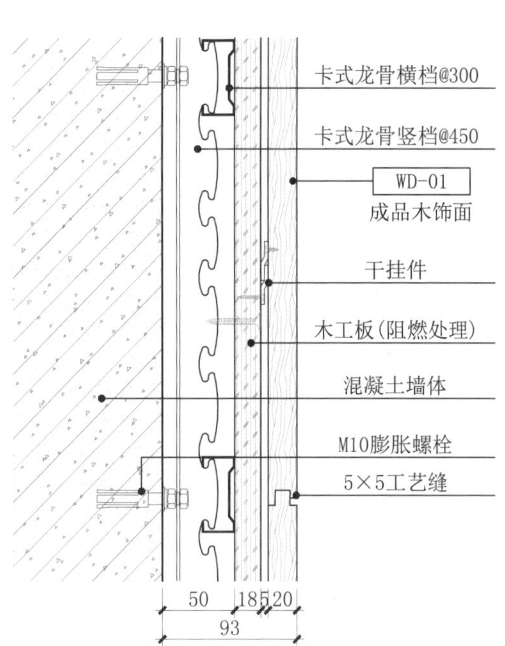
卡式龙骨横档@300
卡式龙骨竖档@450
WD-01
成品木饰面
干挂件
木工板(阻燃处理)
混凝土墙体
M10膨胀螺栓
5×5工艺缝
50
18
5
20
93

D307 墙面干挂木饰面节点二 / 1:5

墙面干挂木饰面

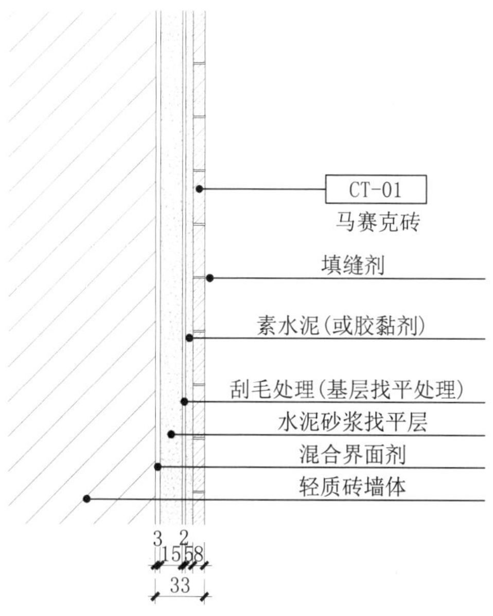
CT-01
马赛克砖
填缝剂
素水泥(或胶黏剂)
刮毛处理(基层找平处理)
水泥砂浆找平层
混合界面剂
轻质砖墙体
3
2
15
5
8
33

D308 湿贴马赛克砖节点 / 1:5

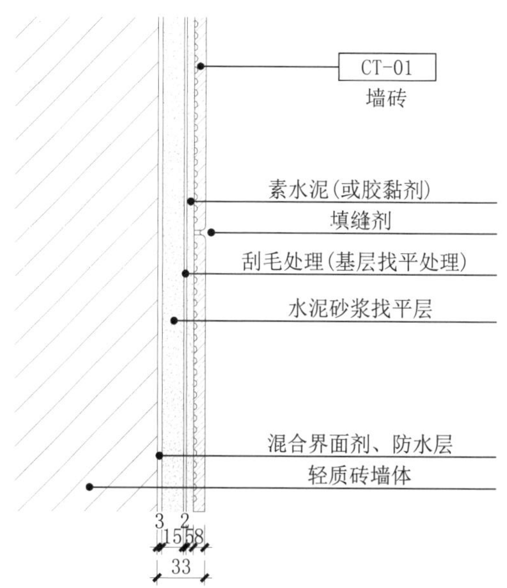
CT-01
墙砖
素水泥(或胶黏剂)
填缝剂
刮毛处理(基层找平处理)
水泥砂浆找平层
混合界面剂、防水层
轻质砖墙体
3
2
15
5
8
33

D309 湿贴瓷砖节点 / 1:5

课堂小知识

室内设计中常用的地砖和瓷砖有哪些？

一、通体砖

通体砖的表面不上釉，而且正面和反面的材质和色泽一致，因此得名。一般所说的“防滑地砖”大部分是通体砖。

二、抛光砖

抛光砖就是坯体的表面经过打磨而成的一种光亮的砖种，属于通体砖的一种。相对于通体砖中的平面砖而言，抛光砖就要光洁多了。抛光砖性质坚硬耐磨，适合在除洗手间、厨房以外的多数室内空间中使用。

三、釉面砖

釉面砖是砖的表面经过施釉，以高温、高压烧制处理的瓷砖，这种瓷砖是由土坯和表面的釉面两个部分构成的。主体又分陶土和瓷土两种，陶土烧制出来的背面呈红色，瓷土烧制的背面呈灰白色。釉面砖表面可以做各种图案和花纹，比抛光砖色彩和图案丰富，因为表面是釉料，所以耐磨性不如抛光砖。

四、玻化砖

玻化砖就是全瓷砖，其表面光洁但不需要抛光，所以不存在抛光气孔的问题。玻化砖是一种强化的抛光砖，它经高温烧制而成，质地比抛光砖更硬，更耐磨。毫无疑问，它的价格也会更高。玻化砖主要用于地面和墙面。

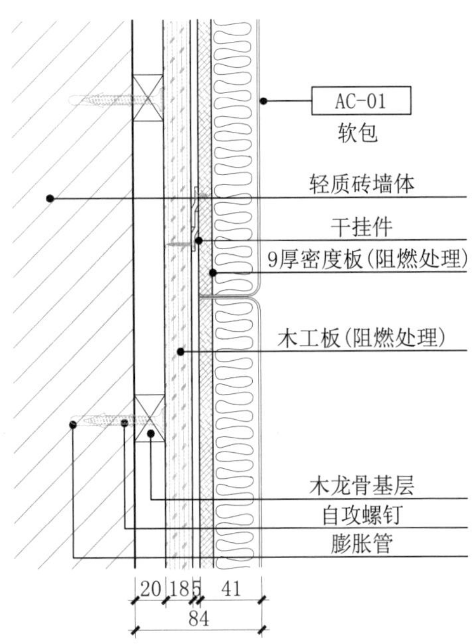
AC-01
软包
轻质砖墙体
干挂件
9厚密度板(阻燃处理)
木工板(阻燃处理)
木龙骨基层
自攻螺钉
膨胀管
20
18
5
41
84

D310 软包固定节点一 / 1∶5

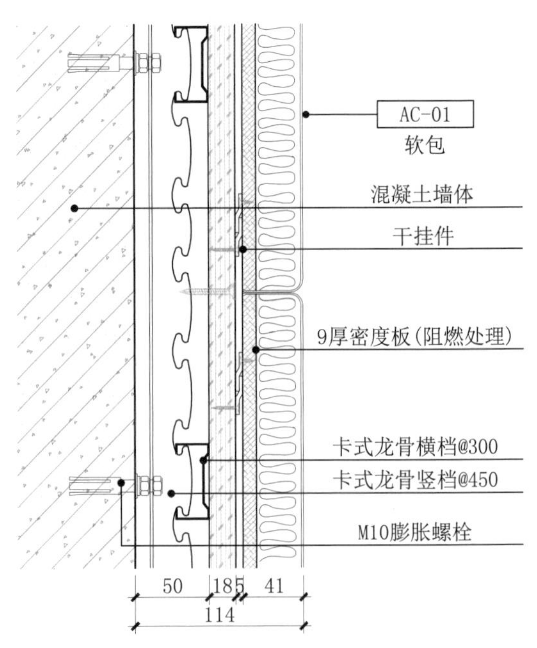
AC-01
软包
混凝土墙体
干挂件
9厚密度板(阻燃处理)
卡式龙骨横档@300
卡式龙骨竖档@450
M10膨胀螺栓
50
18
5
41
114

D311 软包固定节点二 / 1∶5

注:《建筑内部装修设计防火规范》GB 50222—1995第3.1.1条规定，当顶棚或墙面表面局部采用多孔或泡沫状塑料时，其厚度不应大于15 mm，且面积不得超过该房间顶棚或墙面积的10%。在新版GB 50222—2017中，此条废除。

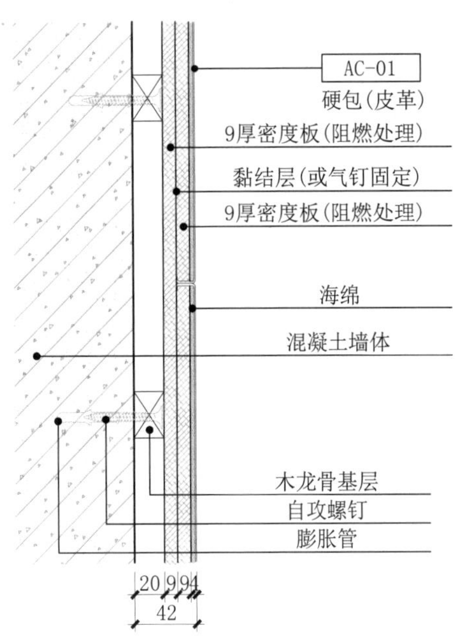
AC-01
硬包(皮革)
9厚密度板(阻燃处理)
黏结层(或气钉固定)
9厚密度板(阻燃处理)
海绵
混凝土墙体
木龙骨基层
自攻螺钉
膨胀管
20
9
9
4
42

D312 硬包（皮革）固定节点一 / 1∶5

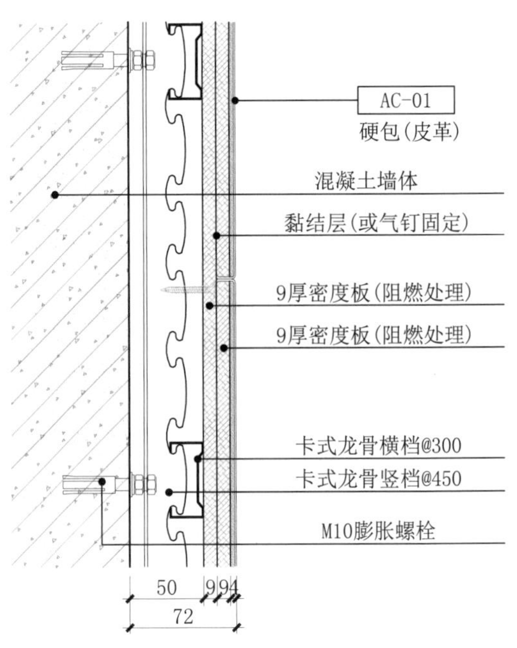
AC-01
硬包(皮革)
混凝土墙体
黏结层(或气钉固定)
9厚密度板(阻燃处理)
9厚密度板(阻燃处理)
卡式龙骨横档@300
卡式龙骨竖档@450
M10膨胀螺栓
50
9
9
4
72

D313 硬包（皮革）固定节点二 / 1∶5

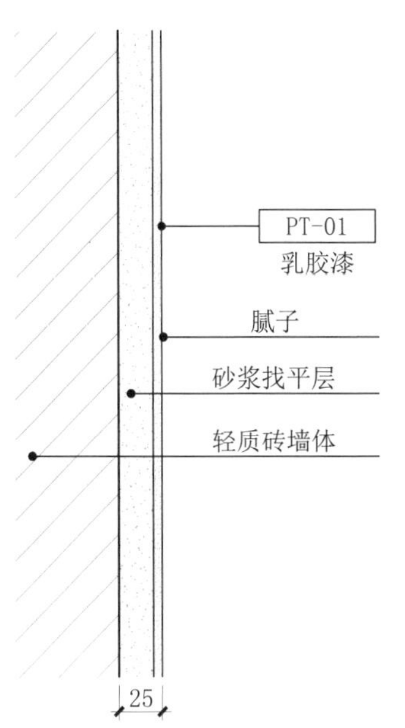
PT-01
乳胶漆
腻子
砂浆找平层
轻质砖墙体
25

D314 砖墙做乳胶漆节点 / 1:5

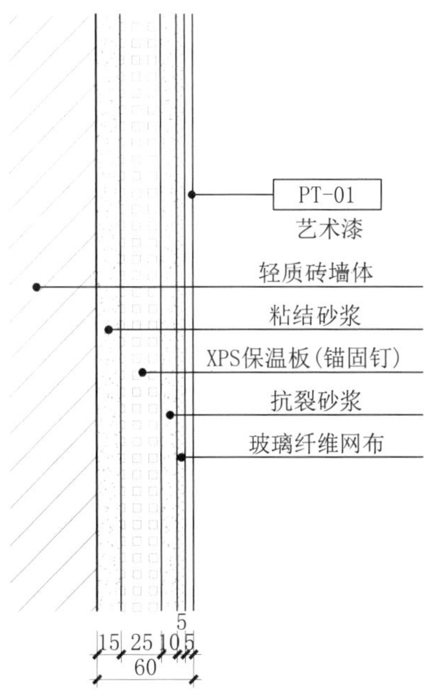
PT-01
艺术漆
轻质砖墙体
粘结砂浆
XPS保温板(锚固钉)
抗裂砂浆
玻璃纤维网布
5
15 25 10 5
60

D315 酒窖恒温墙体节点 / 1:5

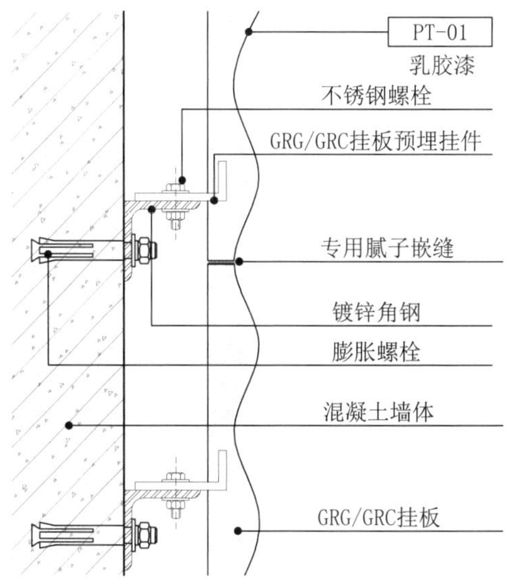
PT-01
乳胶漆
不锈钢螺栓
GRG/GRC挂板预埋挂件
专用腻子嵌缝
镀锌角钢
膨胀螺栓
混凝土墙体
GRG/GRC挂板

D316 GRG固定节点 / 1:5

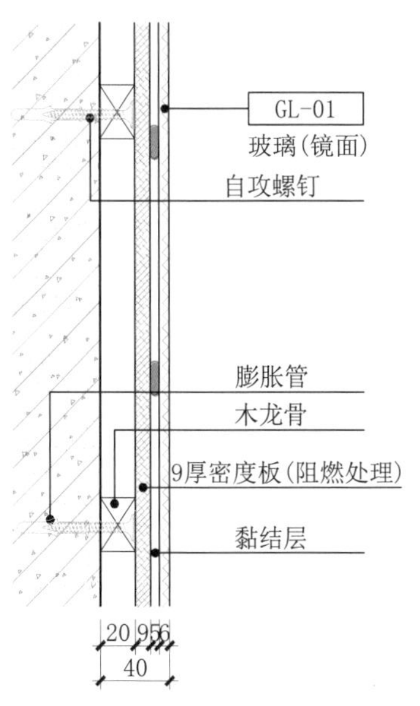
GL-01
玻璃(镜面)
自攻螺钉
膨胀管
木龙骨
9厚密度板(阻燃处理)
黏结层
20 9 5 6
40

D317 玻璃（镜面）固定节点一 / 1:5

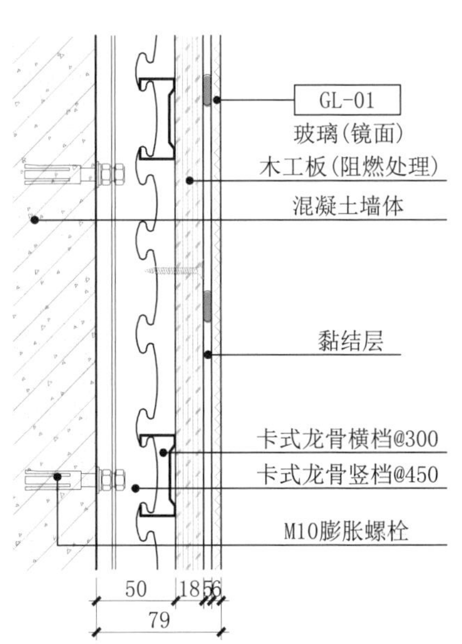
GL-01
玻璃(镜面)
木工板(阻燃处理)
混凝土墙体
黏结层
卡式龙骨横档@300
卡式龙骨竖档@450
M10膨胀螺栓
50 18 5 6
79

D318 玻璃（镜面）固定节点二 / 1:5

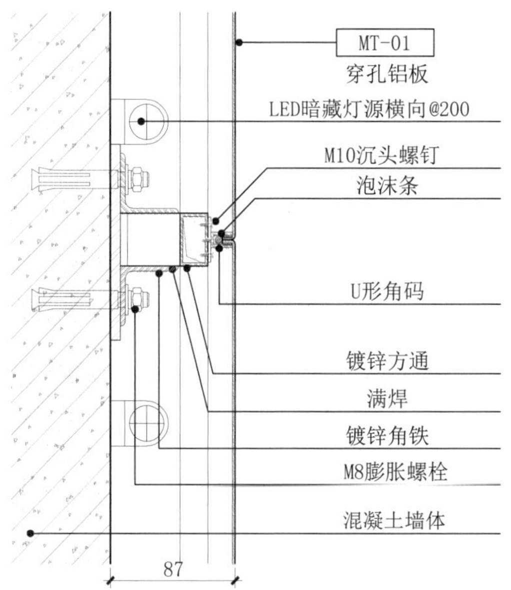
MT-01
穿孔铝板
LED暗藏灯源横向@200
M10沉头螺钉
泡沫条
U形角码
镀锌方通
满焊
镀锌角铁
M8膨胀螺栓
混凝土墙体
87

D319 金属板固定节点 / 1:5

课堂
小知识

岩板的材料特性

一、什么是岩板

岩板，英文描述是sintered stone，意思是“烧结的石头”，是由天然原料经过特殊工艺处理，使用万吨以上（超过15 000 t）压机压制，结合先进的生产技术，经过1200℃以上高温烧制而成，能够经得起切割、钻孔、打磨等加工过程的超大规格新型瓷质材料。它的硬度超过花岗石等火成岩。

岩板的规格有1800 mm × 900 mm、2400 mm × 1200 mm、2600 mm × 800 mm、2600 mm × 1200 mm、760 mm × 2550 mm、2700 mm × 1600 mm、3200 mm × 1600 mm、3600 mm × 1600 mm等几种，厚度有6 mm、9 mm、11 mm、12 mm、15 mm、20 mm等几种。

二、岩板的优势

岩板主要用于家居、厨房板材领域。作为家居领域的新品种，岩板家居相比其他家居产品，具有规格多、可塑造性强、花色多样、耐高温、耐磨刮、防渗透、耐酸碱、零甲醛、环保健康等特性。作为一种新型材料，对比其他传统材料，岩板有八大优势：

1.安全卫生：能与食物直接接触，为纯天然的选材，百分之百可回收，无毒害，无辐射，又全面考虑人类可持续发展的需求，健康环保。

2.防火耐高温：直接接触高温物体不会变形，燃烧性能等级A1级的岩板，遇到2000℃的明火不产生任何物理变化（收缩、破裂、变色），也不会产生任何气体或气味。

3.抗污性：万分之一的渗水率是人造建材界的一个新指标，让污渍无法渗透的同时也不给细菌滋生的空间。

4.耐刮磨：莫氏硬度超过6，能够抵御剐蹭和刮擦。

5.耐腐蚀：耐各种化学物质腐蚀，包括溶液、消毒剂等。

6.易清洁：只需要用湿毛巾擦拭即可清理干净，无特殊维护需求，清洁简单快速。

7.全能应用：打破应用边界，由装饰材料向应用材料跨界进军，设计、加工和应用更加多元和广泛，满足高标准的应用需求。

8.灵活定制：岩板的纹理丰富多样，可根据用户需要私人定制。

岩板饰面

E

天花与天花收口节点

1　乳胶漆天花与其他材料天花

2　木饰面天花与其他材料天花

3　铝板天花与其他材料天花

4　石材天花与其他材料天花

5　玻璃（镜面）天花与其他材料天花

1 乳胶漆天花与其他材料天花

E1为乳胶漆天花与其他材料天花，节点过于简单，为节省篇幅，本章不收录，特此说明。

2 木饰面天花与其他材料天花

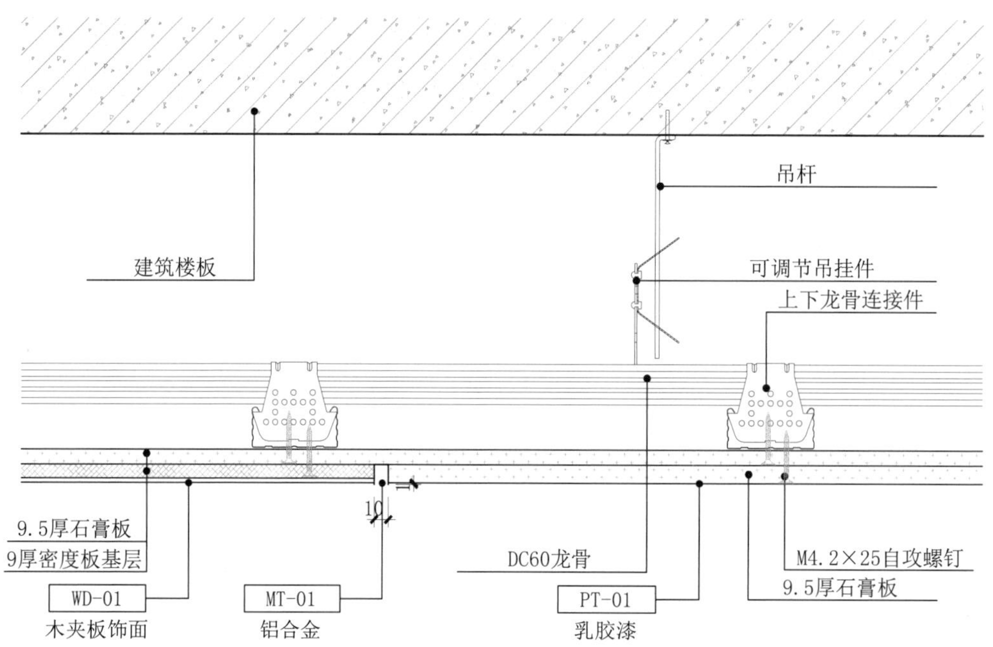

吊杆
建筑楼板
可调节吊挂件
上下龙骨连接件
10
9.5厚石膏板
9厚密度板基层
WD-01
木夹板饰面
MT-01
铝合金
DC60龙骨
PT-01
乳胶漆
M4.2×25自攻螺钉
9.5厚石膏板

E201 木夹板饰面天花与乳胶漆天花吊顶收口节点 / 1∶5

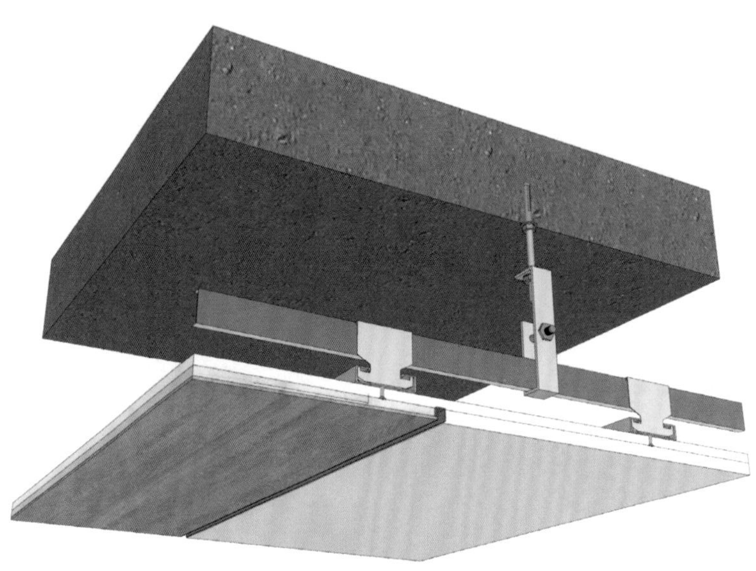

三维示意图（E201）

3 铝板天花与其他材料天花

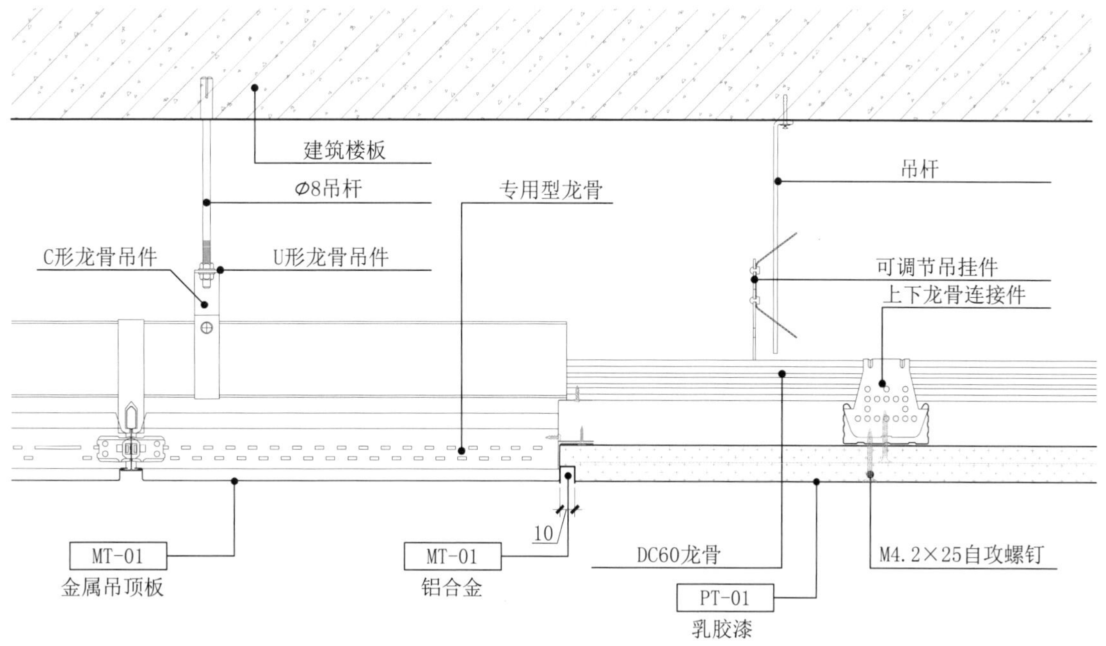
建筑楼板
Ø8吊杆
专用型龙骨
吊杆
C形龙骨吊件
U形龙骨吊件
可调节吊挂件
上下龙骨连接件
10
MT-01
金属吊顶板
MT-01
铝合金
DC60龙骨
PT-01
乳胶漆
M4.2×25自攻螺钉

E301 铝板天花与乳胶漆天花吊顶收口节点 / 1:5

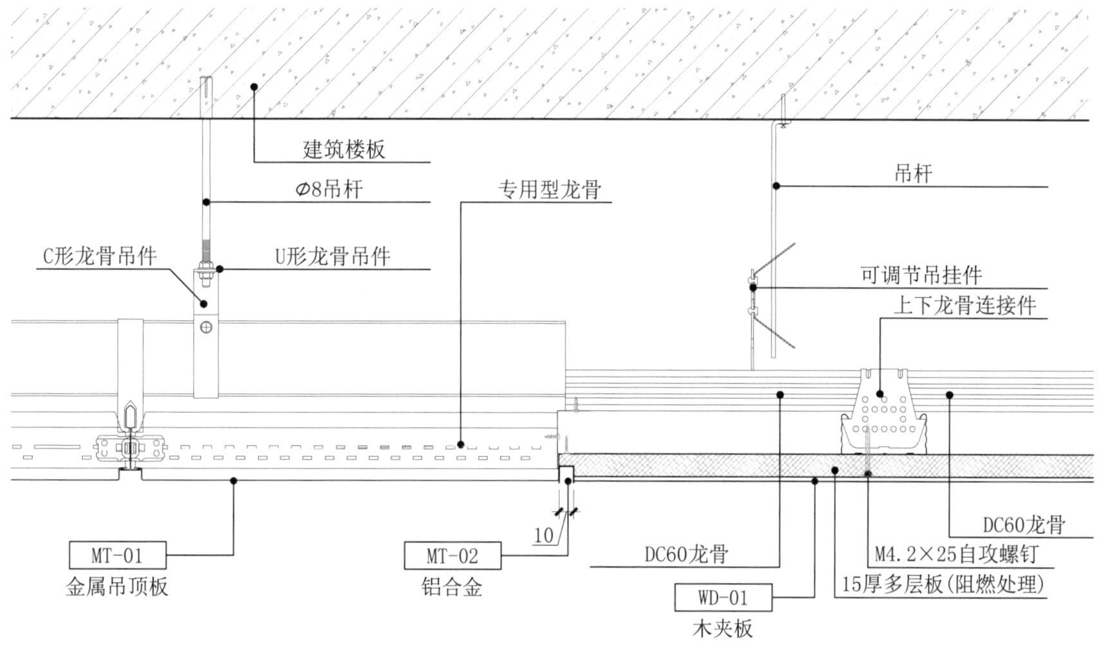
建筑楼板
Ø8吊杆
专用型龙骨
吊杆
C形龙骨吊件
U形龙骨吊件
可调节吊挂件
上下龙骨连接件
10
MT-01
金属吊顶板
MT-02
铝合金
DC60龙骨
WD-01
木夹板
DC60龙骨
M4.2×25自攻螺钉
15厚多层板(阻燃处理)

E302 铝板天花与木饰面天花吊顶收口节点 / 1:5

4 石材天花与其他材料天花

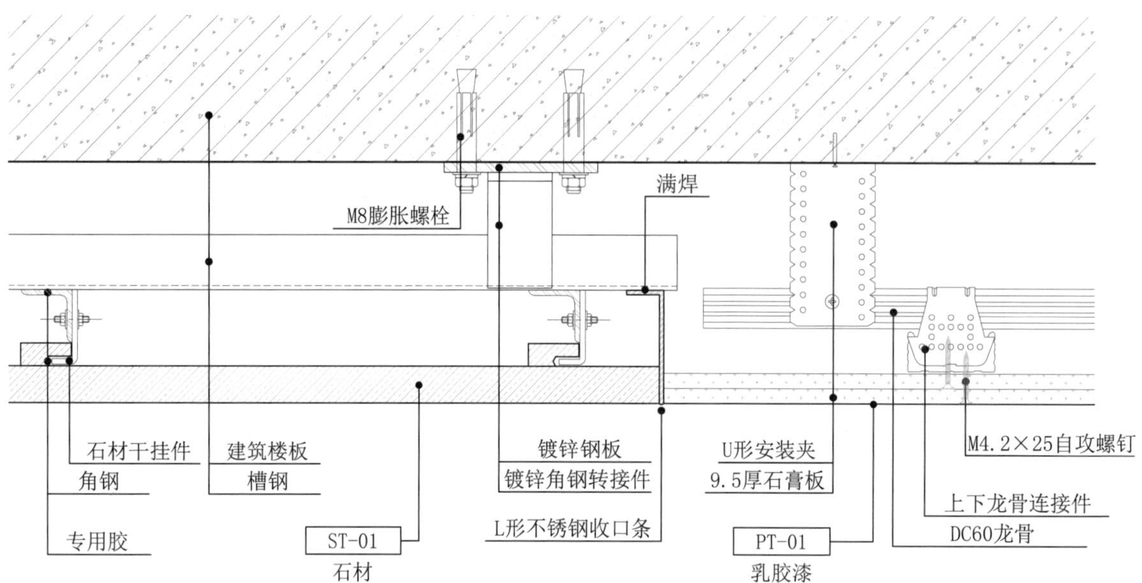

满焊
M8膨胀螺栓
石材干挂件
角钢
专用胶
建筑楼板
槽钢
ST-01
石材
镀锌钢板
镀锌角钢转接件
L形不锈钢收口条
U形安装夹
9.5厚石膏板
PT-01
乳胶漆
M4.2×25自攻螺钉
上下龙骨连接件
DC60龙骨

E401 石材天花与乳胶漆天花吊顶收口节点 / 1:5

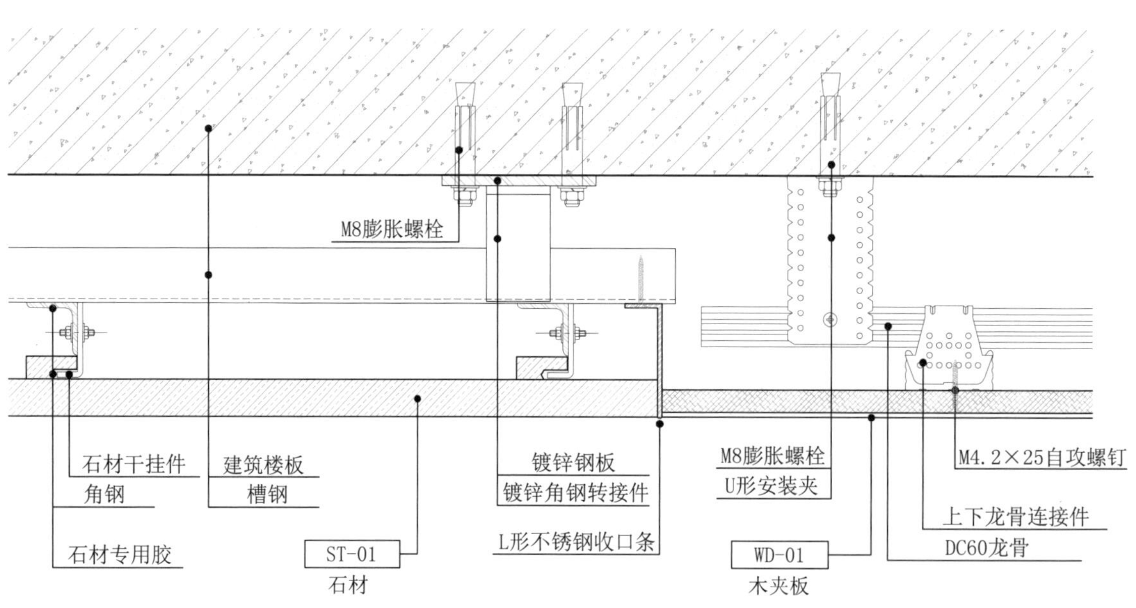

M8膨胀螺栓
石材干挂件
角钢
石材专用胶
建筑楼板
槽钢
ST-01
石材
镀锌钢板
镀锌角钢转接件
L形不锈钢收口条
M8膨胀螺栓
U形安装夹
WD-01
木夹板
M4.2×25自攻螺钉
上下龙骨连接件
DC60龙骨

E402 石材天花与木夹板天花吊顶收口节点 / 1:5

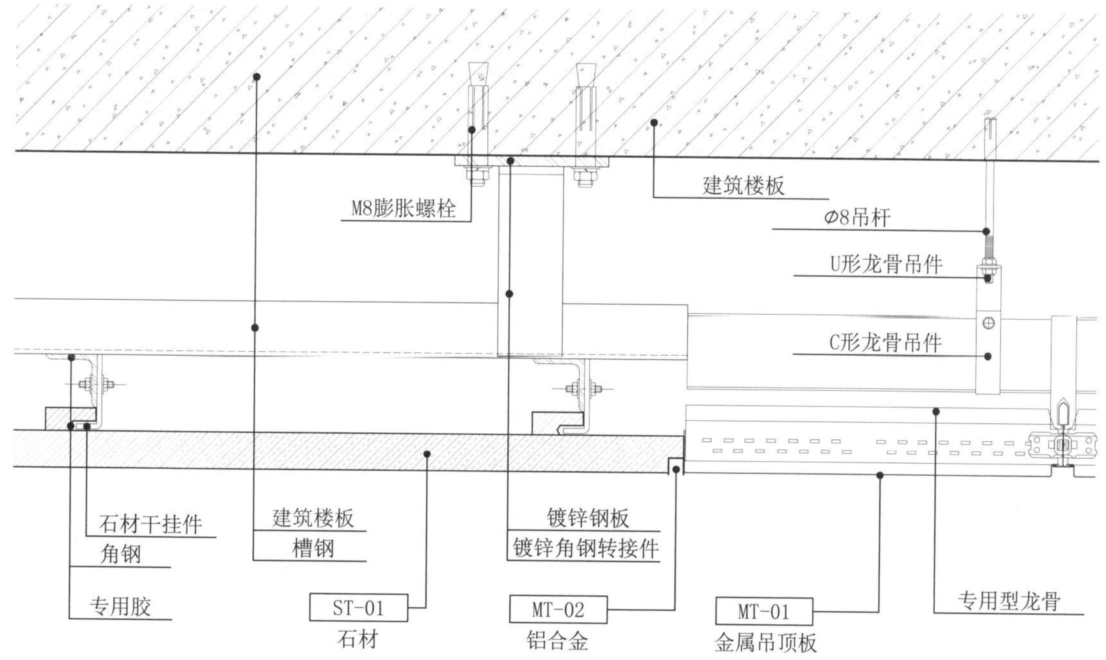
M8膨胀螺栓
建筑楼板
Ø8吊杆
U形龙骨吊件
C形龙骨吊件
石材干挂件
角钢
专用胶
建筑楼板
槽钢
ST-01
石材
镀锌钢板
镀锌角钢转接件
MT-02
铝合金
MT-01
金属吊顶板
专用型龙骨

E403 石材天花与铝板天花吊顶收口节点 / 1：5

课堂小知识

化学螺栓和膨胀螺栓的区别

化学螺栓由化学胶管、螺杆、垫圈及螺母组成。螺杆、垫圈、螺母（六角）一般有镀锌钢和不锈钢两种（也可按要求采用热镀锌）。化学胶管（或用塑料包装的药剂管）含有化学树脂、固化剂和石英颗粒。化学螺栓靠与混凝土之间的握裹力和机械咬合力共同作用来抗拔，靠螺栓本身来抗剪，主要用在新旧结构的连接处。化学螺栓的使用要根据厂家提供的螺栓及其配件、胶黏剂等资料来进行计算，因为各厂家生产的化学胶黏剂会有不同，所以粘结能力也不同。化学螺栓是后埋件的一种，在预埋件漏埋或后建工程中使用。

化学螺栓与膨胀螺栓的区别之一在于前者无应力，后者有应力，后者会在混凝土中产生应力集中的现象，从而使破坏概率大大增加，结构不安全，所以现在基本上已经在幕墙等设计中被禁止。化学锚栓适用于普通混凝土承重结构，不适用于轻质混凝土结构及严重风化的结构。混凝土结构采用锚栓技术时，其混凝土强度等级对重要构件不应低于C30，对一般构件不应低于C20。在考虑地震作用的结构中，严禁采用膨胀型锚栓作为承重构件的连接件，膨胀型锚栓仅连接对承载力要求较小的构件。

两者的另一区别是承载力，包括受拉、受剪及同时受拉剪作用的三种受力情况。

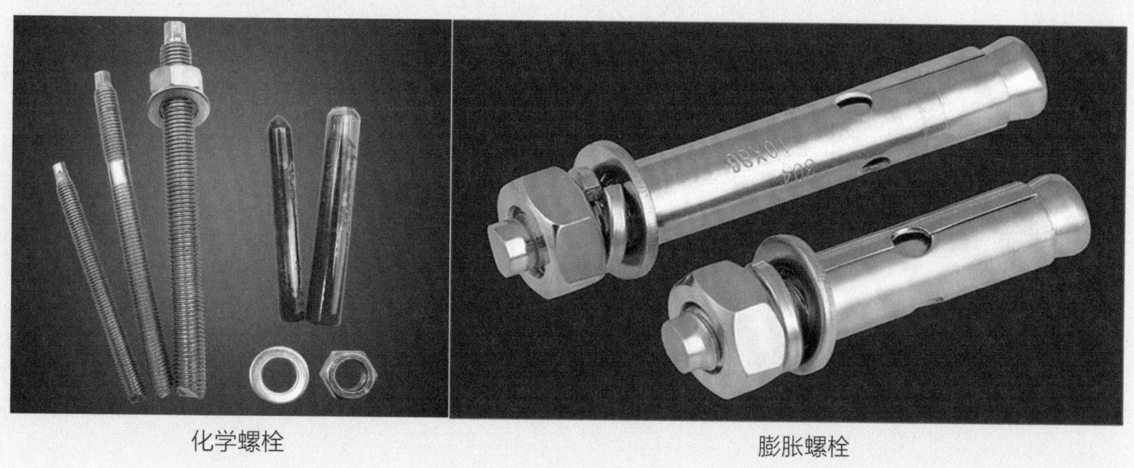

化学螺栓　　膨胀螺栓

5 玻璃（镜面）天花与其他材料天花

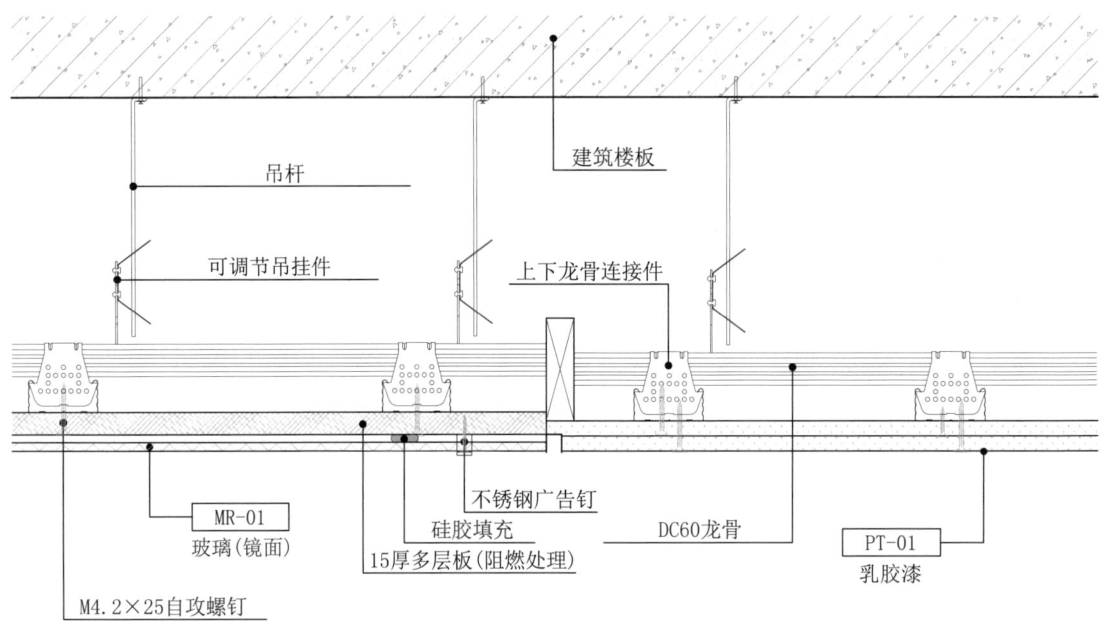
建筑楼板
吊杆
可调节吊挂件
上下龙骨连接件
不锈钢广告钉
MR-01
玻璃(镜面)
硅胶填充
DC60龙骨
PT-01
乳胶漆
15厚多层板(阻燃处理)
M4.2×25自攻螺钉

E501 玻璃（镜面）天花与乳胶漆天花吊顶收口节点 / 1:5

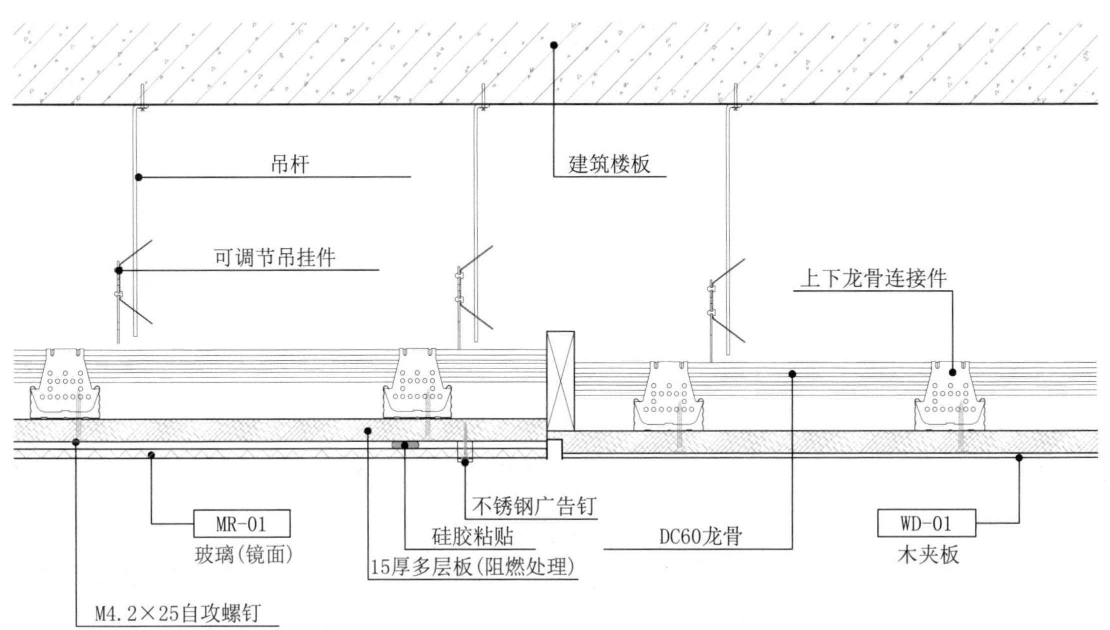
吊杆
建筑楼板
可调节吊挂件
上下龙骨连接件
不锈钢广告钉
MR-01
玻璃(镜面)
硅胶粘贴
DC60龙骨
WD-01
木夹板
15厚多层板(阻燃处理)
M4.2×25自攻螺钉

E502 玻璃（镜面）天花与木夹板天花吊顶收口节点 / 1:5

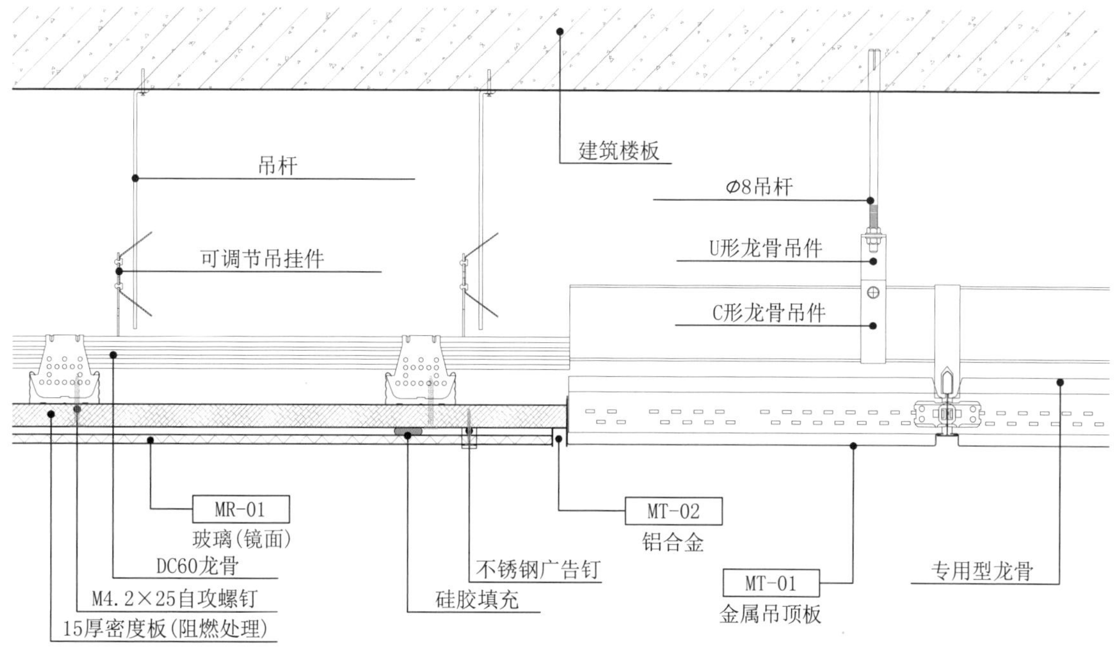

建筑楼板
吊杆
⌀8吊杆
U形龙骨吊件
可调节吊挂件
C形龙骨吊件
MR-01
玻璃(镜面)
DC60龙骨
M4.2×25自攻螺钉
15厚密度板(阻燃处理)
不锈钢广告钉
硅胶填充
MT-02
铝合金
MT-01
金属吊顶板
专用型龙骨

E503 玻璃（镜面）天花与铝板天花吊顶节点 / 1：5

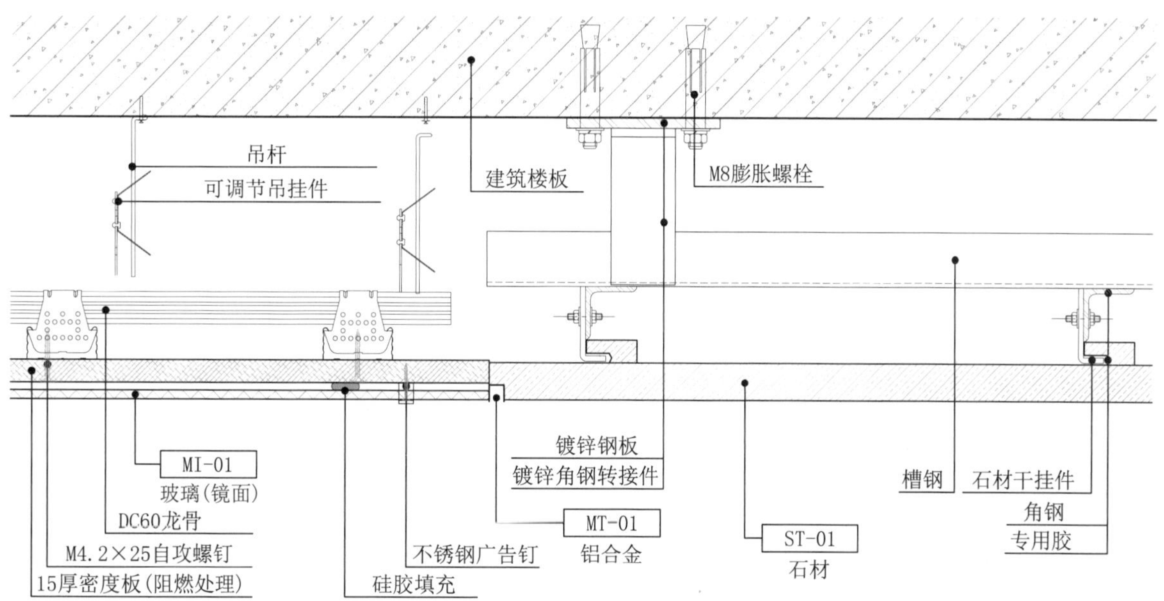

吊杆
可调节吊挂件
建筑楼板
M8膨胀螺栓
MI-01
玻璃(镜面)
DC60龙骨
M4.2×25自攻螺钉
15厚密度板(阻燃处理)
硅胶填充
不锈钢广告钉
镀锌钢板
镀锌角钢转接件
MT-01
铝合金
ST-01
石材
槽钢
石材干挂件
角钢
专用胶

E504 玻璃（镜面）天花与石材天花吊顶节点 / 1：5

注：因石材自身太重，有极大的安全隐患，故壁龛等墙面造型可以考虑，但大面积石材不宜用作天花吊顶，可考虑用自重较轻的仿石纹蜂窝铝板或转印石纹铝板替代。详见铝板吊顶A215号节点。

课堂小知识

什么是微水泥？

微水泥由英文“microcement”直译而来，是指含有水泥成分的超细粒的装饰材料。它综合墙体和地面装饰材料的优点，是持久性和耐磨性超强的具有粘结性能的饰面。适用于地面，内外墙面，家具、橱柜表面，也可以做到顶面、墙地面一体化的效果。

优势及特点：

1. 耐磨性强，抗压性高，不开裂。
2. 极强的附着力，不脱落、不开裂的表面都可以使用。
3. 通体防水，不渗水，不起皱。
4. 疏油、疏水性极强，适用于厨房、卫生间等空间。
5. 拥有高燃烧性能等级，不易燃，安全性高。
6. 抗菌性能强大，抑菌率达99%，潮湿条件下不会发霉。
7. 挥发性有机化合物（VOC）含量远低于欧盟标准，远低于涂料。
8. 厚度薄，无缝连续性表面有效提升设计整体性。
9. 具有欧洲最高等级防滑性能：符合欧标C2，适用于游泳池池面。

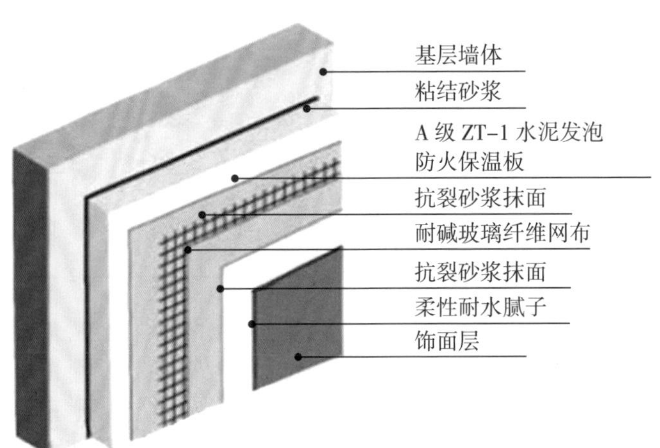
基层墙体
粘结砂浆
A 级 ZT-1 水泥发泡
防火保温板
抗裂砂浆抹面
耐碱玻璃纤维网布
抗裂砂浆抹面
柔性耐水腻子
饰面层

微水泥施工工艺

微水泥地面

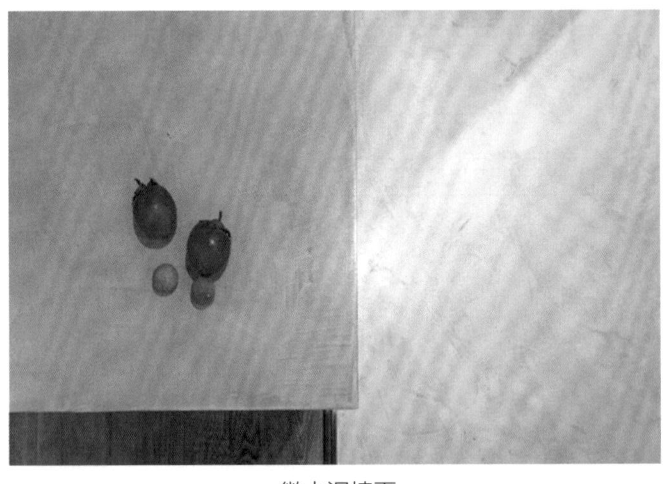

微水泥墙面

F

地坪与地坪收口节点

1　卷毯地坪与卷毯地坪

2　块毯地坪与其他材料地坪

3　实木地板地坪与其他材料地坪

4　复合地板地坪与其他材料地坪

5　石材地坪与其他材料地坪

6　地砖、马赛克砖地坪与其他材料地坪

7　水磨石地坪与其他材料地坪

8　PVC 地坪与其他材料地坪

1 卷毯地坪与卷毯地坪

F1 为卷毯地坪与卷毯地坪，节点过于简单，为节省篇幅，本章不收录，特此说明。

2 块毯地坪与其他材料地坪

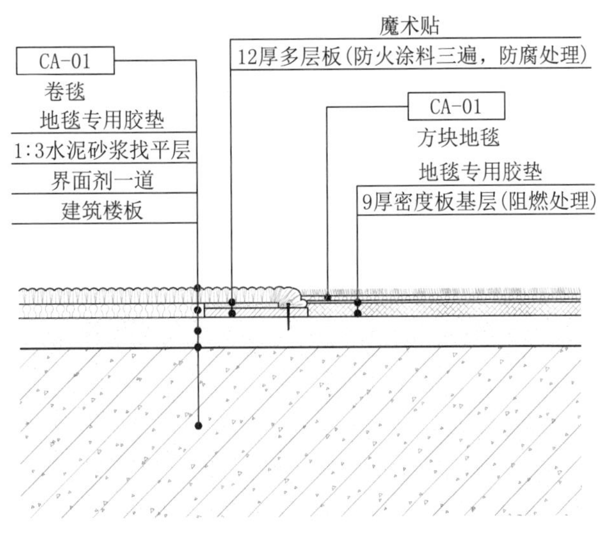
魔术贴
12厚多层板(防火涂料三遍，防腐处理)
CA-01
卷毯
地毯专用胶垫
1:3水泥砂浆找平层
界面剂一道
建筑楼板
CA-01
方块地毯
地毯专用胶垫
9厚密度板基层(阻燃处理)

F201 卷毯地坪与块毯地坪收口节点 / 1:5

三维示意图（F201）

课堂小知识

素混凝土与钢筋混凝土

通常说的混凝土是指用水泥做胶凝材料，砂、石子做集料，与水（可含外加剂和掺合料）按一定比例配合，经搅拌而得的水泥混凝土，也称普通混凝土，它广泛应用于土木工程。

1. 素混凝土：是由无筋或不配置受力钢筋的混凝土制成的材料。素混凝土是相对于钢筋混凝土、预应力混凝土等而言的。素混凝土由水泥、砂（细骨料）、石子（粗骨料）、外加剂等重要的材料组成，按一定比例混合后加一定比例的水拌制而成。

2. 钢筋混凝土：是指通过在混凝土中加入钢筋、钢板而构成的一种组合材料，是混凝土中最常见的一种形式。

总结如下：钢筋混凝土是由钢筋、石子、砂、水泥组成的，素混凝土是由石子、砂、水泥组成的。

3 实木地板地坪与其他材料地坪

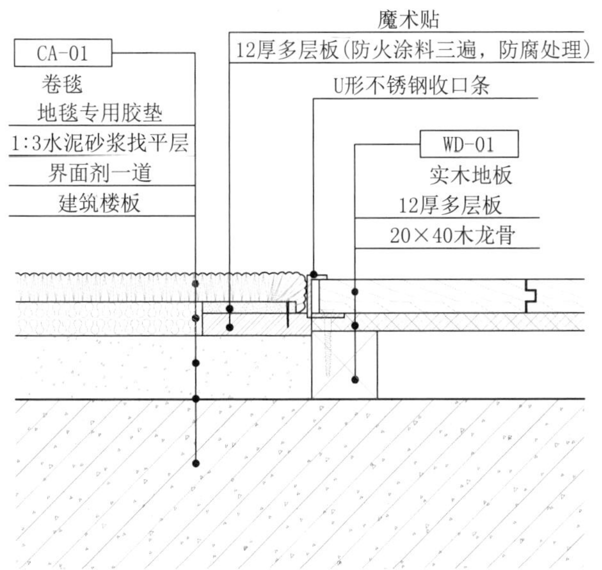
魔术贴
CA-01
12厚多层板(防火涂料三遍，防腐处理)
卷毯
U形不锈钢收口条
地毯专用胶垫
1:3水泥砂浆找平层
WD-01
界面剂一道
实木地板
建筑楼板
12厚多层板
20×40木龙骨

F301 卷毯地坪与实木地板地坪收口节点 / 1:5

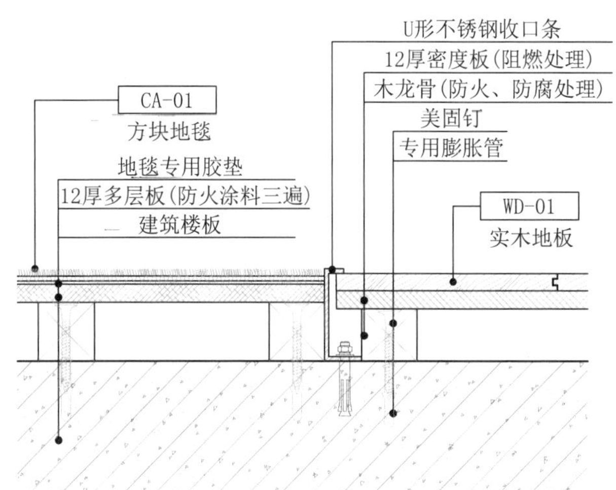
U形不锈钢收口条
12厚密度板(阻燃处理)
木龙骨(防火、防腐处理)
CA-01
美固钉
方块地毯
专用膨胀管
地毯专用胶垫
12厚多层板(防火涂料三遍)
WD-01
建筑楼板
实木地板

F302 块毯地坪与实木地板地坪收口节点 / 1:5

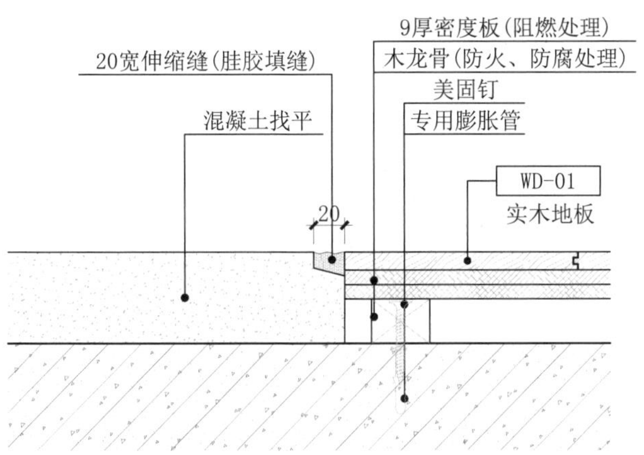
9厚密度板(阻燃处理)
20宽伸缩缝(胜胶填缝)
木龙骨(防火、防腐处理)
美固钉
混凝土找平
专用膨胀管
WD-01
实木地板
20

F303 实木地板地坪收口节点 / 1:5

注：地坪与地板相接处留20 mm宽凹口，以备地板伸缩。

课堂小知识 木制品环保标准解析

环保级别是欧洲的环保标准，分为E_0、E_1、E_2三个级别，它的标准具体体现在数值上。目前在国际上，甲醛释放限量等级被分成E_2、E_1、E_0三个级别，即E_2级甲醛释放量不大于5.0 mg/L，E_1级甲醛释放量不大于1.5 mg/L，E_0级甲醛释放量不大于0.5 mg/L。E_0级为国际标准，是非常环保的，E_1级为我国限制的标准。

目前世界上只有芬兰、日本两国执行类似E_0级标准，符合该标准的家居产品是国际顶级环保产品。而欧洲E_0级的标准是更为严格的环保标准，是国外人造板制造商为了推动行业进步，自发制定的一种内部规定，其甲醛释放量不到E_1级的一半，也就是甲醛释放量小于或等于0.5 mg/L。

4 复合地板地坪与其他材料地坪

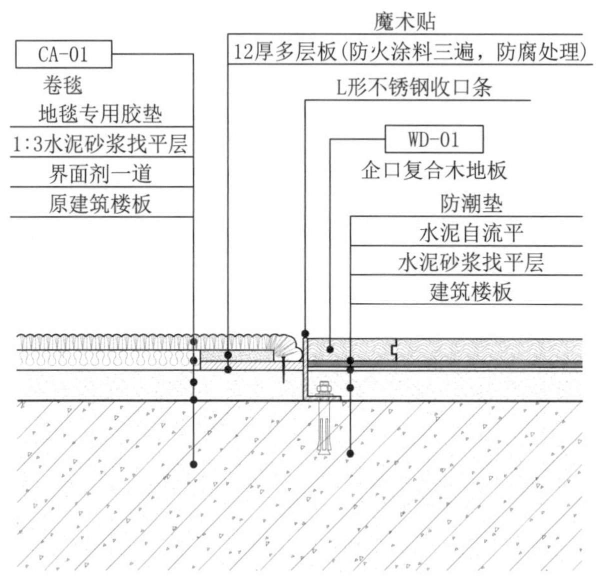
CA-01
卷毯
地毯专用胶垫
1:3水泥砂浆找平层
界面剂一道
原建筑楼板
魔术贴
12厚多层板(防火涂料三遍，防腐处理)
L形不锈钢收口条
WD-01
企口复合木地板
防潮垫
水泥自流平
水泥砂浆找平层
建筑楼板

F401 卷毯地坪与复合地板地坪收口节点 / 1:5

注：伸缩方向的木地板均要求留伸缩缝，非伸缩方向可以不留。

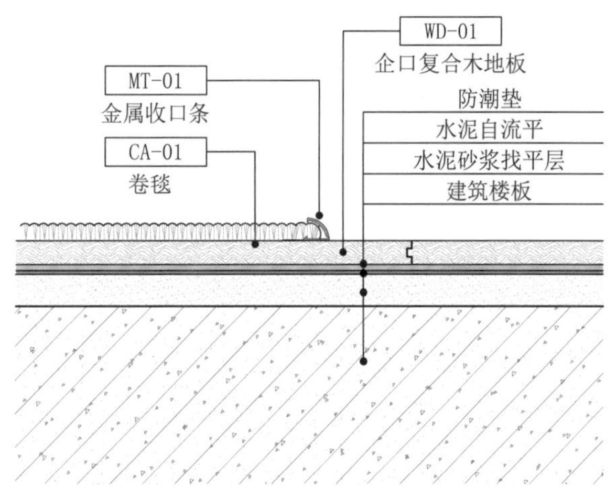
WD-01
企口复合木地板
MT-01
金属收口条
CA-01
卷毯
防潮垫
水泥自流平
水泥砂浆找平层
建筑楼板

F402 卷毯地坪与复合地板地坪收口节点 / 1:5

卷毯地坪与复合地板地坪收口

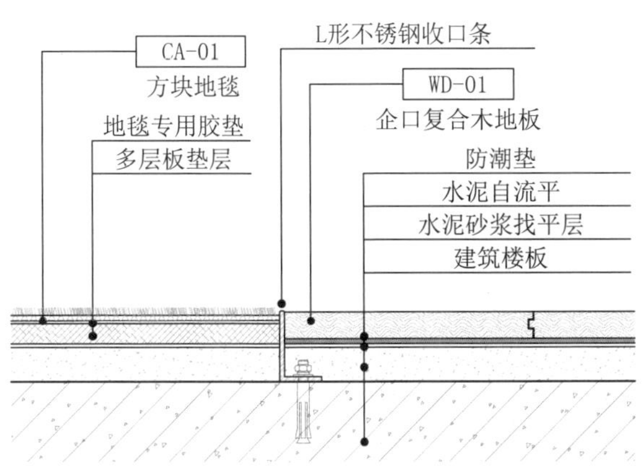
CA-01
方块地毯
地毯专用胶垫
多层板垫层
L形不锈钢收口条
WD-01
企口复合木地板
防潮垫
水泥自流平
水泥砂浆找平层
建筑楼板

F403 块毯地坪与复合地板地坪收口节点一 / 1:5

注：伸缩方向的木地板均要求留伸缩缝，非伸缩方向可以不留。

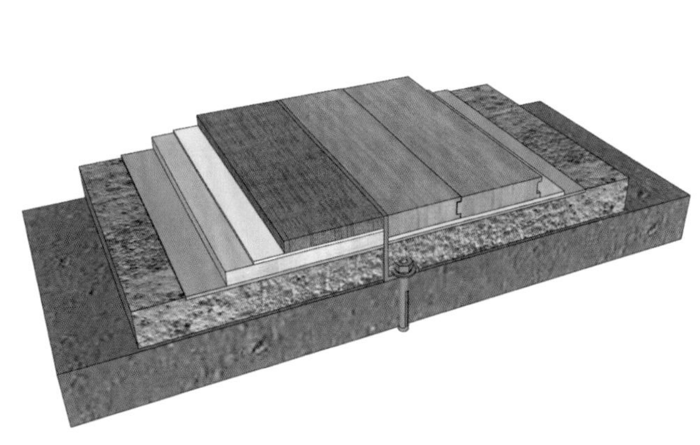

三维示意图（F403）

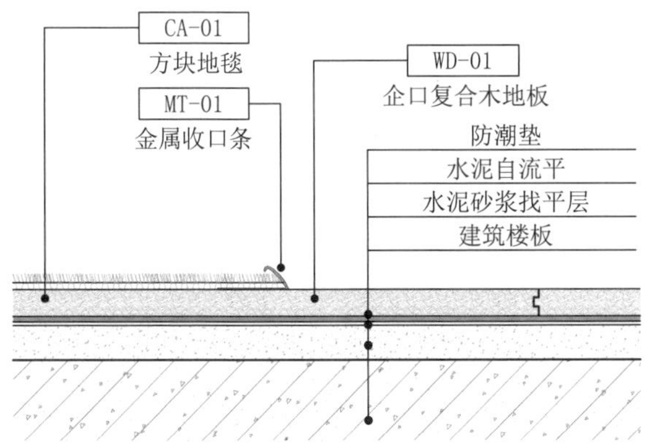
CA-01
方块地毯
MT-01
金属收口条
WD-01
企口复合木地板
防潮垫
水泥自流平
水泥砂浆找平层
建筑楼板

F404 块毯地坪与复合地板地坪收口节点二 / 1:5

注：伸缩方向的木地板均要求留伸缩缝，非伸缩方向可以不留。

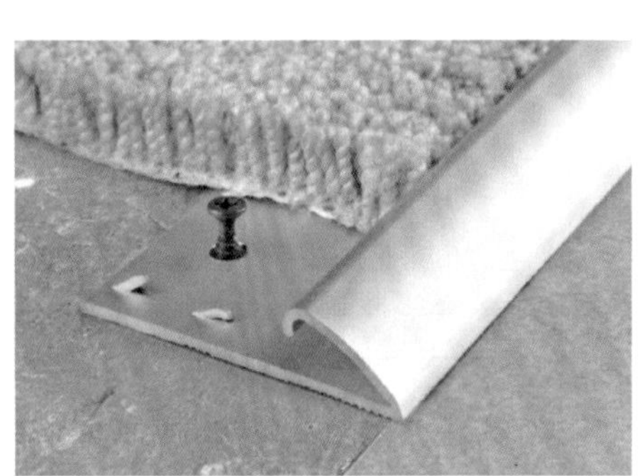

块毯地坪与复合地板地坪收口

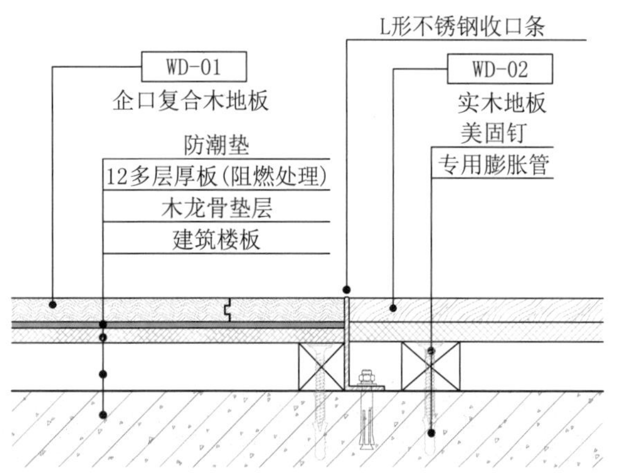
L形不锈钢收口条
WD-01
企口复合木地板
防潮垫
12多层厚板(阻燃处理)
木龙骨垫层
建筑楼板
WD-02
实木地板
美固钉
专用膨胀管

F405 实木地坪与复合地板地坪收口节点 / 1:5

三维示意图（F405）

注：伸缩方向的木地板均要求留伸缩缝，非伸缩方向可以不留。

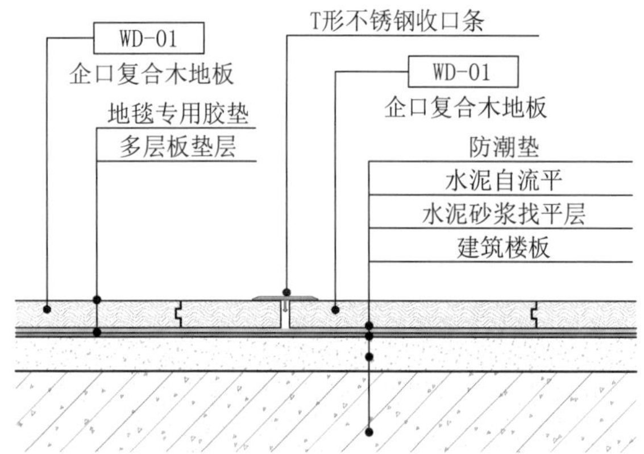
T形不锈钢收口条
WD-01
企口复合木地板
地毯专用胶垫
多层板垫层
WD-01
企口复合木地板
防潮垫
水泥自流平
水泥砂浆找平层
建筑楼板

F406 复合地板地坪与复合地板地坪收口节点 / 1:5

复合地板地坪与复合地板地坪收口

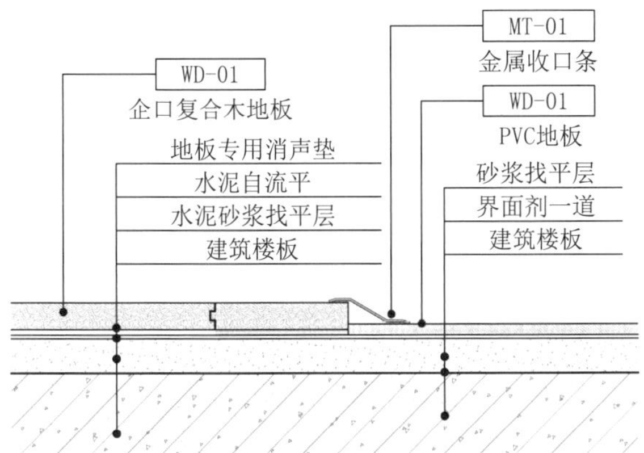
MT-01
金属收口条
WD-01
企口复合木地板
WD-01
PVC地板
地板专用消声垫
水泥自流平
水泥砂浆找平层
建筑楼板
砂浆找平层
界面剂一道
建筑楼板

F407 PVC地板地坪与复合地板地坪收口节点一 / 1∶5

PVC 地板地坪与复合地板地坪收口（F407）

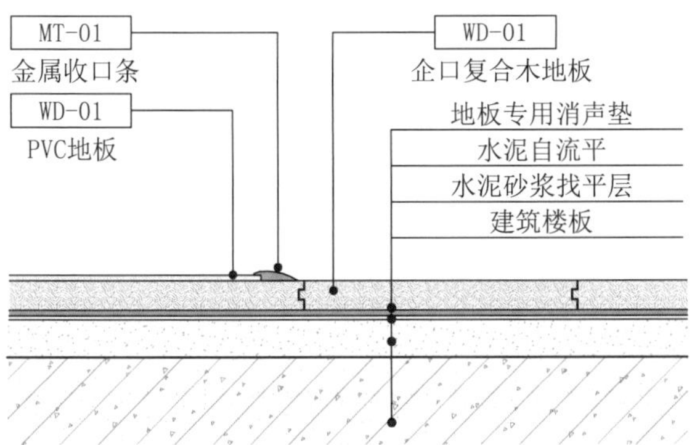
MT-01
金属收口条
WD-01
PVC地板
WD-01
企口复合木地板
地板专用消声垫
水泥自流平
水泥砂浆找平层
建筑楼板

F408 PVC地板地坪与复合地板地坪收口节点二 / 1∶5

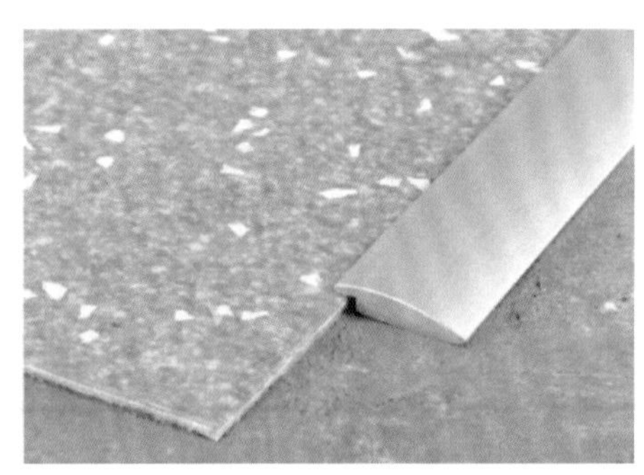

PVC 地板地坪与复合地板地坪收口（F408）

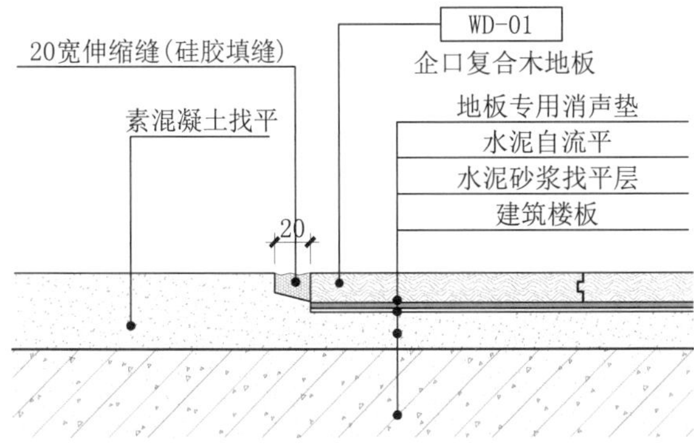
20宽伸缩缝(硅胶填缝)
素混凝土找平
WD-01
企口复合木地板
地板专用消声垫
水泥自流平
水泥砂浆找平层
建筑楼板
20

F409 复合地板地坪收口节点 / 1∶5

5 石材地坪与其他材料地坪

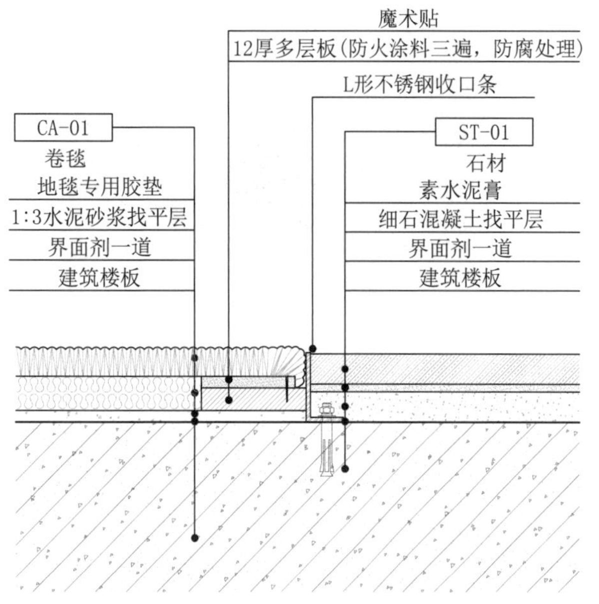
魔术贴
12厚多层板(防火涂料三遍，防腐处理)
L形不锈钢收口条
CA-01
卷毯
地毯专用胶垫
1:3水泥砂浆找平层
界面剂一道
建筑楼板
ST-01
石材
素水泥膏
细石混凝土找平层
界面剂一道
建筑楼板

F501 卷毯地坪与石材地坪收口节点 / 1:5

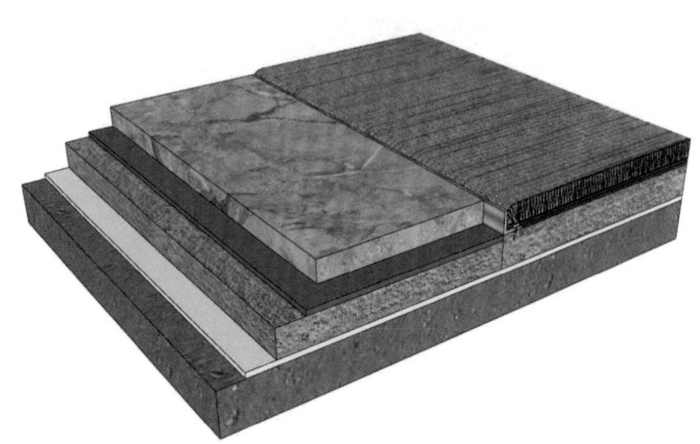

三维示意图（F501）

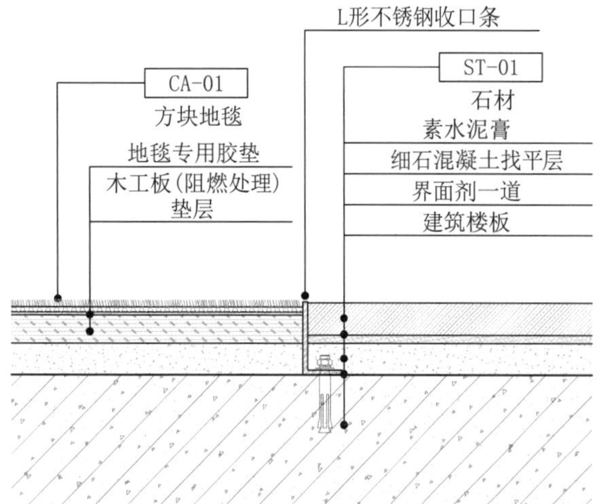
L形不锈钢收口条
CA-01
方块地毯
地毯专用胶垫
木工板(阻燃处理)
垫层
ST-01
石材
素水泥膏
细石混凝土找平层
界面剂一道
建筑楼板

F502 块毯地坪与石材地坪收口节点一 / 1:5

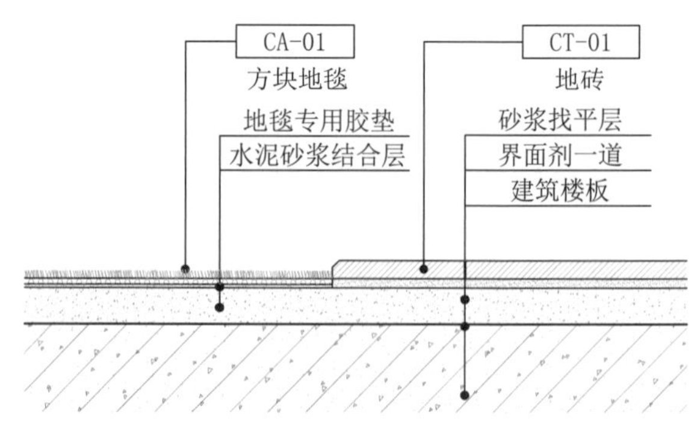
CA-01
方块地毯
地毯专用胶垫
水泥砂浆结合层
CT-01
地砖
砂浆找平层
界面剂一道
建筑楼板

F503 块毯地坪与石材地坪收口节点二 / 1:5

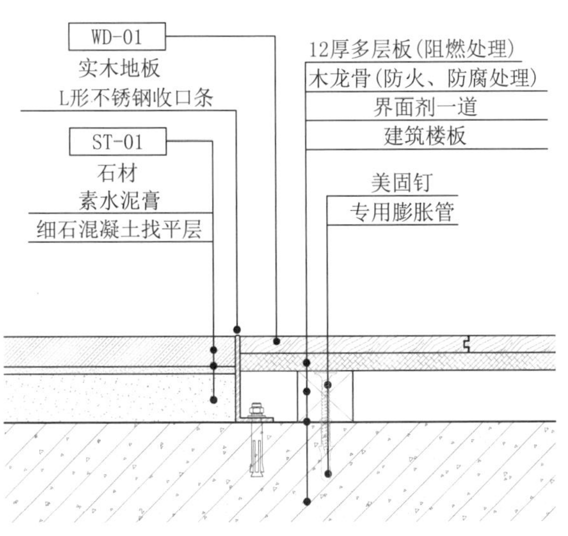
WD-01
实木地板
L形不锈钢收口条
ST-01
石材
素水泥膏
细石混凝土找平层
12厚多层板(阻燃处理)
木龙骨(防火、防腐处理)
界面剂一道
建筑楼板
美固钉
专用膨胀管

F504 石材地坪与实木地板地坪收口节点 / 1:5

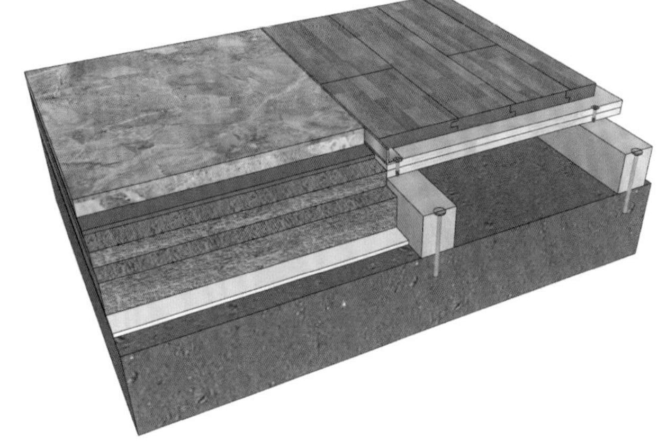

三维示意图（F504）

注：伸缩方向的木地板均要求留伸缩缝，非伸缩方向可以不留。

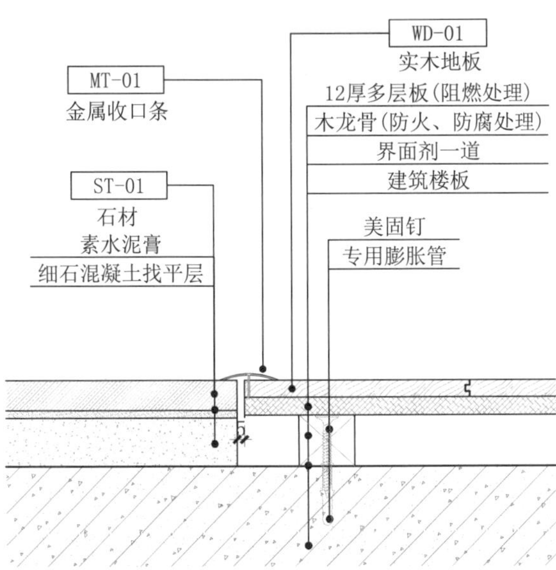
WD-01
实木地板
MT-01
金属收口条
12厚多层板(阻燃处理)
木龙骨(防火、防腐处理)
界面剂一道
建筑楼板
ST-01
石材
素水泥膏
细石混凝土找平层
美固钉
专用膨胀管

F505 石材地坪与实木地板地坪收口节点 / 1:5

石材地坪与实木地板地坪收口

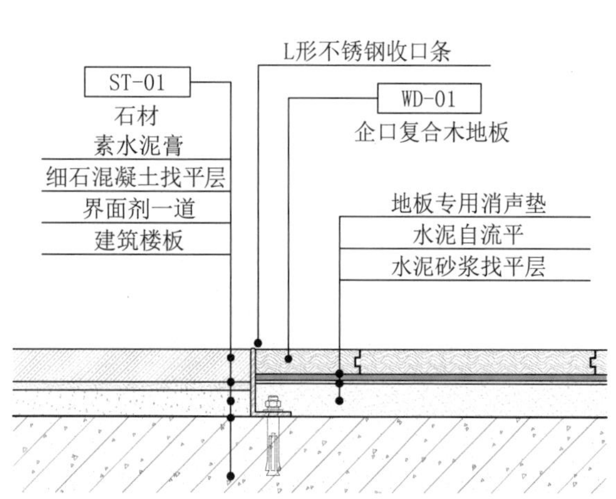
ST-01
石材
素水泥膏
细石混凝土找平层
界面剂一道
建筑楼板
L形不锈钢收口条
WD-01
企口复合木地板
地板专用消声垫
水泥自流平
水泥砂浆找平层

F506 石材地坪与复合地板地坪收口节点一 / 1:5

注：伸缩方向的木地板均要求留伸缩缝，非伸缩方向可以不留。

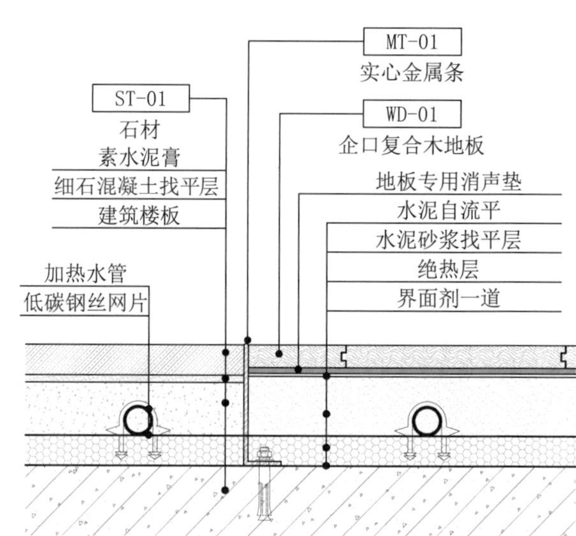
ST-01
石材
素水泥膏
细石混凝土找平层
建筑楼板
加热水管
低碳钢丝网片
MT-01
实心金属条
WD-01
企口复合木地板
地板专用消声垫
水泥自流平
水泥砂浆找平层
绝热层
界面剂一道

F507 石材地坪与地板地坪收口节点（带地暖） / 1:5

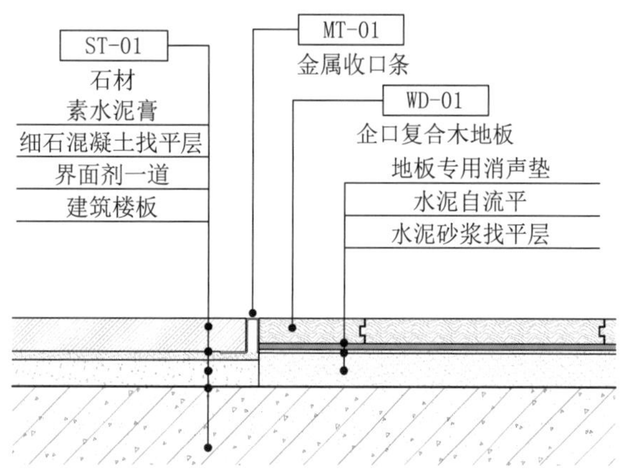
ST-01
石材
素水泥膏
细石混凝土找平层
界面剂一道
建筑楼板
MT-01
金属收口条
WD-01
企口复合木地板
地板专用消声垫
水泥自流平
水泥砂浆找平层

F508 石材地坪与复合地板地坪收口节点二 / 1:5

注：伸缩方向的木地板均要求留伸缩缝，非伸缩方向可以不留。

石材地坪与复合地板地坪收口（F508）

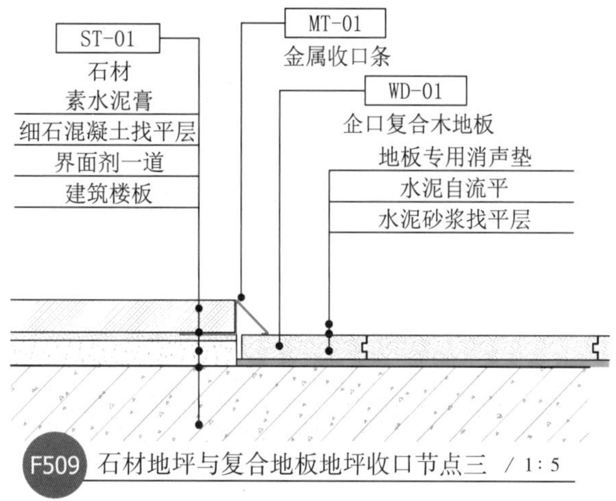
ST-01
石材
素水泥膏
细石混凝土找平层
界面剂一道
建筑楼板
MT-01
金属收口条
WD-01
企口复合木地板
地板专用消声垫
水泥自流平
水泥砂浆找平层

F509 石材地坪与复合地板地坪收口节点三 / 1:5

注：伸缩方向的木地板均要求留伸缩缝，非伸缩方向可以不留。

石材地坪与复合地板地坪收口（F509）

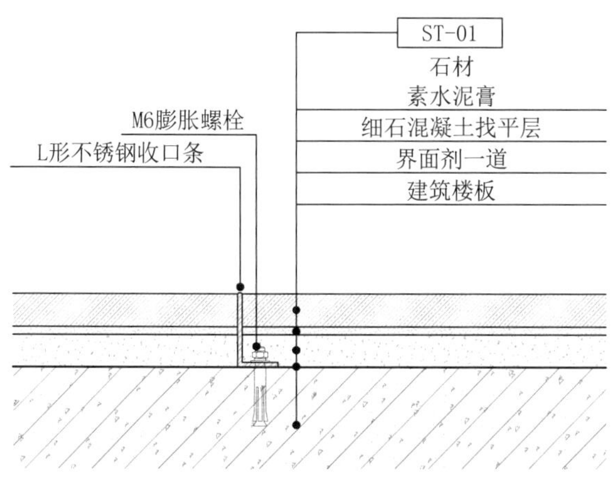
ST-01
石材
素水泥膏
细石混凝土找平层
界面剂一道
建筑楼板
M6膨胀螺栓
L形不锈钢收口条

F510 石材地坪与石材地坪收口节点 / 1∶5

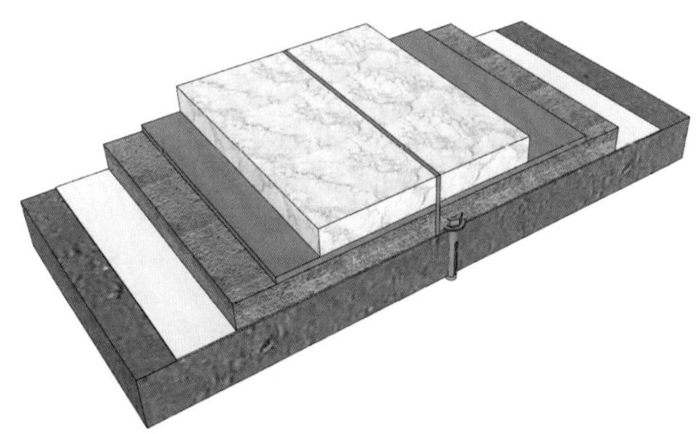

三维示意图（F510）

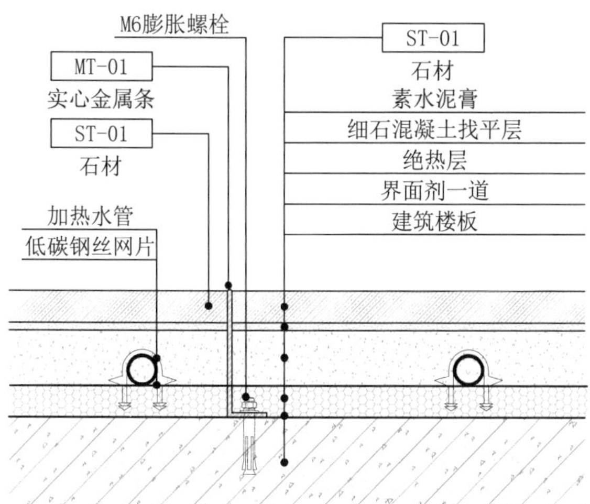
M6膨胀螺栓
MT-01
实心金属条
ST-01
石材
加热水管
低碳钢丝网片
ST-01
石材
素水泥膏
细石混凝土找平层
绝热层
界面剂一道
建筑楼板

F511 石材地坪与石材地坪收口节点（带地暖） / 1∶5

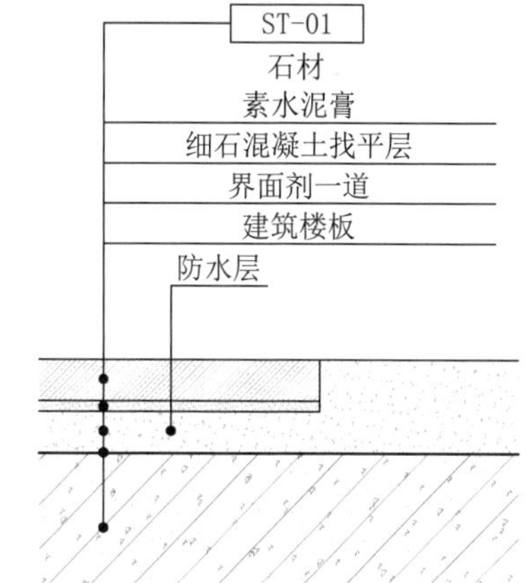
ST-01
石材
素水泥膏
细石混凝土找平层
界面剂一道
建筑楼板
防水层

F512 石材铺设节点 / 1∶5

课堂小知识

强化复合地板的优缺点及质量指标

一、强化复合地板的组成

强化复合地板由四层结构组成。第一层耐磨层，主要由三氧化二铝（Al_2O_3）组成，有很强的耐磨性和硬度，而一些由三聚氰胺组成的强化复合地板无法满足标准的要求。第二层装饰层，是一层经密胺树脂浸渍的纸张，纸上印刷有仿珍贵树种的木纹或其他图案。第三层基层，是中密度或高密度的层压板，也就是业界常说的密度板（High Density Fiberboard），经高温、高压处理，有一定的防潮、阻燃性能，基本材料是木质纤维。第四层平衡层，它是一层牛皮纸，有一定的强度和厚度，并浸以树脂，起到防潮、防地板变形的作用。

二、强化复合地板的优点

1.耐磨：强化复合地板的耐磨性约为普通漆饰地板的10~30倍。

2.美观：可用电脑制作出各种木纹和图案、颜色。

3.稳定：彻底打散了原来木材的组织，破坏了各向异性及湿胀干缩的特性，尺寸极稳定，尤其适用于设有地暖系统的房间。

此外，还有抗冲击、抗静电、耐污染、耐光照、耐香烟灼烧、安装方便、保养简单等优点。

三、强化复合地板的缺点

强化复合地板泡水损坏后不可修复，脚感较差。特别要指出的是，过去曾有经销商称强化复合地板是“防水地板”，这只是针对表面而言，实际上强化复合地板使用中特别要忌的就是泡水。

四、强化复合地板的挑选

与实木地板、实木复合地板相比，强化复合地板的表层可印制各种木纹，美观大方，铺装方便快捷，节约木材，但弹性比实木地板差。其最大的优势在于价格较为便宜，性价比更高，比较适合普通消费者。但缺点是市面上的强化复合地板有较多杂牌，质量不完全有保证，这就需要消费者更加去关注这方面的知识，学会挑选精品。可以从以下四个方面来衡量此种地板的优劣。

1.表面耐磨转数：公共场所用的强化复合地板耐磨转数是大于9000转，家庭用的一种是大于6000转，另一种是大于4000转。以上转数是指初始磨值，即表面饰层开始出现露底，而不是耐磨终值，即地板全部磨穿。市场上有些强化复合地板标示的耐磨转数很高，但很有可能标的是耐磨终值。

2.吸水厚度膨胀率：是指强化复合地板浸泡在25℃的水中一段时间后基层厚度因吸水而增加的程度，用%来表示。膨胀率越大，该地板受潮后的强度下降越大，且会出现表面凸起甚至脱落，严重影响使用寿命。目前市场上销售的不同品牌强化复合地板的吸水厚度膨胀率可相差10倍以上。

3.表面耐冲击性能：即以规定的方法对地板进行冲击试验，冲击后留下的凹坑直径大小就是冲击性能好坏的依据，直径越小，耐冲击性能越好，使用寿命越长。强化复合地板的耐磨层厚度都在0.1 mm以上，厚的可达0.7 mm。

4.甲醛释放量：按《室内装饰装修材料 人造板及其制品中甲醛释放限量》GB 18580—2017的规定，强化复合地板属可直接用于室内的产品，其甲醛释放限量值为0.124 mg/m^3。除此以外，还有静曲强度、结合强度、密度、含水率、胶合强度等指标。销售时应明示它的耐磨等级和甲醛释放限量等级。

6　地砖、马赛克砖地坪与其他材料地坪

魔术贴
12厚多层板(防火涂料三遍，防腐处理)
U形不锈钢收口条
CA-01
卷毯
地毯专用胶垫
界面剂一道
建筑楼板
CT-01
地砖
水泥砂浆结合层
砂浆找平层

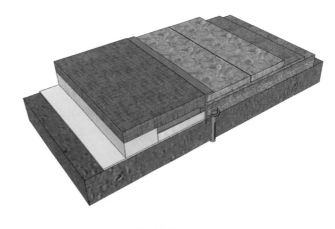

三维示意图（F601）

F601 卷毯地坪与地砖地坪收口节点　/ 1 : 5

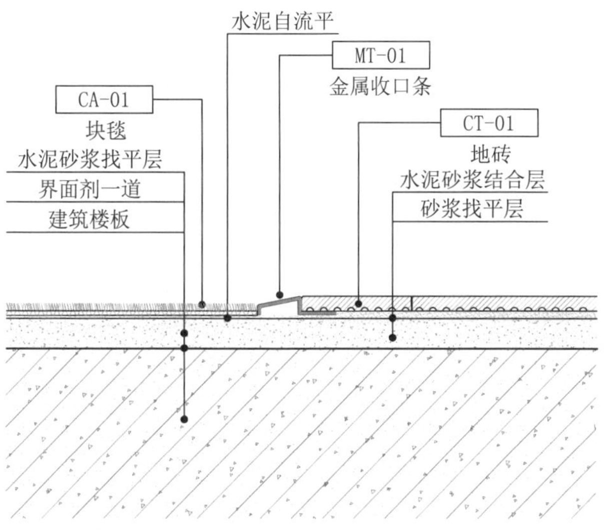
水泥自流平
MT-01
金属收口条
CA-01
块毯
水泥砂浆找平层
界面剂一道
建筑楼板
CT-01
地砖
水泥砂浆结合层
砂浆找平层

F602 块毯地坪与地砖地坪收口节点一　/ 1 : 5

块毯地坪与地砖地坪收口（F602）

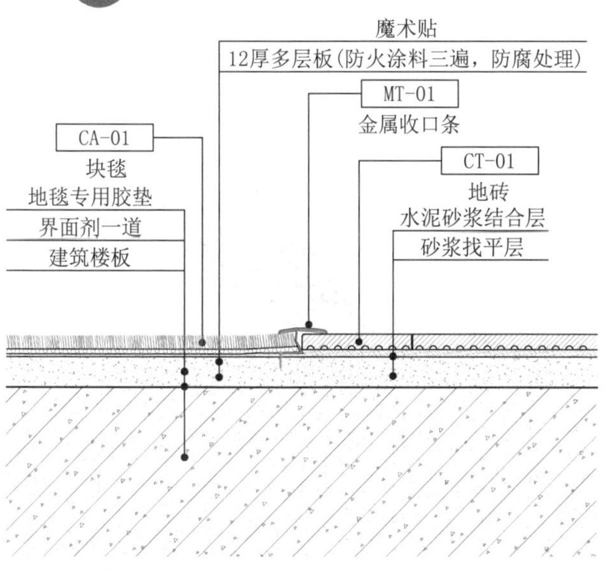
魔术贴
12厚多层板(防火涂料三遍，防腐处理)
MT-01
金属收口条
CA-01
块毯
地毯专用胶垫
界面剂一道
建筑楼板
CT-01
地砖
水泥砂浆结合层
砂浆找平层

F603 块毯地坪与地砖地坪收口节点二　/ 1 : 5

块毯地坪与地砖地坪收口（F603）

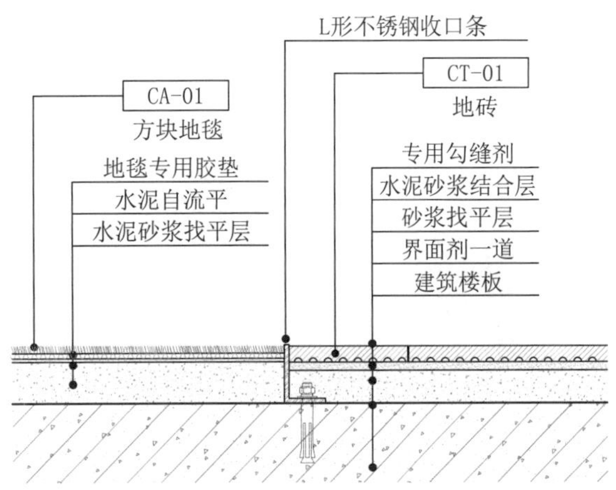
L形不锈钢收口条
CA-01
方块地毯
地毯专用胶垫
水泥自流平
水泥砂浆找平层
CT-01
地砖
专用勾缝剂
水泥砂浆结合层
砂浆找平层
界面剂一道
建筑楼板

F604 块毯地坪与地砖地坪收口节点三 / 1:5

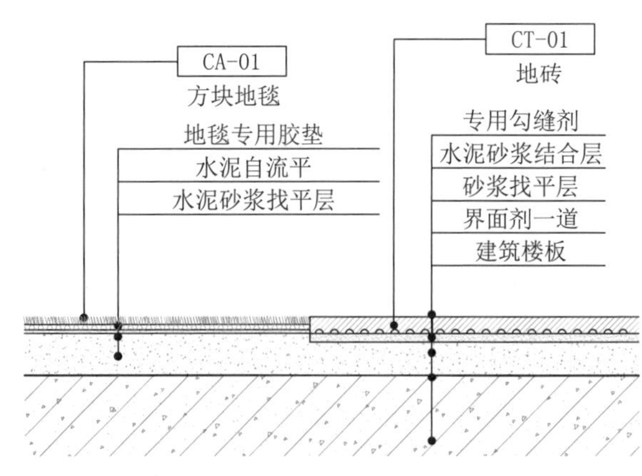
CA-01
方块地毯
地毯专用胶垫
水泥自流平
水泥砂浆找平层
CT-01
地砖
专用勾缝剂
水泥砂浆结合层
砂浆找平层
界面剂一道
建筑楼板

F605 块毯地坪与地砖地坪收口节点四 / 1:5

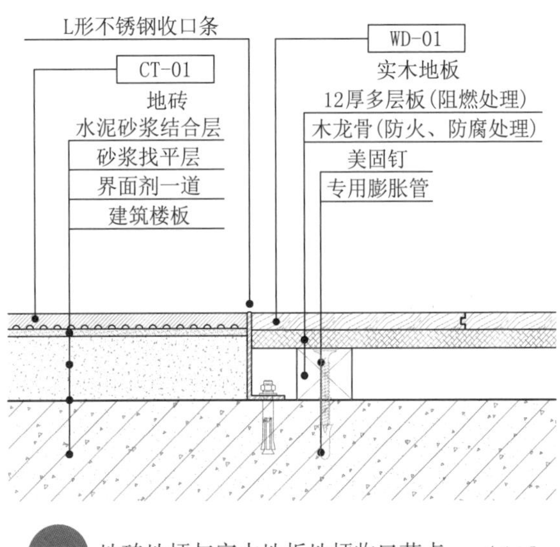
L形不锈钢收口条
CT-01
地砖
水泥砂浆结合层
砂浆找平层
界面剂一道
建筑楼板
WD-01
实木地板
12厚多层板(阻燃处理)
木龙骨(防火、防腐处理)
美固钉
专用膨胀管

F606 地砖地坪与实木地板地坪收口节点一 / 1:5

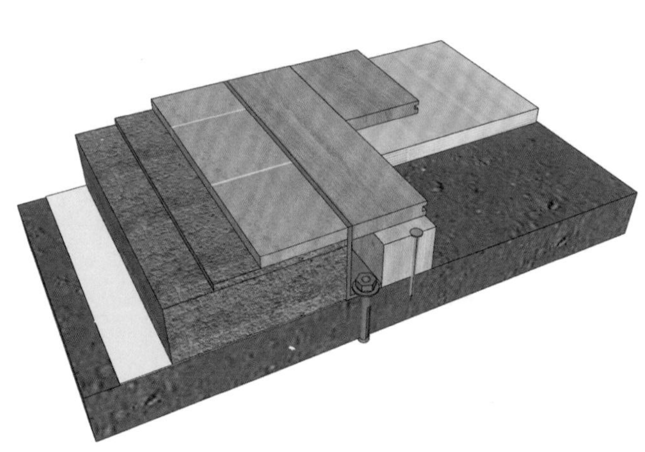

三维示意图（F606）

注：伸缩方向的木地板均要求留伸缩缝，非伸缩方向可以不留。

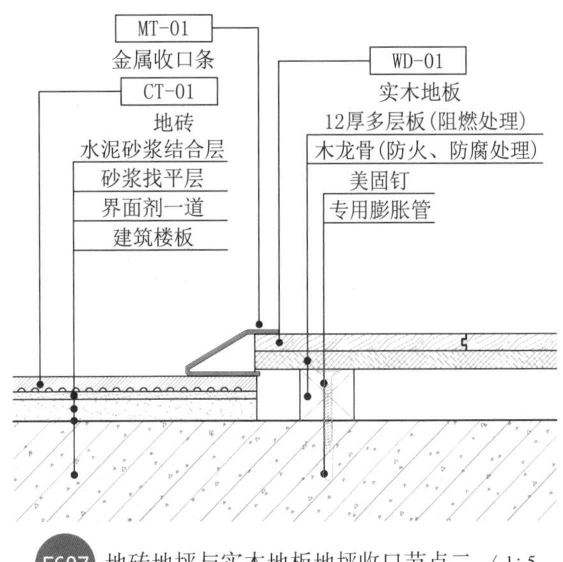
MT-01
金属收口条
CT-01
地砖
水泥砂浆结合层
砂浆找平层
界面剂一道
建筑楼板
WD-01
实木地板
12厚多层板(阻燃处理)
木龙骨(防火、防腐处理)
美固钉
专用膨胀管

F607 地砖地坪与实木地板地坪收口节点二 / 1:5

地砖地坪与实木地板地坪收口

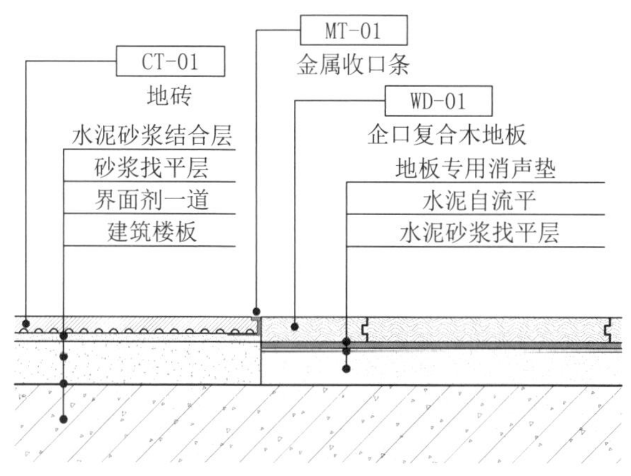
CT-01
地砖
水泥砂浆结合层
砂浆找平层
界面剂一道
建筑楼板
MT-01
金属收口条
WD-01
企口复合木地板
地板专用消声垫
水泥自流平
水泥砂浆找平层

F608 地砖地坪与复合地板地坪收口节点一 / 1∶5

地砖地坪与复合地板地坪收口

注：伸缩方向的木地板均要求留伸缩缝，非伸缩方向可以不留。

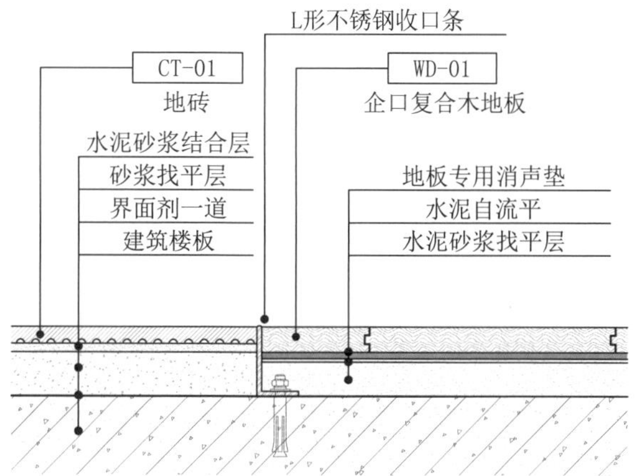
L形不锈钢收口条
CT-01
地砖
水泥砂浆结合层
砂浆找平层
界面剂一道
建筑楼板
WD-01
企口复合木地板
地板专用消声垫
水泥自流平
水泥砂浆找平层

F609 地砖地坪与复合地板地坪收口节点二 / 1∶5

三维示意图（F609）

注：伸缩方向的木地板均要求留伸缩缝，非伸缩方向可以不留。

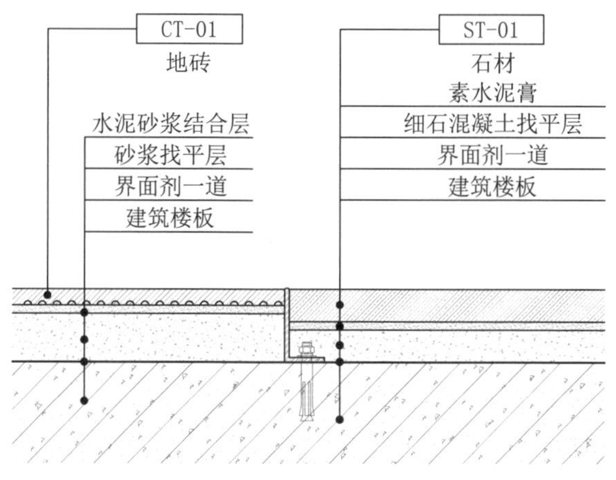
CT-01
地砖
水泥砂浆结合层
砂浆找平层
界面剂一道
建筑楼板
ST-01
石材
素水泥膏
细石混凝土找平层
界面剂一道
建筑楼板

F610 地砖地坪与石材地坪收口节点 / 1∶5

三维示意图（F610）

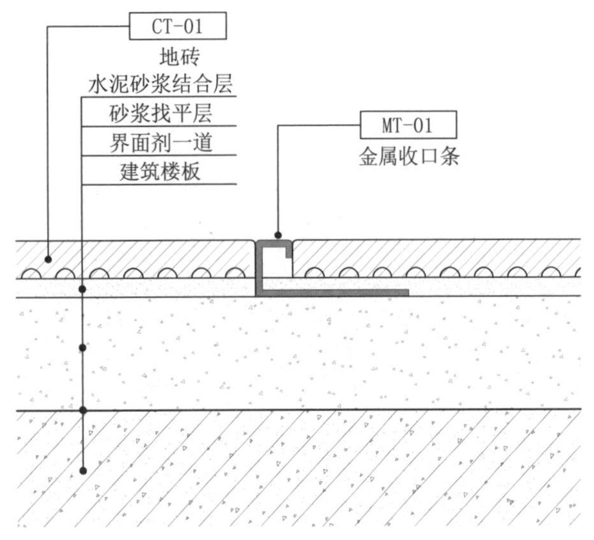
CT-01
地砖
水泥砂浆结合层
砂浆找平层
界面剂一道
建筑楼板
MT-01
金属收口条

F611 地砖地坪与地砖地坪收口节点一 / 1:5

地砖地坪与地砖地坪收口（F611）

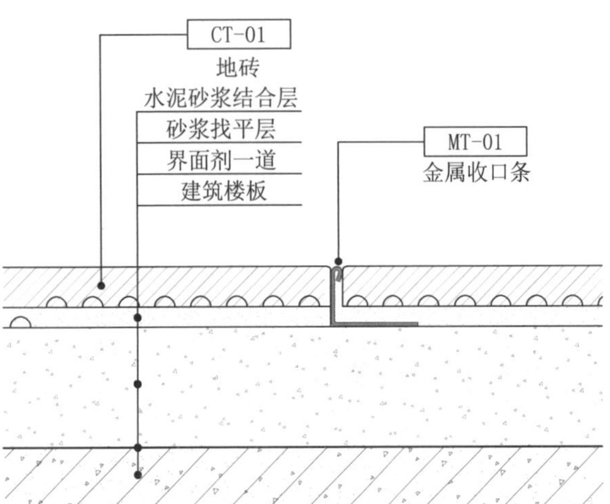
CT-01
地砖
水泥砂浆结合层
砂浆找平层
界面剂一道
建筑楼板
MT-01
金属收口条

F612 地砖地坪与地砖地坪收口节点二 / 1:5

地砖地坪与地砖地坪收口（F612）

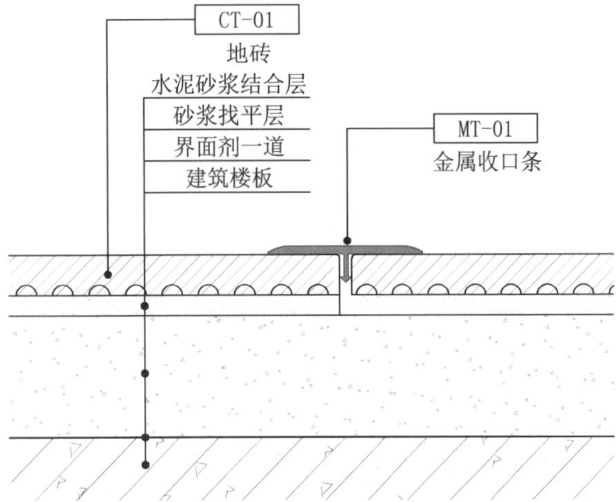
CT-01
地砖
水泥砂浆结合层
砂浆找平层
界面剂一道
建筑楼板
MT-01
金属收口条

F613 地砖地坪与地砖地坪收口节点三 / 1:5

地砖地坪与地砖地坪收口（F613）

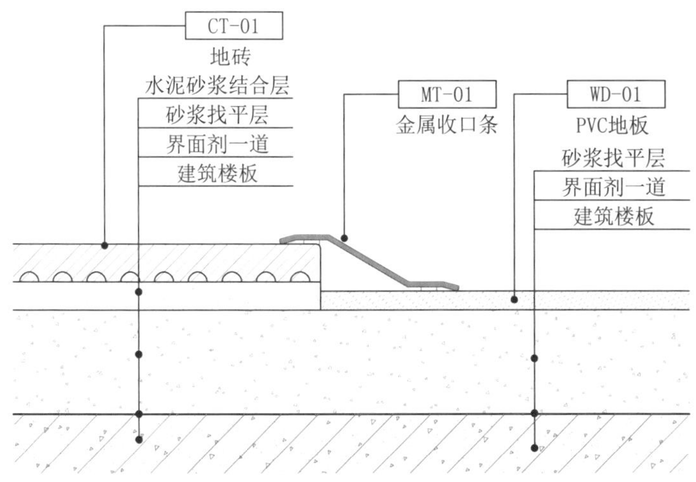
CT-01
地砖
水泥砂浆结合层
砂浆找平层
界面剂一道
建筑楼板
MT-01
金属收口条
WD-01
PVC地板
砂浆找平层
界面剂一道
建筑楼板

F614 地砖地坪与PVC地板地坪收口节点一 / 1:5

地砖地坪与 PVC 地板地坪收口（F614）

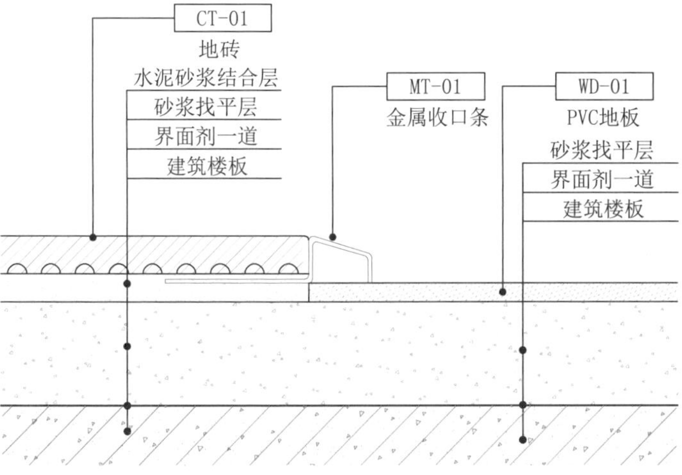
CT-01
地砖
水泥砂浆结合层
砂浆找平层
界面剂一道
建筑楼板
MT-01
金属收口条
WD-01
PVC地板
砂浆找平层
界面剂一道
建筑楼板

F615 地砖地坪与PVC地板地坪收口节点二 / 1:5

地砖地坪与 PVC 地板地坪收口（F615）

CT-01
地砖
水泥砂浆结合层
砂浆找平层
界面剂一道
防水层
素混凝土找平

F616 地砖地坪收口节点 / 1:5

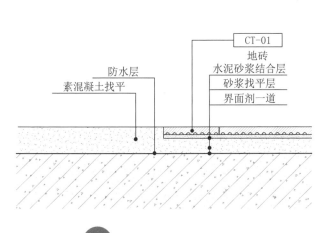

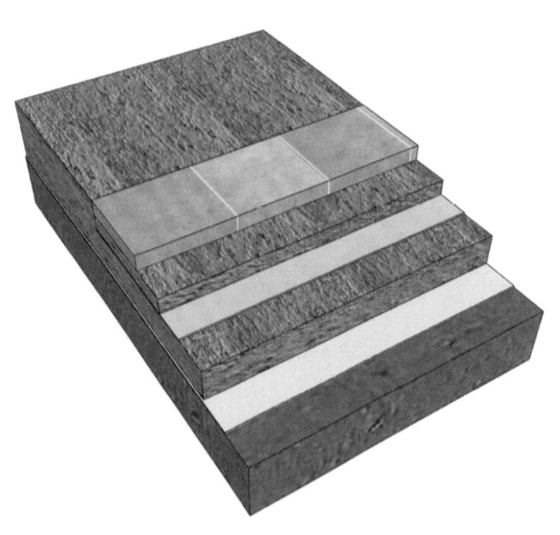

三维示意图（F616）

7 水磨石地坪与其他材料地坪

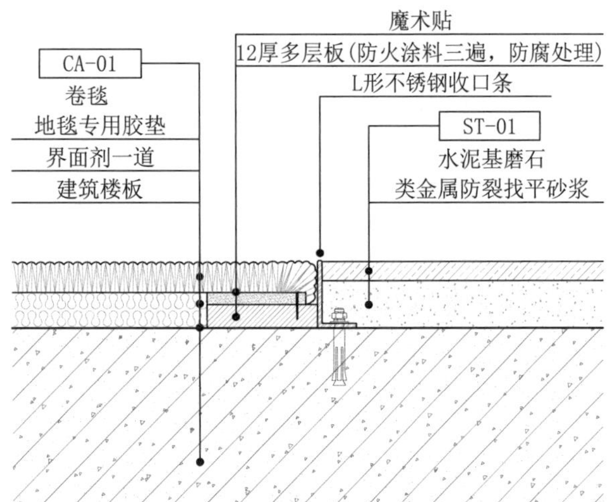

魔术贴
12厚多层板(防火涂料三遍，防腐处理)
CA-01
卷毯
地毯专用胶垫
界面剂一道
建筑楼板
L形不锈钢收口条
ST-01
水泥基磨石
类金属防裂找平砂浆

F701 卷毯地坪与水磨石地坪收口节点 / 1:5

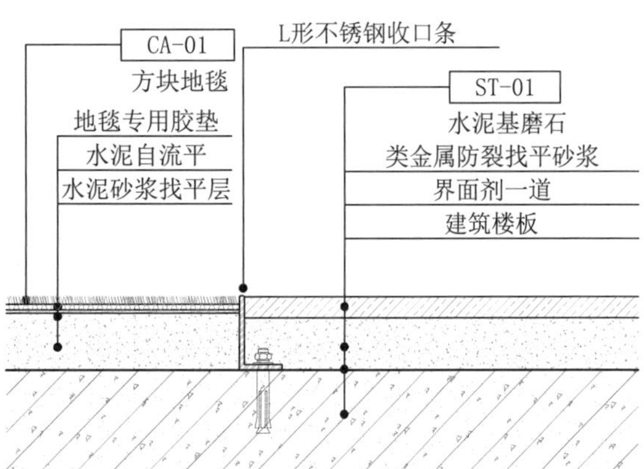

CA-01
方块地毯
地毯专用胶垫
水泥自流平
水泥砂浆找平层
L形不锈钢收口条
ST-01
水泥基磨石
类金属防裂找平砂浆
界面剂一道
建筑楼板

F702 块毯地坪与水磨石地坪收口节点 / 1:5

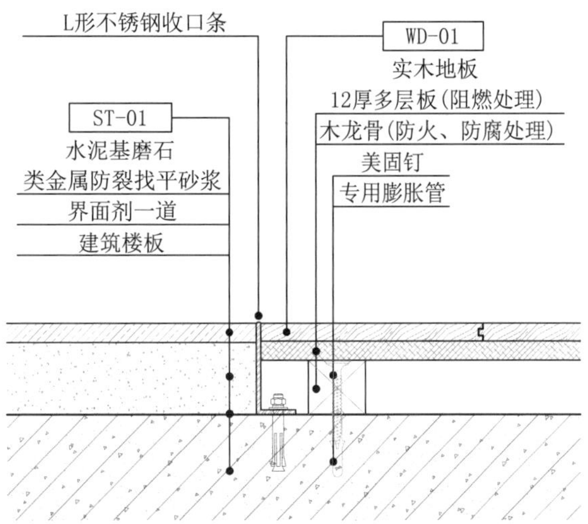

L形不锈钢收口条
ST-01
水泥基磨石
类金属防裂找平砂浆
界面剂一道
建筑楼板
WD-01
实木地板
12厚多层板(阻燃处理)
木龙骨(防火、防腐处理)
美固钉
专用膨胀管

F703 水磨石地坪与实木地板地坪收口节点 / 1:5

注：伸缩方向的木地板均要求留伸缩缝，非伸缩方向可以不留。

课堂小知识

防水涂料的种类

防水涂料是指建筑物或构筑物为了满足防潮、防渗、防漏功能所采用的材料。那么，跟我们生活息息相关的室内防水涂料有哪些呢？目前用得最多的室内防水涂料主要有以下几种：

一、K11通用型防水涂料

K11通用型防水涂料是双组分防水材料，两种材料混合后发生化学反应，既形成表面涂层来防水，又能渗透到底材内部形成结晶体阻遏水的通过，达到双重防水效果。它是刚性防水材料，突出黏结性能，主要用于卫生间、厨房的防水、防潮处理。

二、JS防水涂料

JS防水涂料中J指聚合物，S指水泥，JS就是聚合物水泥防水涂料，与潮湿基面的黏结力强，抗湿性非常好，抗压强度高，能使有机物和无机物结合，优势互补，刚柔相济，抗渗性提高，抗压比提高，综合性能比较优越，可以实现较好的防水效果，是当前国家重点推广应用的新型理想的环保型防水材料，主要用于建筑物的室内防水。

三、丙烯酸防水涂料

丙烯酸防水涂料是纯液体，开盖即用，可溶于水，很容易与地面缝隙结合，形成坚固的防水层，防水效果较柔性灰浆好。刷完后需要进行拉毛或者扬砂等表面处理来增加摩擦性，易于贴砖。由于防水效果很好，柔性灰浆和丙烯酸防水涂料更适合用于长期浸水的环境中。丙烯酸防水涂料柔韧性好，黏结力很强，弹性防水膜与基层形成刚柔结合的完整的防水体系能适应结构的种种变形，起到长期防水抗渗的作用，特别适合作为屋面防水材料和一些微变形结构的防水材料。

四、聚氨酯防水涂料

聚氨酯防水涂料可室内外兼用，刷完很厚，约3 mm，而且弹张力在300%以上，很有弹力，任何基材的开裂都不会使其开裂，防水效果较好。虽然此种防水涂料的安全性能控制在环保要求之内，但其气味较大，一般人难以接受，而且个别品牌的环保性能不达标。聚氨酯呈胶状，很稠，施工时需要使用刮板，很费劲，工序比较复杂。刷完涂料后需要进行表面处理，用拉毛或者扬砂来增加摩擦性，易于贴砖。聚氨酯防水涂料分为单组分和双组分两种，是一种反应型湿固化成膜的防水涂料。使用时涂覆于防水基层，和空气中的湿气反应而固化交联成坚韧、柔软和无接缝的橡胶防水膜，可用于屋面、内外墙、厨房、卫生间、非饮用水池、挡土墙等防水工程。

单组分聚氨酯是具有高弹性、高强度、耐久性特点的橡胶弹性膜，起到防水作用。

课堂小知识

双组分聚氨酯的特点是固化后形成一种富有弹性的无接缝的完整整体，提高了建筑工程的防水抗渗能力，涂膜密实，防水层完整，无裂缝，无针孔，无气泡、水蒸气渗透系数小，既具有防水功能又有隔汽功能。

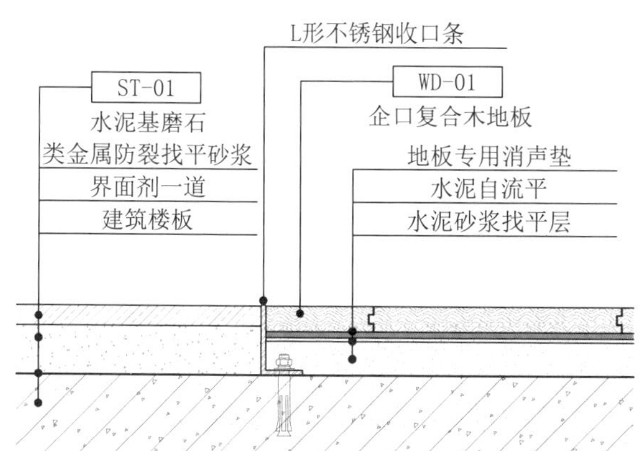
L形不锈钢收口条
ST-01
水泥基磨石
类金属防裂找平砂浆
界面剂一道
建筑楼板
WD-01
企口复合木地板
地板专用消声垫
水泥自流平
水泥砂浆找平层

F704 水磨石地坪与复合地板地坪收口节点一 / 1:5

注：伸缩方向的木地板均要求留伸缩缝，非伸缩方向可以不留。

三维示意图（F704）

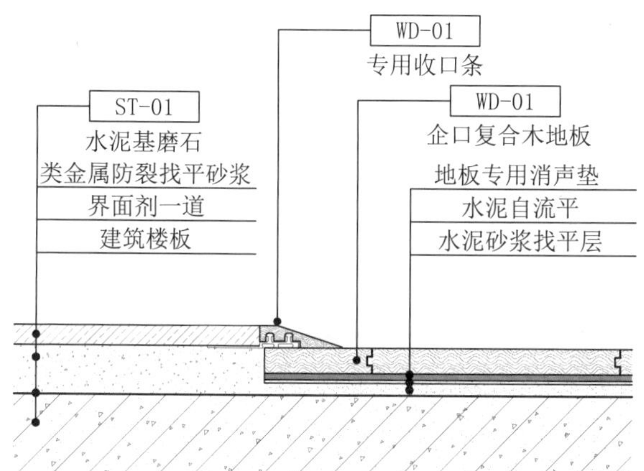
WD-01
专用收口条
ST-01
水泥基磨石
类金属防裂找平砂浆
界面剂一道
建筑楼板
WD-01
企口复合木地板
地板专用消声垫
水泥自流平
水泥砂浆找平层

F705 水磨石地坪与复合地板地坪收口节点二 / 1:5

水磨石地坪与复合地板地坪收口（F705）

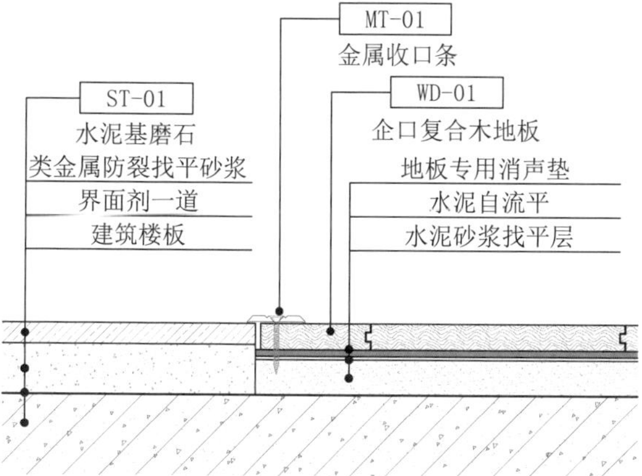
MT-01
金属收口条
ST-01
水泥基磨石
类金属防裂找平砂浆
界面剂一道
建筑楼板
WD-01
企口复合木地板
地板专用消声垫
水泥自流平
水泥砂浆找平层

F706 水磨石地坪与复合地板地坪收口节点三 / 1:5

水磨石地坪与复合地板地坪收口（F706）

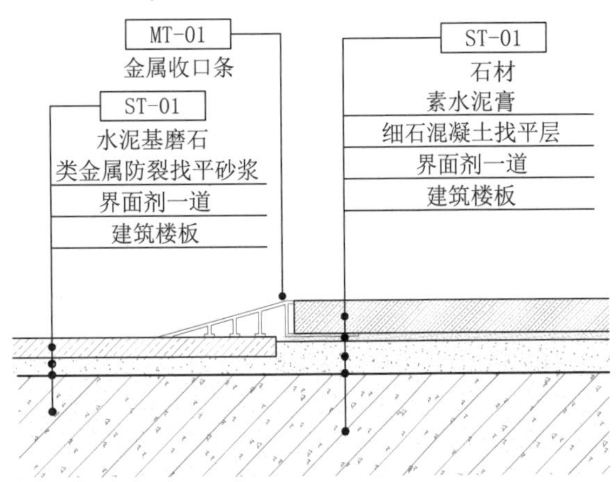
MT-01
金属收口条
ST-01
水泥基磨石
类金属防裂找平砂浆
界面剂一道
建筑楼板
ST-01
石材
素水泥膏
细石混凝土找平层
界面剂一道
建筑楼板

F707 水磨石地坪与石材地坪收口节点一 / 1:5

水磨石地坪与石材地坪收口

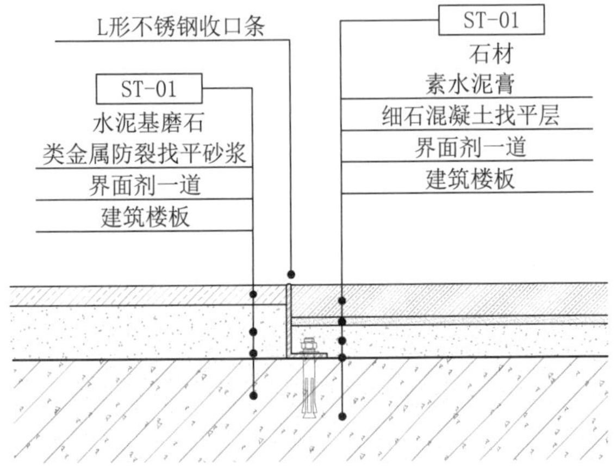
L形不锈钢收口条
ST-01
水泥基磨石
类金属防裂找平砂浆
界面剂一道
建筑楼板
ST-01
石材
素水泥膏
细石混凝土找平层
界面剂一道
建筑楼板

F708 水磨石地坪与石材地坪收口节点二 / 1:5

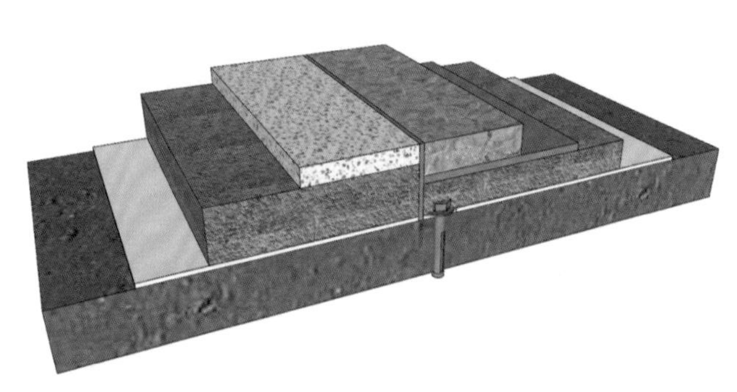

三维示意图（F708）

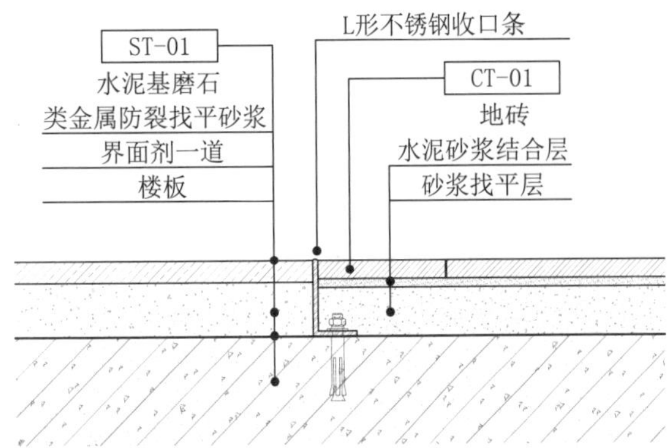
ST-01
水泥基磨石
类金属防裂找平砂浆
界面剂一道
楼板
L形不锈钢收口条
CT-01
地砖
水泥砂浆结合层
砂浆找平层

F709 石材地坪与地砖地坪收口节点 / 1:5

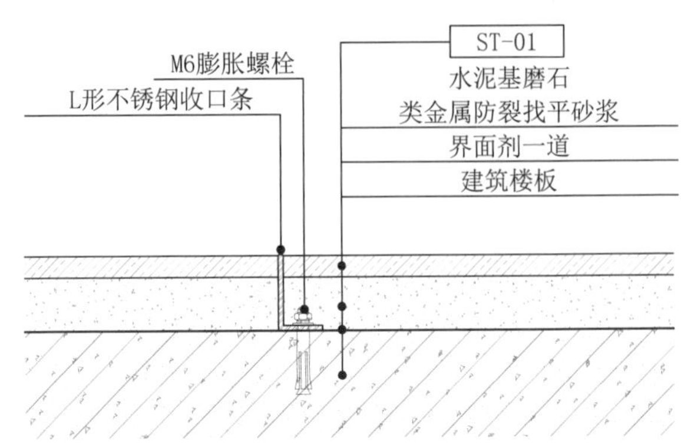
M6膨胀螺栓
L形不锈钢收口条
ST-01
水泥基磨石
类金属防裂找平砂浆
界面剂一道
建筑楼板

F710 水磨石地坪与水磨石地坪收口节点 / 1:5

8 PVC 地板地坪与其他材料地坪

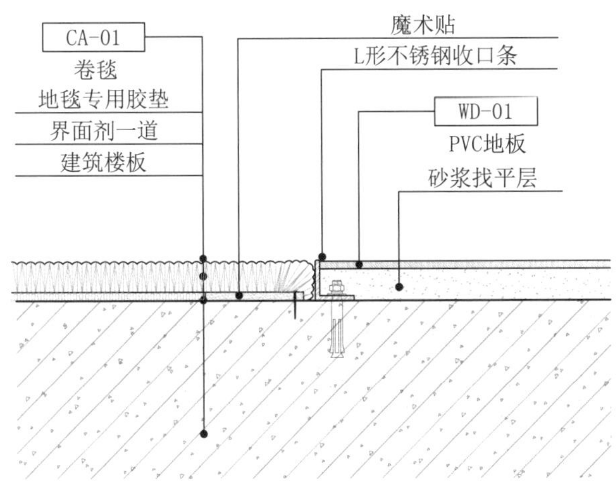
CA-01
卷毯
地毯专用胶垫
界面剂一道
建筑楼板
魔术贴
L形不锈钢收口条
WD-01
PVC地板
砂浆找平层

F801 卷毯地坪与PVC地板地坪收口节点 / 1∶5

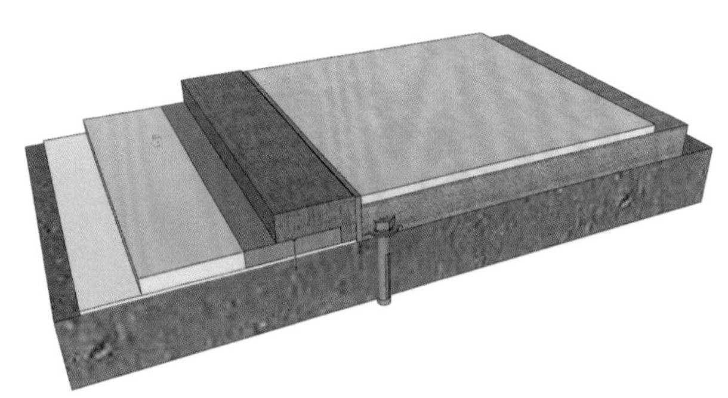

三维示意图（F801）

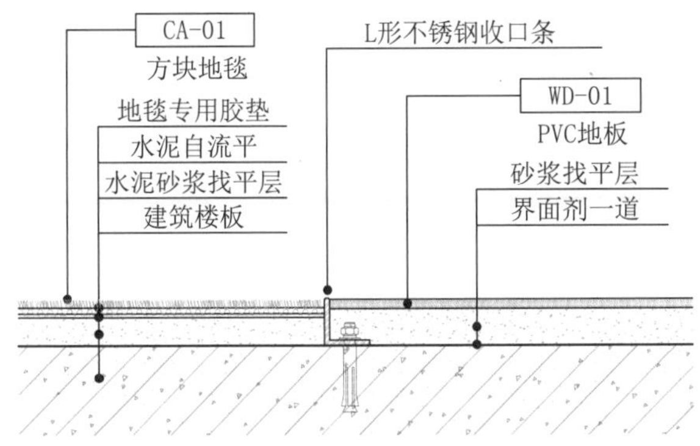
CA-01
方块地毯
地毯专用胶垫
水泥自流平
水泥砂浆找平层
建筑楼板
L形不锈钢收口条
WD-01
PVC地板
砂浆找平层
界面剂一道

F802 块毯地坪与PVC地坪收口节点一 / 1∶5

三维示意图（F802）

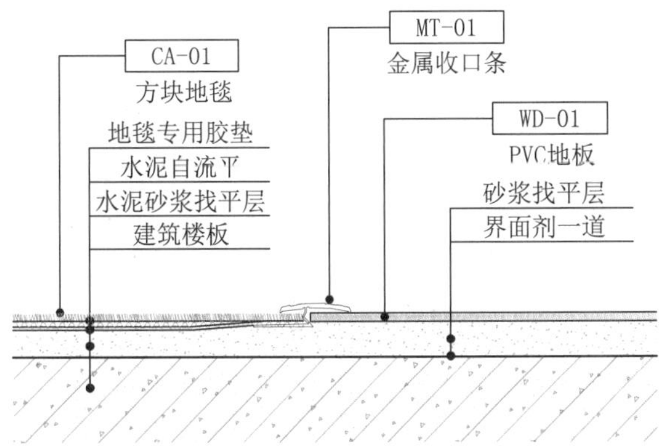
CA-01
方块地毯
地毯专用胶垫
水泥自流平
水泥砂浆找平层
建筑楼板
MT-01
金属收口条
WD-01
PVC地板
砂浆找平层
界面剂一道

F803 块毯地坪与PVC地坪收口节点二 / 1∶5

块毯地坪与 PVC 地板地坪收口

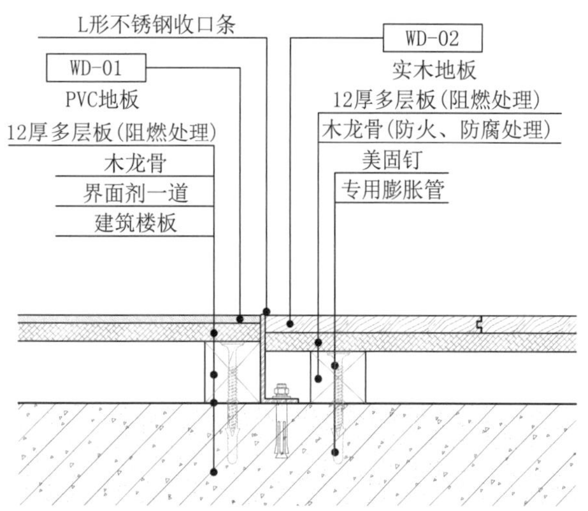

L形不锈钢收口条
WD-01
PVC地板
12厚多层板(阻燃处理)
木龙骨
界面剂一道
建筑楼板
WD-02
实木地板
12厚多层板(阻燃处理)
木龙骨(防火、防腐处理)
美固钉
专用膨胀管

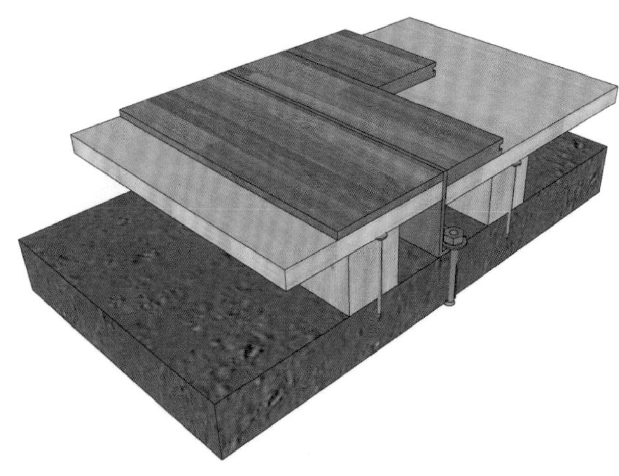

F804 PVC地板地坪与实木地板地坪收口节点 / 1:5

三维示意图（F804）

注：伸缩方向的木地板均要求留伸缩缝，非伸缩方向可以不留。

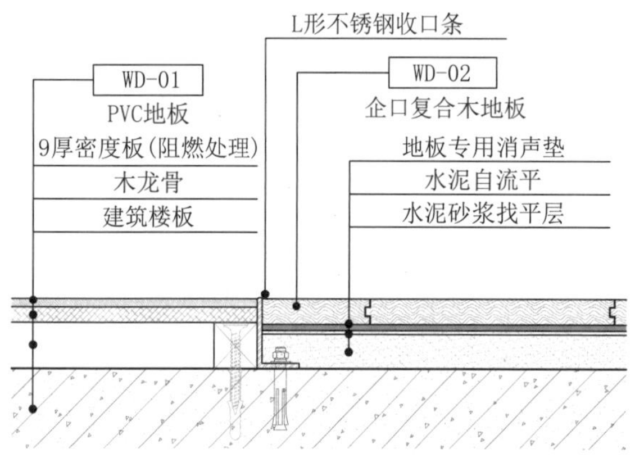

L形不锈钢收口条
WD-01
PVC地板
9厚密度板(阻燃处理)
木龙骨
建筑楼板
WD-02
企口复合木地板
地板专用消声垫
水泥自流平
水泥砂浆找平层

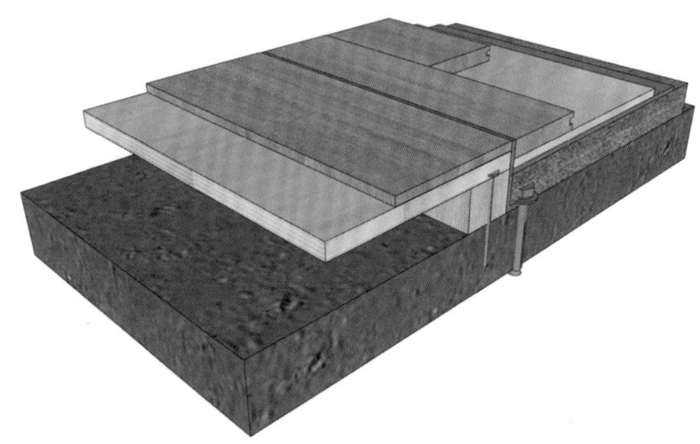

F805 PVC地板地坪与复合地板地坪收口节点一 / 1:5

三维示意图（F805）

注：伸缩方向的木地板均要求留伸缩缝，非伸缩方向可以不留。

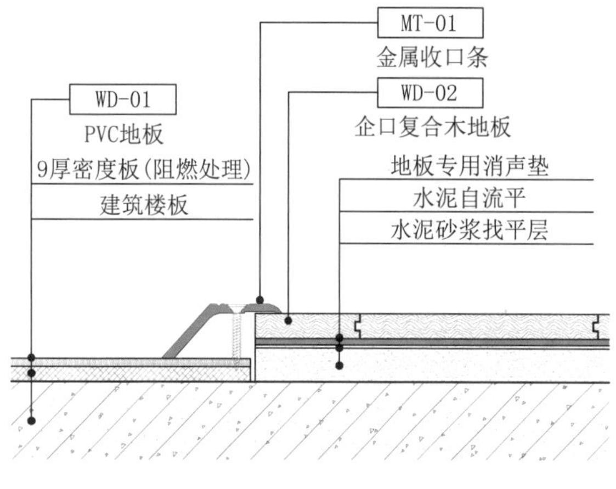

MT-01
金属收口条
WD-01
PVC地板
9厚密度板(阻燃处理)
建筑楼板
WD-02
企口复合木地板
地板专用消声垫
水泥自流平
水泥砂浆找平层

F806 PVC地板地坪与复合地板地坪收口节点二 / 1:5

PVC 地板地坪与复合地板地坪收口

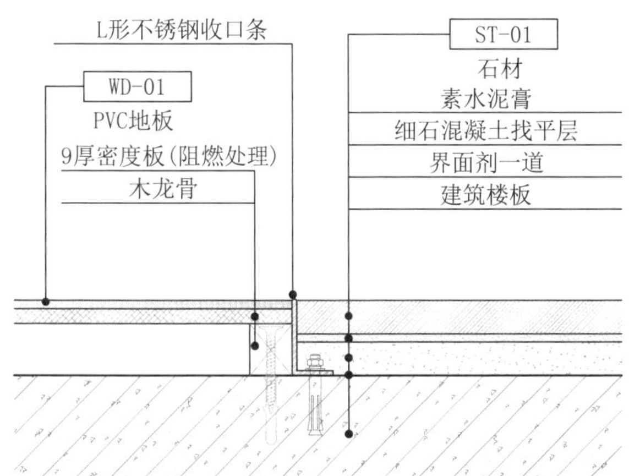
L形不锈钢收口条
WD-01
PVC地板
9厚密度板(阻燃处理)
木龙骨
ST-01
石材
素水泥膏
细石混凝土找平层
界面剂一道
建筑楼板

F807 PVC地板地坪与石材地坪收口节点 / 1:5

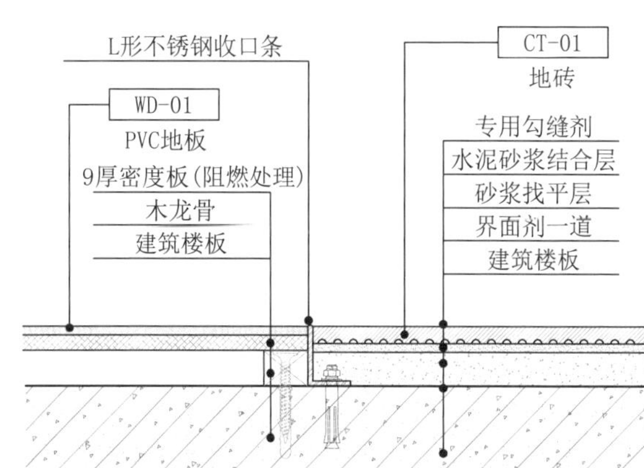
L形不锈钢收口条
WD-01
PVC地板
9厚密度板(阻燃处理)
木龙骨
建筑楼板
CT-01
地砖
专用勾缝剂
水泥砂浆结合层
砂浆找平层
界面剂一道
建筑楼板

F808 PVC地板地坪与地砖地坪收口节点 / 1:5

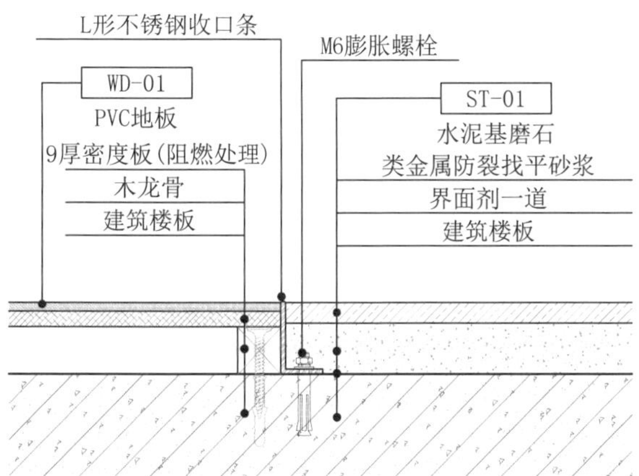
L形不锈钢收口条
M6膨胀螺栓
WD-01
PVC地板
9厚密度板(阻燃处理)
木龙骨
建筑楼板
ST-01
水泥基磨石
类金属防裂找平砂浆
界面剂一道
建筑楼板

F809 PVC地板地坪与水磨石地坪收口节点一 / 1:5

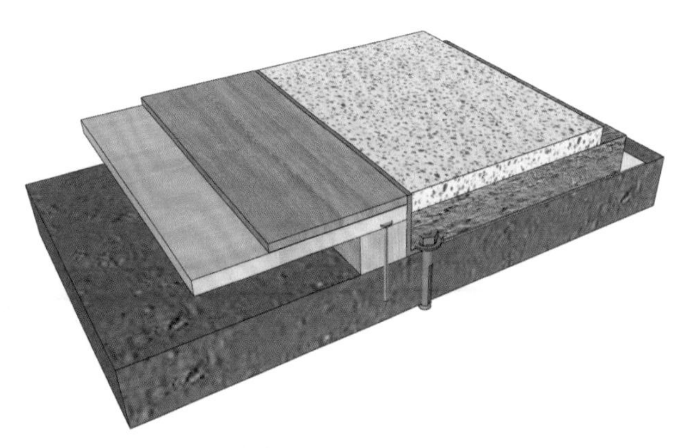

三维示意图（F809）

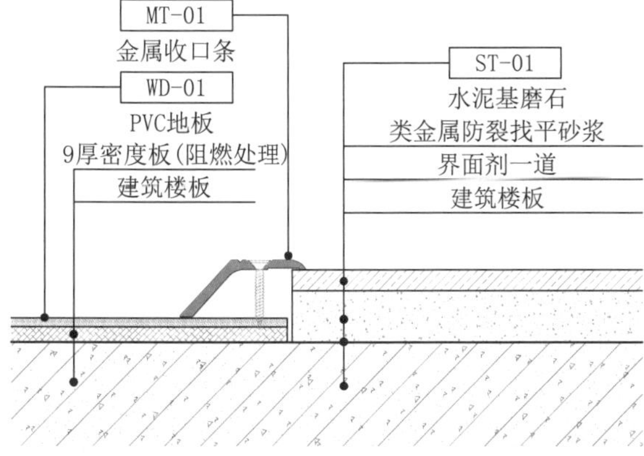
MT-01
金属收口条
WD-01
PVC地板
9厚密度板(阻燃处理)
建筑楼板
ST-01
水泥基磨石
类金属防裂找平砂浆
界面剂一道
建筑楼板

F810 PVC地板地坪与水磨石地坪收口节点二 / 1:5

PVC 地板地坪与水磨石地坪收口

课堂小知识

实木地板的优缺点

实木地板是木材经烘干、加工后形成的地面装饰材料。它具有花纹自然、脚感舒适、使用安全的特点，是卧室、客厅、书房等地面装修的理想材料。实木的装饰风格返璞归真，质感自然，在森林覆盖率下降、提倡环保的当下，实木地板更显珍贵。实木地板分AA级、A级、B级三个等级，AA级质量最高。实木地板的新标准是《实木地板》GB/T 15036—2018。新标准对老标准做了重要的修改和补充，主要是针对过去市场一度乱标名称的现象，名称稀奇古怪，以至假冒伪劣产品混杂其间，例如"金丝柚、金不换、富贵木"等，名目繁多，使消费者真假难辨，好坏难识。因此，新标准规定必须严格标示名称，并以"附录"形式规定，销售时应以权威部门出具的检测报告为准。

一、实木地板的优点

1.隔声隔热。实木地板材质较硬，具有较密的木纤维结构，导热系数低，具有阻隔声音和热气的效果，优于水泥、瓷砖和钢铁。

2.调节湿度。实木地板的木材特性是：气候干燥时，木材内部水分释出；气候潮湿时，木材会吸收空气中的水分。木地板通过吸收和释放水分，会把居室空气湿度调节到人体最为舒适的水平。

3.冬暖夏凉。冬季，实木地板的板面温度要比瓷砖高8~10℃，人在木地板上行走无寒冷感；夏季，铺设实木地板的居室温度要比铺设瓷砖的房间温度低2~3℃。

4.绿色无害。实木地板用材取自木材，使用无挥发性的耐磨油漆涂装，从材种到漆面均绿色无害，是唯一天然绿色无害的地面装饰材料。

5.华丽高贵。实木地板取自高档硬木材料，板面木纹秀丽，装饰典雅高贵，是中高等收入家庭的首选地材。

6.经久耐用。实木地板的绝大多数品种材质硬密，抗腐、抗蛀性强，正常使用寿命可长达几十年乃至上百年。

二、实木地板的缺点

实木地板的缺点是不耐磨，易失去光泽；不宜在湿度变化较大的地方使用，否则易变形；怕酸、碱等化学品腐蚀，怕灼烧。

实木地板

G

墙面与墙面（背景墙）造型收口节点

1 乳胶漆（壁纸）墙面与其他材料背景墙

2 木饰面背景墙与其他材料背景墙

3 石材墙面、背景墙与其他材料背景墙

4 马赛克砖墙面与其他材料背景墙

5 软包、硬包（皮革）墙面与其他材料背景墙

6 金属墙面与其他材料背景墙

7 镜面墙面、背景墙与其他材料背景墙

1　乳胶漆（壁纸）墙面与其他材料背景墙

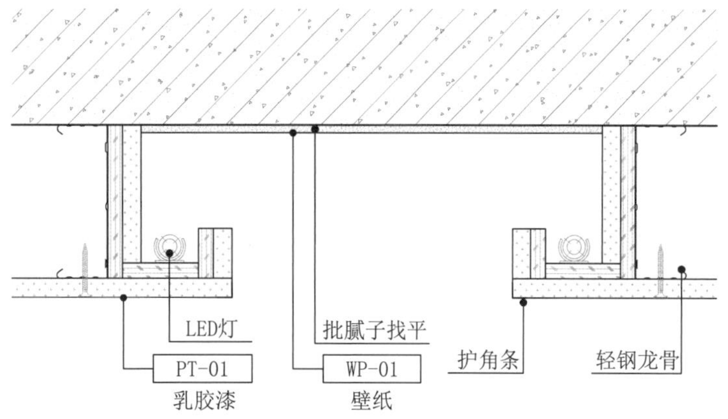
LED灯
PT-01
乳胶漆
批腻子找平
WP-01
壁纸
护角条
轻钢龙骨

G101 乳胶漆墙面与壁纸背景墙收口节点　/ 1∶5

乳胶漆墙面与壁纸背景墙收口

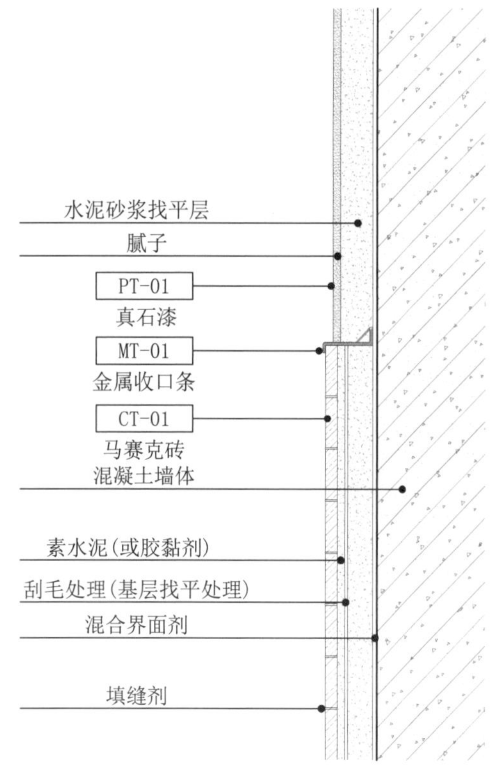
水泥砂浆找平层
腻子
PT-01
真石漆
MT-01
金属收口条
CT-01
马赛克砖
混凝土墙体
素水泥(或胶黏剂)
刮毛处理(基层找平处理)
混合界面剂
填缝剂

G102 乳胶漆、真石漆墙面与马赛克砖背景墙收口节点　/ 1∶5

乳胶漆、真石漆墙面与马赛克砖背景墙收口

2 木饰面背景墙与其他材料背景墙

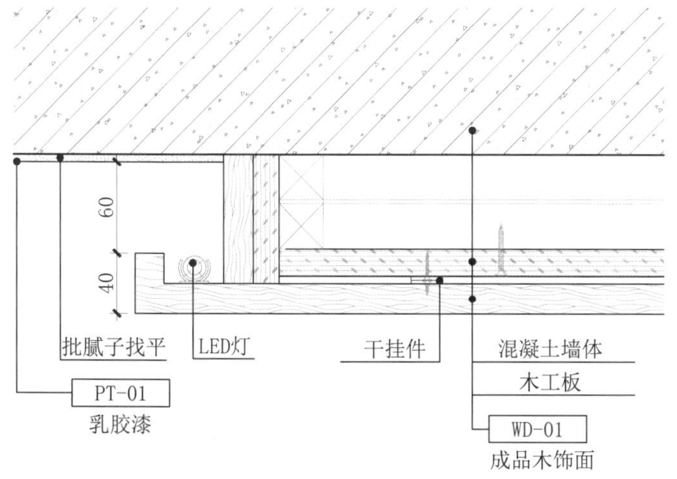
60
40
批腻子找平
LED灯
干挂件
混凝土墙体
木工板
PT-01
乳胶漆
WD-01
成品木饰面

G201 乳胶漆墙面与木饰面背景墙收口节点 / 1:5

乳胶漆墙面与木饰面背景墙收口

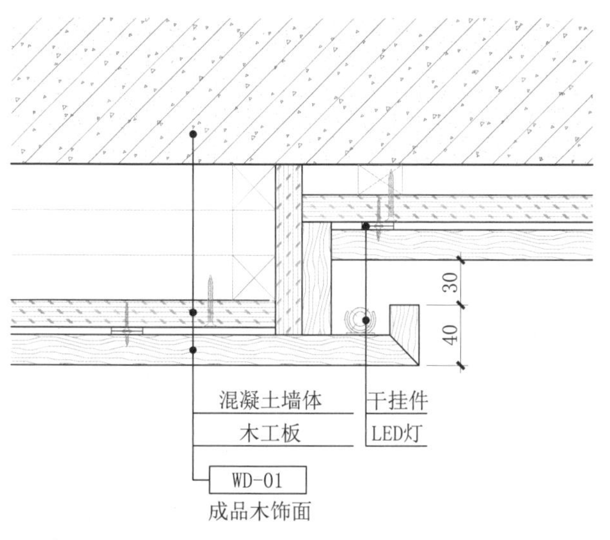
30
40
混凝土墙体
木工板
干挂件
LED灯
WD-01
成品木饰面

G202 木饰面墙面与木饰面背景墙收口节点 / 1:5

木饰面墙面与木饰面背景墙收口

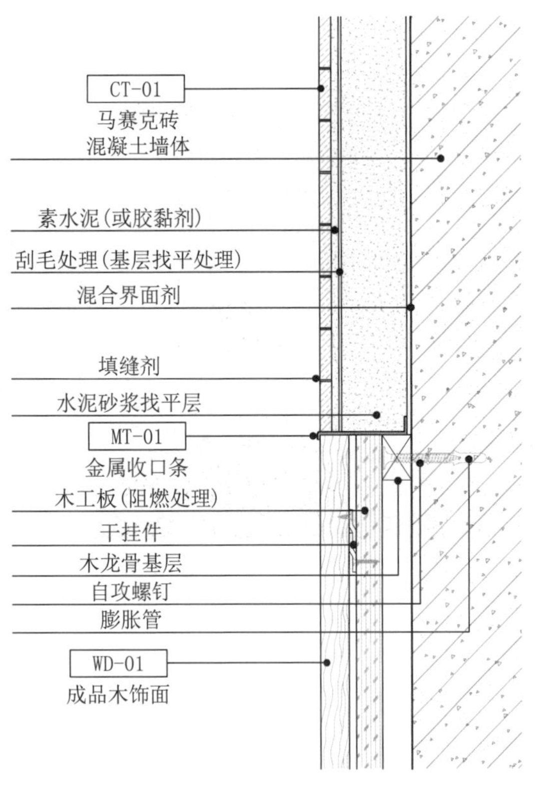
CT-01
马赛克砖
混凝土墙体
素水泥(或胶黏剂)
刮毛处理(基层找平处理)
混合界面剂
填缝剂
水泥砂浆找平层
MT-01
金属收口条
木工板(阻燃处理)
干挂件
木龙骨基层
自攻螺钉
膨胀管
WD-01
成品木饰面

G203 马赛克砖墙面与木饰面背景墙收口节点 / 1:5

马赛克砖墙面与木饰面背景墙收口

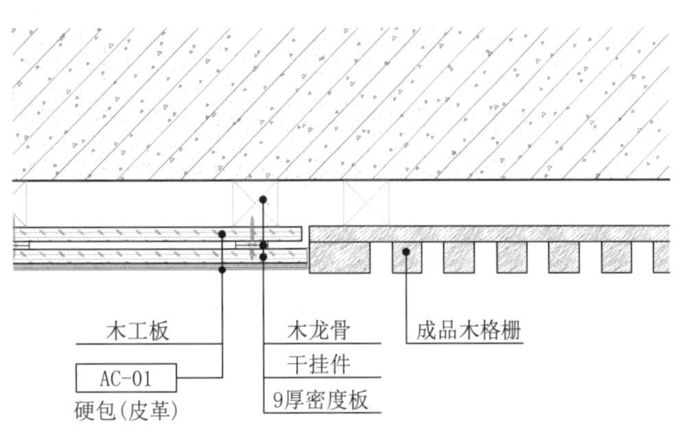
木工板
AC-01
硬包(皮革)
木龙骨
干挂件
9厚密度板
成品木格栅

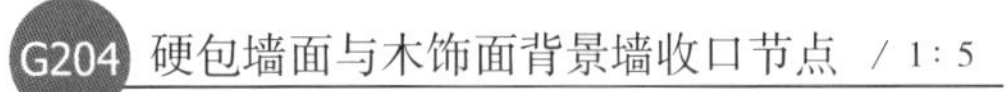

G204 硬包墙面与木饰面背景墙收口节点 / 1:5

硬包墙面与木饰面背景墙收口

3 石材墙面、背景墙与其他材料背景墙

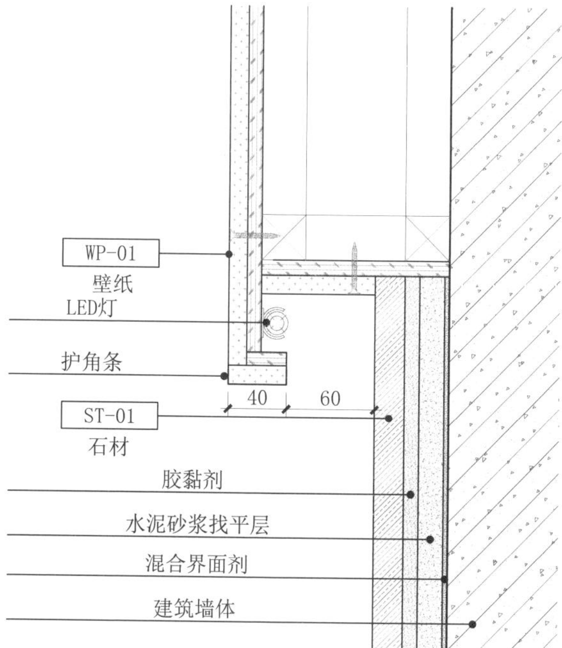
WP-01
壁纸
LED灯
护角条
40
60
ST-01
石材
胶黏剂
水泥砂浆找平层
混合界面剂
建筑墙体

G301
壁纸墙面与石材背景墙收口节点 / 1∶5

壁纸墙面与石材背景墙收口节点

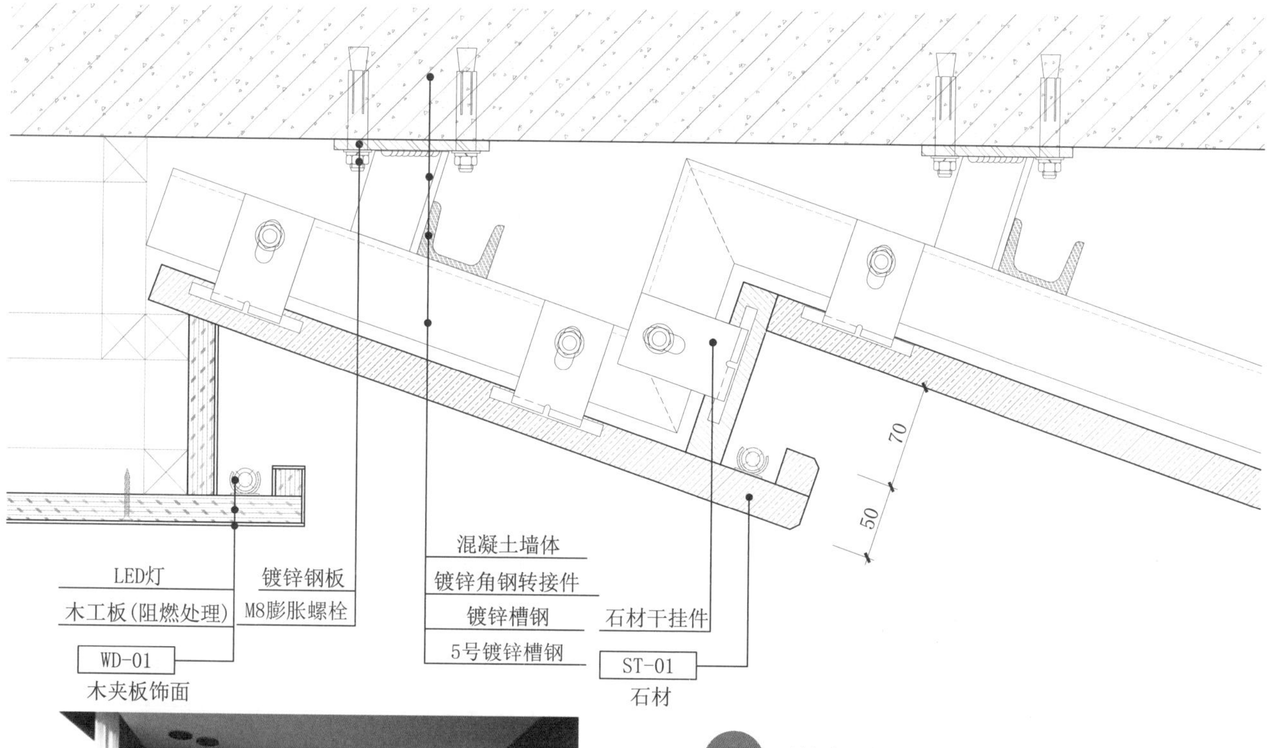
70
50
LED灯
木工板(阻燃处理)
WD-01
木夹板饰面
镀锌钢板
M8膨胀螺栓
混凝土墙体
镀锌角钢转接件
镀锌槽钢
5号镀锌槽钢
石材干挂件
ST-01
石材

G302 石材墙面与木饰面背景墙收口节点 / 1∶5

石材墙面与木饰面背景墙收口节点

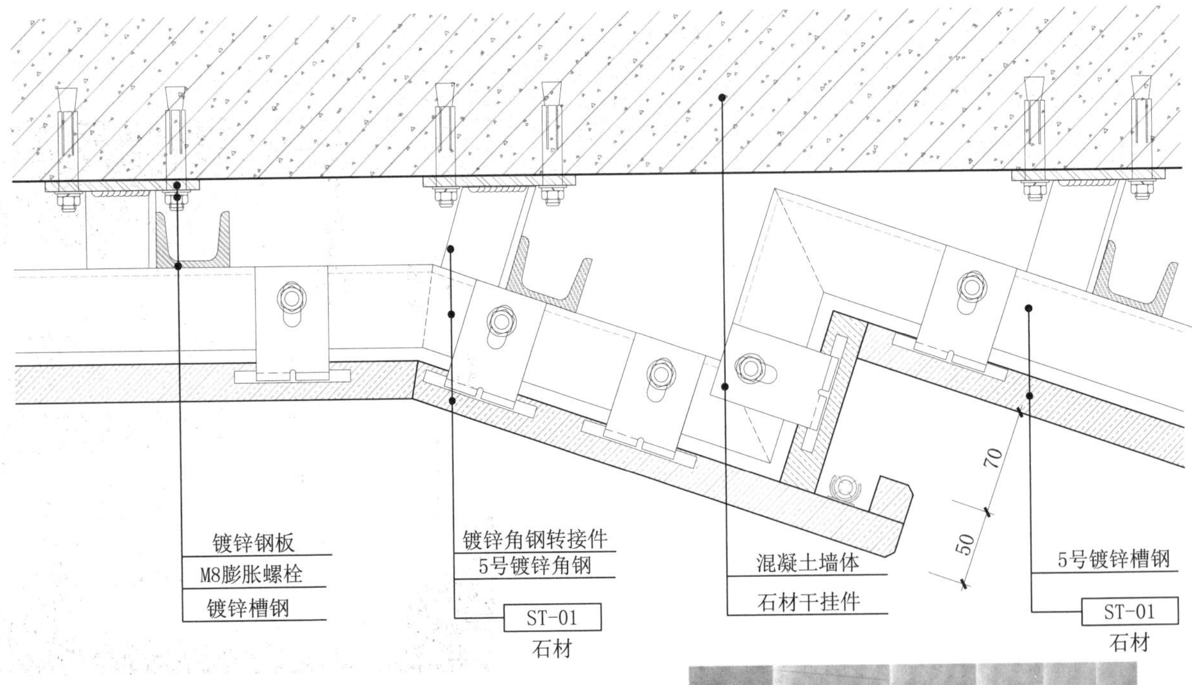
镀锌钢板
M8膨胀螺栓
镀锌槽钢
镀锌角钢转接件
5号镀锌角钢
ST-01
石材
混凝土墙体
石材干挂件
70
50
5号镀锌槽钢
ST-01
石材

G303 石材墙面与石材背景墙收口节点 / 1:5

石材墙面与石材背景墙收口

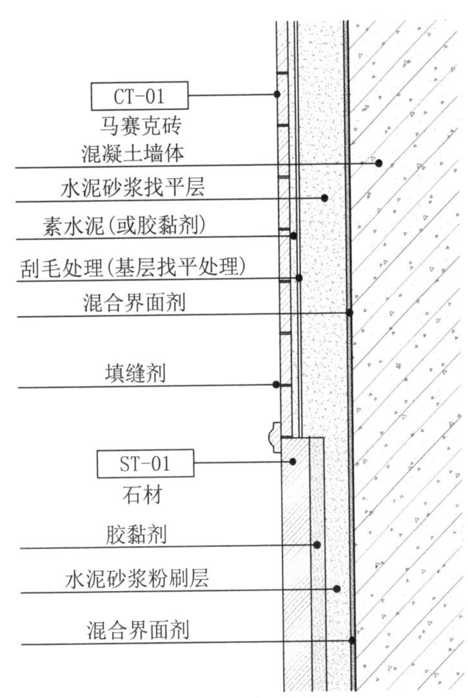
CT-01
马赛克砖
混凝土墙体
水泥砂浆找平层
素水泥(或胶黏剂)
刮毛处理(基层找平处理)
混合界面剂
填缝剂
ST-01
石材
胶黏剂
水泥砂浆粉刷层
混合界面剂

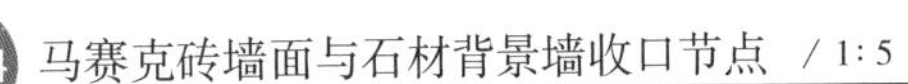
G304 马赛克砖墙面与石材背景墙收口节点 / 1:5

马赛克砖墙面与石材背景墙收口

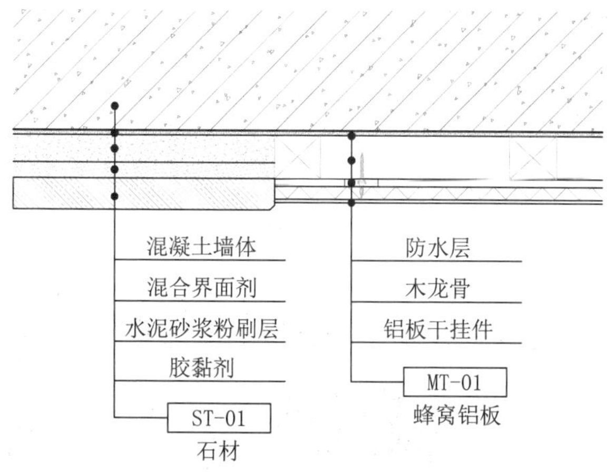
混凝土墙体
混合界面剂
水泥砂浆粉刷层
胶黏剂
ST-01
石材
防水层
木龙骨
铝板干挂件
MT-01
蜂窝铝板

G305 金属墙面与石材背景墙收口节点 / 1∶5

金属墙面与石材背景墙收口

课堂小知识

防雾镜的种类及工作原理

一、涂层防雾镜

可于镜面和玻璃做封孔处理，通过涂层微孔阻止雾层生成。防雾涂层一般富含导电材料和氧化硅，形成一种超亲水防静电抗菌剂，具有出色的防污、防雾、防静电功能。

二、电热防雾镜

通过电加热使镜面温度升高，从而不会形成雾层。除此之外，温度升高也可使雾气快速蒸发。

三、纳米复合防雾镜

纳米玻璃防雾镜膜利用物理和化学作用与玻璃牢固地结合在一起。由于经过处理的玻璃外表具有亲水功能，无法形成水珠，而是形成均匀的水膜，从而达到防雾效果。

4 马赛克砖墙面与其他材料背景墙

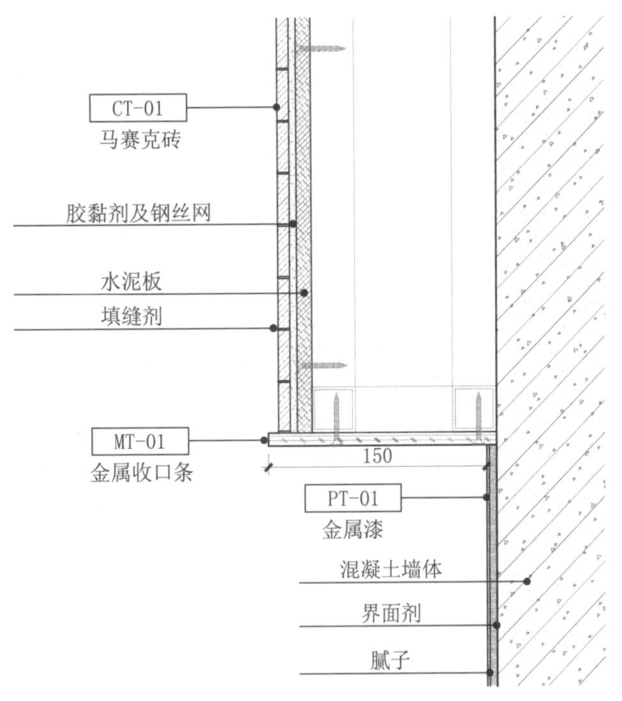
CT-01
马赛克砖
胶黏剂及钢丝网
水泥板
填缝剂
MT-01
金属收口条
150
PT-01
金属漆
混凝土墙体
界面剂
腻子

G401 马赛克砖墙面与乳胶漆背景墙收口节点 / 1∶5

马赛克砖墙面与乳胶漆背景墙收口

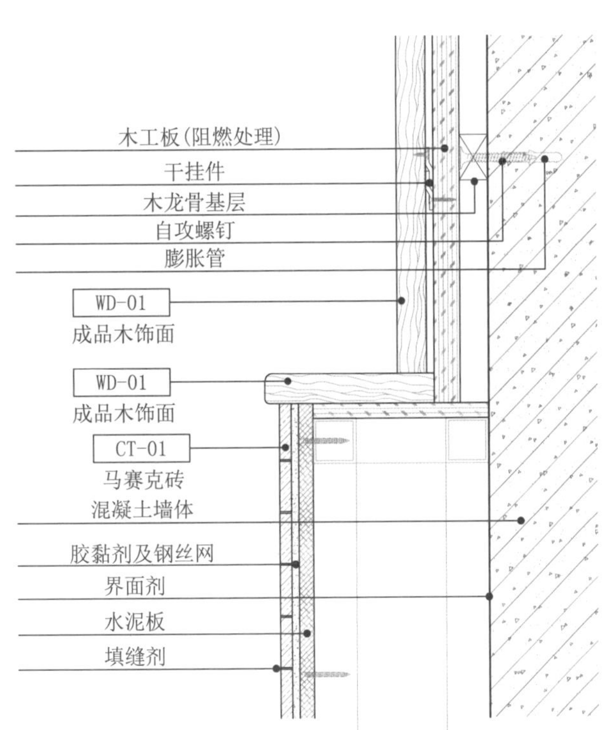
木工板(阻燃处理)
干挂件
木龙骨基层
自攻螺钉
膨胀管
WD-01
成品木饰面
WD-01
成品木饰面
CT-01
马赛克砖
混凝土墙体
胶黏剂及钢丝网
界面剂
水泥板
填缝剂

G402 马赛克砖墙面与木饰面背景墙收口节点 / 1∶5

马赛克砖墙面与木饰面背景墙收口

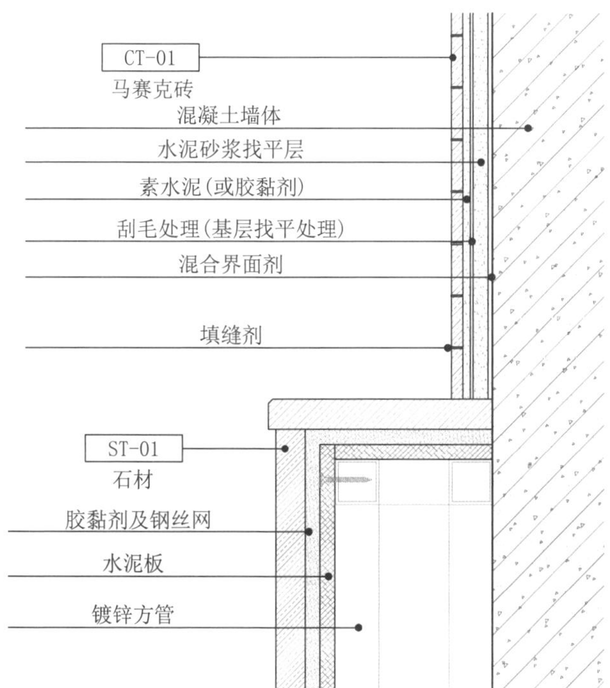
CT-01
马赛克砖
混凝土墙体
水泥砂浆找平层
素水泥(或胶黏剂)
刮毛处理(基层找平处理)
混合界面剂
填缝剂
ST-01
石材
胶黏剂及钢丝网
水泥板
镀锌方管

G403 马赛克砖墙面与石材背景墙收口节点 / 1:5

马赛克砖墙面与石材背景墙收口

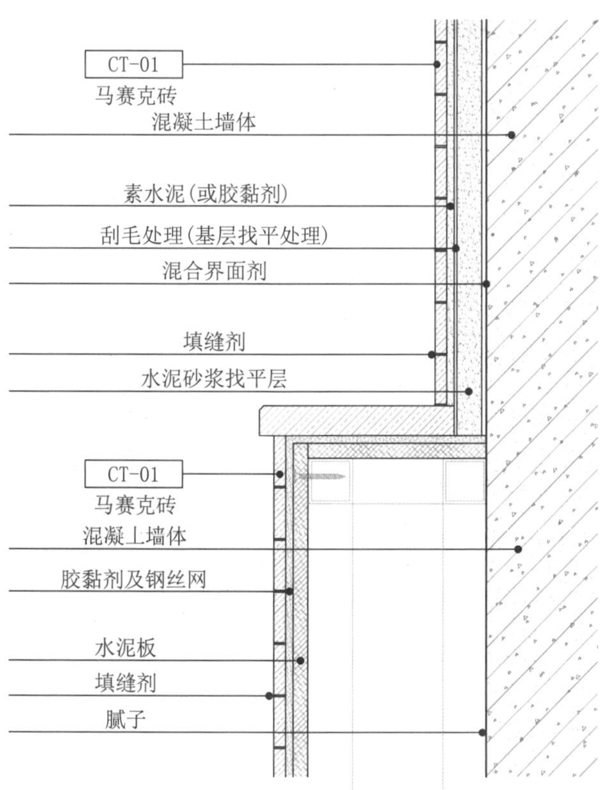
CT-01
马赛克砖
混凝土墙体
素水泥(或胶黏剂)
刮毛处理(基层找平处理)
混合界面剂
填缝剂
水泥砂浆找平层
CT-01
马赛克砖
混凝上墙体
胶黏剂及钢丝网
水泥板
填缝剂
腻子

G404 马赛克砖墙面与马赛克砖背景墙收口节点 / 1:5

马赛克砖墙面与马赛克砖背景墙收口

5 软包、硬包（皮革）墙面与其他材料背景墙

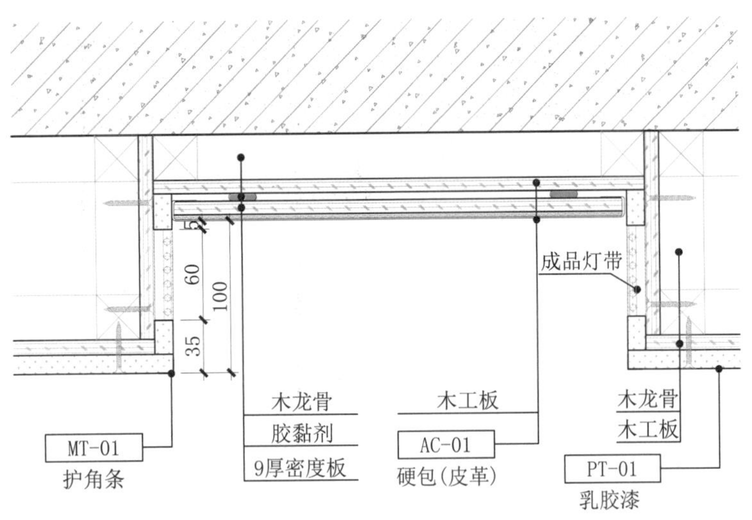

5
60
100
35
成品灯带
木龙骨
胶黏剂
9厚密度板
木工板
AC-01
硬包(皮革)
木龙骨
木工板
PT-01
乳胶漆
MT-01
护角条

G501 硬包墙面与壁纸背景墙收口节点 / 1:5

硬包墙面与壁纸背景墙收口

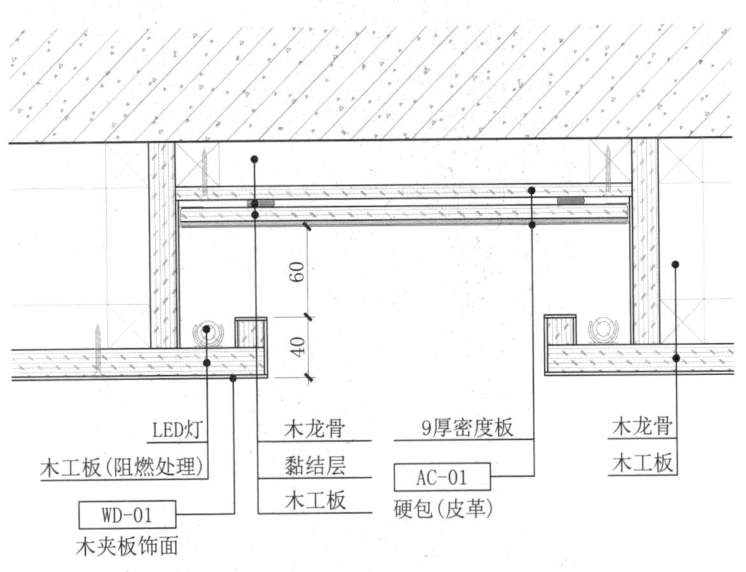

60
40
LED灯
木工板(阻燃处理)
WD-01
木夹板饰面
木龙骨
黏结层
木工板
9厚密度板
AC-01
硬包(皮革)
木龙骨
木工板

G502 硬包墙面与木饰面背景墙收口节点 / 1:5

硬包墙面与木饰面背景墙收口

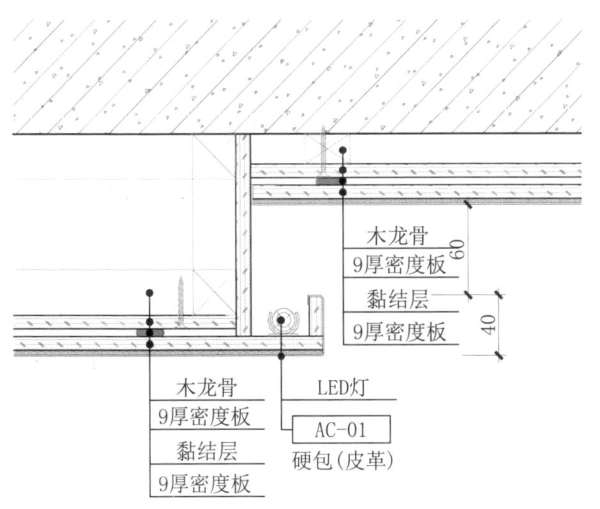
木龙骨
9厚密度板
黏结层
9厚密度板
60
40
木龙骨
9厚密度板
黏结层
9厚密度板
LED灯
AC-01
硬包(皮革)

G503 硬包墙面与硬包背景墙收口节点 / 1:5

硬包墙面与硬包背景墙收口

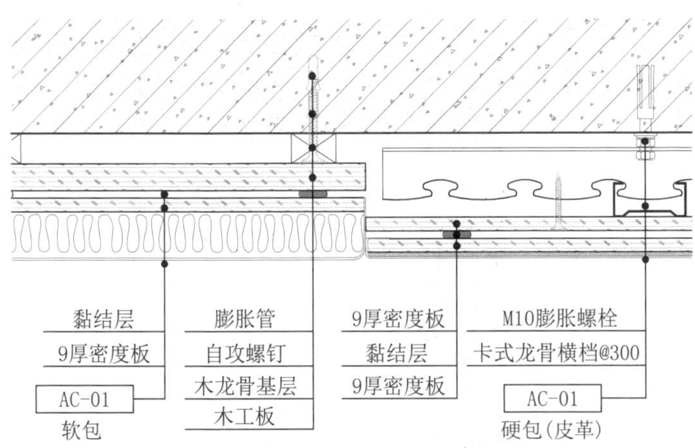
黏结层
9厚密度板
AC-01
软包
膨胀管
自攻螺钉
木龙骨基层
木工板
9厚密度板
黏结层
9厚密度板
M10膨胀螺栓
卡式龙骨横档@300
AC-01
硬包(皮革)

G504 硬包墙面与软包背景墙收口节点 / 1:5

硬包墙面与软包背景墙收口

6 金属墙面与其他材料背景墙

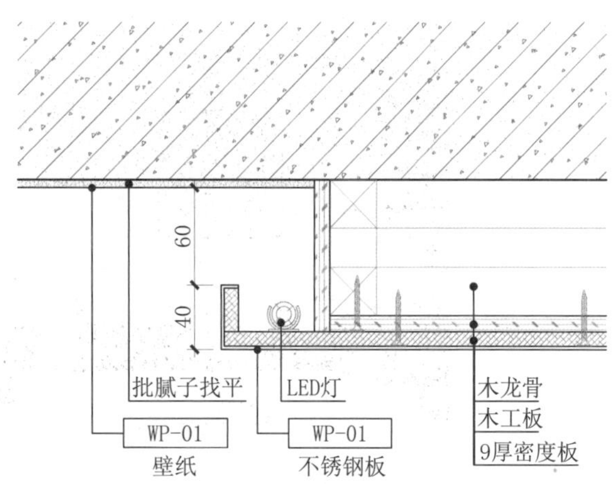
60
40
批腻子找平
LED灯
木龙骨
木工板
9厚密度板
WP-01
壁纸
WP-01
不锈钢板

G601 金属墙面与墙纸背景墙收口节点 / 1:5

金属墙面与墙纸背景墙收口

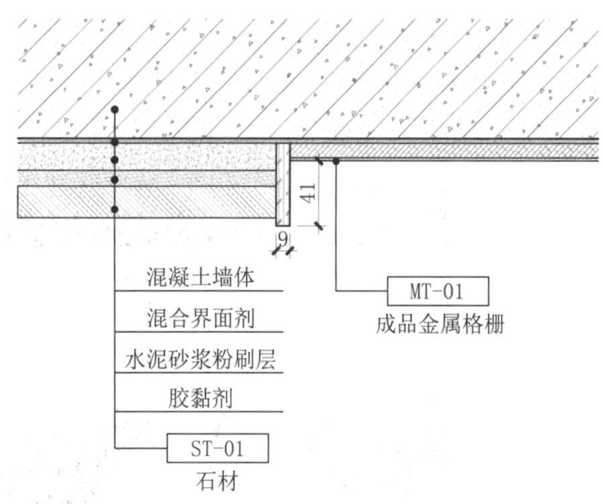
41
9
混凝土墙体
混合界面剂
水泥砂浆粉刷层
胶黏剂
ST-01
石材
MT-01
成品金属格栅

G602 金属墙面与石材背景墙收口节点 / 1:5

金属墙面与石材背景墙收口

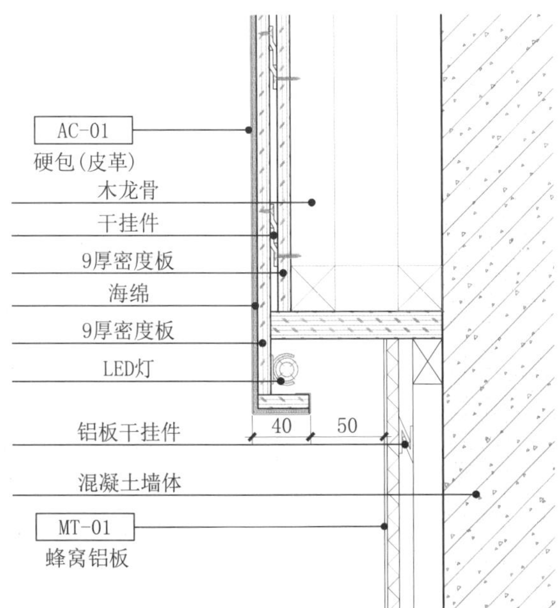
AC-01
硬包(皮革)
木龙骨
干挂件
9厚密度板
海绵
9厚密度板
LED灯
40
50
铝板干挂件
混凝土墙体
MT-01
蜂窝铝板

G603 金属墙面与硬包背景墙收口节点 / 1:5

金属墙面与硬包背景墙收口

7 镜面墙面、背景墙与其他材料背景墙

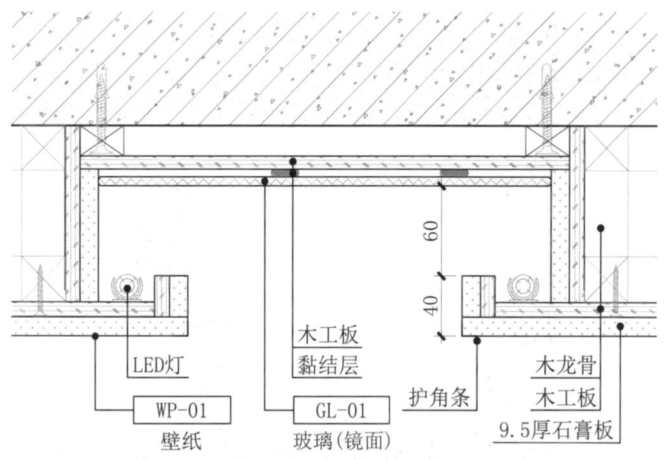
60
40
木工板
黏结层
LED灯
WP-01
壁纸
GL-01
玻璃(镜面)
护角条
木龙骨
木工板
9.5厚石膏板

G701 镜面墙面与壁纸背景墙收口节点 / 1:5

镜面墙面与壁纸背景墙收口

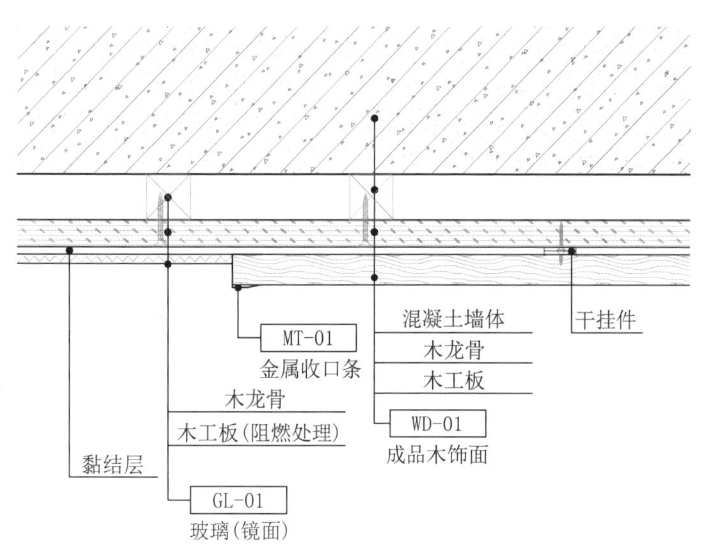
MT-01
金属收口条
混凝土墙体
木龙骨
木工板
干挂件
WD-01
成品木饰面
木龙骨
木工板(阻燃处理)
黏结层
GL-01
玻璃(镜面)

G702 镜面墙面与木饰面背景墙收口节点 / 1:5

镜面墙面与木饰面背景墙收口

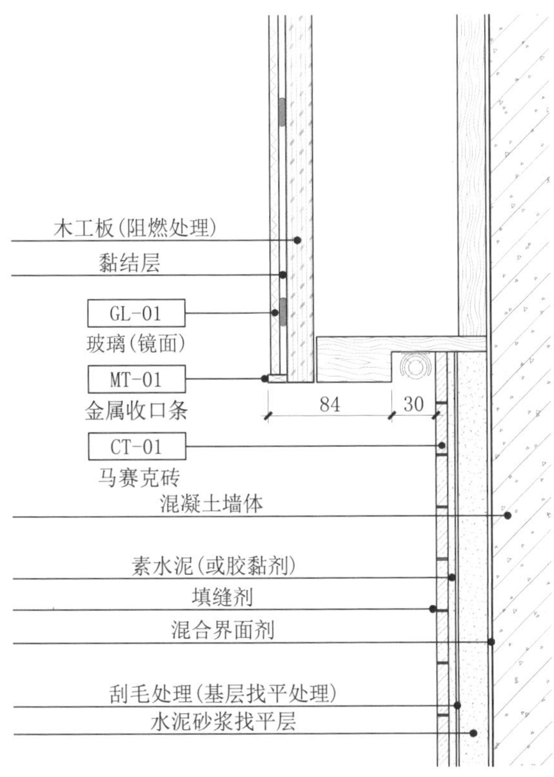
木工板(阻燃处理)
黏结层
GL-01
玻璃(镜面)
MT-01
金属收口条
84
30
CT-01
马赛克砖
混凝土墙体
素水泥(或胶黏剂)
填缝剂
混合界面剂
刮毛处理(基层找平处理)
水泥砂浆找平层

G703 马赛克砖墙面与镜面背景墙收口节点 / 1:5

马赛克砖墙面与镜面背景墙收口

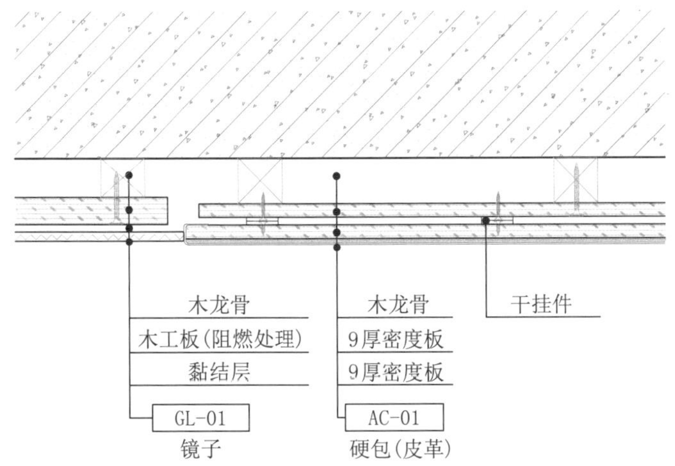
木龙骨
木工板(阻燃处理)
黏结层
GL-01
镜子
木龙骨
9厚密度板
9厚密度板
AC-01
硬包(皮革)
干挂件

G704 镜面墙面与硬包背景墙收口节点 / 1:5

镜面墙面与硬包背景墙收口

课堂小知识

背景墙的选择与装饰

一、背景墙的选择

在选择室内背景墙时，需注意以下两点：

1. 选择合适的墙面材质：根据自己的需求和室内风格选择合适的墙面材质，如石膏板、瓷砖、壁纸、木质、石材等，合适的材质能够让背景墙装饰更符合整个房间的风格和主题。

2. 考虑颜色和图案：颜色和图案也是影响背景墙装饰效果的重要因素，需要考虑和室内其他家具及饰品在整体颜色和图案上的协调。

二、背景墙的装饰

背景墙是营造房间氛围感的重要元素，在对其进行装饰时，可从以下两个方面进行：

1. 添加艺术元素：可以在背景墙上添加一些艺术元素，如壁画、艺术画作、装饰品等，让房间更具设计感和个性化。

2. 考虑功能性：在装饰背景墙时，还可以兼顾其功能性。例如，可以在背景墙上安装储物柜或搁板，或者安装一些照明装置。

H

墙面与天花收口节点

1 乳胶漆墙面与不同材料天花

2 木饰面墙面与不同材料天花

3 湿贴石材墙面与不同材料天花

4 干挂石材墙面与不同材料天花

5 墙砖与不同材料天花

6 镜面墙面与不同材料天花

7 软包墙面与不同材料天花

8 硬包（皮革）墙面与不同材料天花

9 金属板墙面与不同材料天花

1 乳胶漆墙面与不同材料天花

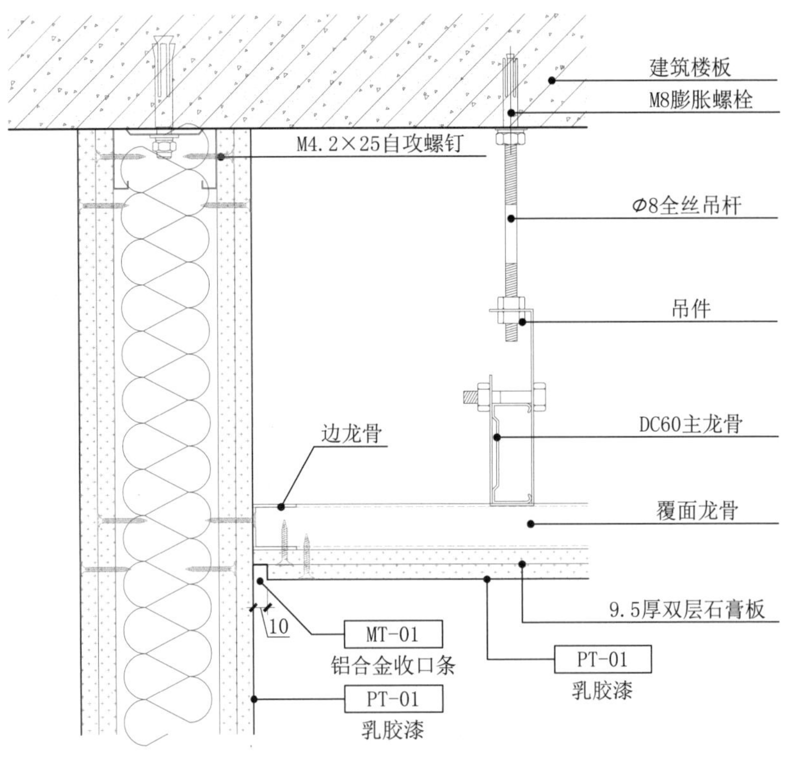
建筑楼板
M8膨胀螺栓
M4.2×25自攻螺钉
Ø8全丝吊杆
吊件
DC60主龙骨
边龙骨
覆面龙骨
9.5厚双层石膏板
10
MT-01
铝合金收口条
PT-01
乳胶漆
PT-01
乳胶漆

H101 乳胶漆墙面与乳胶漆天花收口节点 / 1:5

课堂小知识 什么是开放漆、封闭漆、清水漆、混水漆、水性漆、油性漆？

1.开放漆，是对一些具有较大管孔的木材进行特殊工艺涂饰所获得的特殊效果。简单地说，就是不将木材管孔完全用油漆封闭，使其保持开放。这种涂饰方式可以将木材大的管孔凸显出来，形成自然立体的涂饰效果。一般来说，做开放漆要求木材的管孔必须较深且很明显，如北美橡木、水曲柳、柞木等。

2.封闭漆，是指将木材表面管孔完全填平，漆膜完整光滑的涂饰方式，这是大部分油漆涂饰所采用的方法。

3.清水漆，就是可以一眼见到底，尽显材料本色，使自然纹理清晰可见的漆面。漆膜形成的质感和立体感较好，对材料要求也比较高。

4.混水漆，就是能覆盖掉原有基层的漆面。简单理解，做过混水漆处理的木饰面已经看不出是什么木纹了。

5.水性漆，只以清水作为稀释剂，对人体健康无害，不含有害化学物质，很安全。这种漆消除了油漆施工时容易发生火灾的危险性，大大降低了对空气的污染，不会有易变黄等缺陷，持久如新。漆膜不及油漆硬度强，新一代PU水性漆硬度、耐刻画度能与油漆相媲美，对材质表面的适应性非常好，涂层的附着力比较强，还可达到“见木不见漆”的效果。施工2小时后就可以入住，4小时就完全干了。

6.油性漆，以香蕉水作为稀释剂，含有大量的苯、二甲苯等有害致癌物质，以及大量的刺激性气味，有害气体会缓释挥发10~15年，需要对屋子进行去甲醛等措施；易变黄，持久性不佳。漆膜质量较好，但破损后不易修复。优点是有很好的防锈、防腐蚀效果，不容易被水浸润和氧化，可以用于一些金属、木材等物体的表面，将油性漆涂在这些材料的表面，可以形成一层致密的保护膜，很好地起到保护物体的作用。

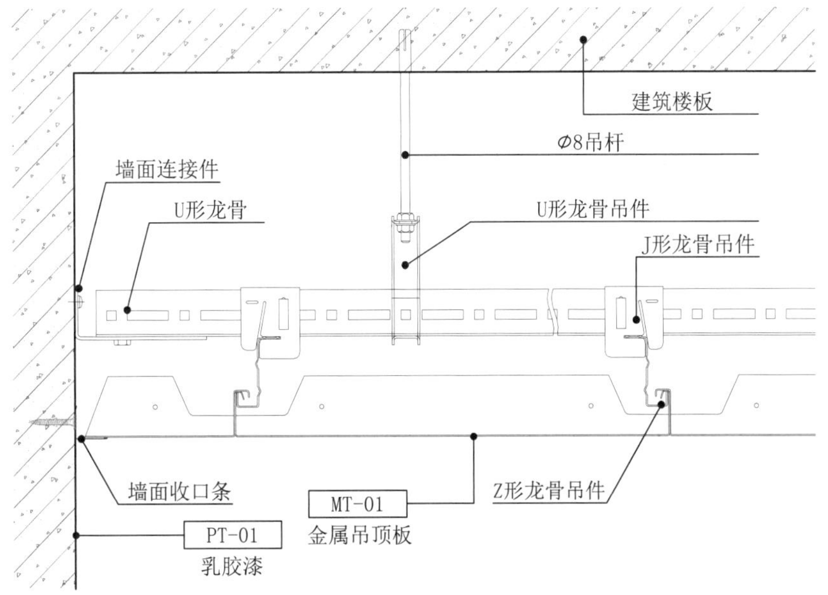
建筑楼板
Ø8吊杆
墙面连接件
U形龙骨
U形龙骨吊件
J形龙骨吊件
墙面收口条
MT-01
金属吊顶板
Z形龙骨吊件
PT-01
乳胶漆

H102 乳胶漆墙面与铝板天花收口节点一 / 1∶5

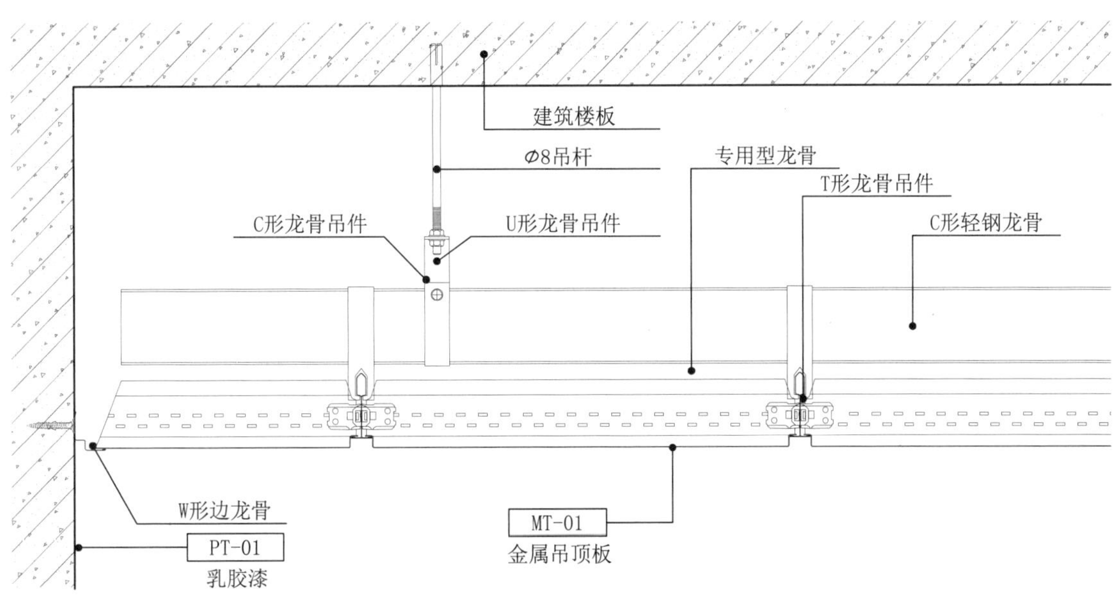
建筑楼板
Ø8吊杆
专用型龙骨
T形龙骨吊件
C形龙骨吊件
U形龙骨吊件
C形轻钢龙骨
W形边龙骨
MT-01
金属吊顶板
PT-01
乳胶漆

H103 乳胶漆墙面与铝板天花收口节点二 / 1∶5

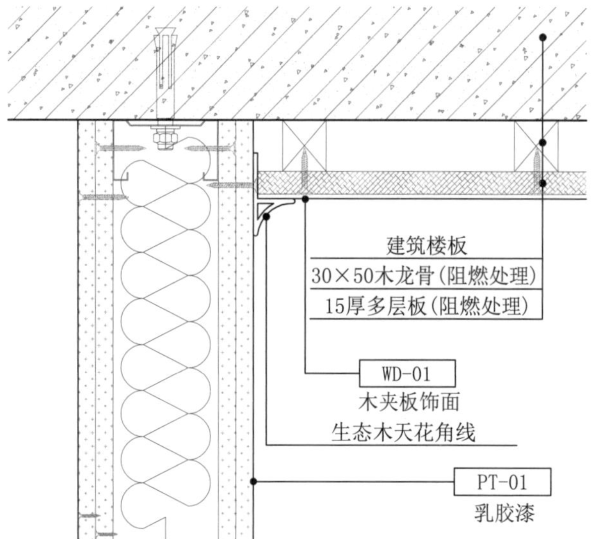

建筑楼板
30×50木龙骨(阻燃处理)
15厚多层板(阻燃处理)
WD-01
木夹板饰面
生态木天花角线
PT-01
乳胶漆

H104 乳胶漆墙面与木饰面天花收口节点 / 1:5

注：公共区域天花吊顶需要使用燃烧性能等级达到A级的饰面。解决方法：1.可考虑用自重较轻的仿木纹蜂窝铝板或转印木纹铝板替代；2.需要使用由国家建筑工程质量监督检验中心出具的能达到燃烧性能等级A级要求的检测报告的木饰面。

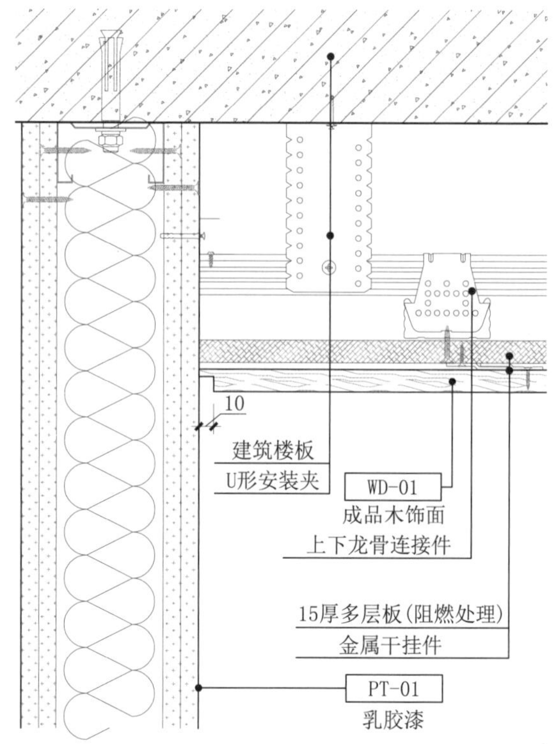

10
建筑楼板
U形安装夹
WD-01
成品木饰面
上下龙骨连接件
15厚多层板(阻燃处理)
金属干挂件
PT-01
乳胶漆

H105 乳胶漆墙面与成品木饰面天花收口节点 / 1:5

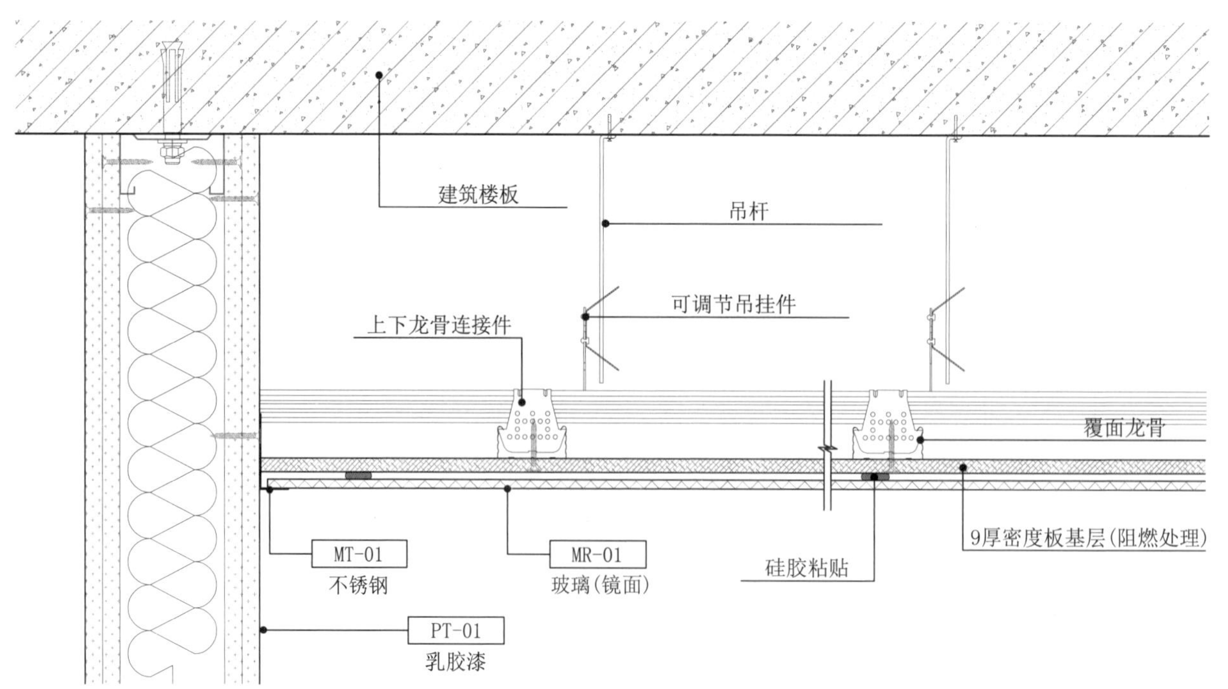

建筑楼板
吊杆
可调节吊挂件
上下龙骨连接件
覆面龙骨
9厚密度板基层(阻燃处理)
硅胶粘贴
MT-01
不锈钢
MR-01
玻璃(镜面)
PT-01
乳胶漆

H106 乳胶漆墙面与镜面天花收口节点 / 1:5

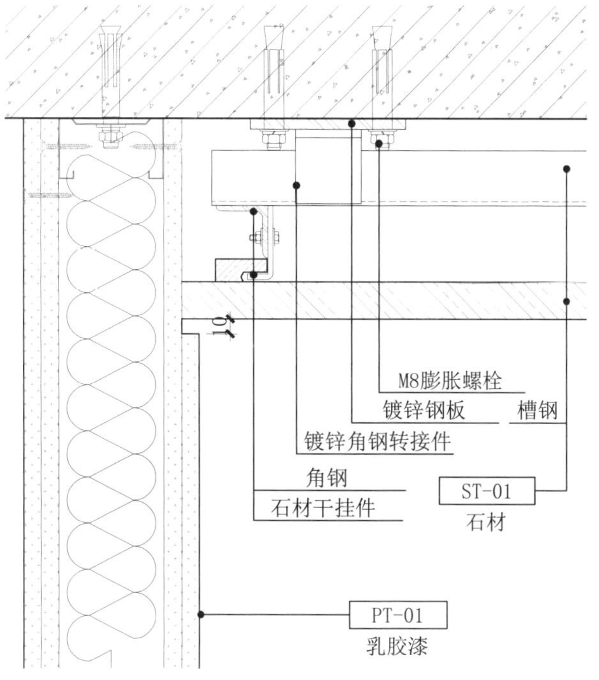

10
M8膨胀螺栓
镀锌钢板
槽钢
镀锌角钢转接件
角钢
石材干挂件
ST-01
石材
PT-01
乳胶漆

H107 乳胶漆墙面与石材天花收口节点 / 1:5

注：因石材自身太重，有极大的安全隐患，故壁龛等墙面造型可以考虑，但大面积石材不宜用作天花吊顶，可考虑用自重较轻的仿石纹蜂窝铝板或转印石纹铝板替代。详见铝板吊顶A215号节点。

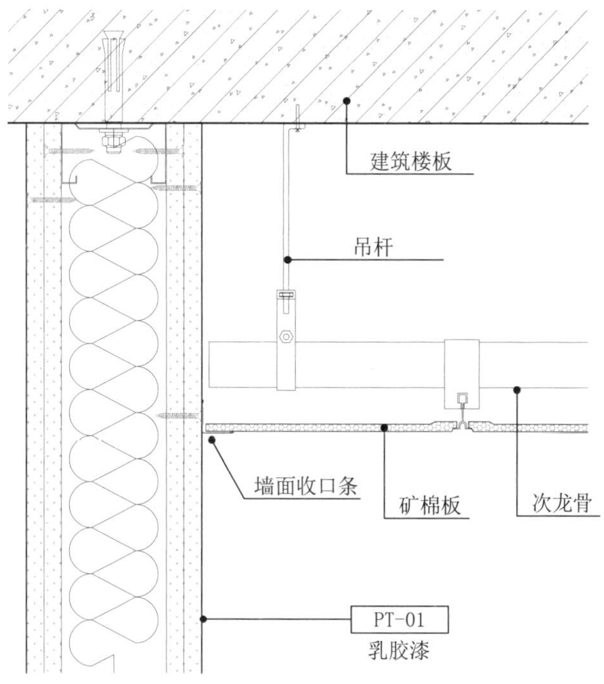

建筑楼板
吊杆
墙面收口条
矿棉板
次龙骨
PT-01
乳胶漆

H108 乳胶漆墙面与矿棉板天花收口节点 / 1:5

2 木饰面墙面与不同材料天花

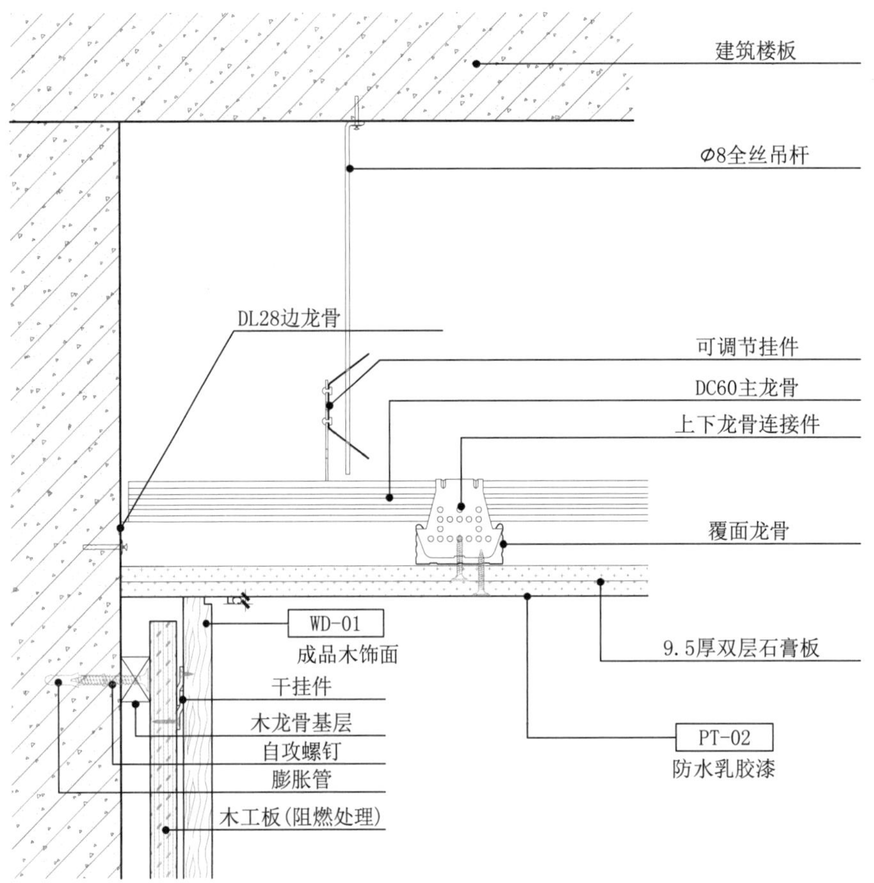
建筑楼板
Ø8全丝吊杆
DL28边龙骨
可调节挂件
DC60主龙骨
上下龙骨连接件
覆面龙骨
WD-01
成品木饰面
9.5厚双层石膏板
干挂件
木龙骨基层
自攻螺钉
膨胀管
PT-02
防水乳胶漆
木工板(阻燃处理)

H201 木饰面墙面与乳胶漆天花收口节点 / 1:5

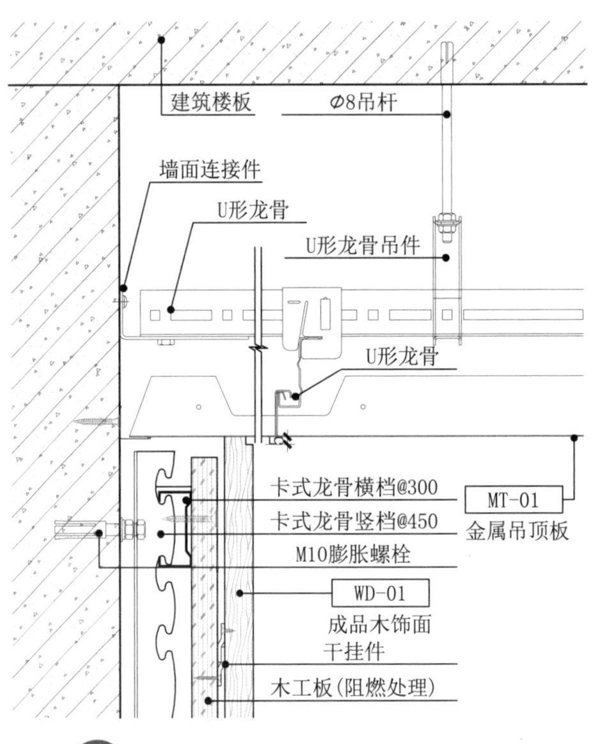
建筑楼板
Ø8吊杆
墙面连接件
U形龙骨
U形龙骨吊件
U形龙骨
卡式龙骨横档@300
卡式龙骨竖档@450
MT-01
金属吊顶板
M10膨胀螺栓
WD-01
成品木饰面
干挂件
木工板(阻燃处理)

H202 木饰面墙面与铝板天花收口节点 / 1:5

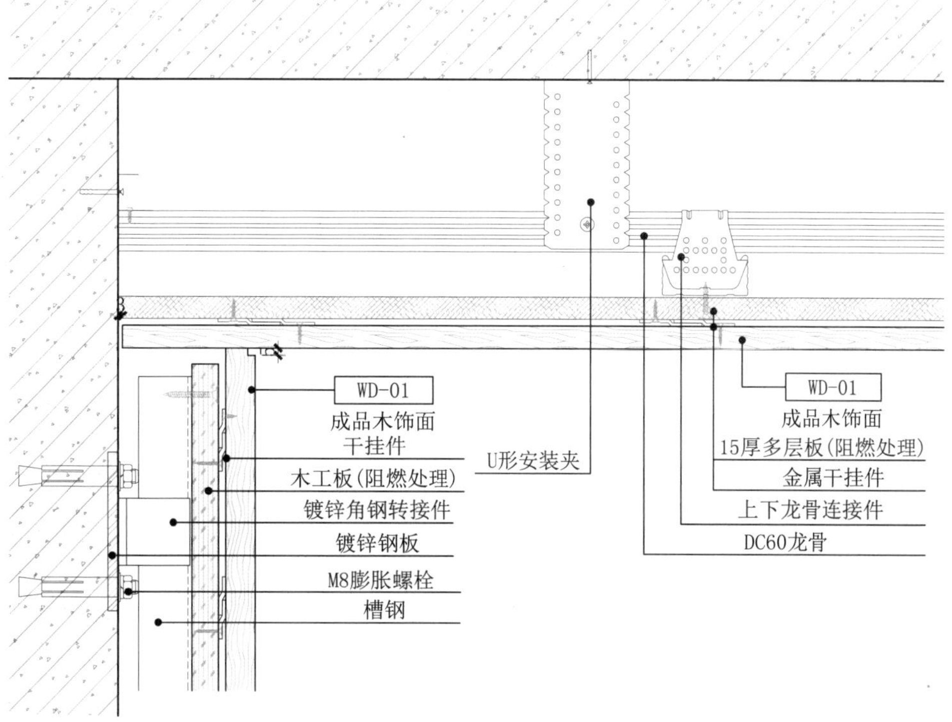

WD-01
成品木饰面
干挂件
木工板(阻燃处理)
镀锌角钢转接件
镀锌钢板
M8膨胀螺栓
槽钢
U形安装夹
WD-01
成品木饰面
15厚多层板(阻燃处理)
金属干挂件
上下龙骨连接件
DC60龙骨

H203 木饰面墙面与木饰面天花收口节点 / 1:5

注：公共区域天花吊顶需要用燃烧性能等级达到A级的饰面。解决方法：1.可考虑用自重较轻的仿木纹蜂窝铝板或转印木纹铝板替代；2.需要使用由国家建筑工程质量监督检验中心出具的能达到燃烧性能等级A级要求的检测报告的木饰面。

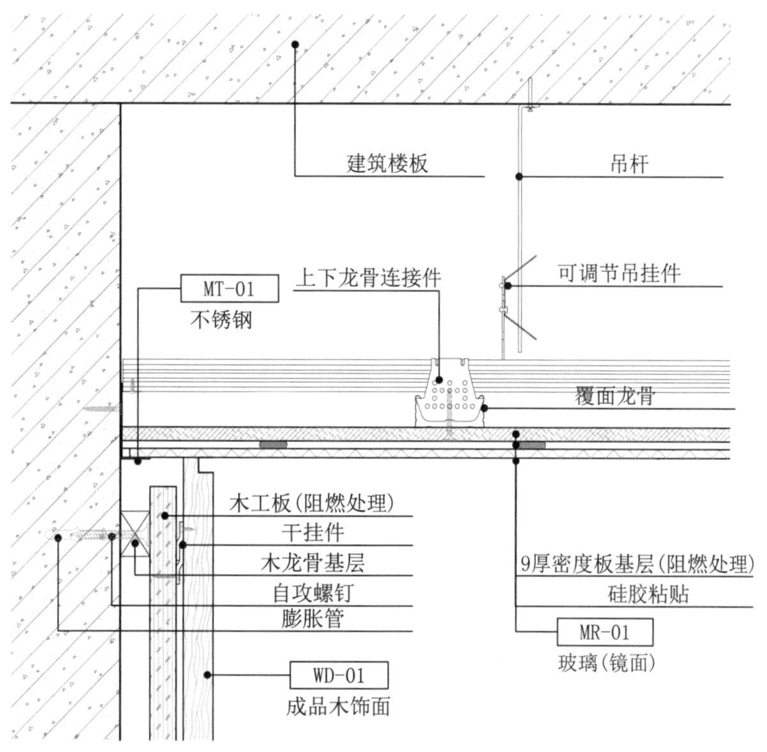

建筑楼板
吊杆
上下龙骨连接件
可调节吊挂件
MT-01
不锈钢
覆面龙骨
木工板(阻燃处理)
干挂件
木龙骨基层
自攻螺钉
膨胀管
9厚密度板基层(阻燃处理)
硅胶粘贴
MR-01
玻璃(镜面)
WD-01
成品木饰面

H204 木饰面墙面与镜面天花收口节点 / 1:5

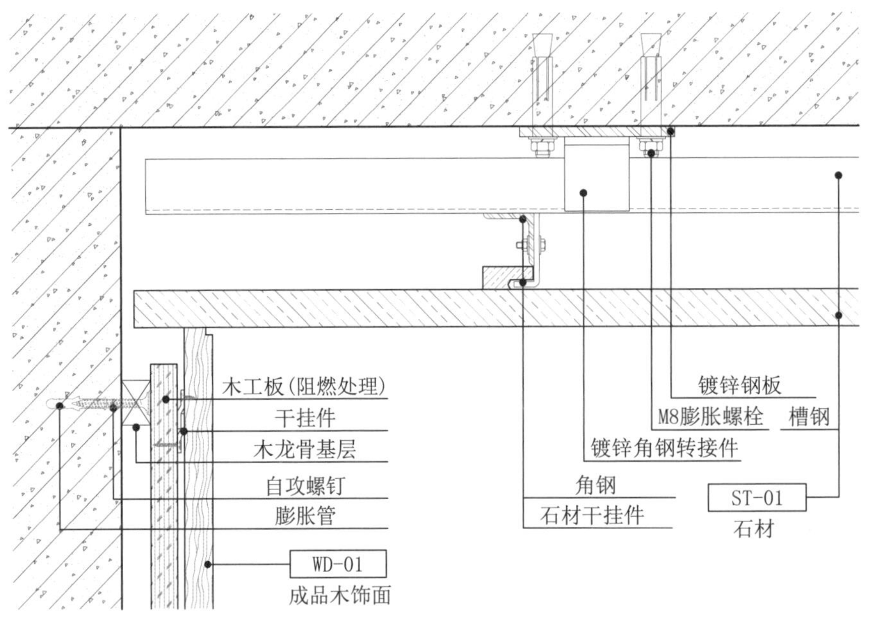

木工板（阻燃处理）
干挂件
木龙骨基层
自攻螺钉
膨胀管
WD-01
成品木饰面
镀锌钢板
M8膨胀螺栓
槽钢
镀锌角钢转接件
角钢
石材干挂件
ST-01
石材

H205 木饰面墙面与石材天花收口节点 / 1:5

注：因石材自身太重，有极大的安全隐患，故壁龛等墙面造型可以考虑，但大面积石材不宜用作天花吊顶，可考虑用自重较轻的仿石纹蜂窝铝板或转印石纹铝板替代。详见铝板吊顶A215号节点。

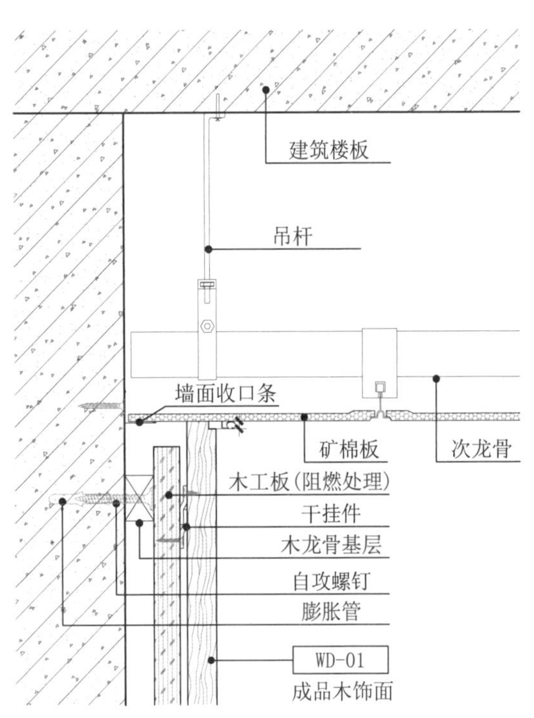

建筑楼板
吊杆
墙面收口条
矿棉板
次龙骨
木工板（阻燃处理）
干挂件
木龙骨基层
自攻螺钉
膨胀管
WD-01
成品木饰面

H206 木饰面墙面与矿棉板天花收口节点 / 1:5

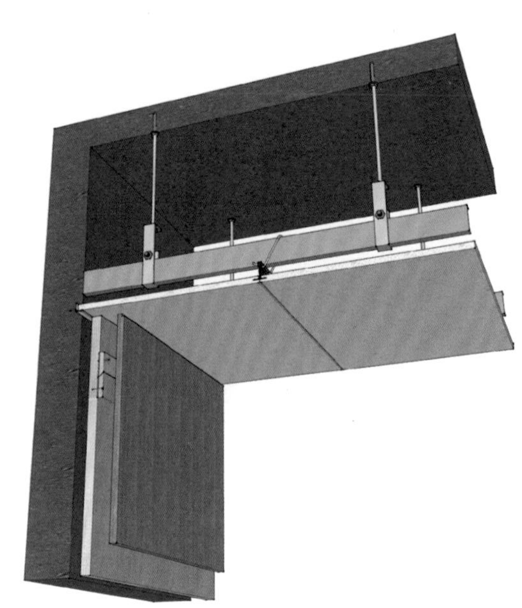

三维示意图（H206）

3 湿贴石材墙面与不同材料天花

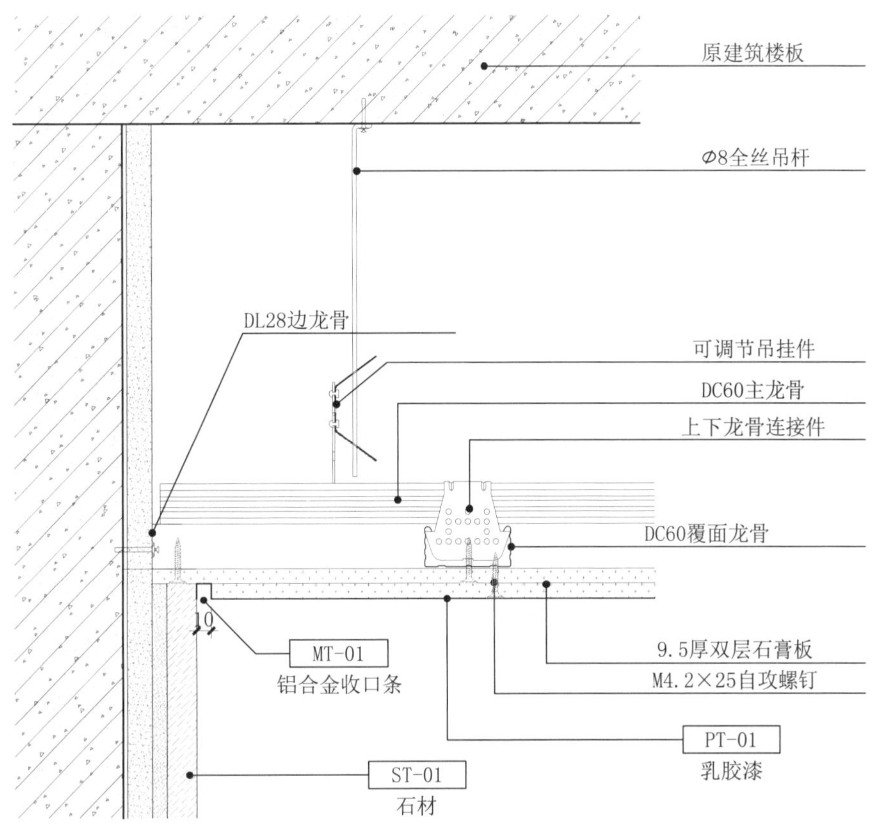

原建筑楼板
Ø8全丝吊杆
DL28边龙骨
可调节吊挂件
DC60主龙骨
上下龙骨连接件
DC60覆面龙骨
10
MT-01
铝合金收口条
9.5厚双层石膏板
M4.2×25自攻螺钉
PT-01
乳胶漆
ST-01
石材

H301 石材墙面与乳胶漆天花收口节点 / 1:5

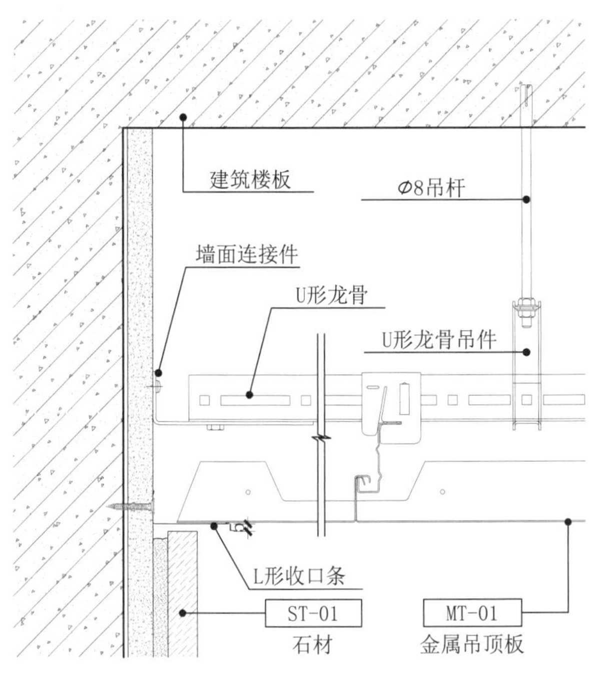

建筑楼板
Ø8吊杆
墙面连接件
U形龙骨
U形龙骨吊件
L形收口条
ST-01
石材
MT-01
金属吊顶板

H302 石材墙面与铝板天花收口节点一 / 1:5

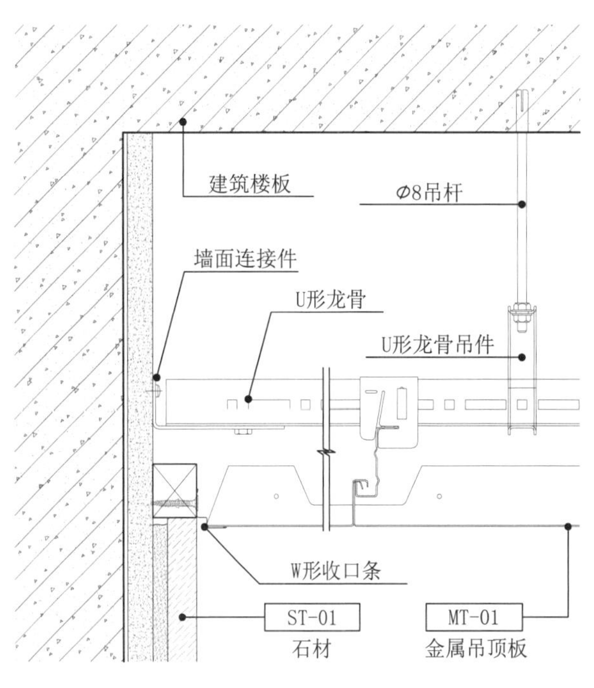

建筑楼板
Ø8吊杆
墙面连接件
U形龙骨
U形龙骨吊件
W形收口条
ST-01
石材
MT-01
金属吊顶板

H303 石材墙面与铝板天花收口节点二 / 1:5

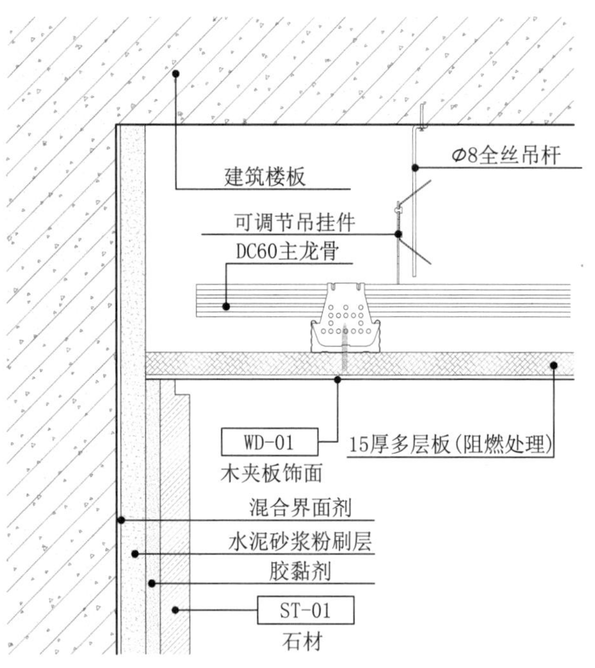
建筑楼板
Ø8全丝吊杆
可调节吊挂件
DC60主龙骨
WD-01
木夹板饰面
15厚多层板(阻燃处理)
混合界面剂
水泥砂浆粉刷层
胶黏剂
ST-01
石材

H304 石材墙面与木饰面天花收口节点 / 1:5

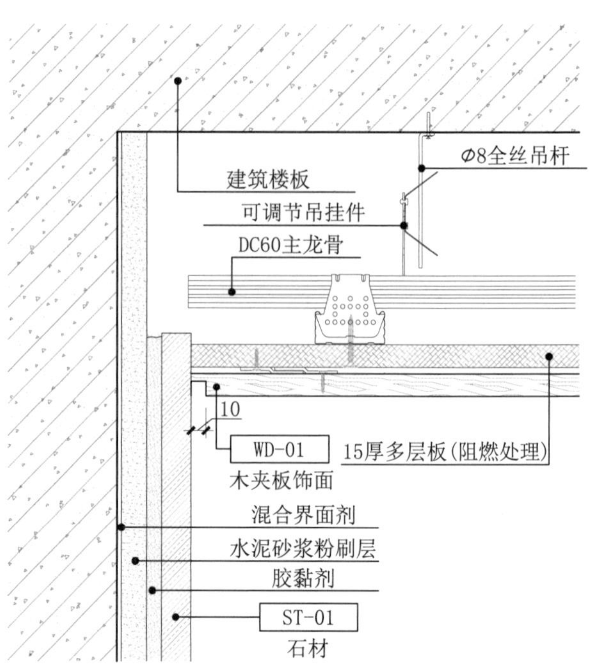
建筑楼板
Ø8全丝吊杆
可调节吊挂件
DC60主龙骨
10
WD-01
木夹板饰面
15厚多层板(阻燃处理)
混合界面剂
水泥砂浆粉刷层
胶黏剂
ST-01
石材

H305 石材墙面与成品木饰面天花收口节点 / 1:5

注：公共区域天花吊顶需要使用燃烧性能等级达到A级的饰面。解决方法：1.可考虑用自重较轻的仿木纹蜂窝铝板或转印木纹铝板替代；2.需要使用由国家建筑工程质量监督检验中心出具的能达到燃烧性能等级A级要求的检测报告的木饰面。

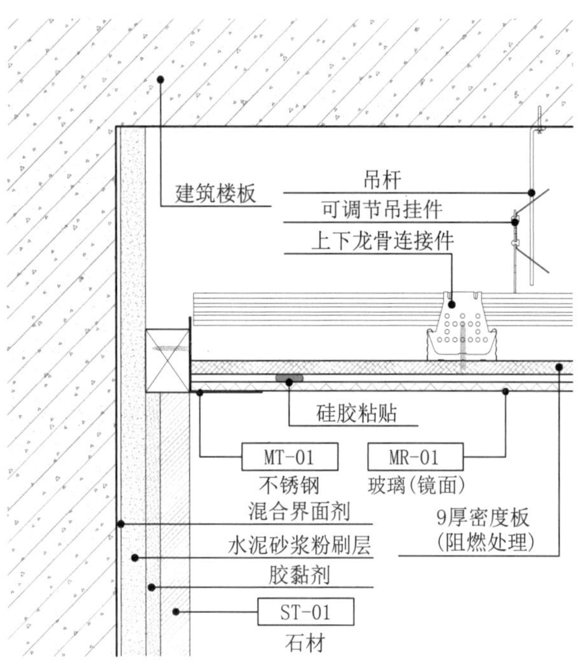
建筑楼板
吊杆
可调节吊挂件
上下龙骨连接件
硅胶粘贴
MT-01
不锈钢
MR-01
玻璃(镜面)
混合界面剂
9厚密度板
(阻燃处理)
水泥砂浆粉刷层
胶黏剂
ST-01
石材

H306 石材墙面与镜面天花收口节点 / 1:5

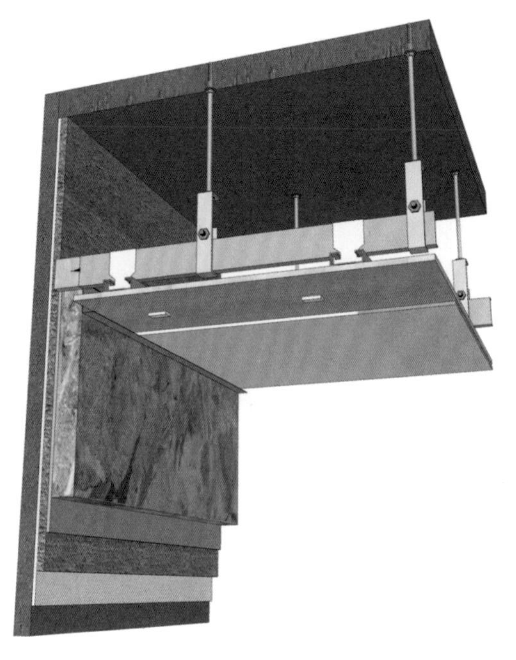

三维示意图（H306）

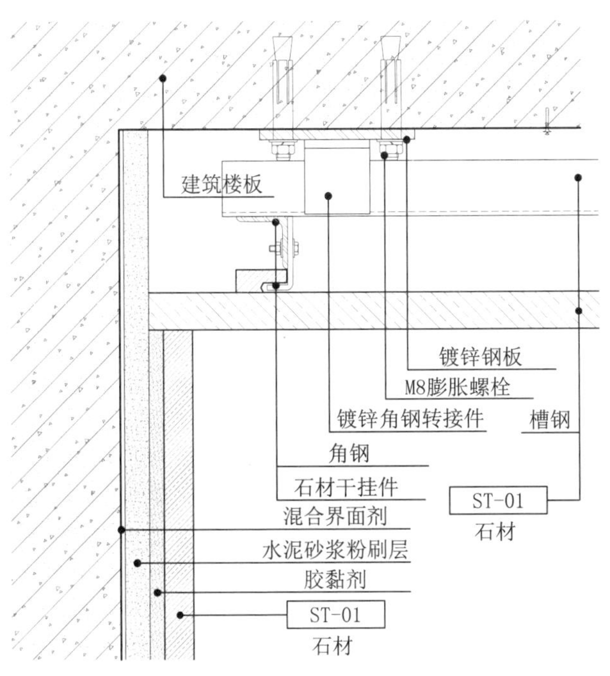

建筑楼板
镀锌钢板
M8膨胀螺栓
镀锌角钢转接件
槽钢
角钢
石材干挂件
ST-01
石材
混合界面剂
水泥砂浆粉刷层
胶黏剂
ST-01
石材

H307 石材墙面与石材天花收口节点 / 1:5

三维示意图（H307）

注：因石材自身太重，有极大的安全隐患，故壁龛等墙面造型可以考虑，但大面积石材不宜用作天花吊顶，可考虑用自重较轻的仿石纹蜂窝铝板或转印石纹铝板替代。详见铝板吊顶A215号节点。

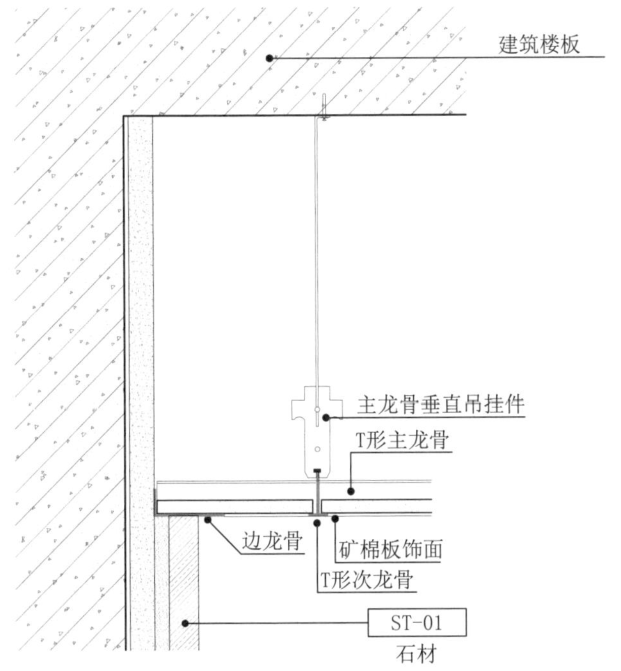

建筑楼板
主龙骨垂直吊挂件
T形主龙骨
边龙骨
矿棉板饰面
T形次龙骨
ST-01
石材

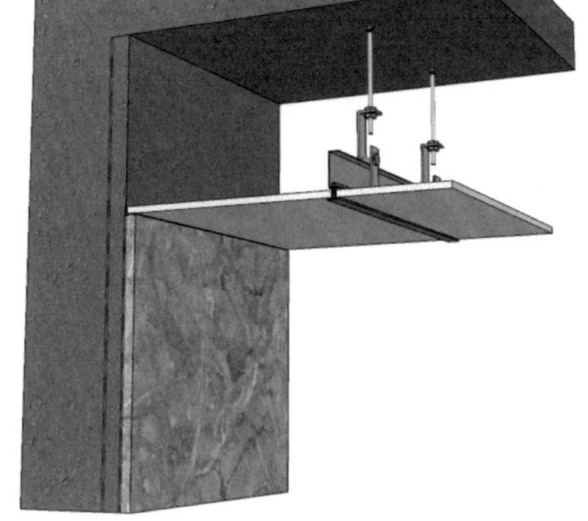

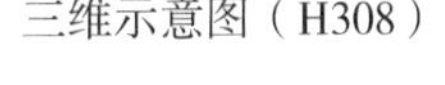

三维示意图（H308）

H308 石材墙面与矿棉板天花收口节点 / 1:5

4 干挂石材墙面与不同材料天花

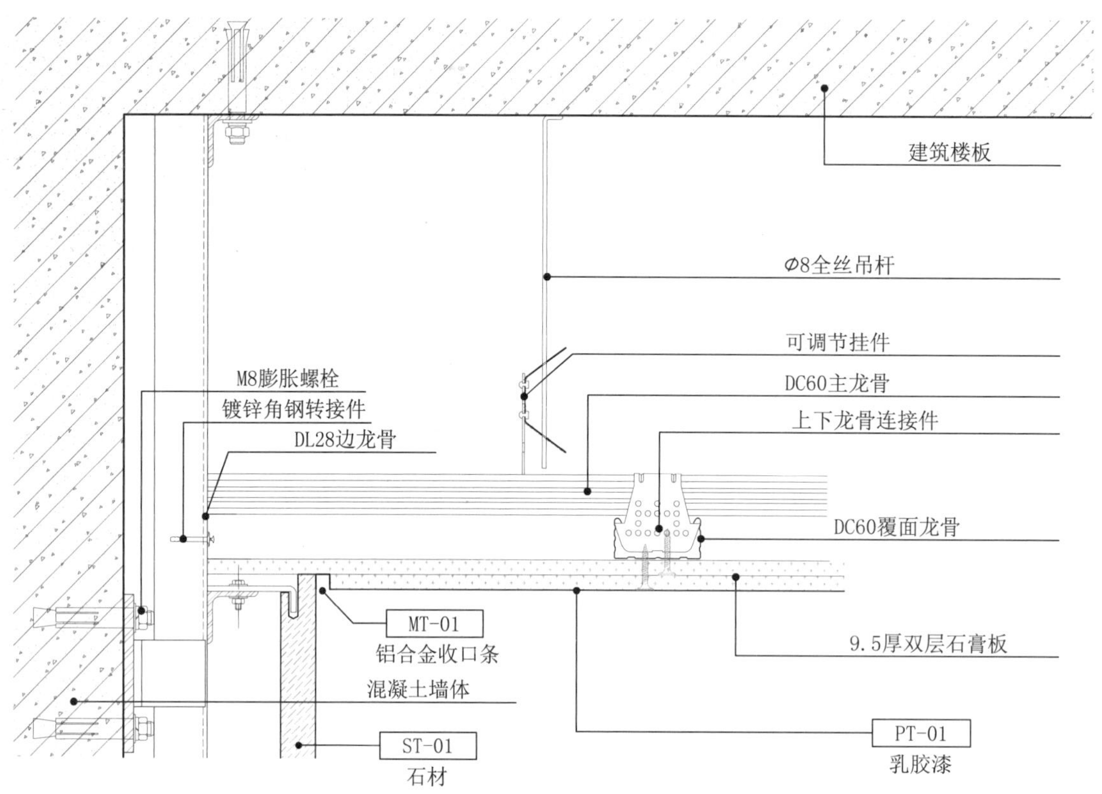
建筑楼板
Φ8全丝吊杆
可调节挂件
DC60主龙骨
上下龙骨连接件
M8膨胀螺栓
镀锌角钢转接件
DL28边龙骨
DC60覆面龙骨
MT-01
铝合金收口条
9.5厚双层石膏板
混凝土墙体
PT-01
乳胶漆
ST-01
石材

H401 石材墙面与乳胶漆天花收口节点 / 1∶5

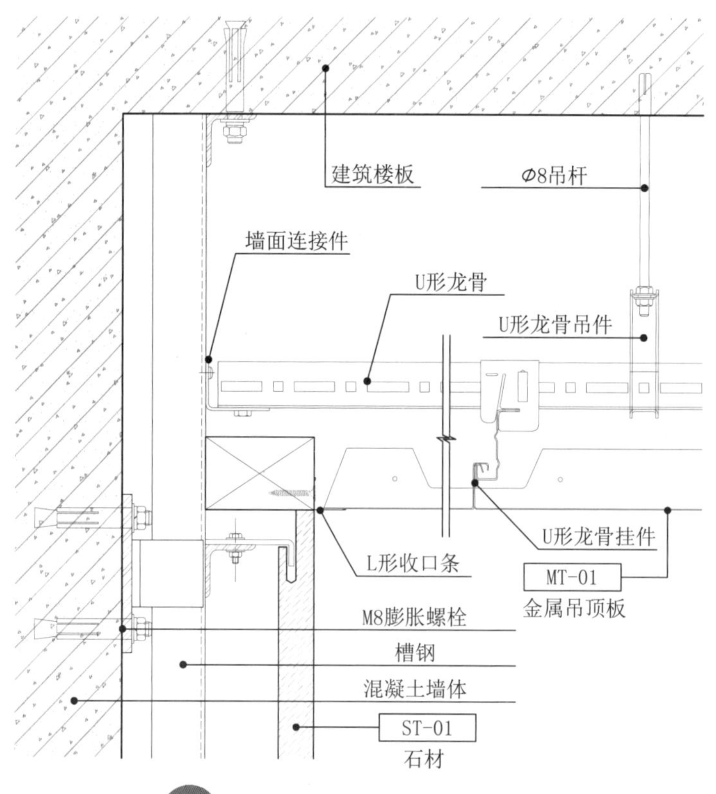
建筑楼板
Φ8吊杆
墙面连接件
U形龙骨
U形龙骨吊件
U形龙骨挂件
L形收口条
MT-01
金属吊顶板
M8膨胀螺栓
槽钢
混凝土墙体
ST-01
石材

H402 石材墙面与铝板天花收口节点 / 1∶5

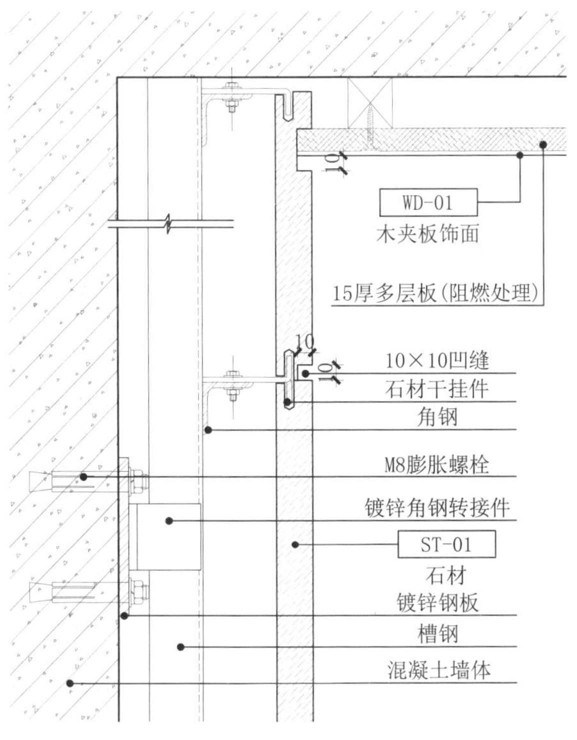

10
WD-01
木夹板饰面
15厚多层板(阻燃处理)
10
10
10×10凹缝
石材干挂件
角钢
M8膨胀螺栓
镀锌角钢转接件
ST-01
石材
镀锌钢板
槽钢
混凝土墙体

H403 石材墙面与木饰面天花收口节点一 / 1:5

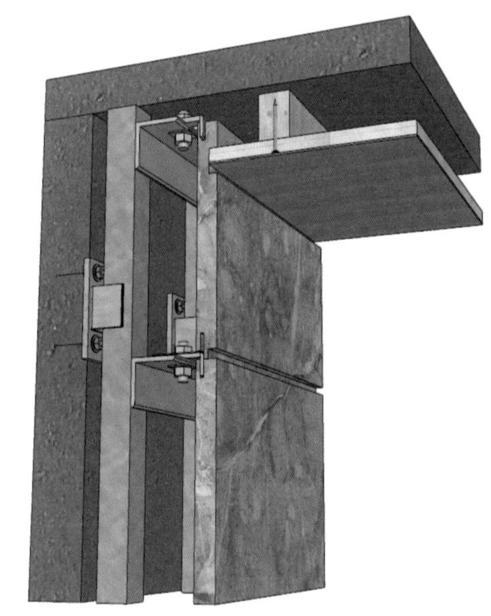

三维示意图（H403）

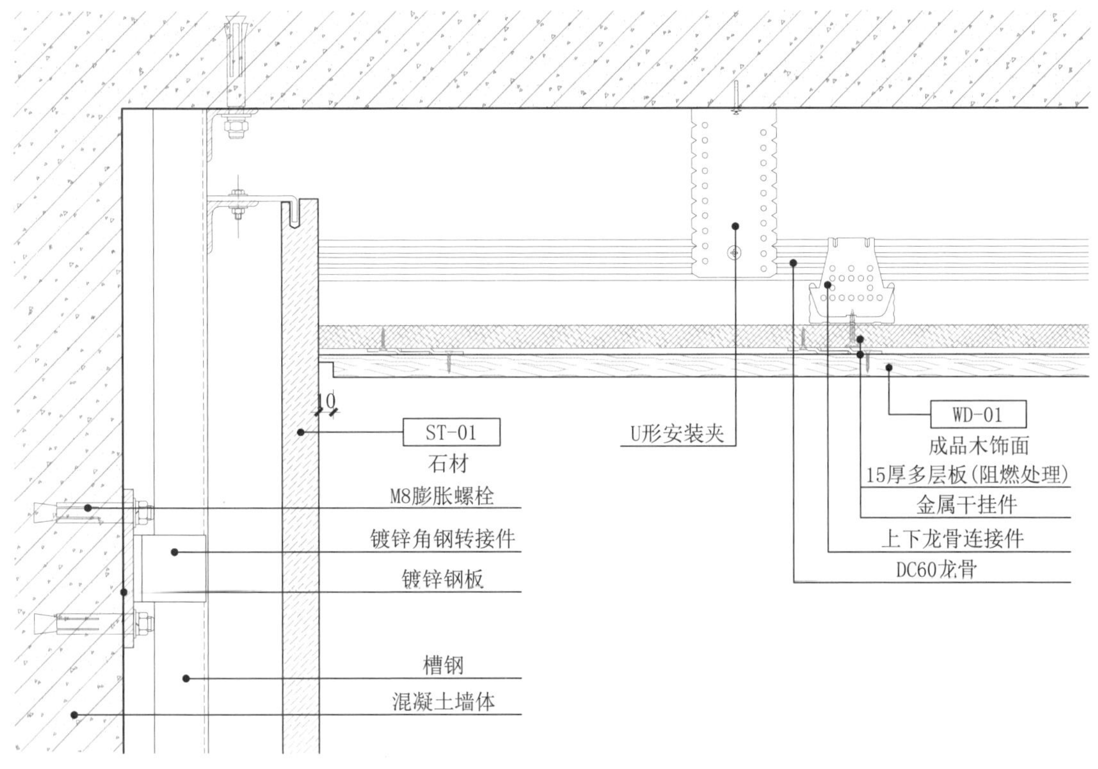

10
ST-01
石材
M8膨胀螺栓
镀锌角钢转接件
镀锌钢板
槽钢
混凝土墙体
U形安装夹
WD-01
成品木饰面
15厚多层板(阻燃处理)
金属干挂件
上下龙骨连接件
DC60龙骨

H404 石材墙面与木饰面天花收口节点二 / 1:5

注：公共区域天花吊顶需要用燃烧性能等级达到A级的饰面。解决方法：1.可考虑用自重较轻的仿木纹蜂窝铝板或转印木纹铝板替代；2.需要使用由国家建筑工程质量监督检验中心出具的能达到燃烧性能等级A级要求的检测报告的木饰面。

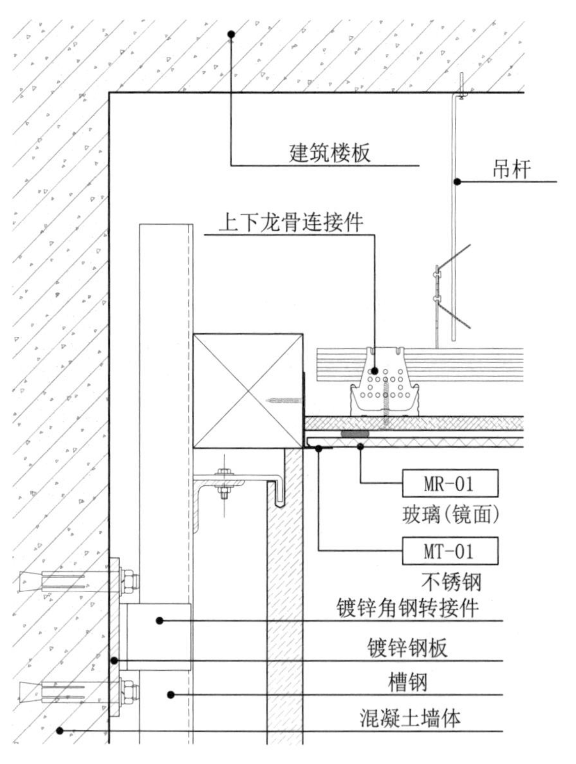
建筑楼板
吊杆
上下龙骨连接件
MR-01
玻璃(镜面)
MT-01
不锈钢
镀锌角钢转接件
镀锌钢板
槽钢
混凝土墙体

H405 石材墙面与镜面天花收口节点 / 1:5

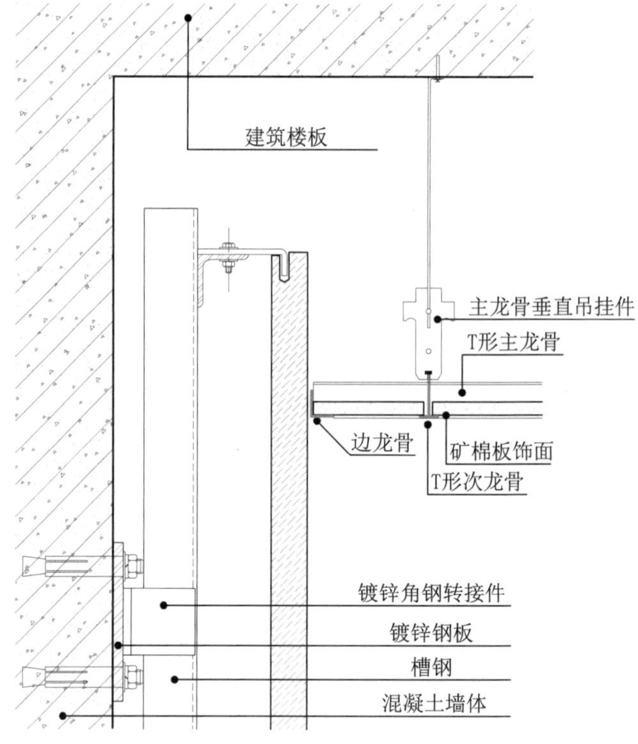
建筑楼板
主龙骨垂直吊挂件
T形主龙骨
边龙骨
矿棉板饰面
T形次龙骨
镀锌角钢转接件
镀锌钢板
槽钢
混凝土墙体

H407 石材墙面与矿棉板天花收口节点 / 1:5

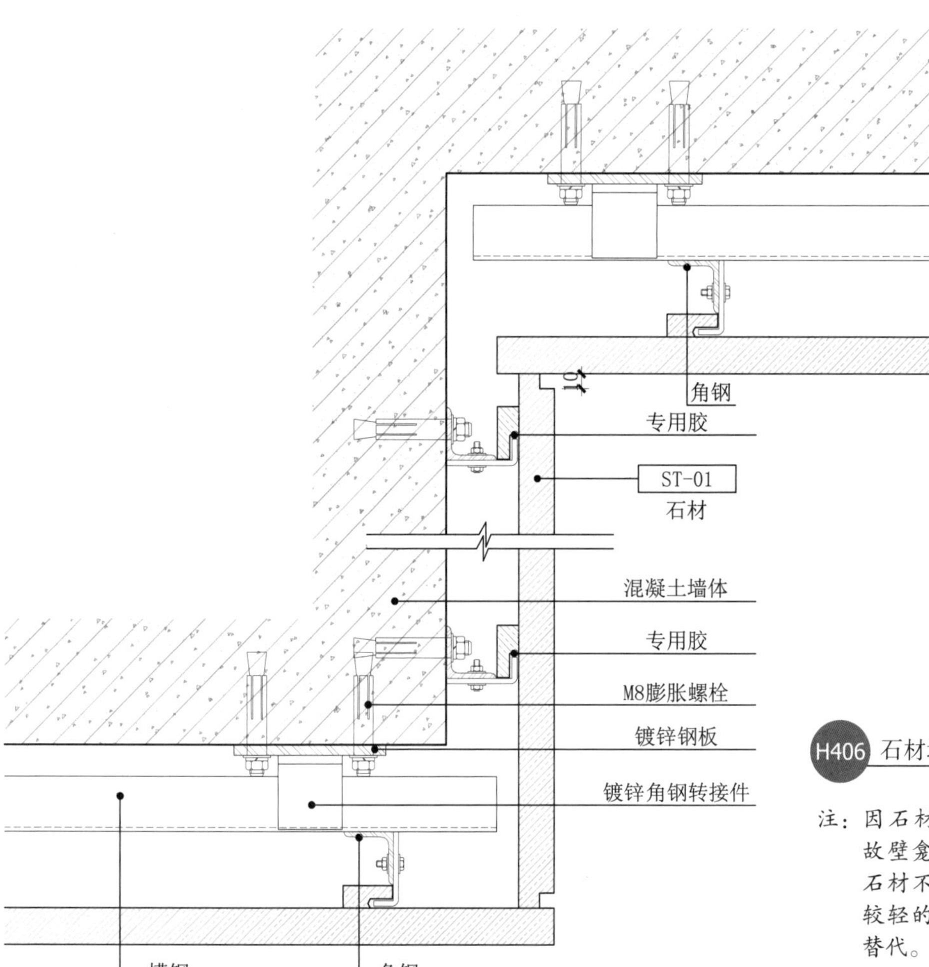
角钢
专用胶
ST-01
石材
混凝土墙体
专用胶
M8膨胀螺栓
镀锌钢板
镀锌角钢转接件
槽钢
角钢

H406 石材墙面与石材天花收口节点 / 1:5

注：因石材自身太重，有极大的安全隐患，故壁龛等墙面造型可以考虑，但大面积石材不宜用作天花吊顶，可考虑用自重较轻的仿石纹蜂窝铝板或转印石纹铝板替代。详见铝板吊顶A215号节点。

5 墙砖与不同材料天花

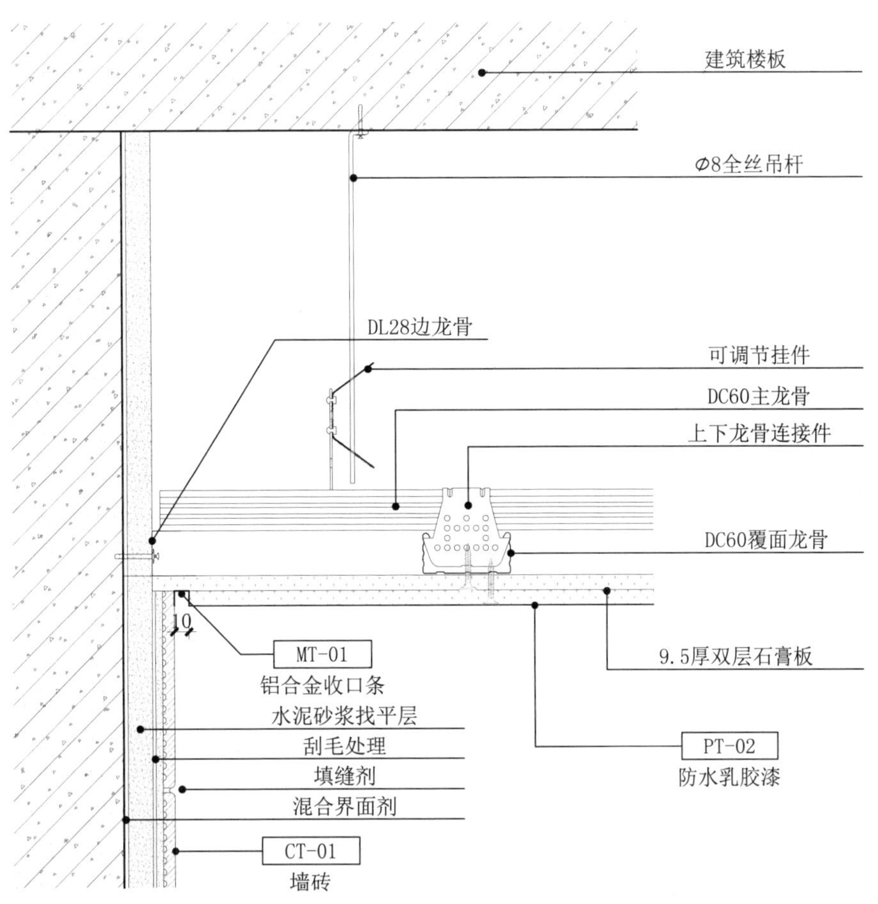
建筑楼板
Ø8全丝吊杆
DL28边龙骨
可调节挂件
DC60主龙骨
上下龙骨连接件
DC60覆面龙骨
10
MT-01
铝合金收口条
9.5厚双层石膏板
水泥砂浆找平层
刮毛处理
填缝剂
混合界面剂
PT-02
防水乳胶漆
CT-01
墙砖

H501 墙砖墙面与乳胶漆天花收口节点 / 1:5

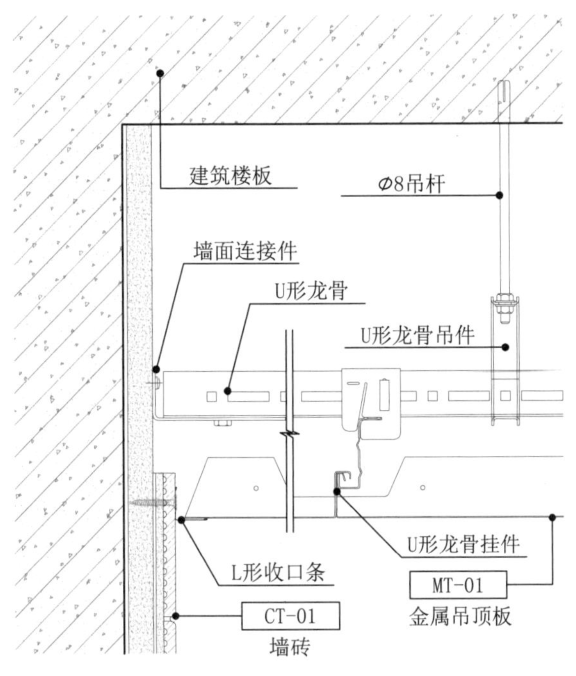
建筑楼板
Ø8吊杆
墙面连接件
U形龙骨
U形龙骨吊件
U形龙骨挂件
L形收口条
MT-01
金属吊顶板
CT-01
墙砖

H502 墙砖墙面与铝板天花收口节点一 / 1:5

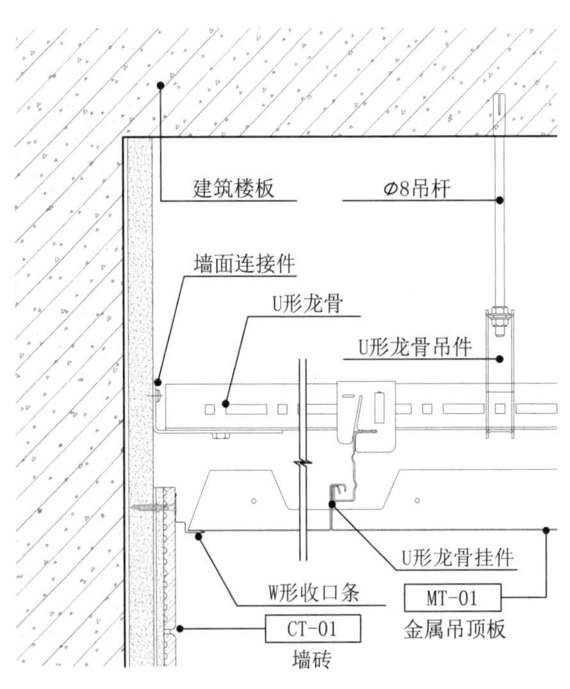
建筑楼板
Ø8吊杆
墙面连接件
U形龙骨
U形龙骨吊件
U形龙骨挂件
W形收口条
MT-01
金属吊顶板
CT-01
墙砖

H503 墙砖墙面与铝板天花收口节点二 / 1:5

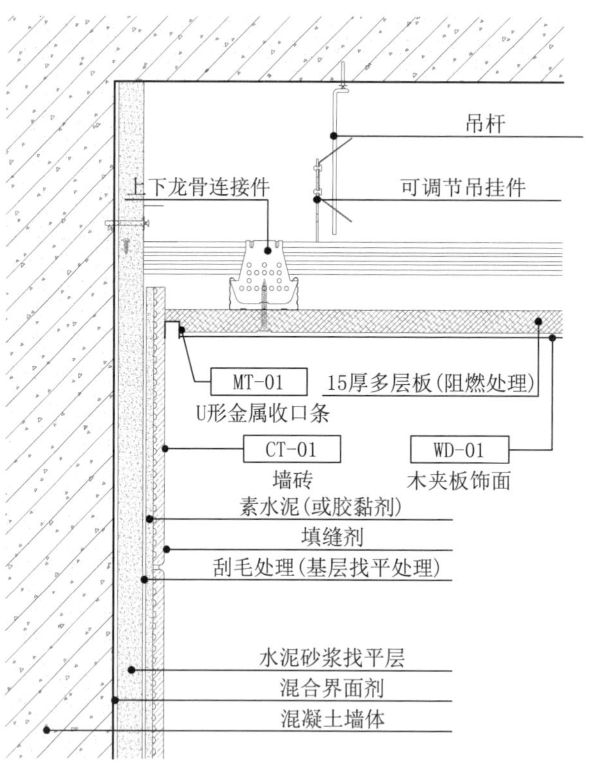
吊杆
上下龙骨连接件
可调节吊挂件
MT-01
15厚多层板(阻燃处理)
U形金属收口条
CT-01
WD-01
墙砖
木夹板饰面
素水泥(或胶黏剂)
填缝剂
刮毛处理(基层找平处理)
水泥砂浆找平层
混合界面剂
混凝土墙体

H504 墙砖墙面与木饰面天花收口节点一 / 1:5

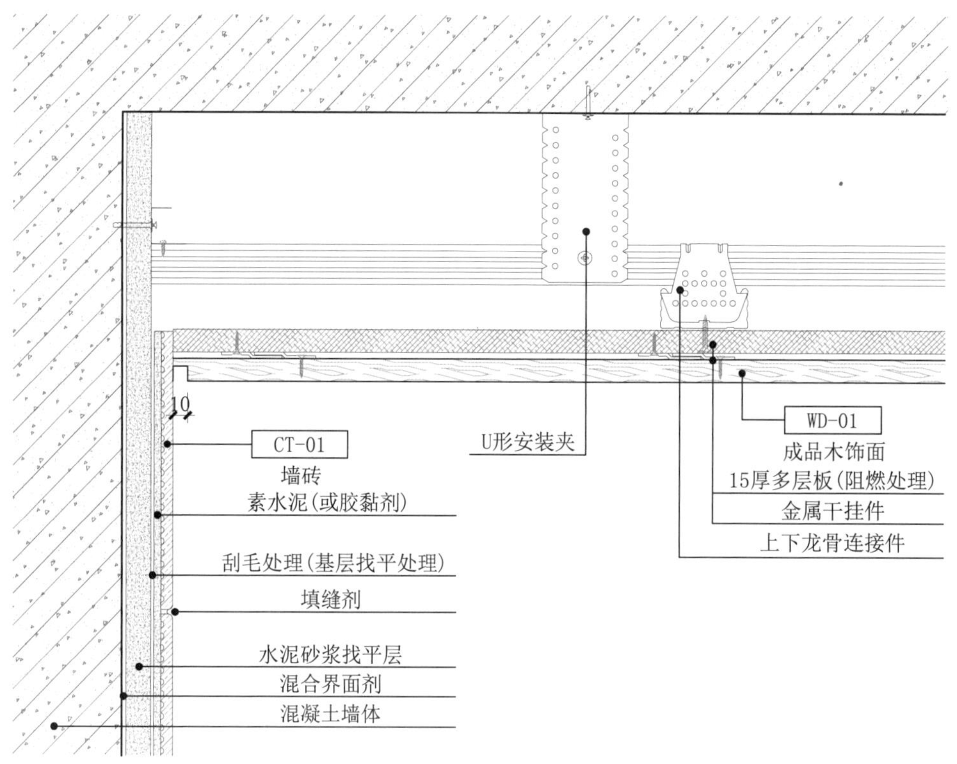
10
CT-01
U形安装夹
WD-01
成品木饰面
15厚多层板(阻燃处理)
金属干挂件
上下龙骨连接件
墙砖
素水泥(或胶黏剂)
刮毛处理(基层找平处理)
填缝剂
水泥砂浆找平层
混合界面剂
混凝土墙体

H505 墙砖墙面与木饰面天花收口节点二 / 1:5

注：公共区域天花吊顶需要使用燃烧性能等级达到A级的饰面。解决方法：1.可考虑用自重较轻的仿木纹蜂窝铝板或转印木纹铝板替代；2.需要使用由国家建筑工程质量监督检验中心出具的能达到燃烧性能等级A级要求的检测报告的木饰面。

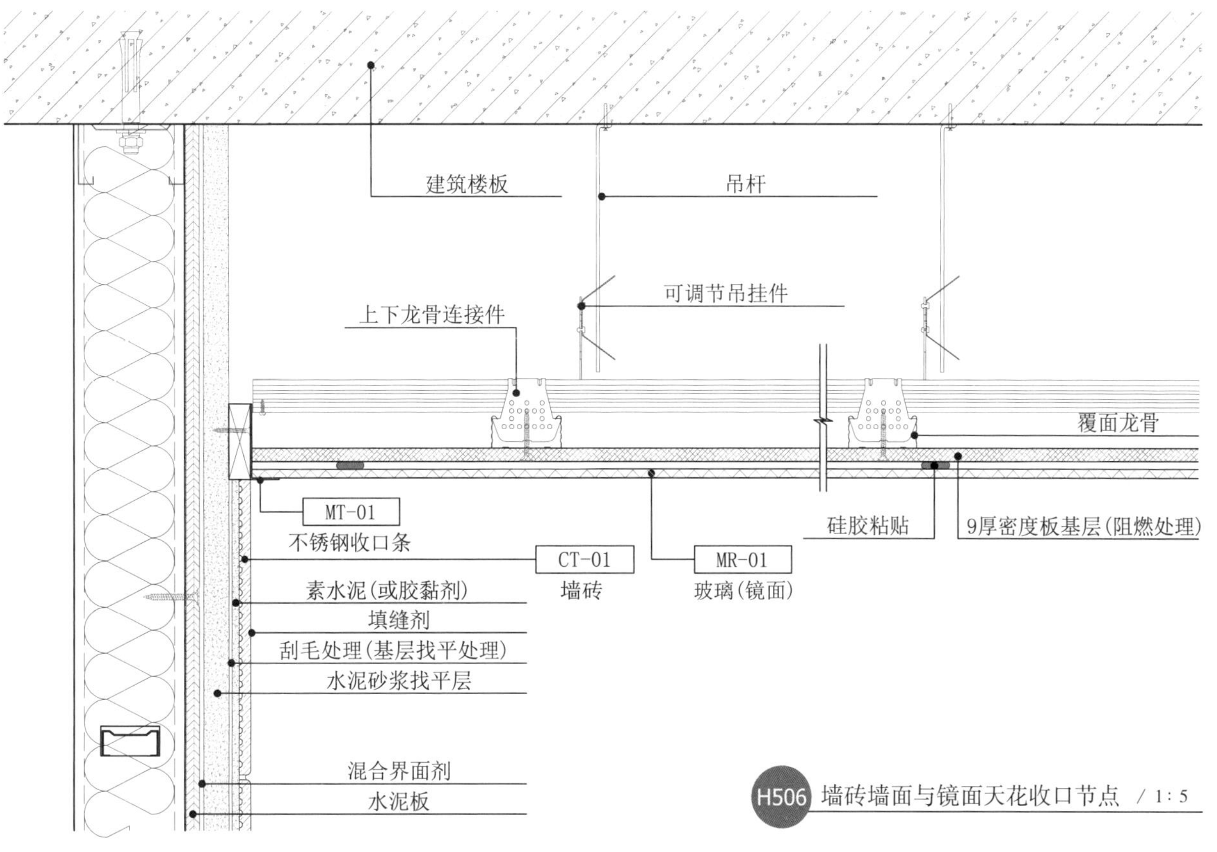
建筑楼板
吊杆
可调节吊挂件
上下龙骨连接件
覆面龙骨
MT-01
不锈钢收口条
CT-01
墙砖
MR-01
玻璃(镜面)
硅胶粘贴
9厚密度板基层(阻燃处理)
素水泥(或胶黏剂)
填缝剂
刮毛处理(基层找平处理)
水泥砂浆找平层
混合界面剂
水泥板

H506 墙砖墙面与镜面天花收口节点 / 1∶5

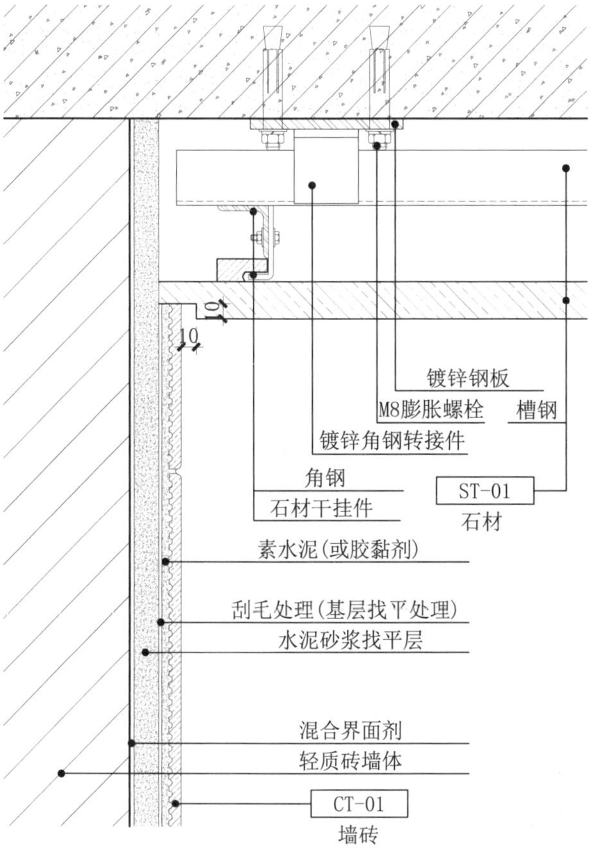

10
10
镀锌钢板
M8膨胀螺栓
槽钢
镀锌角钢转接件
角钢
石材干挂件
ST-01
石材
素水泥(或胶黏剂)
刮毛处理(基层找平处理)
水泥砂浆找平层
混合界面剂
轻质砖墙体
CT-01
墙砖

H507 墙砖墙面与石材天花收口节点 / 1∶5

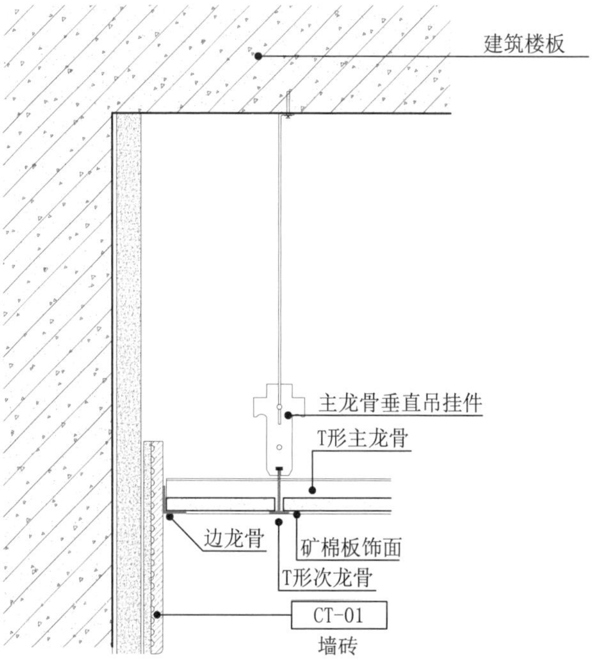

建筑楼板
主龙骨垂直吊挂件
T形主龙骨
边龙骨
矿棉板饰面
T形次龙骨
CT-01
墙砖

H508 墙砖墙面与矿棉板连接节点 / 1∶5

6 镜面墙面与不同材料天花

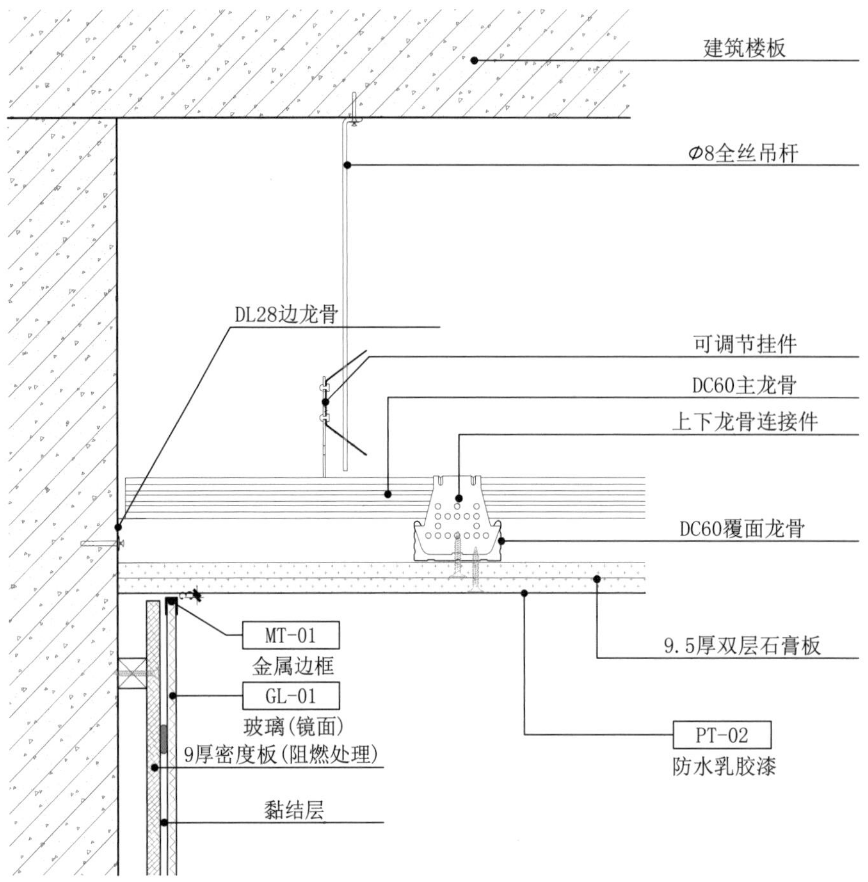
建筑楼板
Ø8全丝吊杆
DL28边龙骨
可调节挂件
DC60主龙骨
上下龙骨连接件
DC60覆面龙骨
MT-01
金属边框
GL-01
玻璃(镜面)
9厚密度板(阻燃处理)
黏结层
9.5厚双层石膏板
PT-02
防水乳胶漆

H601 镜面墙面与乳胶漆天花收口节点 / 1:5

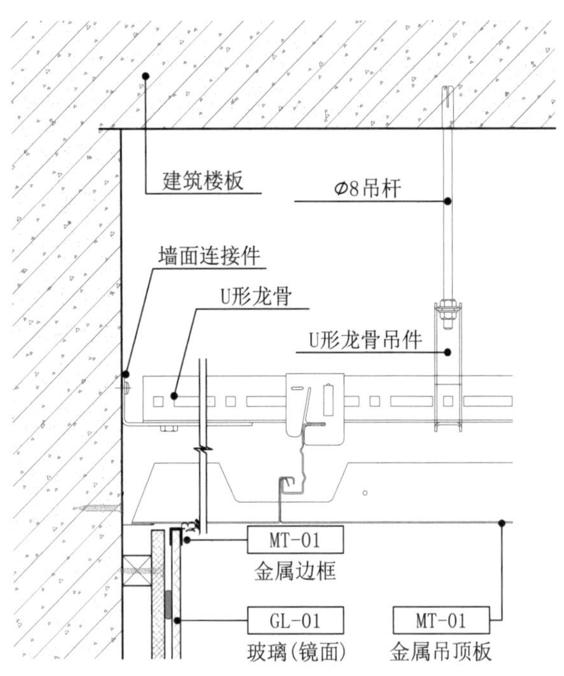
建筑楼板
Ø8吊杆
墙面连接件
U形龙骨
U形龙骨吊件
MT-01
金属边框
GL-01
玻璃(镜面)
MT-01
金属吊顶板

H602 镜面墙面与铝板天花收口节点 / 1:5

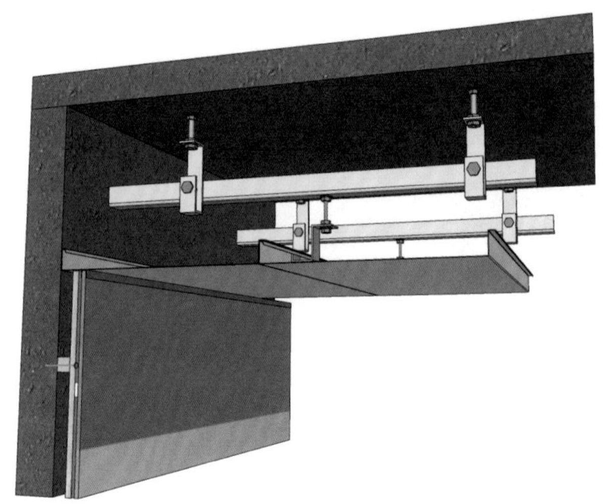

三维示意图（H602）

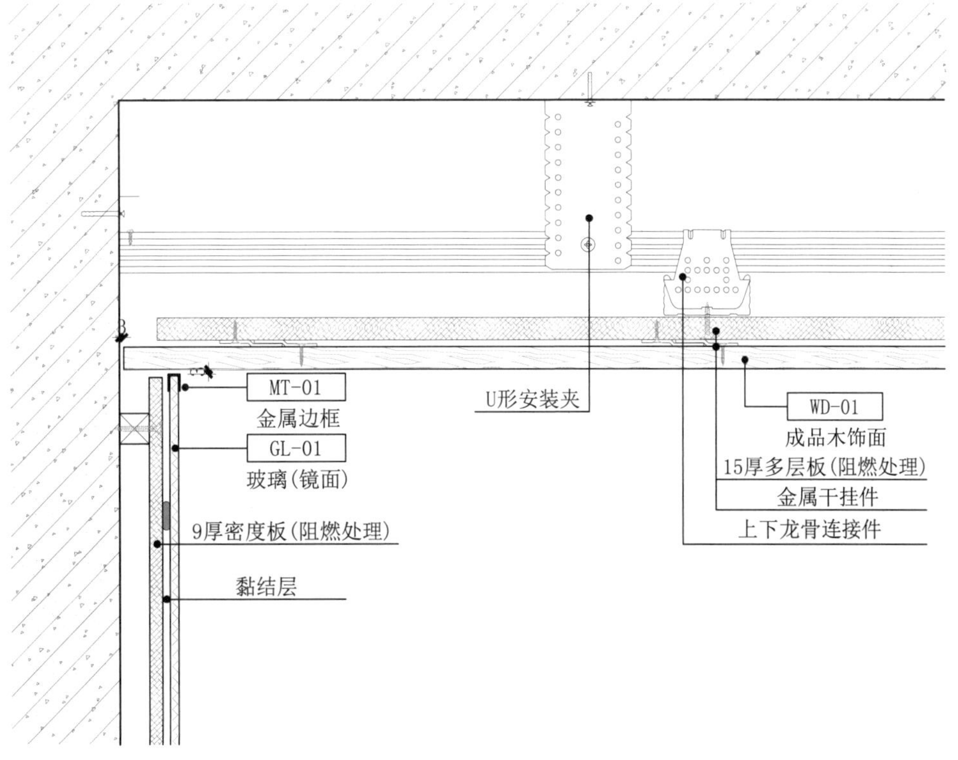
MT-01
金属边框
GL-01
玻璃(镜面)
9厚密度板(阻燃处理)
黏结层
U形安装夹
WD-01
成品木饰面
15厚多层板(阻燃处理)
金属干挂件
上下龙骨连接件

H603 镜面墙面与成品木饰面天花收口节点 / 1∶5

注：公共区域天花吊顶需要使用燃烧性能等级达到A级的饰面。解决方法：1.可考虑用自重较轻的仿木纹蜂窝铝板或转印木纹铝板替代；2.需要使用由国家建筑工程质量监督检验中心出具的能达到燃烧性能等级A级要求的检测报告的木饰面。

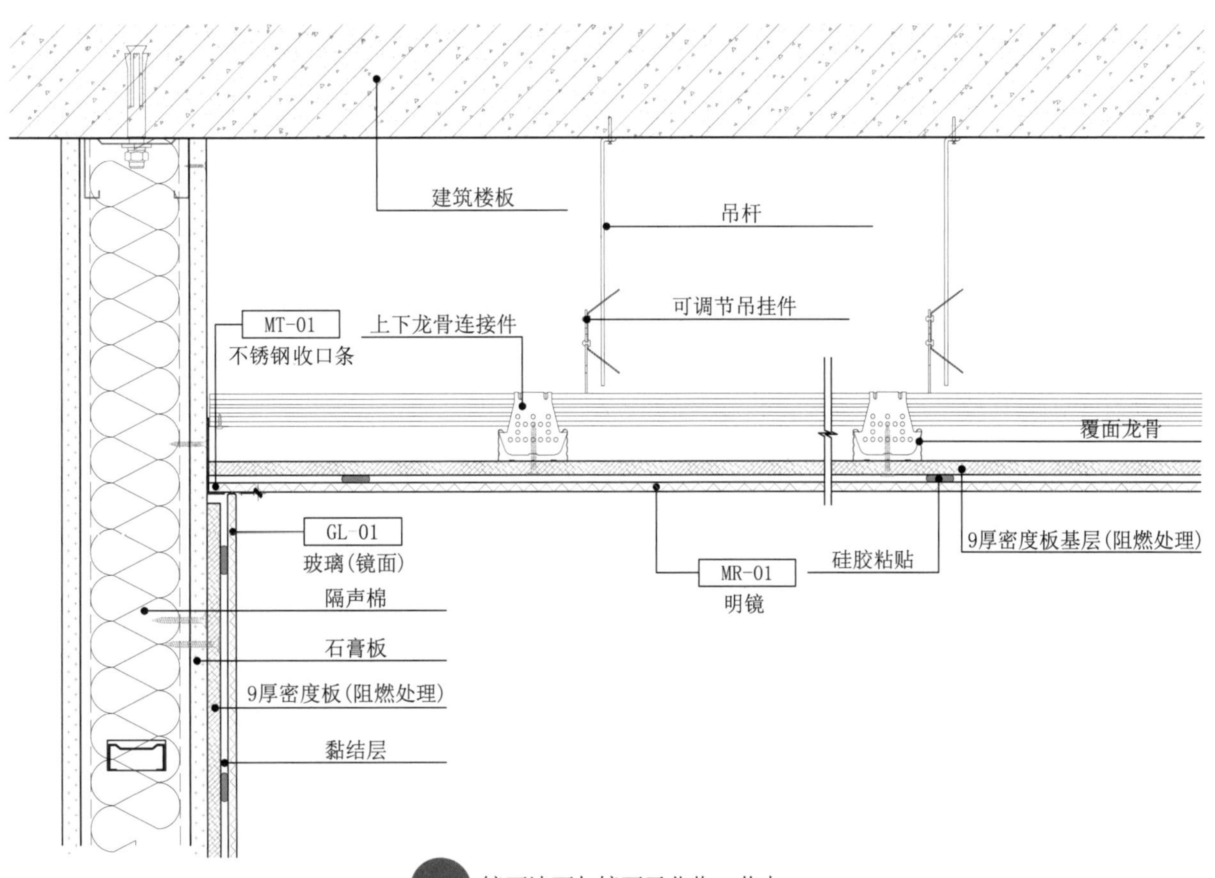
建筑楼板
吊杆
可调节吊挂件
MT-01
不锈钢收口条
上下龙骨连接件
覆面龙骨
GL-01
玻璃(镜面)
隔声棉
石膏板
9厚密度板(阻燃处理)
黏结层
MR-01
明镜
硅胶粘贴
9厚密度板基层(阻燃处理)

H604 镜面墙面与镜面天花收口节点 / 1∶5

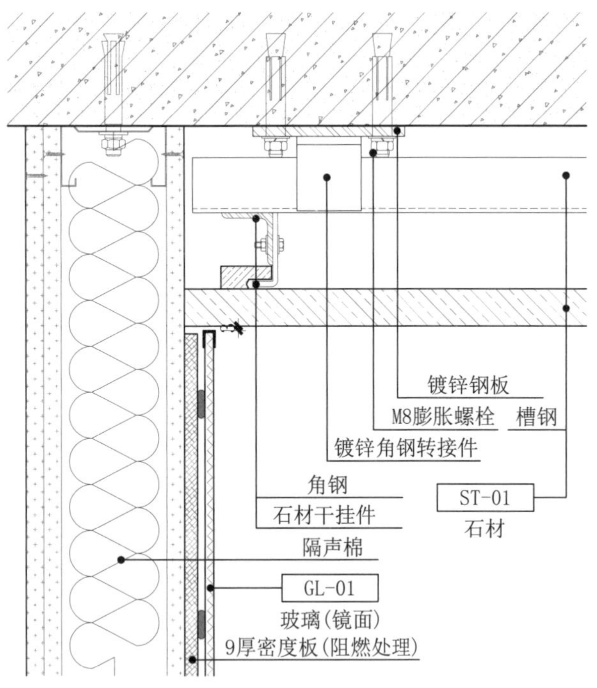
镀锌钢板
M8膨胀螺栓
槽钢
镀锌角钢转接件
角钢
石材干挂件
ST-01
石材
隔声棉
GL-01
玻璃(镜面)
9厚密度板(阻燃处理)

H605 镜面墙面与石材天花收口节点 / 1:5

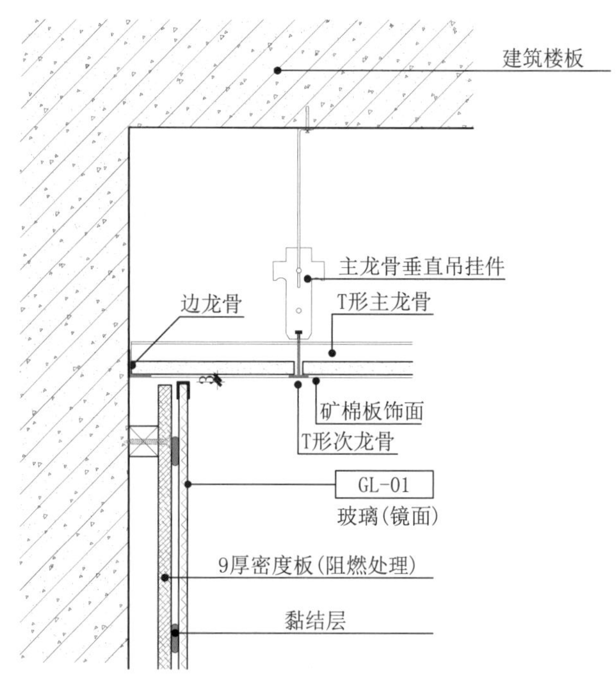
建筑楼板
主龙骨垂直吊挂件
边龙骨
T形主龙骨
矿棉板饰面
T形次龙骨
GL-01
玻璃(镜面)
9厚密度板(阻燃处理)
黏结层

H606 镜面墙面与矿棉板连接节点 / 1:5

注：因石材自身太重，有极大的安全隐患，故壁龛等墙面造型可以考虑，但大面积石材不宜用作天花吊顶，可考虑用自重较轻的仿石纹蜂窝铝板或转印石纹铝板替代。详见铝板吊顶A215号节。

课堂小知识

乳胶漆简析

乳胶漆是以合成树脂乳液为基料，加入颜料、填料及各种助剂配制而成的一种水性涂料，又称合成树脂乳液涂料，是有机涂料的一种。

根据产品适用环境的不同分为内墙乳胶漆和外墙乳胶漆。

根据装饰的光泽效果不同分为无光、亚光、丝光和亮光乳胶漆等类型。

选购乳胶漆主要看以下五个方面的特性：

1. 耐候性：耐紫外线及环境中化学物质的侵蚀，具有极佳的耐候性能。

2. 光泽度：漆膜色彩艳丽，光泽度高。特殊配方的金属闪光漆具有偏光效果。

3. 耐碱性：优异的耐碱性能，防止漆膜褪色。

4. 防水性：防水性能及耐洗刷性能优异。

5. 附着力：与多种类型底材都有良好的附着力。

7 软包墙面与不同材料天花

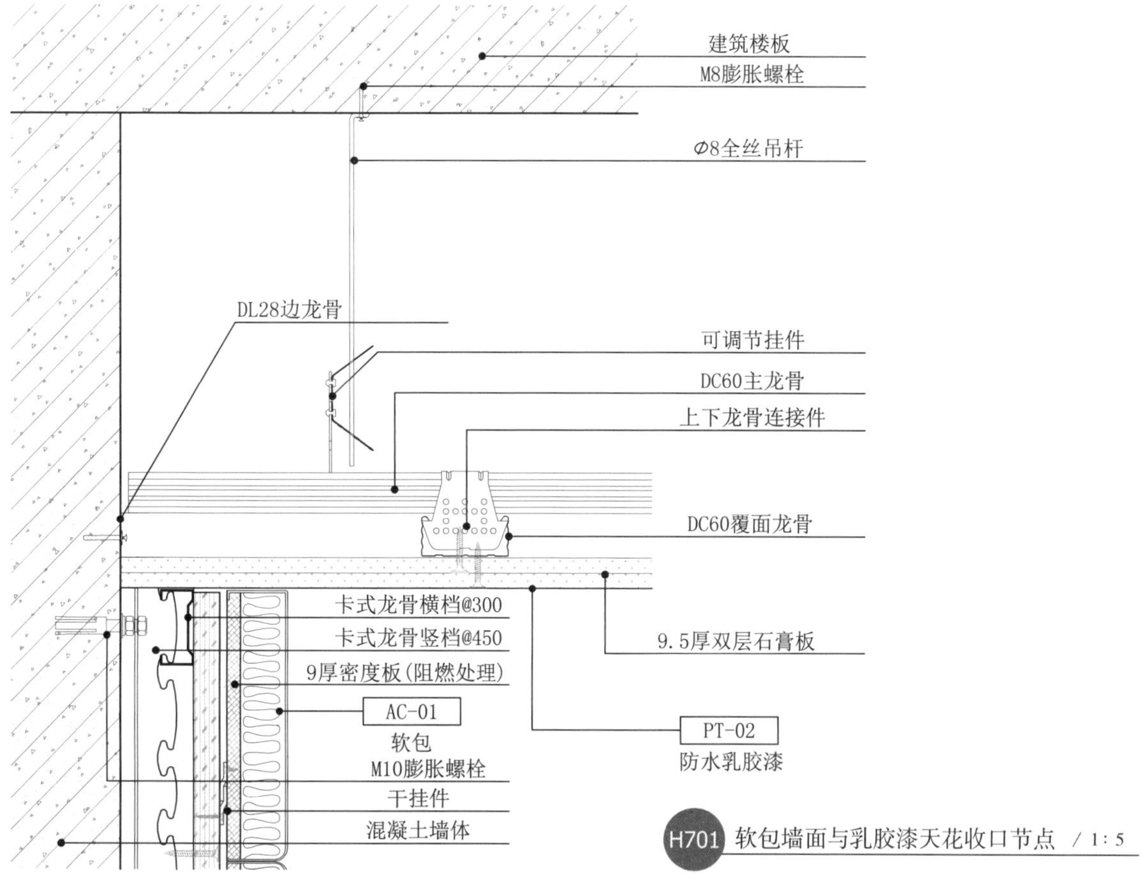
建筑楼板
M8膨胀螺栓
Ø8全丝吊杆
DL28边龙骨
可调节挂件
DC60主龙骨
上下龙骨连接件
DC60覆面龙骨
卡式龙骨横档@300
卡式龙骨竖档@450
9厚密度板(阻燃处理)
AC-01
软包
M10膨胀螺栓
干挂件
混凝土墙体
9.5厚双层石膏板
PT-02
防水乳胶漆

H701 软包墙面与乳胶漆天花收口节点 / 1:5

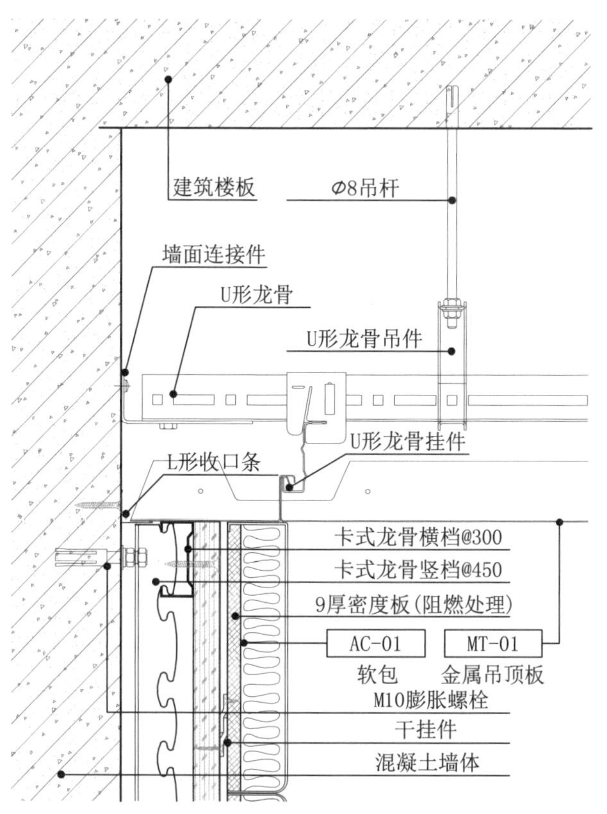
建筑楼板
Ø8吊杆
墙面连接件
U形龙骨
U形龙骨吊件
U形龙骨挂件
L形收口条
卡式龙骨横档@300
卡式龙骨竖档@450
9厚密度板(阻燃处理)
AC-01
MT-01
软包
金属吊顶板
M10膨胀螺栓
干挂件
混凝土墙体

H702 软包墙面与铝板天花收口节点 / 1:5

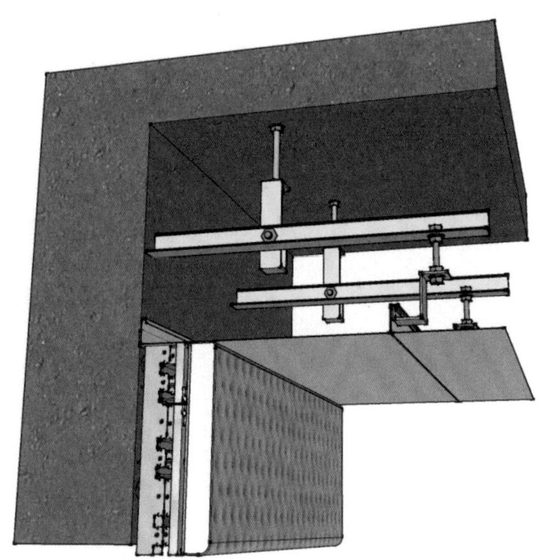

三维示意图（H702）

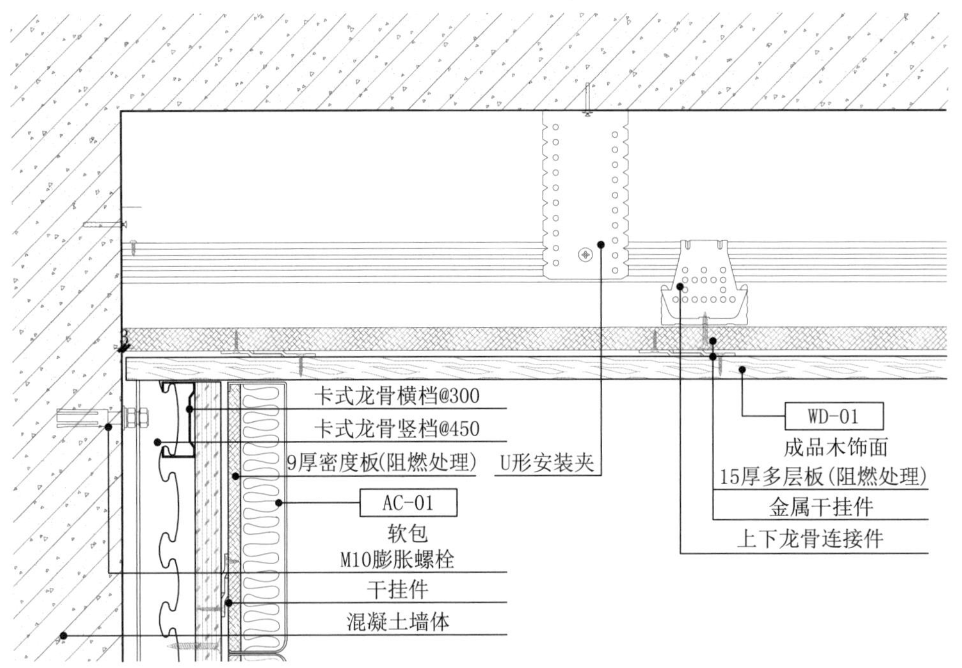
卡式龙骨横档@300
卡式龙骨竖档@450
9厚密度板(阻燃处理)
U形安装夹
AC-01
软包
M10膨胀螺栓
干挂件
混凝土墙体
WD-01
成品木饰面
15厚多层板(阻燃处理)
金属干挂件
上下龙骨连接件

H703 软包墙面与成品木饰面天花收口节点 / 1:5

注：公共区域天花吊顶需要使用燃烧性能等级达到A级的饰面。解决方法：1.可考虑用自重较轻的仿木纹蜂窝铝板或转印木纹铝板替代；2.需要使用由国家建筑工程质量监督检验中心出具的能达到燃烧性能等级A级要求的检测报告的木饰面。

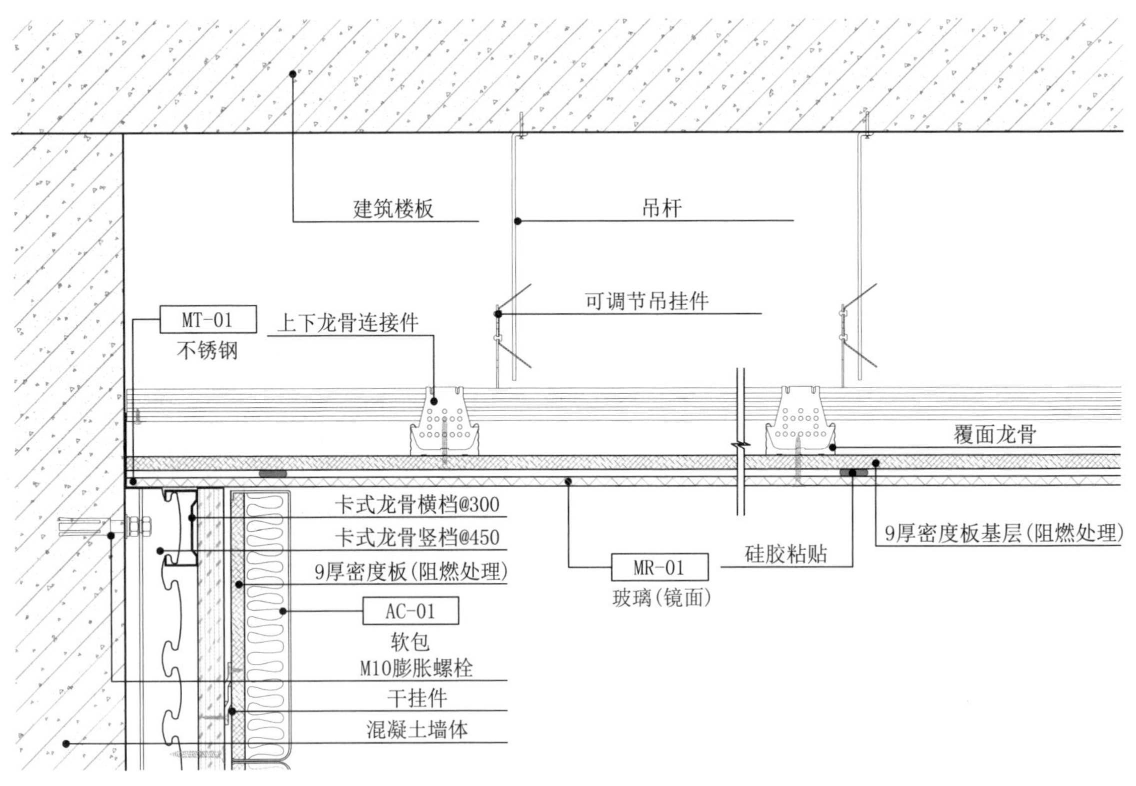
建筑楼板
吊杆
可调节吊挂件
MT-01
不锈钢
上下龙骨连接件
覆面龙骨
卡式龙骨横档@300
卡式龙骨竖档@450
9厚密度板(阻燃处理)
AC-01
软包
M10膨胀螺栓
干挂件
混凝土墙体
MR-01
玻璃(镜面)
硅胶粘贴
9厚密度板基层(阻燃处理)

H704 软包墙面与镜面天花收口节点 / 1:5

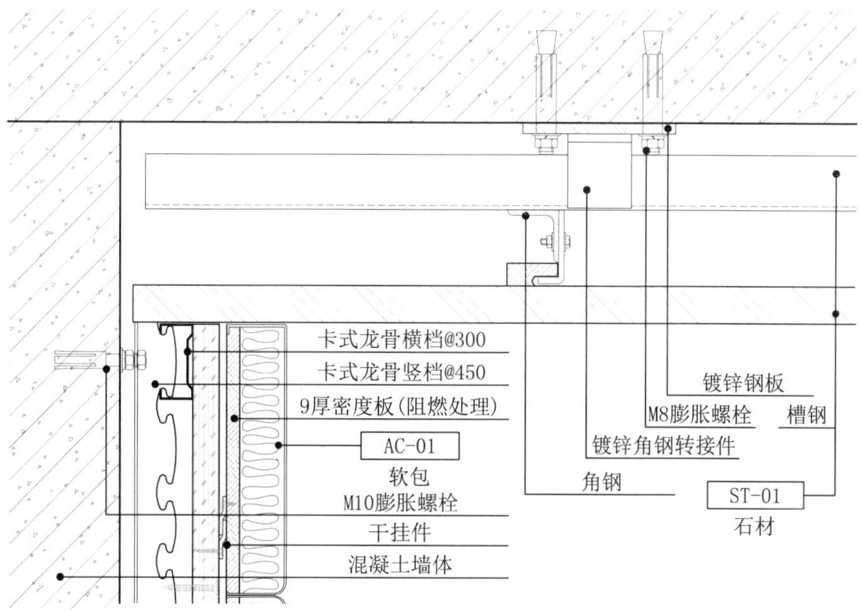
卡式龙骨横档@300
卡式龙骨竖档@450
9厚密度板(阻燃处理)
AC-01
软包
M10膨胀螺栓
干挂件
混凝土墙体
镀锌钢板
M8膨胀螺栓
槽钢
镀锌角钢转接件
角钢
ST-01
石材

H705 软包墙面与石材天花收口节点 / 1:5

注：因石材自身太重，有极大的安全隐患，故壁龛等墙面造型可以考虑，但大面积石材不宜用作天花吊顶，可考虑用自重较轻的仿石纹蜂窝铝板或转印石纹铝板替代。详见铝板吊顶A215号节点。

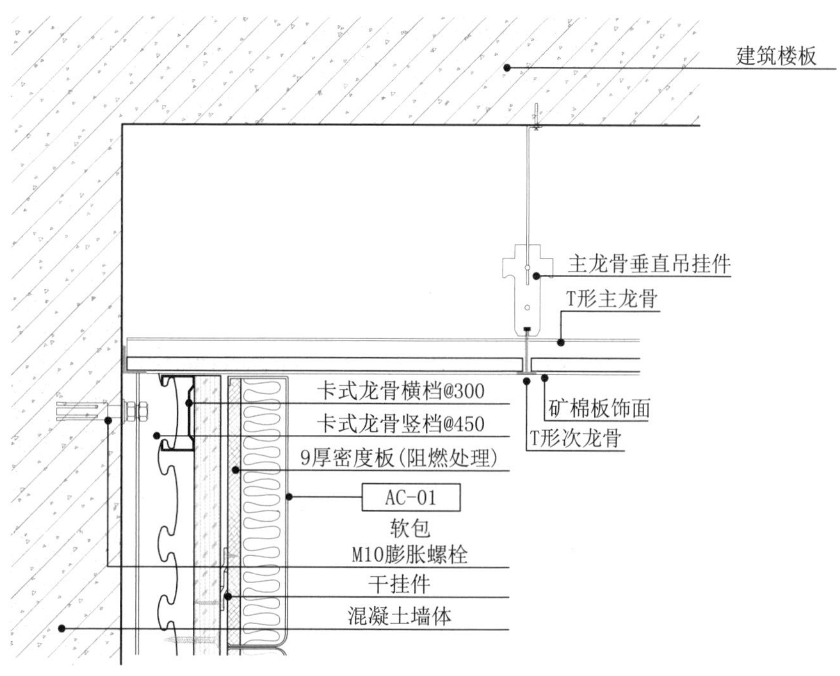
建筑楼板
主龙骨垂直吊挂件
T形主龙骨
卡式龙骨横档@300
卡式龙骨竖档@450
9厚密度板(阻燃处理)
矿棉板饰面
T形次龙骨
AC-01
软包
M10膨胀螺栓
干挂件
混凝土墙体

H706 软包墙面与矿棉板天花收口节点 / 1:5

8 硬包（皮革）墙面与不同材料天花

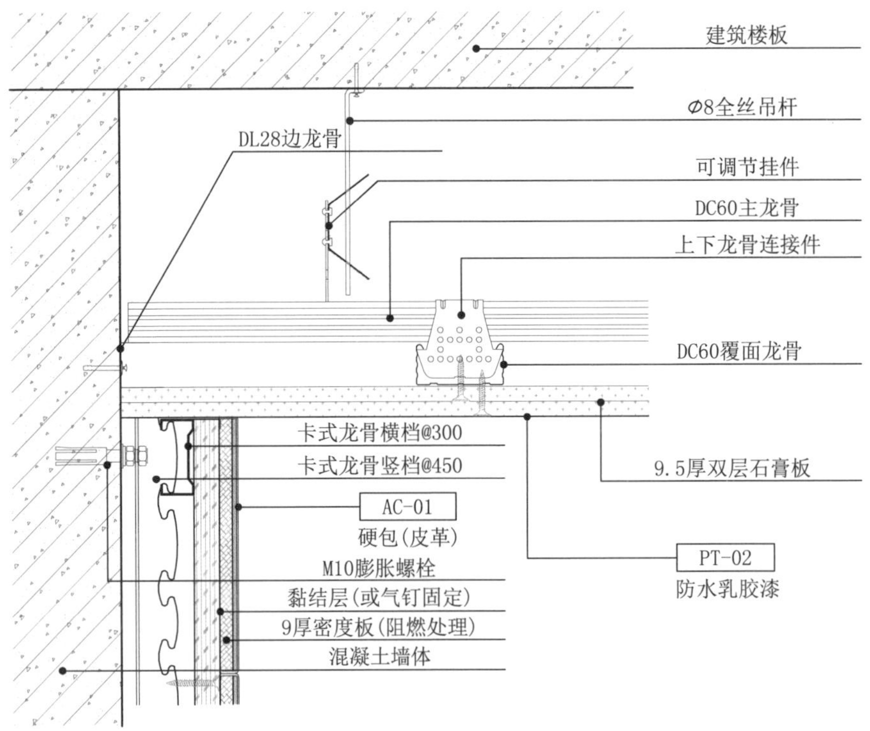
建筑楼板
Ø8全丝吊杆
DL28边龙骨
可调节挂件
DC60主龙骨
上下龙骨连接件
DC60覆面龙骨
卡式龙骨横档@300
卡式龙骨竖档@450
9.5厚双层石膏板
AC-01
硬包(皮革)
PT-02
防水乳胶漆
M10膨胀螺栓
黏结层(或气钉固定)
9厚密度板(阻燃处理)
混凝土墙体

H801 硬包（皮革）墙面与乳胶漆天花收口节点 / 1∶5

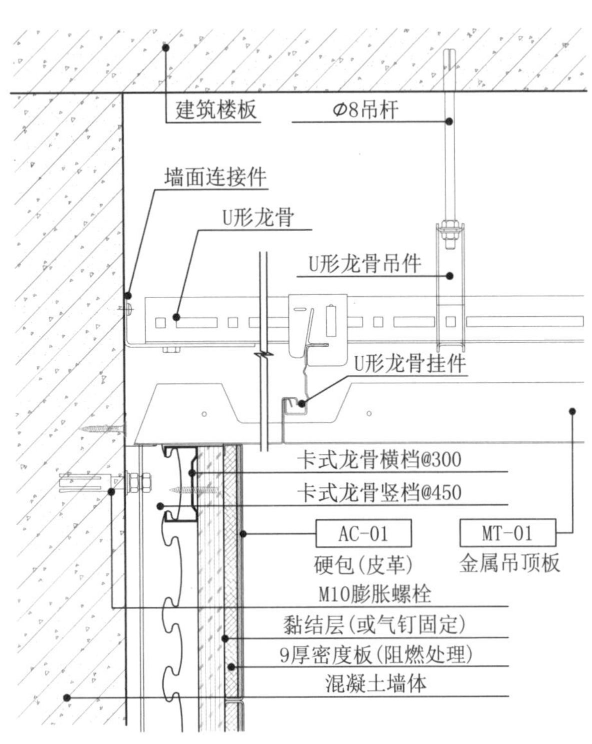
建筑楼板
Ø8吊杆
墙面连接件
U形龙骨
U形龙骨吊件
U形龙骨挂件
卡式龙骨横档@300
卡式龙骨竖档@450
AC-01
硬包(皮革)
MT-01
金属吊顶板
M10膨胀螺栓
黏结层(或气钉固定)
9厚密度板(阻燃处理)
混凝土墙体

H802 硬包（皮革）墙面与铝板天花收口节点 / 1∶5

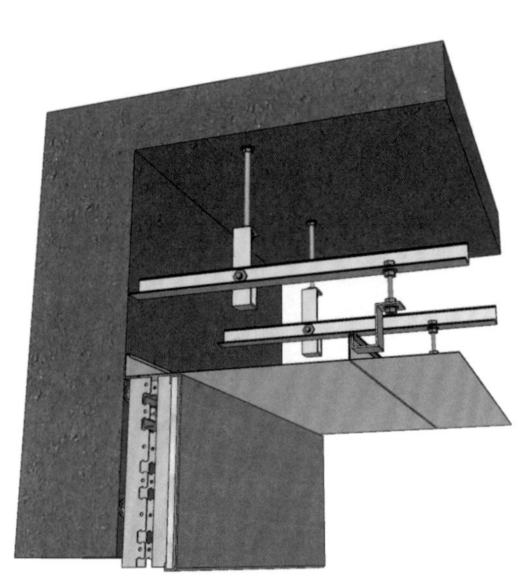

三维示意图（H802）

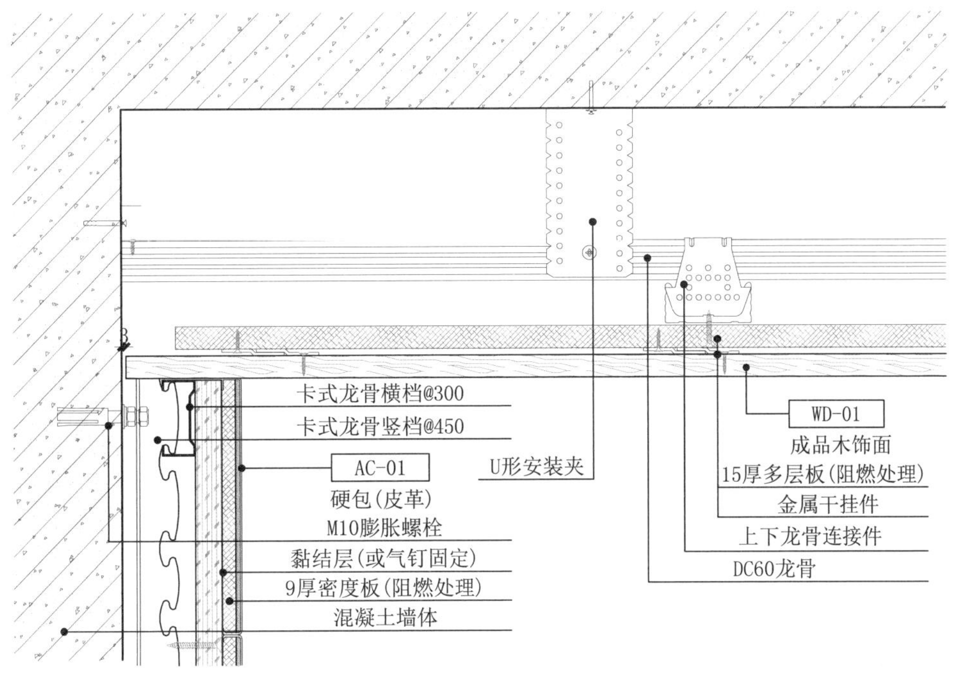

卡式龙骨横档@300
卡式龙骨竖档@450
AC-01
硬包(皮革)
M10膨胀螺栓
黏结层(或气钉固定)
9厚密度板(阻燃处理)
混凝土墙体
U形安装夹
WD-01
成品木饰面
15厚多层板(阻燃处理)
金属干挂件
上下龙骨连接件
DC60龙骨

H803 硬包（皮革）墙面与成品木饰面天花收口节点 / 1:5

注：公共区域天花吊顶需要使用燃烧性能等级达到A级的饰面。解决方法：1.可考虑用自重较轻的仿木纹蜂窝铝板或转印木纹铝板替代；2.需要使用由国家建筑工程质量监督检验中心出具的能达到燃烧性能等级A级要求的检测报告的木饰面。

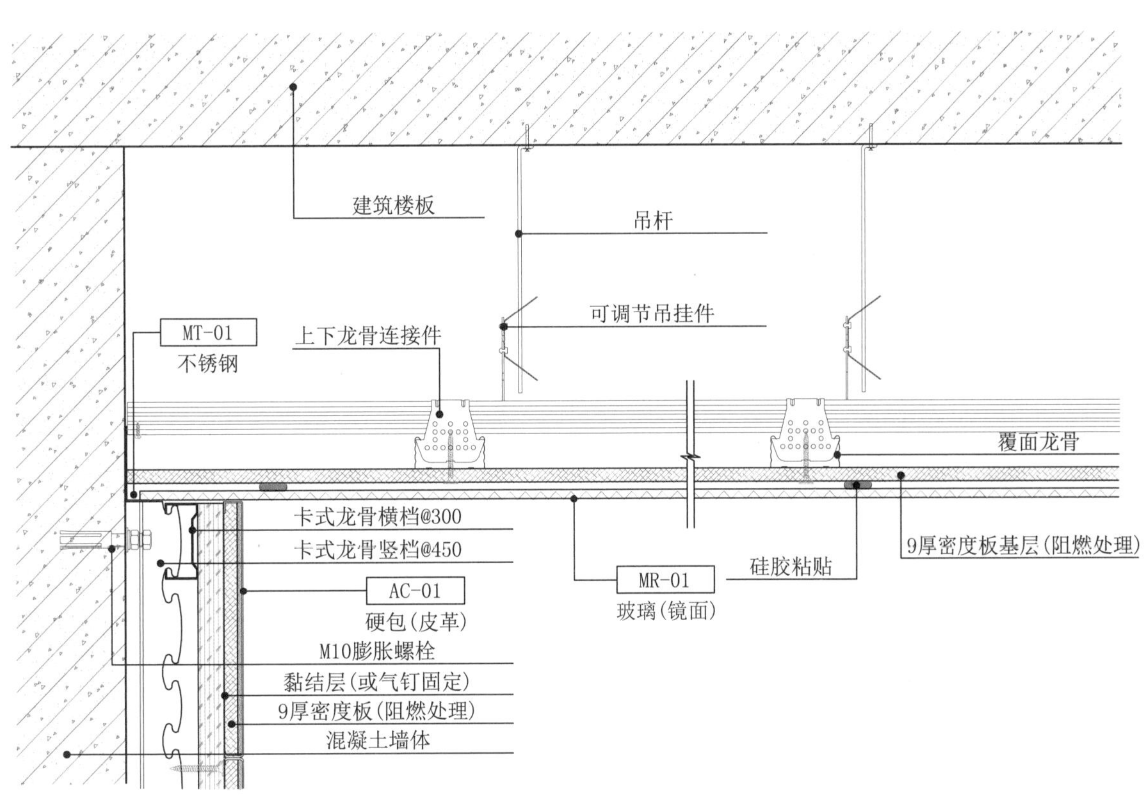

建筑楼板
吊杆
可调节吊挂件
MT-01
不锈钢
上下龙骨连接件
覆面龙骨
卡式龙骨横档@300
卡式龙骨竖档@450
AC-01
硬包(皮革)
M10膨胀螺栓
黏结层(或气钉固定)
9厚密度板(阻燃处理)
混凝土墙体
MR-01
玻璃(镜面)
硅胶粘贴
9厚密度板基层(阻燃处理)

H804 硬包（皮革）墙面与镜面天花收口节点 / 1:5

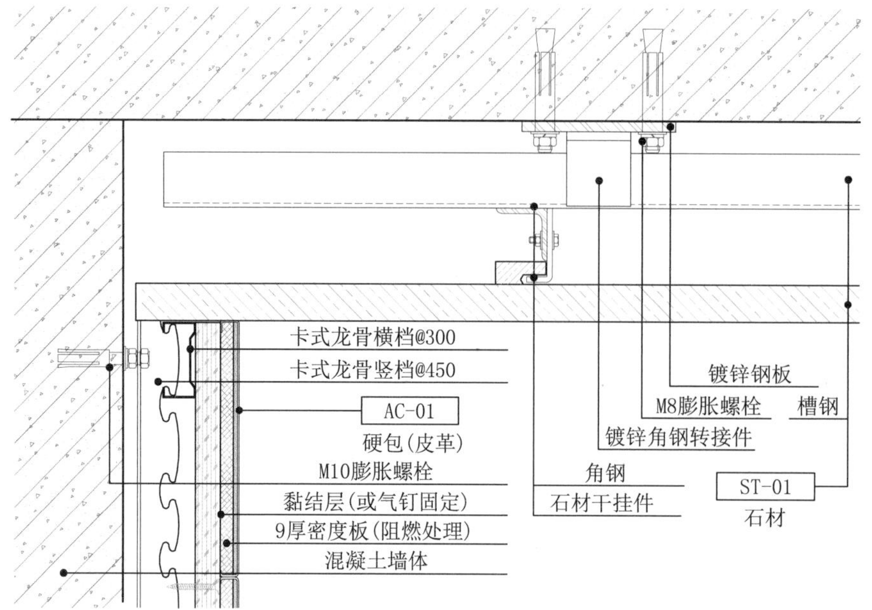
卡式龙骨横档@300
卡式龙骨竖档@450
AC-01
硬包(皮革)
M10膨胀螺栓
黏结层(或气钉固定)
9厚密度板(阻燃处理)
混凝土墙体
镀锌钢板
M8膨胀螺栓
槽钢
镀锌角钢转接件
角钢
石材干挂件
ST-01
石材

H805 硬包（皮革）墙面与石材天花收口节点 / 1:5

注：因石材自身太重，有极大的安全隐患，故壁龛等墙面造型可以考虑，但大面积石材不宜用作天花吊顶，可考虑用自重较轻的仿石纹蜂窝铝板或转印石纹铝板替代。详见铝板吊顶A215号节点。

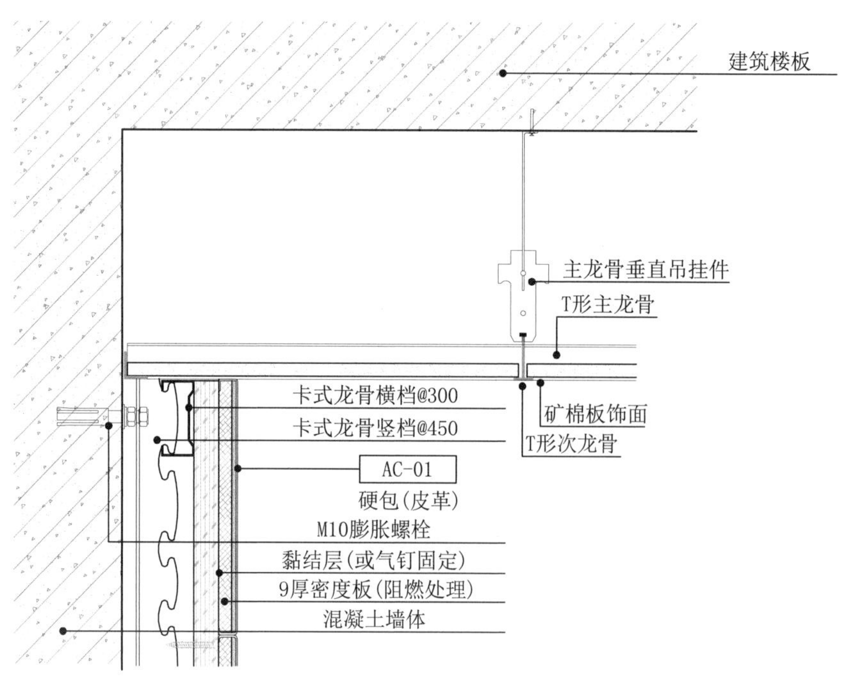
建筑楼板
主龙骨垂直吊挂件
T形主龙骨
卡式龙骨横档@300
卡式龙骨竖档@450
矿棉板饰面
T形次龙骨
AC-01
硬包(皮革)
M10膨胀螺栓
黏结层(或气钉固定)
9厚密度板(阻燃处理)
混凝土墙体

H806 硬包（皮革）墙面与矿棉板天花收口节点 / 1:5

9 金属板墙面与不同材料天花

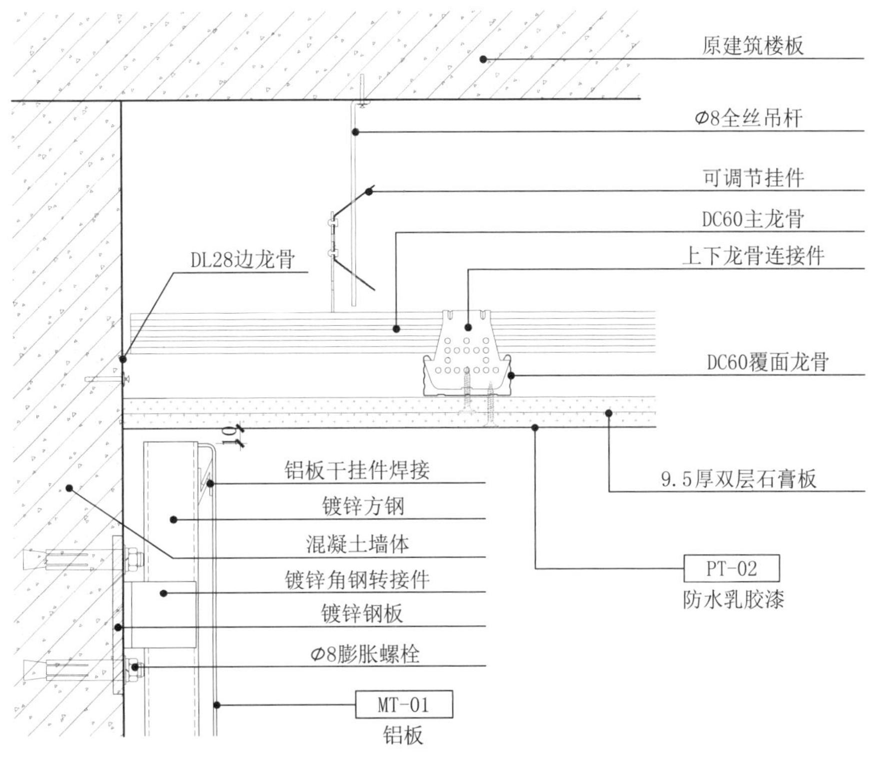
原建筑楼板
Ø8全丝吊杆
可调节挂件
DC60主龙骨
上下龙骨连接件
DL28边龙骨
DC60覆面龙骨
10
铝板干挂件焊接
镀锌方钢
混凝土墙体
镀锌角钢转接件
镀锌钢板
Ø8膨胀螺栓
MT-01
铝板
9.5厚双层石膏板
PT-02
防水乳胶漆

H901 金属板墙面与乳胶漆天花收口节点 / 1:5

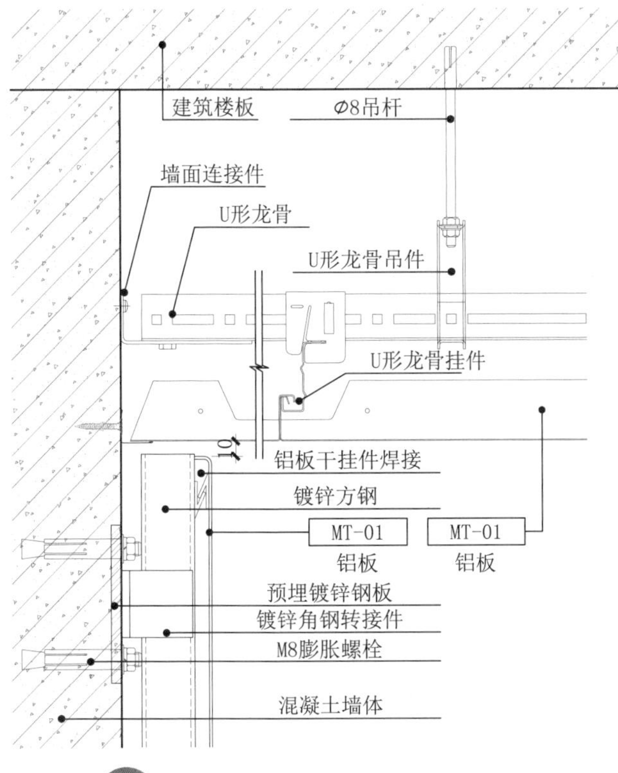
建筑楼板
Ø8吊杆
墙面连接件
U形龙骨
U形龙骨吊件
U形龙骨挂件
10
铝板干挂件焊接
镀锌方钢
MT-01
铝板
MT-01
铝板
预埋镀锌钢板
镀锌角钢转接件
M8膨胀螺栓
混凝土墙体

H902 铝板墙面与铝板天花收口节点 / 1:5

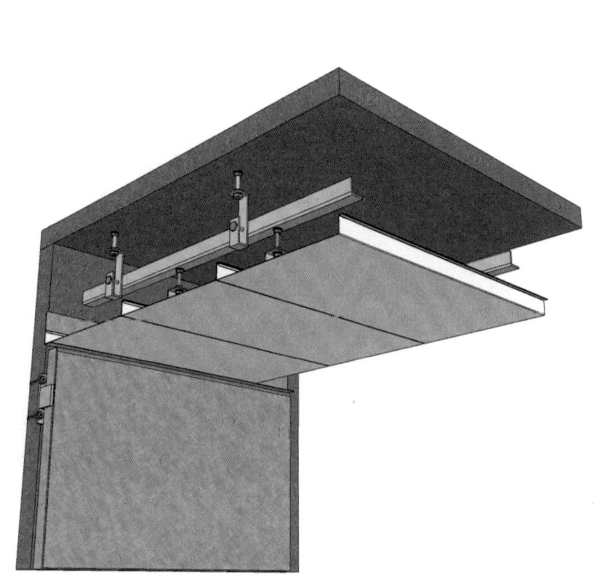

三维示意图（H902）

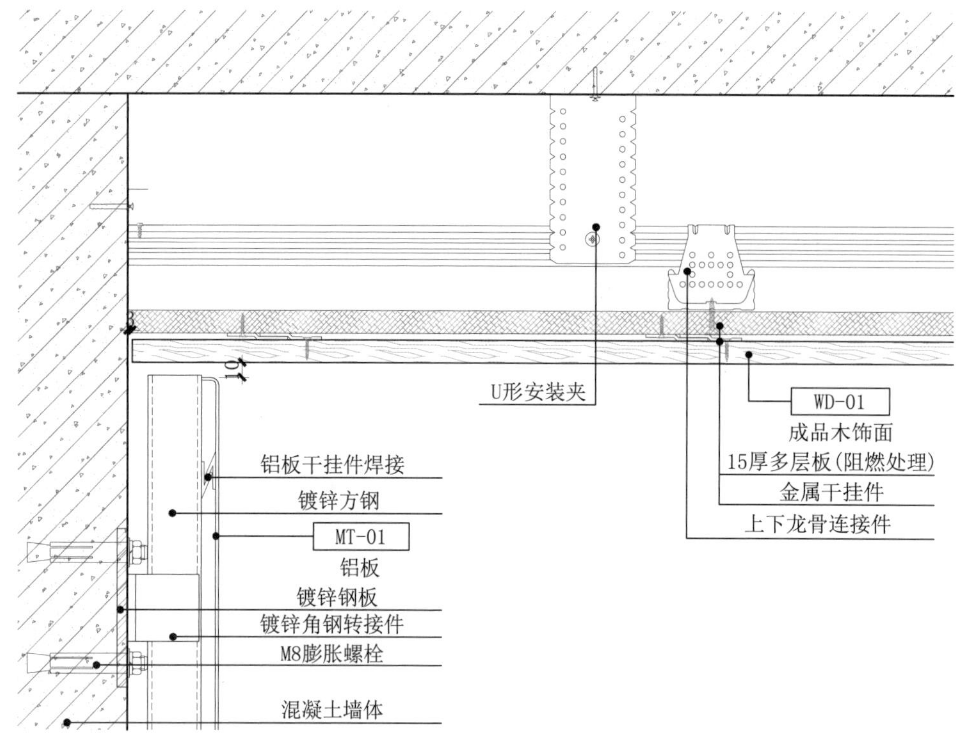

U形安装夹
WD-01
成品木饰面
15厚多层板(阻燃处理)
金属干挂件
上下龙骨连接件
铝板干挂件焊接
镀锌方钢
MT-01
铝板
镀锌钢板
镀锌角钢转接件
M8膨胀螺栓
混凝土墙体

H903 金属板墙面与木饰面天花收口节点 / 1∶5

注：公共区域天花吊顶需要使用燃烧性能等级达到A级的饰面。解决方法：1.可考虑用自重较轻的仿木纹蜂窝铝板或转印木纹铝板替代；2.需要使用由国家建筑工程质量监督检验中心出具的能达到燃烧性能等级A级要求的检测报告的木饰面。

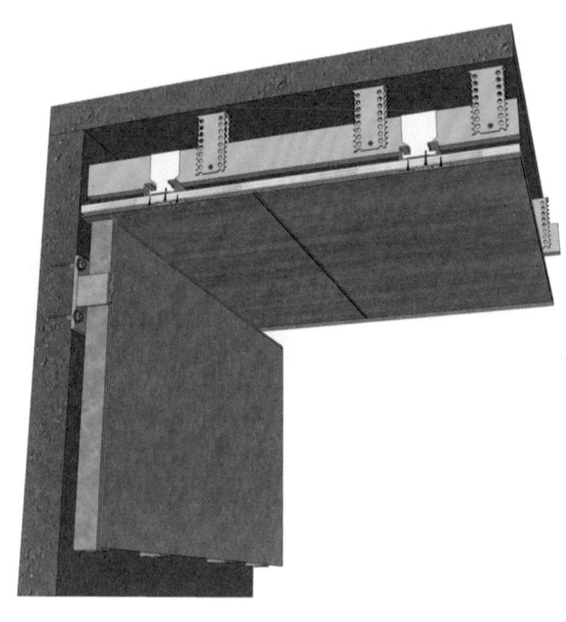

三维示意图（H903）

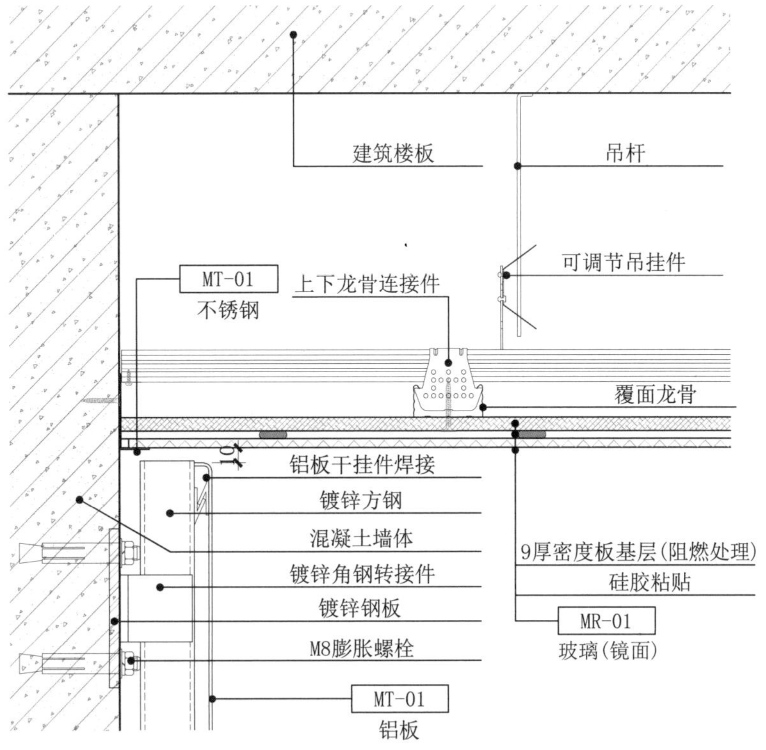
建筑楼板
吊杆
可调节吊挂件
MT-01
不锈钢
上下龙骨连接件
覆面龙骨
铝板干挂件焊接
镀锌方钢
混凝土墙体
9厚密度板基层(阻燃处理)
硅胶粘贴
镀锌角钢转接件
镀锌钢板
MR-01
玻璃(镜面)
M8膨胀螺栓
MT-01
铝板

H904 金属板墙面与镜面天花收口节点 / 1∶5

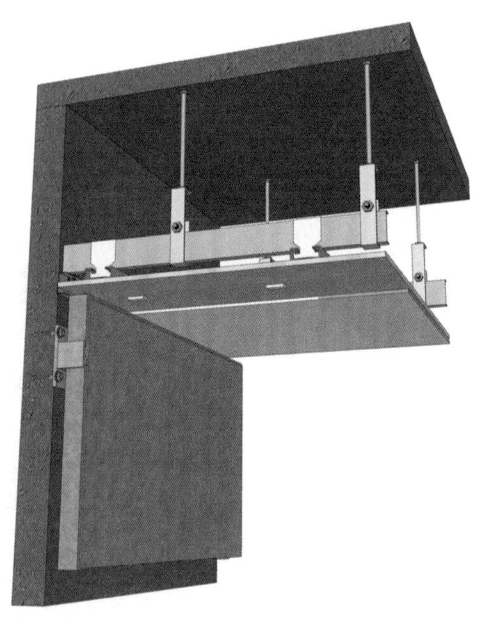

三维示意图（H904）

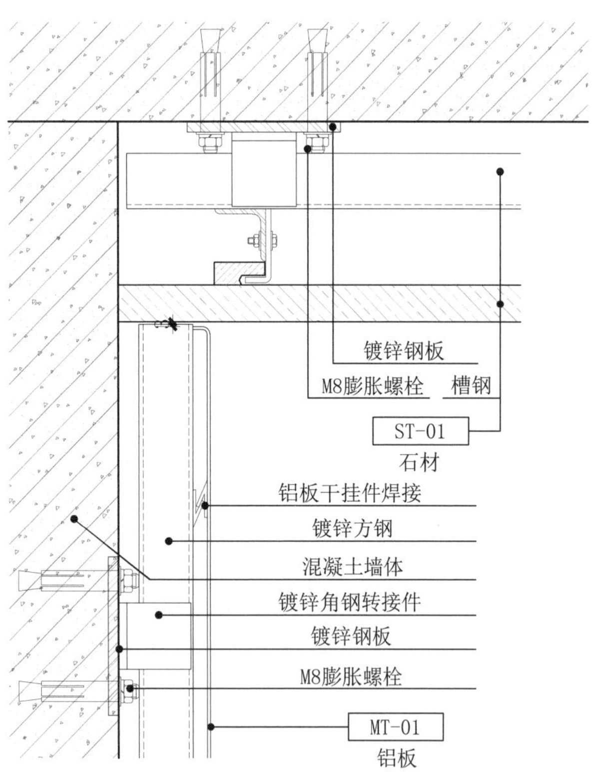
镀锌钢板
M8膨胀螺栓
槽钢
ST-01
石材
铝板干挂件焊接
镀锌方钢
混凝土墙体
镀锌角钢转接件
镀锌钢板
M8膨胀螺栓
MT-01
铝板

H905 金属板墙面与石材天花收口节点 / 1∶5

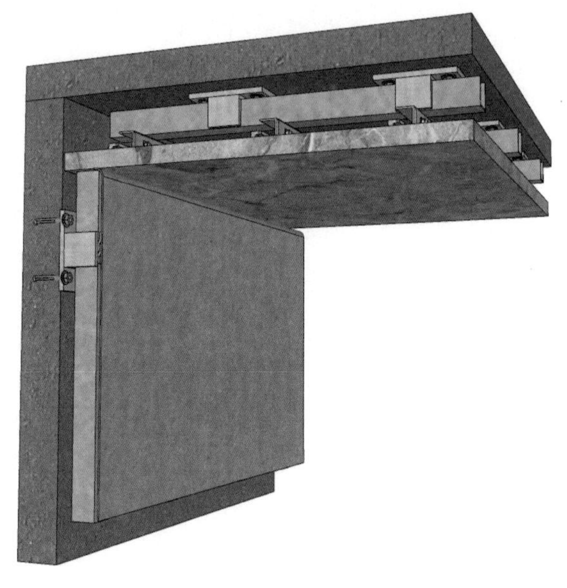

三维示意图（H905）

注：因石材自身太重，有极大的安全隐患，故壁龛等墙面造型可以考虑，但大面积石材不宜用作天花吊顶，可考虑用自重较轻的仿石纹蜂窝铝板或转印石纹铝板替代。详见铝板吊顶A215号节点。

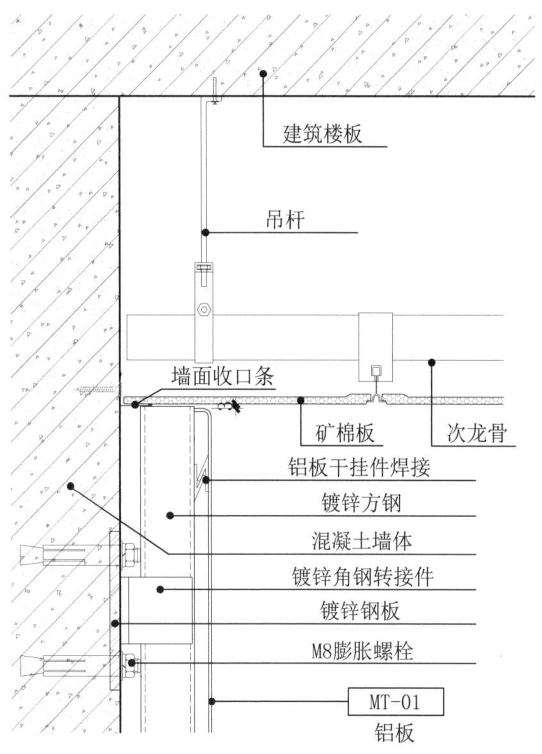
建筑楼板
吊杆
墙面收口条
矿棉板
次龙骨
铝板干挂件焊接
镀锌方钢
混凝土墙体
镀锌角钢转接件
镀锌钢板
M8膨胀螺栓
MT-01
铝板

H906 金属板墙面与矿棉板天花收口节点 / 1∶5

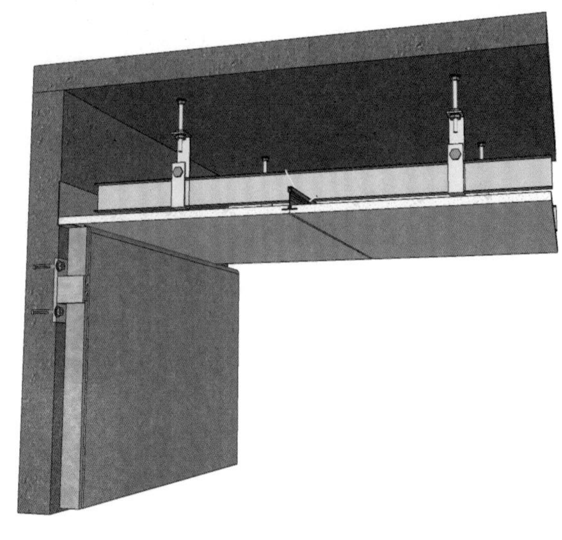

三维示意图（H906）

I

墙面与地面收口节点

1 墙面漆类墙面与不同材料地面

2 木饰面墙面与不同材料地面

3 湿贴石材墙面与不同材料地面

4 干挂石材墙面与不同材料地面

5 马赛克砖墙面与不同材料地面

6 镜面墙面与不同材料地面

7 软包墙面与不同材料地面

8 硬包（皮革）墙面与不同材料地面

9 铝板墙面与不同材料地面

1 墙面漆类墙面与不同材料地面

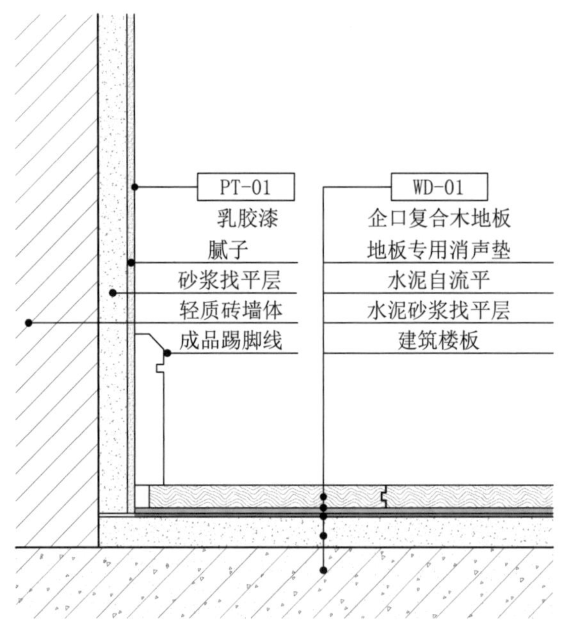
PT-01
乳胶漆
腻子
砂浆找平层
轻质砖墙体
成品踢脚线
WD-01
企口复合木地板
地板专用消声垫
水泥自流平
水泥砂浆找平层
建筑楼板

I101 墙面漆类墙面与复合木地板收口节点 / 1∶5

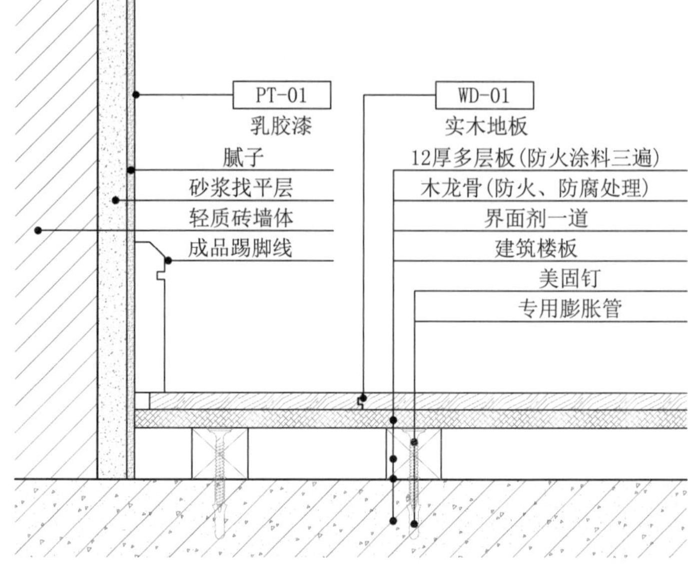
PT-01
乳胶漆
腻子
砂浆找平层
轻质砖墙体
成品踢脚线
WD-01
实木地板
12厚多层板(防火涂料三遍)
木龙骨(防火、防腐处理)
界面剂一道
建筑楼板
美固钉
专用膨胀管

I102 墙面漆类墙面与实木地板收口节点 / 1∶5

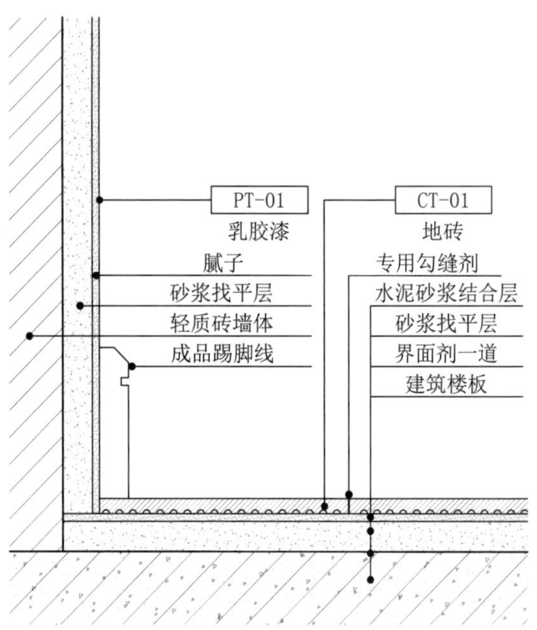
PT-01
乳胶漆
腻子
砂浆找平层
轻质砖墙体
成品踢脚线
CT-01
地砖
专用勾缝剂
水泥砂浆结合层
砂浆找平层
界面剂一道
建筑楼板

I103 墙面漆类墙面与地砖收口节点 / 1∶5

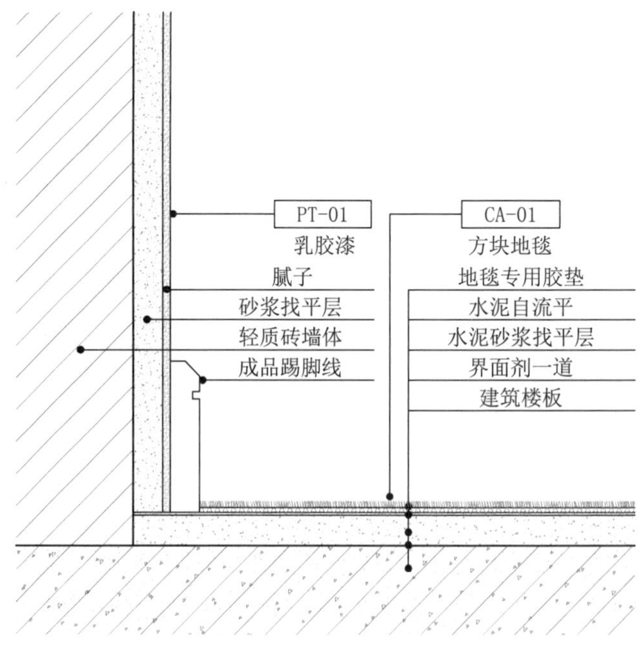
PT-01
乳胶漆
腻子
砂浆找平层
轻质砖墙体
成品踢脚线
CA-01
方块地毯
地毯专用胶垫
水泥自流平
水泥砂浆找平层
界面剂一道
建筑楼板

I104 墙面漆类墙面与地毯收口节点 / 1∶5

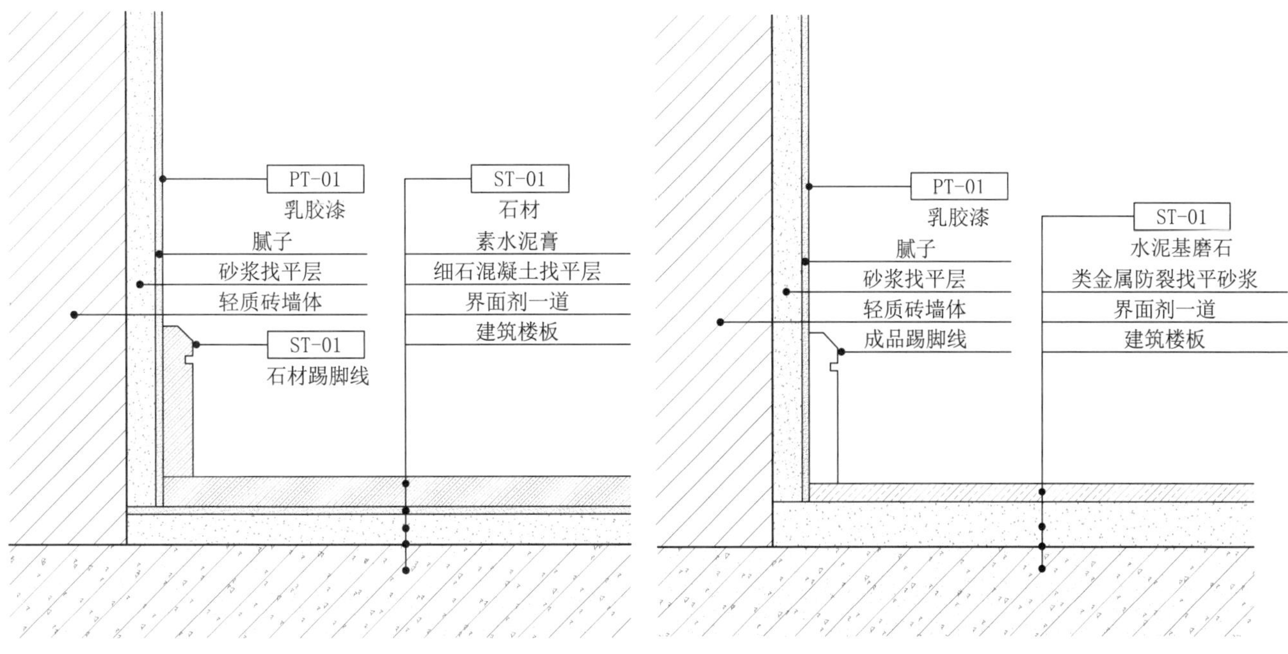
PT-01
乳胶漆
腻子
砂浆找平层
轻质砖墙体
ST-01
石材踢脚线
ST-01
石材
素水泥膏
细石混凝土找平层
界面剂一道
建筑楼板
PT-01
乳胶漆
腻子
砂浆找平层
轻质砖墙体
成品踢脚线
ST-01
水泥基磨石
类金属防裂找平砂浆
界面剂一道
建筑楼板

I105 墙面漆类墙面与石材地面收口节点 / 1∶5

I106 墙面漆类墙面与水泥基磨石地面收口节点 / 1∶5

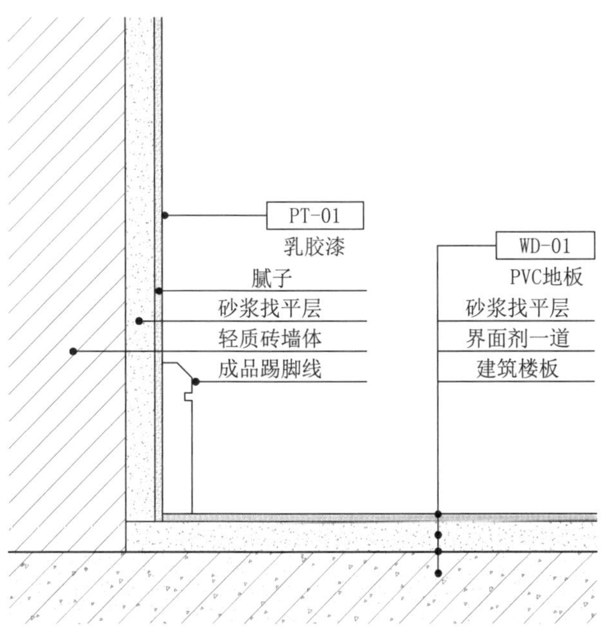
PT-01
乳胶漆
腻子
砂浆找平层
轻质砖墙体
成品踢脚线
WD-01
PVC地板
砂浆找平层
界面剂一道
建筑楼板

I107 墙面漆类墙面与PVC地板收口节点 / 1∶5

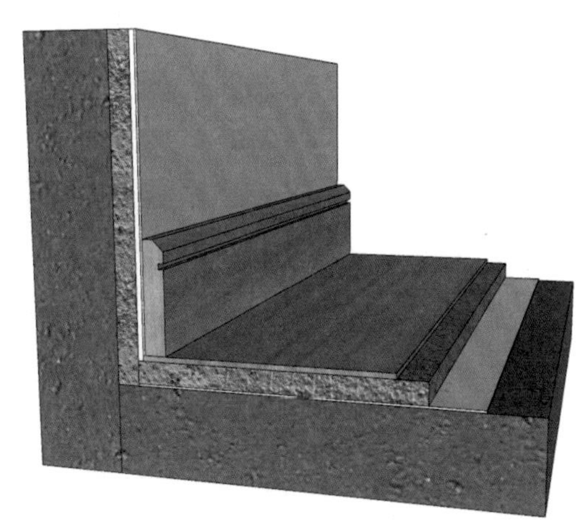

三维示意图（I107）

2 木饰面墙面与不同材料地面

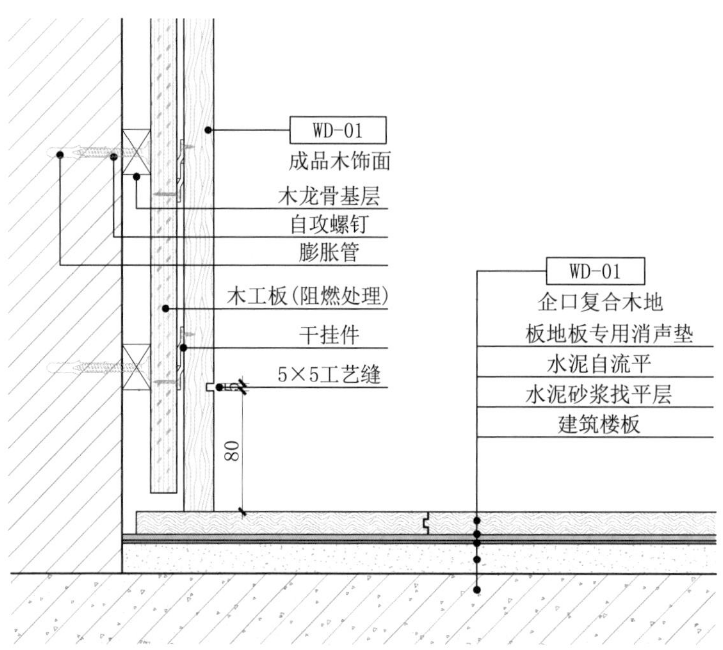
WD-01
成品木饰面
木龙骨基层
自攻螺钉
膨胀管
木工板(阻燃处理)
干挂件
5×5工艺缝
80
WD-01
企口复合木地
板地板专用消声垫
水泥自流平
水泥砂浆找平层
建筑楼板

I201 木饰面墙面与复合木地板收口节点 / 1:5

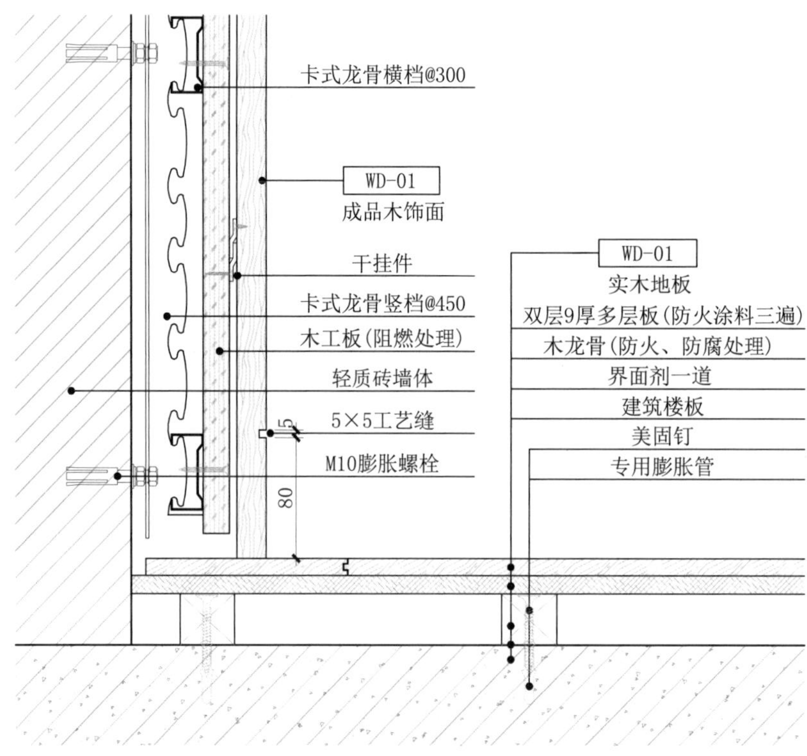
卡式龙骨横档@300
WD-01
成品木饰面
干挂件
卡式龙骨竖档@450
木工板(阻燃处理)
轻质砖墙体
5×5工艺缝
M10膨胀螺栓
80
WD-01
实木地板
双层9厚多层板(防火涂料三遍)
木龙骨(防火、防腐处理)
界面剂一道
建筑楼板
美固钉
专用膨胀管

I202 木饰面墙面与实木地板收口节点 / 1:5

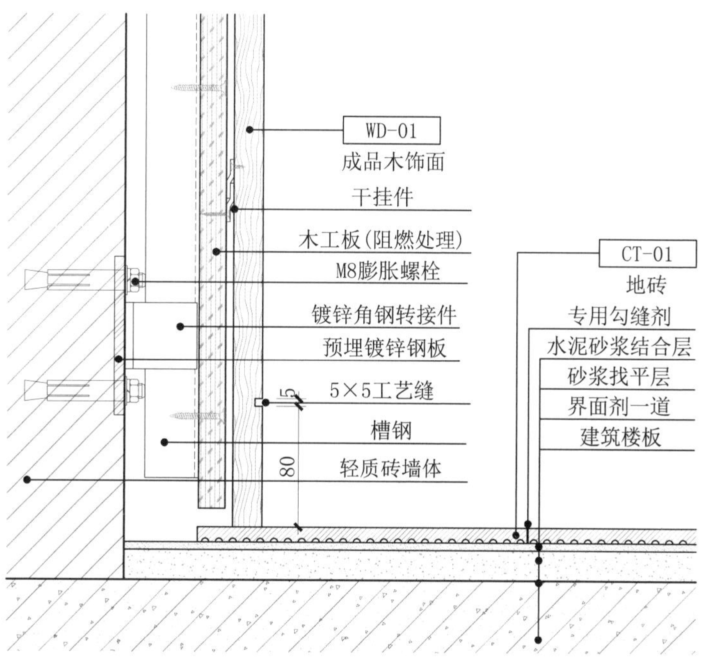
WD-01
成品木饰面
干挂件
木工板(阻燃处理)
M8膨胀螺栓
镀锌角钢转接件
预埋镀锌钢板
5×5工艺缝
槽钢
轻质砖墙体
5
80
CT-01
地砖
专用勾缝剂
水泥砂浆结合层
砂浆找平层
界面剂一道
建筑楼板

I203 木饰面墙面与地砖收口节点 / 1∶5

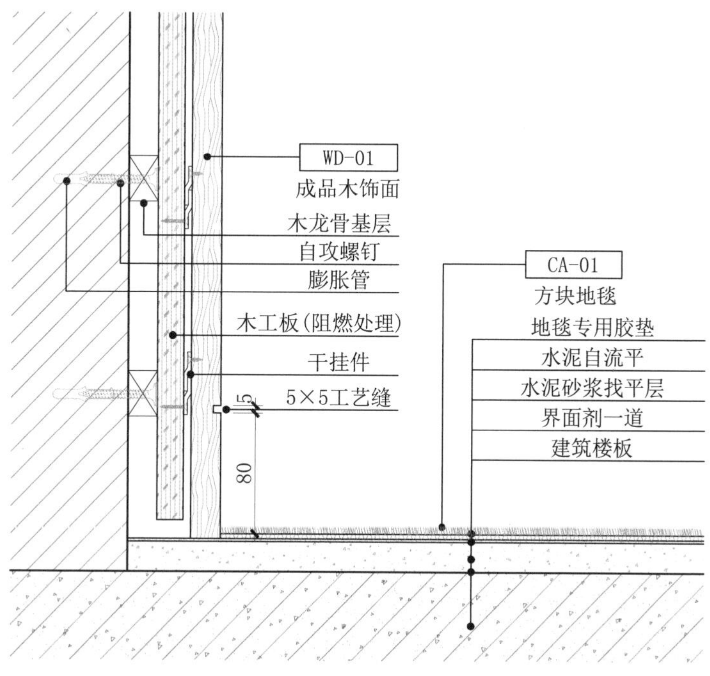
WD-01
成品木饰面
木龙骨基层
自攻螺钉
膨胀管
木工板(阻燃处理)
干挂件
5×5工艺缝
5
80
CA-01
方块地毯
地毯专用胶垫
水泥自流平
水泥砂浆找平层
界面剂一道
建筑楼板

I204 木饰面墙面与地毯收口节点 / 1∶5

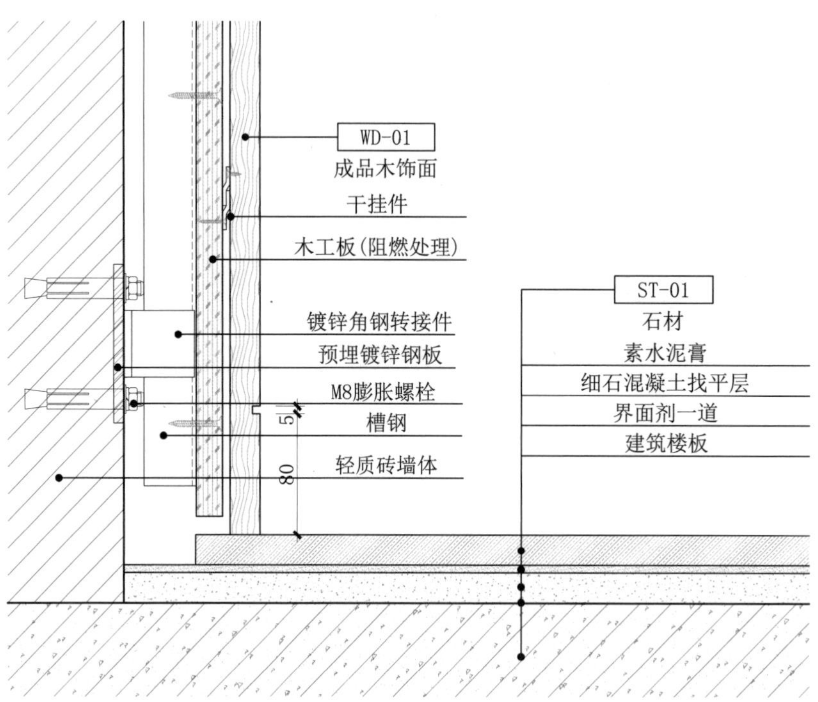
WD-01
成品木饰面
干挂件
木工板(阻燃处理)
镀锌角钢转接件
预埋镀锌钢板
M8膨胀螺栓
槽钢
轻质砖墙体
ST-01
石材
素水泥膏
细石混凝土找平层
界面剂一道
建筑楼板
5
80

I205 木饰面墙面与石材地面收口节点 / 1∶5

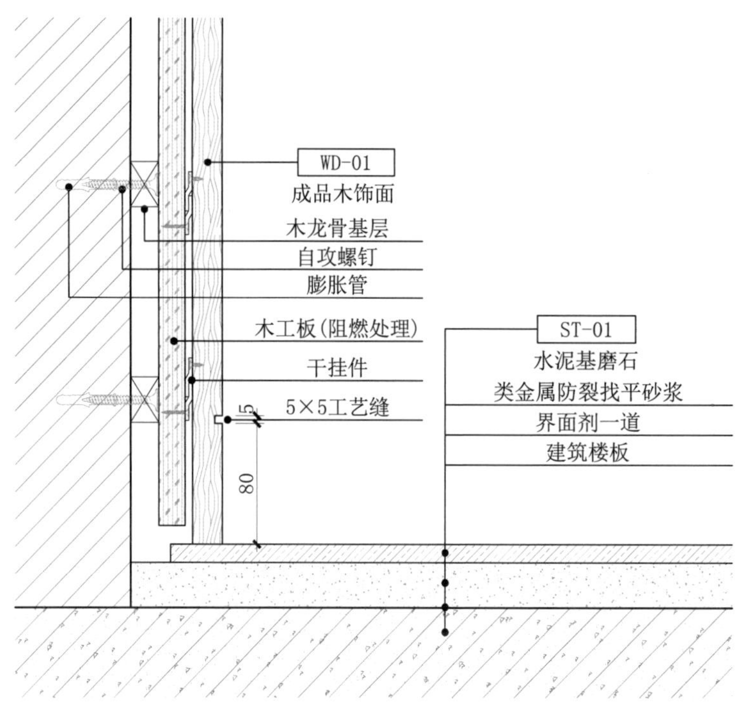
WD-01
成品木饰面
木龙骨基层
自攻螺钉
膨胀管
木工板(阻燃处理)
干挂件
5×5工艺缝
ST-01
水泥基磨石
类金属防裂找平砂浆
界面剂一道
建筑楼板
5
80

I206 木饰面墙面与水泥基磨石地面收口节点 / 1∶5

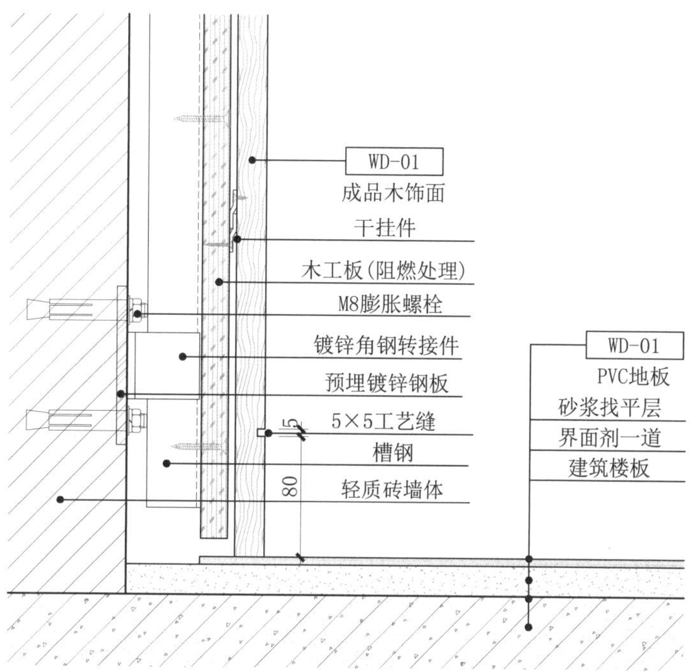
WD-01
成品木饰面
干挂件
木工板(阻燃处理)
M8膨胀螺栓
镀锌角钢转接件
预埋镀锌钢板
5×5工艺缝
槽钢
轻质砖墙体
WD-01
PVC地板
砂浆找平层
界面剂一道
建筑楼板
5
80

I207 木饰面墙面与PVC地板收口节点 / 1 : 5

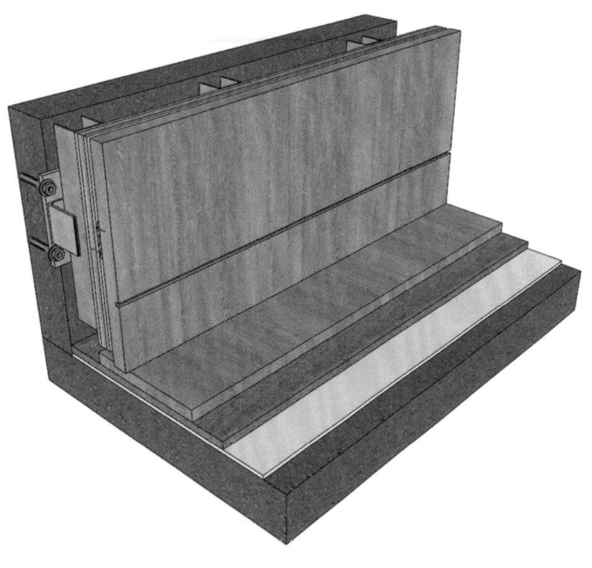

三维示意图（I207）

3 湿贴石材墙面与不同材料地面

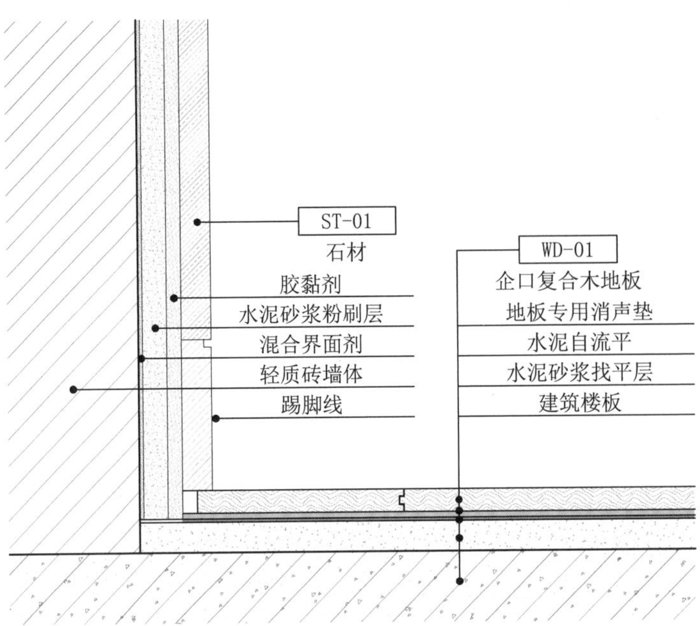
ST-01
石材
胶黏剂
水泥砂浆粉刷层
混合界面剂
轻质砖墙体
踢脚线
WD-01
企口复合木地板
地板专用消声垫
水泥自流平
水泥砂浆找平层
建筑楼板

I301 湿贴石材墙面与复合木地板收口节点 / 1∶5

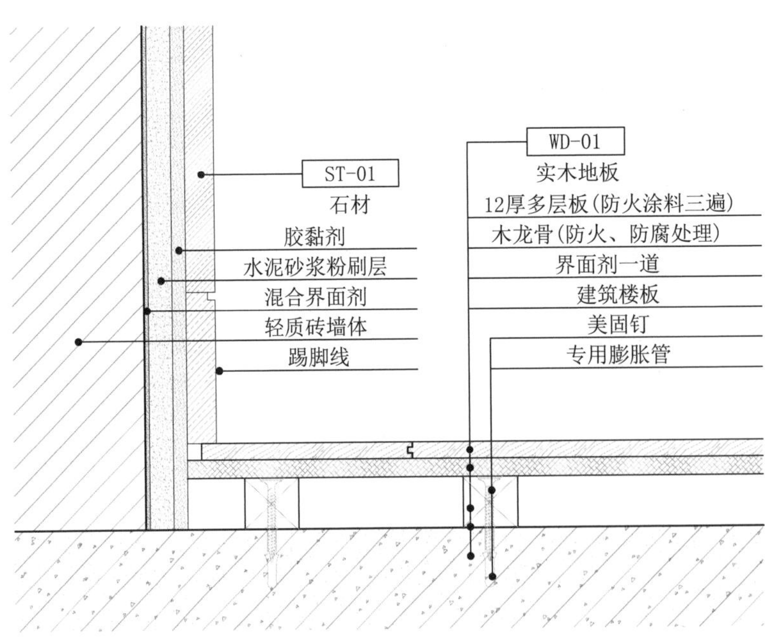
ST-01
石材
胶黏剂
水泥砂浆粉刷层
混合界面剂
轻质砖墙体
踢脚线
WD-01
实木地板
12厚多层板(防火涂料三遍)
木龙骨(防火、防腐处理)
界面剂一道
建筑楼板
美固钉
专用膨胀管

I302 湿贴石材墙面与实木地板收口节点 / 1∶5

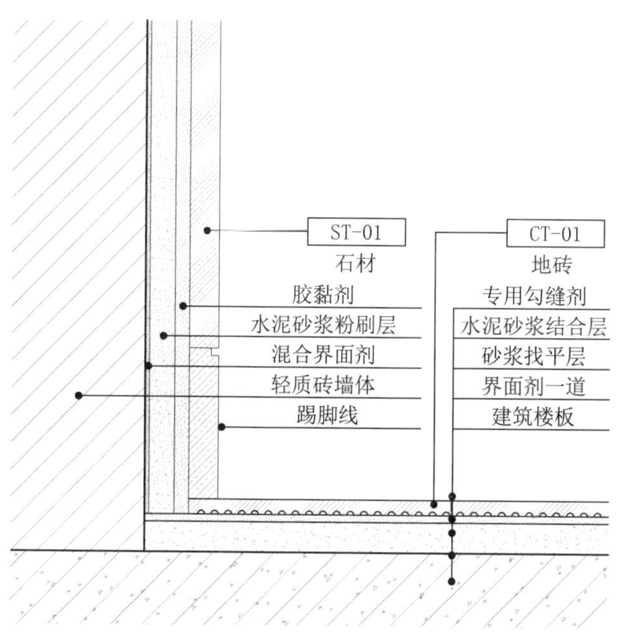
ST-01
石材
胶黏剂
水泥砂浆粉刷层
混合界面剂
轻质砖墙体
踢脚线
CT-01
地砖
专用勾缝剂
水泥砂浆结合层
砂浆找平层
界面剂一道
建筑楼板

I303 湿贴石材墙面与地砖收口节点 / 1:5

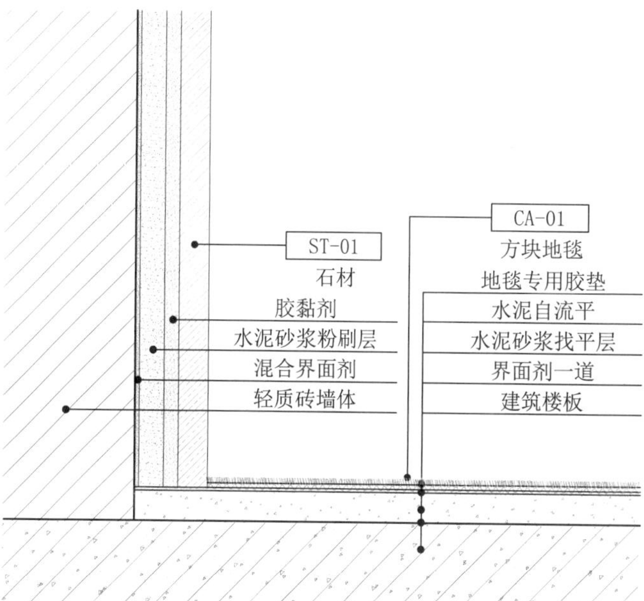
ST-01
石材
胶黏剂
水泥砂浆粉刷层
混合界面剂
轻质砖墙体
CA-01
方块地毯
地毯专用胶垫
水泥自流平
水泥砂浆找平层
界面剂一道
建筑楼板

I304 湿贴石材墙面与地毯收口节点 / 1:5

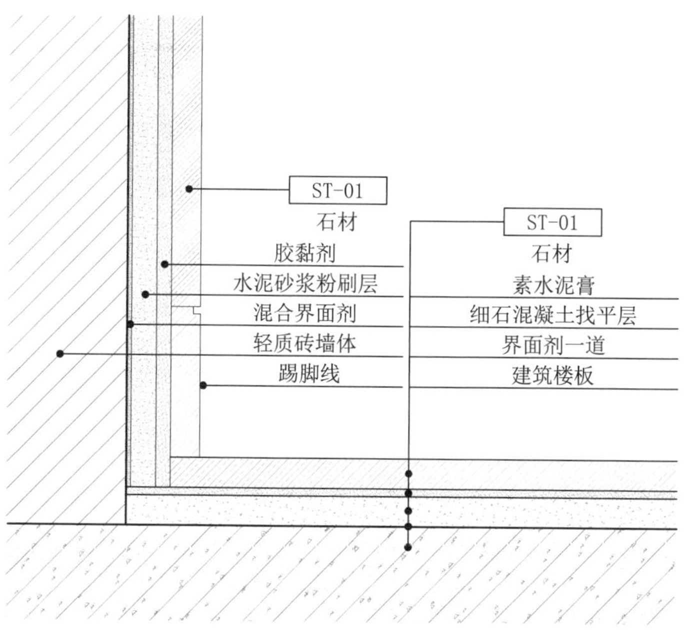
ST-01
石材
胶黏剂
水泥砂浆粉刷层
混合界面剂
轻质砖墙体
踢脚线
ST-01
石材
素水泥膏
细石混凝土找平层
界面剂一道
建筑楼板

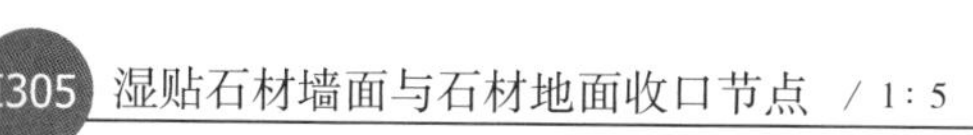
I305 湿贴石材墙面与石材地面收口节点 / 1:5

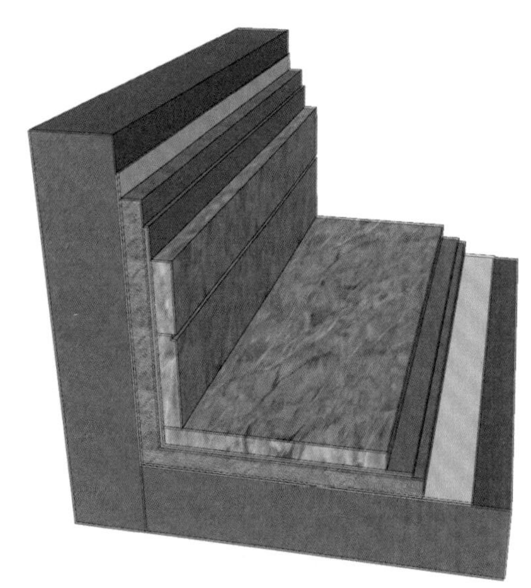

三维示意图（I305）

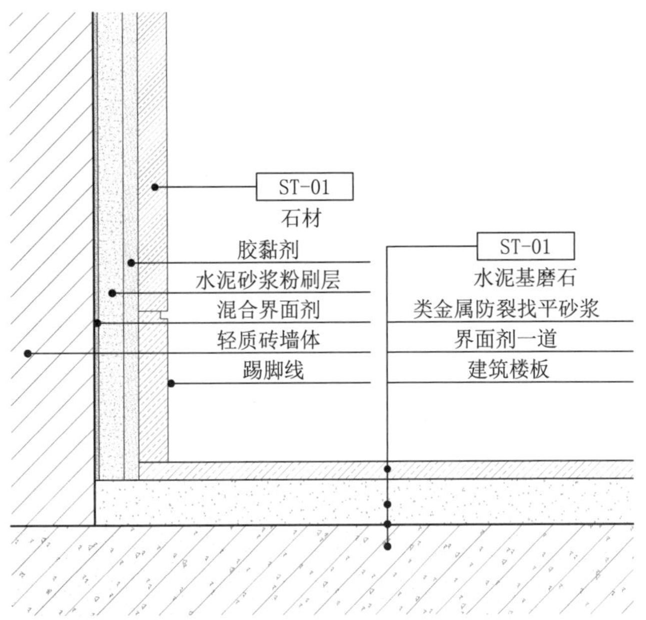
ST-01
石材
胶黏剂
水泥砂浆粉刷层
混合界面剂
轻质砖墙体
踢脚线
ST-01
水泥基磨石
类金属防裂找平砂浆
界面剂一道
建筑楼板

I306 湿贴石材墙面与水泥基磨石地面收口节点 / 1∶5

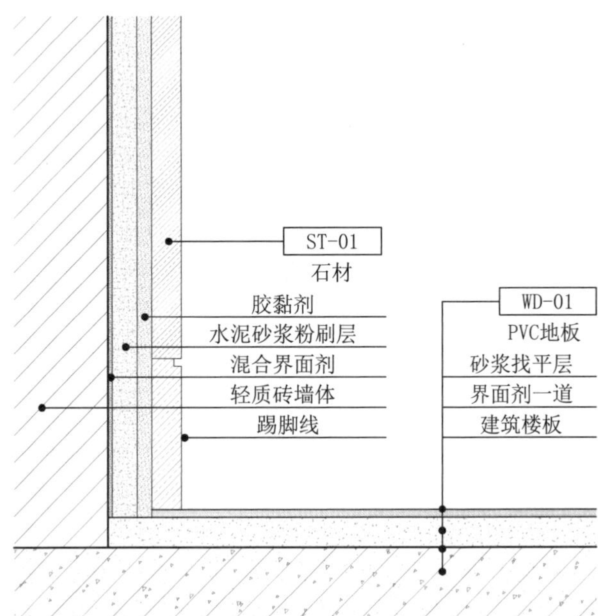
ST-01
石材
胶黏剂
水泥砂浆粉刷层
混合界面剂
轻质砖墙体
踢脚线
WD-01
PVC地板
砂浆找平层
界面剂一道
建筑楼板

I307 湿贴石材墙面与PVC地板收口节点 / 1∶5

课堂小知识

为什么石材安装前要做好防护？

石材在吸水性、密度、硬度等性能上的多变性，使其看起来坚硬、耐用。其实，石材的气孔如人类的皮肤，呼吸时能将空气中的细菌、尘埃、微生物等吸入，同时也能被锈蚀、风化。随着现代工业的发展，全球环境日益恶化，更加剧了石材的锈蚀和污染，继而产生水斑不干、白华（即泛碱）、吐黄、锈斑等顽症，加速石材的劣化。

目前，利用石材养护产品和高新技术，可对建筑石材进行专业处理。在安装石材前，一定要先对石材进行有效的防护处理，降低后期各种问题出现的概率。因为石材本身的特性及成分极为复杂，所以当问题发生时再来处理，往往浪费时间和金钱，还未必可以完全解决问题：对石材厂商而言，造成极大的商誉损失，这是大家所不愿见到的；对消费者而言，花了许多金钱和时间，最后却无法得到满意的品质，更是冤枉；对建筑师或设计师而言，精心的创作变得美中不足。所以，在施工前做防护处理，不但可以确保施工的品质，而且日后的维护简单，不需要打蜡，只要用吸尘器吸过，再用抹布或拖把蘸清水擦拭即可，既省钱又方便。专用防护剂可以渗入石材内部，形成一道防护层，具有防水、防污、防锈斑、防油污、防风化、防老化、耐酸碱，以及防茶渍、可乐、酱油等造成的污斑的效果，并能有效控制白华的产生，且不损伤石材原有的透气性。平常清洗工作只需用水擦拭即可达到效果。

4 干挂石材墙面与不同材料地面

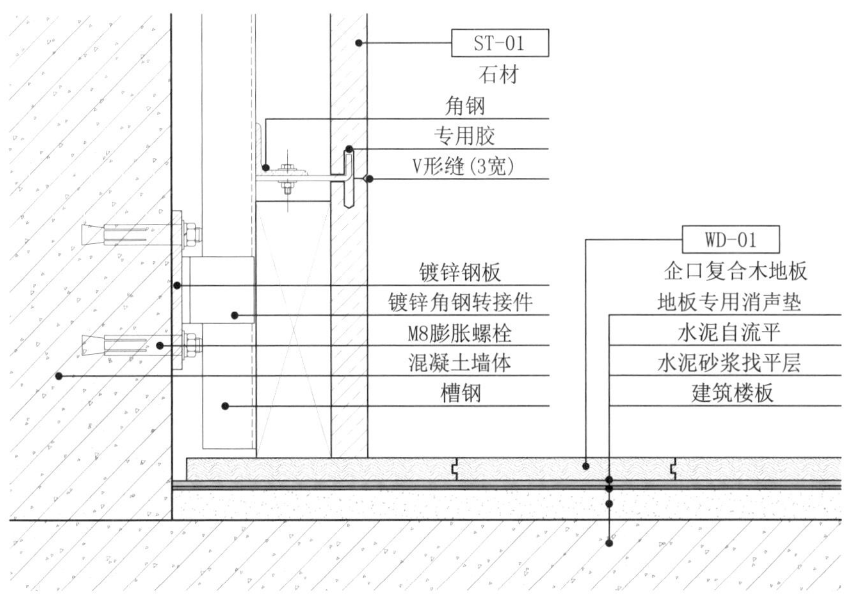
ST-01
石材
角钢
专用胶
V形缝(3宽)
镀锌钢板
镀锌角钢转接件
M8膨胀螺栓
混凝土墙体
槽钢
WD-01
企口复合木地板
地板专用消声垫
水泥自流平
水泥砂浆找平层
建筑楼板

I401 干挂石材墙面与复合土地板收口节点 / 1∶5

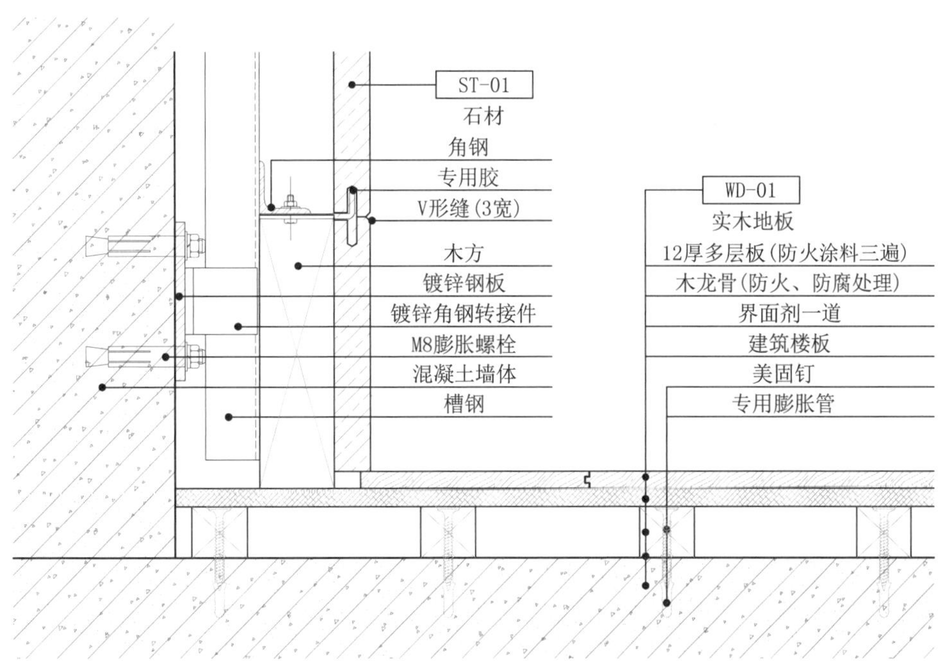
ST-01
石材
角钢
专用胶
V形缝(3宽)
木方
镀锌钢板
镀锌角钢转接件
M8膨胀螺栓
混凝土墙体
槽钢
WD-01
实木地板
12厚多层板(防火涂料三遍)
木龙骨(防火、防腐处理)
界面剂一道
建筑楼板
美固钉
专用膨胀管

I402 干挂石材墙面与实木地板收口节点 / 1∶5

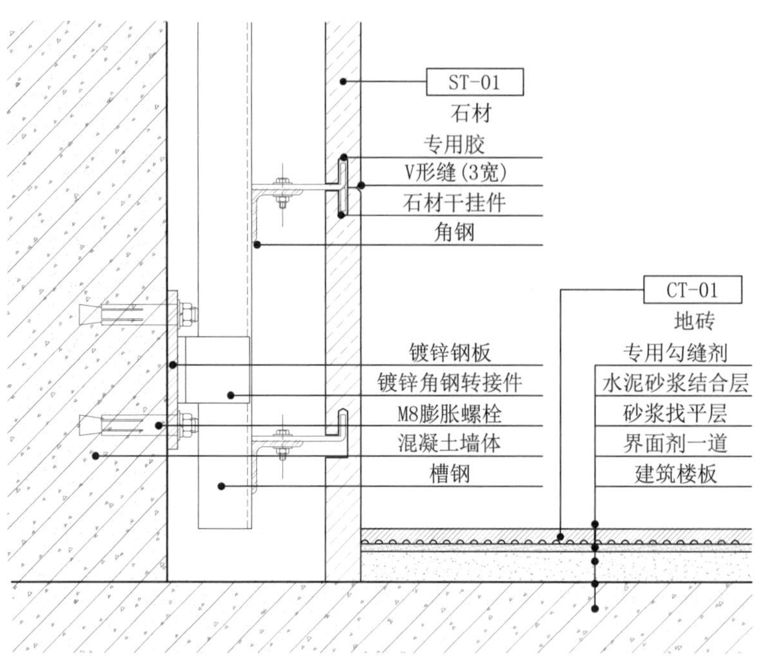
ST-01
石材
专用胶
V形缝(3宽)
石材干挂件
角钢
CT-01
地砖
镀锌钢板
镀锌角钢转接件
M8膨胀螺栓
混凝土墙体
槽钢
专用勾缝剂
水泥砂浆结合层
砂浆找平层
界面剂一道
建筑楼板

I403 干挂石材墙面与地砖收口节点 / 1:5

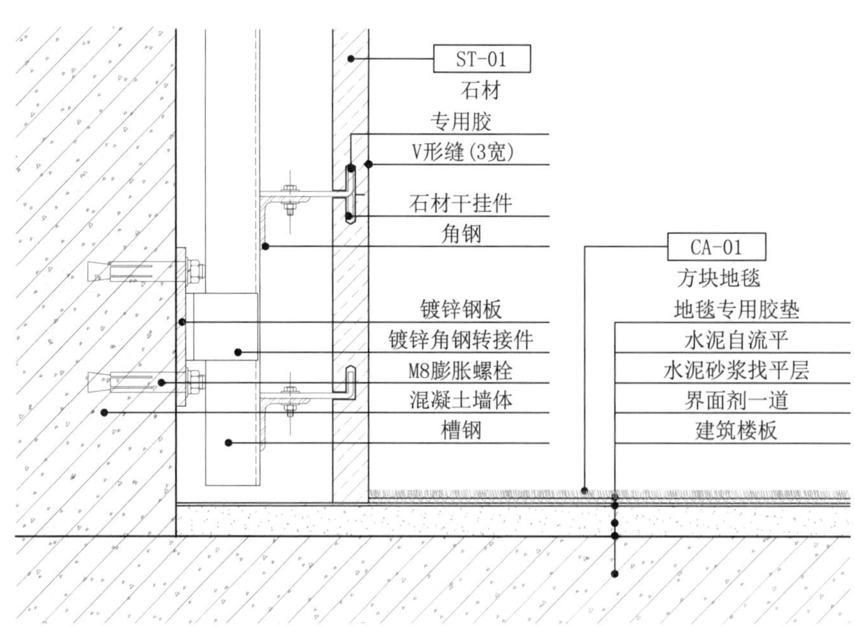
ST-01
石材
专用胶
V形缝(3宽)
石材干挂件
角钢
CA-01
方块地毯
镀锌钢板
镀锌角钢转接件
M8膨胀螺栓
混凝土墙体
槽钢
地毯专用胶垫
水泥自流平
水泥砂浆找平层
界面剂一道
建筑楼板

I404 干挂石材墙面与地毯收口节点 / 1:5

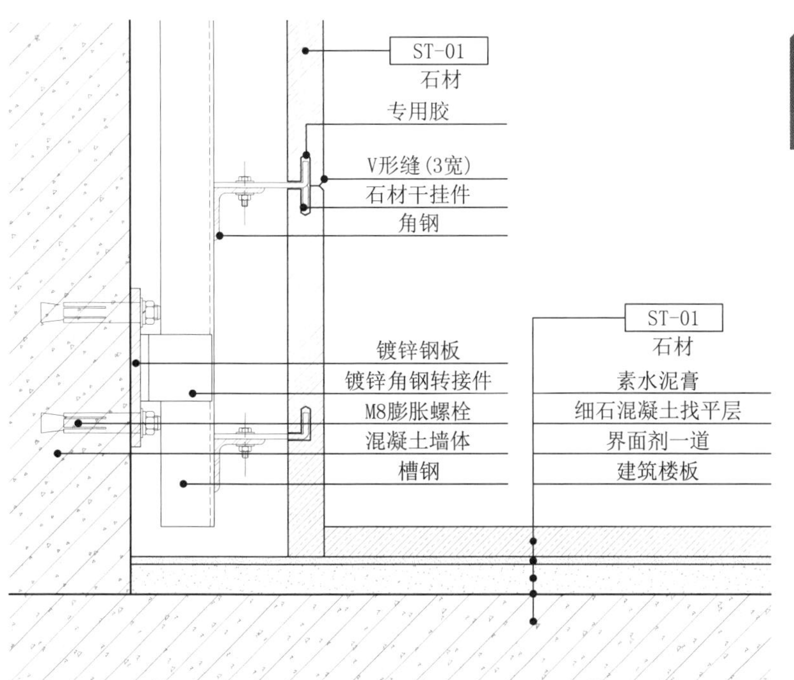
ST-01
石材
专用胶
V形缝(3宽)
石材干挂件
角钢
镀锌钢板
镀锌角钢转接件
M8膨胀螺栓
混凝土墙体
槽钢
ST-01
石材
素水泥膏
细石混凝土找平层
界面剂一道
建筑楼板

I405 干挂石材墙面与石材地面收口节点 / 1:5

课堂小知识 大理石为什么不能用于室外装修？

大理石是地壳中岩石经过高温、高压作用形成的变质岩，主要由方解石、石灰石、蛇纹石和白云石组成，相对花岗石来说质地一般较软。大理石中含有化学性能不稳定的红色、暗红色或表面光滑的金黄色颗粒，会使其结构疏松，在阳光作用下会产生质的变化。加之大理石一般都含有杂质，主要成分又为碳酸钙，在大气中受二氧化碳、硫化物、水汽等作用，易于溶蚀，失去表面光泽而风化、崩裂，所以只有少数如汉白玉、艾叶青等质纯、杂质少的比较稳定耐久的品种可用于室外，其他品种不宜用于室外。

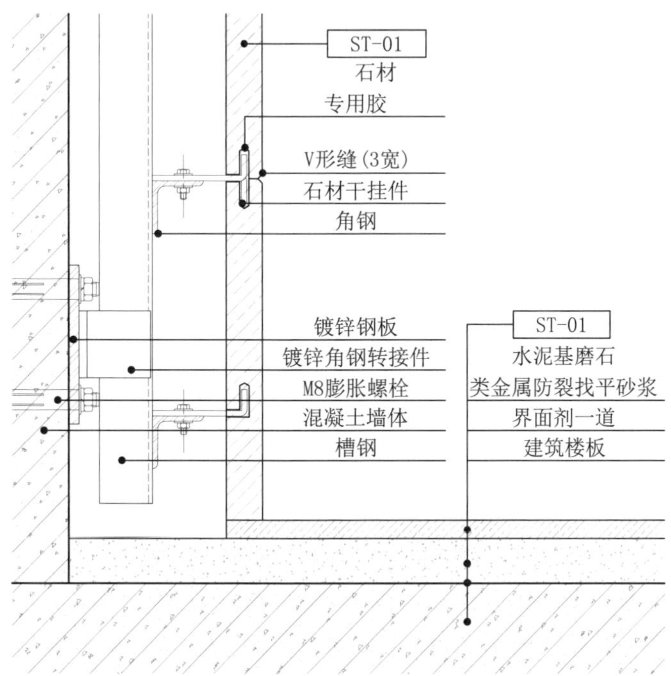
ST-01
石材
专用胶
V形缝(3宽)
石材干挂件
角钢
镀锌钢板
镀锌角钢转接件
M8膨胀螺栓
混凝土墙体
槽钢
ST-01
水泥基磨石
类金属防裂找平砂浆
界面剂一道
建筑楼板

I406 干挂石材墙面与水泥基磨石地面收口节点 / 1:5

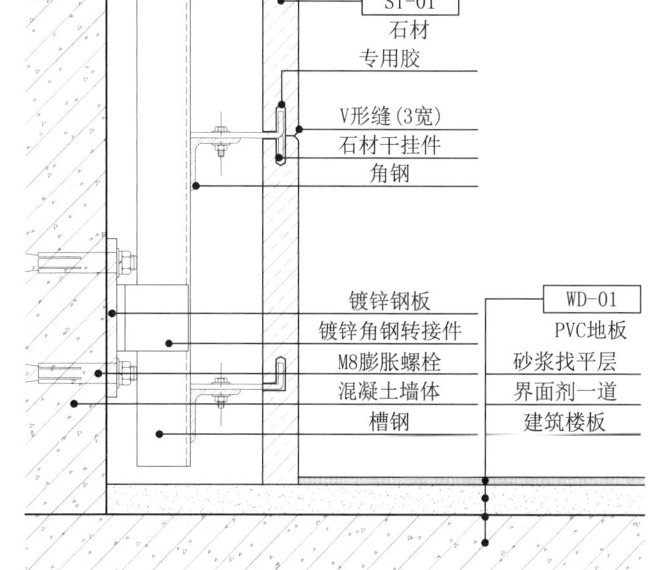
ST-01
石材
专用胶
V形缝(3宽)
石材干挂件
角钢
镀锌钢板
镀锌角钢转接件
M8膨胀螺栓
混凝土墙体
槽钢
WD-01
PVC地板
砂浆找平层
界面剂一道
建筑楼板

I407 干挂石材墙面与PVC地板收口节点 / 1:5

5 马赛克砖墙面与不同材料地面

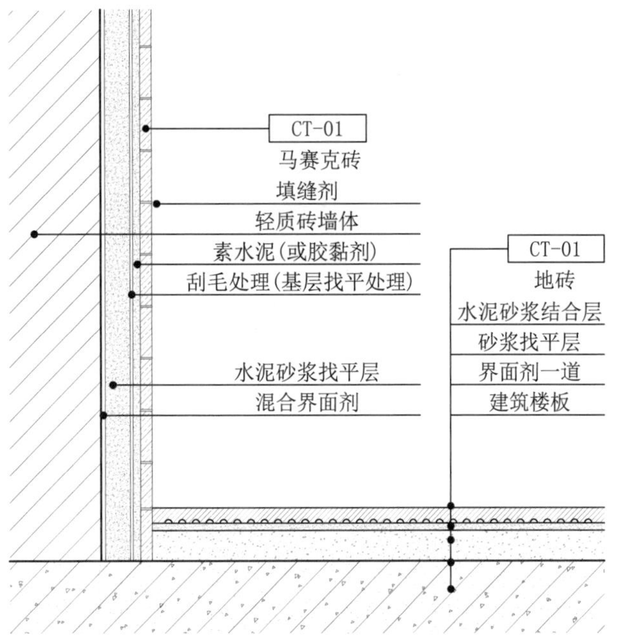
CT-01
马赛克砖
填缝剂
轻质砖墙体
素水泥(或胶黏剂)
刮毛处理(基层找平处理)
水泥砂浆找平层
混合界面剂
CT-01
地砖
水泥砂浆结合层
砂浆找平层
界面剂一道
建筑楼板

I501 马赛克砖墙面与地砖收口节点 / 1:5

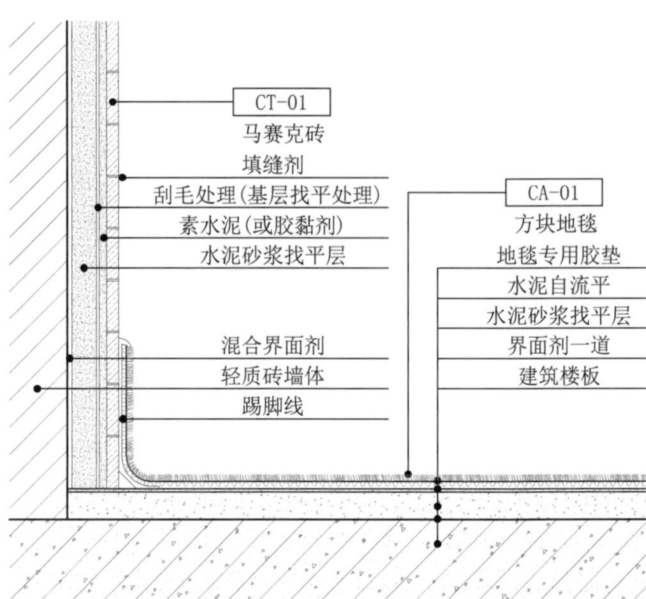
CT-01
马赛克砖
填缝剂
刮毛处理(基层找平处理)
素水泥(或胶黏剂)
水泥砂浆找平层
混合界面剂
轻质砖墙体
踢脚线
CA-01
方块地毯
地毯专用胶垫
水泥自流平
水泥砂浆找平层
界面剂一道
建筑楼板

I502 马赛克砖墙面与地毯收口节点 / 1:5

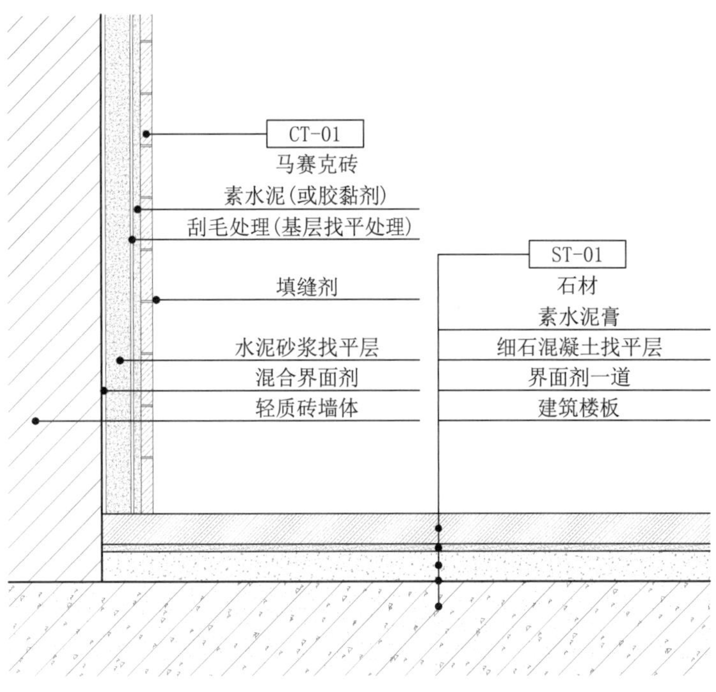
CT-01
马赛克砖
素水泥(或胶黏剂)
刮毛处理(基层找平处理)
填缝剂
水泥砂浆找平层
混合界面剂
轻质砖墙体
ST-01
石材
素水泥膏
细石混凝土找平层
界面剂一道
建筑楼板

I503 马赛克砖墙面与石材地面收口节点 / 1:5

三维示意图（I503）

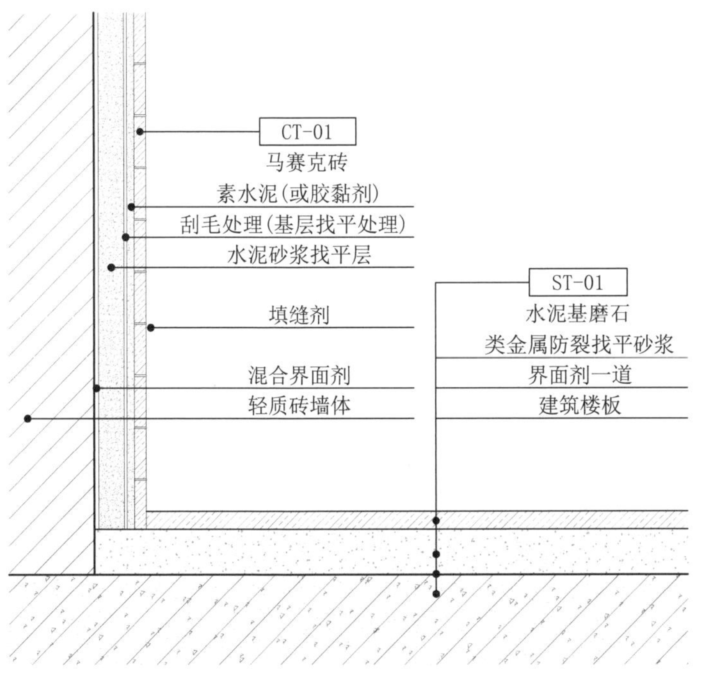
CT-01
马赛克砖
素水泥(或胶黏剂)
刮毛处理(基层找平处理)
水泥砂浆找平层
填缝剂
混合界面剂
轻质砖墙体
ST-01
水泥基磨石
类金属防裂找平砂浆
界面剂一道
建筑楼板

I504 马赛克砖墙面与水泥基磨石地面收口节点 / 1∶5

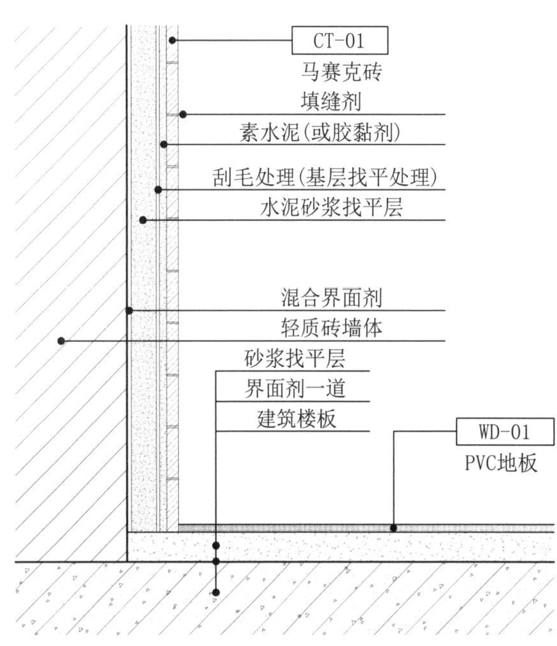
CT-01
马赛克砖
填缝剂
素水泥(或胶黏剂)
刮毛处理(基层找平处理)
水泥砂浆找平层
混合界面剂
轻质砖墙体
砂浆找平层
界面剂一道
建筑楼板
WD-01
PVC地板

I505 马赛克砖墙面与PVC地板收口节点 / 1∶5

课堂小知识

为什么石材会出现白华现象？

白华是在石材表面或是填缝处有白色粉末或流挂的现象，常发生于户外或水分丰沛之处，如花台、户外阶梯、外墙填缝之处等。

当石材以湿式方法安装时，其背填水泥砂浆中的氧化钙等碱性物质，被大量的水溶解出来渗透至石材表面或填缝不实之处，氧化钙再与空气中的二氧化碳或酸雨中的二氧化硫产生反应，生成碳酸钙或硫酸钙，当水分蒸发时，碳酸钙或硫酸钙就结晶析出，形成白华。

石材形成白华的因素与水斑类似，大量的水分、碱性金属离子都是白华产生的原因，其中水分扮演携带者角色，使碱性金属离子溶解后产生毛细现象，然后渗透至石材表面或填缝不实之处，进一步形成白华。因此，预防水分及碱性金属离子渗透，就可防止白华的发生。

返白华

6 镜面墙面与不同材料地面

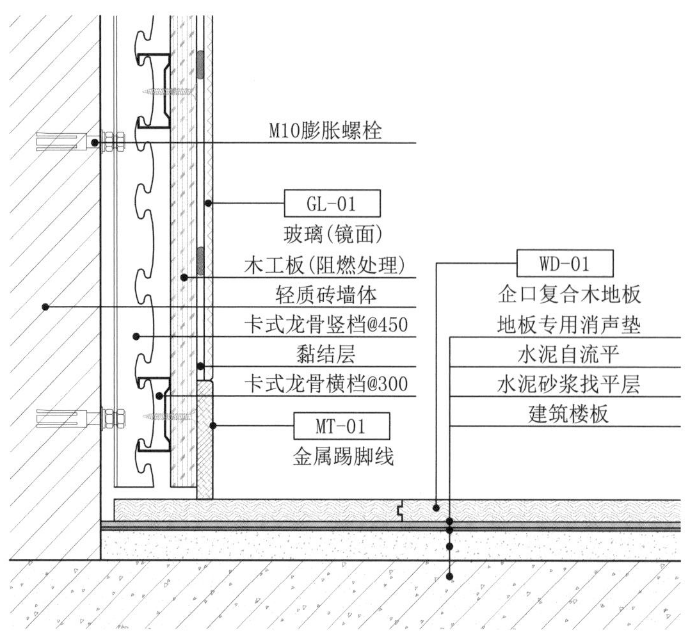
M10膨胀螺栓
GL-01
玻璃(镜面)
木工板(阻燃处理)
轻质砖墙体
卡式龙骨竖档@450
黏结层
卡式龙骨横档@300
MT-01
金属踢脚线
WD-01
企口复合木地板
地板专用消声垫
水泥自流平
水泥砂浆找平层
建筑楼板

I601 镜面墙面与复合木地板收口节点 / 1:5

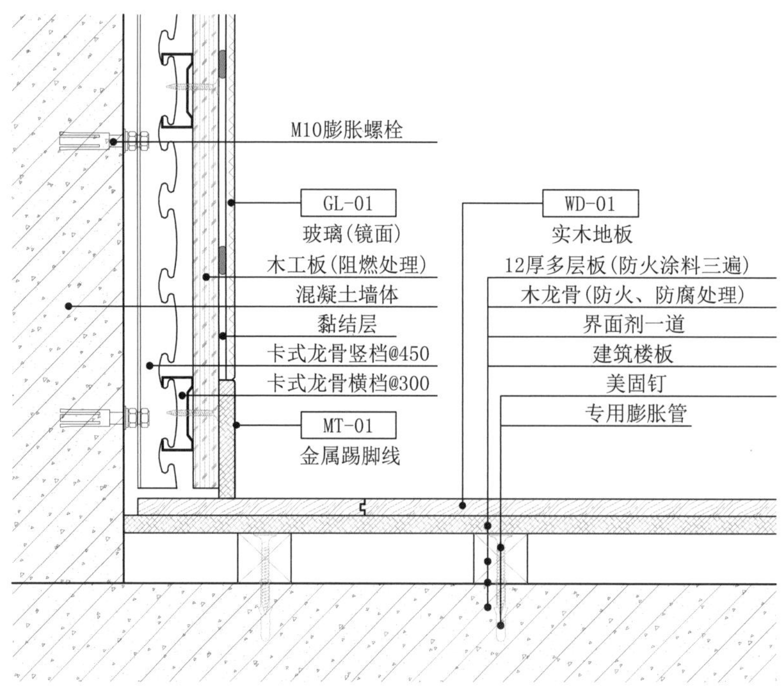
M10膨胀螺栓
GL-01
玻璃(镜面)
木工板(阻燃处理)
混凝土墙体
黏结层
卡式龙骨竖档@450
卡式龙骨横档@300
MT-01
金属踢脚线
WD-01
实木地板
12厚多层板(防火涂料三遍)
木龙骨(防火、防腐处理)
界面剂一道
建筑楼板
美固钉
专用膨胀管

I602 镜面墙面与实木地板收口节点 / 1:5

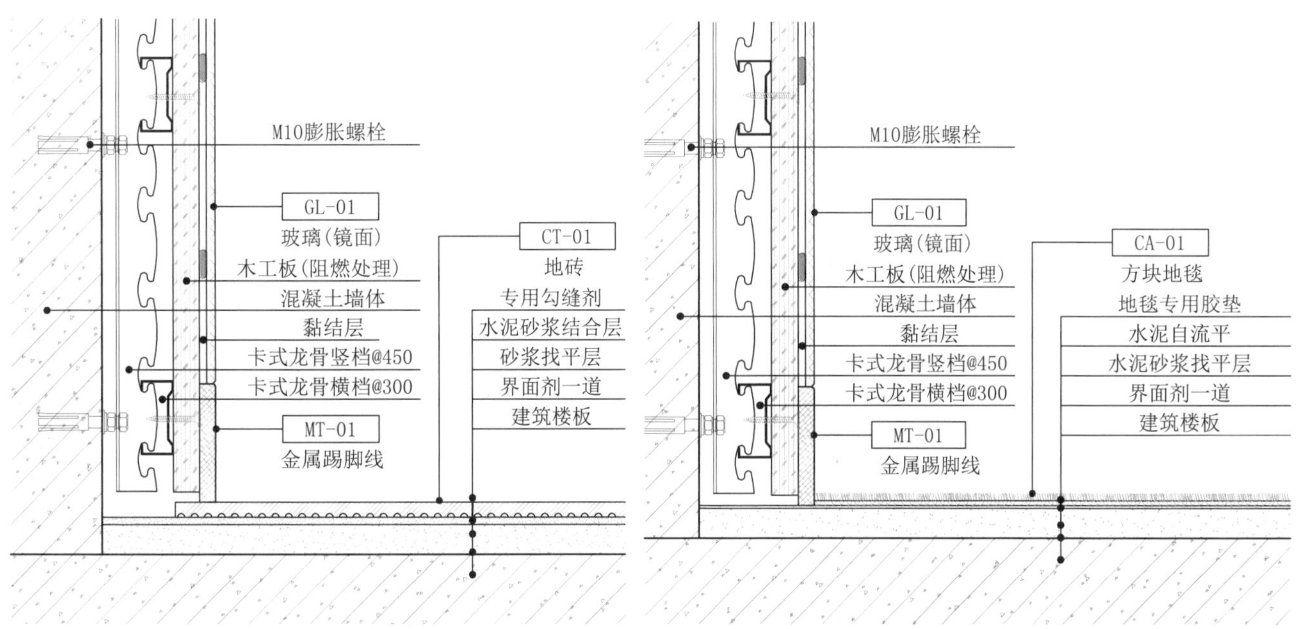
M10膨胀螺栓
GL-01
玻璃(镜面)
木工板(阻燃处理)
混凝土墙体
黏结层
卡式龙骨竖档@450
卡式龙骨横档@300
MT-01
金属踢脚线
CT-01
地砖
专用勾缝剂
水泥砂浆结合层
砂浆找平层
界面剂一道
建筑楼板
M10膨胀螺栓
GL-01
玻璃(镜面)
木工板(阻燃处理)
混凝土墙体
黏结层
卡式龙骨竖档@450
卡式龙骨横档@300
MT-01
金属踢脚线
CA-01
方块地毯
地毯专用胶垫
水泥自流平
水泥砂浆找平层
界面剂一道
建筑楼板

I603 镜面墙面与地砖收口节点 / 1:5

I604 镜面墙面与地毯收口节点 / 1:5

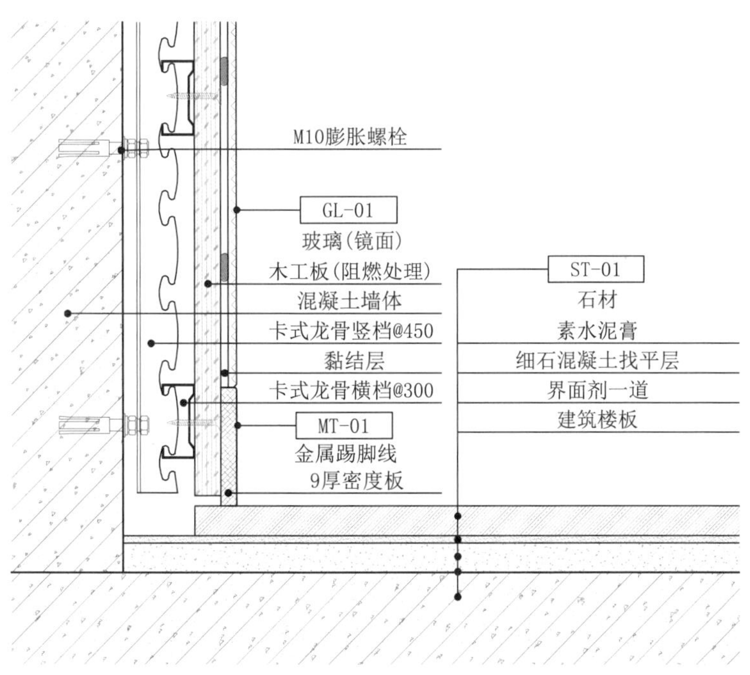
M10膨胀螺栓
GL-01
玻璃(镜面)
木工板(阻燃处理)
混凝土墙体
卡式龙骨竖档@450
黏结层
卡式龙骨横档@300
MT-01
金属踢脚线
9厚密度板
ST-01
石材
素水泥膏
细石混凝土找平层
界面剂一道
建筑楼板

I605 镜面墙面与石材地面收口节点 / 1:5

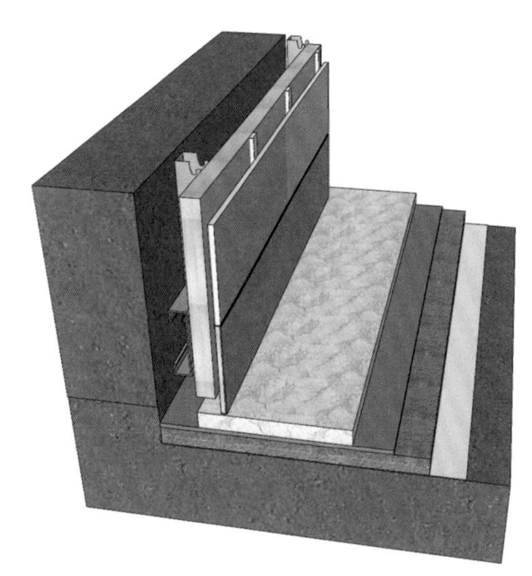

三维示意图（I605）

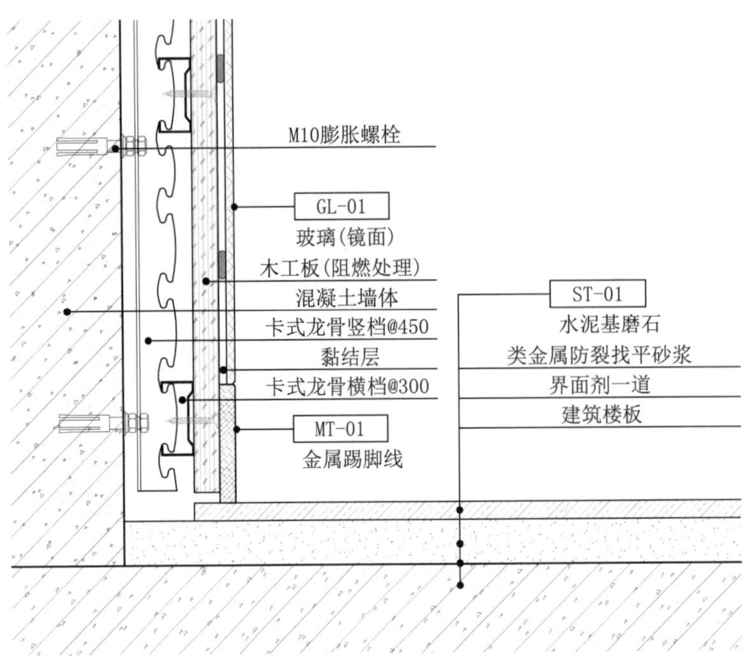
M10膨胀螺栓
GL-01
玻璃(镜面)
木工板(阻燃处理)
混凝土墙体
卡式龙骨竖档@450
黏结层
卡式龙骨横档@300
MT-01
金属踢脚线
ST-01
水泥基磨石
类金属防裂找平砂浆
界面剂一道
建筑楼板

I606 镜面墙面与水泥基磨石地面收口节点 / 1∶5

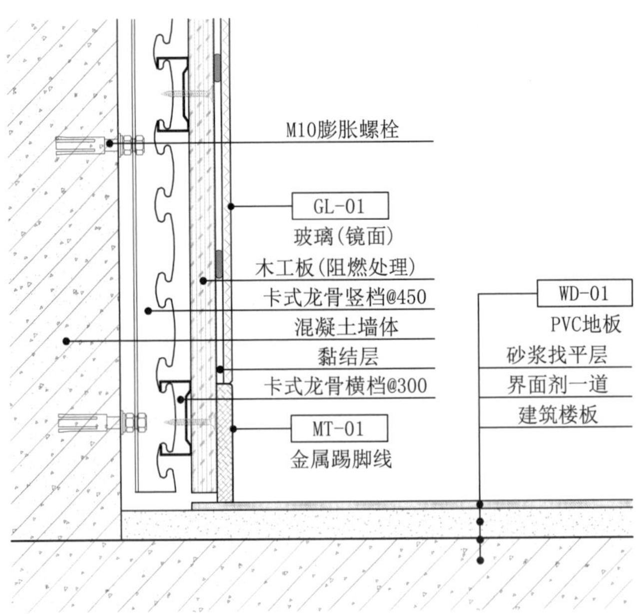
M10膨胀螺栓
GL-01
玻璃(镜面)
木工板(阻燃处理)
卡式龙骨竖档@450
混凝土墙体
黏结层
卡式龙骨横档@300
MT-01
金属踢脚线
WD-01
PVC地板
砂浆找平层
界面剂一道
建筑楼板

I607 镜面墙面与PVC地板收口节点 / 1∶5

7 软包墙面与不同材料地面

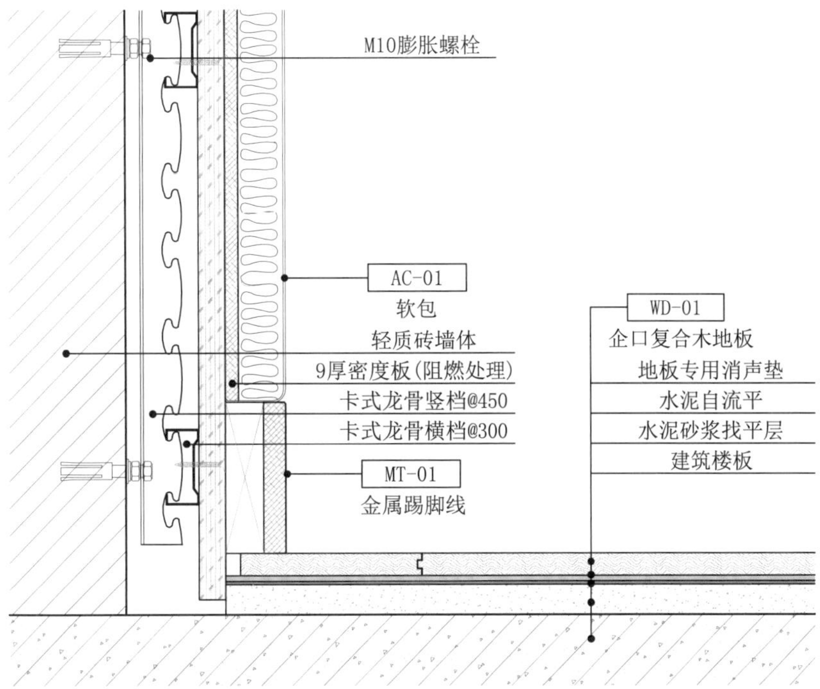
M10膨胀螺栓
AC-01
软包
轻质砖墙体
9厚密度板(阻燃处理)
卡式龙骨竖档@450
卡式龙骨横档@300
MT-01
金属踢脚线
WD-01
企口复合木地板
地板专用消声垫
水泥自流平
水泥砂浆找平层
建筑楼板

I701 软包墙面与复合木地板收口节点 / 1:5

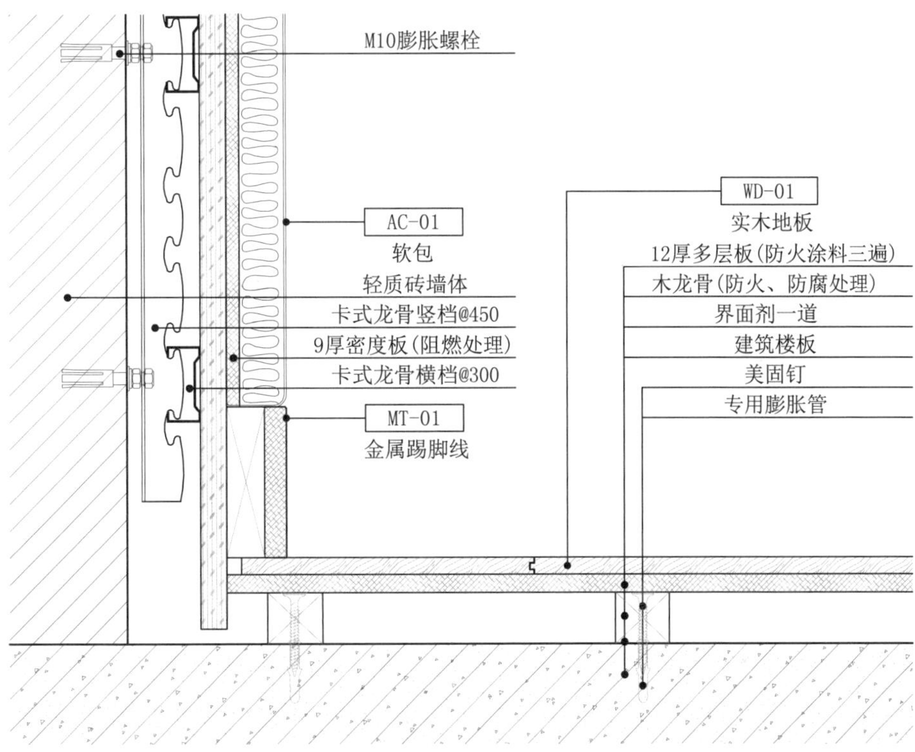
M10膨胀螺栓
AC-01
软包
轻质砖墙体
卡式龙骨竖档@450
9厚密度板(阻燃处理)
卡式龙骨横档@300
MT-01
金属踢脚线
WD-01
实木地板
12厚多层板(防火涂料三遍)
木龙骨(防火、防腐处理)
界面剂一道
建筑楼板
美固钉
专用膨胀管

I702 软包墙面与实木地板收口节点 / 1:5

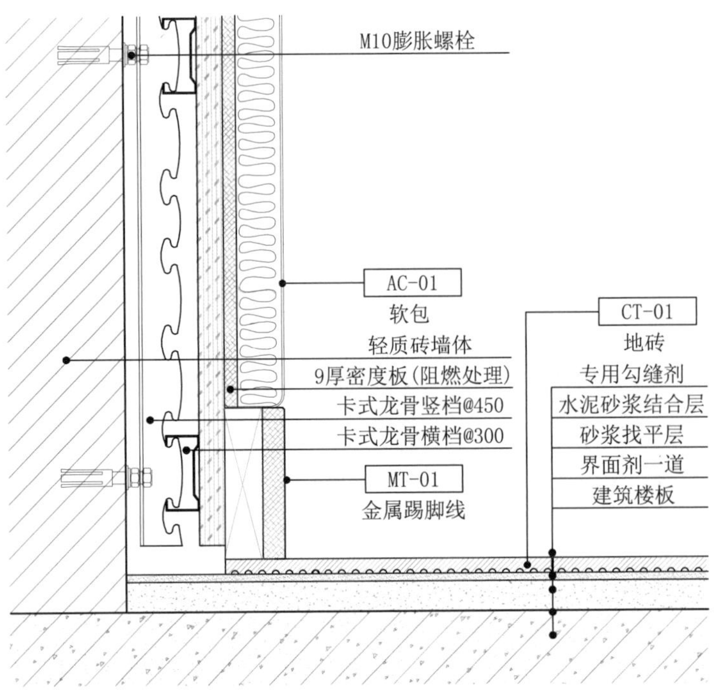
M10膨胀螺栓
AC-01
软包
轻质砖墙体
9厚密度板(阻燃处理)
卡式龙骨竖档@450
卡式龙骨横档@300
MT-01
金属踢脚线
CT-01
地砖
专用勾缝剂
水泥砂浆结合层
砂浆找平层
界面剂一道
建筑楼板

I703 软包墙面与地砖收口节点 / 1:5

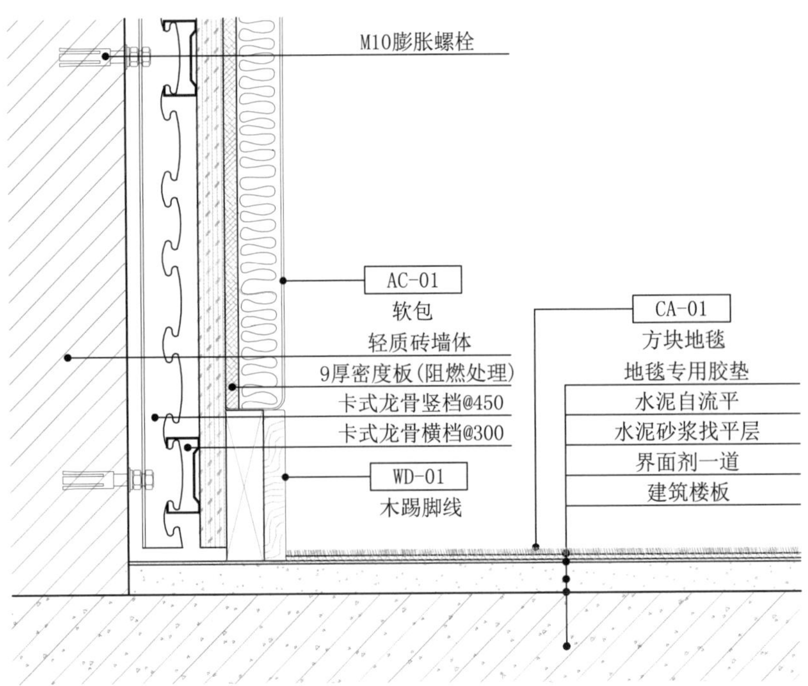
M10膨胀螺栓
AC-01
软包
轻质砖墙体
9厚密度板(阻燃处理)
卡式龙骨竖档@450
卡式龙骨横档@300
WD-01
木踢脚线
CA-01
方块地毯
地毯专用胶垫
水泥自流平
水泥砂浆找平层
界面剂一道
建筑楼板

I704 软包墙面与地毯收口节点 / 1:5

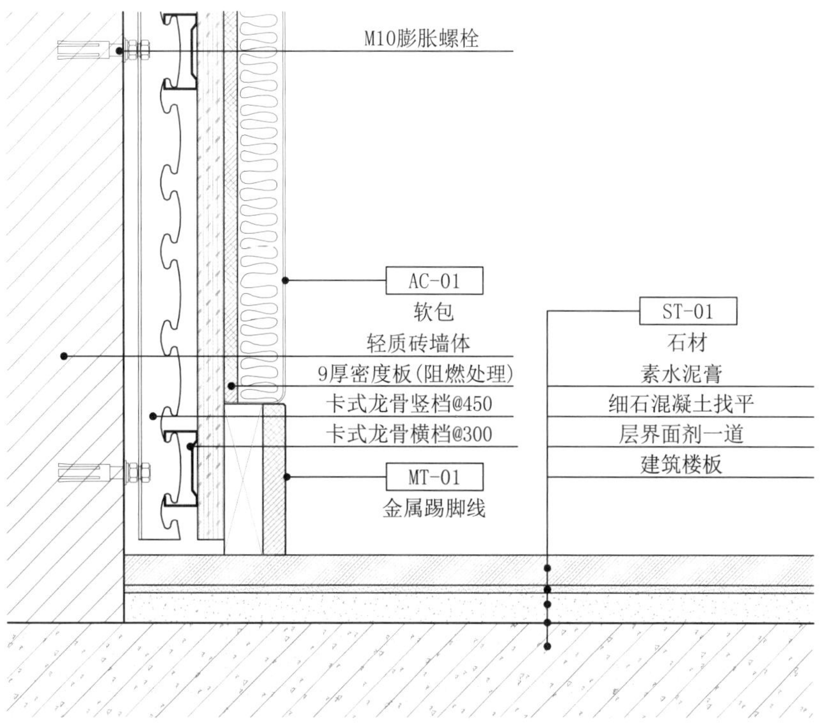
M10膨胀螺栓
AC-01
软包
轻质砖墙体
9厚密度板(阻燃处理)
卡式龙骨竖档@450
卡式龙骨横档@300
MT-01
金属踢脚线
ST-01
石材
素水泥膏
细石混凝土找平
层界面剂一道
建筑楼板

I705 软包墙面与石材地面收口节点 / 1:5

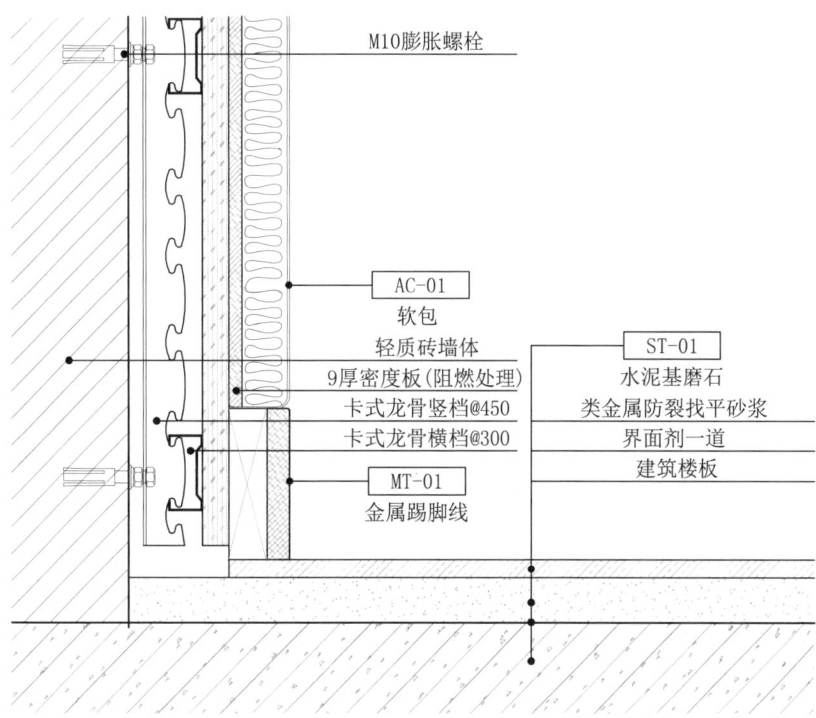
M10膨胀螺栓
AC-01
软包
轻质砖墙体
9厚密度板(阻燃处理)
卡式龙骨竖档@450
卡式龙骨横档@300
MT-01
金属踢脚线
ST-01
水泥基磨石
类金属防裂找平砂浆
界面剂一道
建筑楼板

I706 软包墙面与水泥基磨石地面收口节点 / 1:5

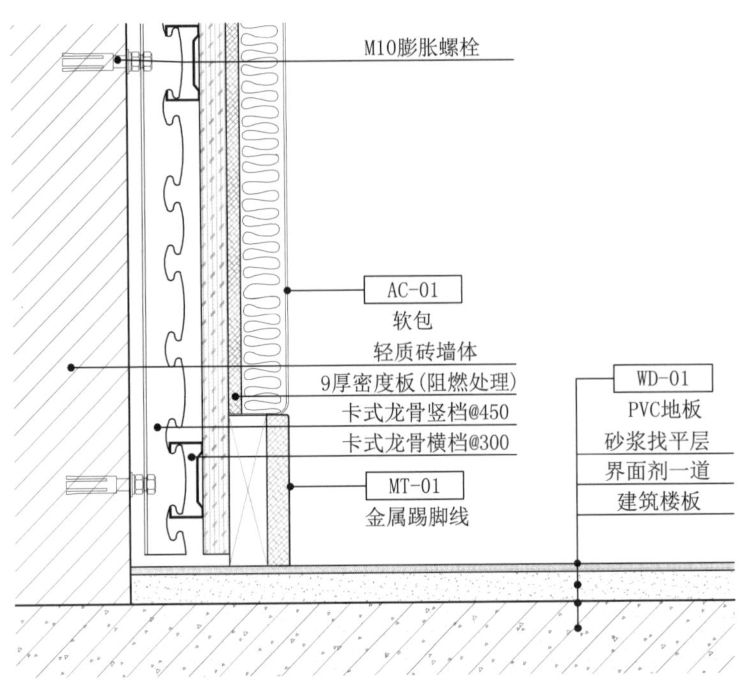
M10膨胀螺栓
AC-01
软包
轻质砖墙体
9厚密度板(阻燃处理)
卡式龙骨竖档@450
卡式龙骨横档@300
MT-01
金属踢脚线
WD-01
PVC地板
砂浆找平层
界面剂一道
建筑楼板

I707 软包墙面与PVC地板收口节点 / 1:5

三维示意图（I707）

8 硬包（皮革）墙面与不同材料地面

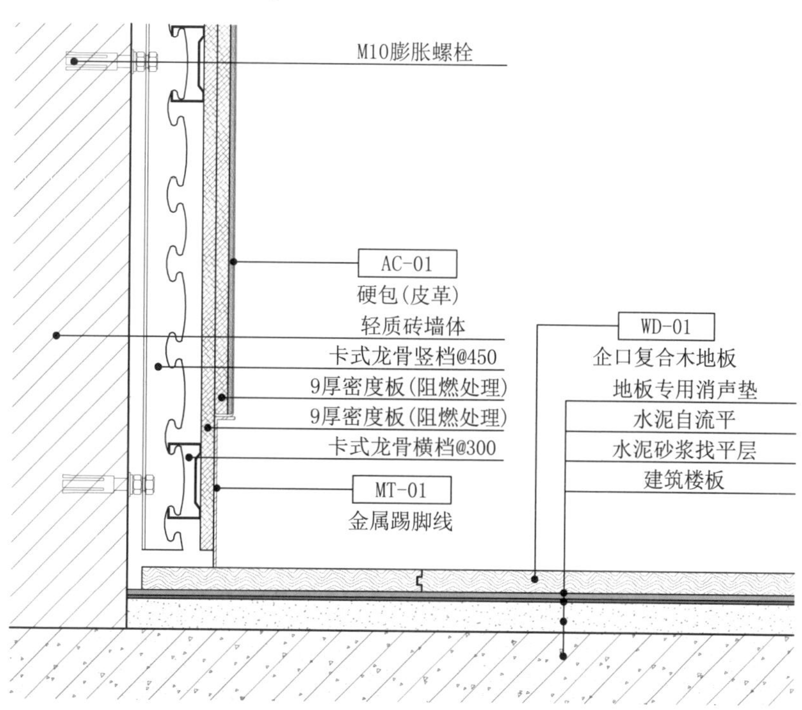
M10膨胀螺栓
AC-01
硬包(皮革)
轻质砖墙体
卡式龙骨竖档@450
9厚密度板(阻燃处理)
9厚密度板(阻燃处理)
卡式龙骨横档@300
MT-01
金属踢脚线
WD-01
企口复合木地板
地板专用消声垫
水泥自流平
水泥砂浆找平层
建筑楼板

I801 硬包墙面与复合木地板收口节点 / 1∶5

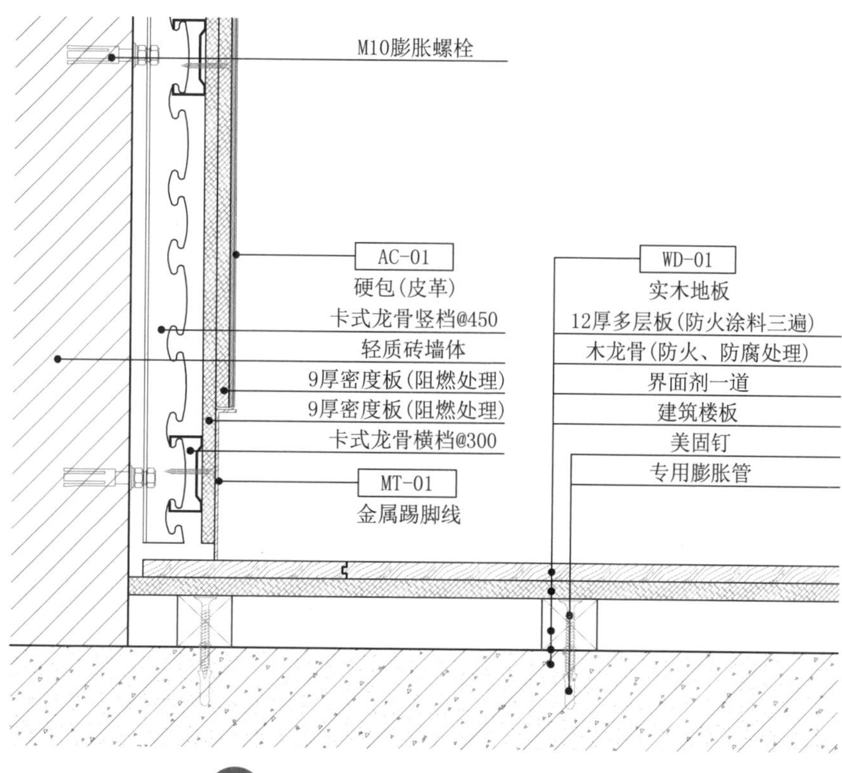
M10膨胀螺栓
AC-01
硬包(皮革)
卡式龙骨竖档@450
轻质砖墙体
9厚密度板(阻燃处理)
9厚密度板(阻燃处理)
卡式龙骨横档@300
MT-01
金属踢脚线
WD-01
实木地板
12厚多层板(防火涂料三遍)
木龙骨(防火、防腐处理)
界面剂一道
建筑楼板
美固钉
专用膨胀管

I802 硬包墙面与实木地板收口节点 / 1∶5

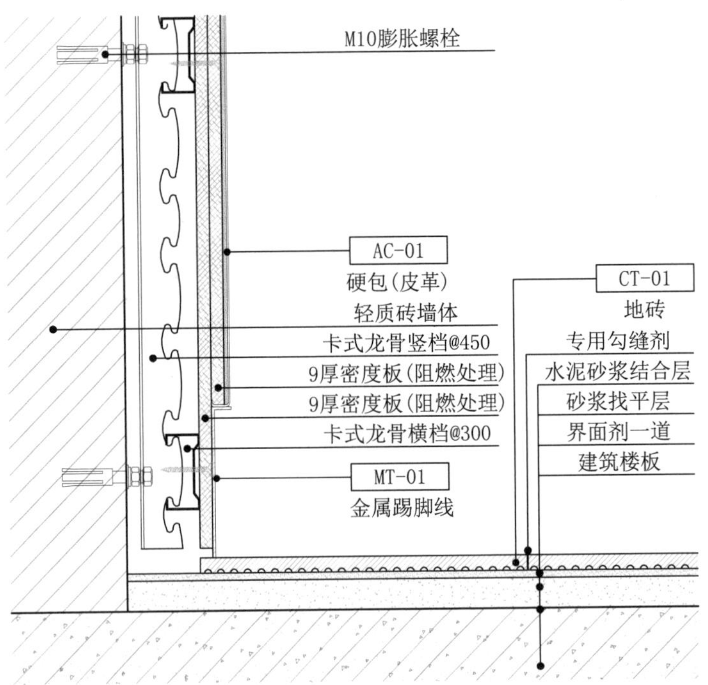

M10膨胀螺栓
AC-01
硬包(皮革)
轻质砖墙体
卡式龙骨竖档@450
9厚密度板(阻燃处理)
9厚密度板(阻燃处理)
卡式龙骨横档@300
MT-01
金属踢脚线
CT-01
地砖
专用勾缝剂
水泥砂浆结合层
砂浆找平层
界面剂一道
建筑楼板

I803 硬包墙面与地砖收口节点 / 1:5

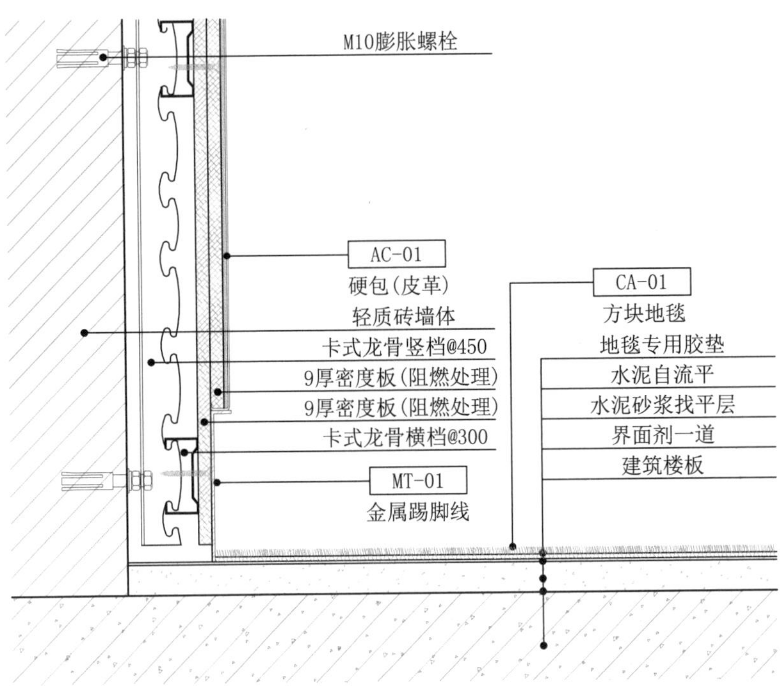

M10膨胀螺栓
AC-01
硬包(皮革)
轻质砖墙体
卡式龙骨竖档@450
9厚密度板(阻燃处理)
9厚密度板(阻燃处理)
卡式龙骨横档@300
MT-01
金属踢脚线
CA-01
方块地毯
地毯专用胶垫
水泥自流平
水泥砂浆找平层
界面剂一道
建筑楼板

I804 硬包墙面与地毯收口节点 / 1:5

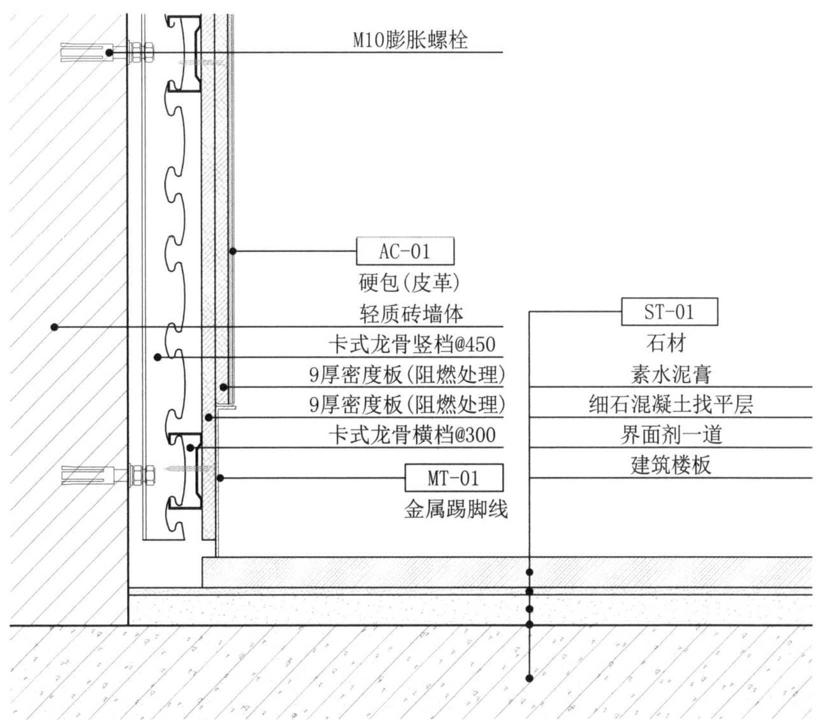
M10膨胀螺栓
AC-01
硬包(皮革)
轻质砖墙体
卡式龙骨竖档@450
9厚密度板(阻燃处理)
9厚密度板(阻燃处理)
卡式龙骨横档@300
MT-01
金属踢脚线
ST-01
石材
素水泥膏
细石混凝土找平层
界面剂一道
建筑楼板

I805 硬包墙面与石材地面收口节点 / 1∶5

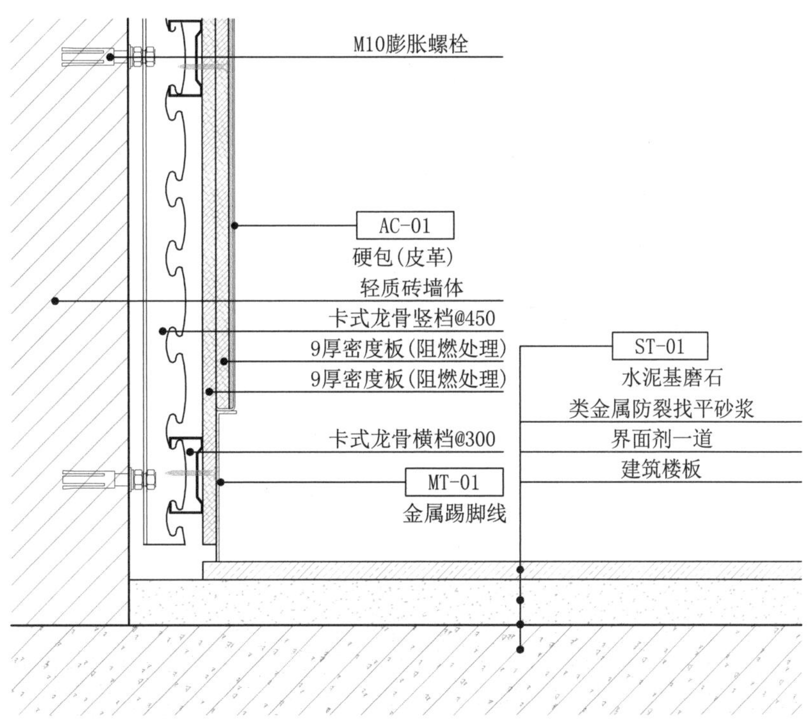
M10膨胀螺栓
AC-01
硬包(皮革)
轻质砖墙体
卡式龙骨竖档@450
9厚密度板(阻燃处理)
9厚密度板(阻燃处理)
卡式龙骨横档@300
MT-01
金属踢脚线
ST-01
水泥基磨石
类金属防裂找平砂浆
界面剂一道
建筑楼板

I806 硬包墙面与水泥基磨石地面收口节点 / 1∶5

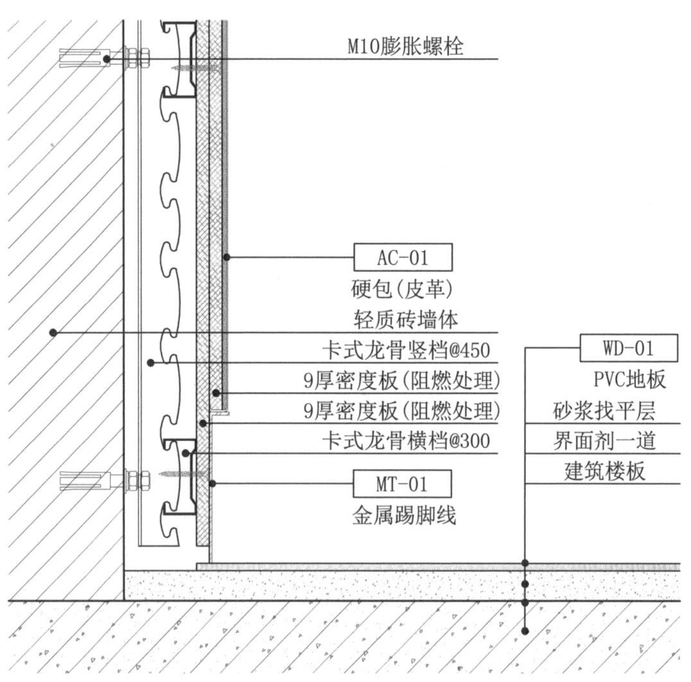
M10膨胀螺栓
AC-01
硬包(皮革)
轻质砖墙体
卡式龙骨竖档@450
9厚密度板(阻燃处理)
9厚密度板(阻燃处理)
卡式龙骨横档@300
MT-01
金属踢脚线
WD-01
PVC地板
砂浆找平层
界面剂一道
建筑楼板

I807 硬包墙面与PVC地板收口节点 / 1:5

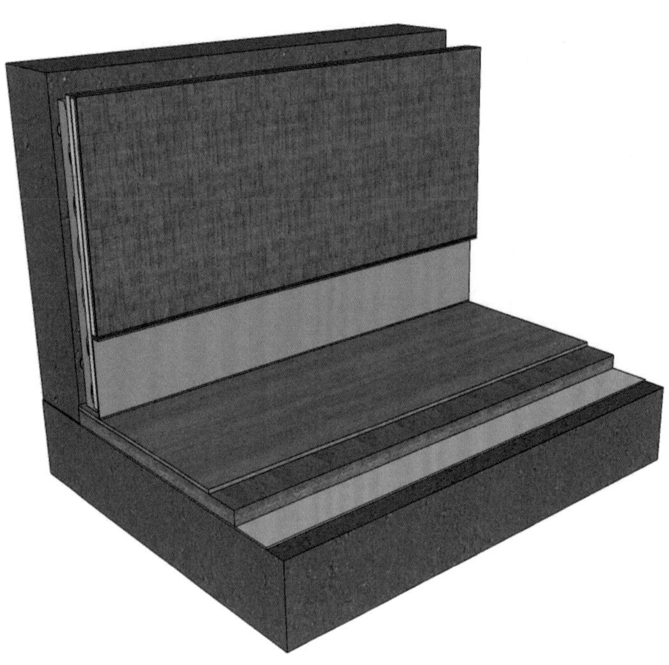

三维示意图（I807）

9 铝板墙面与不同材料地面

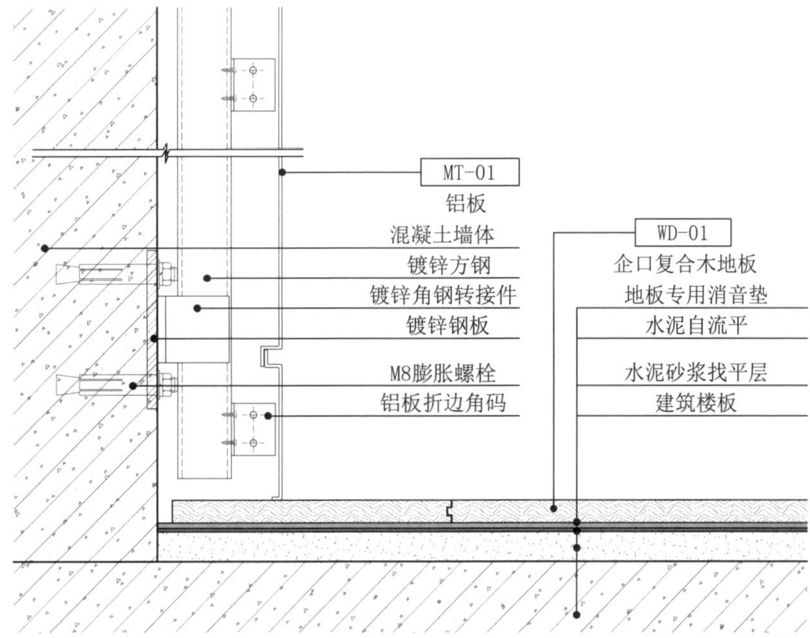
MT-01
铝板
混凝土墙体
镀锌方钢
镀锌角钢转接件
镀锌钢板
M8膨胀螺栓
铝板折边角码
WD-01
企口复合木地板
地板专用消音垫
水泥自流平
水泥砂浆找平层
建筑楼板

I901 铝板墙面与复合木地板收口节点 / 1:5

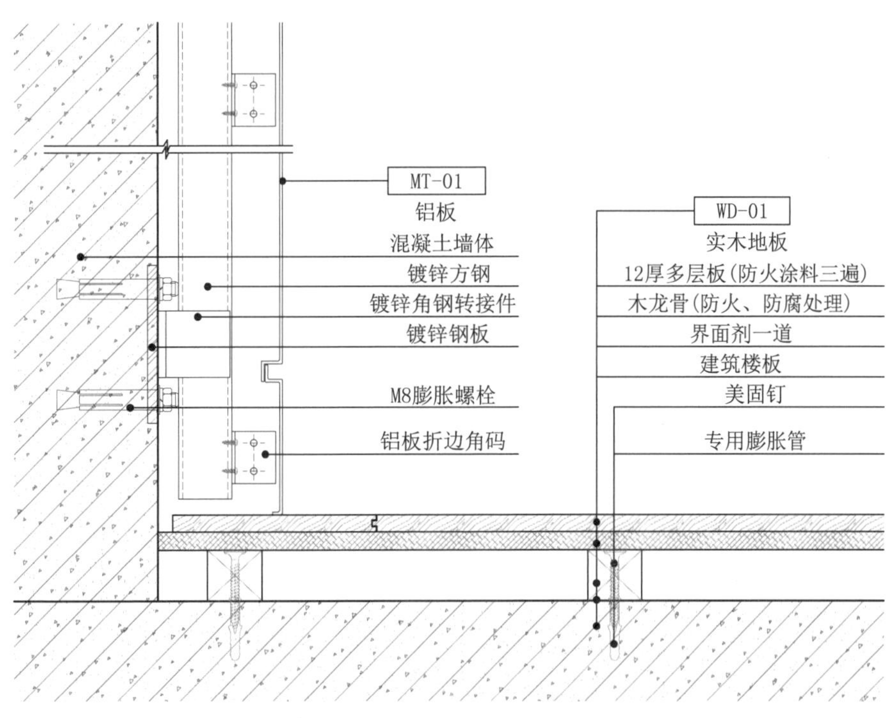
MT-01
铝板
混凝土墙体
镀锌方钢
镀锌角钢转接件
镀锌钢板
M8膨胀螺栓
铝板折边角码
WD-01
实木地板
12厚多层板(防火涂料三遍)
木龙骨(防火、防腐处理)
界面剂一道
建筑楼板
美固钉
专用膨胀管

I902 铝板墙面与实木地板收口节点 / 1:5

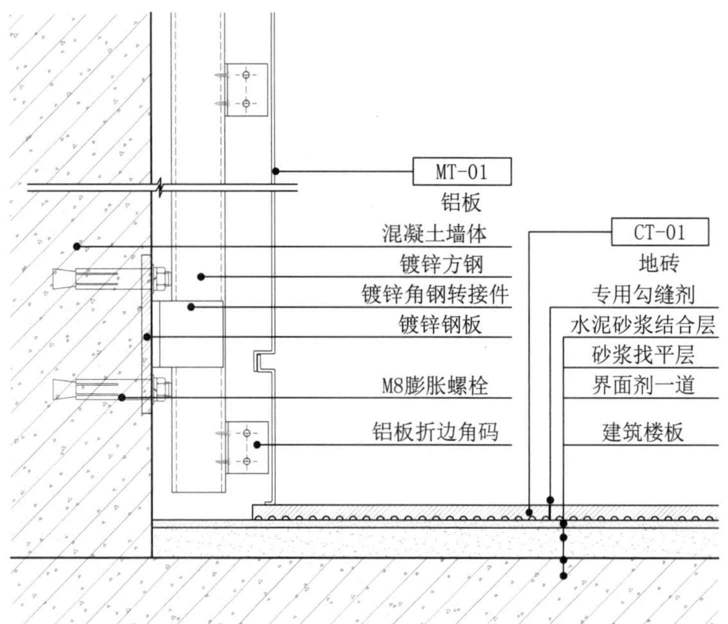
MT-01
铝板
混凝土墙体
镀锌方钢
镀锌角钢转接件
镀锌钢板
M8膨胀螺栓
铝板折边角码
CT-01
地砖
专用勾缝剂
水泥砂浆结合层
砂浆找平层
界面剂一道
建筑楼板

I903 铝板墙面与地砖收口节点 / 1:5

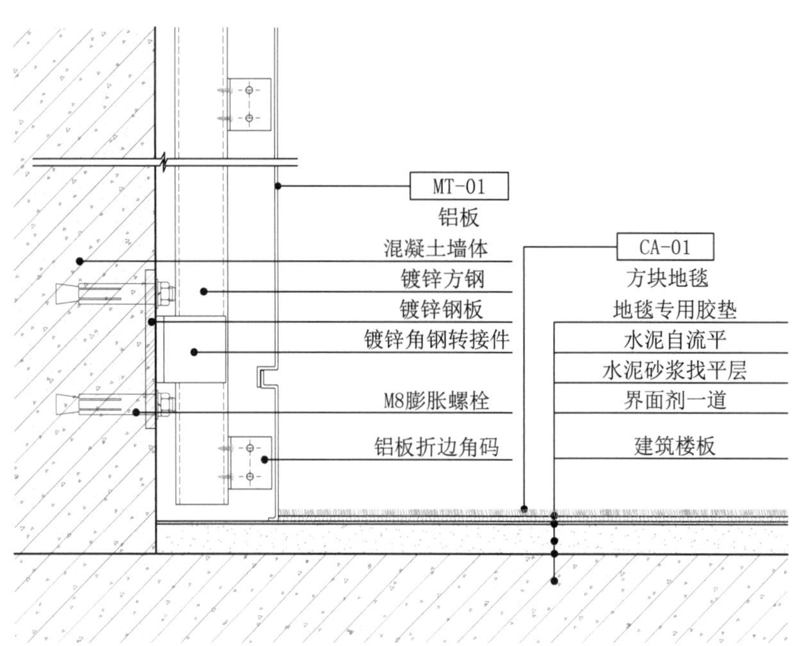
MT-01
铝板
混凝土墙体
镀锌方钢
镀锌钢板
镀锌角钢转接件
M8膨胀螺栓
铝板折边角码
CA-01
方块地毯
地毯专用胶垫
水泥自流平
水泥砂浆找平层
界面剂一道
建筑楼板

I904 铝板墙面与地毯收口节点 / 1:5

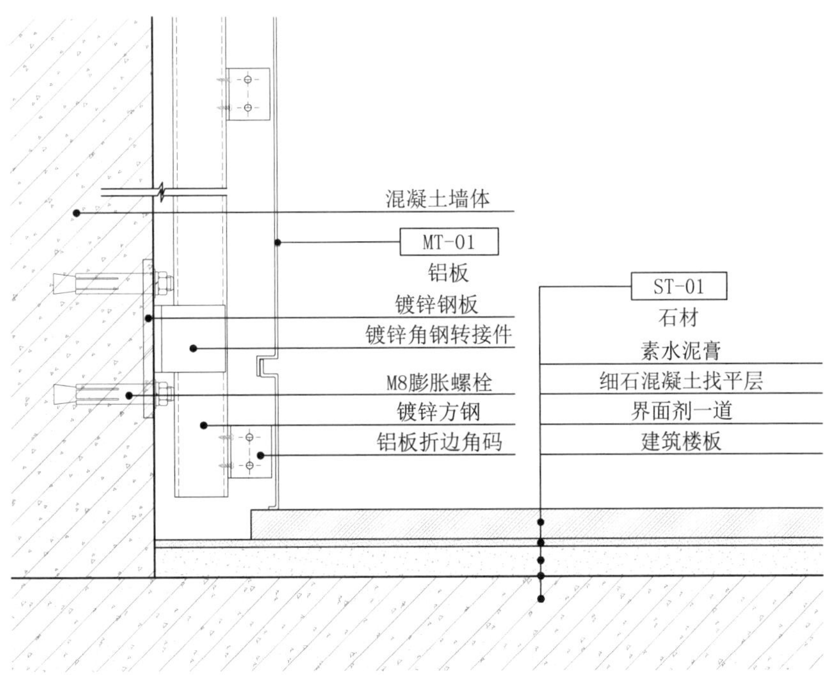
混凝土墙体
MT-01
铝板
镀锌钢板
镀锌角钢转接件
M8膨胀螺栓
镀锌方钢
铝板折边角码
ST-01
石材
素水泥膏
细石混凝土找平层
界面剂一道
建筑楼板

I905 铝板墙面与石材地面收口节点 / 1:5

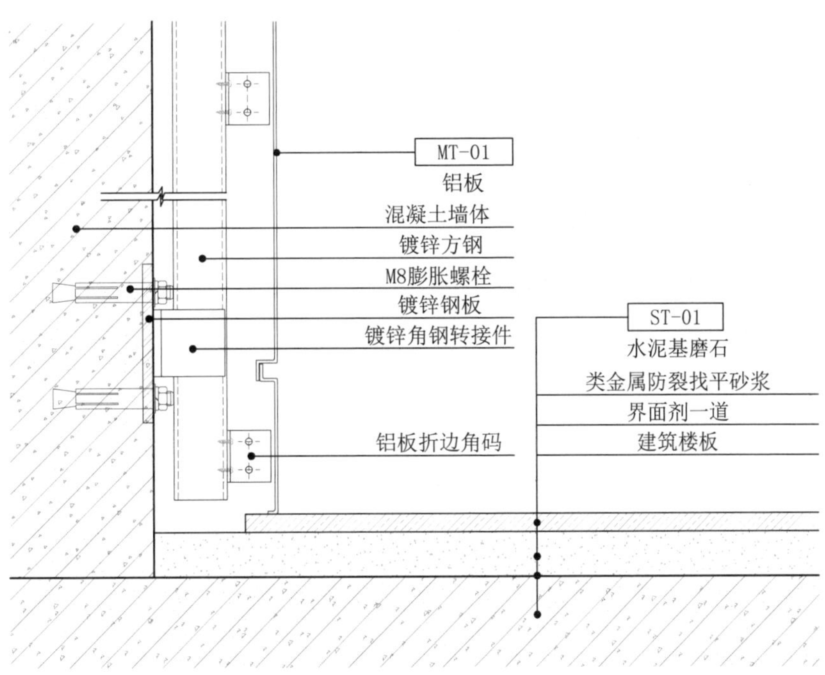
MT-01
铝板
混凝土墙体
镀锌方钢
M8膨胀螺栓
镀锌钢板
镀锌角钢转接件
铝板折边角码
ST-01
水泥基磨石
类金属防裂找平砂浆
界面剂一道
建筑楼板

I906 铝板墙面与水泥基磨石地面收口节点 / 1:5

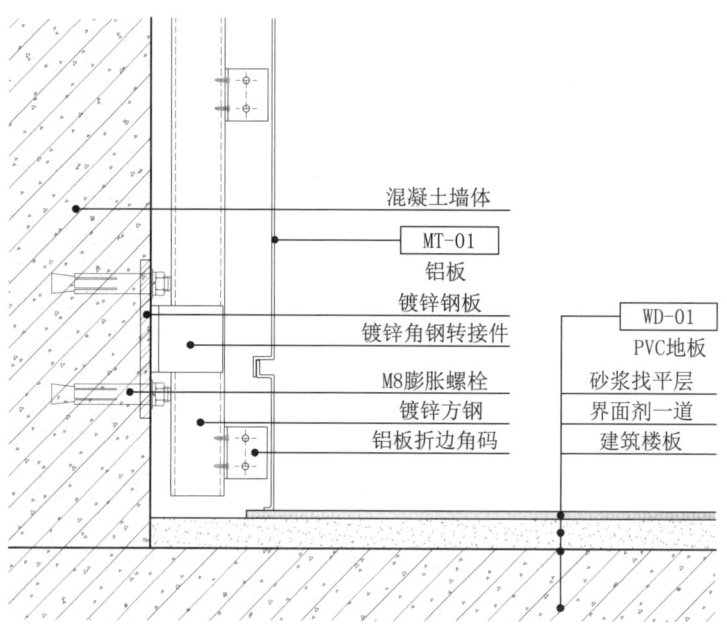
混凝土墙体
MT-01
铝板
镀锌钢板
镀锌角钢转接件
M8膨胀螺栓
镀锌方钢
铝板折边角码
WD-01
PVC地板
砂浆找平层
界面剂一道
建筑楼板

I907 铝板墙面与PVC地板收口节点 / 1:5

三维示意图（I907）

J

墙面与墙面阴阳角收口节点

1 乳胶漆墙面与其他墙面

2 木饰面墙面与其他墙面

3 石材墙面与其他墙面

4 墙砖、马赛克砖墙面与其他墙面

5 金属板墙面与其他墙面

6 软包、硬包墙面与其他墙面

7 玻璃墙面与其他墙面

1 乳胶漆墙面与其他墙面

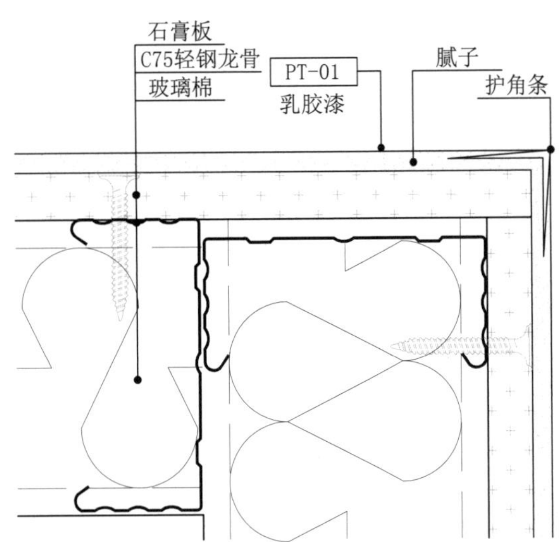
石膏板
C75轻钢龙骨
玻璃棉
PT-01
乳胶漆
腻子
护角条

J101 乳胶漆与乳胶漆墙面阳角收口节点 / 1:2

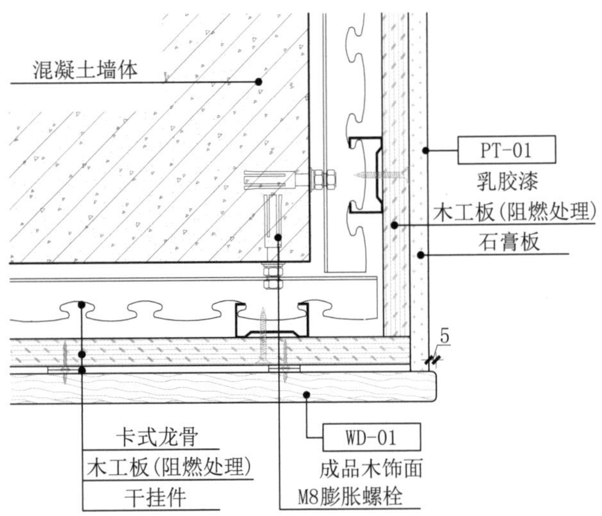
混凝土墙体
PT-01
乳胶漆
木工板(阻燃处理)
石膏板
5
卡式龙骨
木工板(阻燃处理)
干挂件
WD-01
成品木饰面
M8膨胀螺栓

J102 乳胶漆与成品木饰面墙面阳角收口节点 / 1:5

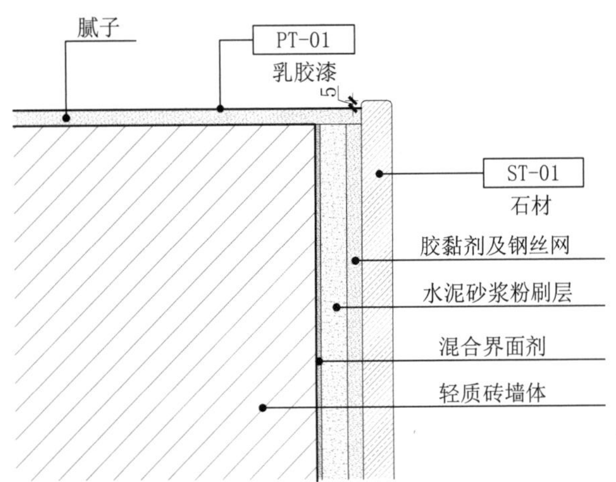
腻子
PT-01
乳胶漆
5
ST-01
石材
胶黏剂及钢丝网
水泥砂浆粉刷层
混合界面剂
轻质砖墙体

J103 乳胶漆与石材墙面阳角收口节点 / 1:5

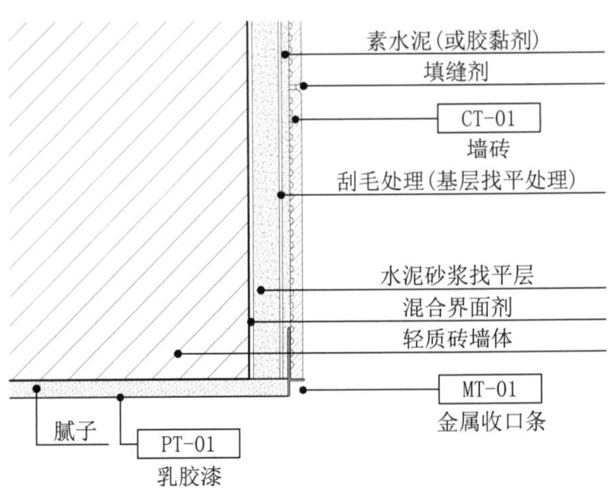
素水泥(或胶黏剂)
填缝剂
CT-01
墙砖
刮毛处理(基层找平处理)
水泥砂浆找平层
混合界面剂
轻质砖墙体
MT-01
金属收口条
腻子
PT-01
乳胶漆

J104 乳胶漆与墙砖阳角收口节点 / 1:5

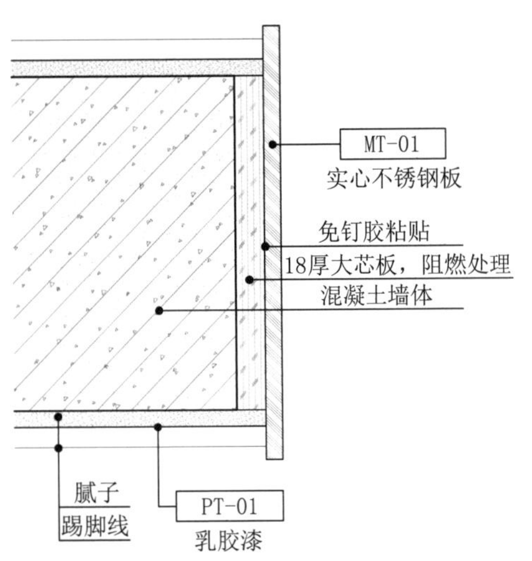
MT-01
实心不锈钢板
免钉胶粘贴
18厚大芯板，阻燃处理
混凝土墙体
腻子
踢脚线
PT-01
乳胶漆

J105 乳胶漆与金属板墙面阳角收口节点 / 1:5

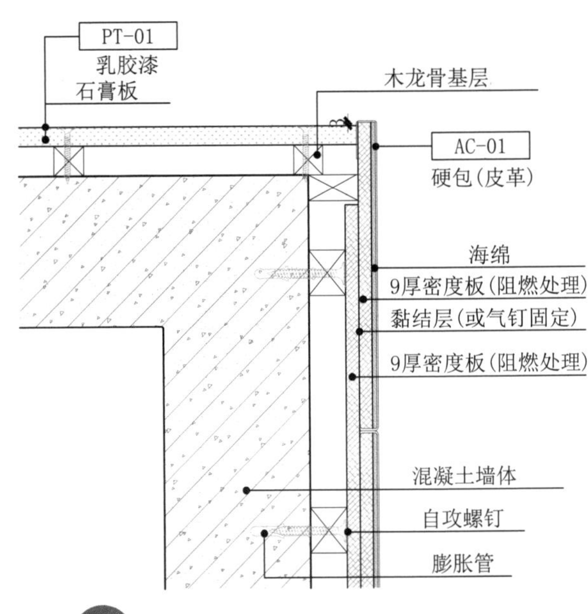
PT-01
乳胶漆
石膏板
木龙骨基层
AC-01
硬包(皮革)
海绵
9厚密度板(阻燃处理)
黏结层(或气钉固定)
9厚密度板(阻燃处理)
混凝土墙体
自攻螺钉
膨胀管

J106 乳胶漆与硬包墙面阳角收口节点 / 1:5

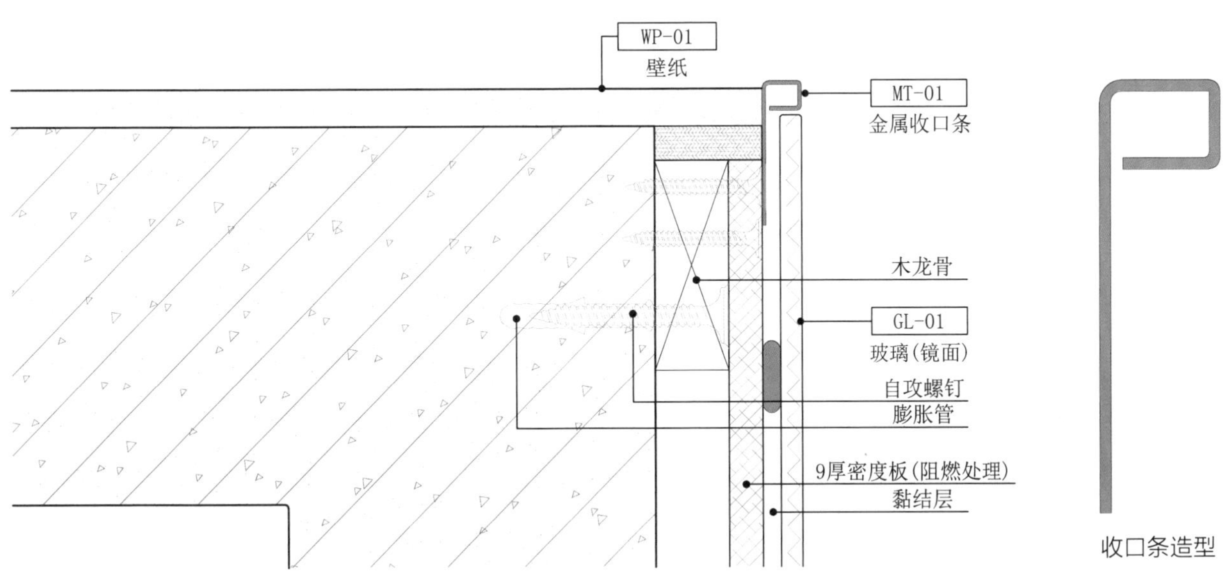
WP-01
壁纸
MT-01
金属收口条
木龙骨
GL-01
玻璃(镜面)
自攻螺钉
膨胀管
9厚密度板(阻燃处理)
黏结层
收口条造型

J107 壁纸与玻璃墙面阳角收口节点 / 1∶2

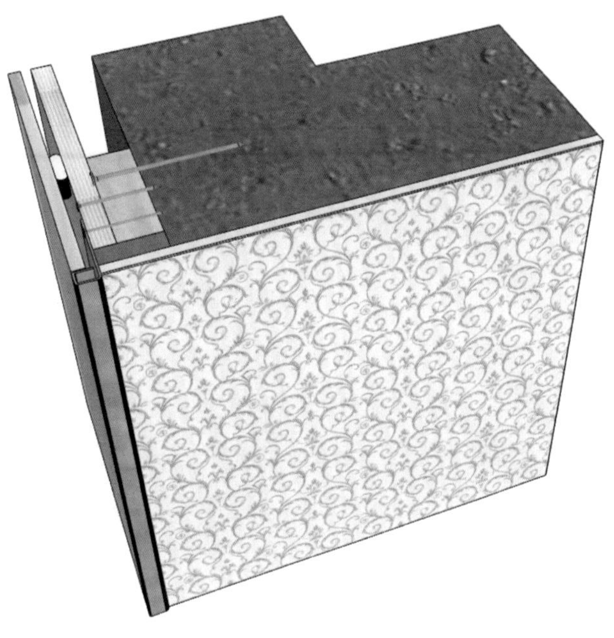

三维示意图（J107）

2 木饰面墙面与其他墙面

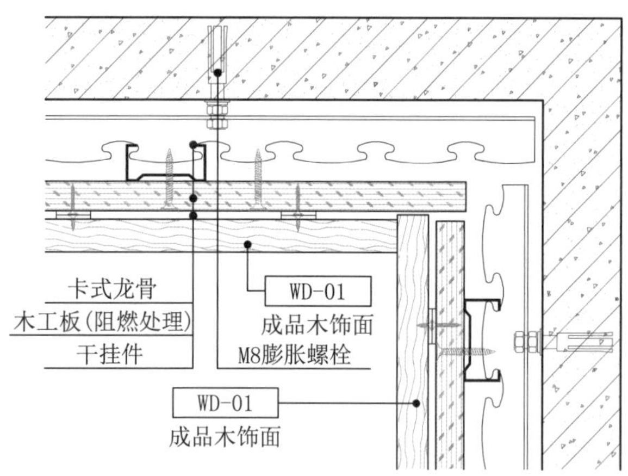
卡式龙骨
木工板(阻燃处理)
干挂件
WD-01
成品木饰面
M8膨胀螺栓
WD-01
成品木饰面

J201 木饰面与木饰面墙面阴角收口节点一 / 1:5

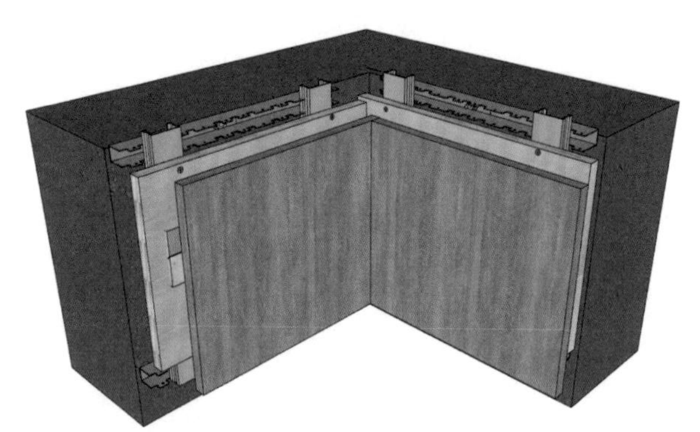

三维示意图（J201）

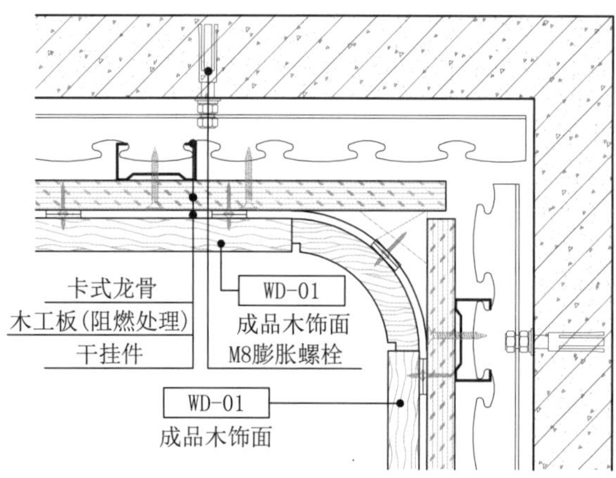
卡式龙骨
木工板(阻燃处理)
干挂件
WD-01
成品木饰面
M8膨胀螺栓
WD-01
成品木饰面

J202 木饰面与木饰面墙面阴角收口节点二 / 1:5

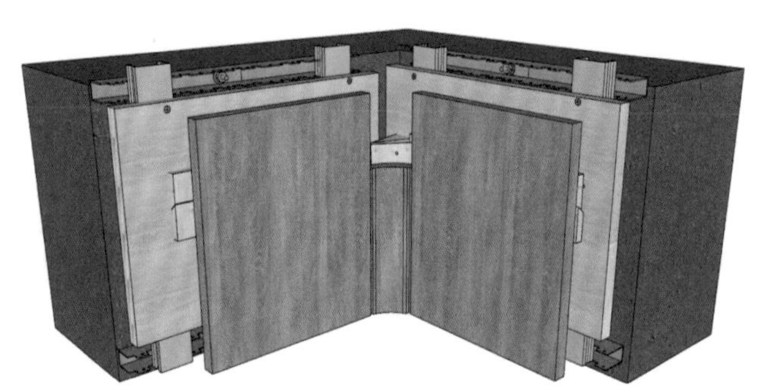

三维示意图（J202）

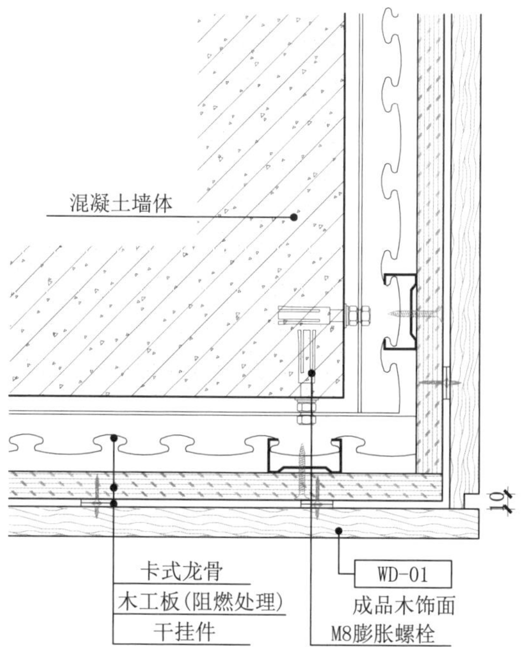
混凝土墙体
10
卡式龙骨
木工板(阻燃处理)
干挂件
WD-01
成品木饰面
M8膨胀螺栓

J203 木饰面与木饰面墙面阳角收口节点一 / 1:5

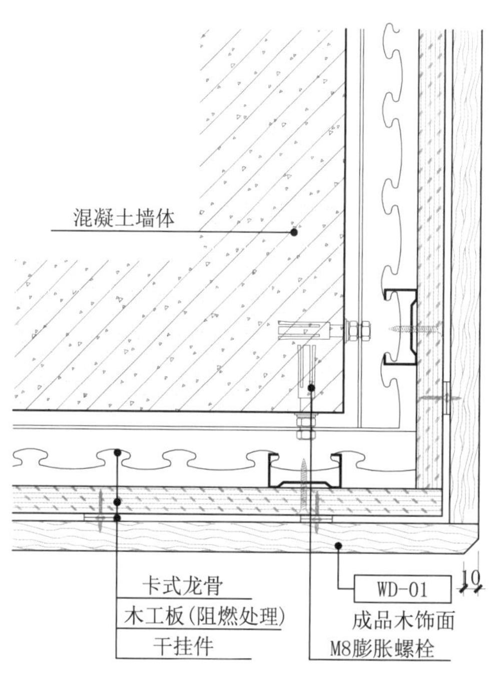
混凝土墙体
10
卡式龙骨
木工板(阻燃处理)
干挂件
WD-01
成品木饰面
M8膨胀螺栓

J204 木饰面与木饰面墙面阳角收口节点二 / 1:5

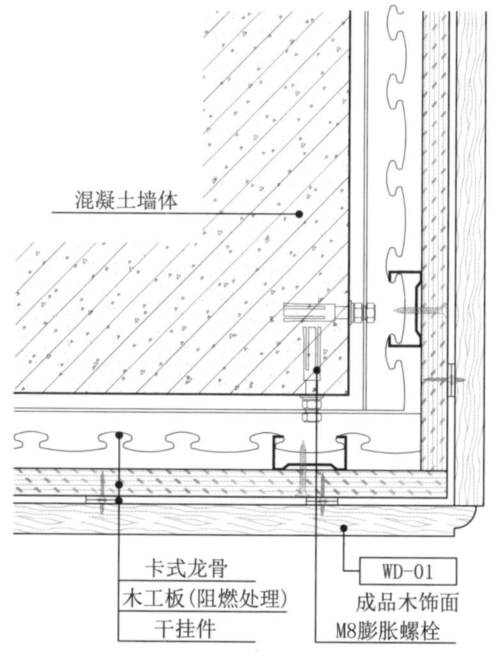
混凝土墙体
卡式龙骨
木工板(阻燃处理)
干挂件
WD-01
成品木饰面
M8膨胀螺栓

J205 木饰面与木饰面墙面阳角收口节点三 / 1:5

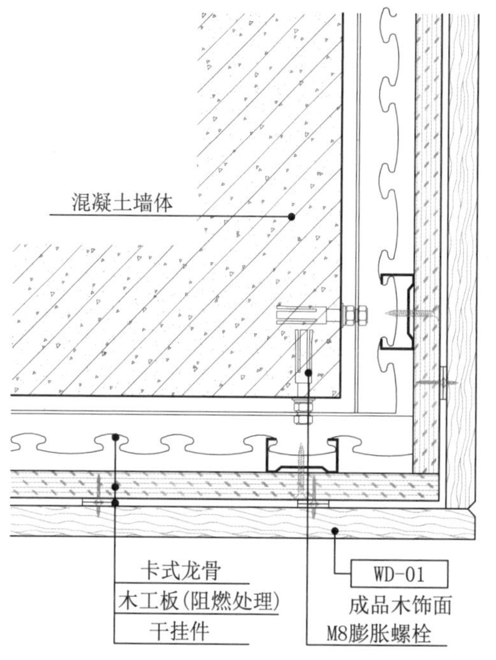
混凝土墙体
卡式龙骨
木工板(阻燃处理)
干挂件
WD-01
成品木饰面
M8膨胀螺栓

J206 木饰面与木饰面墙面阳角收口节点四 / 1:5

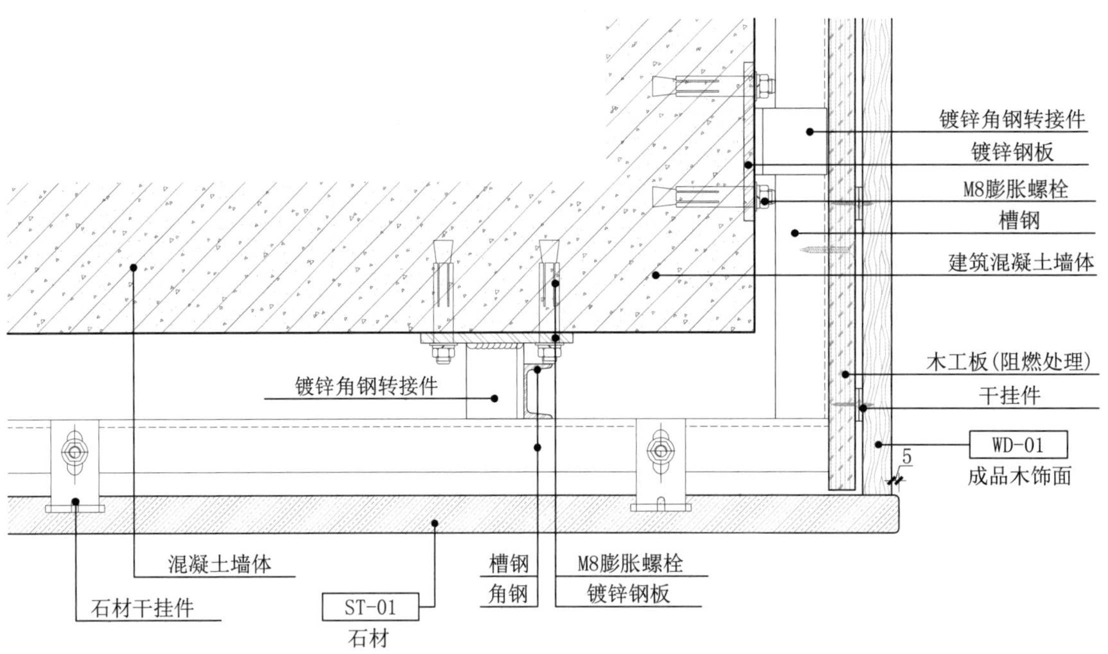
镀锌角钢转接件
镀锌钢板
M8膨胀螺栓
槽钢
建筑混凝土墙体
木工板(阻燃处理)
干挂件
WD-01
成品木饰面
5
镀锌角钢转接件
混凝土墙体
石材干挂件
ST-01
石材
槽钢
角钢
M8膨胀螺栓
镀锌钢板

J207 木饰面与石材墙面阳角收口节点 / 1∶5

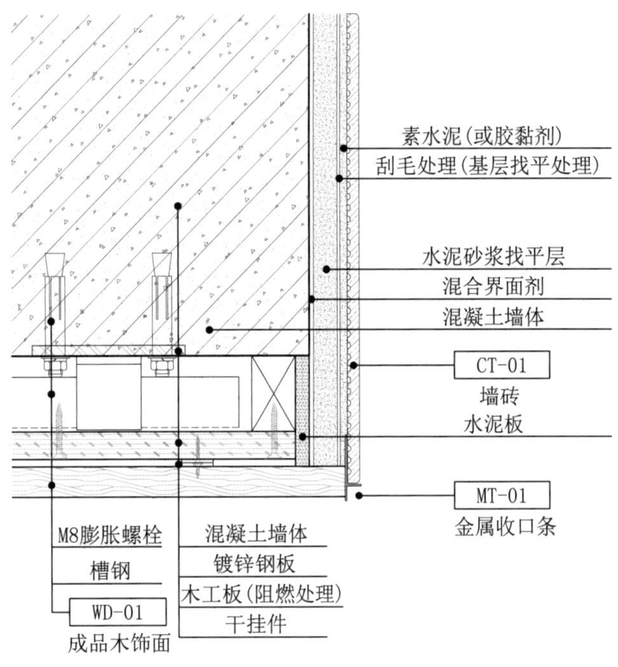
素水泥(或胶黏剂)
刮毛处理(基层找平处理)
水泥砂浆找平层
混合界面剂
混凝土墙体
CT-01
墙砖
水泥板
MT-01
金属收口条
M8膨胀螺栓
槽钢
WD-01
成品木饰面
混凝土墙体
镀锌钢板
木工板(阻燃处理)
干挂件

J208 木饰面与砖墙阳角收口节点 / 1∶5

木饰面与砖墙阳角收口

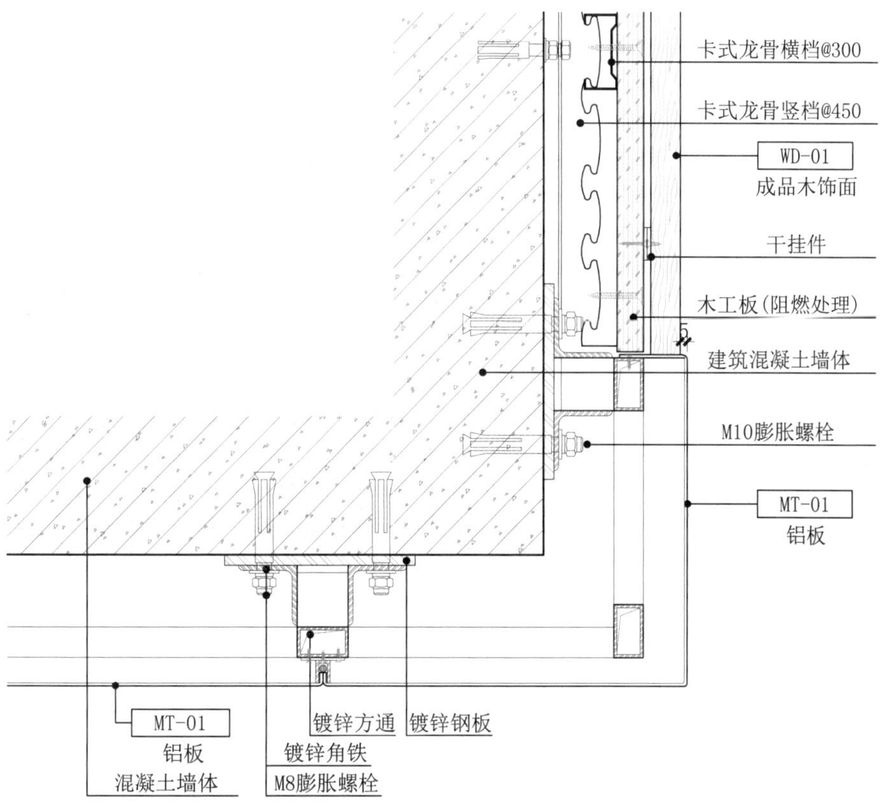
卡式龙骨横档@300
卡式龙骨竖档@450
WD-01
成品木饰面
干挂件
木工板(阻燃处理)
建筑混凝土墙体
M10膨胀螺栓
MT-01
铝板
MT-01
铝板
混凝土墙体
镀锌方通
镀锌角铁
M8膨胀螺栓
镀锌钢板

J209 木饰面与铝板墙面阳角收口节点 / 1:5

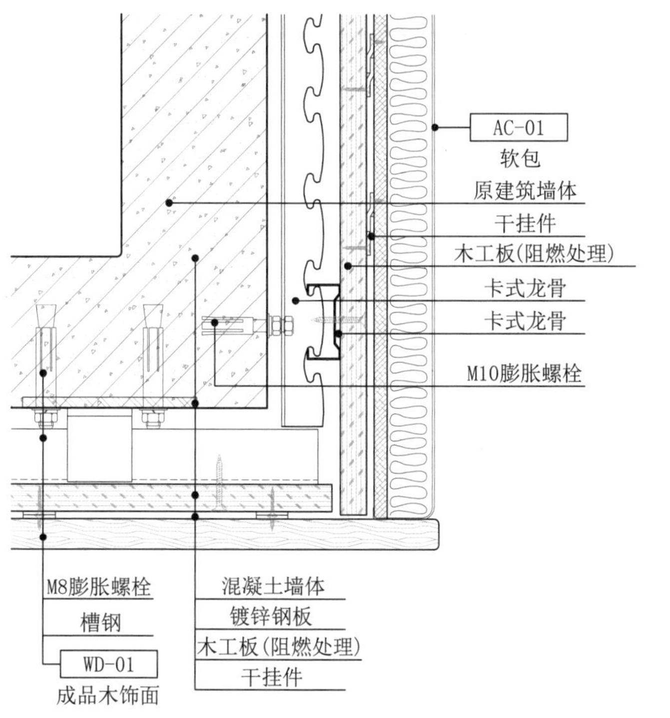
AC-01
软包
原建筑墙体
干挂件
木工板(阻燃处理)
卡式龙骨
卡式龙骨
M10膨胀螺栓
M8膨胀螺栓
槽钢
WD-01
成品木饰面
混凝土墙体
镀锌钢板
木工板(阻燃处理)
干挂件

J210 木饰面与软包墙面阳角收口节点 / 1:5

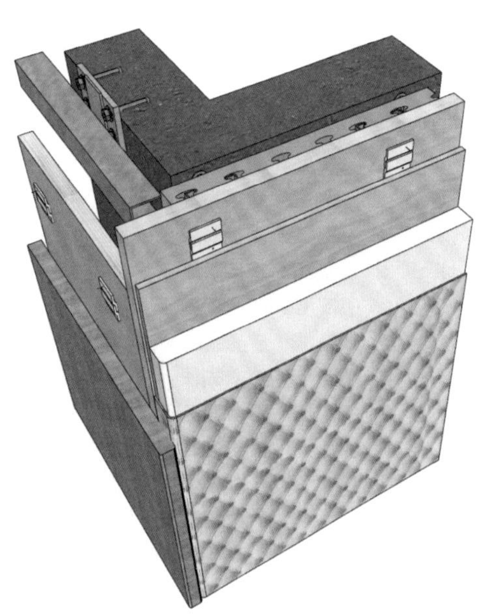
三维示意图（J210）

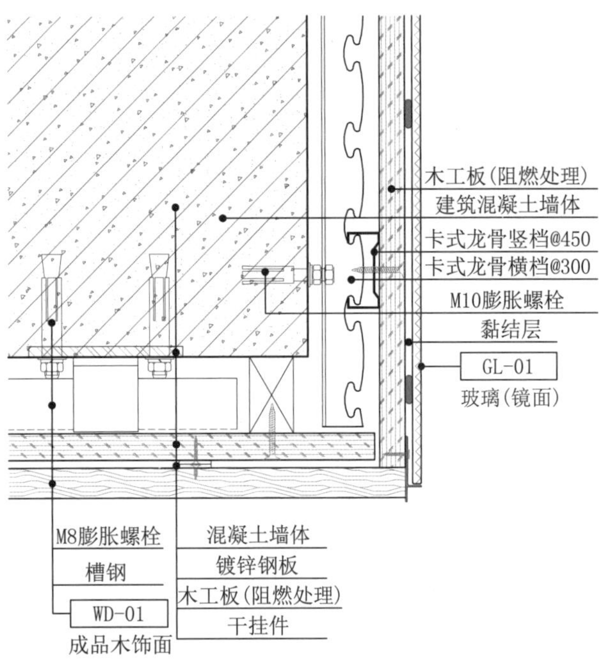
木工板(阻燃处理)
建筑混凝土墙体
卡式龙骨竖档@450
卡式龙骨横档@300
M10膨胀螺栓
黏结层
GL-01
玻璃(镜面)
M8膨胀螺栓
槽钢
WD-01
成品木饰面
混凝土墙体
镀锌钢板
木工板(阻燃处理)
干挂件

J211 木饰面与玻璃墙面阳角收口节点 / 1∶5

木饰面与玻璃墙面阳角收口

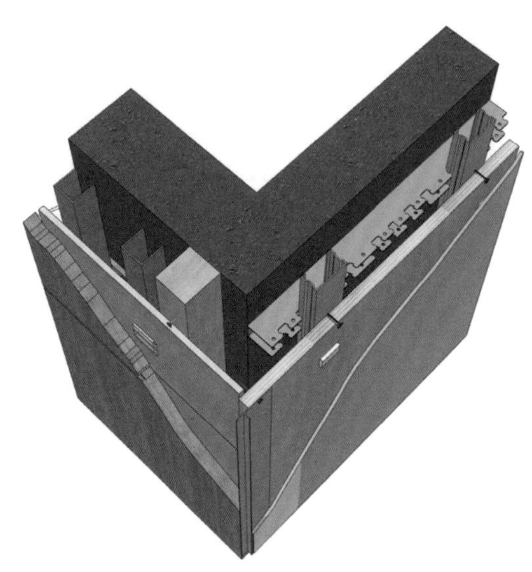

三维示意图（J211）

课堂小知识

硅酸钙板与水泥板的区别

硅酸钙板与水泥板两种材料在施工过程中经常被混为一谈，下面来了解一下它们之间的区别。

1. 原材料不同：硅酸钙板的水泥含量比较少，是用砂和粉煤灰替代水泥的。水泥板的水泥含量比硅酸钙板的要高很多，所以板材的耐用性能更好。

2. 成型工艺过程不同：水泥板是经过压机压制而成的，硅酸钙板是经过高温、高压蒸压而成的。

3. 性质不同：硅酸钙板是经过化学反应的化学产品，水泥板只是经过物理性质改造的物理产品。

4. 密度不同：纤维水泥板的密度比硅酸钙板要高，硅酸钙板的密度在1.2 g/cm^{3}左右，水泥板的密度在1.5 g/cm^{3}以上，二者密度不一样，用处也不一样。

5. 颜色不同：水泥板的颜色和水泥是一样的，而硅酸钙板的颜色是白色的。

6. 厚度不同：硅酸钙板的常规厚度在6～12 mm，水泥板的厚度可以达到2.5～100 mm，硅酸钙板的极限厚度范围在4～30 mm，4 mm以下和30 mm以上的厚度是做不出来的。

3 石材墙面与其他墙面

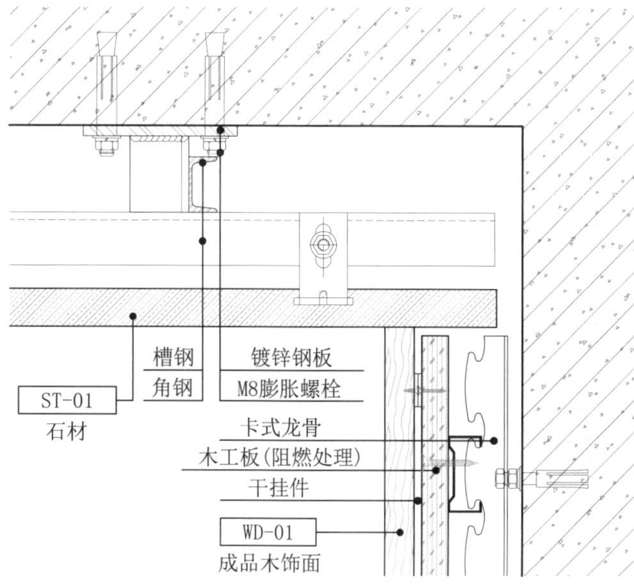
槽钢
角钢
镀锌钢板
M8膨胀螺栓
ST-01
石材
卡式龙骨
木工板(阻燃处理)
干挂件
WD-01
成品木饰面

J301 石材与木饰面墙面阴角收口节点 / 1:5

课堂小知识

防腐木和炭化木有什么区别？

防腐木主要是通过加入一些防腐剂制作而成的，制作过程中需将防腐剂打到木材内部，起到防腐的作用。同时也能够破坏细菌和一些虫类的生长环境，使它们无法在木材里面生存。另外添加的一些成分也能够发挥相应的作用，使防腐木的使用寿命更长一些。

炭化木在加工上是不一样的。炭化木是在缺少氧气的环境里，通过较高温度的处理而取得的能够使木质特性改进的木材商品。这样，炭化木最大的优点即是所含有害物质极少，不会在使用的过程中出现较多的污染。

在我国南方地区，由于湿度较大，很多木饰面厂家在做干挂之前都用炭化木做基层找平，一是因为成本较低，二是因为炭化木含水率很低，特别适用于湿度较大地区的基层找平。

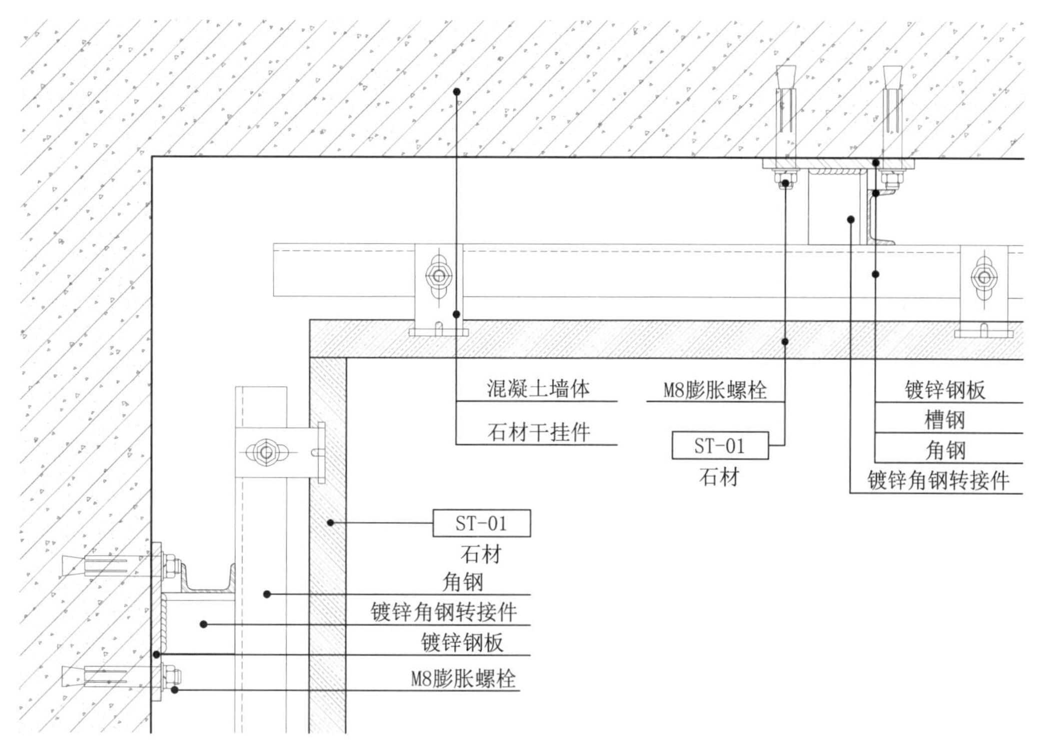
混凝土墙体
石材干挂件
M8膨胀螺栓
ST-01
石材
镀锌钢板
槽钢
角钢
镀锌角钢转接件
ST-01
石材
角钢
镀锌角钢转接件
镀锌钢板
M8膨胀螺栓

J302 石材与石材墙面阴角收口节点 / 1:5

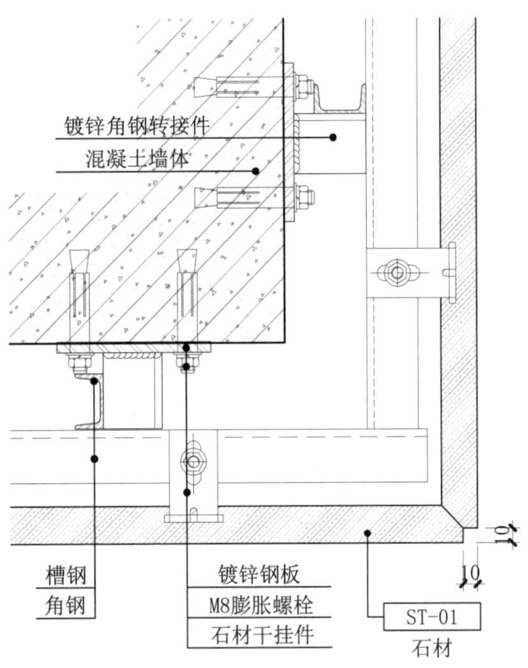
镀锌角钢转接件
混凝土墙体
10
10
槽钢
角钢
镀锌钢板
M8膨胀螺栓
石材干挂件
ST-01
石材

J303 石材与石材墙面阳角收口节点一 / 1:5

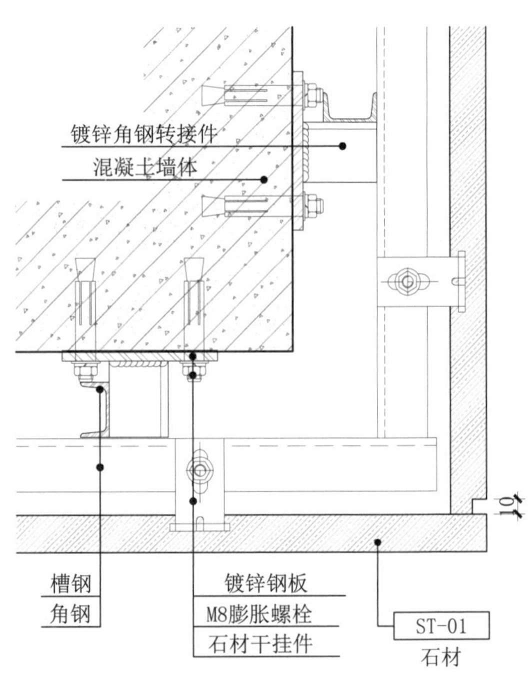
镀锌角钢转接件
混凝土墙体
10
槽钢
角钢
镀锌钢板
M8膨胀螺栓
石材干挂件
ST-01
石材

J304 石材与石材墙面阳角收口节点二 / 1:5

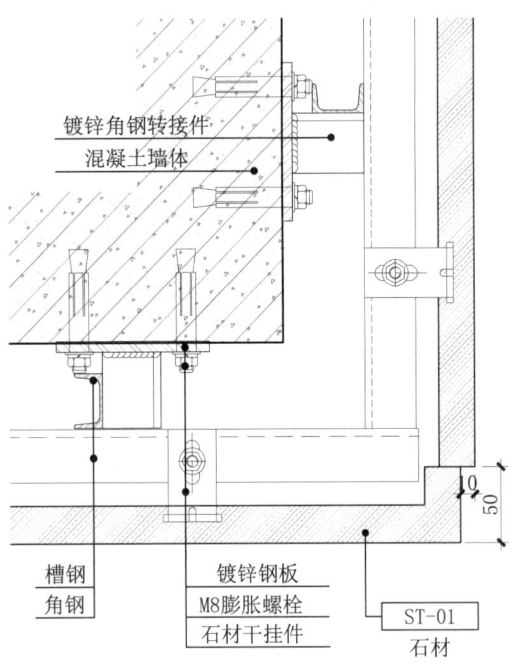
镀锌角钢转接件
混凝土墙体
10
50
槽钢
角钢
镀锌钢板
M8膨胀螺栓
石材干挂件
ST-01
石材

J305 石材与石材墙面阳角收口节点三 / 1:5

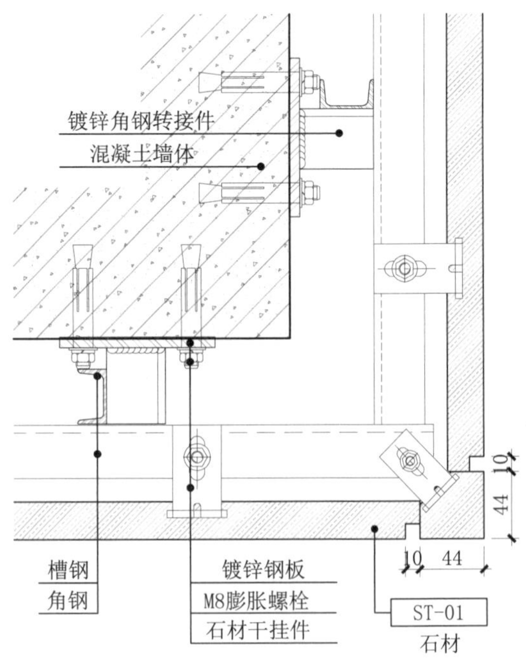
镀锌角钢转接件
混凝土墙体
10
44
10
44
槽钢
角钢
镀锌钢板
M8膨胀螺栓
石材干挂件
ST-01
石材

J306 石材与石材墙面阳角收口节点四 / 1:5

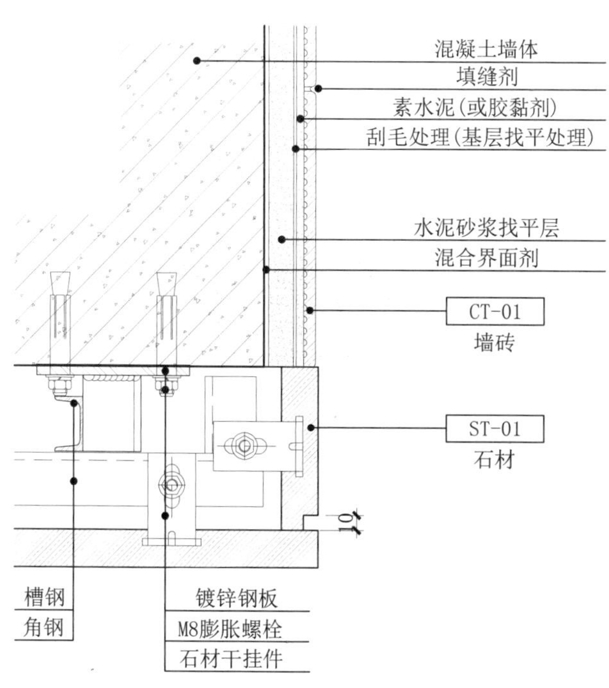
混凝土墙体
填缝剂
素水泥(或胶黏剂)
刮毛处理(基层找平处理)
水泥砂浆找平层
混合界面剂
CT-01
墙砖
ST-01
石材
10
槽钢
角钢
镀锌钢板
M8膨胀螺栓
石材干挂件

J307 石材与砖墙阳角收口节点 / 1:5

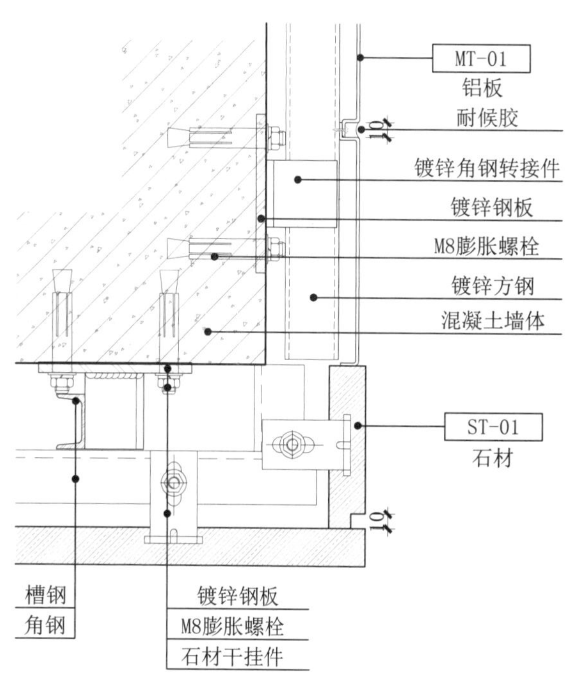
MT-01
铝板
耐候胶
10
镀锌角钢转接件
镀锌钢板
M8膨胀螺栓
镀锌方钢
混凝土墙体
ST-01
石材
10
槽钢
角钢
镀锌钢板
M8膨胀螺栓
石材干挂件

J308 石材与铝板墙面阳角收口节点 / 1:5

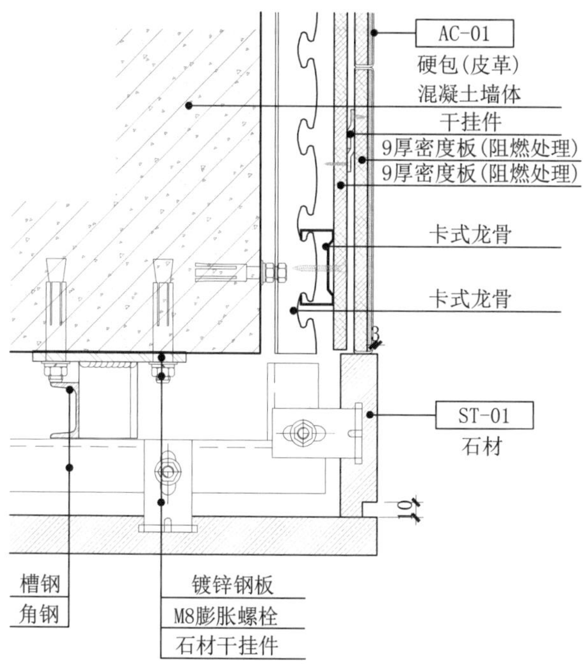
AC-01
硬包(皮革)
混凝土墙体
干挂件
9厚密度板(阻燃处理)
9厚密度板(阻燃处理)
卡式龙骨
卡式龙骨
3
ST-01
石材
10
槽钢
角钢
镀锌钢板
M8膨胀螺栓
石材干挂件

J309 石材与硬包墙面阳角收口节点 / 1:5

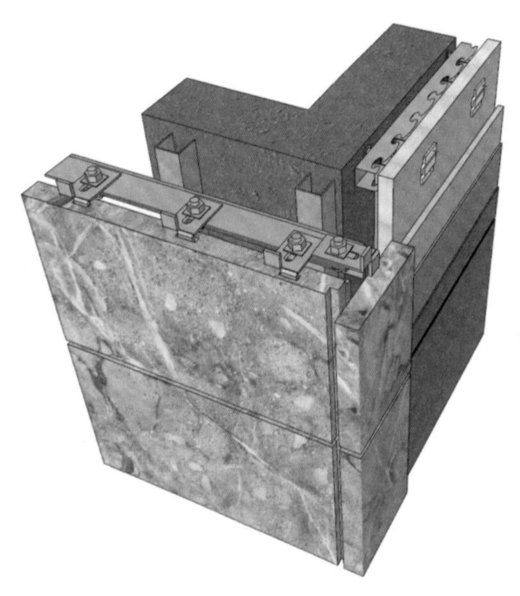

三维示意图（J309）

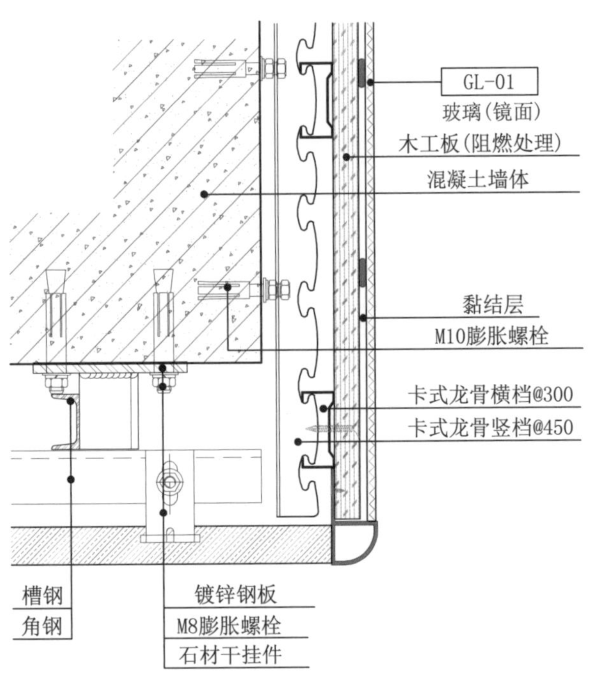
GL-01
玻璃(镜面)
木工板(阻燃处理)
混凝土墙体
黏结层
M10膨胀螺栓
卡式龙骨横档@300
卡式龙骨竖档@450
槽钢
角钢
镀锌钢板
M8膨胀螺栓
石材干挂件

J310 石材与玻璃墙面阳角收口节点 / 1:5

石材与玻璃墙面阳角收口

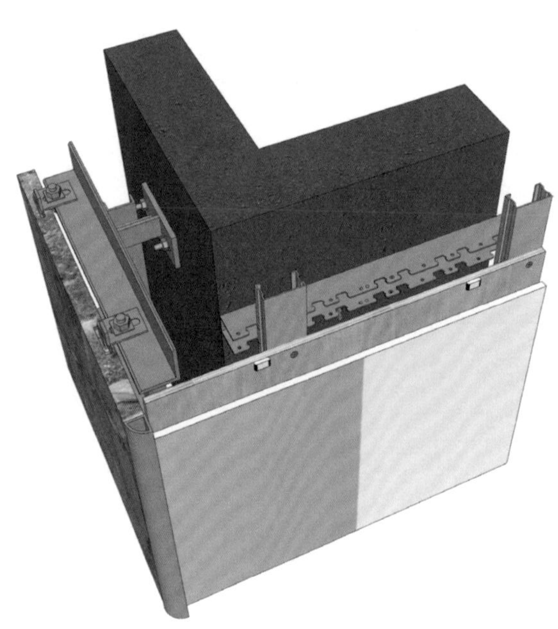

三维示意图（J310）

4　墙砖、马赛克砖墙面与其他墙面

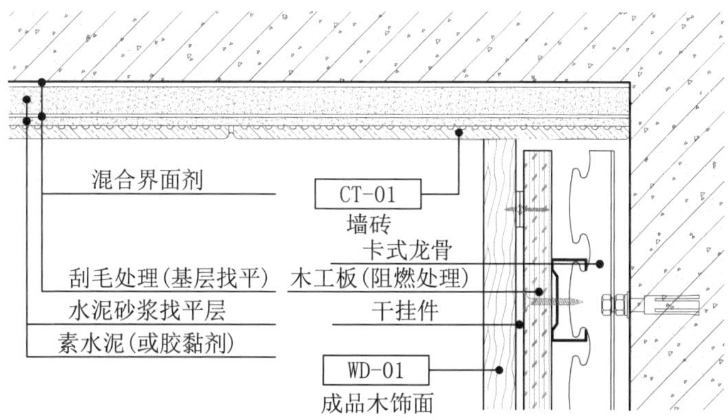
混合界面剂
CT-01
墙砖
卡式龙骨
刮毛处理(基层找平)
木工板(阻燃处理)
水泥砂浆找平层
干挂件
素水泥(或胶黏剂)
WD-01
成品木饰面

J401 墙砖墙面与木饰面墙面阴角收口节点 / 1:5

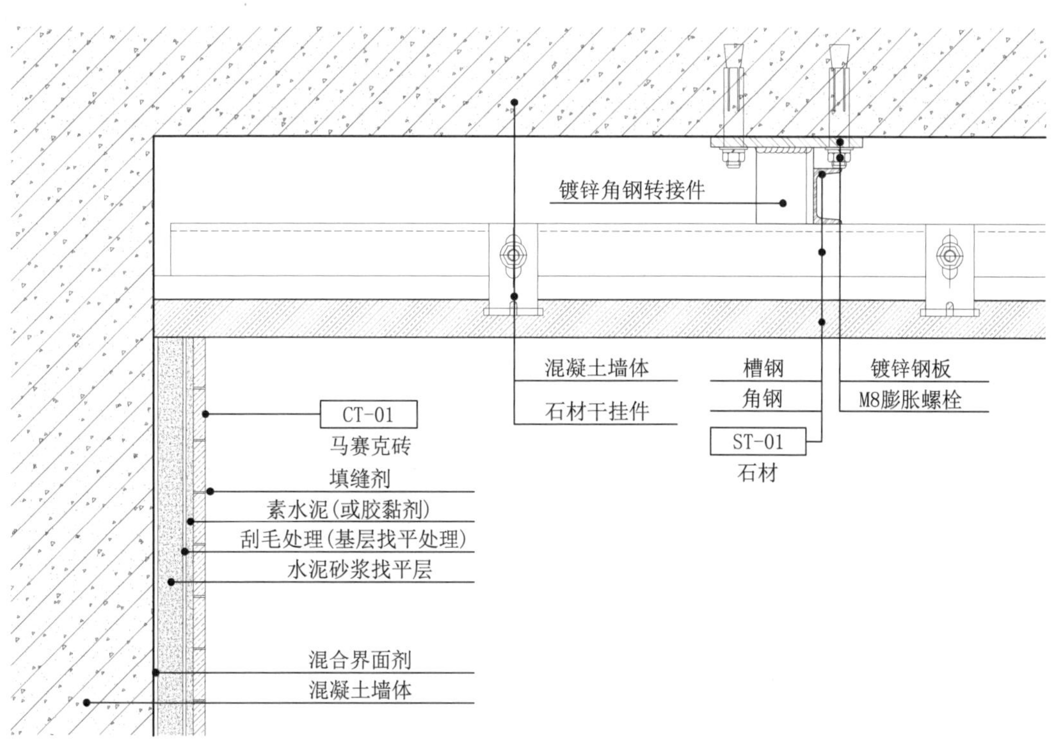
镀锌角钢转接件
混凝土墙体
石材干挂件
槽钢
角钢
镀锌钢板
M8膨胀螺栓
CT-01
马赛克砖
ST-01
石材
填缝剂
素水泥(或胶黏剂)
刮毛处理(基层找平处理)
水泥砂浆找平层
混合界面剂
混凝土墙体

J402 马赛克砖与石材墙面阴角收口节点 / 1:5

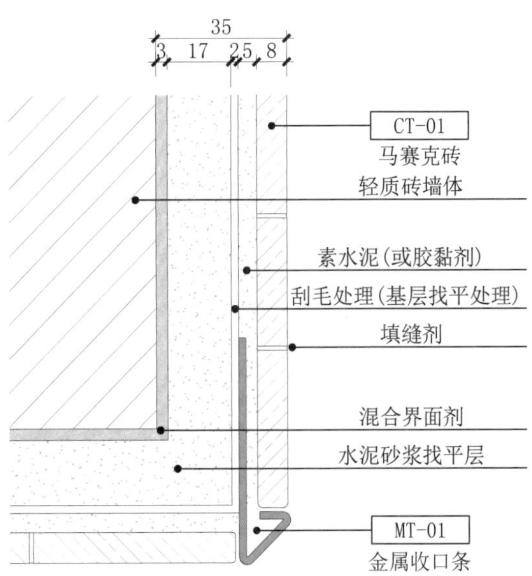
35
3 17 2 5 8
CT-01
马赛克砖
轻质砖墙体
素水泥(或胶黏剂)
刮毛处理(基层找平处理)
填缝剂
混合界面剂
水泥砂浆找平层
MT-01
金属收口条

J403 马赛克砖与马赛克砖墙面阳角收口节点一 / 1:2

马赛克砖与马赛克砖墙面阳角收口（J403）

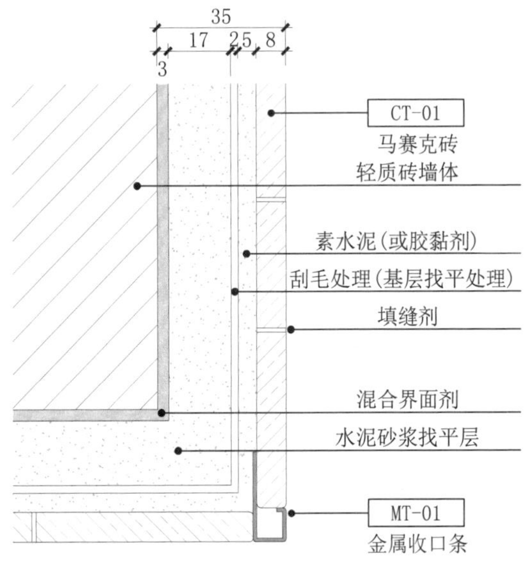
35
3 17 2 5 8
CT-01
马赛克砖
轻质砖墙体
素水泥(或胶黏剂)
刮毛处理(基层找平处理)
填缝剂
混合界面剂
水泥砂浆找平层
MT-01
金属收口条

J404 马赛克砖与马赛克砖墙面阳角收口节点二 / 1:2

马赛克砖与马赛克砖墙面阳角收口（J404）

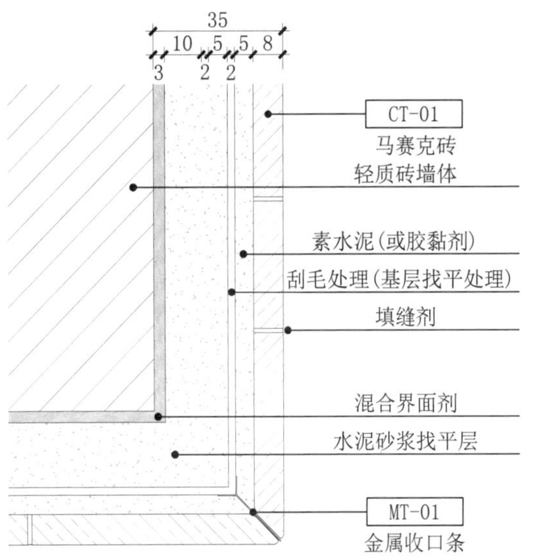
35
3 10 2 5 2 5 8
CT-01
马赛克砖
轻质砖墙体
素水泥(或胶黏剂)
刮毛处理(基层找平处理)
填缝剂
混合界面剂
水泥砂浆找平层
MT-01
金属收口条

J405 马赛克砖与马赛克砖墙面阳角收口节点三 / 1:2

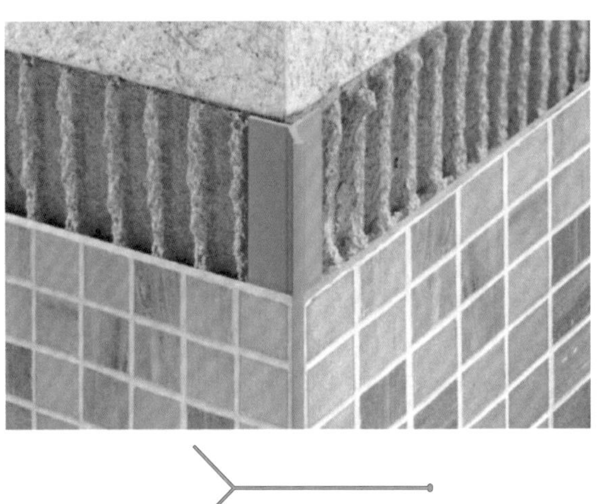

马赛克砖与马赛克砖墙面阳角收口（J405）

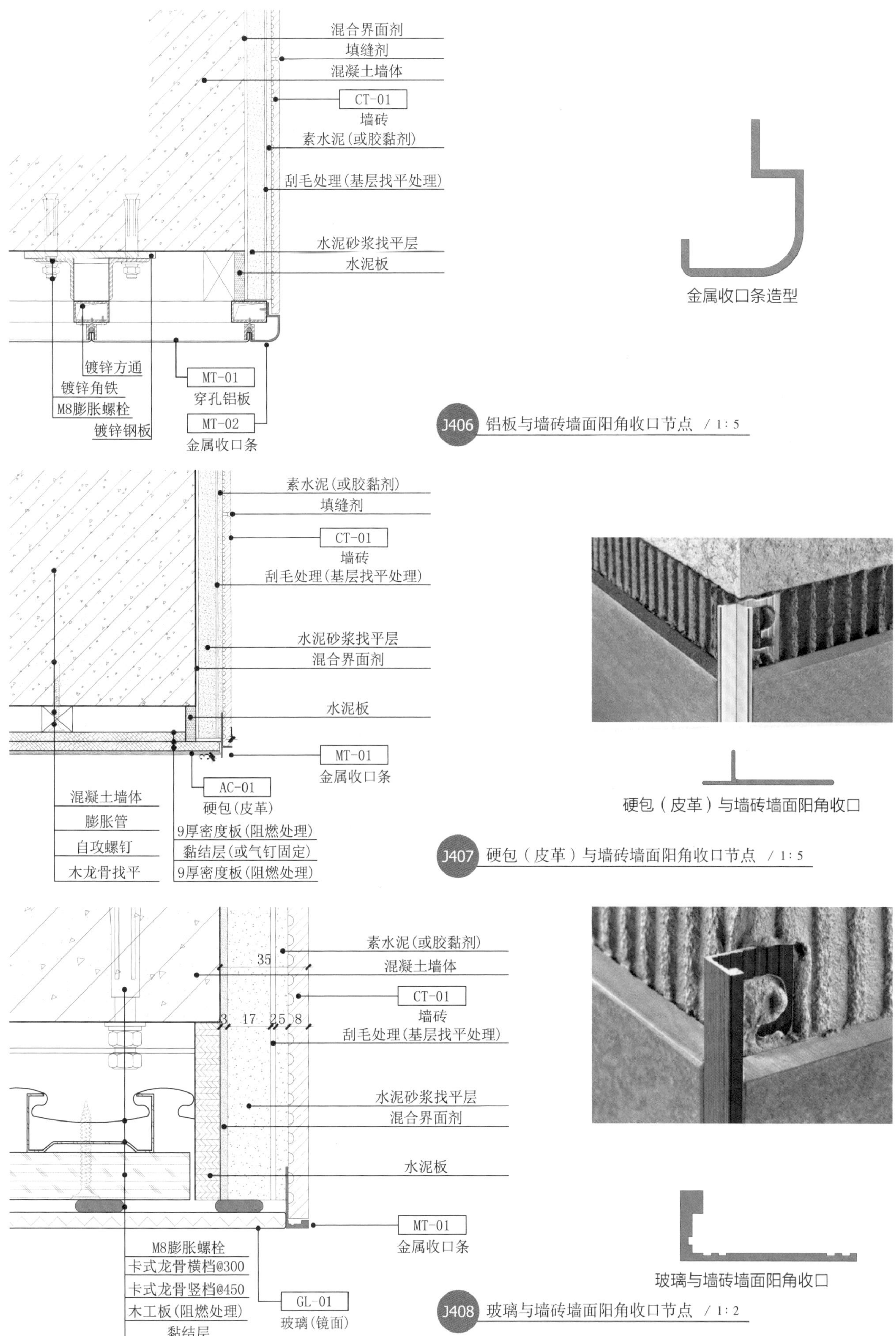
混合界面剂
填缝剂
混凝土墙体
CT-01
墙砖
素水泥(或胶黏剂)
刮毛处理(基层找平处理)
水泥砂浆找平层
水泥板
镀锌方通
镀锌角铁
M8膨胀螺栓
镀锌钢板
MT-01
穿孔铝板
MT-02
金属收口条
金属收口条造型
素水泥(或胶黏剂)
填缝剂
CT-01
墙砖
刮毛处理(基层找平处理)
水泥砂浆找平层
混合界面剂
水泥板
MT-01
金属收口条
AC-01
硬包(皮革)
混凝土墙体
膨胀管
自攻螺钉
木龙骨找平
9厚密度板(阻燃处理)
黏结层(或气钉固定)
9厚密度板(阻燃处理)
硬包（皮革）与墙砖墙面阳角收口
素水泥(或胶黏剂)
35
混凝土墙体
CT-01
墙砖
3 17 2.5 8
刮毛处理(基层找平处理)
水泥砂浆找平层
混合界面剂
水泥板
MT-01
金属收口条
M8膨胀螺栓
卡式龙骨横档@300
卡式龙骨竖档@450
木工板(阻燃处理)
黏结层
GL-01
玻璃(镜面)
玻璃与墙砖墙面阳角收口

J406 铝板与墙砖墙面阳角收口节点 / 1:5

J407 硬包（皮革）与墙砖墙面阳角收口节点 / 1:5

J408 玻璃与墙砖墙面阳角收口节点 / 1:2

5 金属板墙面与其他墙面

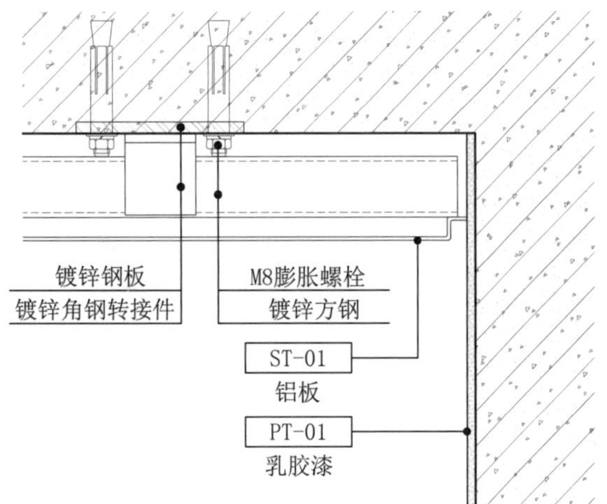
镀锌钢板
镀锌角钢转接件
M8膨胀螺栓
镀锌方钢
ST-01
铝板
PT-01
乳胶漆

J501 铝板与乳胶漆墙面阴角收口节点 / 1：5

三维示意图（J501）

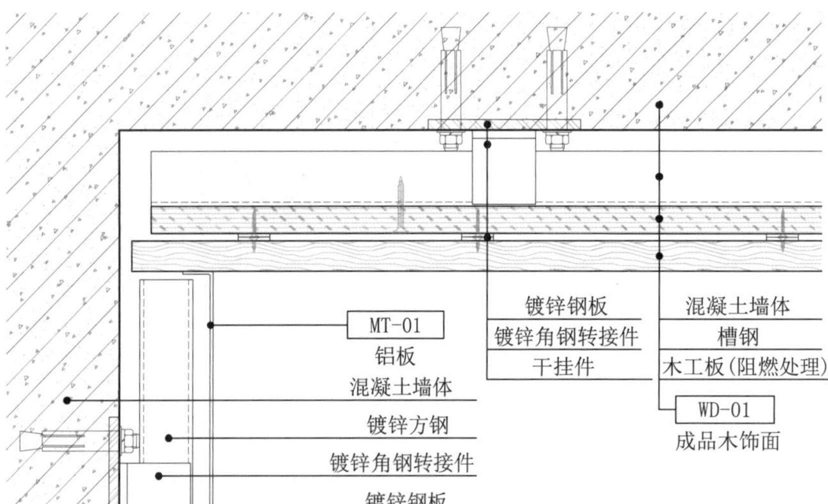
MT-01
铝板
混凝土墙体
镀锌方钢
镀锌角钢转接件
镀锌钢板
M8膨胀螺栓
镀锌钢板
镀锌角钢转接件
干挂件
混凝土墙体
槽钢
木工板(阻燃处理)
WD-01
成品木饰面

J502 铝板与木饰面墙面阴角收口节点 / 1：5

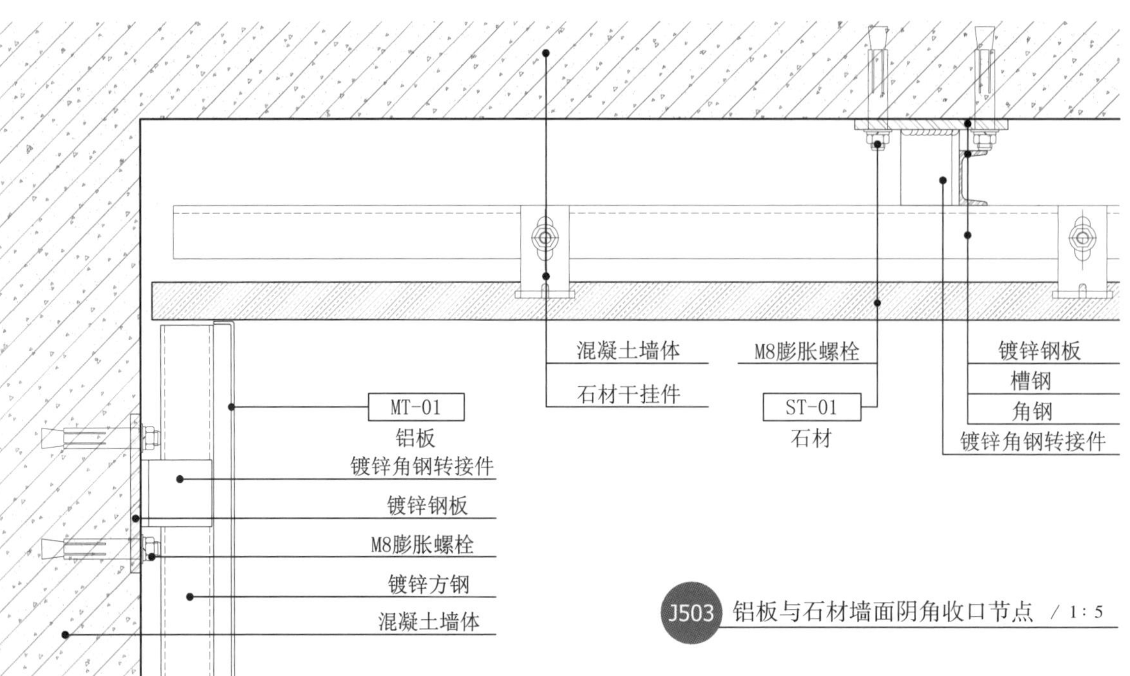
混凝土墙体
石材干挂件
M8膨胀螺栓
ST-01
石材
镀锌钢板
槽钢
角钢
镀锌角钢转接件
MT-01
铝板
镀锌角钢转接件
镀锌钢板
M8膨胀螺栓
镀锌方钢
混凝土墙体

J503 铝板与石材墙面阴角收口节点 / 1：5

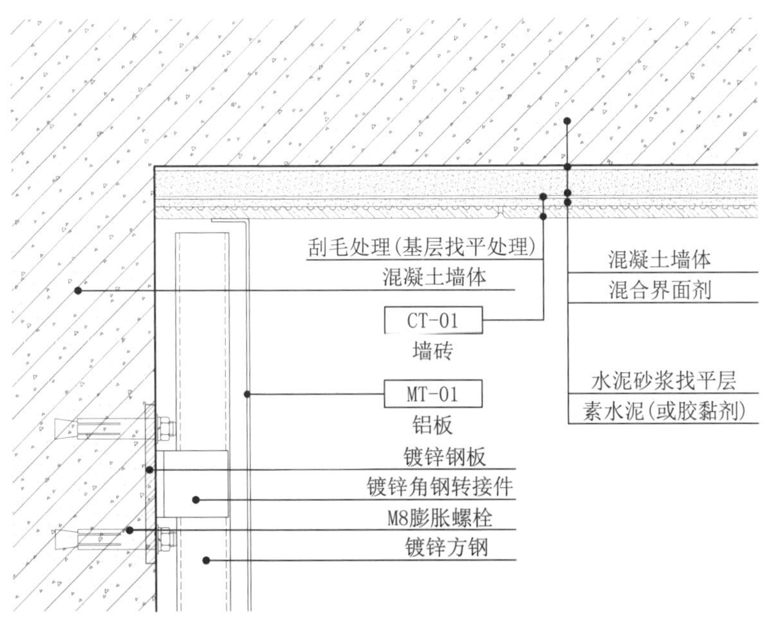
刮毛处理(基层找平处理)
混凝土墙体
CT-01
墙砖
MT-01
铝板
镀锌钢板
镀锌角钢转接件
M8膨胀螺栓
镀锌方钢
混凝土墙体
混合界面剂
水泥砂浆找平层
素水泥(或胶黏剂)

J504 铝板与墙砖墙面阴角收口节点 / 1:5

三维示意图（J504）

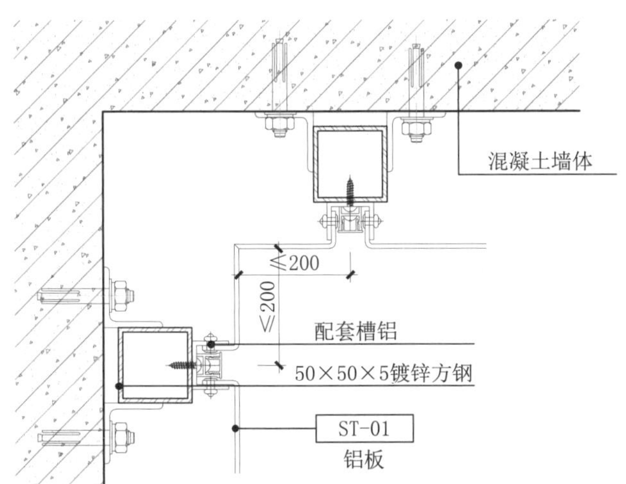
混凝土墙体
≤200
≤200
配套槽铝
50×50×5镀锌方钢
ST-01
铝板

J505 铝板与铝板墙面阴角收口节点 / 1:5

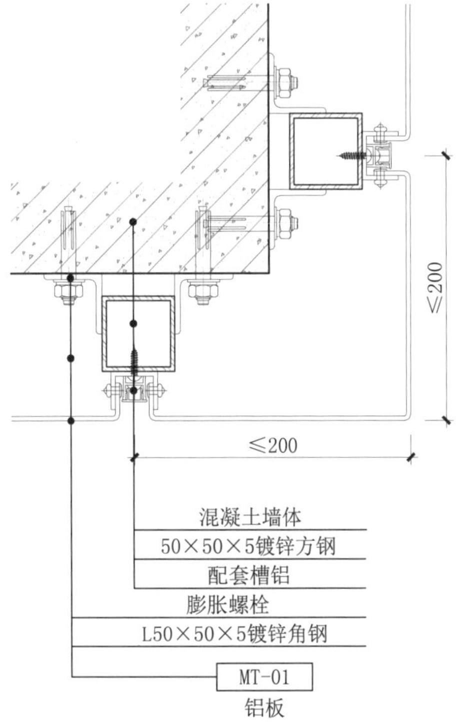
≤200
≤200
混凝土墙体
50×50×5镀锌方钢
配套槽铝
膨胀螺栓
L50×50×5镀锌角钢
MT-01
铝板

J506 铝板与铝板墙面阳角收口节点 / 1:5

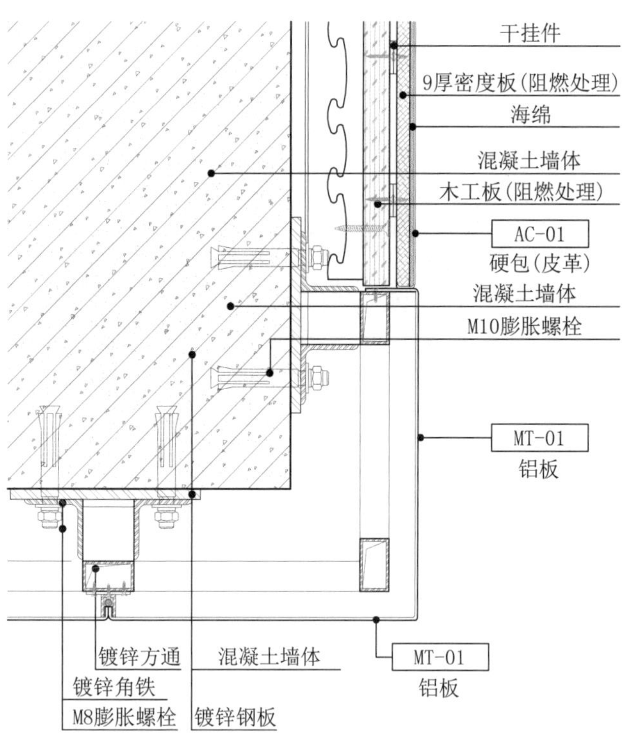
干挂件
9厚密度板(阻燃处理)
海绵
混凝土墙体
木工板(阻燃处理)
AC-01
硬包(皮革)
混凝土墙体
M10膨胀螺栓
MT-01
铝板
镀锌方通
混凝土墙体
镀锌角铁
M8膨胀螺栓
镀锌钢板
MT-01
铝板

J507 铝板与硬包墙面阳角收口节点 / 1:5

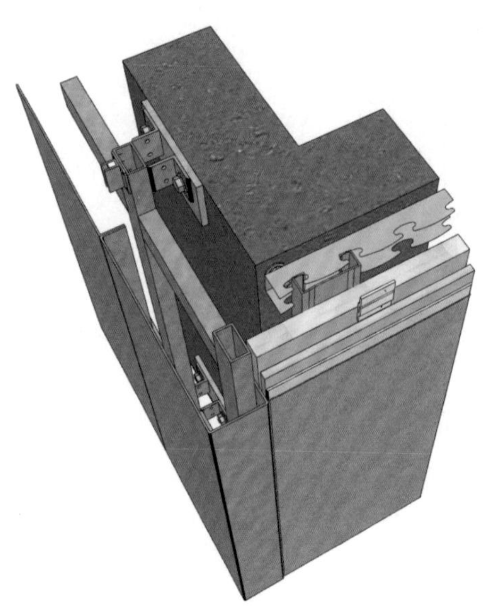

三维示意图（J507）

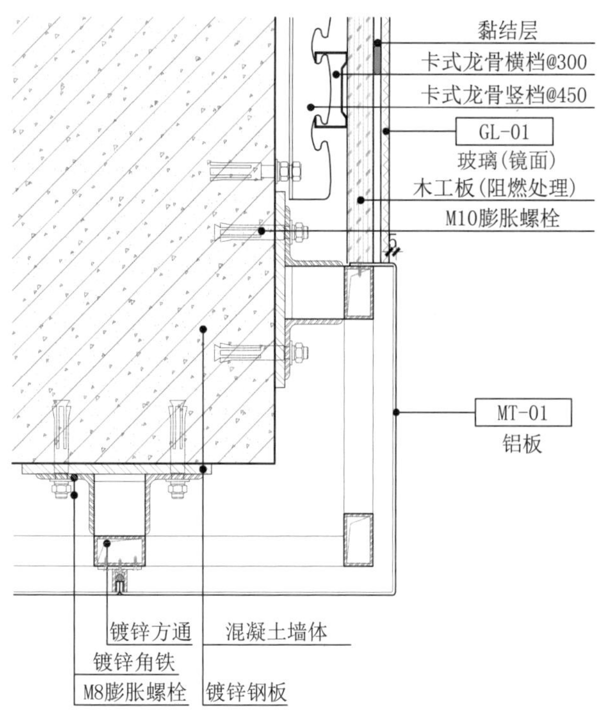
黏结层
卡式龙骨横档@300
卡式龙骨竖档@450
GL-01
玻璃(镜面)
木工板(阻燃处理)
M10膨胀螺栓
MT-01
铝板
镀锌方通
混凝土墙体
镀锌角铁
M8膨胀螺栓
镀锌钢板

J508 铝板与玻璃墙面阳角收口节点 / 1:5

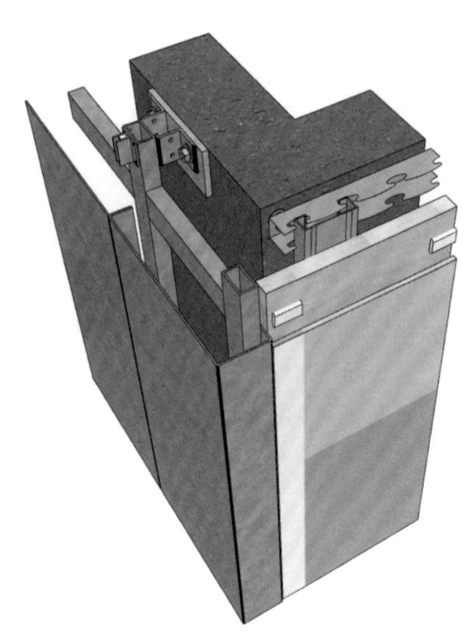

三维示意图（J508）

6 软包、硬包墙面与其他墙面

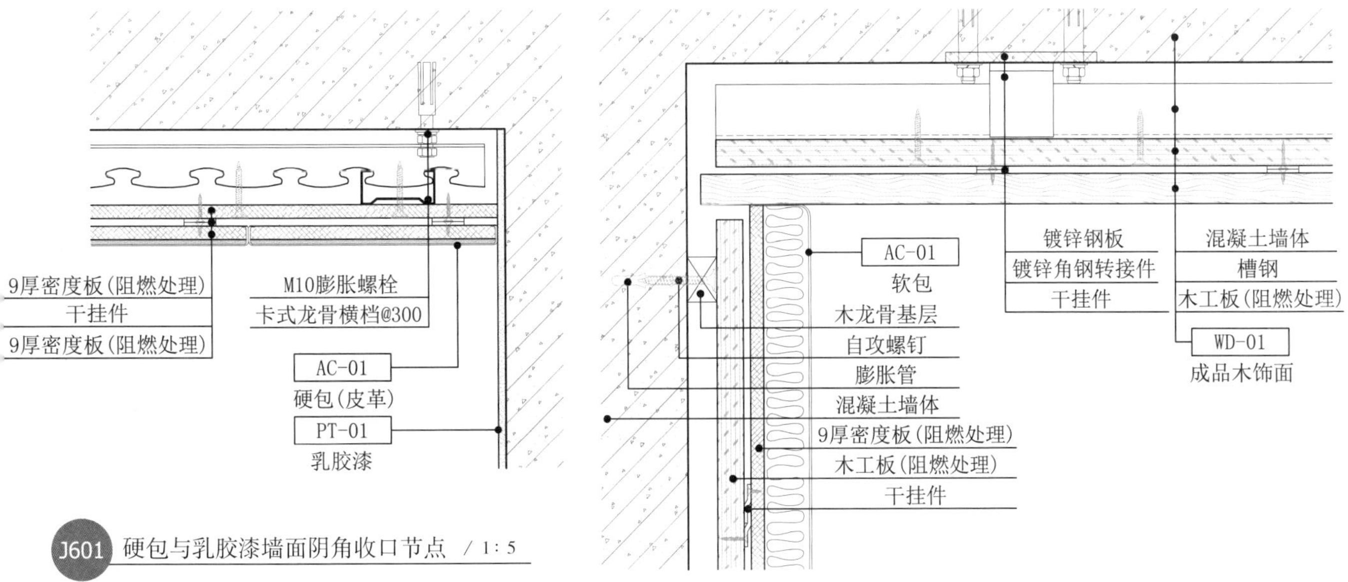
9厚密度板(阻燃处理)
干挂件
9厚密度板(阻燃处理)
M10膨胀螺栓
卡式龙骨横档@300
AC-01
硬包(皮革)
PT-01
乳胶漆
AC-01
软包
木龙骨基层
自攻螺钉
膨胀管
混凝土墙体
9厚密度板(阻燃处理)
木工板(阻燃处理)
干挂件
镀锌钢板
镀锌角钢转接件
干挂件
混凝土墙体
槽钢
木工板(阻燃处理)
WD-01
成品木饰面

J601 硬包与乳胶漆墙面阴角收口节点 / 1:5

J602 软包与木饰面墙面阴角收口节点 / 1:5

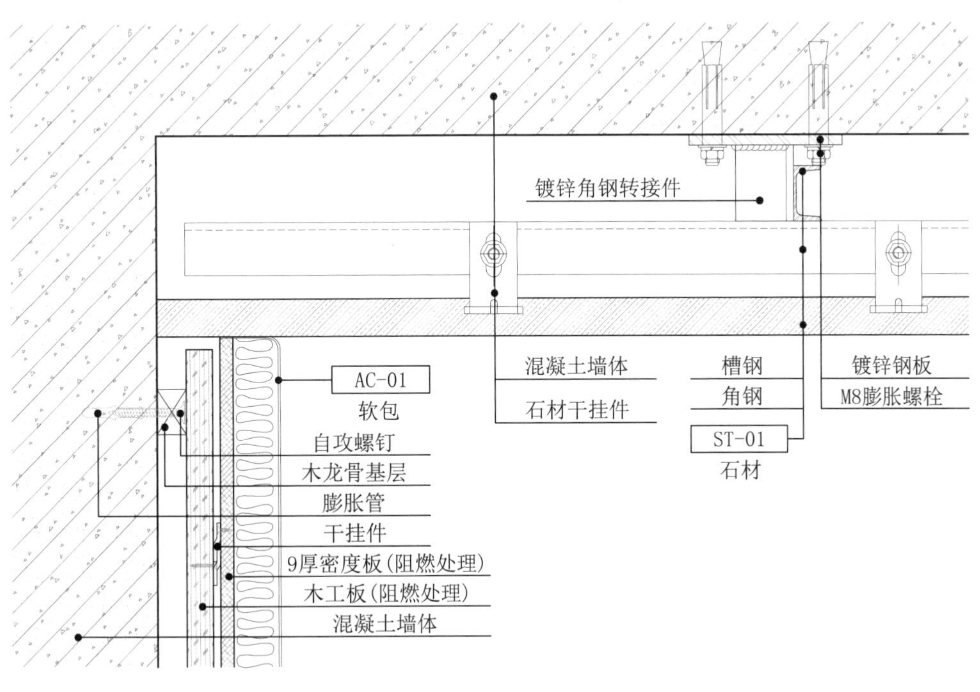
镀锌角钢转接件
AC-01
软包
自攻螺钉
木龙骨基层
膨胀管
干挂件
9厚密度板(阻燃处理)
木工板(阻燃处理)
混凝土墙体
混凝土墙体
石材干挂件
槽钢
角钢
ST-01
石材
镀锌钢板
M8膨胀螺栓

J603 软包与石材墙面阴角收口节点 / 1:5

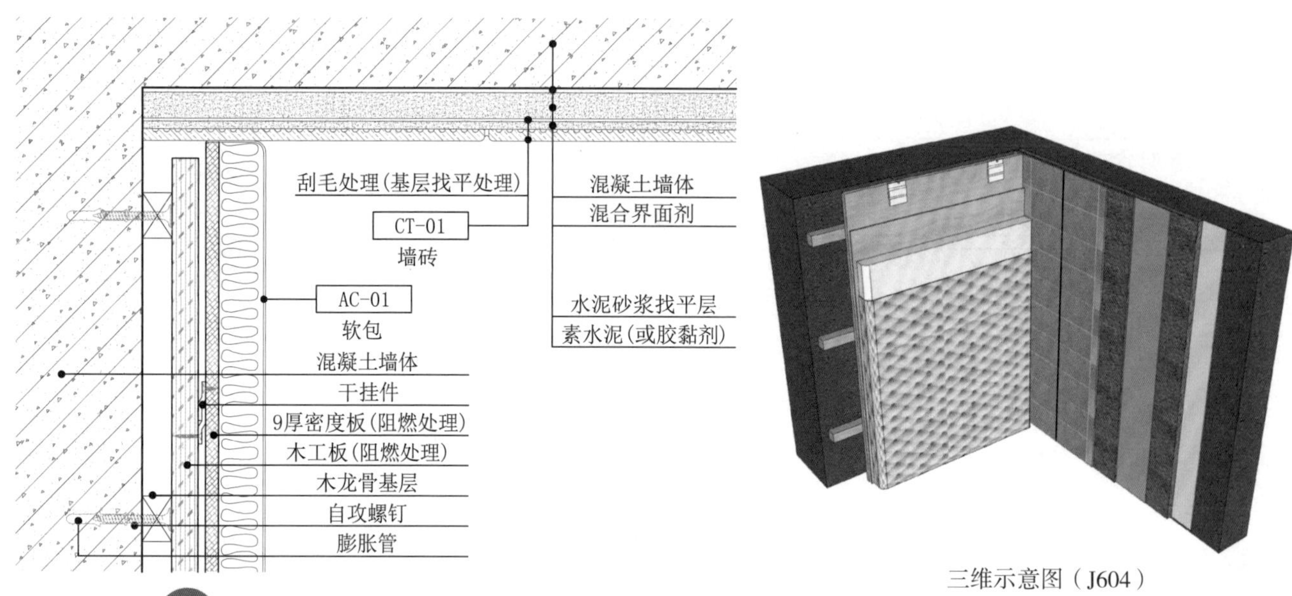
刮毛处理(基层找平处理)
CT-01
墙砖
混凝土墙体
混合界面剂
AC-01
软包
水泥砂浆找平层
素水泥(或胶黏剂)
混凝土墙体
干挂件
9厚密度板(阻燃处理)
木工板(阻燃处理)
木龙骨基层
自攻螺钉
膨胀管

三维示意图(J604)

J604 软包与墙砖墙面阴角收口节点 / 1:5

AC-01
硬包(皮革)
卡式龙骨横档@300
卡式龙骨竖档@450
M10膨胀螺栓
干挂件
混凝土墙体
9厚密度板(阻燃处理)
9厚密度板(阻燃处理)
MT-01
穿孔铝板
混凝土墙体
镀锌方通
镀锌钢板
镀锌角铁
M8膨胀螺栓

J605 硬包与铝板墙面阴角收口节点 / 1:5

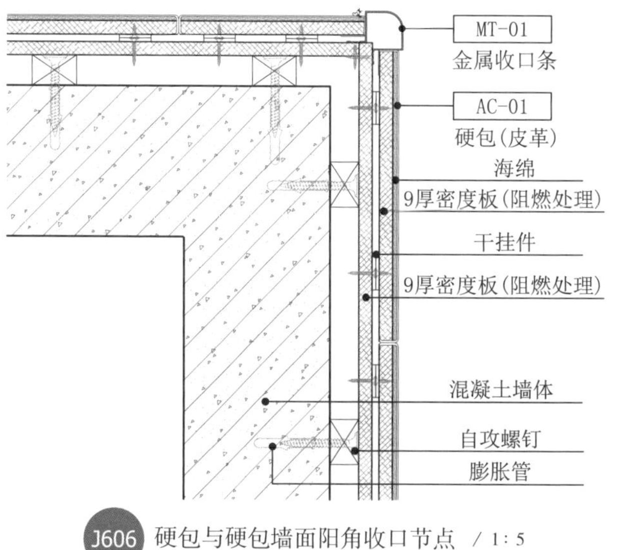
MT-01
金属收口条
AC-01
硬包(皮革)
海绵
9厚密度板(阻燃处理)
干挂件
9厚密度板(阻燃处理)
混凝土墙体
自攻螺钉
膨胀管

J606 硬包与硬包墙面阳角收口节点 / 1∶5

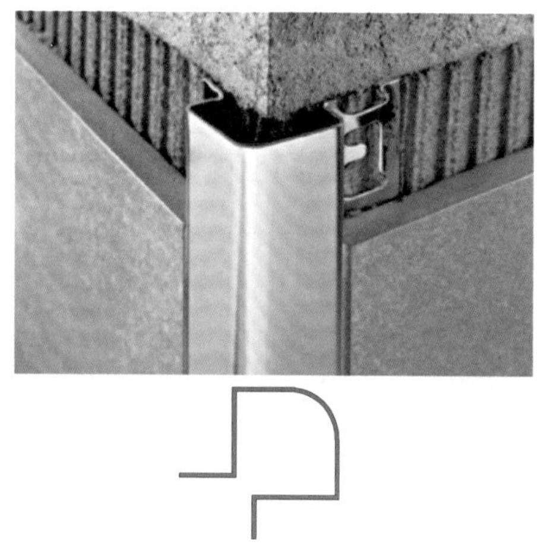

硬包与硬包墙面阳角收口

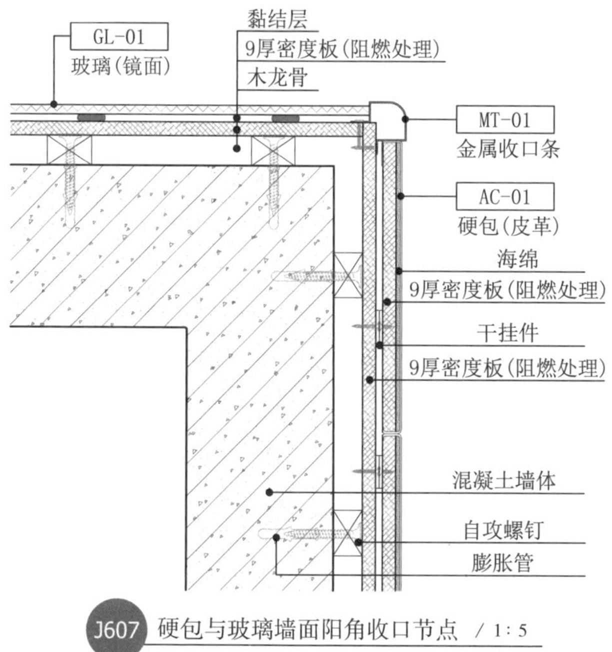
黏结层
9厚密度板(阻燃处理)
木龙骨
GL-01
玻璃(镜面)
MT-01
金属收口条
AC-01
硬包(皮革)
海绵
9厚密度板(阻燃处理)
干挂件
9厚密度板(阻燃处理)
混凝土墙体
自攻螺钉
膨胀管

J607 硬包与玻璃墙面阳角收口节点 / 1∶5

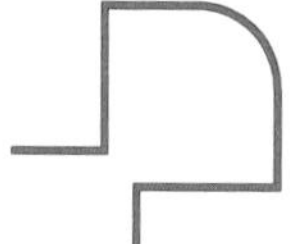

硬包与玻璃墙面阳角收口

7 玻璃墙面与其他墙面

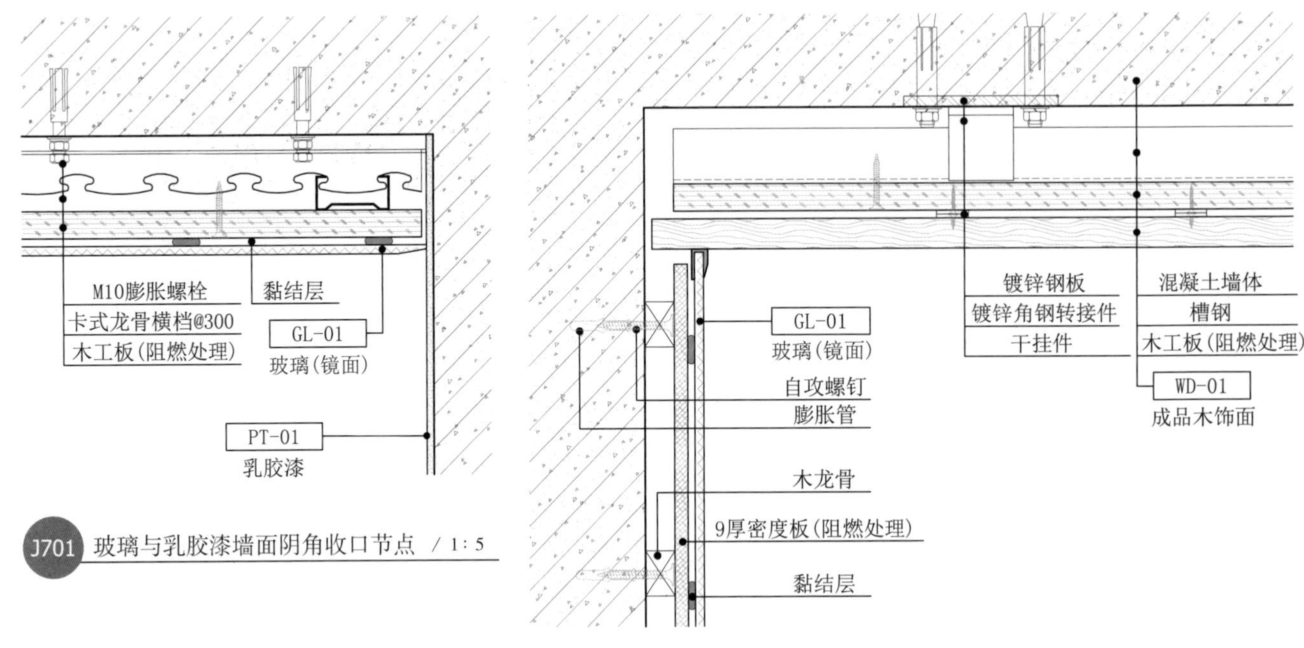

M10膨胀螺栓
卡式龙骨横档@300
木工板(阻燃处理)
黏结层
GL-01
玻璃(镜面)
PT-01
乳胶漆
GL-01
玻璃(镜面)
自攻螺钉
膨胀管
木龙骨
9厚密度板(阻燃处理)
黏结层
镀锌钢板
镀锌角钢转接件
干挂件
混凝土墙体
槽钢
木工板(阻燃处理)
WD-01
成品木饰面

J701 玻璃与乳胶漆墙面阴角收口节点 / 1:5

J702 玻璃与木饰面墙面阴角收口节点 / 1:5

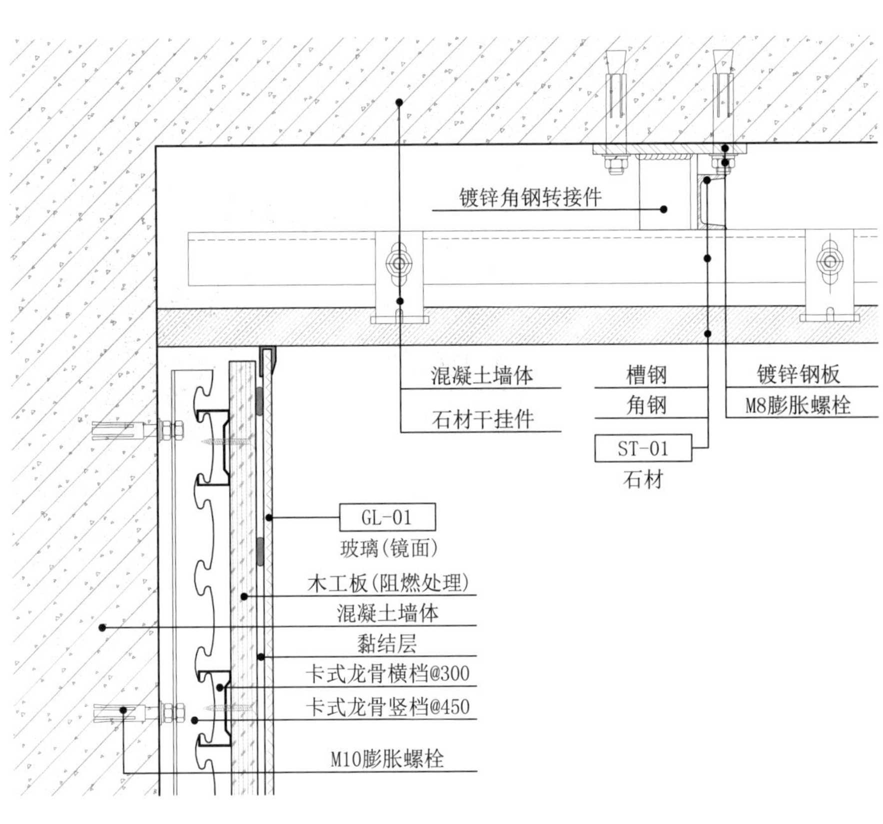

镀锌角钢转接件
混凝土墙体
石材干挂件
槽钢
角钢
ST-01
石材
镀锌钢板
M8膨胀螺栓
GL-01
玻璃(镜面)
木工板(阻燃处理)
混凝土墙体
黏结层
卡式龙骨横档@300
卡式龙骨竖档@450
M10膨胀螺栓

J703 玻璃与石材墙面阴角收口节点 / 1:5

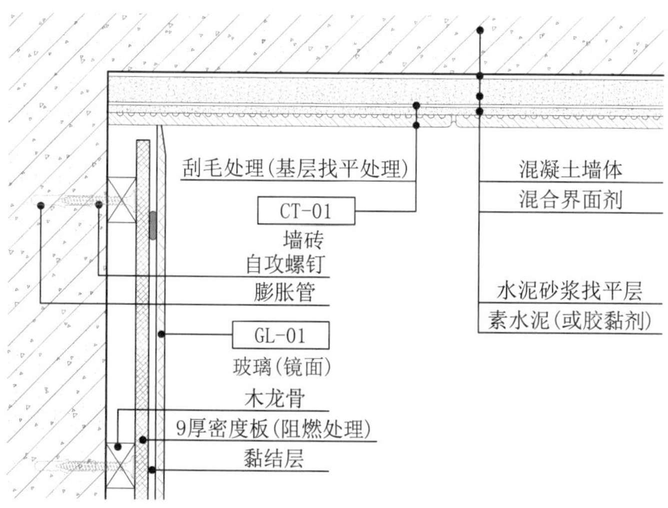
刮毛处理(基层找平处理)
CT-01
墙砖
自攻螺钉
膨胀管
GL-01
玻璃(镜面)
木龙骨
9厚密度板(阻燃处理)
黏结层
混凝土墙体
混合界面剂
水泥砂浆找平层
素水泥(或胶黏剂)

J704 玻璃与墙砖阴角收口节点 / 1 : 5

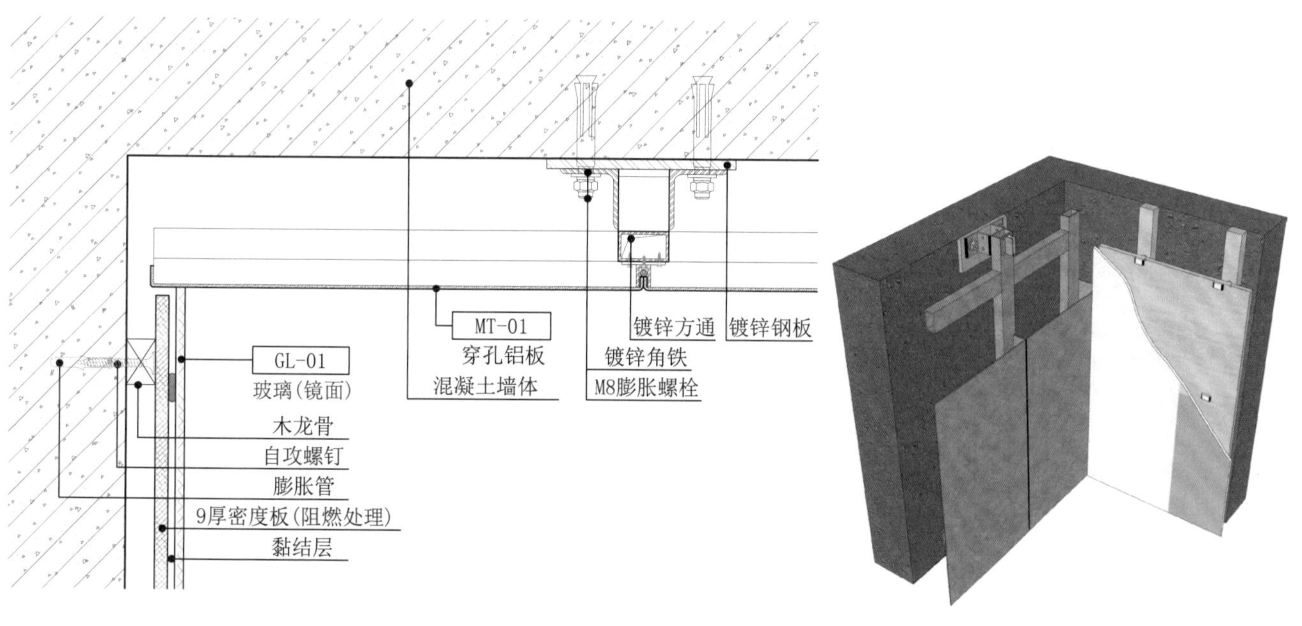
MT-01
穿孔铝板
混凝土墙体
镀锌方通
镀锌钢板
镀锌角铁
M8膨胀螺栓
GL-01
玻璃(镜面)
木龙骨
自攻螺钉
膨胀管
9厚密度板(阻燃处理)
黏结层

J705 玻璃与铝板墙面阴角收口节点 / 1 : 5

三维示意图（J705）

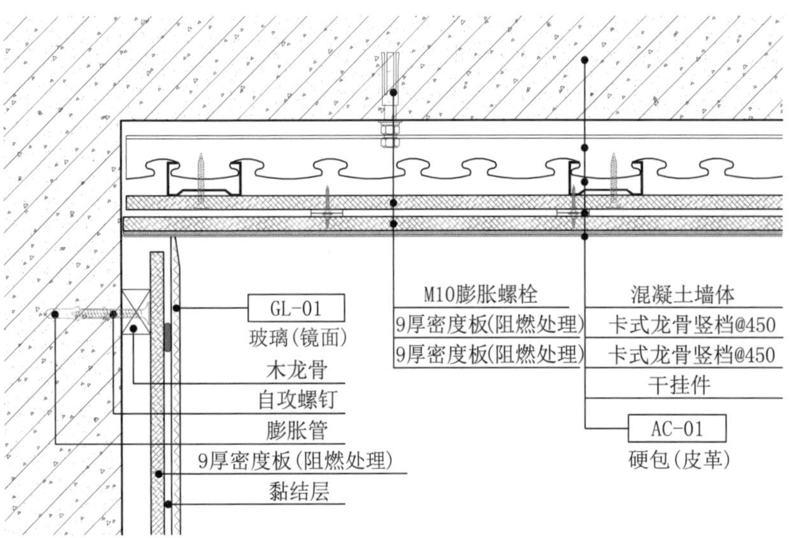
GL-01
玻璃(镜面)
木龙骨
自攻螺钉
膨胀管
9厚密度板(阻燃处理)
黏结层
M10膨胀螺栓
9厚密度板(阻燃处理)
9厚密度板(阻燃处理)
混凝土墙体
卡式龙骨竖档@450
卡式龙骨竖档@450
干挂件
AC-01
硬包(皮革)

J706 玻璃与硬包墙面阴角收口节点 / 1:5

三维示意图（J706）

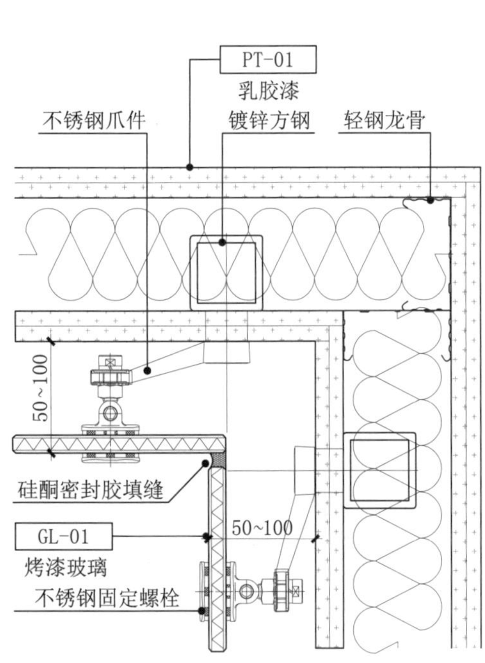
PT-01
乳胶漆
不锈钢爪件
镀锌方钢
轻钢龙骨
50~100
硅酮密封胶填缝
GL-01
烤漆玻璃
不锈钢固定螺栓
50~100

J707 玻璃与玻璃墙面阴角收口节点 / 1:5

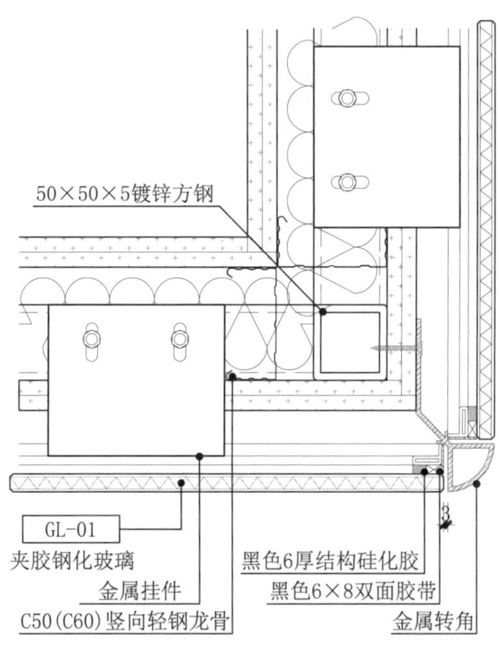
50×50×5镀锌方钢
GL-01
夹胶钢化玻璃
金属挂件
C50(C60)竖向轻钢龙骨
黑色6厚结构硅化胶
黑色6×8双面胶带
金属转角

J708 玻璃与玻璃墙面阳角收口节点 / 1:5

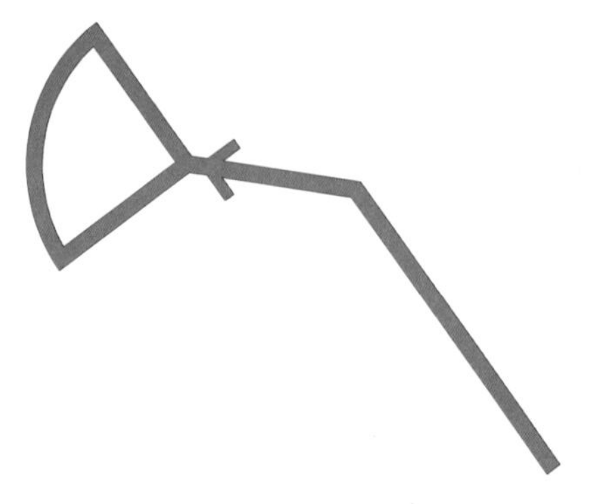

玻璃与玻璃墙面阳角收口

K

门槛石收口节点

1 石材

2 石材（带地暖）

3 地板

4 地板（带地暖）

5 地毯

6 阳台门槛石

1 石材

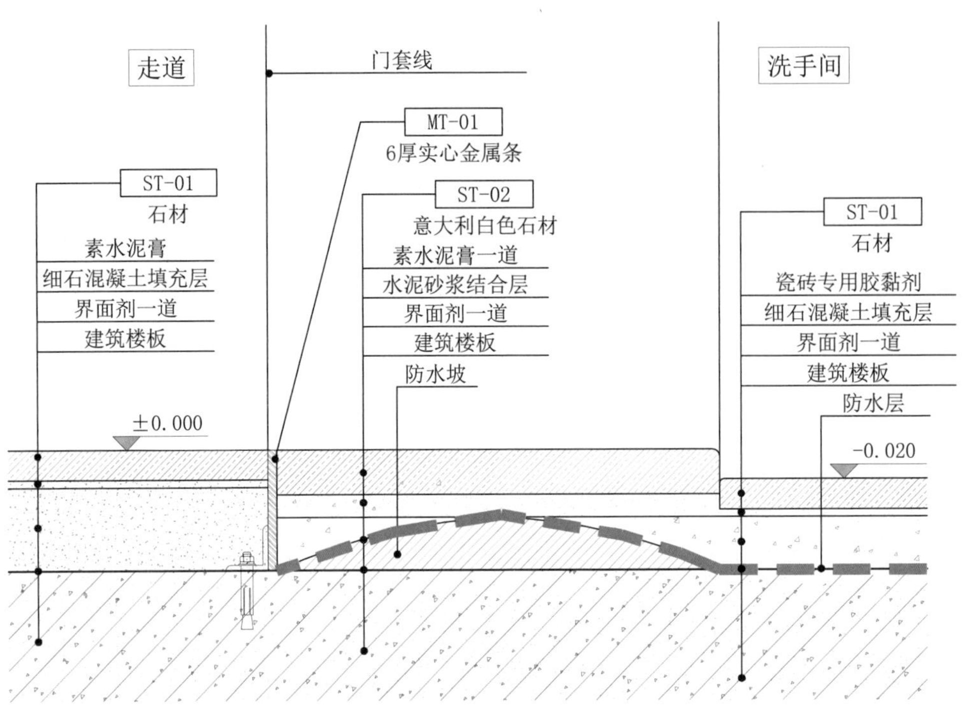
走道
门套线
洗手间
MT-01
6厚实心金属条
ST-01
石材
素水泥膏
细石混凝土填充层
界面剂一道
建筑楼板
ST-02
意大利白色石材
素水泥膏一道
水泥砂浆结合层
界面剂一道
建筑楼板
防水坡
ST-01
石材
瓷砖专用胶黏剂
细石混凝土填充层
界面剂一道
建筑楼板
防水层
±0.000
-0.020

K101 石材地面+石材（门槛石）+石材地面收口节点 / 1:5

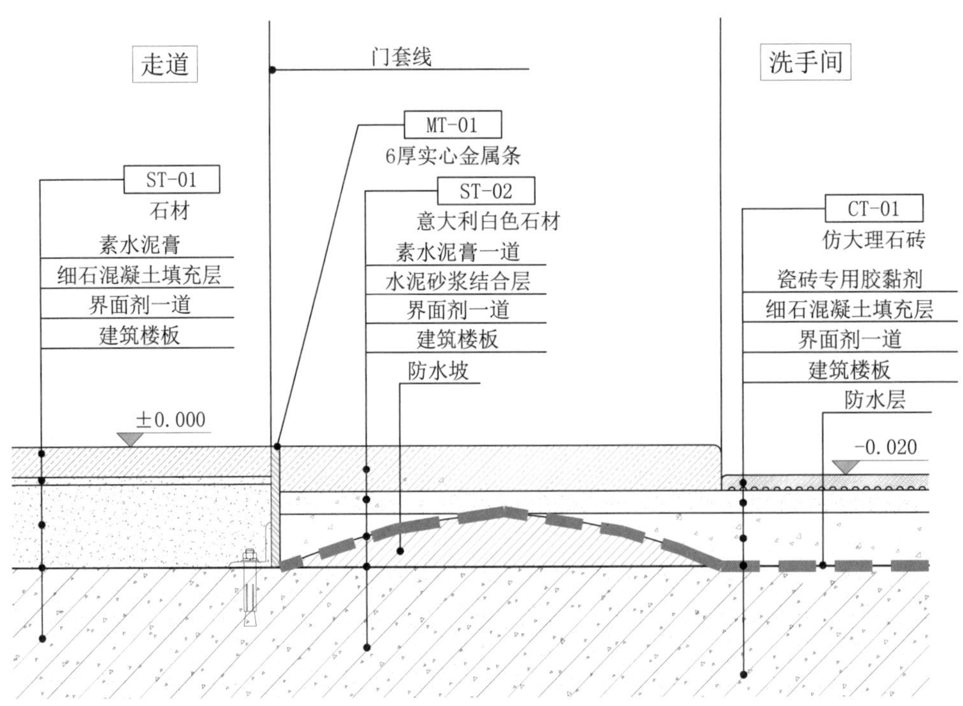
走道
门套线
洗手间
MT-01
6厚实心金属条
ST-01
石材
素水泥膏
细石混凝土填充层
界面剂一道
建筑楼板
ST-02
意大利白色石材
素水泥膏一道
水泥砂浆结合层
界面剂一道
建筑楼板
防水坡
CT-01
仿大理石砖
瓷砖专用胶黏剂
细石混凝土填充层
界面剂一道
建筑楼板
防水层
±0.000
-0.020

K102 石材地面+石材（门槛石）+地砖地面收口节点 / 1:5

2 石材（带地暖）

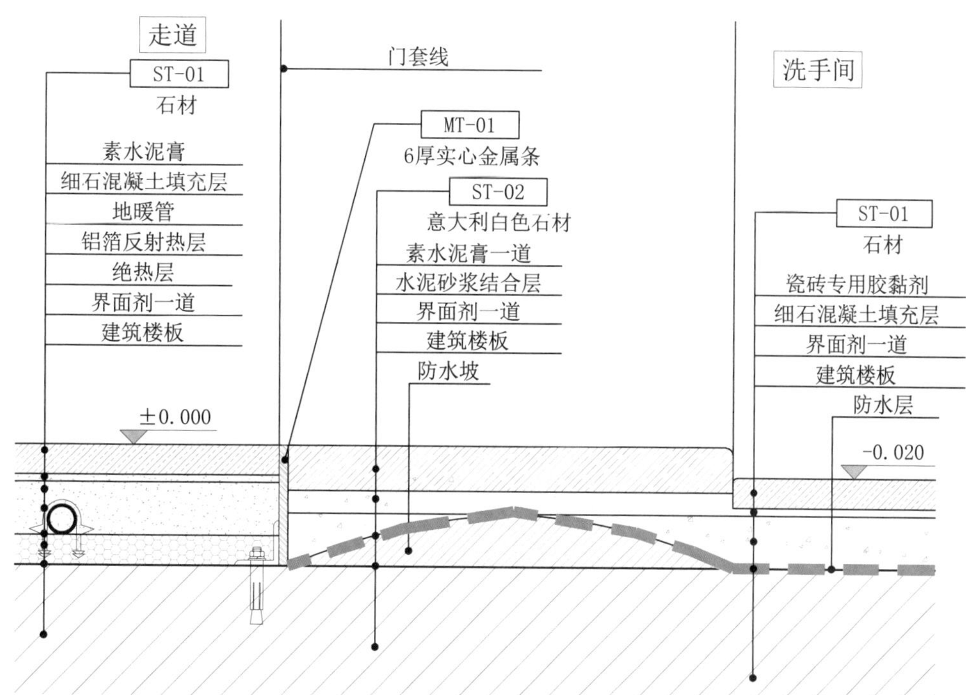
走道
ST-01
石材
素水泥膏
细石混凝土填充层
地暖管
铝箔反射热层
绝热层
界面剂一道
建筑楼板
±0.000
门套线
MT-01
6厚实心金属条
ST-02
意大利白色石材
素水泥膏一道
水泥砂浆结合层
界面剂一道
建筑楼板
防水坡
洗手间
ST-01
石材
瓷砖专用胶黏剂
细石混凝土填充层
界面剂一道
建筑楼板
防水层
-0.020

K201 石材（带地暖）地面+石材（门槛石）+石材地面收口节点 / 1:5

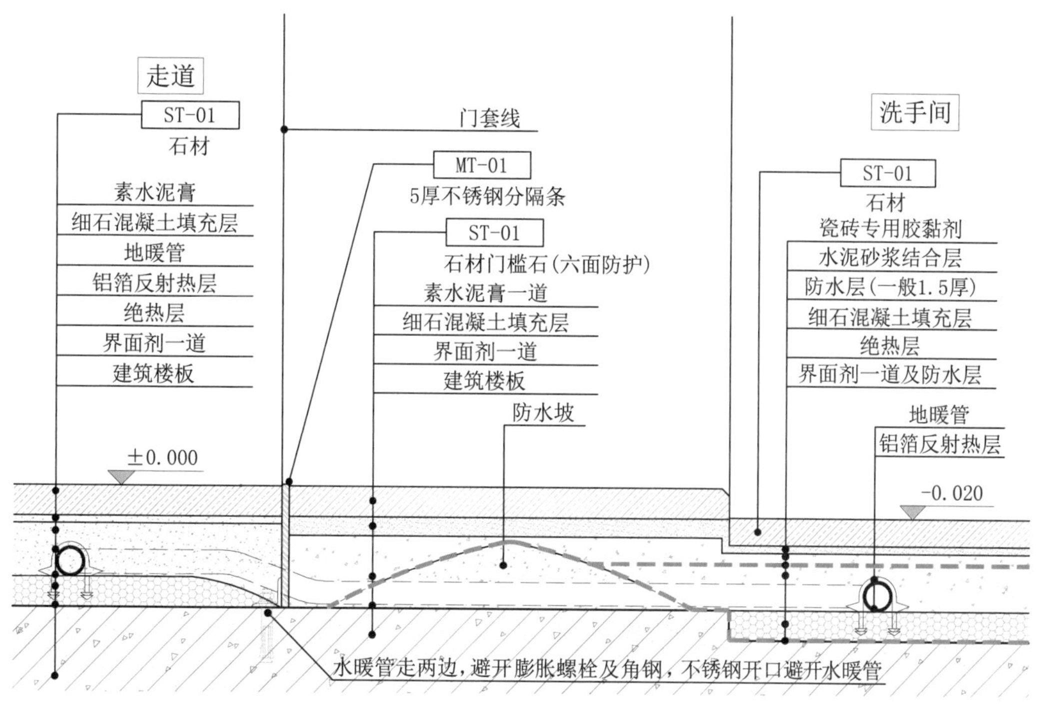
走道
ST-01
石材
素水泥膏
细石混凝土填充层
地暖管
铝箔反射热层
绝热层
界面剂一道
建筑楼板
±0.000
门套线
MT-01
5厚不锈钢分隔条
ST-01
石材门槛石(六面防护)
素水泥膏一道
细石混凝土填充层
界面剂一道
建筑楼板
防水坡
洗手间
ST-01
石材
瓷砖专用胶黏剂
水泥砂浆结合层
防水层(一般1.5厚)
细石混凝土填充层
绝热层
界面剂一道及防水层
地暖管
铝箔反射热层
-0.020
水暖管走两边，避开膨胀螺栓及角钢，不锈钢开口避开水暖管

K202 石材（带地暖）地面+石材（门槛石）+石材（带地暖）地面收口节点 / 1:5

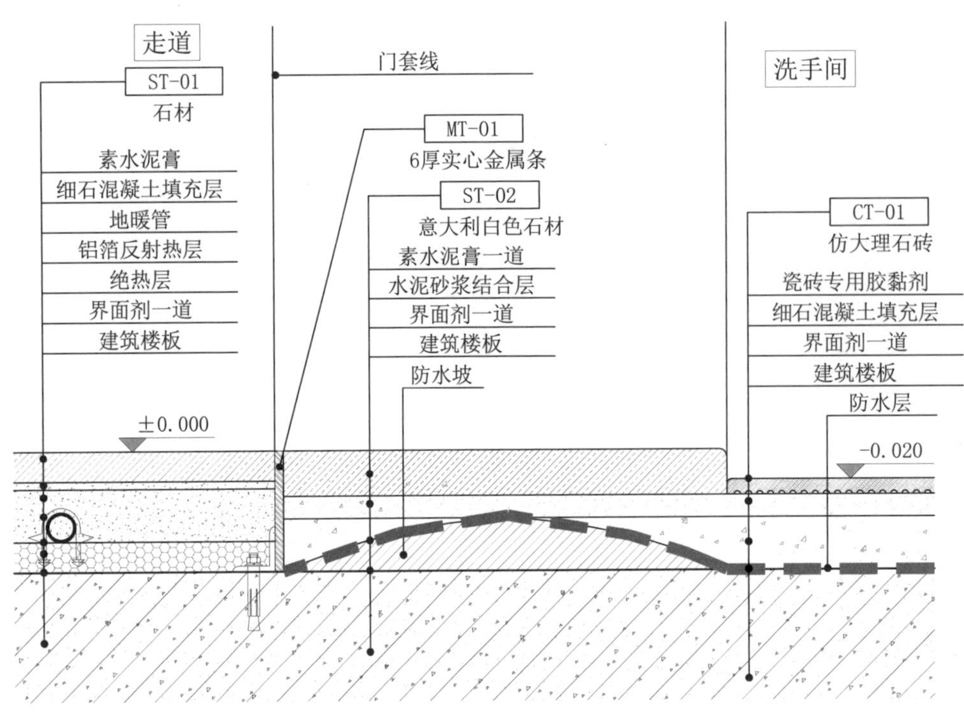
走道
ST-01
石材
素水泥膏
细石混凝土填充层
地暖管
铝箔反射热层
绝热层
界面剂一道
建筑楼板
±0.000
门套线
MT-01
6厚实心金属条
ST-02
意大利白色石材
素水泥膏一道
水泥砂浆结合层
界面剂一道
建筑楼板
防水坡
洗手间
CT-01
仿大理石砖
瓷砖专用胶黏剂
细石混凝土填充层
界面剂一道
建筑楼板
防水层
-0.020

K203 石材（带地暖）地面+石材（门槛石）+地砖收口节点 / 1∶5

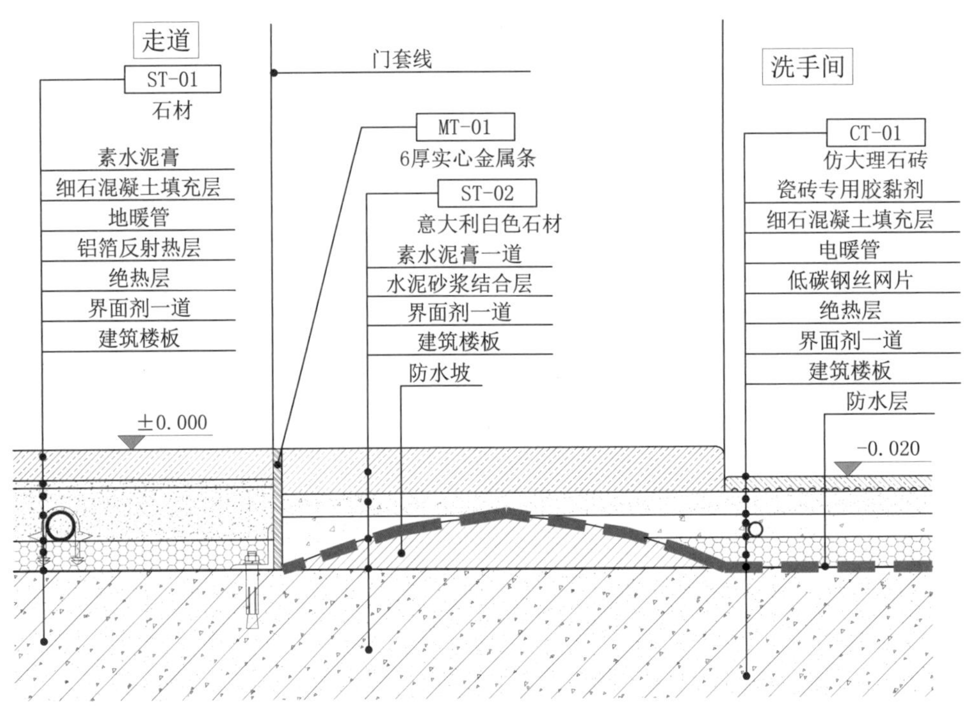
走道
ST-01
石材
素水泥膏
细石混凝土填充层
地暖管
铝箔反射热层
绝热层
界面剂一道
建筑楼板
±0.000
门套线
MT-01
6厚实心金属条
ST-02
意大利白色石材
素水泥膏一道
水泥砂浆结合层
界面剂一道
建筑楼板
防水坡
洗手间
CT-01
仿大理石砖
瓷砖专用胶黏剂
细石混凝土填充层
电暖管
低碳钢丝网片
绝热层
界面剂一道
建筑楼板
防水层
-0.020

K204 石材（带地暖）地面+石材（门槛石）+地砖（带地暖）收口节点 / 1∶5

课堂小知识

地暖的种类有哪些？

在现在的生活中，地暖的应用范围是比较广的。因为不同场所和家庭室内对于取暖的要求各有不同，所以为了满足各种不同的需求，地暖的可选类型也有很多。在我们生活中比较常见的地暖类型有四种：干式地暖、湿式地暖、电地暖及电热膜地暖。

一、干式地暖

干式地暖也称快装地暖，是不需要水泥、混凝土等材料填充的地暖，因此占用空间小。干式地暖是已经连接完成的片状模块，形同超薄暖气片，在铺设时只需按照已经规划好的图纸线路将一块块模块连接好即可。干式地暖无须回填是因为其是由导热层、地暖盘管、隔热层组成的，地暖盘管已经被隔热层和导热层包裹在中间，不会裸露在外面，因此不需要填材料来固定盘管。干式地暖适用于低层高和快装房的取暖。

干式地暖

二、湿式地暖

湿式地暖是比较传统的地暖，因为其出现得较早，目前安装工艺已经非常成熟。现代家庭安装地暖的90%都是湿式地暖。湿式地暖是在地面上铺设地暖管道，然后用混凝土将管道包裹起来，再在混凝土上铺设地板或地砖，管道内热量是通过混凝土散发的。湿式地暖的造价相对其他地暖要低很多，但是工程量要比其他地暖大很多。要先铺设好管道，再填上混凝土，等混凝土完全干透才能铺设地板或地砖，这样就增加了地面高度，减少了层高。湿式地暖每平方米增加的承重是干式地暖的8倍。

湿式地暖

三、电地暖

电地暖即发热电缆，是通过低温发热电缆来加热地板，实现采暖的。相较于水地暖，发热电缆采暖无污染物排放，而且可控性高，安装比较简单，还节省空间。但是发热电缆采暖会产生地磁辐射，在单芯电缆和双芯电缆两种发热电缆中，单芯的电磁辐射率更高，比较适合户外采暖。而双芯电缆在家庭采暖中比较常见，能耗也较高。

电地暖

电热膜地暖

四、电热膜地暖

电热膜地暖是以地热膜为热源的。电热膜采暖的优点基本上其他电地暖都有，但是其缺点也是不容忽视的，即安全系数低，无地线连接，故容易触电，电磁辐射较高而且不节能。

3 地板

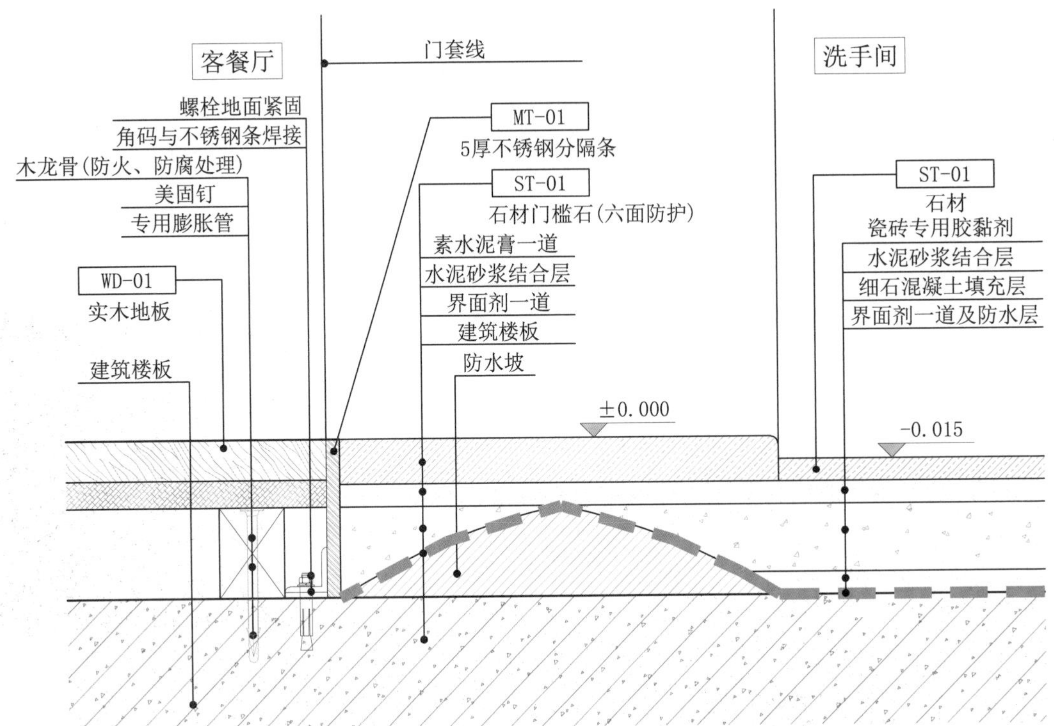
客餐厅
门套线
洗手间
螺栓地面紧固
角码与不锈钢条焊接
木龙骨(防火、防腐处理)
美固钉
专用膨胀管
WD-01
实木地板
建筑楼板
MT-01
5厚不锈钢分隔条
ST-01
石材门槛石(六面防护)
素水泥膏一道
水泥砂浆结合层
界面剂一道
建筑楼板
防水坡
ST-01
石材
瓷砖专用胶黏剂
水泥砂浆结合层
细石混凝土填充层
界面剂一道及防水层
±0.000
-0.015

K301 木地板+石材（门槛石）+石材地面收口节点 / 1∶5

三维示意图（K301）

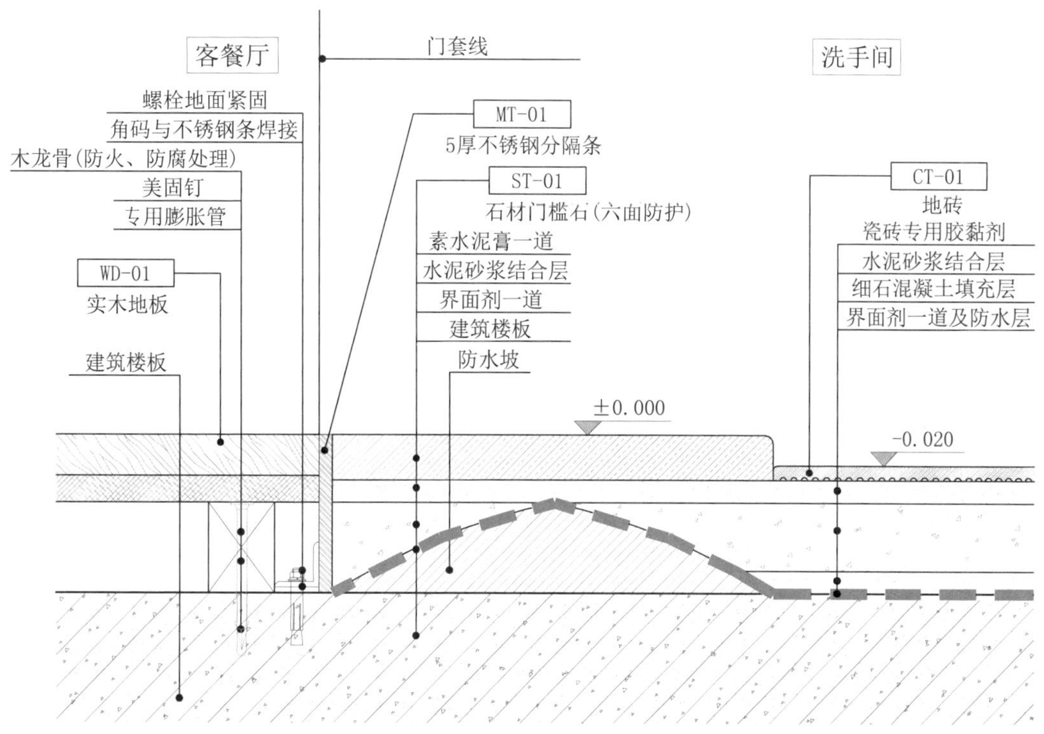
客餐厅
门套线
洗手间
螺栓地面紧固
角码与不锈钢条焊接
木龙骨(防火、防腐处理)
美固钉
专用膨胀管
MT-01
5厚不锈钢分隔条
ST-01
石材门槛石(六面防护)
素水泥膏一道
水泥砂浆结合层
界面剂一道
建筑楼板
防水坡
CT-01
地砖
瓷砖专用胶黏剂
水泥砂浆结合层
细石混凝土填充层
界面剂一道及防水层
WD-01
实木地板
建筑楼板
±0.000
-0.020

K302 木地板+石材（门槛石）+地砖收口节点 / 1 : 5

三维示意图（K302）

4 地板（带地暖）

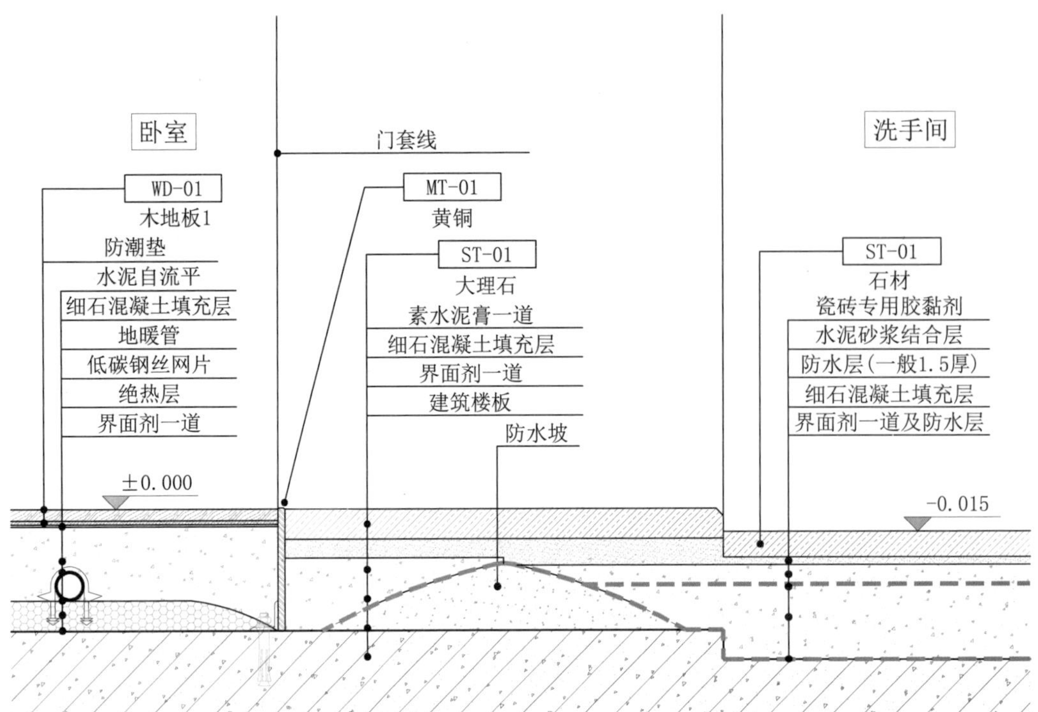
卧室
门套线
洗手间
WD-01
木地板1
防潮垫
水泥自流平
细石混凝土填充层
地暖管
低碳钢丝网片
绝热层
界面剂一道
MT-01
黄铜
ST-01
大理石
素水泥膏一道
细石混凝土填充层
界面剂一道
建筑楼板
防水坡
ST-01
石材
瓷砖专用胶黏剂
水泥砂浆结合层
防水层(一般1.5厚)
细石混凝土填充层
界面剂一道及防水层
±0.000
-0.015

K401 木地板（带地暖）+石材（门槛石）+石材地面收口节点 / 1:5

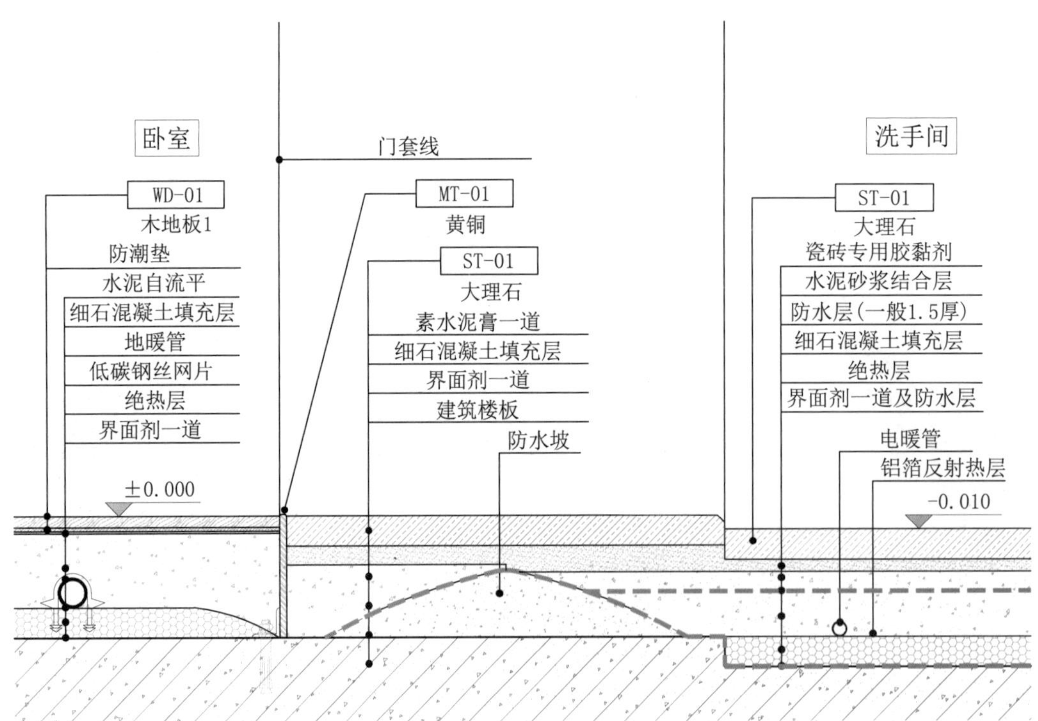
卧室
门套线
洗手间
WD-01
木地板1
防潮垫
水泥自流平
细石混凝土填充层
地暖管
低碳钢丝网片
绝热层
界面剂一道
MT-01
黄铜
ST-01
大理石
素水泥膏一道
细石混凝土填充层
界面剂一道
建筑楼板
防水坡
ST-01
大理石
瓷砖专用胶黏剂
水泥砂浆结合层
防水层(一般1.5厚)
细石混凝土填充层
绝热层
界面剂一道及防水层
电暖管
铝箔反射热层
±0.000
-0.010

K402 木地板（带地暖）+石材（门槛石）+石材（带地暖）地面收口节点 / 1:5

注：关于地暖管进卫生间过防水层的问题，考虑到卫生间区域不大，可以在卫生间内使用电暖管，这样水暖管不用进卫生间过门槛石，自然不会破坏防水层，且能耗也不大。

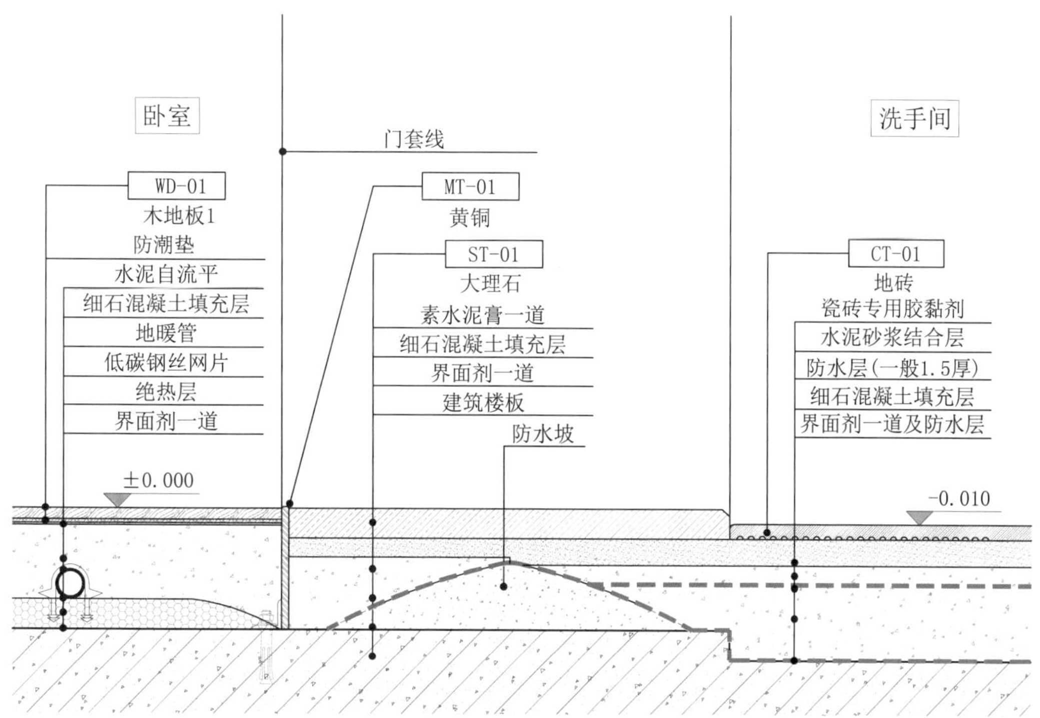
卧室
门套线
洗手间
WD-01
木地板1
防潮垫
水泥自流平
细石混凝土填充层
地暖管
低碳钢丝网片
绝热层
界面剂一道
MT-01
黄铜
ST-01
大理石
素水泥膏一道
细石混凝土填充层
界面剂一道
建筑楼板
防水坡
CT-01
地砖
瓷砖专用胶黏剂
水泥砂浆结合层
防水层(一般1.5厚)
细石混凝土填充层
界面剂一道及防水层
±0.000
-0.010

K403 木地板（带地暖）+石材（门槛石）+地砖收口节点 / 1:5

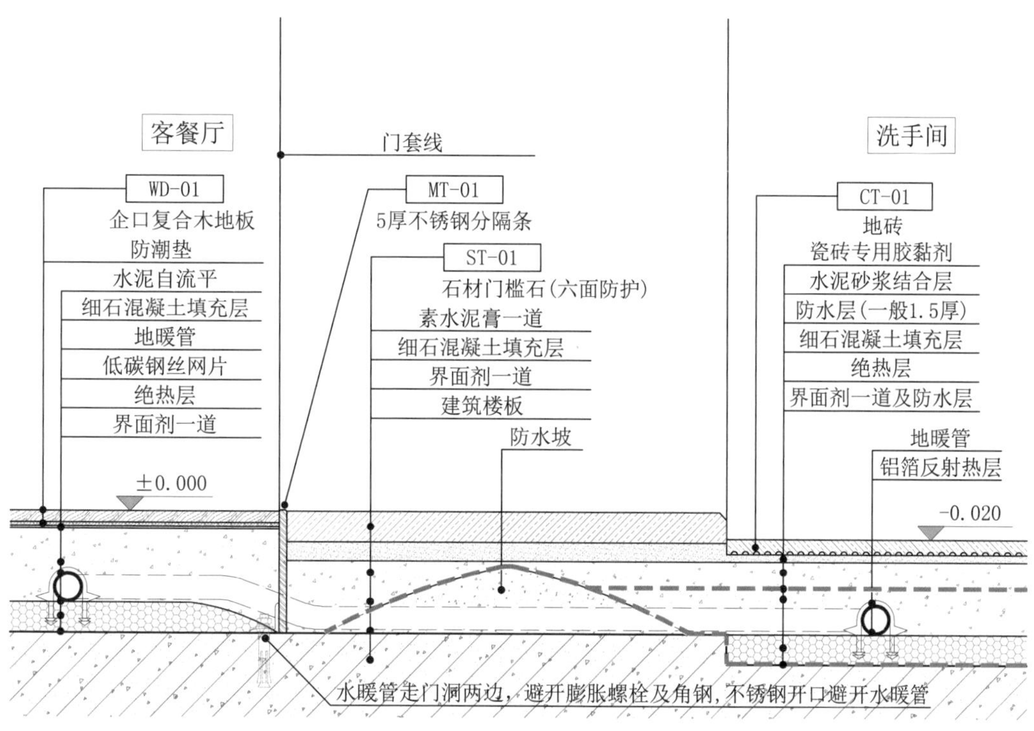
客餐厅
门套线
洗手间
WD-01
企口复合木地板
防潮垫
水泥自流平
细石混凝土填充层
地暖管
低碳钢丝网片
绝热层
界面剂一道
MT-01
5厚不锈钢分隔条
ST-01
石材门槛石(六面防护)
素水泥膏一道
细石混凝土填充层
界面剂一道
建筑楼板
防水坡
CT-01
地砖
瓷砖专用胶黏剂
水泥砂浆结合层
防水层(一般1.5厚)
细石混凝土填充层
绝热层
界面剂一道及防水层
地暖管
铝箔反射热层
±0.000
-0.020
水暖管走门洞两边，避开膨胀螺栓及角钢，不锈钢开口避开水暖管

K404 木地板（带地暖）+石材（门槛石）+地砖（带地暖）收口节点 / 1:5

5 地毯

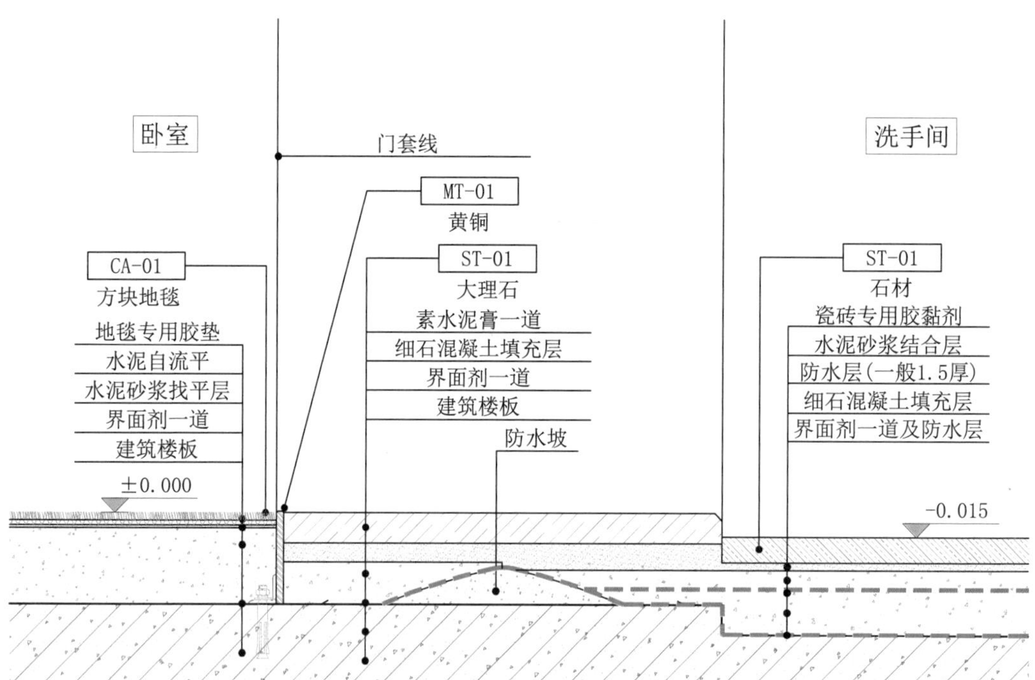
卧室
门套线
MT-01
黄铜
ST-01
大理石
素水泥膏一道
细石混凝土填充层
界面剂一道
建筑楼板
防水坡
CA-01
方块地毯
地毯专用胶垫
水泥自流平
水泥砂浆找平层
界面剂一道
建筑楼板
±0.000
洗手间
ST-01
石材
瓷砖专用胶黏剂
水泥砂浆结合层
防水层(一般1.5厚)
细石混凝土填充层
界面剂一道及防水层
-0.015

K501 地毯+石材（门槛石）+石材地面收口节点 / 1:5

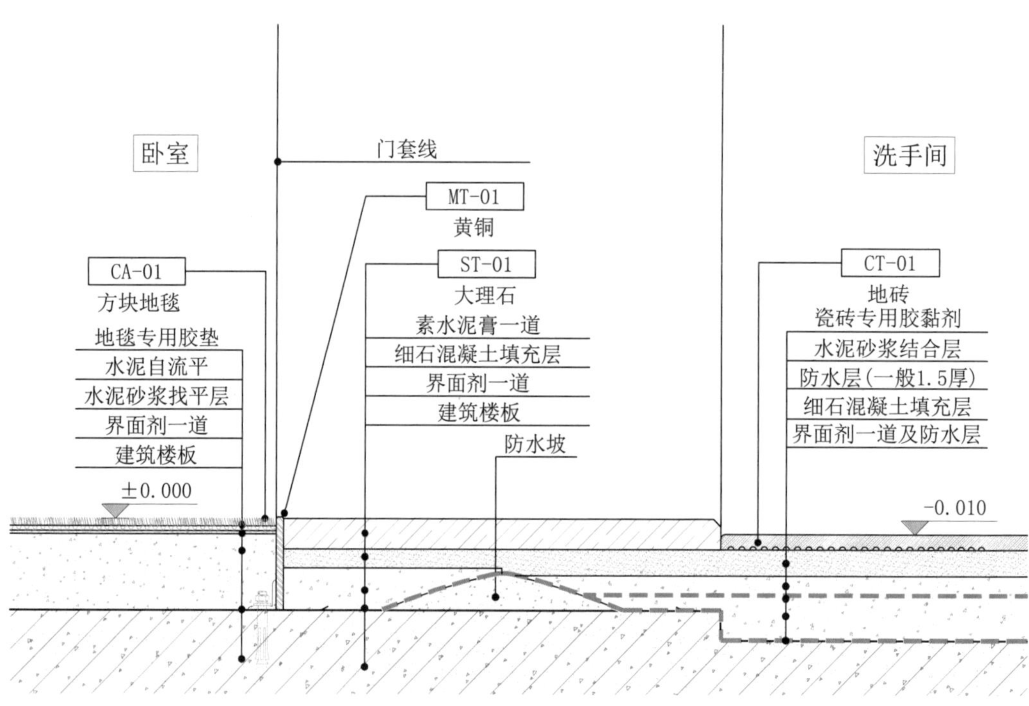
卧室
门套线
MT-01
黄铜
ST-01
大理石
素水泥膏一道
细石混凝土填充层
界面剂一道
建筑楼板
防水坡
CA-01
方块地毯
地毯专用胶垫
水泥自流平
水泥砂浆找平层
界面剂一道
建筑楼板
±0.000
洗手间
CT-01
地砖
瓷砖专用胶黏剂
水泥砂浆结合层
防水层(一般1.5厚)
细石混凝土填充层
界面剂一道及防水层
-0.010

K502 地毯+石材（门槛石）+地砖收口节点 / 1:5

6 阳台门槛石

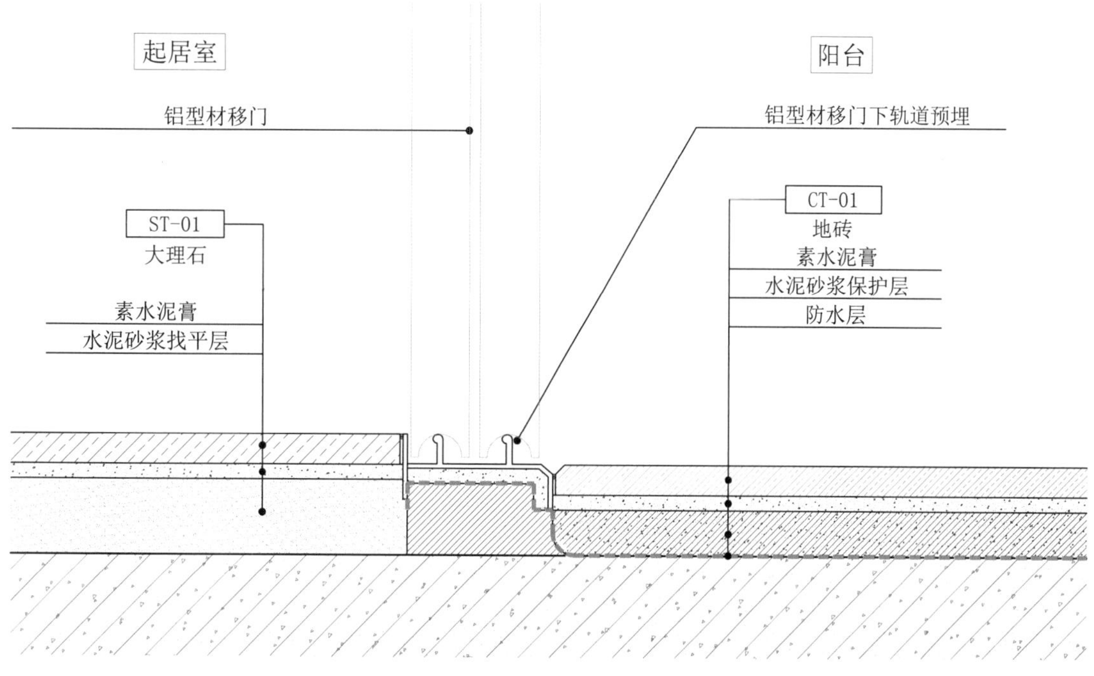
起居室
阳台
铝型材移门
铝型材移门下轨道预埋
ST-01
大理石
素水泥膏
水泥砂浆找平层
CT-01
地砖
素水泥膏
水泥砂浆保护层
防水层

K601 阳台门槛石节点一 / 1:5

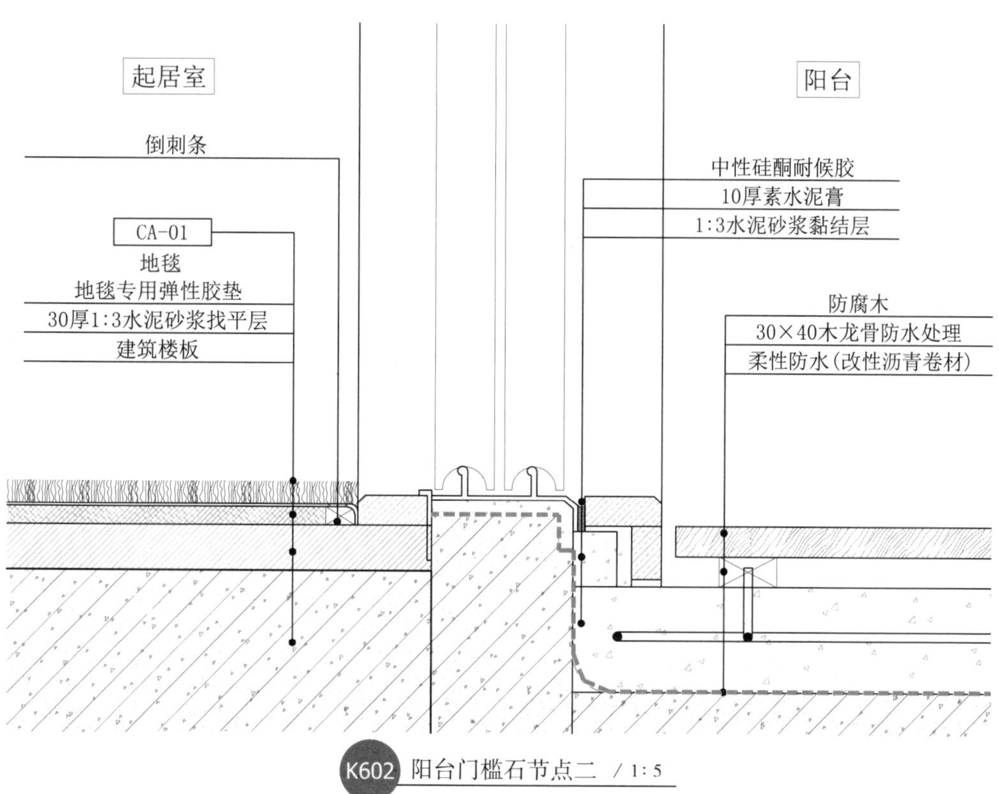
起居室
阳台
倒刺条
CA-01
地毯
地毯专用弹性胶垫
30厚1:3水泥砂浆找平层
建筑楼板
中性硅酮耐候胶
10厚素水泥膏
1:3水泥砂浆黏结层
防腐木
30×40木龙骨防水处理
柔性防水(改性沥青卷材)

K602 阳台门槛石节点二 / 1:5

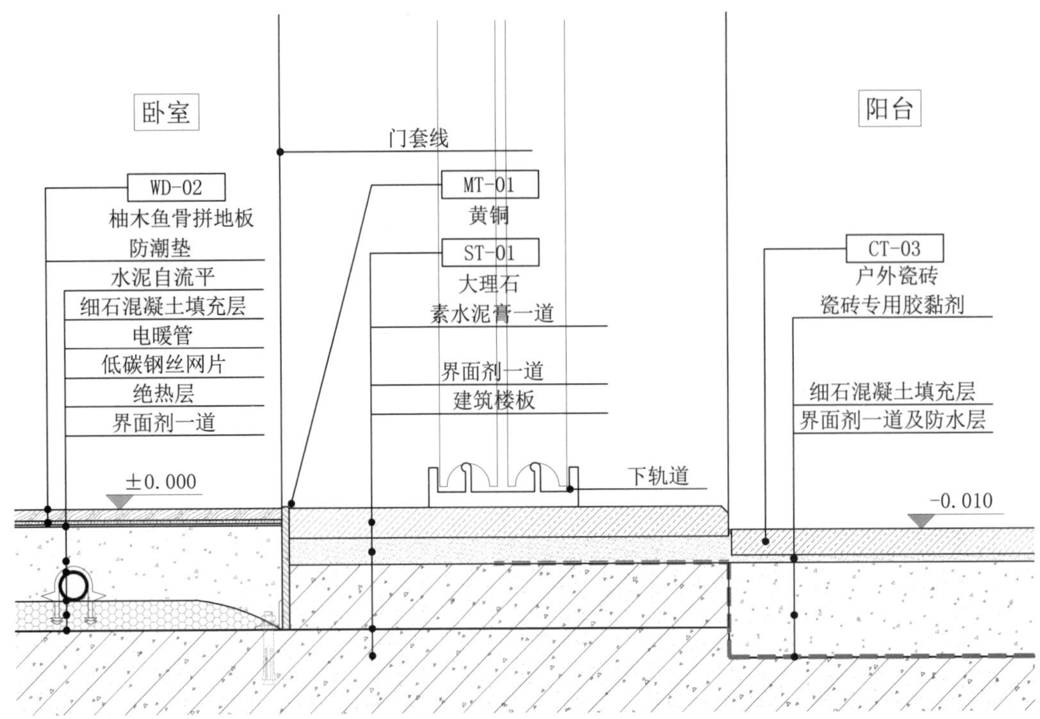
卧室
阳台
门套线
WD-02
柚木鱼骨拼地板
防潮垫
水泥自流平
细石混凝土填充层
电暖管
低碳钢丝网片
绝热层
界面剂一道
MT-01
黄铜
ST-01
大理石
素水泥膏一道
界面剂一道
建筑楼板
CT-03
户外瓷砖
瓷砖专用胶黏剂
细石混凝土填充层
界面剂一道及防水层
下轨道
±0.000
-0.010

K603 阳台门槛石节点三 / 1∶5

课堂小知识

浴霸应该装在淋浴房内还是淋浴房?

浴霸安装在淋浴房内还是淋浴房外一直是一个比较有争议的话题。有人说应该装在淋浴房外，洗浴前会有取暖的作用，但也有人说要装在淋浴房内，这样洗浴时不会太冷。当然，前提是使用者不怕溅水和漏电，也不怕灯管爆裂。

在实际使用中会发现，淋浴时由于不断有热水淋下来，所有不觉得冷，反而是进出淋浴房前后脱衣和穿衣时感到冷。另外，浴霸装在淋浴房当中，即使密封得再好，由于淋浴时热气、潮气不断向上升，天长日久，对浴霸使用寿命也会有影响。

所以现在装修时，是尽量把浴霸装在淋浴房的外面。这样一举三得：1.提高浴霸的实际使用效果；2.延长浴霸使用寿命；3.节约一盏照明灯。

设计界对此意见不一，但笔者的建议是，浴霸应该装在淋浴房外，而非淋浴房内。

L

踢脚线节点

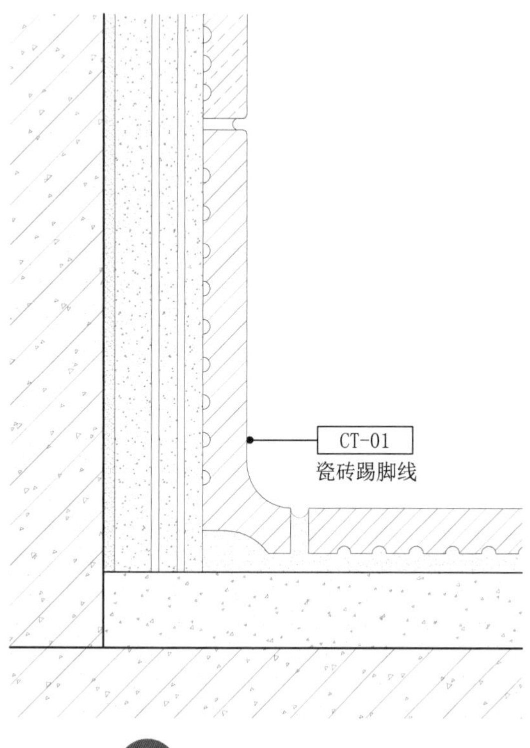
CT-01
瓷砖踢脚线

L001 瓷砖踢脚线节点 / 1：2

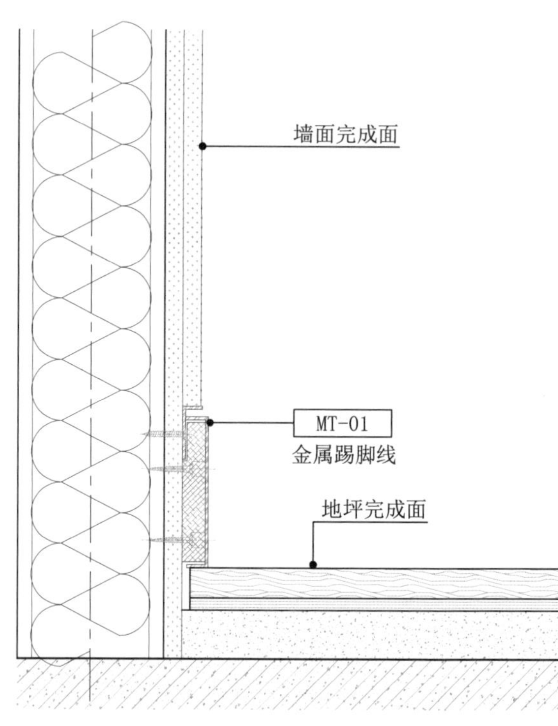
墙面完成面
MT-01
金属踢脚线
地坪完成面

L002 金属踢脚线节点一 / 1：2

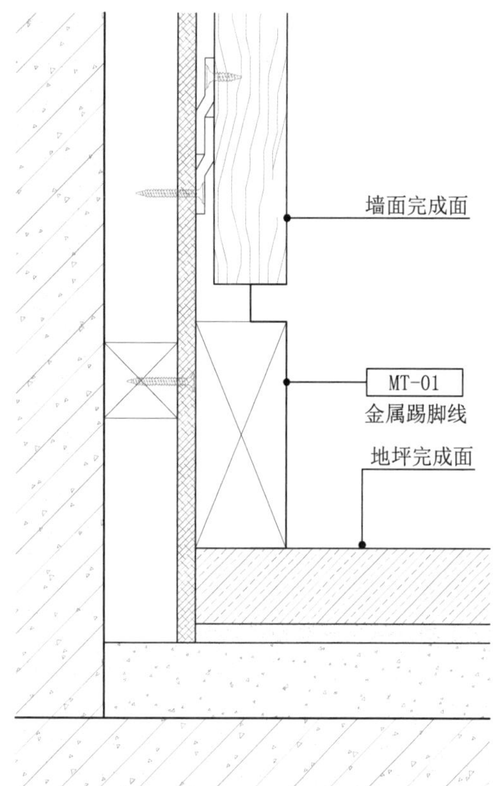
墙面完成面
MT-01
金属踢脚线
地坪完成面

L003 金属踢脚线节点二 / 1：2

金属踢脚线(L003)

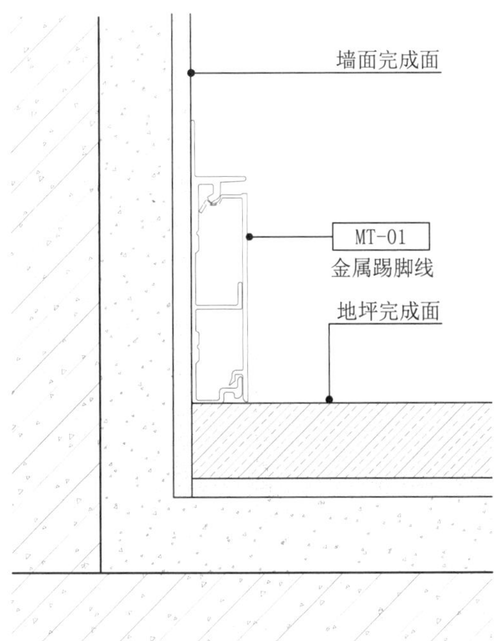
墙面完成面
MT-01
金属踢脚线
地坪完成面

L004 金属踢脚线节点三 / 1：2

75

金属踢脚线（L004）

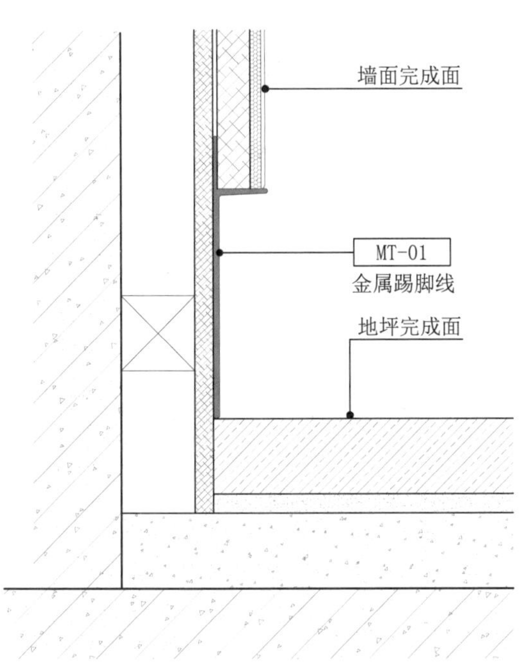
墙面完成面
MT-01
金属踢脚线
地坪完成面

L005 金属踢脚线节点四 / 1：2

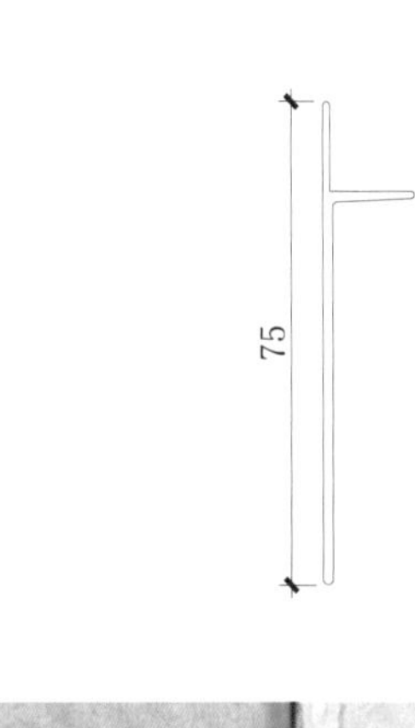
75

金属踢脚线（L005）

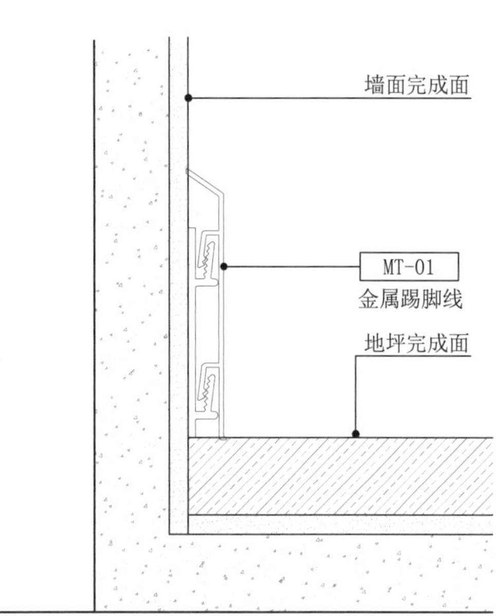
墙面完成面
MT-01
金属踢脚线
地坪完成面

L006 金属踢脚线节点五 / 1∶2

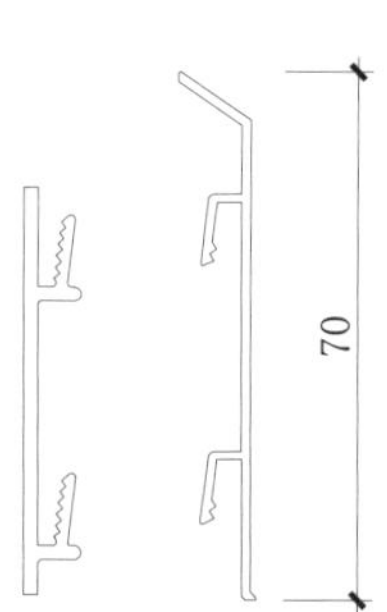
70

金属踢脚线（L006）

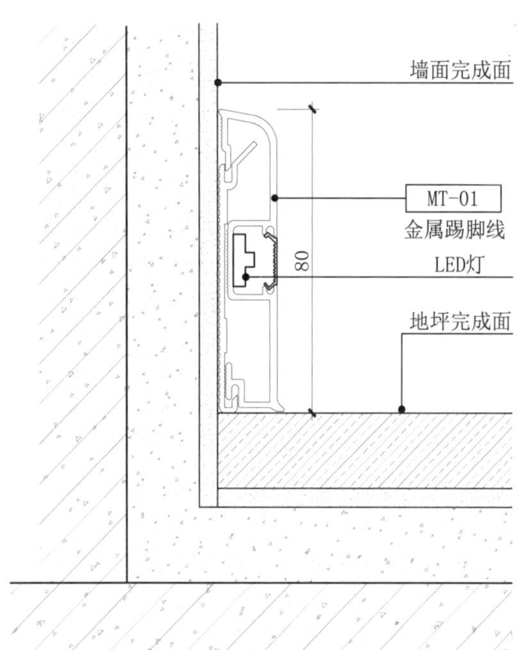
墙面完成面
MT-01
金属踢脚线
80
LED灯
地坪完成面

L007 金属踢脚线节点六 / 1∶2

金属踢脚线（L007）

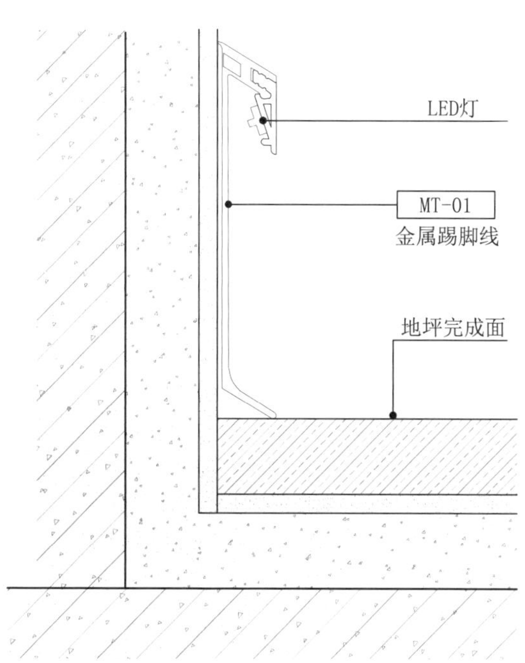
LED灯
MT-01
金属踢脚线
地坪完成面

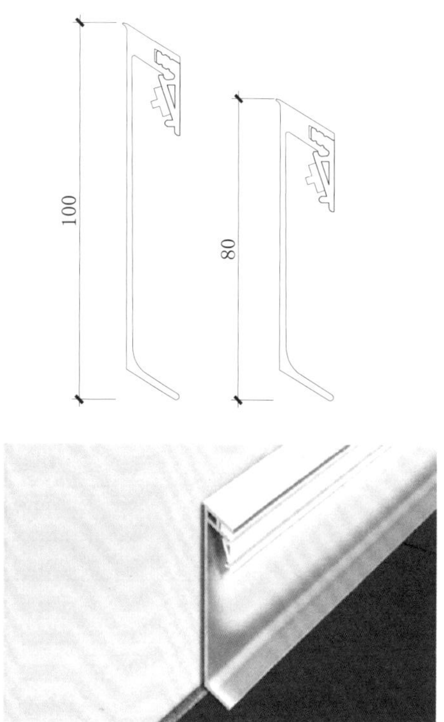
100
80

金属踢脚线（L008）

L008 金属踢脚线节点七 / 1：2

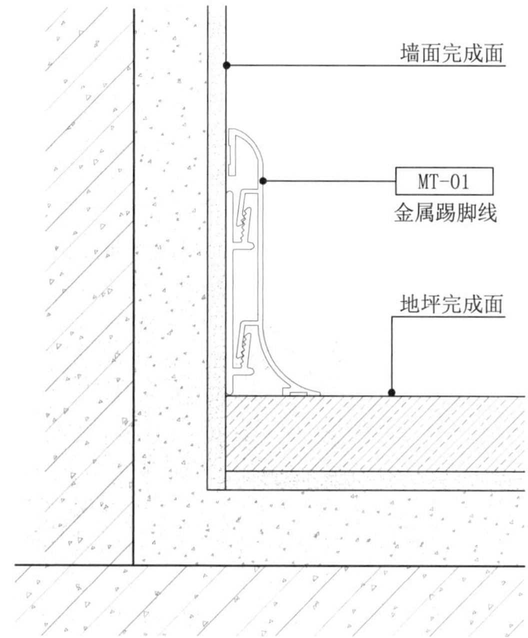
墙面完成面
MT-01
金属踢脚线
地坪完成面

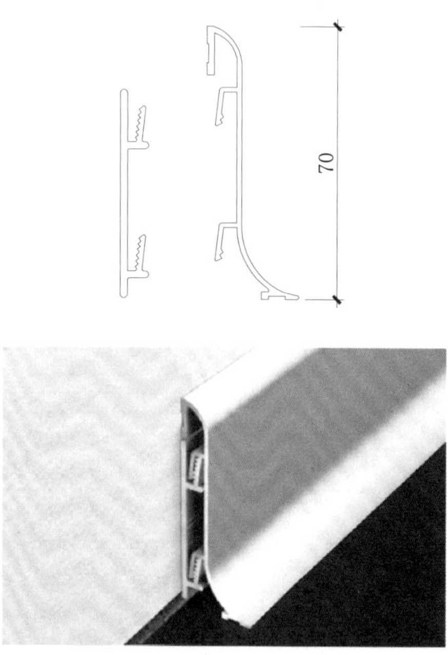
70

金属踢脚线（L009）

L009 金属踢脚线节点八 / 1：2

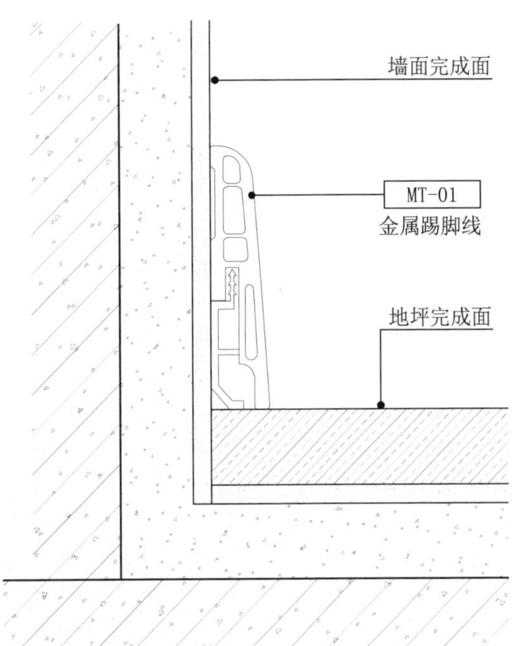
墙面完成面
MT-01
金属踢脚线
地坪完成面

L010 金属踢脚线节点九 / 1:2

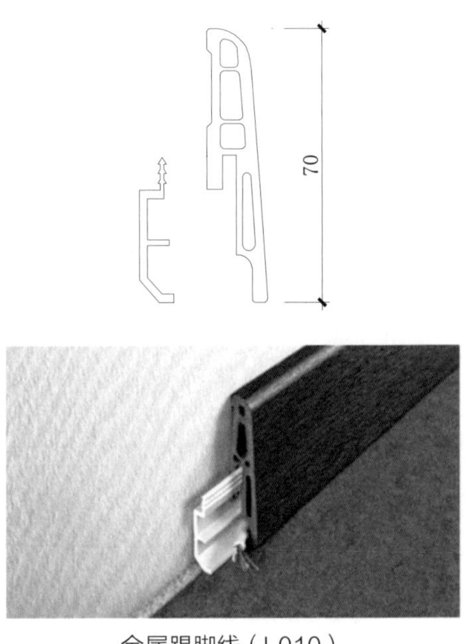
70

金属踢脚线（L010）

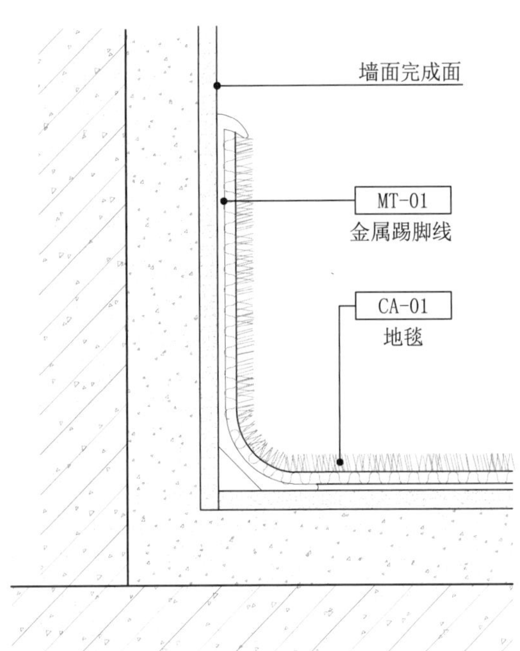
墙面完成面
MT-01
金属踢脚线
CA-01
地毯

L011 金属踢脚线节点十 / 1:2

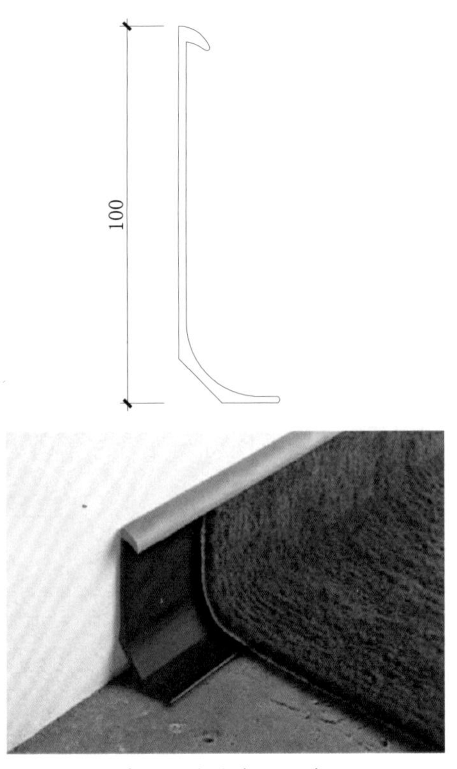
100

金属踢脚线（L011）

M

包柱节点

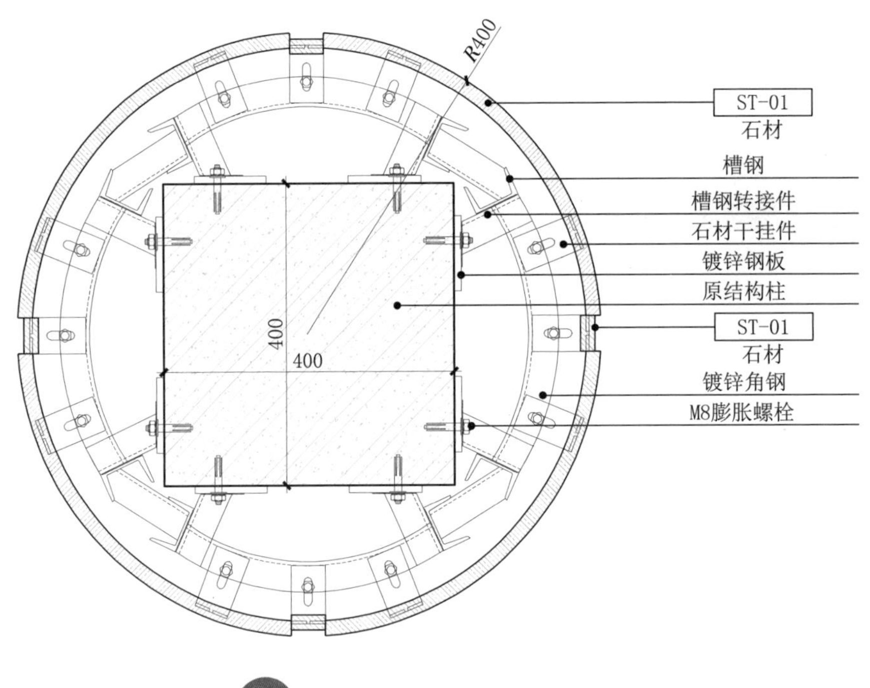
R400
ST-01
石材
槽钢
槽钢转接件
石材干挂件
镀锌钢板
原结构柱
400
400
ST-01
石材
镀锌角钢
M8膨胀螺栓

M001 石材包圆柱节点 / 1∶10

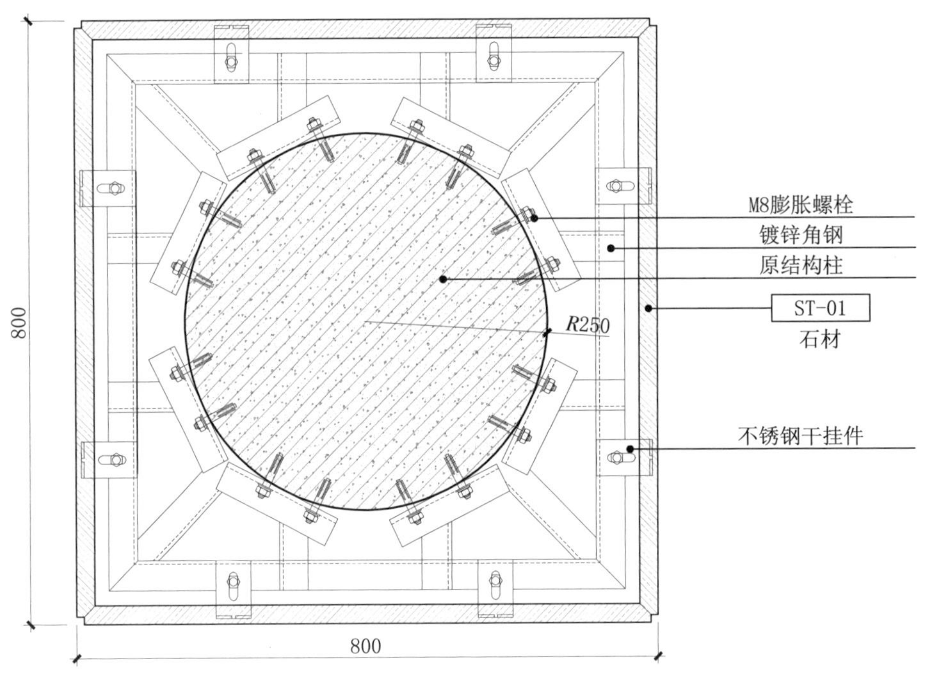
M8膨胀螺栓
镀锌角钢
原结构柱
R250
ST-01
石材
800
不锈钢干挂件
800

M002 石材包方柱节点 / 1∶10

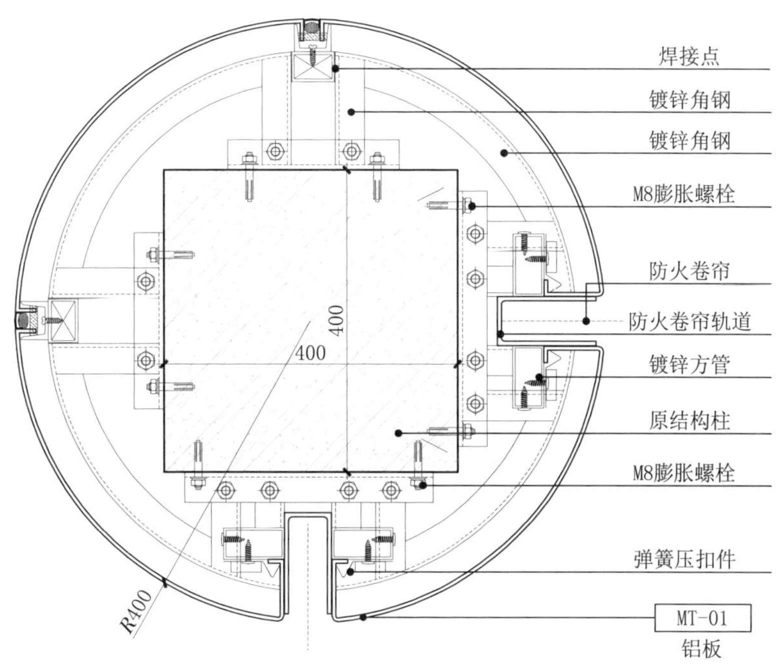
焊接点
镀锌角钢
镀锌角钢
M8膨胀螺栓
防火卷帘
防火卷帘轨道
镀锌方管
原结构柱
M8膨胀螺栓
弹簧压扣件
MT-01
铝板
400
400
R400

M003 铝板包圆柱节点 / 1：10

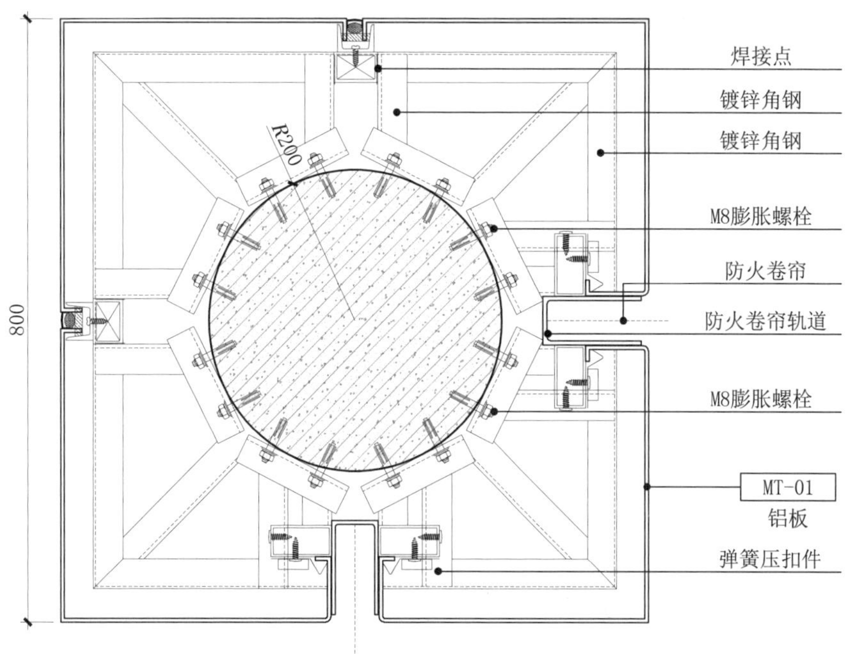
焊接点
镀锌角钢
镀锌角钢
M8膨胀螺栓
防火卷帘
防火卷帘轨道
M8膨胀螺栓
MT-01
铝板
弹簧压扣件
R200
800

M004 铝板包方柱节点 / 1：10

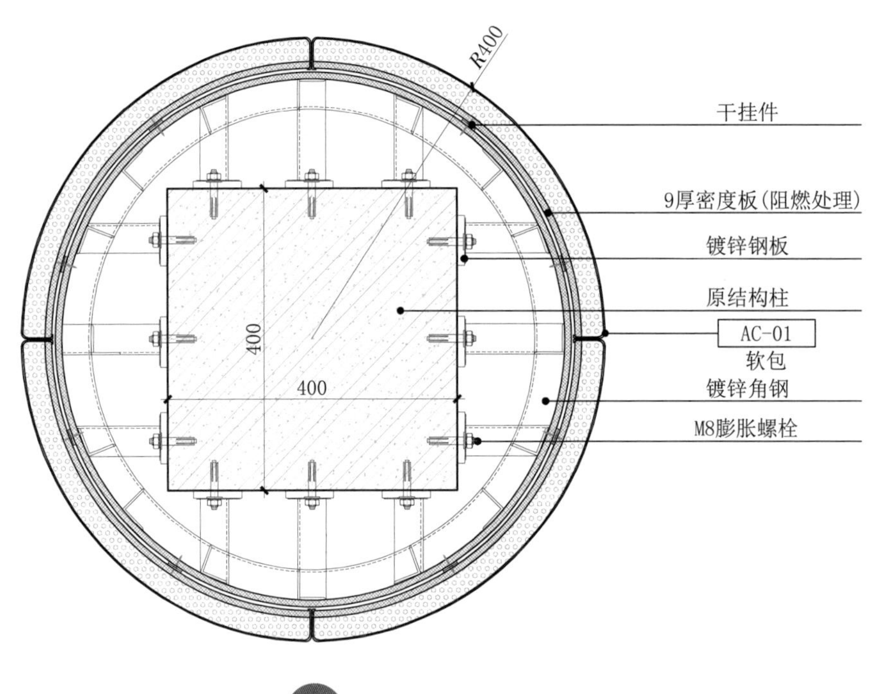
R400
干挂件
9厚密度板(阻燃处理)
镀锌钢板
原结构柱
400
400
AC-01
软包
镀锌角钢
M8膨胀螺栓

M005 软包包圆柱节点 / 1：10

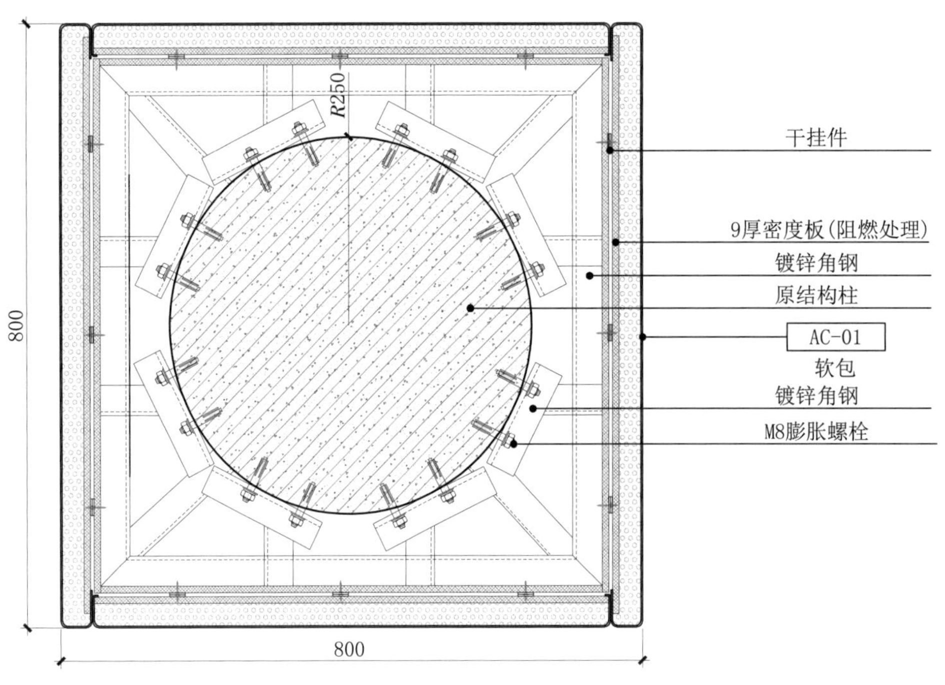
R250
干挂件
9厚密度板(阻燃处理)
镀锌角钢
原结构柱
AC-01
软包
镀锌角钢
M8膨胀螺栓
800
800

M006 软包包方柱节点 / 1：10

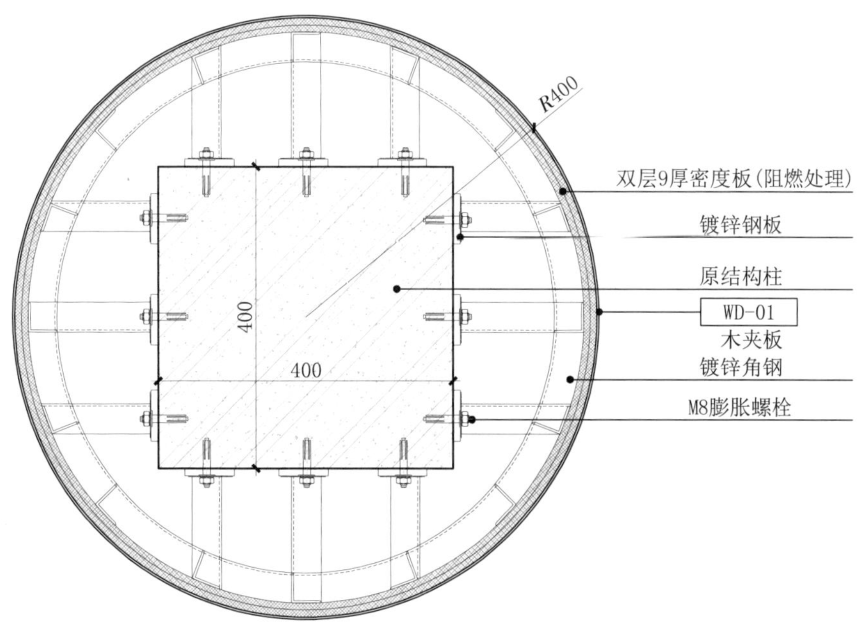
R400
双层9厚密度板(阻燃处理)
镀锌钢板
原结构柱
WD-01
木夹板
镀锌角钢
M8膨胀螺栓
400
400

M007 木饰面包圆柱节点 / 1：10

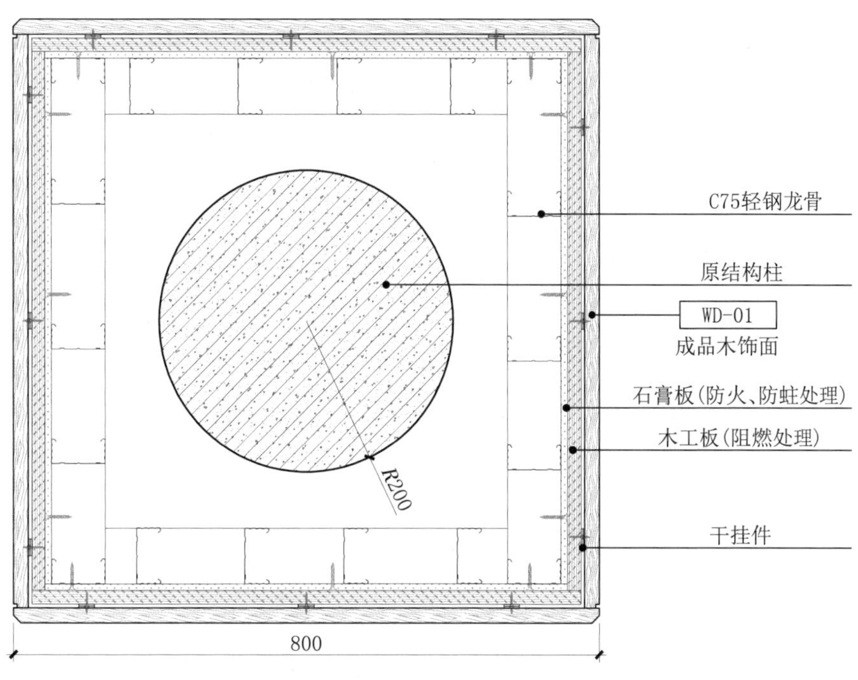
C75轻钢龙骨
原结构柱
WD-01
成品木饰面
石膏板(防火、防蛀处理)
木工板(阻燃处理)
干挂件
R200
800

M008 木饰面包方柱节点 / 1：10

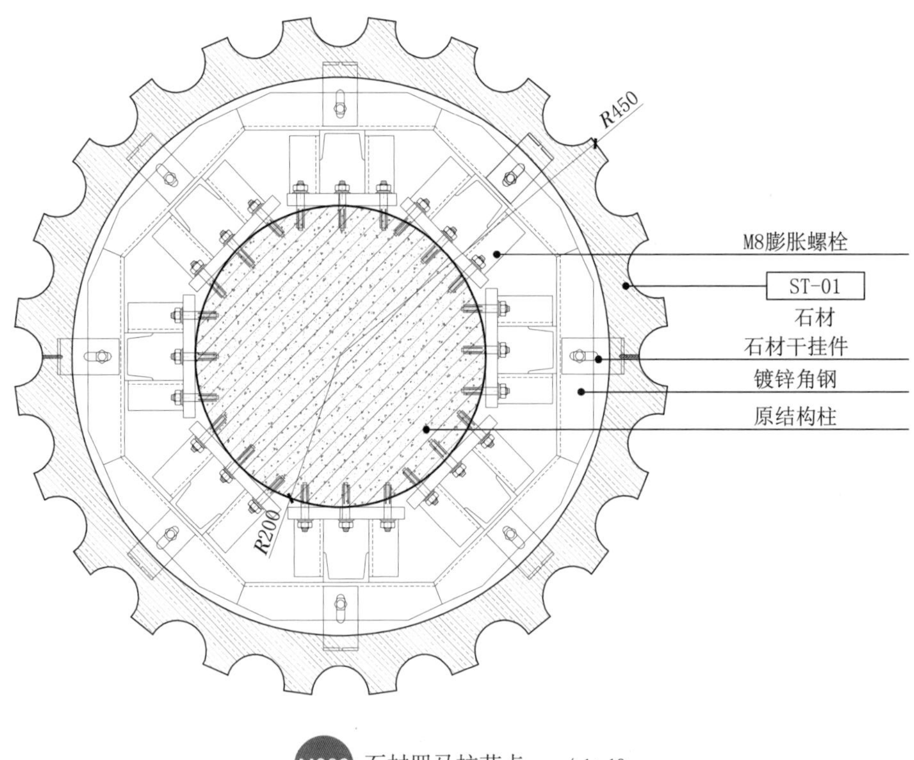
R450
M8膨胀螺栓
ST-01
石材
石材干挂件
镀锌角钢
原结构柱
R200

M009 石材罗马柱节点一 / 1：10

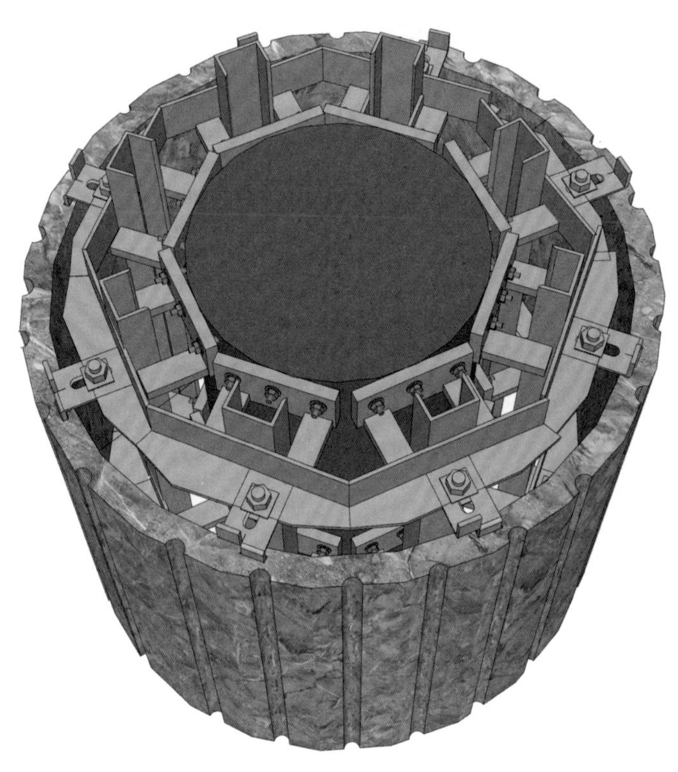

三维示意图（M009）

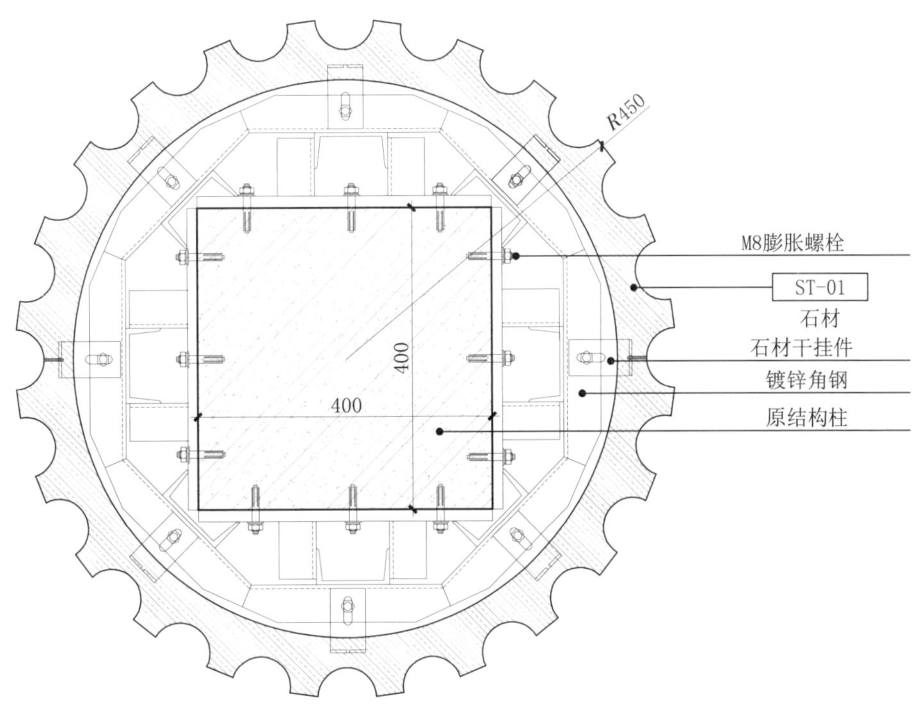
R450
M8膨胀螺栓
ST-01
石材
石材干挂件
镀锌角钢
原结构柱
400
400

M010 石材罗马柱节点二 / 1：10

三维示意图（M010）

课堂小知识

构造柱的选择与装饰

一、构造柱的选择

在选择室内构造柱时，需注意以下两点：

1. 选择合适的构造柱：在用柱子进行装饰时，需根据房间的整体风格来选择柱子的形状和大小。如果房间是现代设计风格，可以选择具有简约线条和几何图案的柱子；如果房间是古典风格，则可以选择复杂的浮雕图案柱子。

2. 颜色和质地：柱子的颜色和质地要与房间内其他元素相协调。如果房间内使用了深色木材和皮质材料，则可以选择颜色较深的柱子来进行装饰；如果房间内使用了浅色调，则选择颜色较浅的柱子。

二、构造柱的装饰

在对构造柱进行装饰时，可以从以下三个方面着手：

1. 利用照明进行装饰：照明可以为室内构造柱增添另一种美感。可以在柱子的底部或顶部设置灯具，以突出它的形状和纹理，还可以用投光灯来强调柱子，使其成为房间的焦点。

2. 利用画作进行装饰：在柱子周围悬挂画作也是一种不错的装饰方式。注意要选择颜色和柱子相协调的画作，或者选择用画作来强调柱子所代表的文化或历史背景。

3. 利用植物进行装饰：如果喜欢大自然，可以在柱子周围放置盆栽植物，不仅可以增加柱子的装饰效果，而且可以改善室内空气质量。

N

楼梯踏步节点

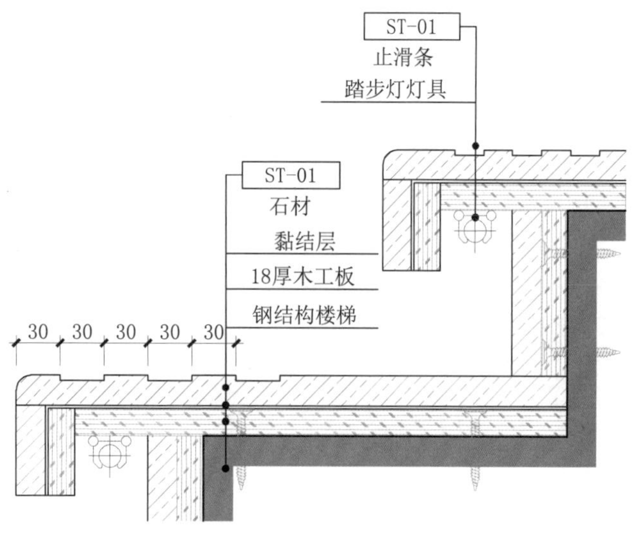
ST-01
止滑条
踏步灯灯具
ST-01
石材
黏结层
18厚木工板
钢结构楼梯
30 30 30 30 30

N001 石材踏步防滑节点一 / 1:5

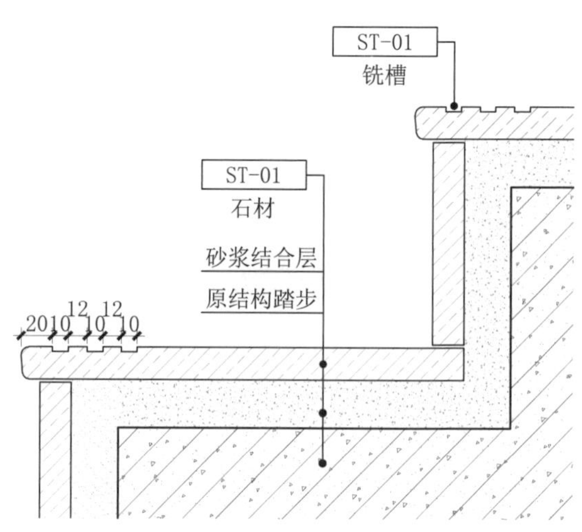
ST-01
铣槽
ST-01
石材
砂浆结合层
原结构踏步
20 10 12 10 12 10

N002 石材踏步防滑节点二 / 1:5

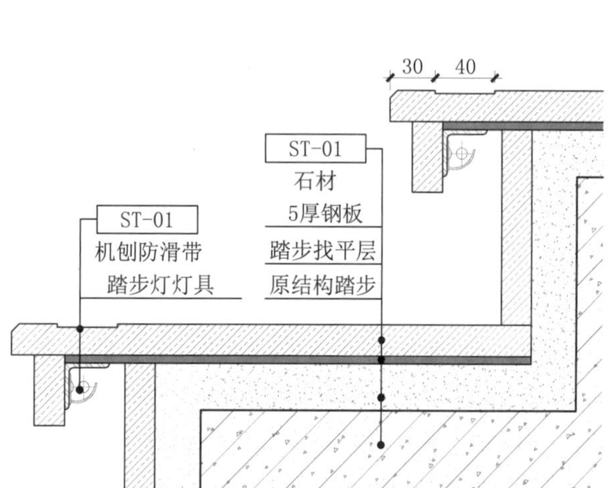
30 40
ST-01
石材
5厚钢板
踏步找平层
原结构踏步
ST-01
机刨防滑带
踏步灯灯具

N003 石材踏步防滑节点三 / 1:5

石材踏步

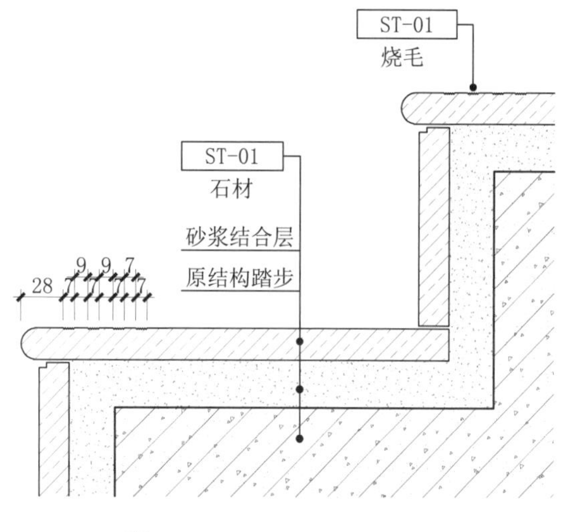
ST-01
烧毛
ST-01
石材
砂浆结合层
原结构踏步
28 9 9 7

N004 石材踏步防滑节点四 / 1:5

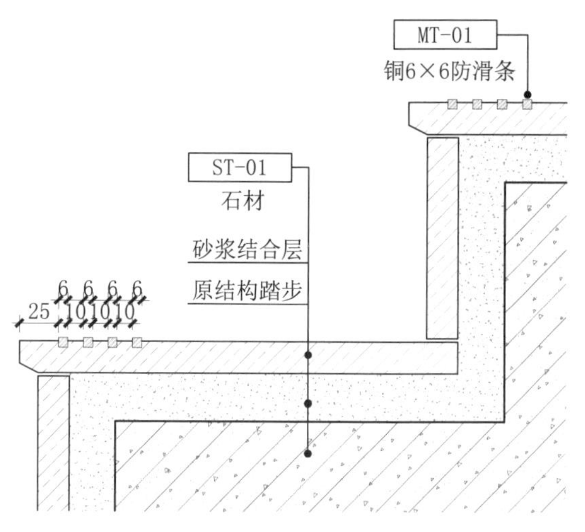
MT-01
铜6×6防滑条
ST-01
石材
砂浆结合层
原结构踏步
25 6 6 6 6 10 10 10

N005 石材踏步防滑节点五 / 1:5

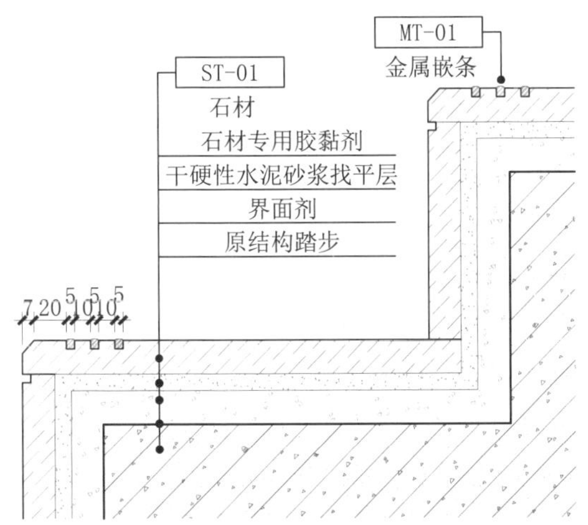
MT-01
金属嵌条
ST-01
石材
石材专用胶黏剂
干硬性水泥砂浆找平层
界面剂
原结构踏步
7 20 5 10 5 10 5

N006 石材踏步防滑节点六 / 1:5

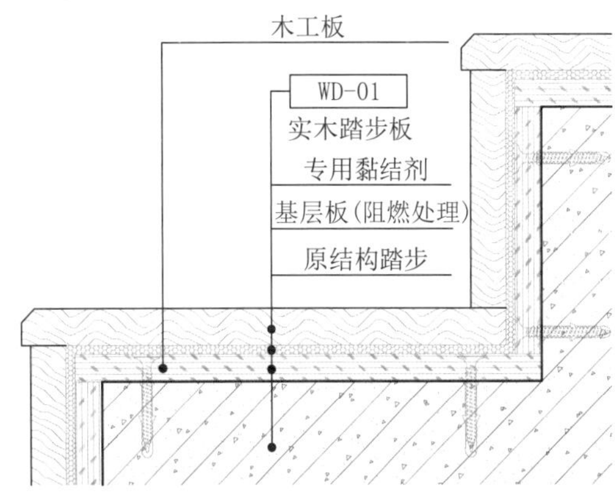
木工板
WD-01
实木踏步板
专用黏结剂
基层板(阻燃处理)
原结构踏步

N007 地板踏步节点 / 1:5

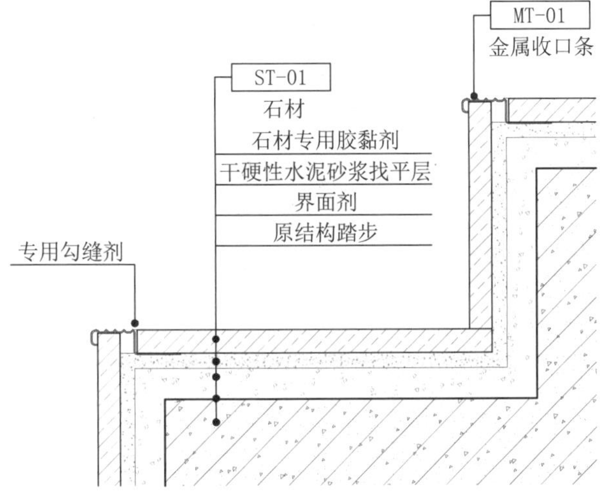
MT-01
金属收口条
ST-01
石材
石材专用胶黏剂
干硬性水泥砂浆找平层
界面剂
原结构踏步
专用勾缝剂

N008 踏步收口条节点一 / 1:5

踏步收口条（N008）

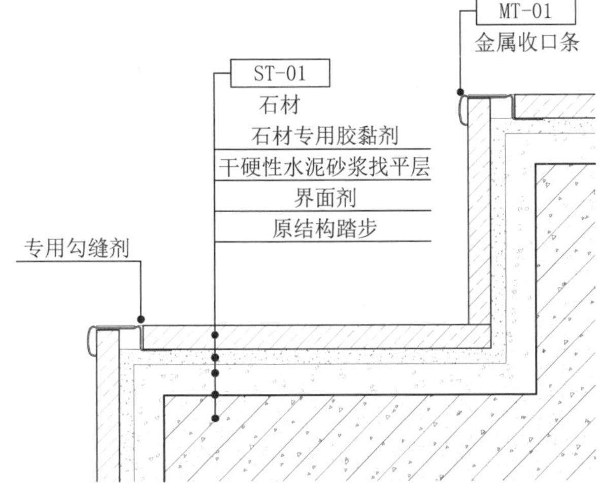
MT-01
金属收口条
ST-01
石材
石材专用胶黏剂
干硬性水泥砂浆找平层
界面剂
原结构踏步
专用勾缝剂

N009 踏步收口条节点二 / 1:5

踏步收口条（N009）

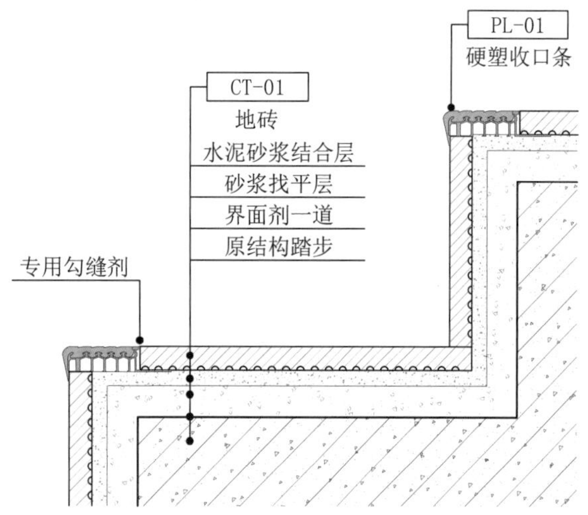
PL-01
硬塑收口条
CT-01
地砖
水泥砂浆结合层
砂浆找平层
界面剂一道
原结构踏步
专用勾缝剂

N010 踏步收口条节点三 / 1:5

踏步收口条（N010）

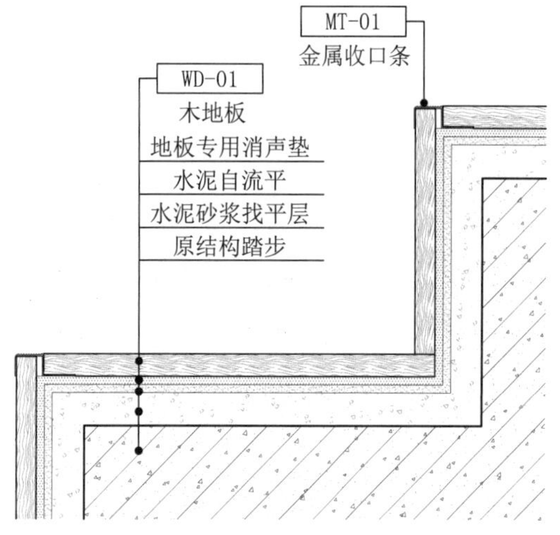
MT-01
金属收口条
WD-01
木地板
地板专用消声垫
水泥自流平
水泥砂浆找平层
原结构踏步

N011 踏步收口条节点四 / 1:5

踏步收口条（N011）

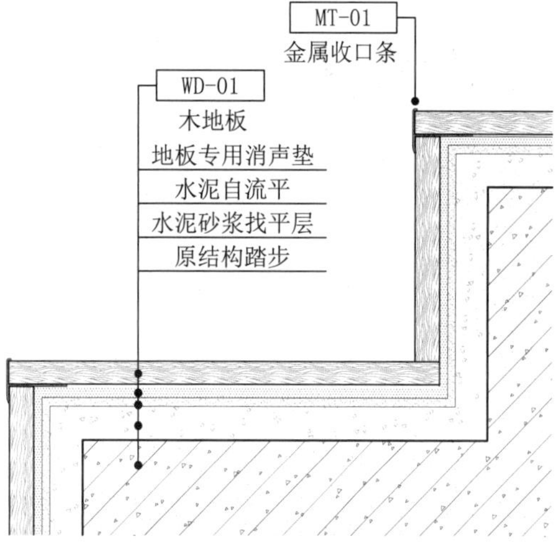
MT-01
金属收口条
WD-01
木地板
地板专用消声垫
水泥自流平
水泥砂浆找平层
原结构踏步

N012 踏步收口条节点五 / 1:5

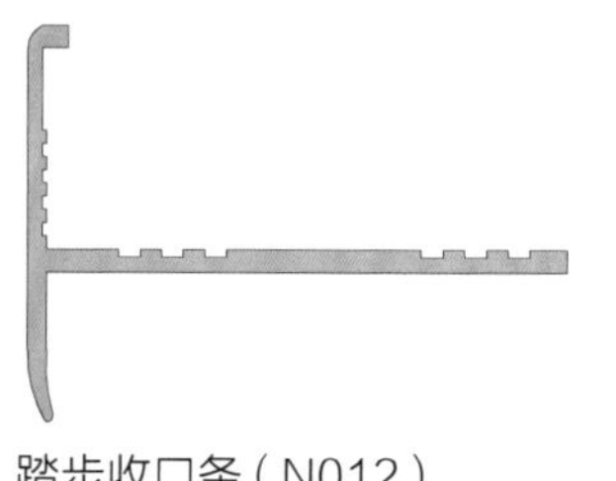

踏步收口条（N012）

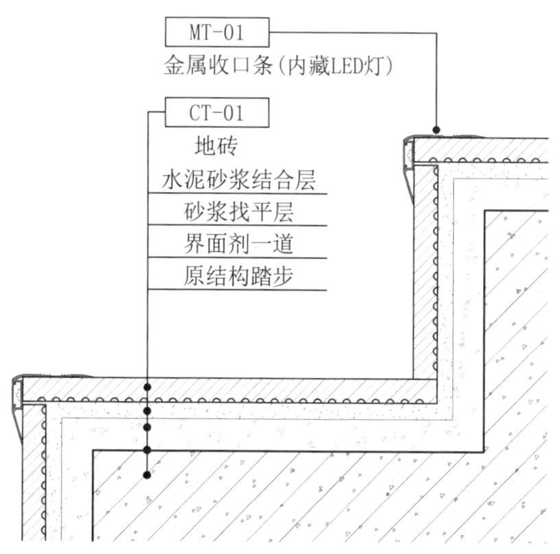
MT-01
金属收口条(内藏LED灯)
CT-01
地砖
水泥砂浆结合层
砂浆找平层
界面剂一道
原结构踏步

N013 踏步收口条节点六 / 1:5

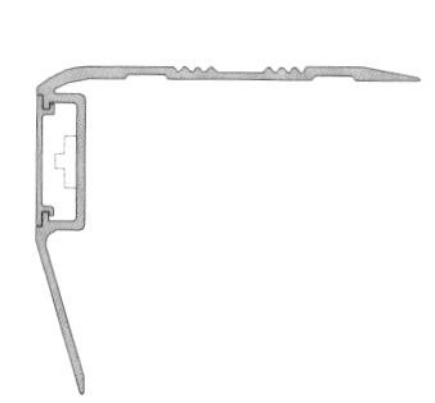

踏步收口条（N013）

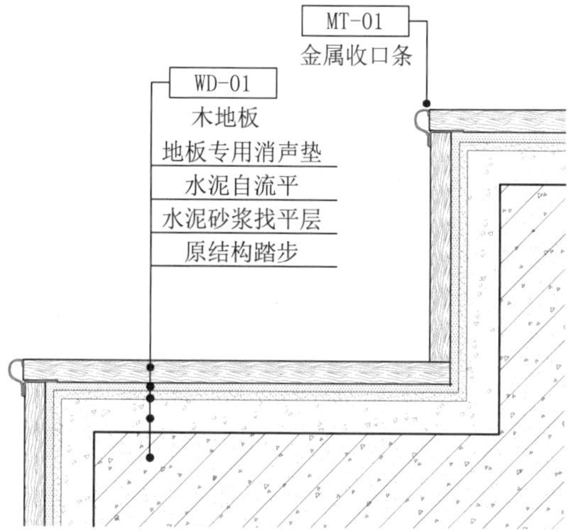
MT-01
金属收口条
WD-01
木地板
地板专用消声垫
水泥自流平
水泥砂浆找平层
原结构踏步

N014 踏步收口条节点七 / 1:5

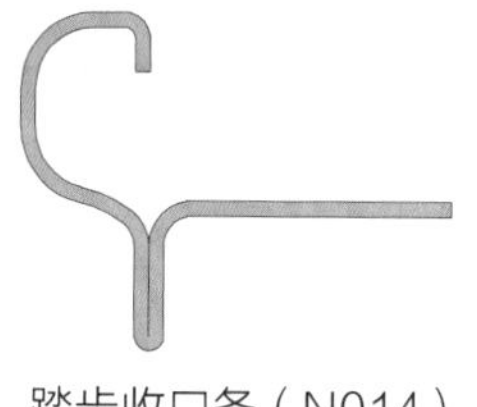

踏步收口条（N014）

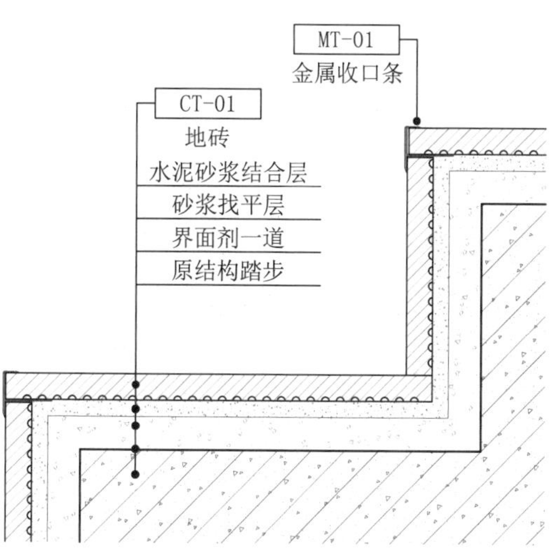
MT-01
金属收口条
CT-01
地砖
水泥砂浆结合层
砂浆找平层
界面剂一道
原结构踏步

N015 踏步收口条节点八 / 1:5

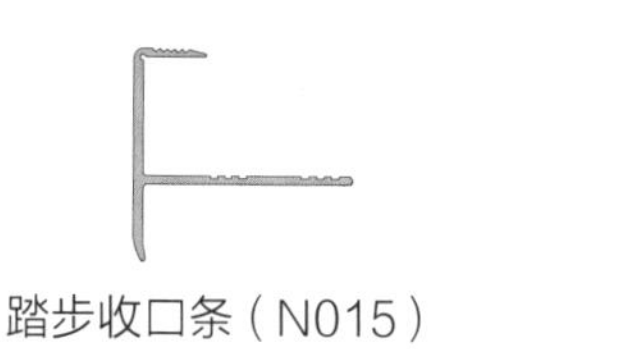

踏步收口条（N015）

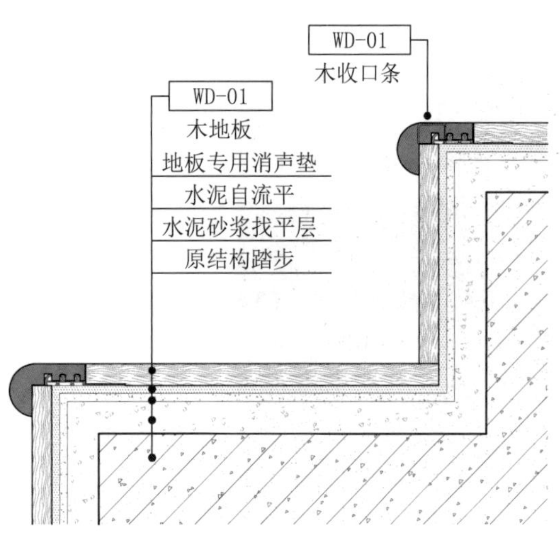
WD-01
木收口条
WD-01
木地板
地板专用消声垫
水泥自流平
水泥砂浆找平层
原结构踏步

N016 踏步收口条节点九 / 1:5

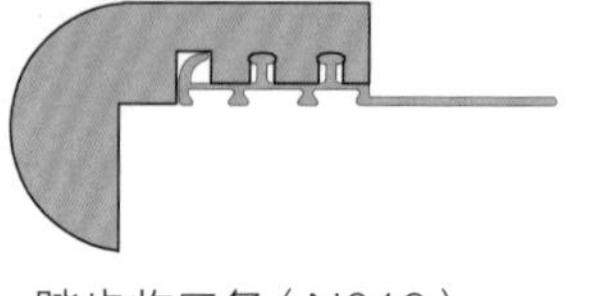

踏步收口条（N016）

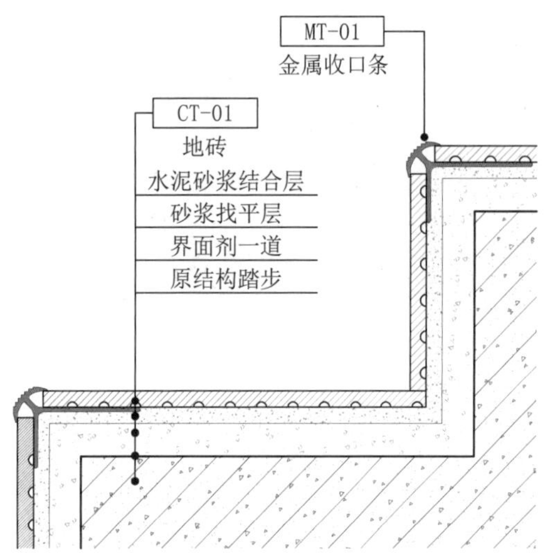
MT-01
金属收口条
CT-01
地砖
水泥砂浆结合层
砂浆找平层
界面剂一道
原结构踏步

N017 踏步收口条节点十 / 1:5

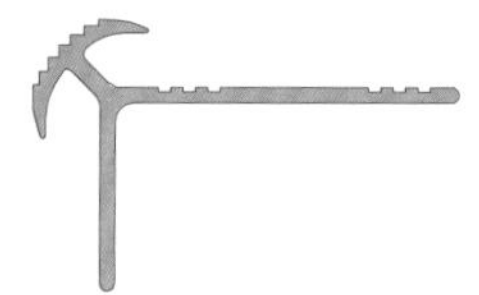

踏步收口条（N017）

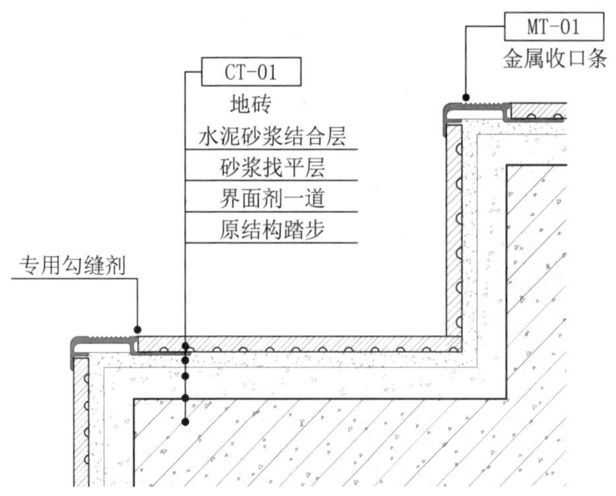
MT-01
金属收口条
CT-01
地砖
水泥砂浆结合层
砂浆找平层
界面剂一道
原结构踏步
专用勾缝剂

N018 踏步收口条节点十一 / 1:5

踏步收口条（N018）

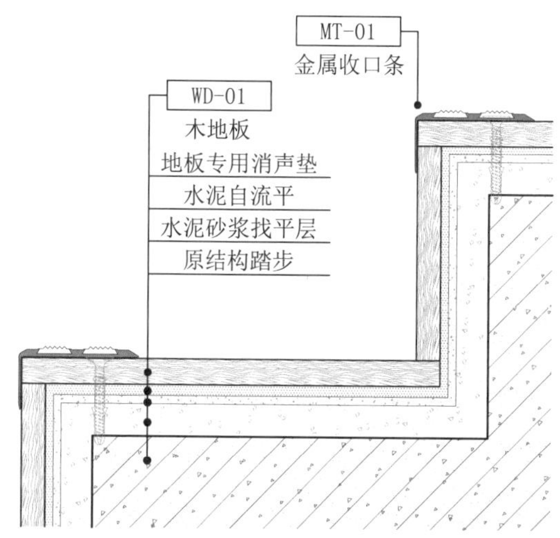
MT-01
金属收口条
WD-01
木地板
地板专用消声垫
水泥自流平
水泥砂浆找平层
原结构踏步

N019 踏步收口条节点十二 / 1:5

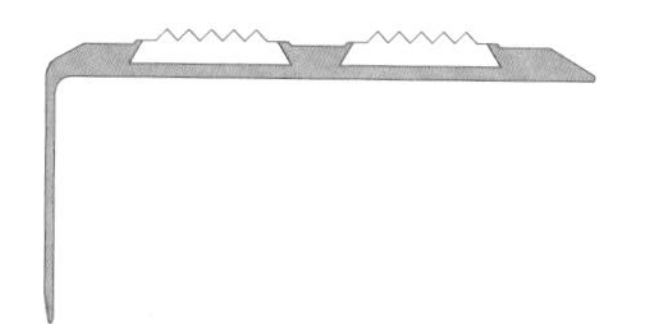

踏步收口条（N019）

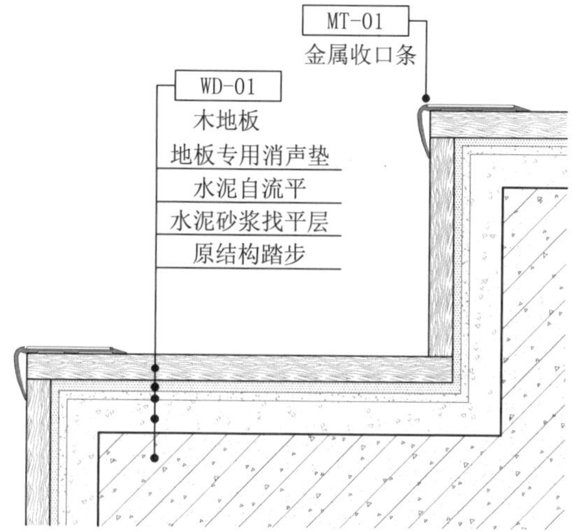
MT-01
金属收口条
WD-01
木地板
地板专用消声垫
水泥自流平
水泥砂浆找平层
原结构踏步

N020 踏步收口条节点十三 / 1:5

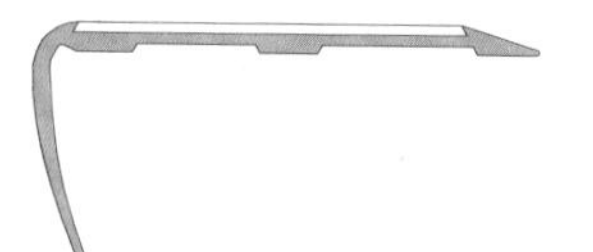

踏步收口条（N020）

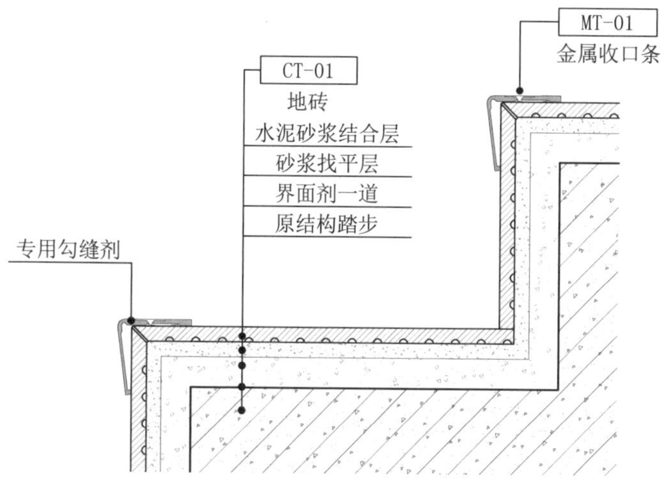
MT-01
金属收口条
CT-01
地砖
水泥砂浆结合层
砂浆找平层
界面剂一道
原结构踏步
专用勾缝剂

N021 踏步收口条节点十四 / 1:5

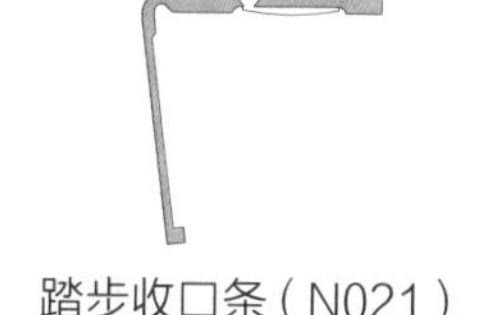

踏步收口条（N021）

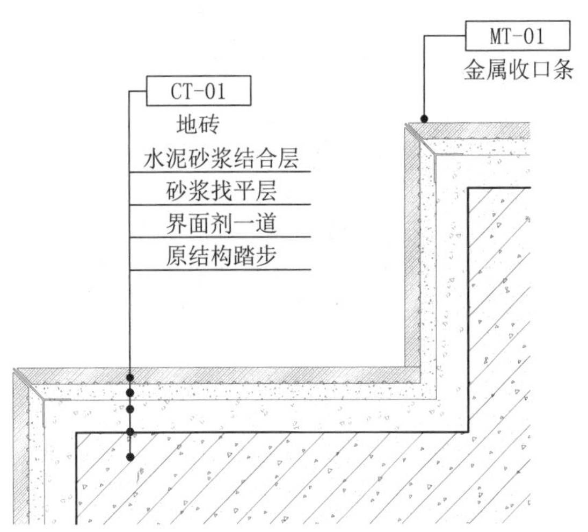
MT-01
金属收口条
CT-01
地砖
水泥砂浆结合层
砂浆找平层
界面剂一道
原结构踏步

N022 踏步收口条节点十五 / 1:5

ATO

踏步收口条（N022）

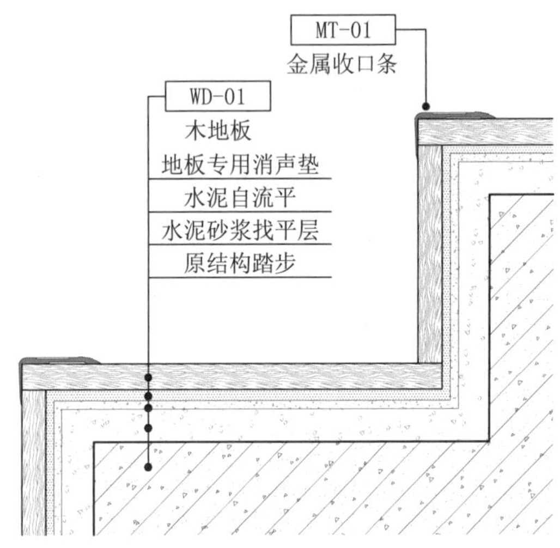
MT-01
金属收口条
WD-01
木地板
地板专用消声垫
水泥自流平
水泥砂浆找平层
原结构踏步

N023 踏步收口条节点十六 / 1:5

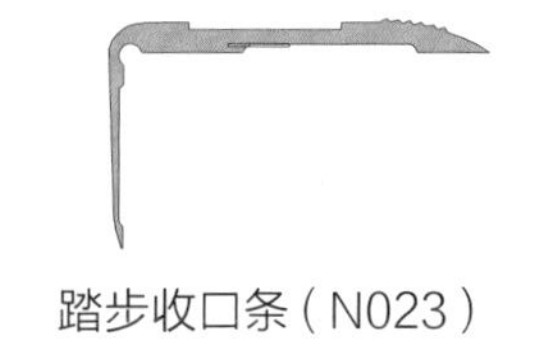

踏步收口条（N023）

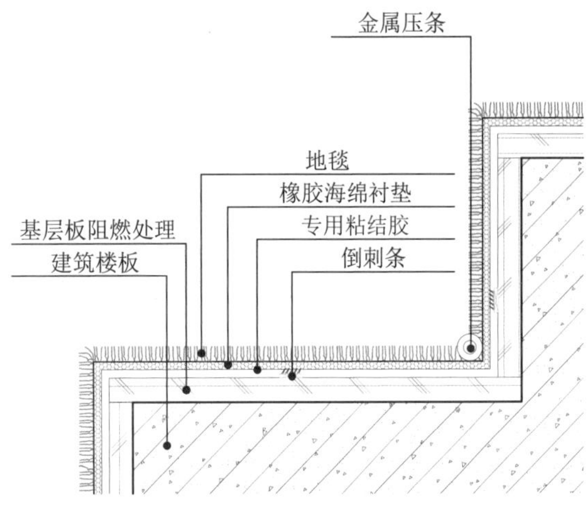
金属压条
地毯
橡胶海绵衬垫
专用粘结胶
倒刺条
基层板阻燃处理
建筑楼板

N024 踏步收口条节点十七 / 1:5

踏步收口条（N024）

0

电视背景墙节点

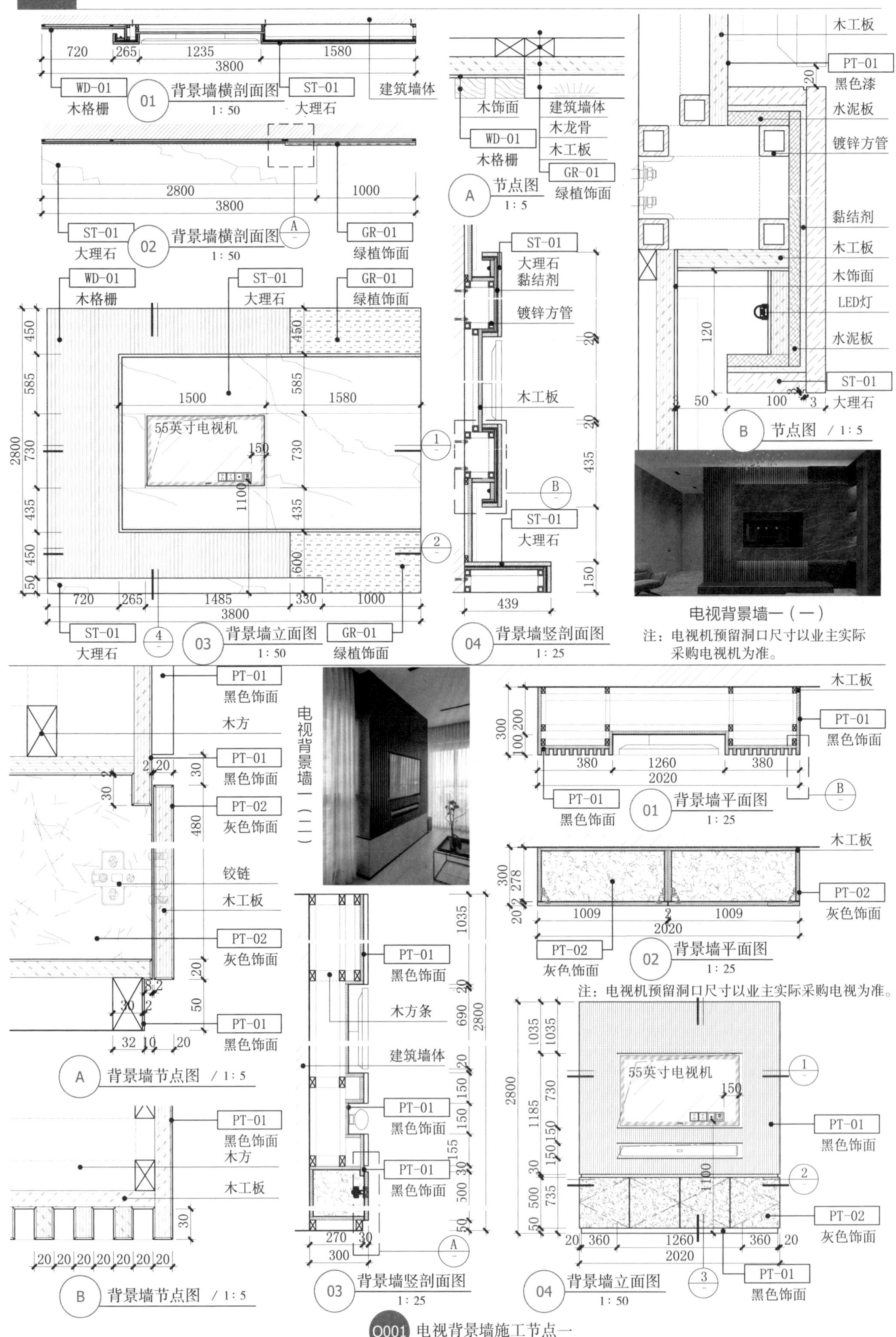

WD-01
木格栅
01 背景墙横剖面图 1:50
ST-01
大理石
建筑墙体
ST-01
大理石
02 背景墙横剖面图 1:50
GR-01
绿植饰面
木饰面
WD-01
木格栅
建筑墙体
木龙骨
木工板
GR-01
绿植饰面
A 节点图 1:5
木工板
PT-01
黑色漆
水泥板
镀锌方管
黏结剂
木工板
木饰面
LED灯
水泥板
ST-01
大理石
B 节点图 / 1:5
55英寸电视机
03 背景墙立面图 1:50
大理石
黏结剂
镀锌方管
木工板
04 背景墙竖剖面图 1:25
电视背景墙一（一）
注：电视机预留洞口尺寸以业主实际采购电视机为准。
PT-01
黑色饰面
木方
PT-02
灰色饰面
铰链
木工板
A 背景墙节点图 / 1:5
B 背景墙节点图 / 1:5
电视背景墙一（二）
木方条
建筑墙体
03 背景墙竖剖面图 1:25
01 背景墙平面图 1:25
02 背景墙平面图 1:25
注：电视机预留洞口尺寸以业主实际采购电视为准。
04 背景墙立面图 1:50

O001 电视背景墙施工节点一

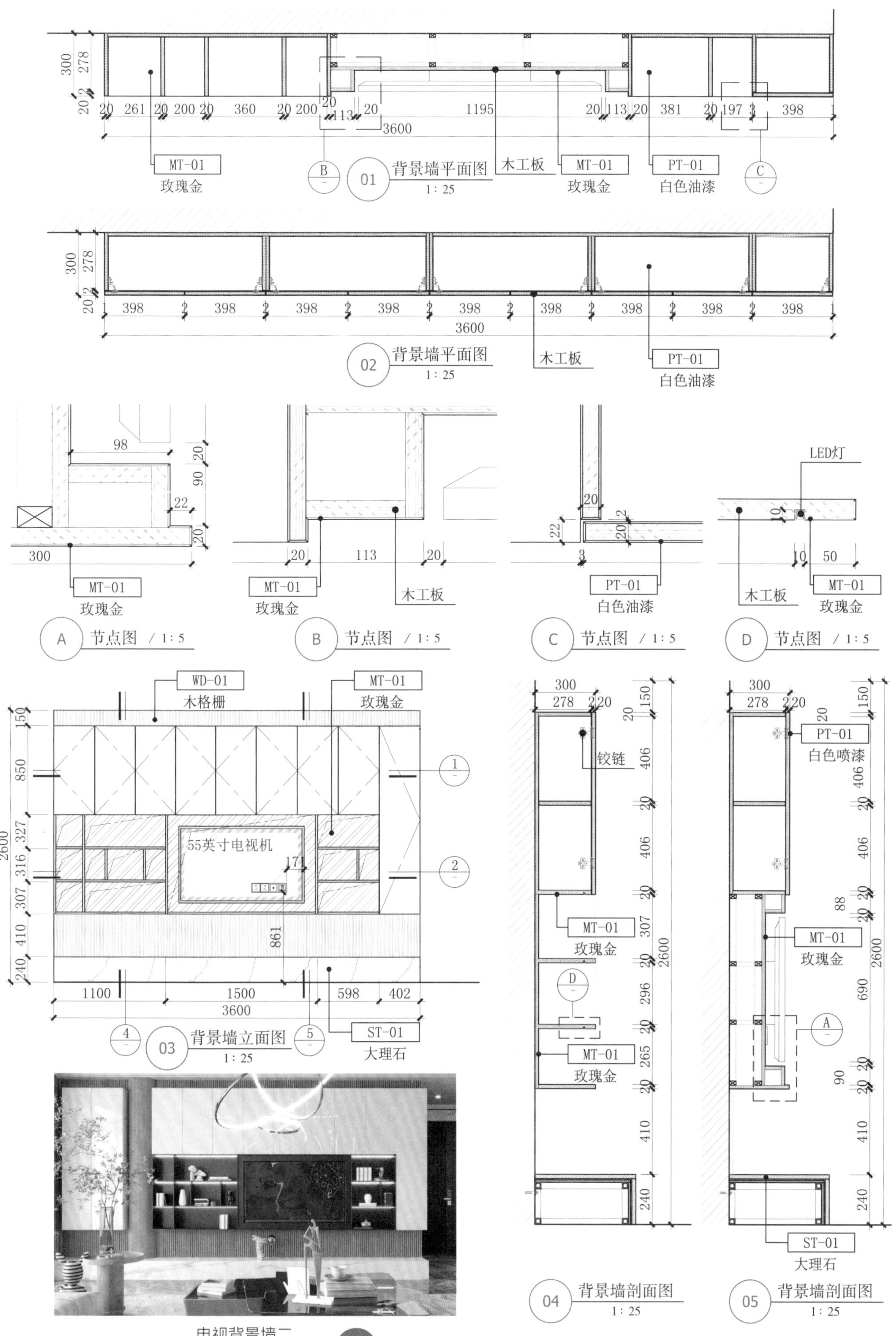
MT-01
玫瑰金
01 背景墙平面图 1:25
木工板
PT-01
白色油漆
02 背景墙平面图 1:25
A 节点图 / 1:5
B 节点图 / 1:5
C 节点图 / 1:5
D 节点图 / 1:5
LED灯
WD-01
木格栅
55英寸电视机
03 背景墙立面图 1:25
ST-01
大理石
铰链
白色喷漆
04 背景墙剖面图 1:25
05 背景墙剖面图 1:25

电视背景墙二

O002 电视背景墙施工节点二

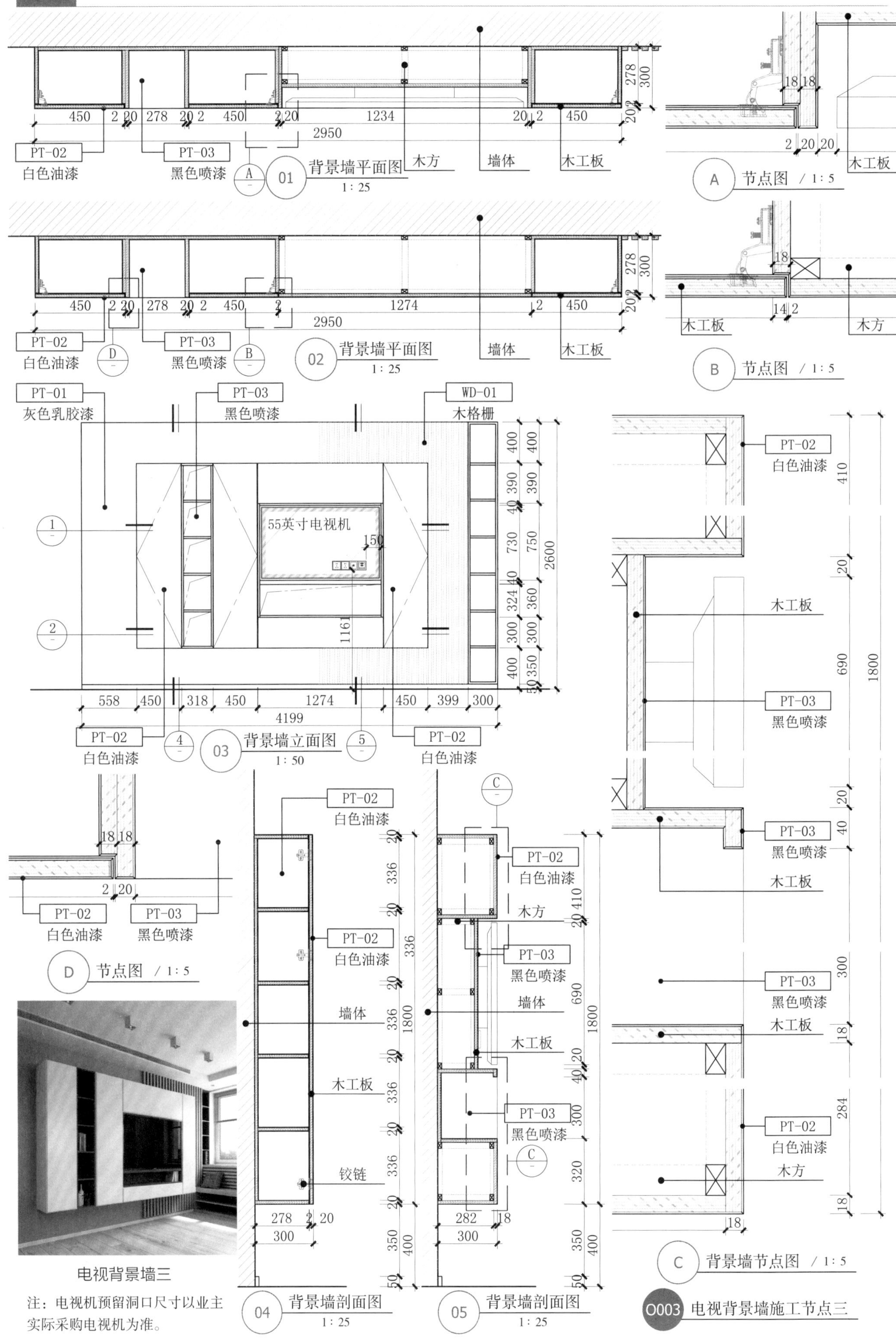

PT-02
白色油漆
PT-03
黑色喷漆
A
01
背景墙平面图
1:25
木方
墙体
木工板
2950
A 节点图 / 1:5
D
B
02
背景墙平面图
1:25
B 节点图 / 1:5
PT-01
灰色乳胶漆
WD-01
木格栅
55英寸电视机
4199
03
背景墙立面图
1:50
D 节点图 / 1:5
04
背景墙剖面图
1:25
铰链
05
背景墙剖面图
1:25
C
C 背景墙节点图 / 1:5
O003 电视背景墙施工节点三

电视背景墙三

注：电视机预留洞口尺寸以业主实际采购电视机为准。

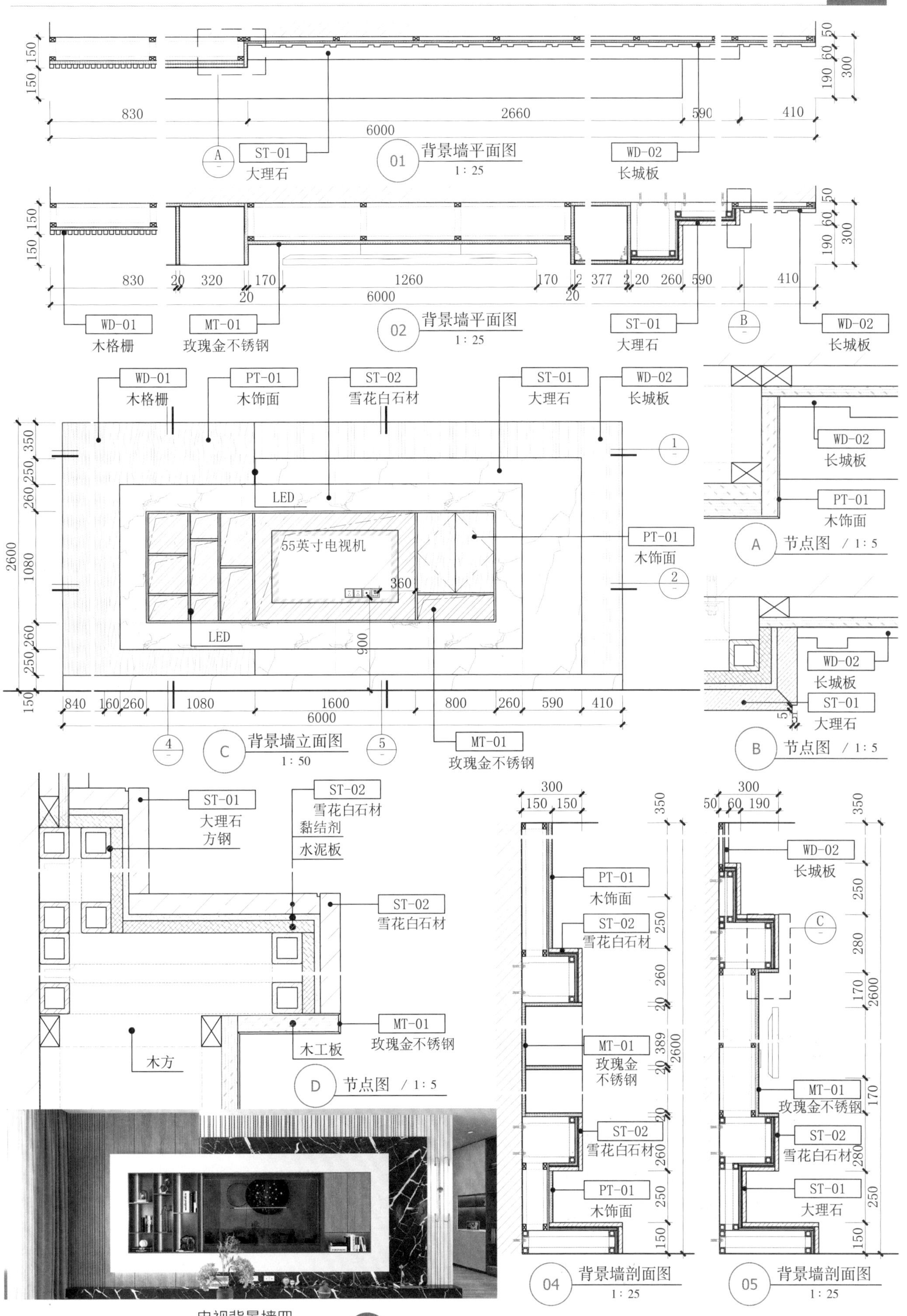

830
2660
590
410
6000
150
150
50
60
190
300
A
ST-01
大理石
01
背景墙平面图
1:25
WD-02
长城板
830
20
320
170
1260
20
377
260
6000
WD-01
木格栅
MT-01
玫瑰金不锈钢
02
背景墙平面图
1:25
ST-01
大理石
B
WD-02
长城板
WD-01
木格栅
PT-01
木饰面
ST-02
雪花白石材
ST-01
大理石
WD-02
长城板
LED
55英寸电视机
360
PT-01
木饰面
LED
900
2600
350
250
260
1080
840
160
1600
800
4
C
背景墙立面图
1:50
5
MT-01
玫瑰金不锈钢
WD-02
长城板
PT-01
木饰面
A
节点图 / 1:5
WD-02
长城板
ST-01
大理石
B
节点图 / 1:5
ST-01
大理石
方钢
ST-02
雪花白石材
黏结剂
水泥板
ST-02
雪花白石材
MT-01
玫瑰金不锈钢
木工板
木方
D
节点图 / 1:5
PT-01
木饰面
ST-02
雪花白石材
MT-01
玫瑰金
不锈钢
ST-02
雪花白石材
PT-01
木饰面
04
背景墙剖面图
1:25
WD-02
长城板
C
MT-01
玫瑰金不锈钢
ST-02
雪花白石材
ST-01
大理石
05
背景墙剖面图
1:25

电视背景墙四

O004 电视背景墙施工节点四

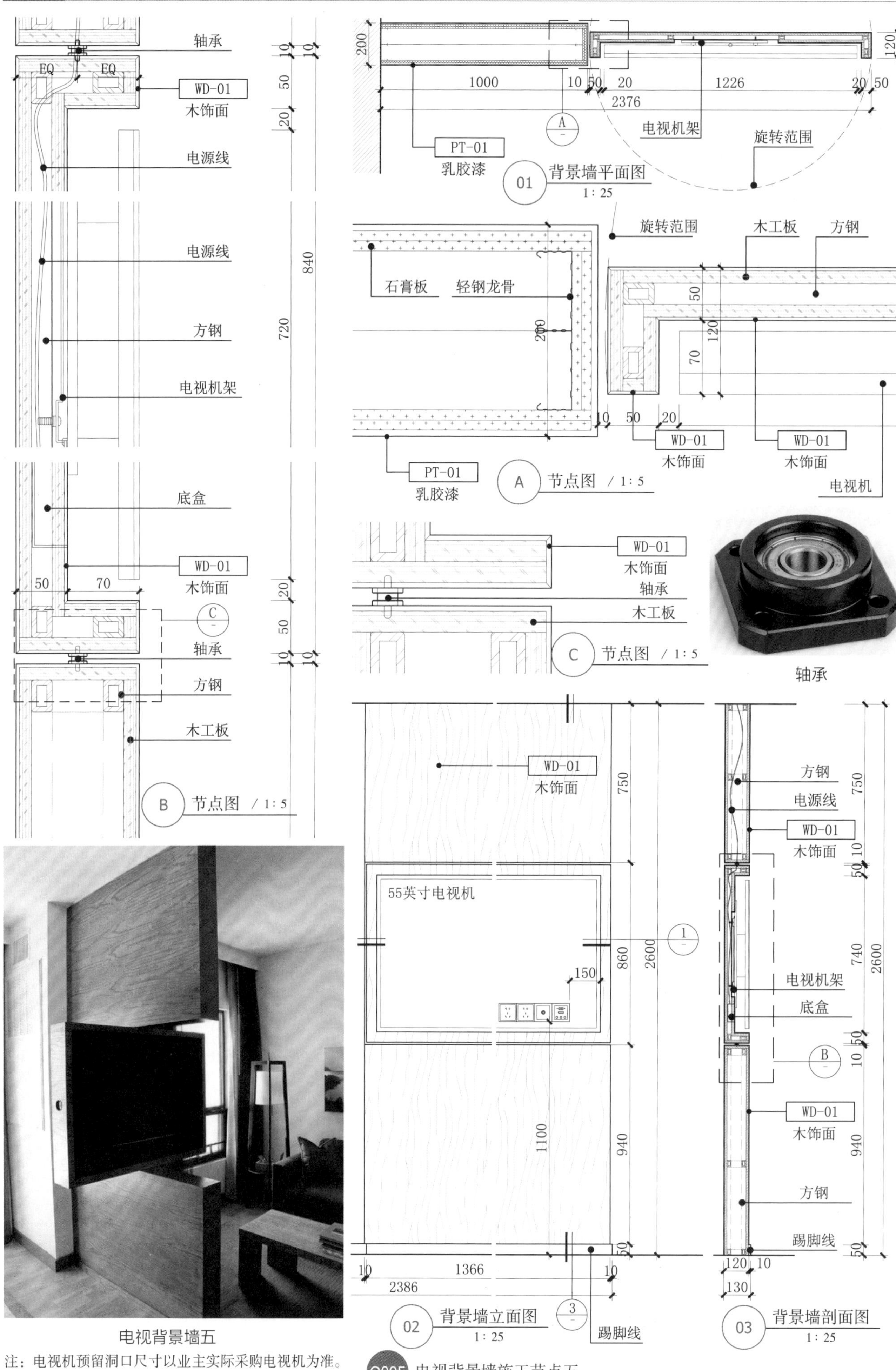
轴承
WD-01
木饰面
电源线
方钢
电视机架
底盒
木工板
B 节点图 / 1:5
背景墙平面图
1:25
PT-01
乳胶漆
旋转范围
石膏板
轻钢龙骨
电视机
A 节点图 / 1:5
C 节点图 / 1:5
55英寸电视机
背景墙立面图
1:25
踢脚线
背景墙剖面图
1:25

轴承

电视背景墙五

注：电视机预留洞口尺寸以业主实际采购电视机为准。

O005 电视背景墙施工节点五

P

窗台板节点

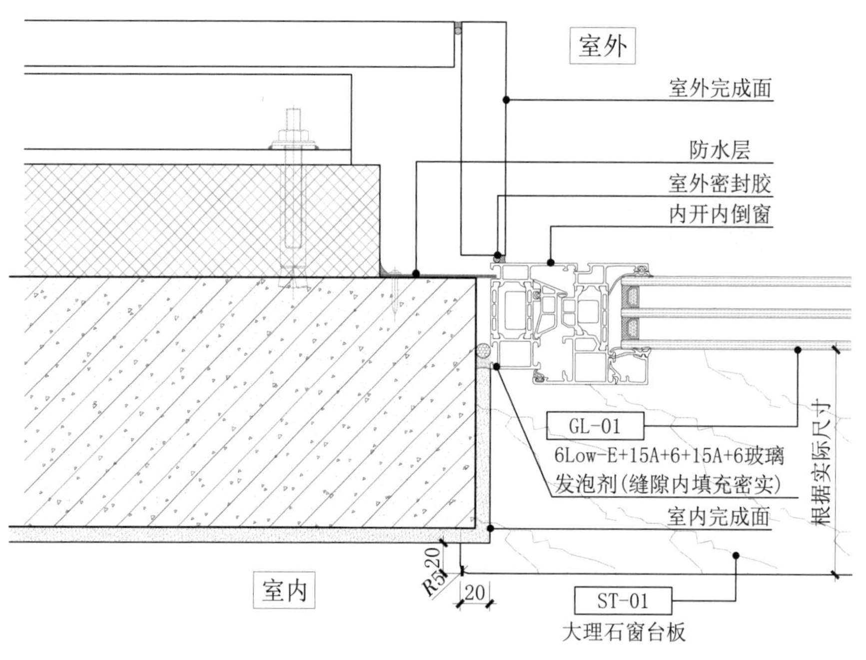

室外
室外完成面
防水层
室外密封胶
内开内倒窗
GL-01
6Low-E+15A+6+15A+6玻璃
发泡剂(缝隙内填充密实)
室内完成面
根据实际尺寸
室内
R5
20
20
ST-01
大理石窗台板

P001 窗台板横剖节点 / 1:5

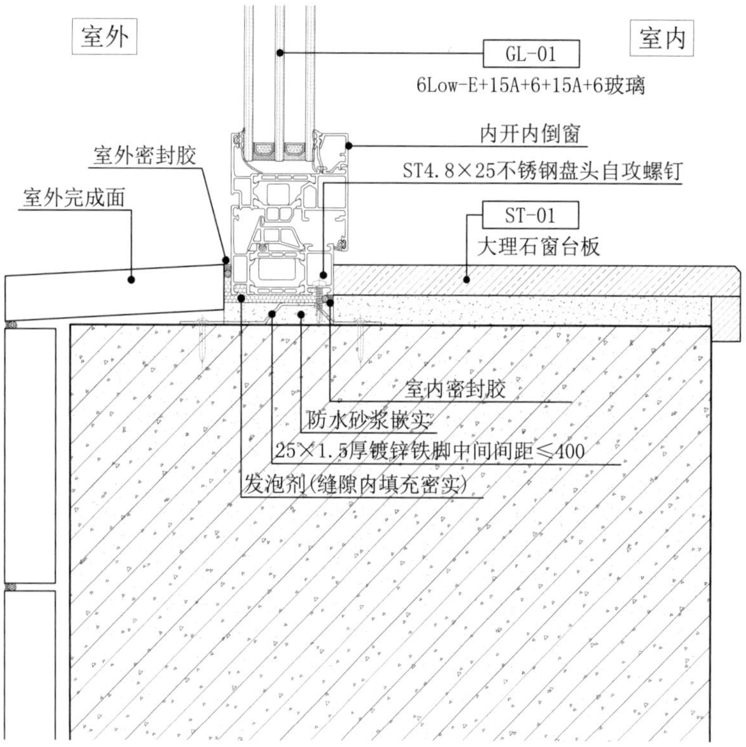

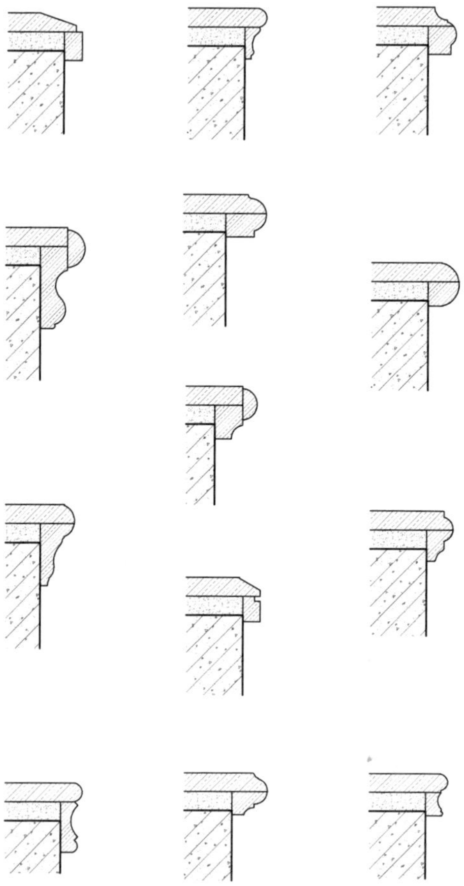

室外

室内

GL-01

6Low-E+15A+6+15A+6玻璃

内开内倒窗

室外密封胶

ST4.8×25不锈钢盘头自攻螺钉

室外完成面

ST-01

大理石窗台板

室内密封胶

防水砂浆嵌实

25×1.5厚镀锌铁脚中间间距≤400

发泡剂(缝隙内填充密实)

P002 窗台板竖剖节点 / 1:5

Q

玻璃隔断节点

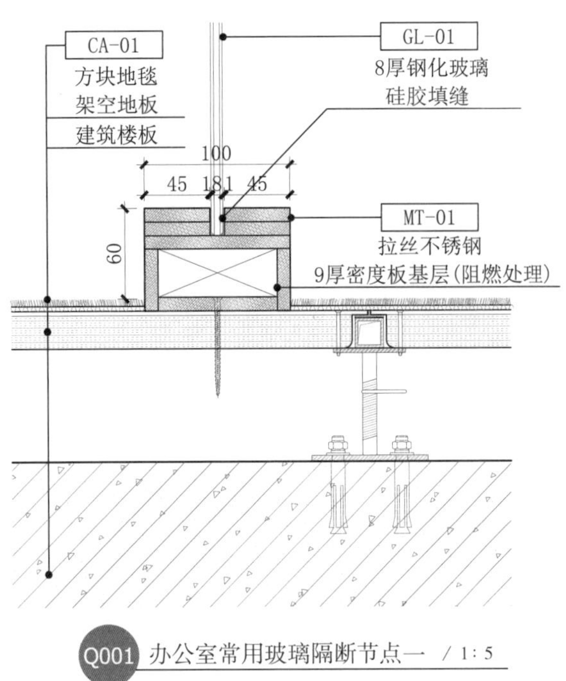
CA-01
方块地毯
架空地板
建筑楼板
GL-01
8厚钢化玻璃
硅胶填缝
100
45
18
1
45
60
MT-01
拉丝不锈钢
9厚密度板基层(阻燃处理)

Q001 办公室常用玻璃隔断节点一 / 1:5

注：室内净高2700 mm以下的，使用8 mm厚钢化玻璃；
净高3000 mm左右的，使用10~12 mm厚钢化玻璃。

办公室常用玻璃隔断（Q001）

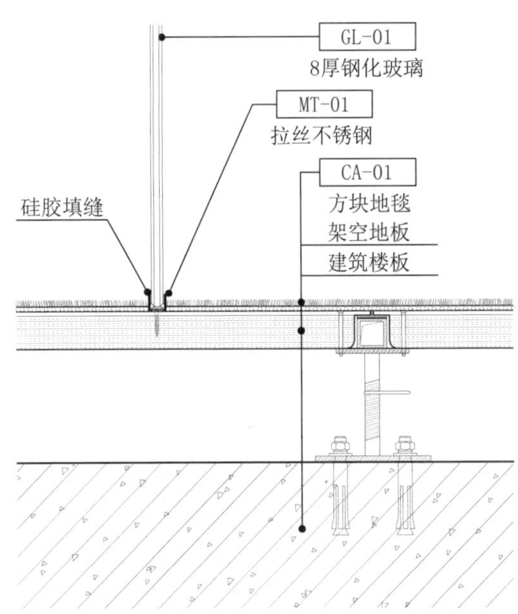
GL-01
8厚钢化玻璃
MT-01
拉丝不锈钢
CA-01
方块地毯
架空地板
建筑楼板
硅胶填缝

Q002 办公室常用玻璃隔断节点二 / 1:5

注：室内净高2700 mm以下的，使用8 mm厚钢化玻璃；
净高3000 mm左右的，使用10~12 mm厚钢化玻璃。

办公室常用玻璃隔断（Q002）

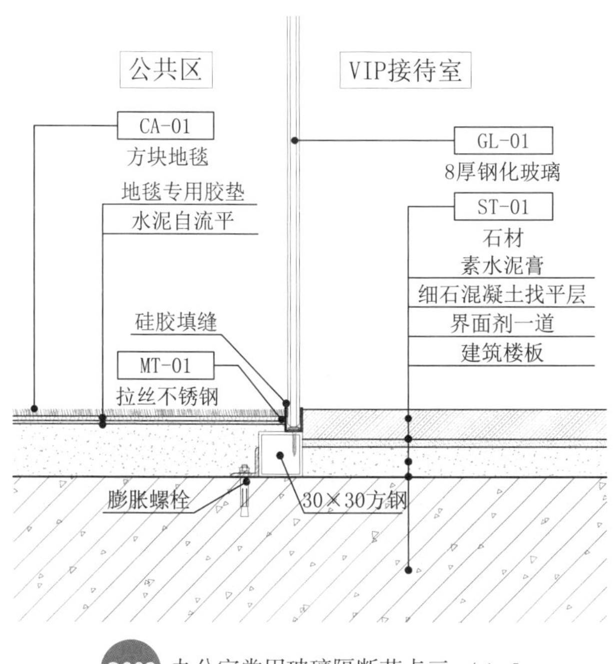
公共区
VIP接待室
CA-01
方块地毯
地毯专用胶垫
水泥自流平
GL-01
8厚钢化玻璃
ST-01
石材
素水泥膏
细石混凝土找平层
界面剂一道
建筑楼板
硅胶填缝
MT-01
拉丝不锈钢
膨胀螺栓
30×30方钢

Q003 办公室常用玻璃隔断节点三 / 1∶5

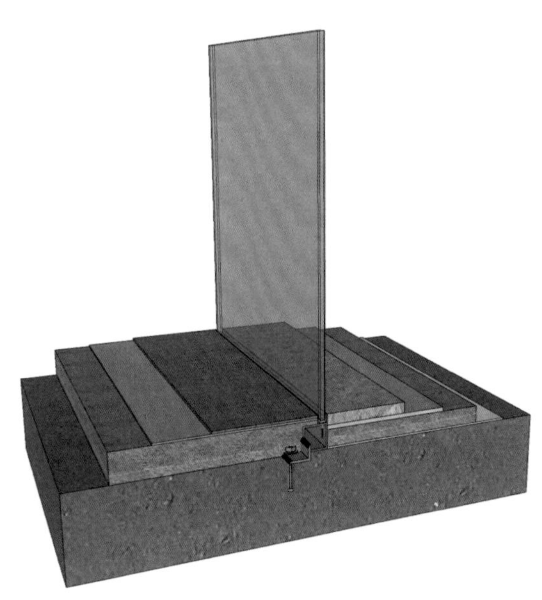

三维示意图（Q003）

注：室内净高2700 mm以下的，使用8 mm厚钢化玻璃；
净高3000 mm左右的，使用10~12 mm厚钢化玻璃。

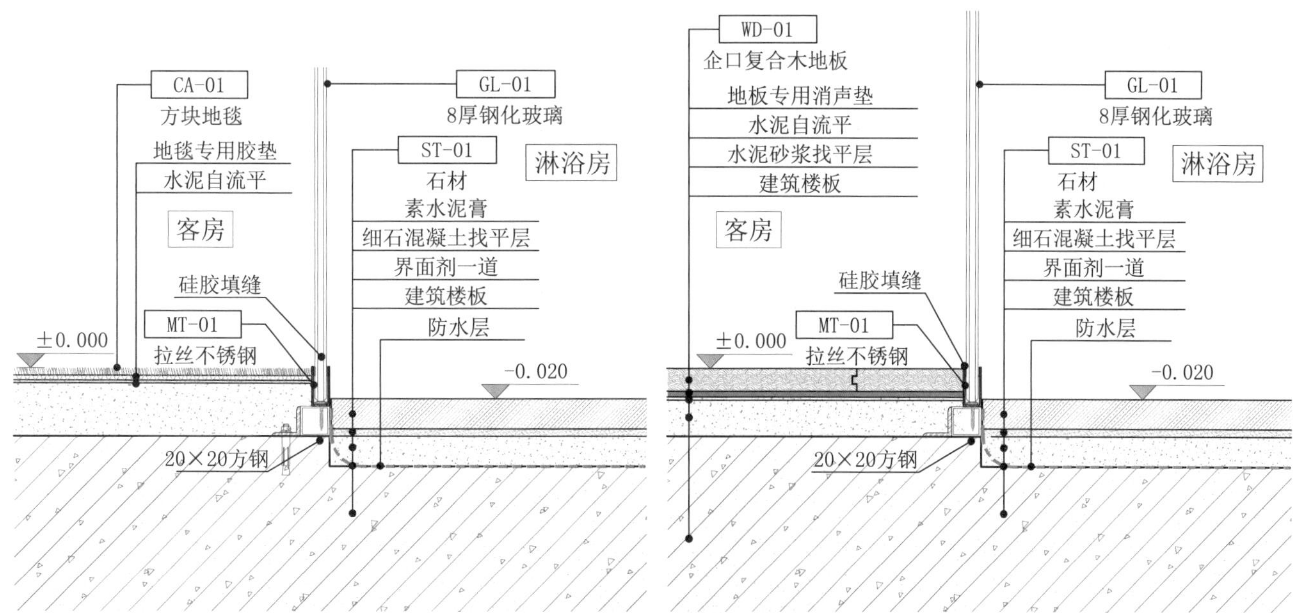
CA-01
方块地毯
地毯专用胶垫
水泥自流平
客房
GL-01
8厚钢化玻璃
ST-01
石材
素水泥膏
细石混凝土找平层
界面剂一道
建筑楼板
防水层
淋浴房
硅胶填缝
MT-01
拉丝不锈钢
±0.000
-0.020
20×20方钢
WD-01
企口复合木地板
地板专用消声垫
水泥自流平
水泥砂浆找平层
建筑楼板
客房
GL-01
8厚钢化玻璃
ST-01
石材
素水泥膏
细石混凝土找平层
界面剂一道
建筑楼板
防水层
淋浴房
硅胶填缝
MT-01
拉丝不锈钢
±0.000
-0.020
20×20方钢

Q004 客房常用地毯与石材淋浴房玻璃隔断节点一 / 1∶5

Q005 客房常用地毯与石材淋浴房玻璃隔断节点二 / 1∶5

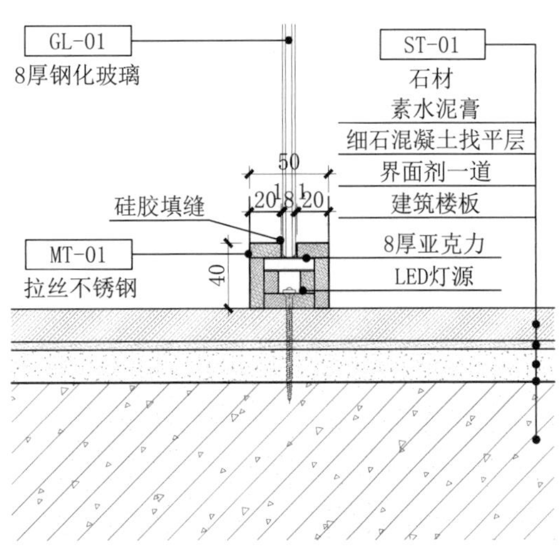
GL-01
8厚钢化玻璃
ST-01
石材
素水泥膏
细石混凝土找平层
界面剂一道
建筑楼板
50
20
1
8
1
20
硅胶填缝
MT-01
拉丝不锈钢
40
8厚亚克力
LED灯源

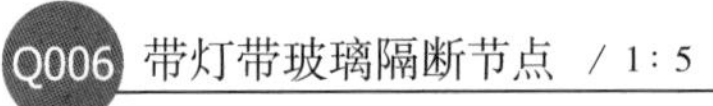
Q006 带灯带玻璃隔断节点 / 1∶5

三维示意图（Q006）

注：室内净高2700 mm以下的，使用8 mm厚钢化玻璃；
净高3000 mm左右的，使用10~12 mm厚钢化玻璃。

带灯带玻璃隔断

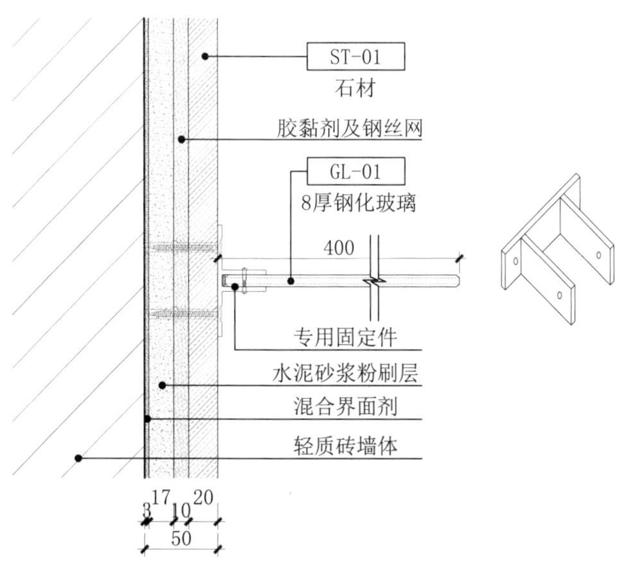
ST-01
石材
胶黏剂及钢丝网
GL-01
8厚钢化玻璃
400
专用固定件
水泥砂浆粉刷层
混合界面剂
轻质砖墙体
3
17
10
20
50

Q007 小便斗常用玻璃隔断节点一 / 1∶5

注：小图为玻璃隔断固定件。

三维示意图（Q007）

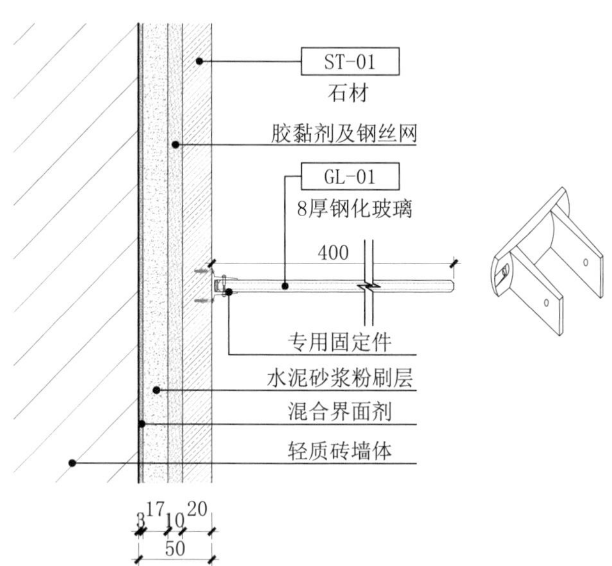
ST-01
石材
胶黏剂及钢丝网
GL-01
8厚钢化玻璃
400
专用固定件
水泥砂浆粉刷层
混合界面剂
轻质砖墙体
3
17
10
20
50

Q008 小便斗常用玻璃隔断节点二 / 1∶5

注：小图为玻璃隔断固定件。

三维示意图（Q008）

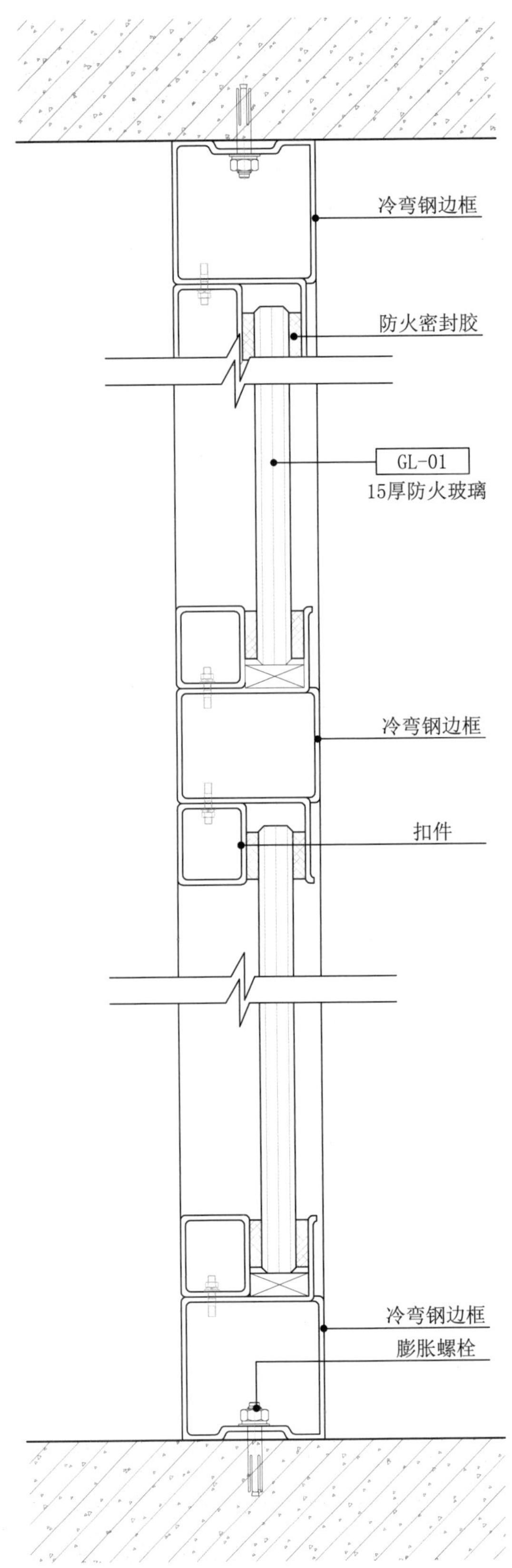
冷弯钢边框
防火密封胶
GL-01
15厚防火玻璃
冷弯钢边框
扣件
冷弯钢边框
膨胀螺栓

Q009 商业区防火玻璃隔断节点 / 1：5

R

防火卷帘轨道收口节点

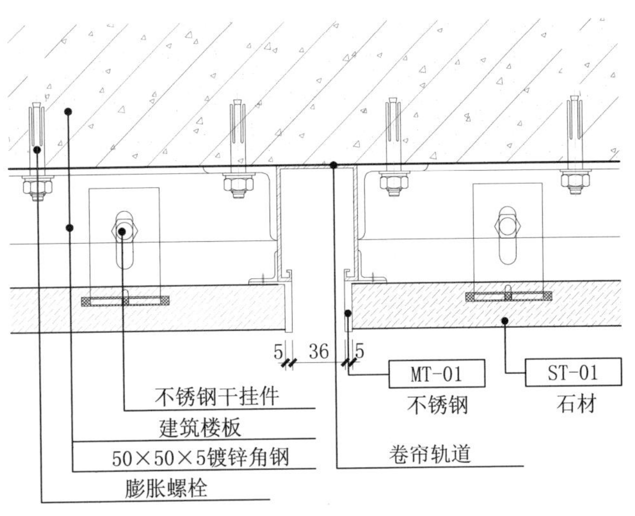
5
36
5
MT-01
不锈钢
ST-01
石材
不锈钢干挂件
建筑楼板
50×50×5镀锌角钢
卷帘轨道
膨胀螺栓

R001 卷帘轨道与石材收口节点 / 1∶5

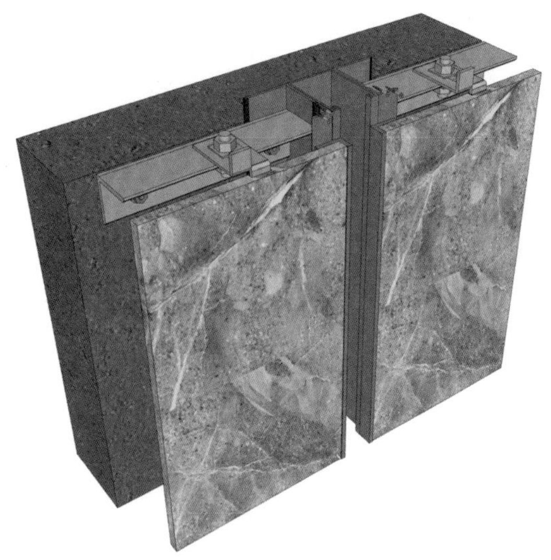

三维示意图（R001）

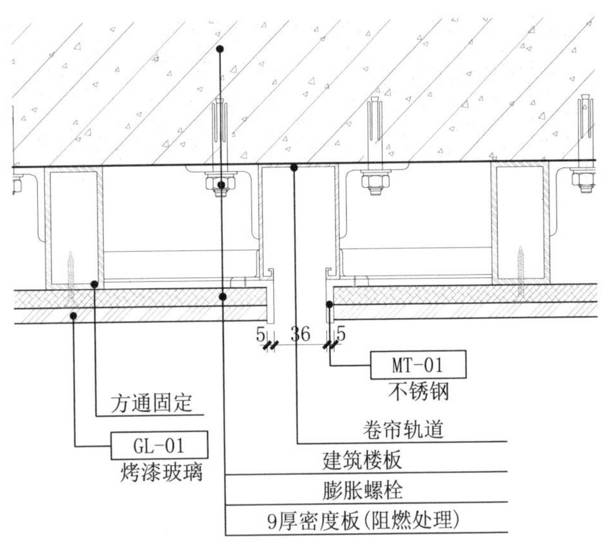
5
36
5
MT-01
不锈钢
方通固定
卷帘轨道
GL-01
烤漆玻璃
建筑楼板
膨胀螺栓
9厚密度板(阻燃处理)

R002 卷帘轨道与烤漆玻璃收口节点 / 1∶5

三维示意图（R002）

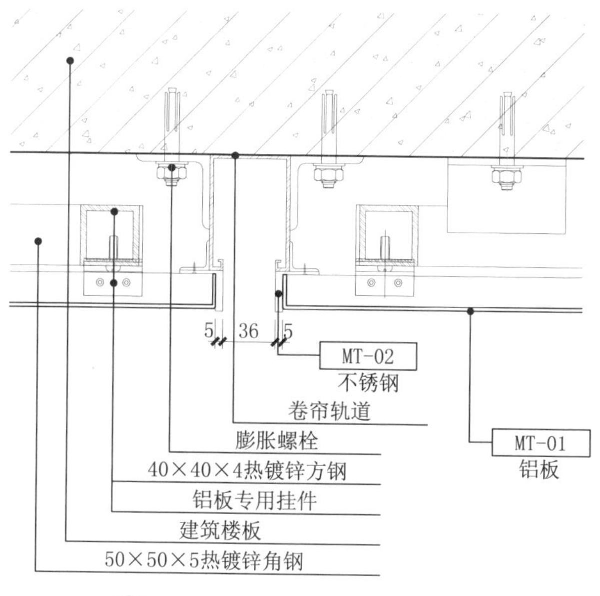
5
36
5
MT-02
不锈钢
卷帘轨道
膨胀螺栓
40×40×4热镀锌方钢
铝板专用挂件
建筑楼板
50×50×5热镀锌角钢
MT-01
铝板

R003 卷帘轨道与铝板收口节点 / 1:5

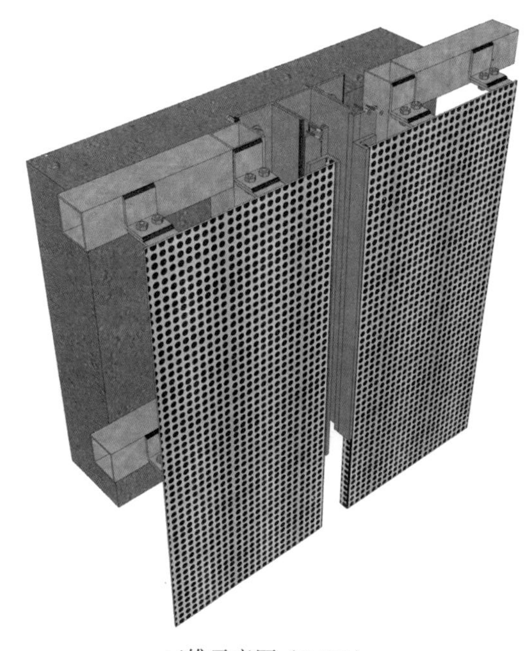

三维示意图（R003）

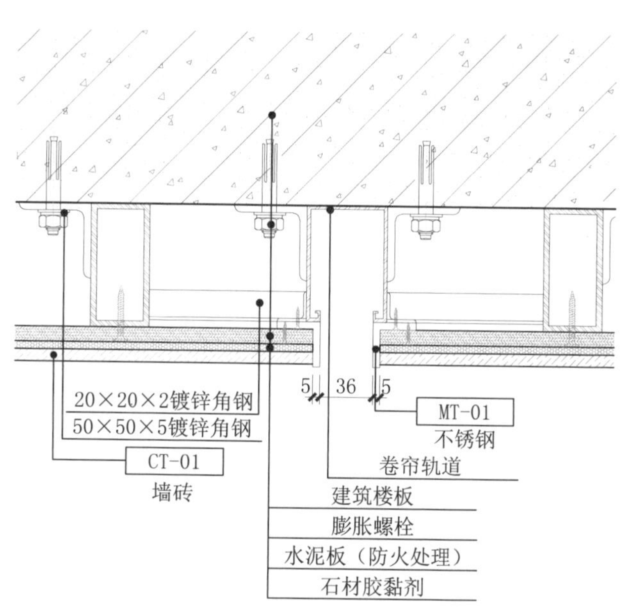
20×20×2镀锌角钢
50×50×5镀锌角钢
CT-01
墙砖
5
36
5
MT-01
不锈钢
卷帘轨道
建筑楼板
膨胀螺栓
水泥板（防火处理）
石材胶黏剂

R004 卷帘轨道与墙砖收口节点 / 1:5

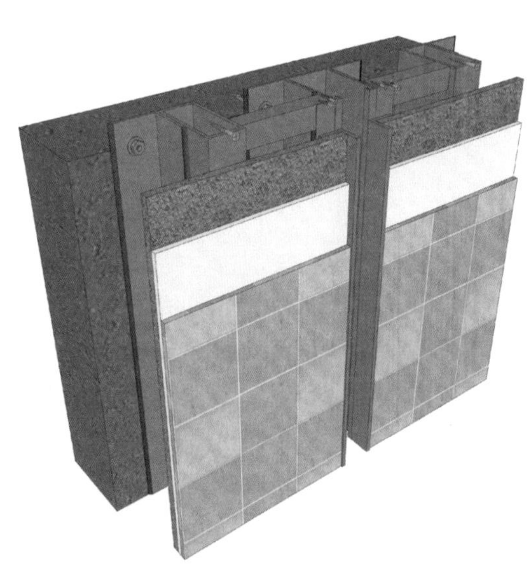

三维示意图（R004）

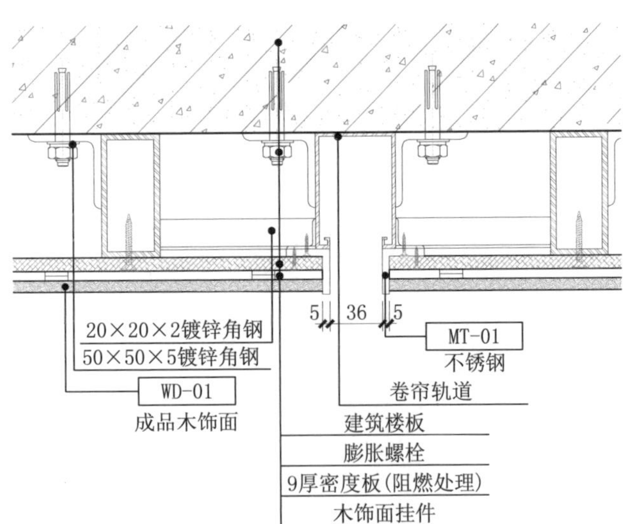
5
36
5
20×20×2镀锌角钢
50×50×5镀锌角钢
WD-01
成品木饰面
MT-01
不锈钢
卷帘轨道
建筑楼板
膨胀螺栓
9厚密度板(阻燃处理)
木饰面挂件

R005 卷帘轨道与木饰面收口节点 / 1:5

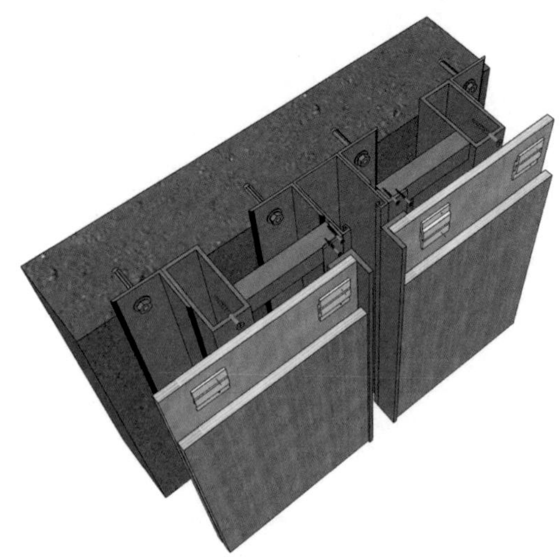

三维示意图（R005）

变形缝节点

1　室内墙面变形缝

2　吊顶变形缝

3　地坪变形缝

4　室外墙面变形缝

5　屋面变形缝

1 室内墙面变形缝

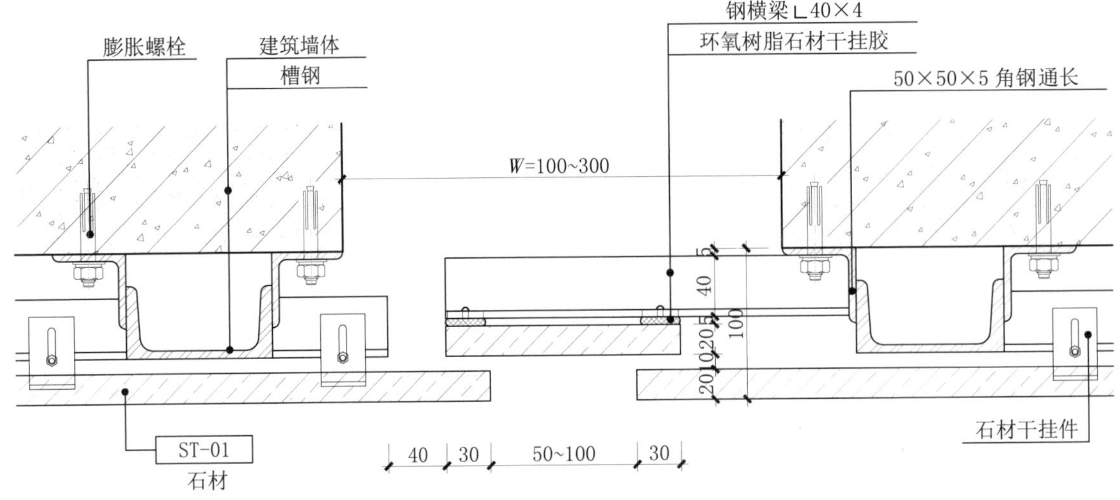
膨胀螺栓
建筑墙体
槽钢
钢横梁∟40×4
环氧树脂石材干挂胶
50×50×5 角钢通长
W=100~300
5
40
20
5
100
20
10
20
10
ST-01
石材
石材干挂件
40
30
50~100
30

S101 石材饰面墙体伸缩缝节点 / 1:5

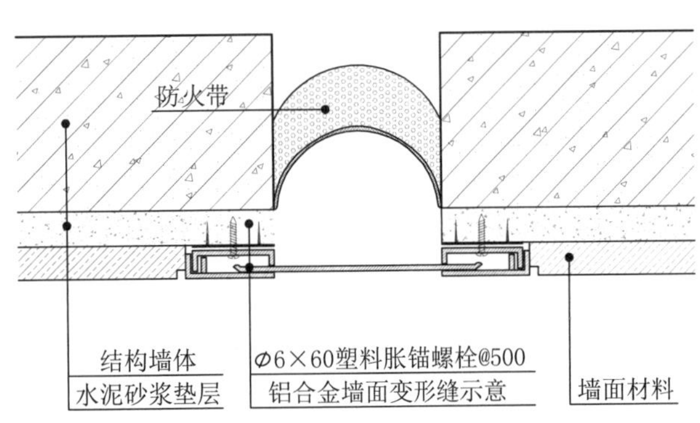
防火带
结构墙体
水泥砂浆垫层
⌀6×60塑料胀锚螺栓@500
铝合金墙面变形缝示意
墙面材料

S102 室内墙面变形缝节点一 / 1:5

铝合金盖板
铝合金框架
塑料膨胀管
不锈钢螺钉
不锈钢弹簧夹
弹性胶条
原建筑墙体
墙面完成面
210
100~150

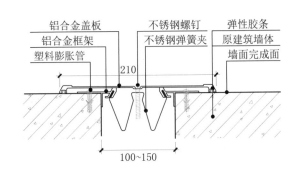

S103 室内墙面变形缝节点二 / 1:5

课堂小知识

为什么有些建筑中要有变形缝？其组成部分是什么？

一、变形缝及其种类

为了防止气温变化、不均匀沉降以及地震等因素对建筑物的使用和安全造成影响，设计时预先将建筑物在变形敏感部位断开，分成若干个相对独立的单元，且预留的缝隙能保证建筑物有足够的变形空间，这种构造缝称为变形缝。变形缝可分为伸缩缝、沉降缝、防震缝三种。

1.伸缩缝：建筑构件因温度和湿度等因素的变化会产生胀缩变形，为此，通常在建筑物的适当部位设置竖缝，自基础以上将房屋的墙体、楼板层、屋顶等构件断开，将建筑物分成几个独立的部分。

2.沉降缝：上部结构各部分之间，因层数差异较大，或使用荷重相差较大，或因地基压缩性差异较大，可能使地基发生不均匀沉降时，需要设缝将结构分为几部分，使其每一部分的沉降比较均匀，避免在结构中产生额外的应力，该缝即为沉降缝。

3.防震缝：它的设置目的是将大型建筑物分隔为较小的部分，形成相对独立的防震单元，避免因地震造成建筑物整体震动不协调而产生破坏。

有很多建筑物为了美观，对这三种接缝进行了综合考虑，即所谓的“三缝合一”。

二、变形缝的组成

变形缝装置主要是以铝合金、不锈钢板、不锈钢型材、热塑性橡胶盖板、不锈钢中轴杆、防水或防震胶条装配而成。若有特殊需要，还可以配置止水带、阻火带、排水槽。

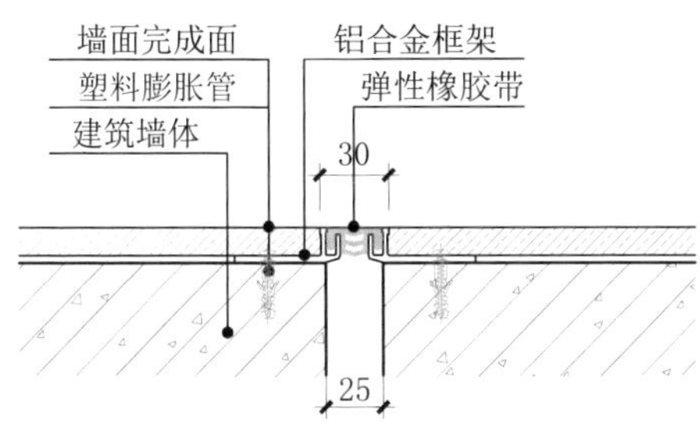
墙面完成面
塑料膨胀管
建筑墙体
铝合金框架
弹性橡胶带
30
25

S104 室内墙面变形缝节点三 / 1∶5

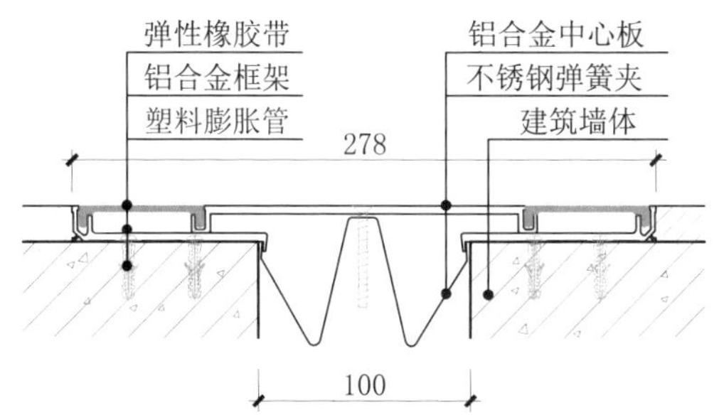
弹性橡胶带
铝合金框架
塑料膨胀管
铝合金中心板
不锈钢弹簧夹
建筑墙体
278
100

S105 室内墙面变形缝节点四 / 1∶5

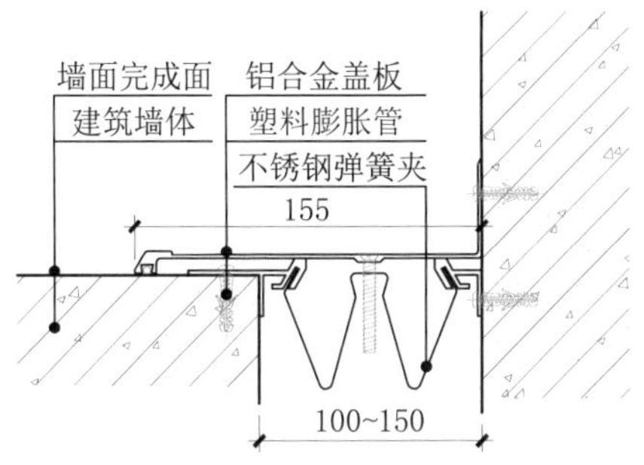
墙面完成面
建筑墙体
铝合金盖板
塑料膨胀管
不锈钢弹簧夹
155
100~150

S106 室内墙面变形缝节点五 / 1∶5

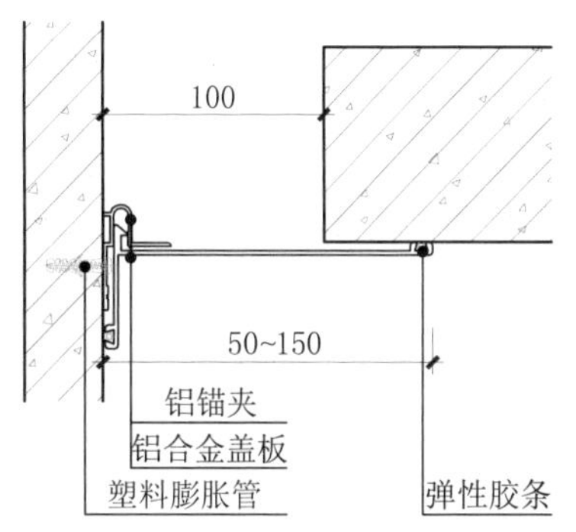
100
50~150
铝锚夹
铝合金盖板
塑料膨胀管
弹性胶条

S107 室内墙面变形缝节点六 / 1∶5

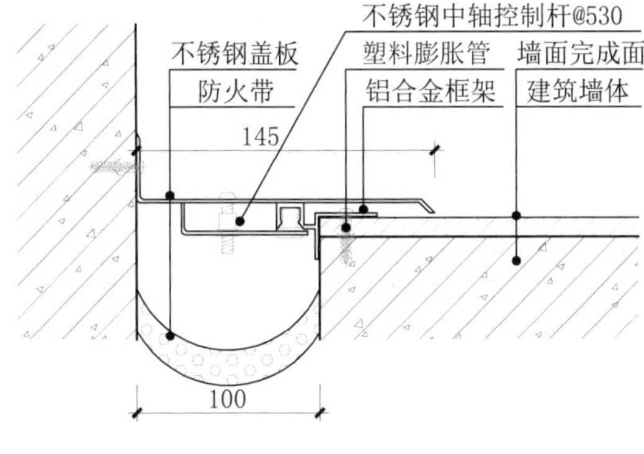
不锈钢中轴控制杆@530
不锈钢盖板
防火带
塑料膨胀管
铝合金框架
墙面完成面
建筑墙体
145
100

S108 室内墙面变形缝节点七 / 1∶5

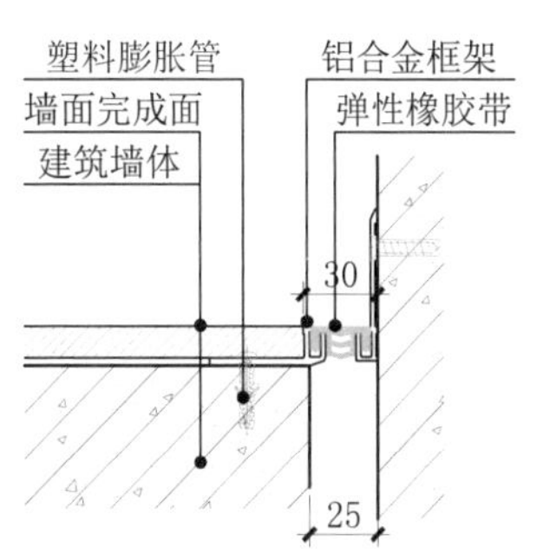
塑料膨胀管
墙面完成面
建筑墙体
铝合金框架
弹性橡胶带
30
25

S109 室内墙面变形缝节点八 / 1∶5

2 吊顶变形缝

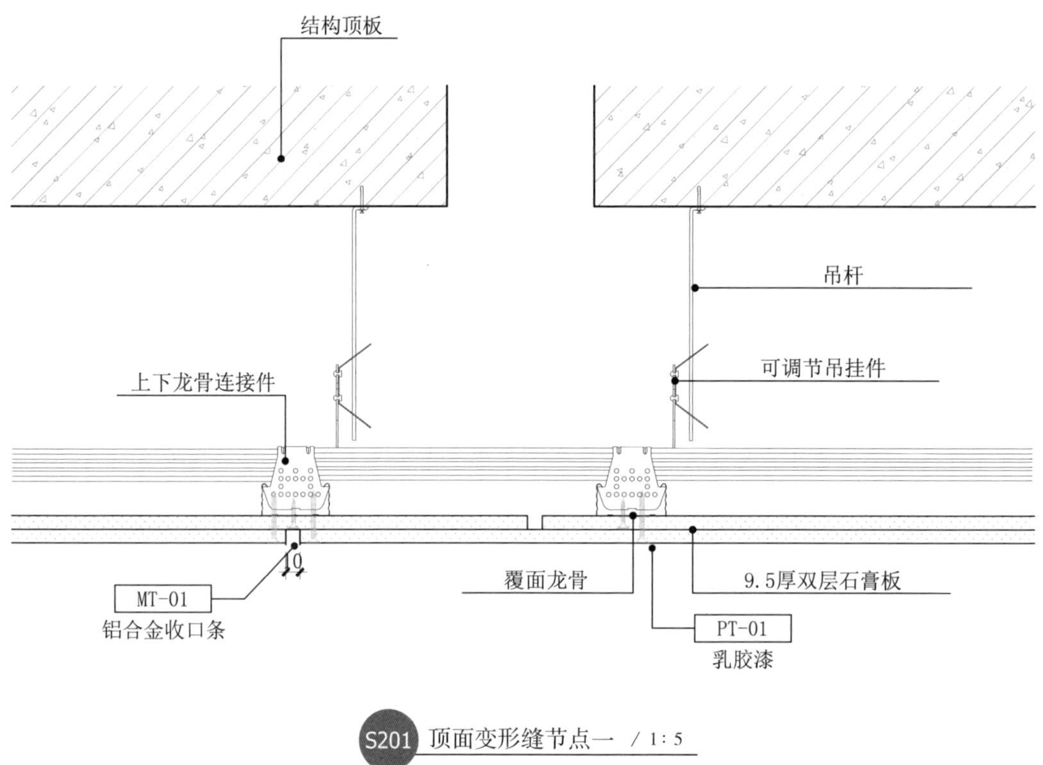
结构顶板
吊杆
可调节吊挂件
上下龙骨连接件
10
MT-01
铝合金收口条
覆面龙骨
9.5厚双层石膏板
PT-01
乳胶漆

S201 顶面变形缝节点一 / 1:5

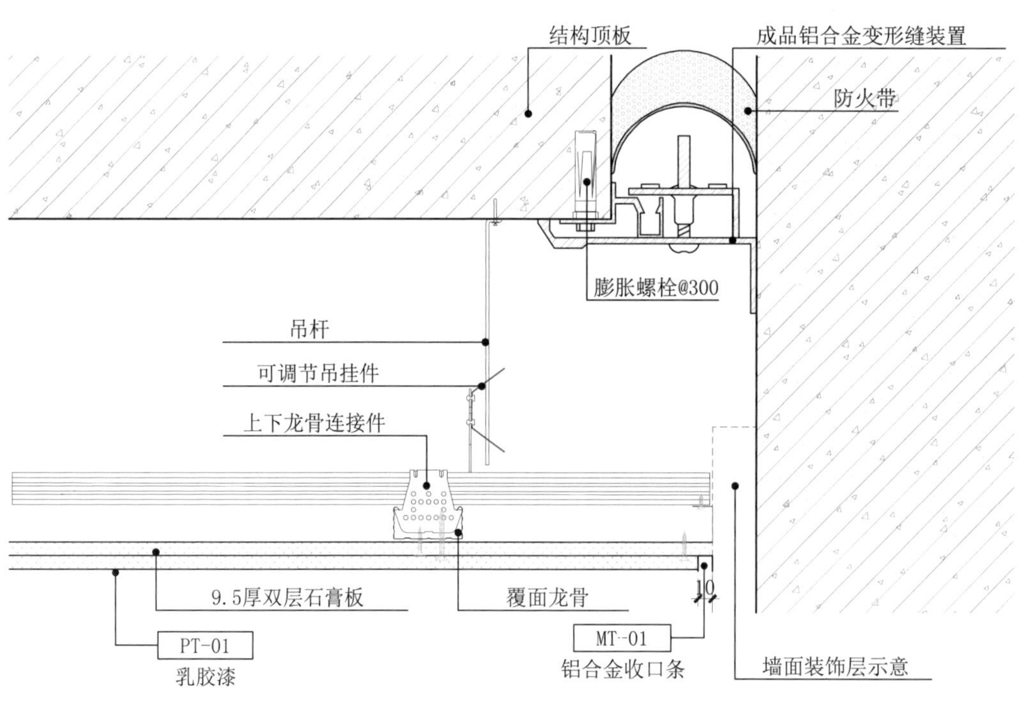
结构顶板
成品铝合金变形缝装置
防火带
膨胀螺栓@300
吊杆
可调节吊挂件
上下龙骨连接件
9.5厚双层石膏板
覆面龙骨
10
PT-01
乳胶漆
MT-01
铝合金收口条
墙面装饰层示意

S202 顶面变形缝节点二 / 1:5

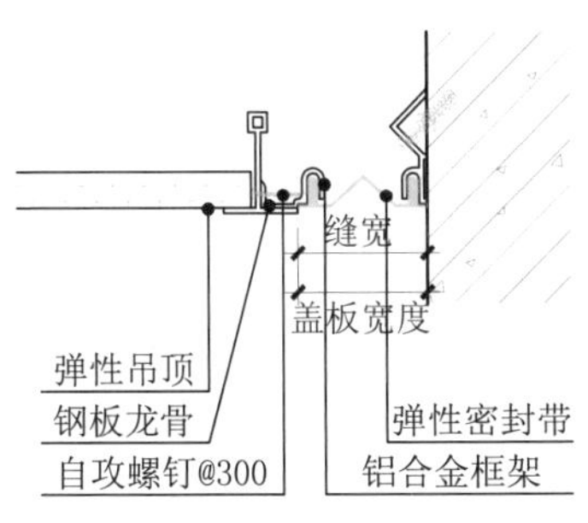
缝宽
盖板宽度
弹性吊顶
钢板龙骨
自攻螺钉@300
弹性密封带
铝合金框架

S203 顶面变形缝节点三 / 1:5

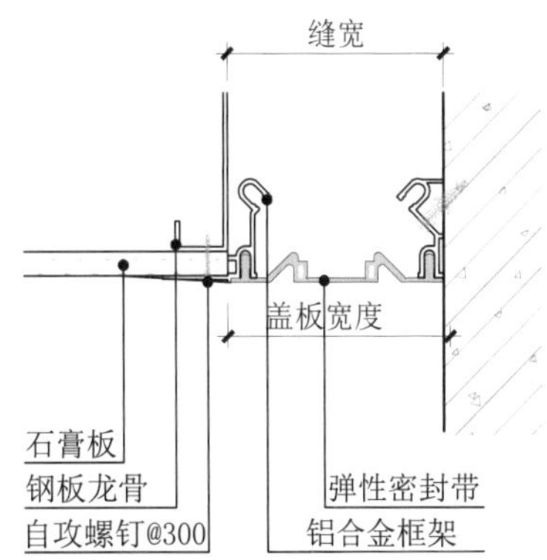
缝宽
盖板宽度
石膏板
钢板龙骨
自攻螺钉@300
弹性密封带
铝合金框架

S204 顶面变形缝节点四 / 1:5

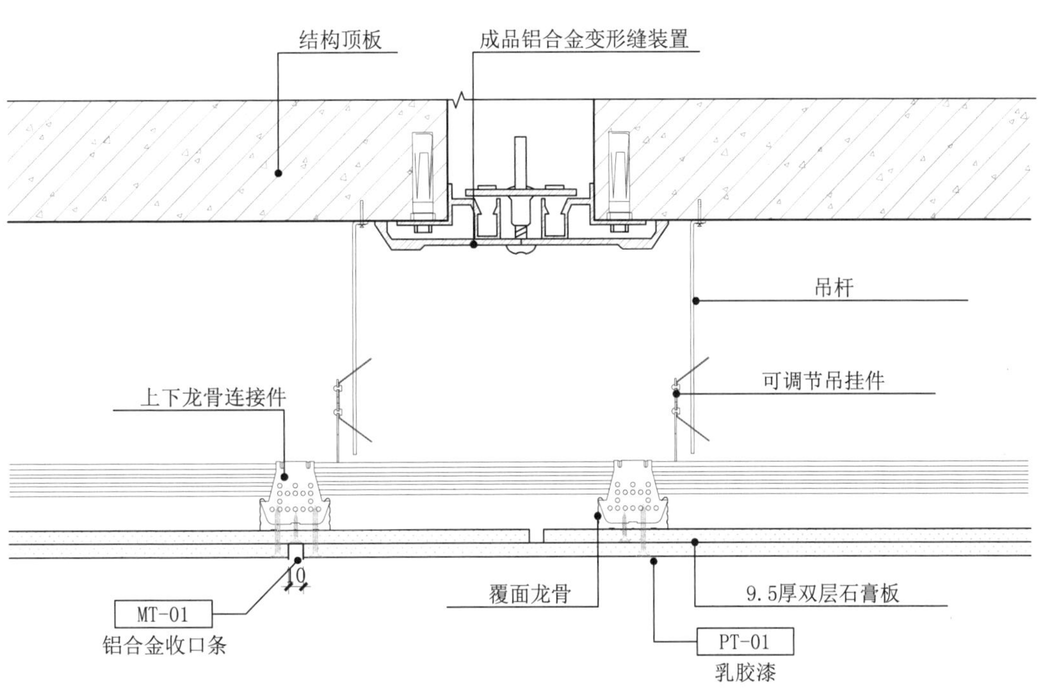
结构顶板
成品铝合金变形缝装置
吊杆
可调节吊挂件
上下龙骨连接件
10
MT-01
铝合金收口条
覆面龙骨
9.5厚双层石膏板
PT-01
乳胶漆

S205 顶面变形缝节点五 / 1:5

课堂小知识

变形缝类别一

按照变形缝设置的部位分为四类：

1.楼地面变形缝；

2.内墙、顶棚及吊顶变形缝；

3.外墙变形缝；

4.屋面变形缝。

3 地坪变形缝

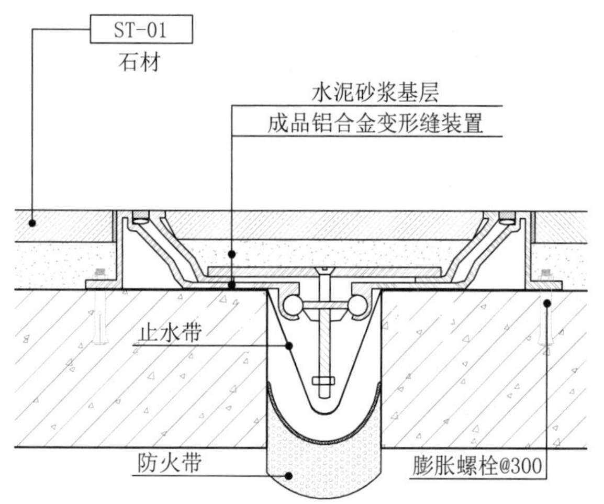
ST-01
石材
水泥砂浆基层
成品铝合金变形缝装置
止水带
防火带
膨胀螺栓@300

S301 地坪变形缝节点一 / 1:5

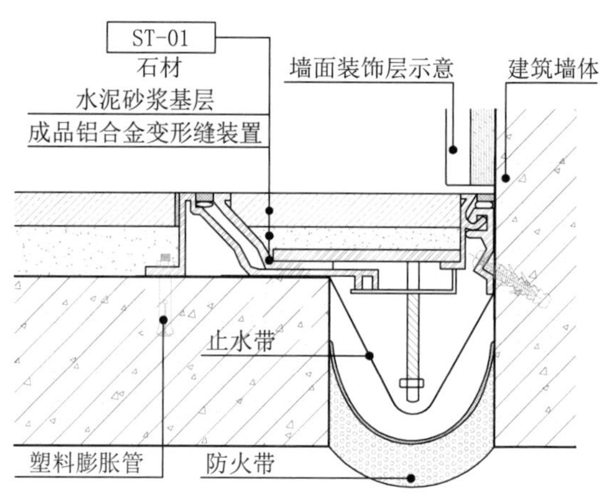
ST-01
石材
水泥砂浆基层
成品铝合金变形缝装置
墙面装饰层示意
建筑墙体
止水带
塑料膨胀管
防火带

S302 地坪变形缝节点二 / 1:5

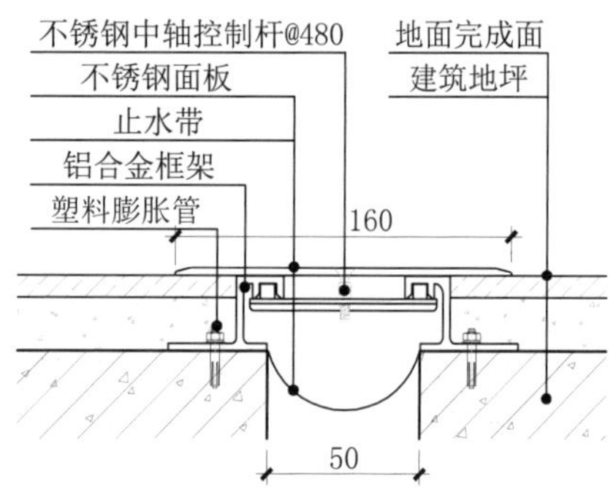
不锈钢中轴控制杆@480
不锈钢面板
止水带
铝合金框架
塑料膨胀管
地面完成面
建筑地坪
160
50

S303 地坪变形缝节点三 / 1:5

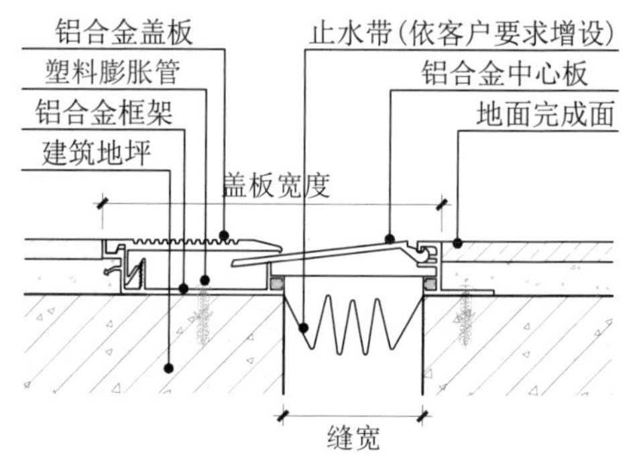
铝合金盖板
塑料膨胀管
铝合金框架
建筑地坪
止水带(依客户要求增设)
铝合金中心板
地面完成面
盖板宽度
缝宽

S304 地坪变形缝节点四 / 1:5

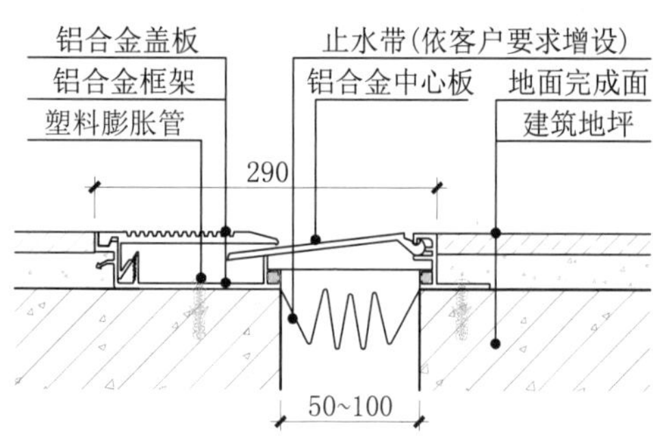
铝合金盖板
铝合金框架
塑料膨胀管
止水带(依客户要求增设)
铝合金中心板
地面完成面
建筑地坪
290
50~100

S305 地坪变形缝节点五 / 1:5

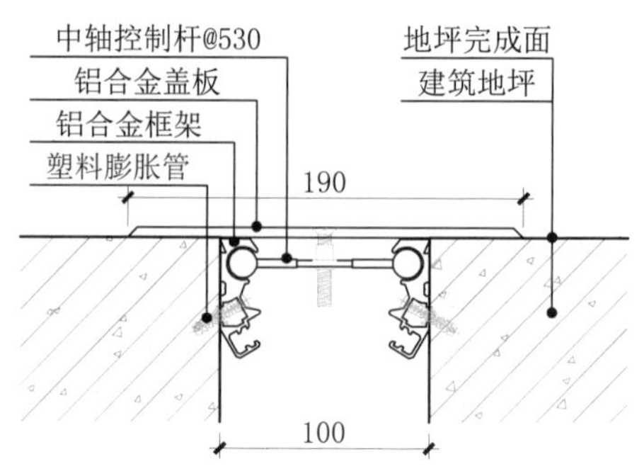
中轴控制杆@530
铝合金盖板
铝合金框架
塑料膨胀管
地坪完成面
建筑地坪
190
100

S306 地坪变形缝节点六 / 1:5

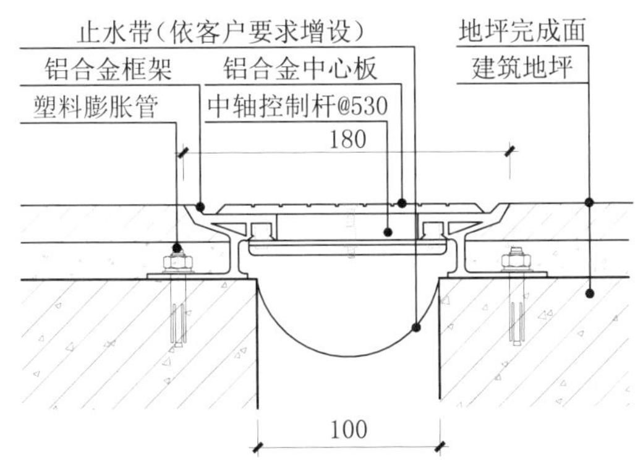
止水带(依客户要求增设)
地坪完成面
铝合金框架
铝合金中心板
建筑地坪
塑料膨胀管
中轴控制杆@530
180
100

S307 地坪变形缝节点七 / 1:5

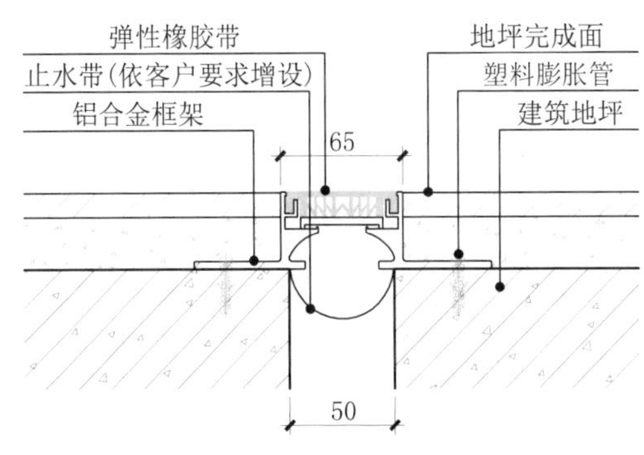
弹性橡胶带
地坪完成面
止水带(依客户要求增设)
塑料膨胀管
铝合金框架
建筑地坪
65
50

S308 地坪变形缝节点八 / 1:5

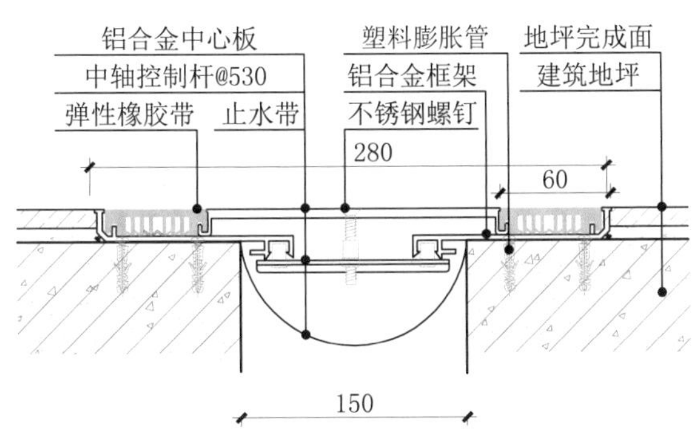
铝合金中心板
塑料膨胀管
地坪完成面
中轴控制杆@530
铝合金框架
建筑地坪
弹性橡胶带
止水带
不锈钢螺钉
280
60
150

S309 地坪变形缝节点九 / 1:5

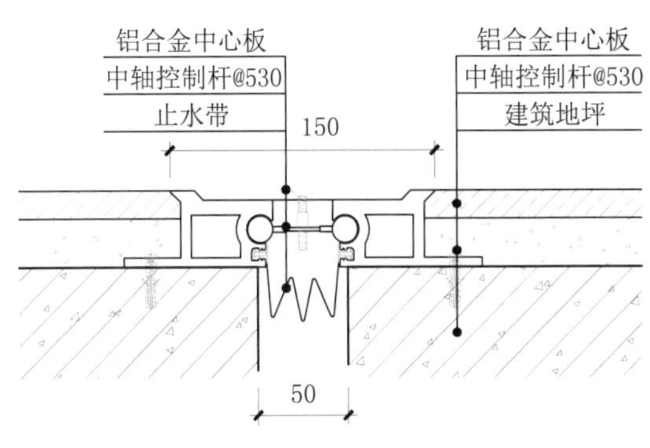
铝合金中心板
铝合金中心板
中轴控制杆@530
中轴控制杆@530
止水带
建筑地坪
150
50

S310 地坪变形缝节点十 / 1:5

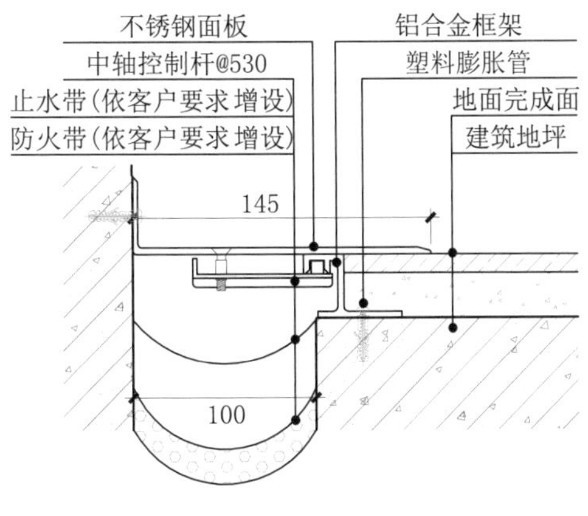
不锈钢面板
铝合金框架
中轴控制杆@530
塑料膨胀管
止水带(依客户要求增设)
地面完成面
防火带(依客户要求增设)
建筑地坪
145
100

S311 地坪变形缝节点十一 / 1:5

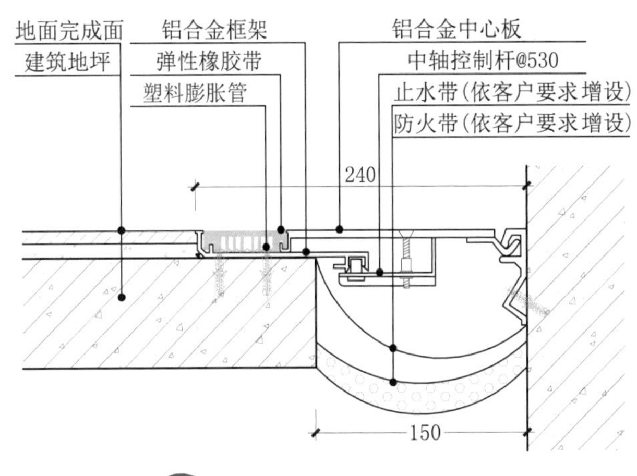
地面完成面
铝合金框架
铝合金中心板
建筑地坪
弹性橡胶带
中轴控制杆@530
塑料膨胀管
止水带(依客户要求增设)
防火带(依客户要求增设)
240
150

S312 地坪变形缝节点十二 / 1:5

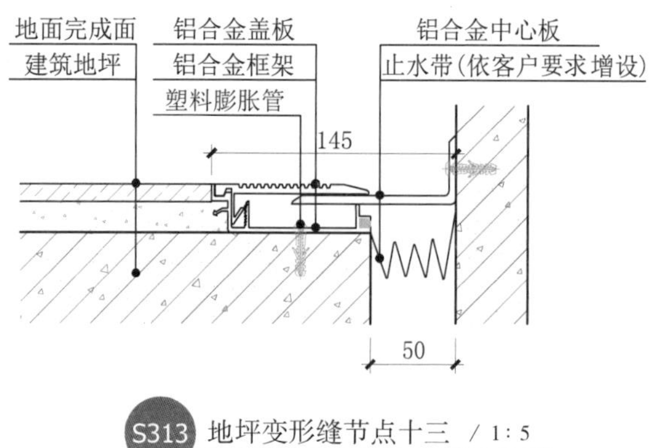
地面完成面
建筑地坪
铝合金盖板
铝合金框架
塑料膨胀管
铝合金中心板
止水带(依客户要求增设)
145
50

S313 地坪变形缝节点十三 / 1:5

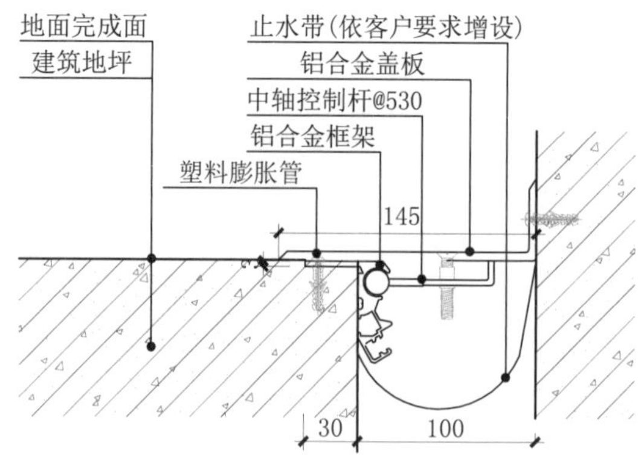
地面完成面
建筑地坪
止水带(依客户要求增设)
铝合金盖板
中轴控制杆@530
铝合金框架
塑料膨胀管
145
30
100

S314 地坪变形缝节点十四 / 1:5

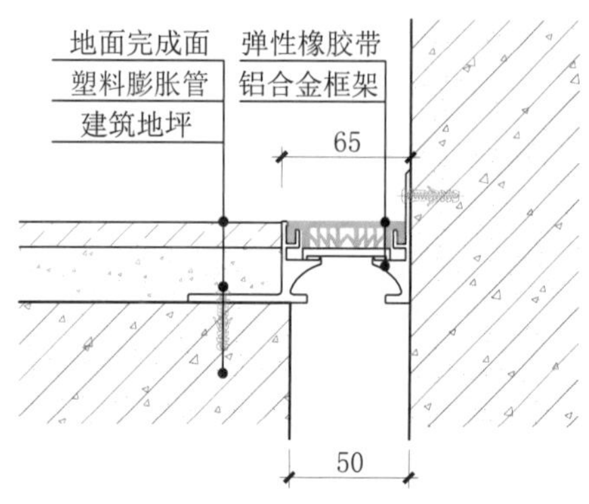
地面完成面
塑料膨胀管
建筑地坪
弹性橡胶带
铝合金框架
65
50

S315 地坪变形缝节点十五 / 1:5

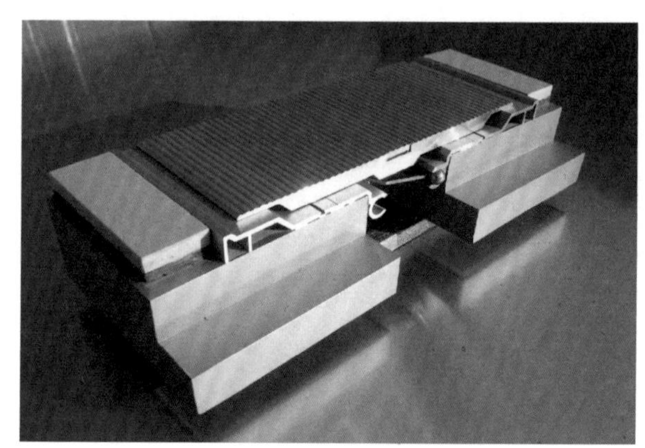

地坪变形缝

课堂小知识

变形缝类别二

按使用特点分为五类：

1.普通型：除下列各种特殊类型外均归为普通型。

2.防滑型：金属中心表面带有防滑槽，适用缝宽为50~200 mm，可用于有防滑要求的楼地面。

3.承重型：适用缝宽为30~350 mm。选用时应注明所承受的荷载，厂家可据此制作。

4.抗震型：变形量大，接缝平整，隐蔽性好。适用缝宽为50~500 mm，可用于有抗震设防要求的地区及有较高变形要求的部位。

5.封缝型：有双重密封，抗风防水，变形量大。适用缝宽为50~300 mm，可用于外墙及有抗震设防要求的外墙部位。

4　室外墙面变形缝

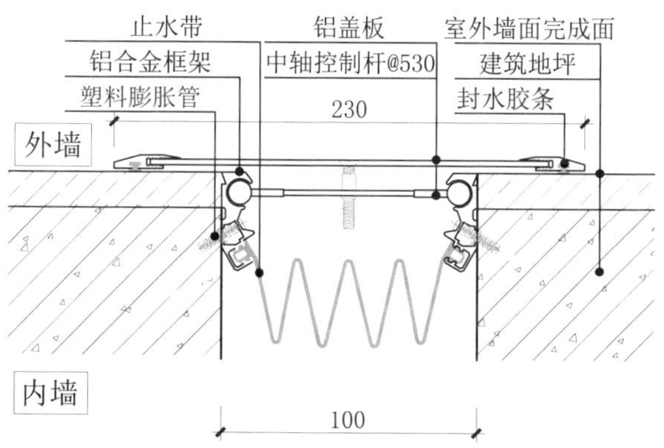
止水带
铝盖板
室外墙面完成面
铝合金框架
中轴控制杆@530
建筑地坪
塑料膨胀管
封水胶条
230
外墙
内墙
100

S401 室外墙面变形缝节点一 / 1∶2.5

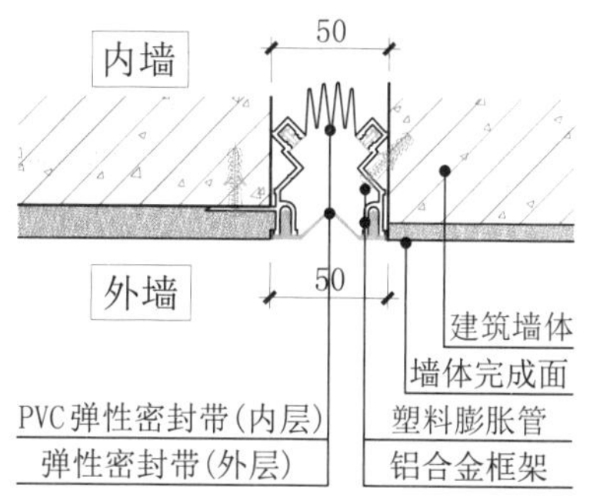
内墙
50
外墙
50
建筑墙体
墙体完成面
PVC弹性密封带(内层)
塑料膨胀管
弹性密封带(外层)
铝合金框架

S402 室外墙面变形缝节点二 / 1∶5

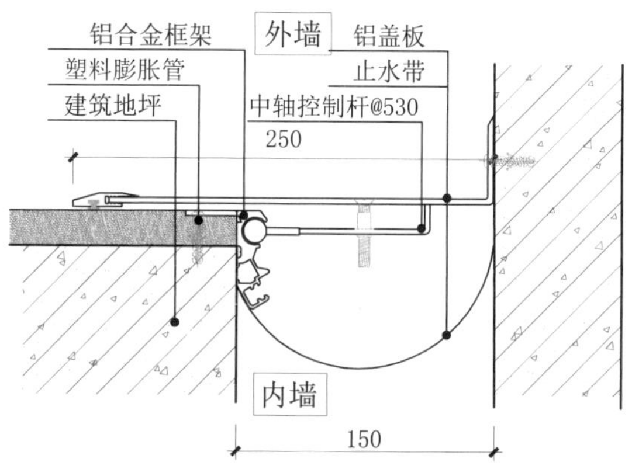
铝合金框架
外墙
铝盖板
塑料膨胀管
止水带
建筑地坪
中轴控制杆@530
250
内墙
150

S403 室外墙面变形缝节点三 / 1∶5

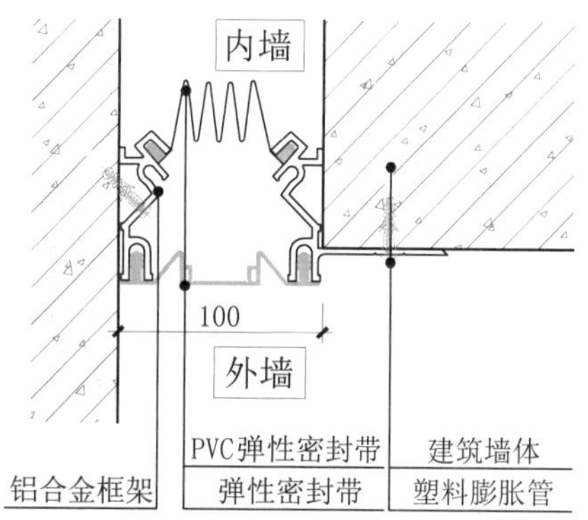
内墙
100
外墙
PVC弹性密封带
建筑墙体
铝合金框架
弹性密封带
塑料膨胀管

S404 室外墙面变形缝节点四 / 1∶5

课堂小知识

变形缝类别三

按特征分为五类：

1.金属盖板型（简称“盖板型”）：由基座、不锈钢或铝合金盖板和连接基座与盖板的滑杆组成。基座固定在建筑变形缝两侧，滑杆呈45°安装，在地震力作用下滑动变形，使盖板保持在变形缝的中心位置。

2.金属卡锁型（简称“卡锁型”）：盖板被两侧的基座卡住，在地震力作用下，在卡槽内位移变形并复位。

3.橡胶嵌平型（简称“嵌平型”）：窄的变形缝用单根橡胶条镶嵌在两侧的基座上，称为“单列”。宽的变形缝用“橡胶条+金属盖板+橡胶条”的组合体镶嵌在两侧的基座上，称为“双列”。用于外墙时，橡胶条的形状可采用折线形。

4.防震型：防震型变形缝装置的特点是连接基座和盖板的金属滑杆带有弹簧复位功能，楼面金属盖板两侧呈45°盘形，基座也呈同角度形状。在地震力作用下，盖板被挤出上移，但在弹簧作用下可恢复原位。内外墙及顶棚可采用橡胶条盖板，同样设有弹簧复位功能。

5.承重型：是有一定荷载要求的盖板型楼面变形缝装置，其基座和盖板断面均加厚。

5 屋面变形缝

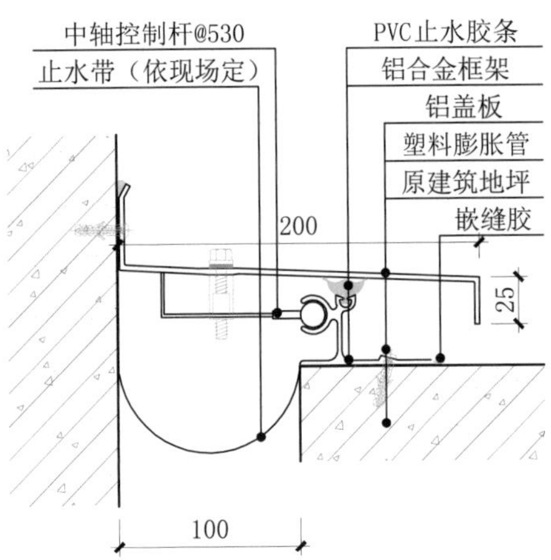
中轴控制杆@530
止水带（依现场定）
PVC止水胶条
铝合金框架
铝盖板
塑料膨胀管
原建筑地坪
嵌缝胶
200
25
100

S501 屋面变形缝节点一 / 1∶5

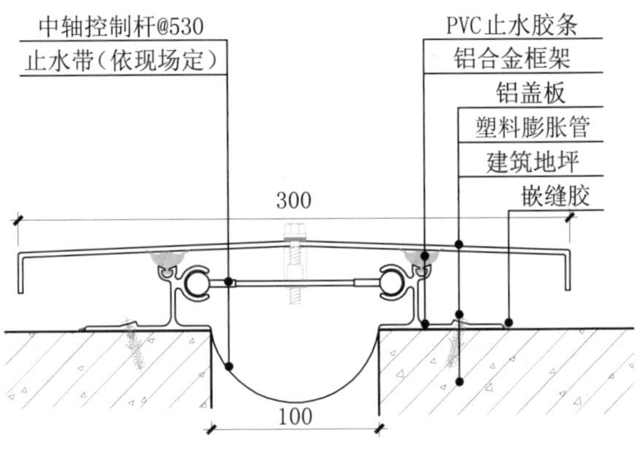
中轴控制杆@530
止水带（依现场定）
PVC止水胶条
铝合金框架
铝盖板
塑料膨胀管
建筑地坪
嵌缝胶
300
100

S502 屋面变形缝节点二 / 1∶5

课堂小知识

变形缝装置的选用要点

1.设计建筑工程时，应选用同一系列产品，才能达到各部位装置的衔接构造相容、统一。

2.盖板型用途最广泛，适用于各部位，应用于楼面活荷载小于或等于3.0 kN/m²的各类公共建筑。

3.承重型楼面变形缝是加厚了的盖板型变形缝，用于大型商场、航站楼及工业建筑中，在楼面活荷载小于4.0 kN/m²的条件下有1 t叉车通过的使用需求时选用。工业建筑及特殊公共建筑楼面荷载较大，大于1 t的叉车、电瓶车或货车通过变形缝时，应根据工程需要在选用时注明。

4.卡锁型的盖板两侧封闭于槽内，比盖板型美观，尤其适用于内外墙及顶棚，及有一定装修要求的建筑，比较安全。

5.嵌平型盖板的橡胶条可选用多种颜色，用于楼面缝时防滑且美观。尤其采用橡胶与盖板组成“双列”时，盖板槽内可做成与所在楼面相同的面层。例如，石材尤其适用于高大空间的高级装修，处理这类高层建筑的外墙缝时，橡胶嵌平型是保障安全、防坠落的一种选择。

6.对屋面变形缝，本节采用的均是盖板型。

7.停车屋面变形缝装置是专门为停放小型汽车而设计的，屋面活荷载为4.0 kN/m²。另有荷载要求时，应在选用时注明。

8.楼面缝均应设止水带，与内墙面缝相交接时，止水带应上卷100 mm高。屋面缝与外墙缝应设有止水带及防水加强构造，两种缝相交接时，止水措施应上层材料搭下层材料，外层材料搭内侧材料，150 mm重叠铺设。

T

门节点

1 单开门

2 子母门

3 超高门

4 极简门

5 玻璃门

6 内嵌式移门

7 外挂式移门

8 电动移门

9 逃生门

10 进户门

11 消火栓隐形门（烤漆玻璃面）

12 消火栓隐形门（铝板饰面）

13 消火栓隐形门［软（硬）包饰面］

14 消火栓隐形门（木饰面）

15 消火栓隐形门（石材饰面一）

16 消火栓隐形门（石材饰面二）

17 坐便间开门（柱式隔断）

18 坐便间开门（横梁式隔断）

19 坐便间开门（地脚式隔断）

20 坐便间开门（悬挂式隔断）

21 隐形门

22 淋浴间门

23 电梯门

24 设备间隐形门

25 防火卷帘门

26 店面卷帘门

27 旋转门

28 变轨移门

29 活动折叠门

30 巴士门

1 单开门

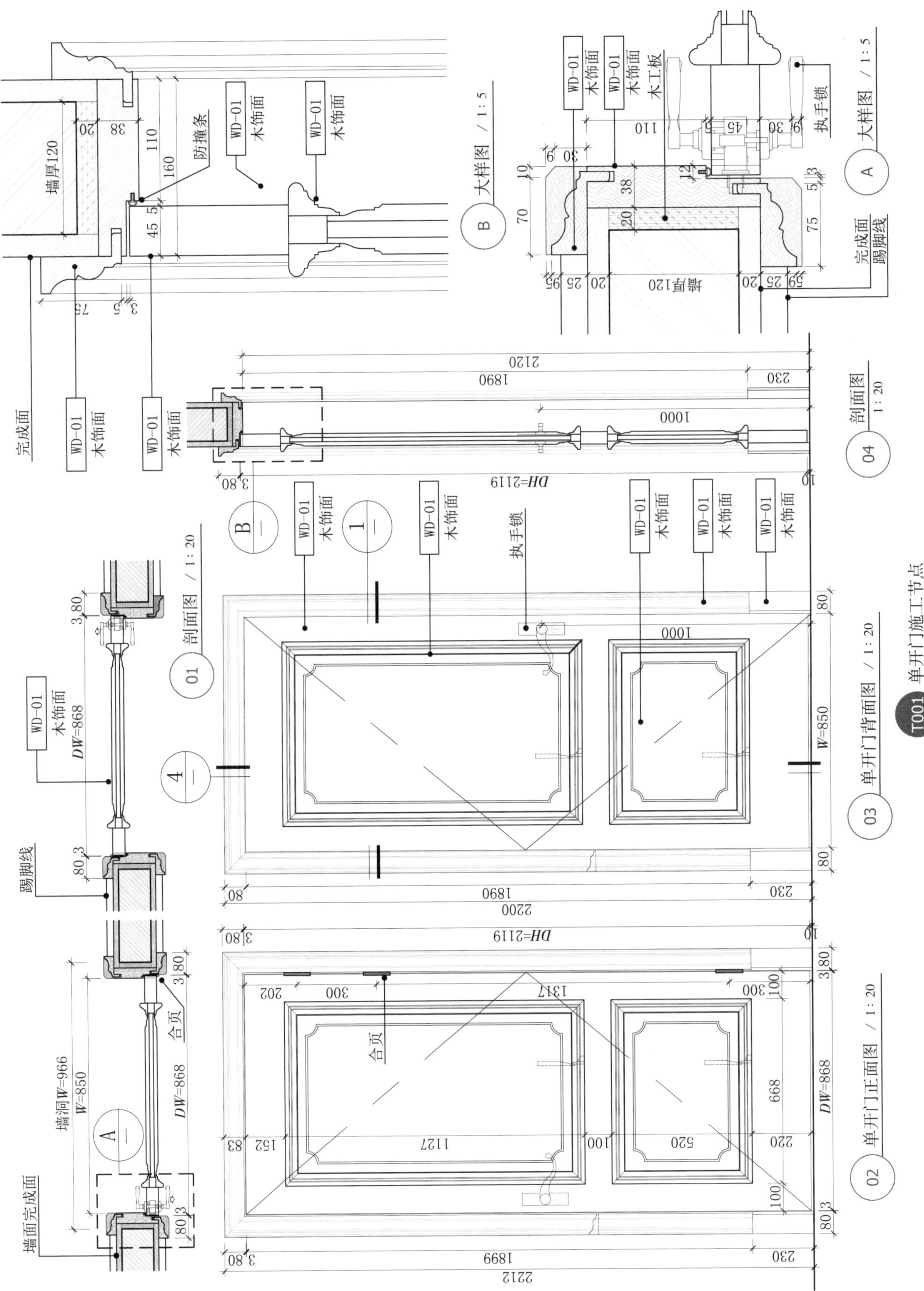

T001 单开门施工节点
01 剖面图 / 1:20
02 单开门正面图 / 1:20
03 单开门背面图 / 1:20
04 剖面图 1:20
A 大样图 / 1:5
B 大样图 / 1:5
WD-01 木饰面
木工板
执手锁
合页
踢脚线
完成面
墙面完成面
防撞条
墙厚120
墙洞W=966
W=850
DW=868
DH=2119

课堂 小知识

单开门

单开门也叫平板门，简要介绍如下：

一、平板门的概念

无论是烤漆门还是实木门，只要门面是平的就是平板门。平板门仅仅是对款式的一种概括，欧式门与平板门的差别仅在于工艺而已。欧式门会比较复杂，有些刻纹或者线条，而平板门则简单得多。

二、平板门的优点

平板门具有悠久的历史，它的平实、简洁给人带来踏实之感。它的用材有柚木、枫木、水曲柳、柞木等，特点是易清洁、平滑、大方。虽然其制作工艺比较简单，但是由于采用了天然名贵的木材，表面的自然纹理非常清新，给人耳目一新的感觉，具有“简约而不简单”的优点。正因为如此，市场中的平板门通常用于装修简单、朴素的家居之中，使得整个家居显得简约而不简单。

三、平板门与欧式门的区别

平板门在市场上一般是指门板平整、无凹凸工艺的门，也就是业内人士通常说的纸皮复合实木门，里面选用的材质都是杉木，门芯是填充半实心的。纸皮复合实木门的表面贴皮是人工后期合成的树皮，槽深比较浅，纸皮是仿木纹的。而欧式门是直接运用木材进行拼接，再加上一些雕刻样式。欧式门涉及的加工流程比较复杂，就木工工艺而言，包括锯割、凿削、钻削等加工方法，还有一些画线、测量、制作等方面的操作方法。目前市场上流行一种欧式造型的商品门，是为了突出门的艺术价值而命名的。由于是用实木做成的，在性能上也具有实木门的特性。

平板门

2 子母门

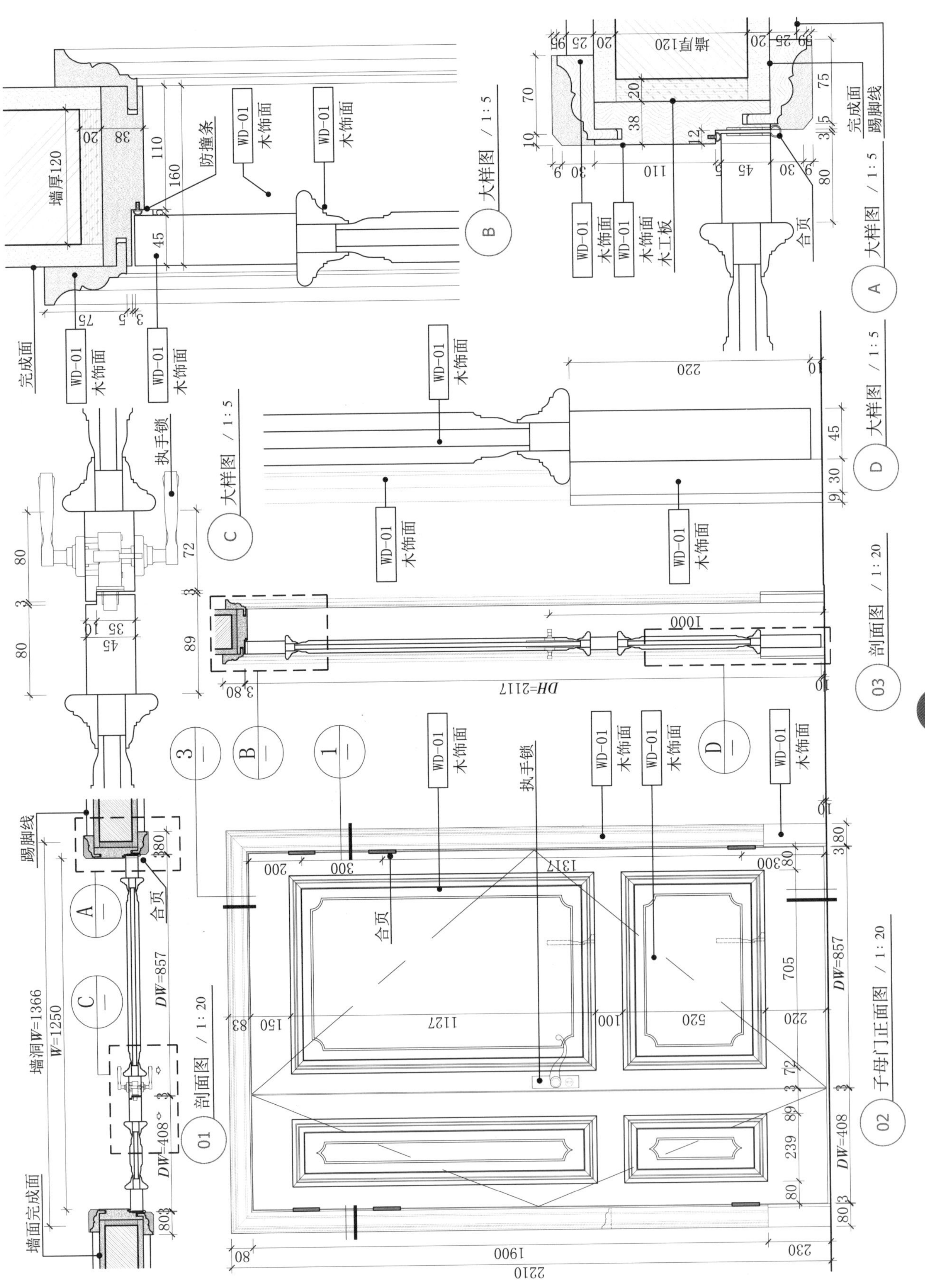

子母门施工节点
T002
01 剖面图 / 1:20
02 子母门正面图 / 1:20
03 剖面图 / 1:20
A 大样图 / 1:5
B 大样图 / 1:5
C 大样图 / 1:5
D 大样图 / 1:5
WD-01 木饰面
木工板
墙厚120
完成面
踢脚线
防撞条
执手锁
合页
墙面完成面
墙洞W=1366
W=1250
DW=857
DW=408
DH=2117
2210
1900

课堂小知识

子母门

一、子母门的概念

子母门是一种特殊的双面对开门，由一个宽度较小的门扇（子门）与一个宽度较大的门扇（母门）构成。当门宽度大于普通的单扇门宽度（800~1000 mm）而又小于双扇门的总宽度（2000~4000 mm）时，可以采用子母门。

平时人们正常进出时，可开双扇门中的母门通行。当需要通过家具等大件物品时，可以将双扇门全部打开。

二、子母门的特点

1.便捷。子母门非常便捷，只需要打开一扇门就可以方便通行;要是有较大的物体进入，可以打开两扇门，非常灵活方便。

2.美观。子母门有很好的美观性，安装后的整体效果更加有档次，特别对于大客厅，让整个装修看起来更加气派。

三、子母门的尺寸

子母门的宽度一般在1200 mm左右，而门扇的精确尺寸大小由门框的断面尺寸所决定。一般子母门高度在2100~2400 mm，宽度在1350 mm以下，超过这个尺寸会影响子母门的外观效果。而且不同厂家生产出来的规格不同，门扇外观也稍有不同。

四、子母门如何安装

1.安装子母门的时候要先安装子门，在子门上下插销孔，然后安装母门。

2.在安装子门的时候，要预留母门的宽度缝隙，若门框上横是一样的，两个门在挂合页时就能够挂在同一高度；若不是一样的，则要做相应的调整，使两个门的高度相同。

3.入户子母门的合页要安装好。安装合页时，不用一次性把全部螺钉上齐，一个合页上先挂一两个螺钉即可，方便调整入户子母门的内外、左右等的高度尺寸。

子母门

3 超高门

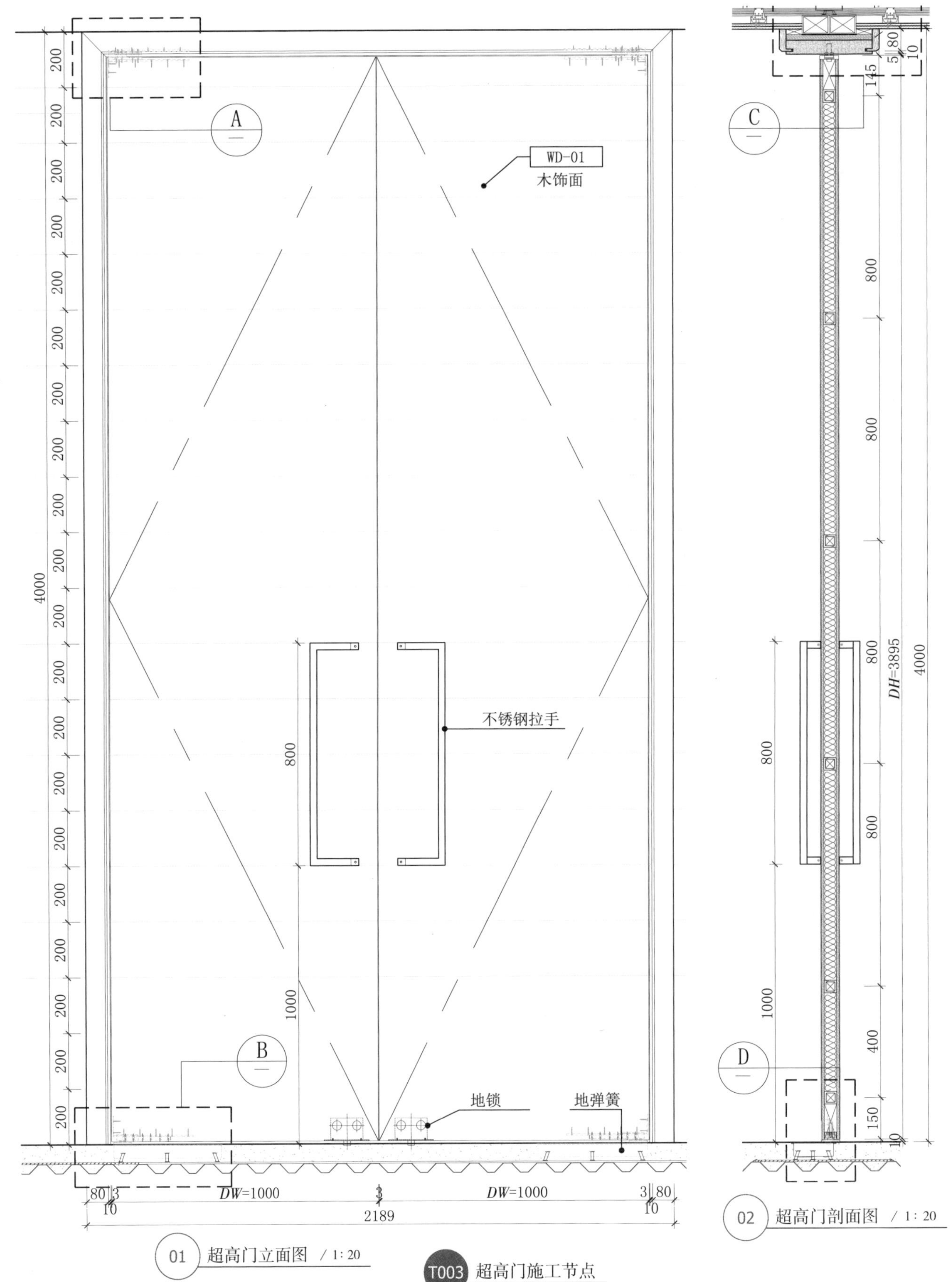
WD-01
木饰面
不锈钢拉手
地锁
地弹簧
A
B
C
D
DW=1000
DW=1000
2189
4000
DH=3895
800
1000
01 超高门立面图 / 1:20
02 超高门剖面图 / 1:20

T003 超高门施工节点

注：目前国内别墅、会所、售楼处、公共场所等空间比较大的场所，为了追求高端大气，都会使用到超过2400 mm的超高门，而门高度的增加使得门很容易出现弯曲变形，这种弯曲变形不仅影响美观，无法得到客户的认可，还会造成门扇无法安装的问题。

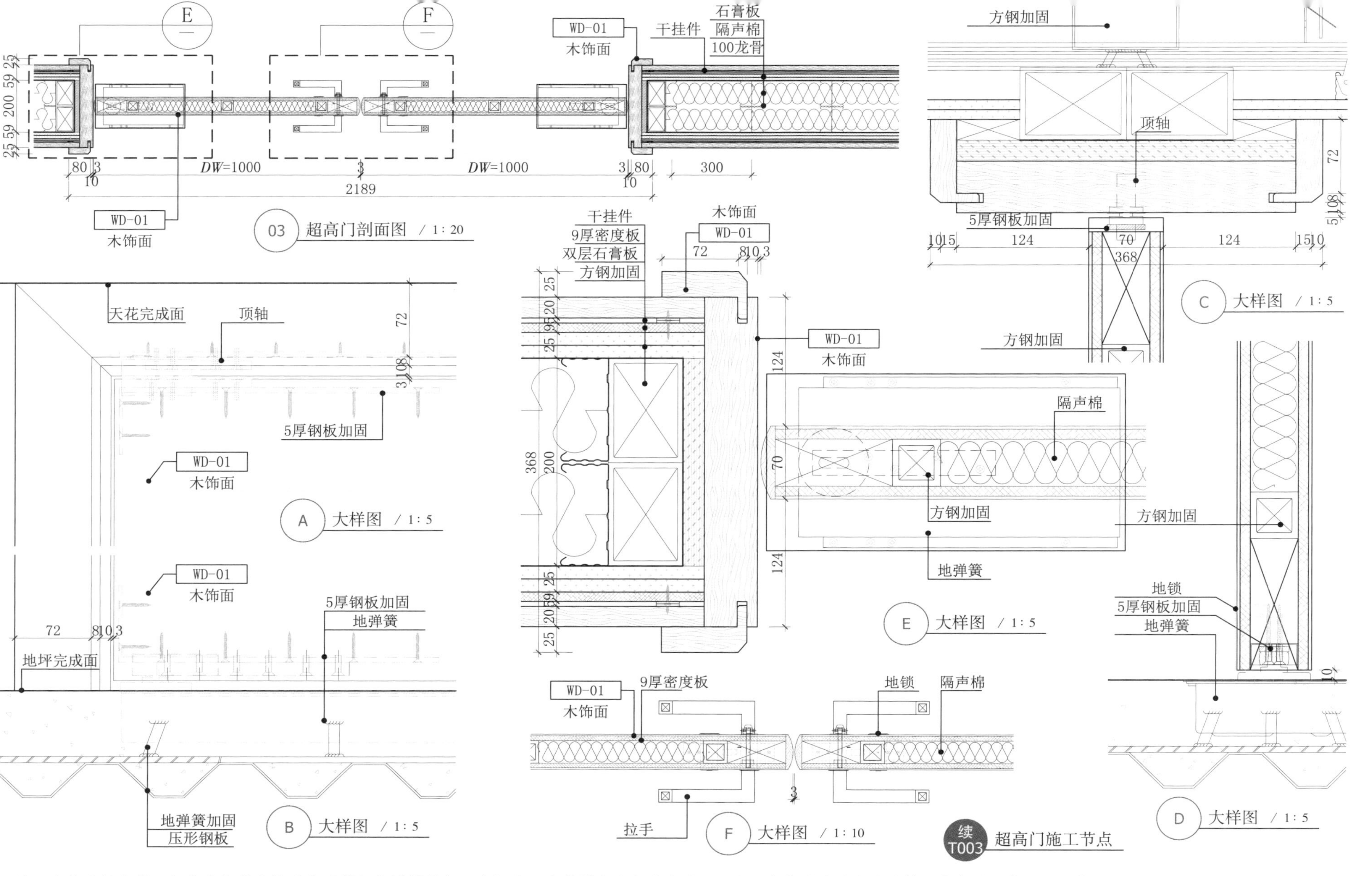

WD-01
木饰面
干挂件
石膏板
隔声棉
100龙骨
DW=1000
2189
03 超高门剖面图 / 1:20
天花完成面
顶轴
5厚钢板加固
地坪完成面
A 大样图 / 1:5
地弹簧
地弹簧加固
压形钢板
B 大样图 / 1:5
9厚密度板
双层石膏板
方钢加固
E 大样图 / 1:5
地锁
拉手
F 大样图 / 1:10
C 大样图 / 1:5
D 大样图 / 1:5

续 T003 超高门施工节点

注：为防止门变形，门扇内部需要使用方通等钢构焊制骨架。在酒店、会所等有防火要求的项目上，内部需要填充玻璃棉。考虑到超高木制门扇的质量远超一般门扇，在选择铰链或者地弹簧时，需要注意其所选五金的性能参数，一般需要重铰或者是特定地弹簧，否则会影响五金的使用寿命。另外在五金与门扇接触的部位，同样也需要增加钢板加固，本图在顶端和底端分别加固5 mm厚钢板，否则会影响门扇的使用寿命。在选择门扇供应商时，也需要了解其是否具备制作超高门扇的资质。

4 极简门

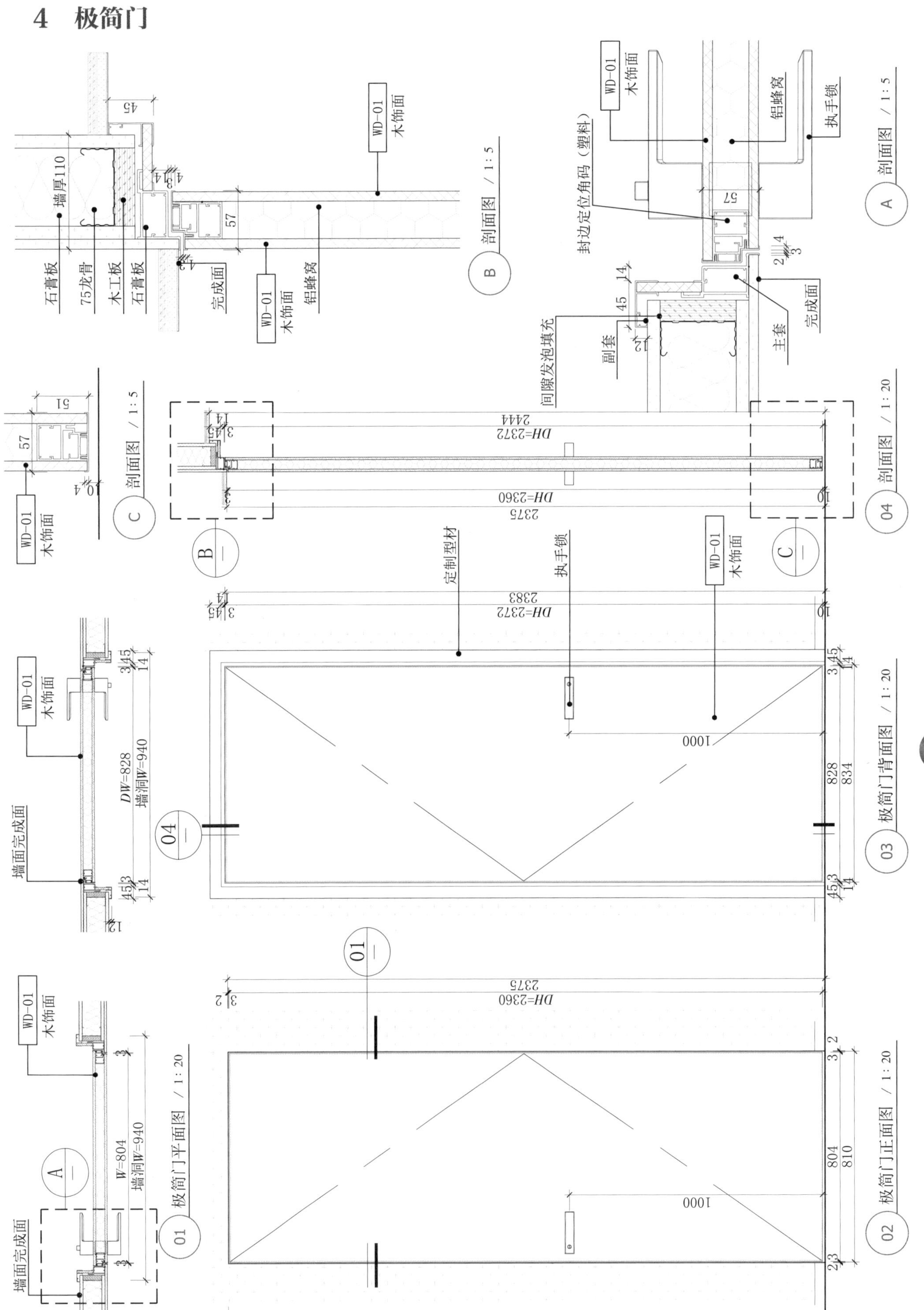
01 极简门平面图 / 1:20
02 极简门正面图 / 1:20
03 极简门背面图 / 1:20
04 剖面图 / 1:20
A 剖面图 / 1:5
B 剖面图 / 1:5
C 剖面图 / 1:5
WD-01 木饰面
墙面完成面
执手锁
定制型材
铝蜂窝
石膏板
75龙骨
木工板
完成面
墙厚110
封边定位角码（塑料）
间隙发泡填充
副套
主套
2375包框高度
T004 极简门施工节点

课堂
小知识

极简门

极简风是近年来较为流行的一种家居风格。极简风强调以简为美，去掉繁冗，只留其最精髓的部分，其简洁的线条、淡雅的色彩给人一种明快、轻松的感觉。随着极简风的流行，极简门也慢慢走进大众的视野，受到越来越多年轻业主的喜爱。

一、极简门的特点

极简门具有哪些特点才使得其得以流行呢？以使用最多的极简风铝合金窄边门为例，可以看出其具备如下优势：

1.质量轻、强度高：由于门框的断面是空腹薄壁组合断面，从而减轻了铝合金型材的质量。在断面尺寸较大且质量较轻的情况下，其截面却有较高的抗弯刚度。

2.密闭性能好：密闭性能是门窗的重要性能指标，铝合金窄边门与其他类产品一样，有着较好的气密性、水密性和隔声性。如果在构造上加设了尼龙毛条，还能增强其密闭性能。

3.使用中变形小：一是因为型材本身的刚度好，二是由于其制作过程中采用冷连接。横竖杆件之间、五金配件的安装，均采用螺钉、螺栓或铝钉，通过角铝或其他类型的连接件，使框、扇杆件连成一个整体。这种冷连接不同于钢门窗的电焊连接，可以避免在焊接过程中因受热不均而产生的变形现象，从而确保制作精度。

4.立面美观：铝合金窄边门玻璃面积大，使建筑物立面效果整洁明亮，造型美观，并增加了虚实对比，富有层次感。

5.耐腐蚀，使用维修方便：铝合金窄边门强度高，刚性好，坚固耐用，便于维修。

6.施工速度快：铝合金窄边门现场安装的工作量较小，施工速度快。

7.便于工业化生产：极简风铝合金窄边门框料型材加工、配套零件及密封件的制作与门窗装配试验等，均可在工厂内进行大批量工业化生产，有利于实现门窗设计标准化、产品系列化和零配件通用化，以及产品商品化。

二、极简门适用空间

极简门适用于卧室、书房、储藏室等各种功能空间，不仅外观上看起来很简约舒适，还能起到装饰空间和墙面的作用。极简门虽没有多余的花纹雕饰，但其可与护墙板、乳胶漆墙面、壁纸壁布墙面等做成同材质、同颜色，使门的外观与墙面形成完美的统一，门和墙面浑然一体。

当然，好的极简门不仅颜值加分，更是采用了顶级五金，密封、隔声效果好，使用起来不会有“砰砰砰”的开关门声，门扇正反面可以选用不同材质，以搭配门内外不同的空间风格，而且能够做到一门到顶。

极简门

5 玻璃门

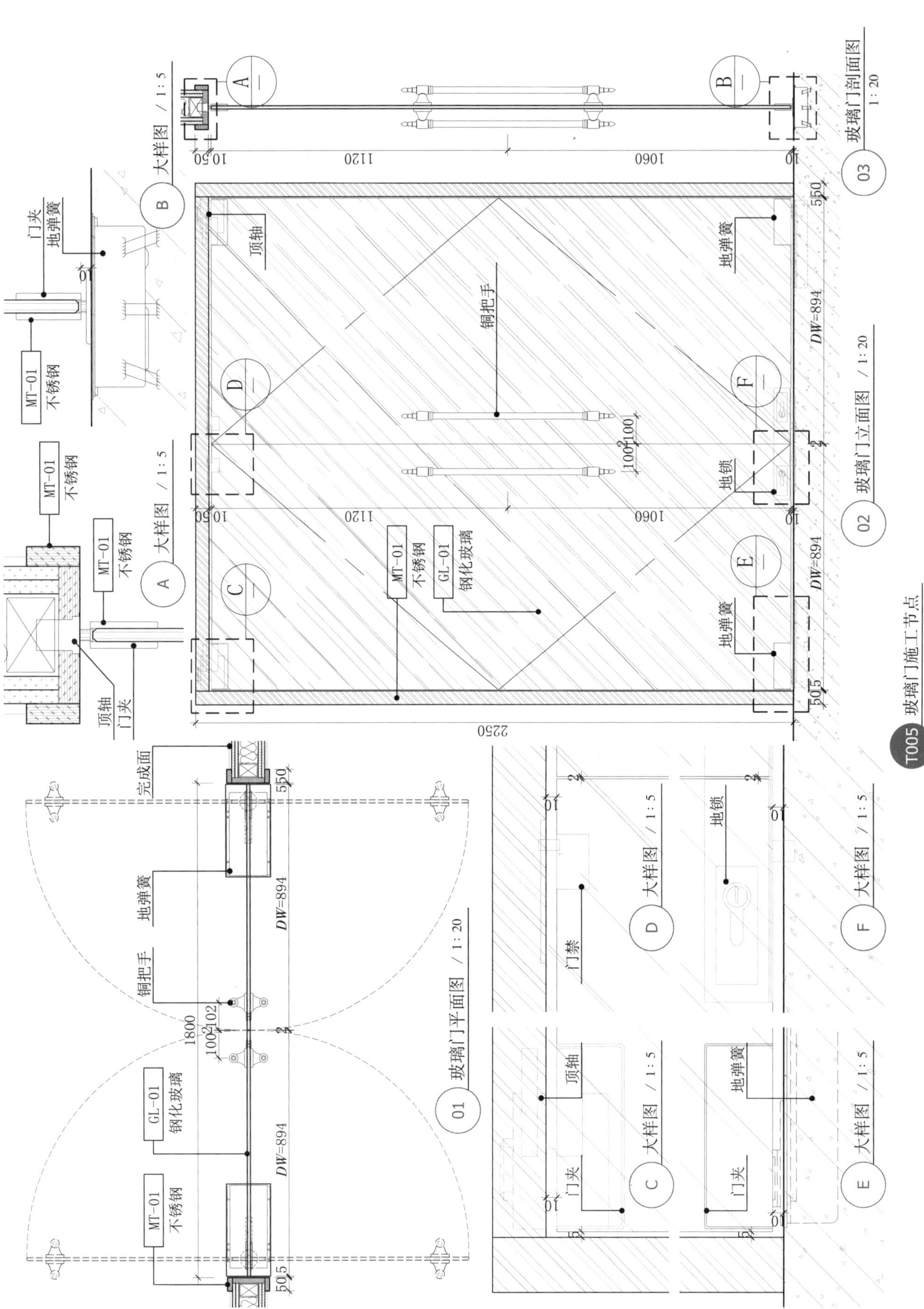

T005 玻璃门施工节点
01 玻璃门平面图 / 1:20
02 玻璃门立面图 / 1:20
03 玻璃门剖面图 1:20
A 大样图 / 1:5
B 大样图 / 1:5
C 大样图 / 1:5
D 大样图 / 1:5
E 大样图 / 1:5
F 大样图 / 1:5
MT-01 不锈钢
GL-01 钢化玻璃
铜把手
地弹簧
完成面
顶轴
门夹
地锁
门禁
DW=894
2250
1800
1120
1060

课堂小知识

玻璃门

在很多办公室，尤其是公共场所都可以看到全玻璃门的身影。全玻璃门也叫无框玻璃门，因为采光性好，具有很强的通透性，所以一般适用于商场、酒店、办公场所等。无框玻璃具有简洁美观、窗幅大、视野开阔、采光率高、门扇的受力状态好、不易损坏等特点，开启灵活，可以相对自由地选择开门位置。玻璃门安装时的五金配件通常由上夹、下夹、地弹簧、顶轴、门禁、地锁、门把手等组成。

关于门禁还有一个小知识：如果在门外忘记带门禁卡，可以通过物业断电，关闭门禁电源，从而开启门禁系统。如果在门内，门禁开关故障的情况下，直接在配电箱中关闭门禁回路电源也可以开启门禁系统，因为门禁默认断电即开。当然这一切是在地锁没有上锁的情况下。

玻璃门

6 内嵌式移门

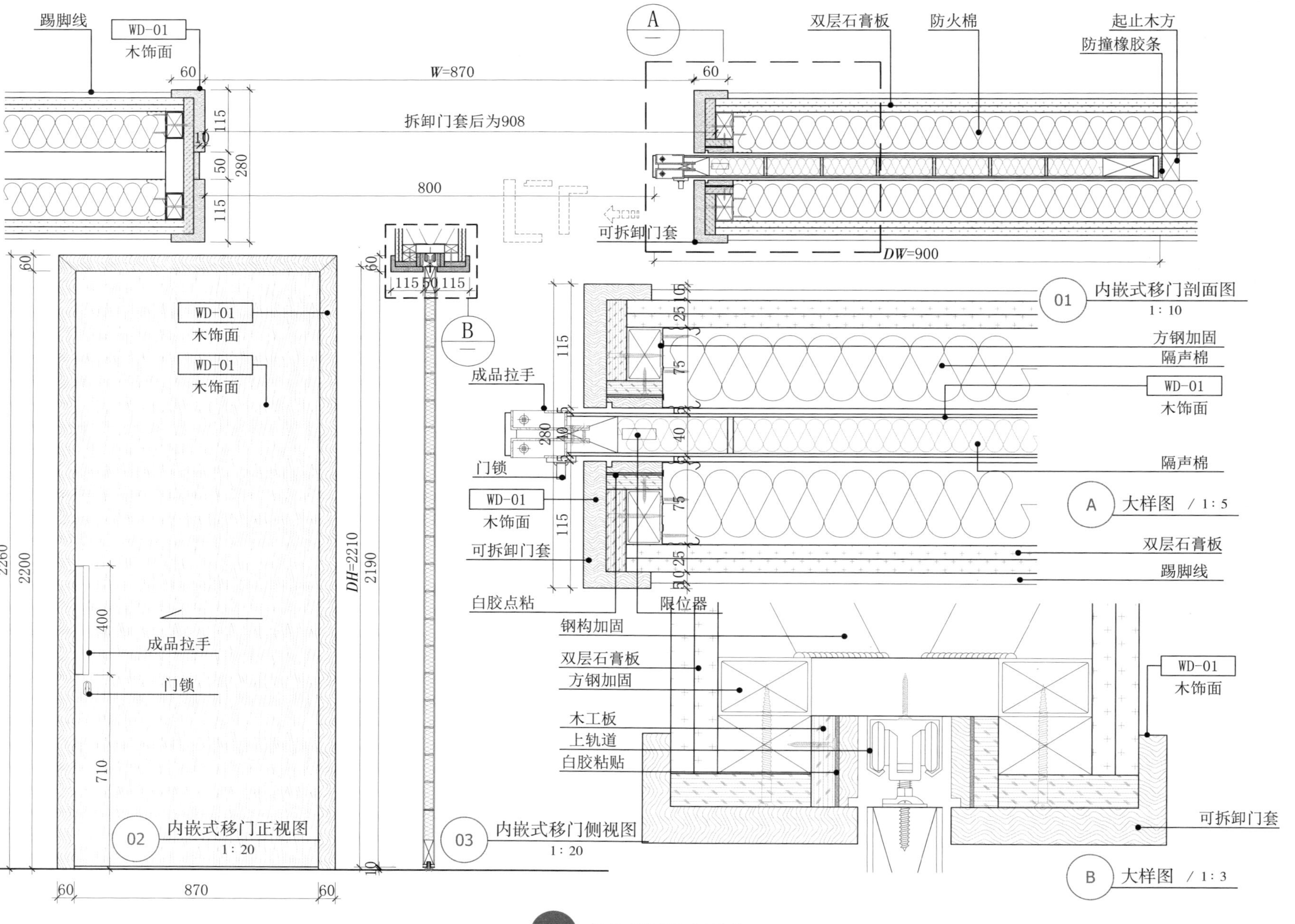
踢脚线
WD-01
木饰面
W=870
拆卸门套后为908
800
A
双层石膏板
防火棉
起止木方
防撞橡胶条
可拆卸门套
DW=900
01
内嵌式移门剖面图
1:10
方钢加固
隔声棉
WD-01
木饰面
隔声棉
A
大样图 / 1:5
双层石膏板
踢脚线
WD-01
木饰面
WD-01
木饰面
B
成品拉手
门锁
WD-01
木饰面
可拆卸门套
白胶点粘
限位器
钢构加固
双层石膏板
方钢加固
木工板
上轨道
白胶粘贴
WD-01
木饰面
可拆卸门套
B
大样图 / 1:3
成品拉手
门锁
02
内嵌式移门正视图
1:20
03
内嵌式移门侧视图
1:20
DH=2210
2190
2260
2200
400
710
60
870
60
T006
内嵌式移门施工节点

课堂小知识

移门

移门又称推拉门。目前市场上的移门主要分为四种：直轨式、碰角式、斜角式和折叠式，基本上满足了不同设计的需要。

吊轨移门是没有下轨的，是利用上轨进行滑动的门，具有无噪声、推拉平滑顺畅的优点。吊轨移门主要分为两类：一种是轻型吊轨移门，这种门方便推拉，款式也多种多样；另一种是重型吊轨移门，门板和门框都比较厚实，坚固耐用，看起来和实木门较为相似，但使用寿命远远高于普通实木门，不仅如此，还可以安装门锁来保证室内安全。安装吊轨移门时，为了不产生噪声，可以选择质量比较好的上轨。

常规暗藏式移门轨道技术存在以下弊端：1.后期无法进行维修，拆卸、更换、检修困难；2.装饰施工无法快速进行；3.需要增设检修口。但它的好处也是显而易见的，就是可以将轨道完全隐藏在顶内，在追求高端设计的项目中运用广泛。

移门

7 外挂式移门

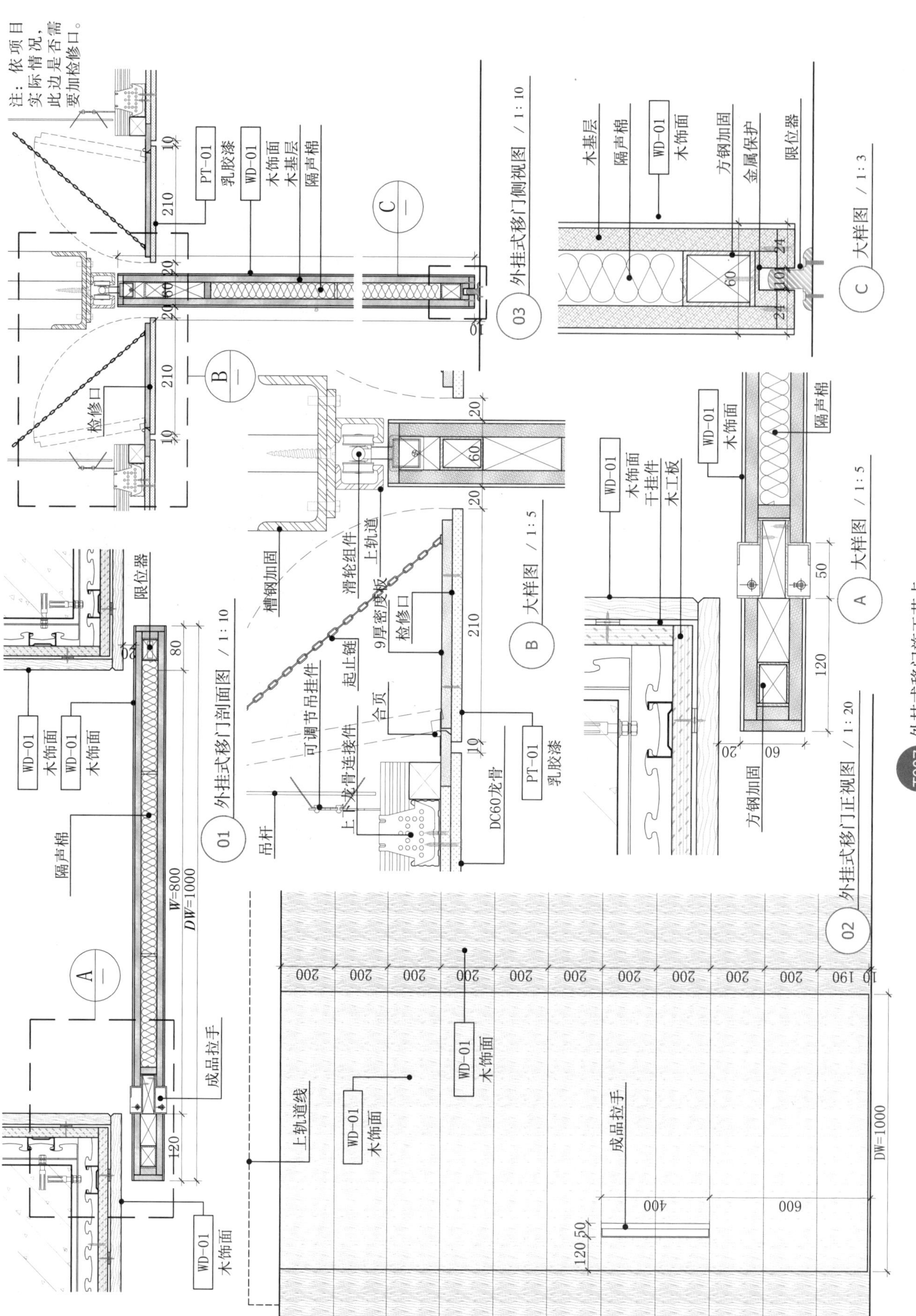
注：依项目实际情况，此边是否需要加检修口。
PT-01
乳胶漆
WD-01
木饰面
木基层
隔声棉
检修口
外挂式移门剖面图 / 1:10
外挂式移门侧视图 / 1:10
木基层
隔声棉
方钢加固
金属保护
限位器
大样图 / 1:3
槽钢加固
滑轮组件
上轨道
9厚密度板
起止链
可调节吊挂件
上下龙骨连接件
合页
吊杆
DC60龙骨
大样图 / 1:5
木饰面
干挂件
木工板
方钢加固
隔声棉
限位器
成品拉手
上轨道线
外挂式移门正视图 / 1:20
外挂式移门施工节点
T007

课堂小知识

移门五金件

影响移门使用性能最重要的就是移门的五金件了，好的五金件不仅会让用户使用方便，更能延长移门的使用寿命。

移门的五金件主要包括滑轮、滑轮轨道和止停小配件。滑轮给予移门滑动的能力。五金件的质量主要体现在其滑轮系统的设计、制造水平以及与之配套的轨道设计上。

目前市场上的滑轮有三种：塑料滑轮、金属滑轮、玻璃纤维滑轮。塑料滑轮质地坚硬，但容易碎裂；金属滑轮强度很高，但在与轨道接触时会产生噪声；玻璃纤维滑轮有韧性，耐磨，易塑性好，滑动顺畅，经久耐用。另外，制造滑轮所使用的轴承必须为多层复合结构轴承，最外层为高强度耐磨尼龙衬套，内层滚珠托架也要是高强度尼龙结构，这样能减少摩擦，增强轴承的润滑性能。受力构件均为钢构件，能有效减少滑轮滑动过程中的噪声，使滑轮润滑。

与滑轮相配套的轨道一般有冷轧轨道和铝合金轨道两种。轨道的壁厚虽不能决定轨道质量，但是影响轨道质量的重要因素。

止停配件主要是起到止滑的作用，通常采用有韧性的钢或铜制造。材质好的止停配件能让滑动门平稳地停下来，不会产生移位和噪声。

在移门的安装中，通常将外口可见轨道与内侧暗藏轨道分别安装，防止移门在开启、关闭和推拉时出现顿挫感。

移门

8 电动移门

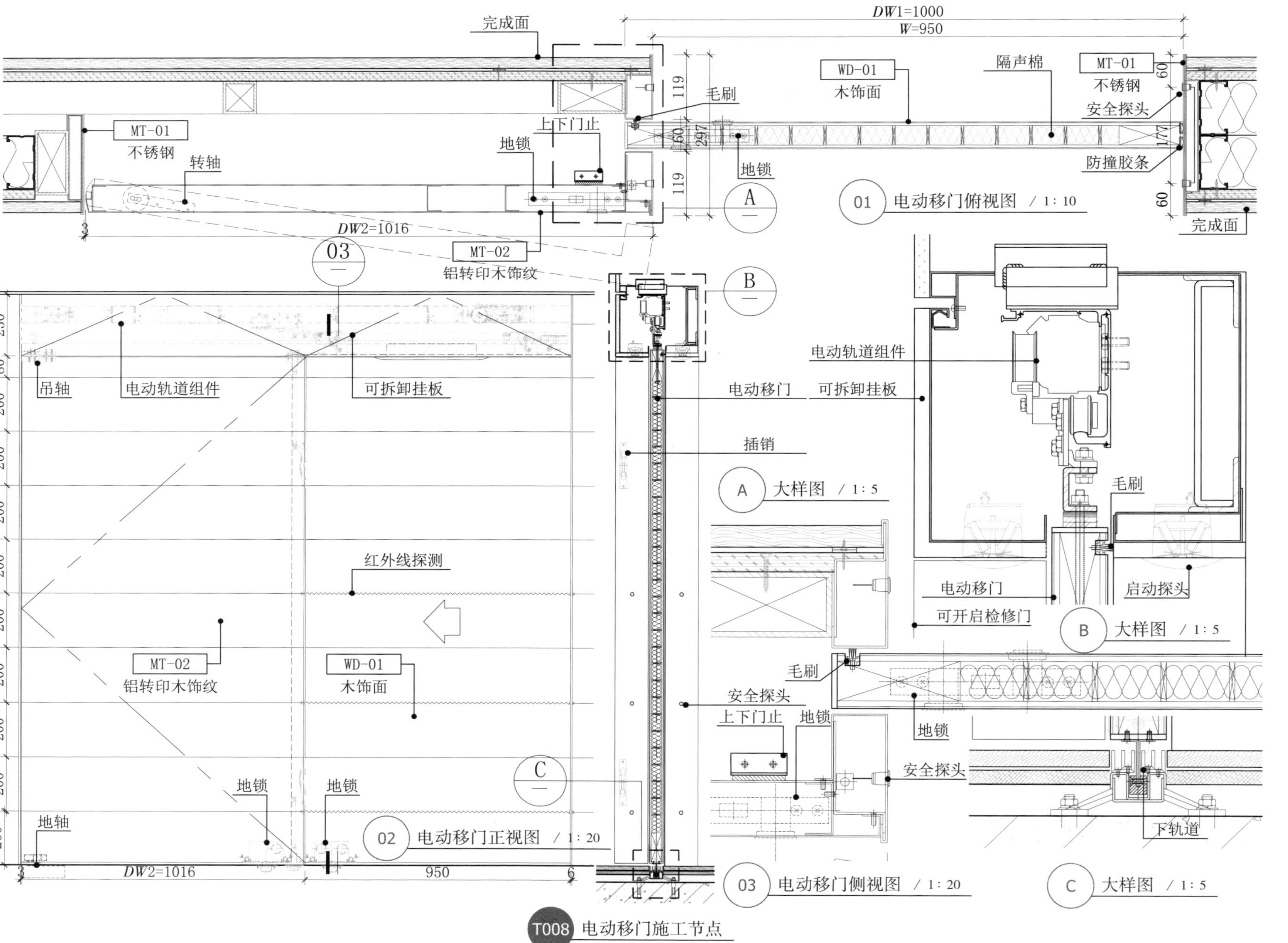

完成面
DW1=1000
W=950
WD-01
木饰面
隔声棉
MT-01
不锈钢
安全探头
防撞胶条
毛刷
上下门止
地锁
MT-01
不锈钢
转轴
A
01 电动移门俯视图 / 1:10
DW2=1016
03
MT-02
铝转印木饰纹
B
电动轨道组件
电动移门
可拆卸挂板
插销
吊轴
电动轨道组件
可拆卸挂板
A 大样图 / 1:5
毛刷
红外线探测
MT-02
铝转印木饰纹
WD-01
木饰面
电动移门
可开启检修门
启动探头
B 大样图 / 1:5
毛刷
安全探头
上下门止
地锁
地锁
安全探头
C
地锁
地锁
地轴
02 电动移门正视图 / 1:20
950
下轨道
03 电动移门侧视图 / 1:20
C 大样图 / 1:5
T008 电动移门施工节点

课堂小知识

电动移门

电动移门也称自动感应门，配置有感应探头，能发射出一种红外线信号或者微波信号，当此种信号被靠近的物体反射时，门就会实现自动开闭。感应探测器探测到有人进入时，会收集信号，生成脉冲信号，然后将脉冲信号传给主控器，主控器判断后通知马达运行，同时监控马达转数，以便通知马达在一定的时候加力和进入慢行运行。马达得到一定的运行电流后做正向运行，将动力传给同步带，再由同步带将动力传给吊具系统使门扇开启。门扇开启后，由控制器做出判断，若需关门，通知马达做反向运动，关闭门扇。

自动感应门种类很多，在此，仅以平移型自动感应门为例介绍一下自动感应门的部件组成：

1.主控制器：它是自动门的指挥中心，通过内部编有指令程序的大规模集成块发出相应指令，指挥马达或电锁类系统工作。同时，可通过主控器调节门扇开启速度、开启幅度等参数。

2.感应探测器：主要分为微波感应器和红外感应器两种。它负责采集外部信号，如同人的眼睛，当有移动的物体进入它的工作范围时，它就给主控制器一个脉冲信号。

3.动力马达：提供开门与关门的主动力，控制门扇加速与减速运行。

4.门扇行进轨道：就像火车的铁轨，约束门扇的吊具走轮系统，使其按特定方向行进。

5.门扇吊具走轮系统：用于吊挂活动门扇，同时在动力牵引下带动门扇运行。

6.同步皮带（有的厂家使用三角皮带）：用于传输马达所产动力，牵引门扇吊具走轮系统。

7.下部导向系统：是门扇下部的导向与定位装置，防止门扇在运行时出现门体前后摆动。

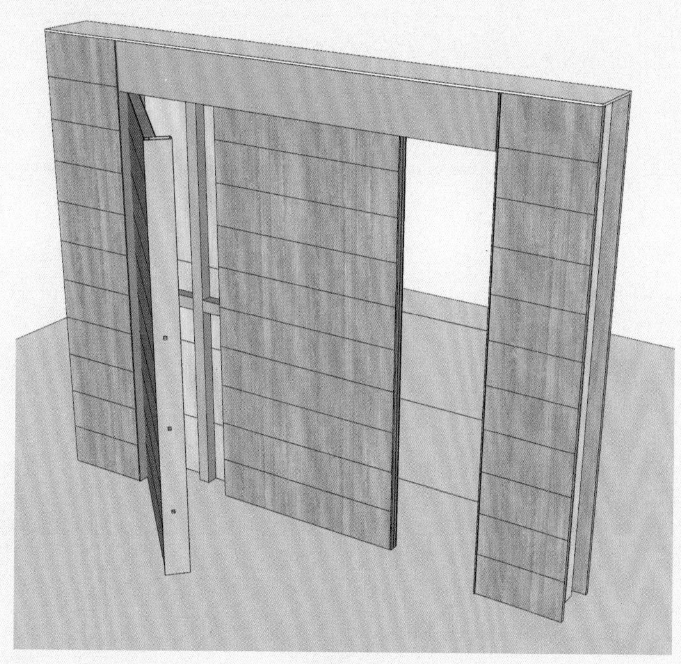

电动移门

9　逃生门

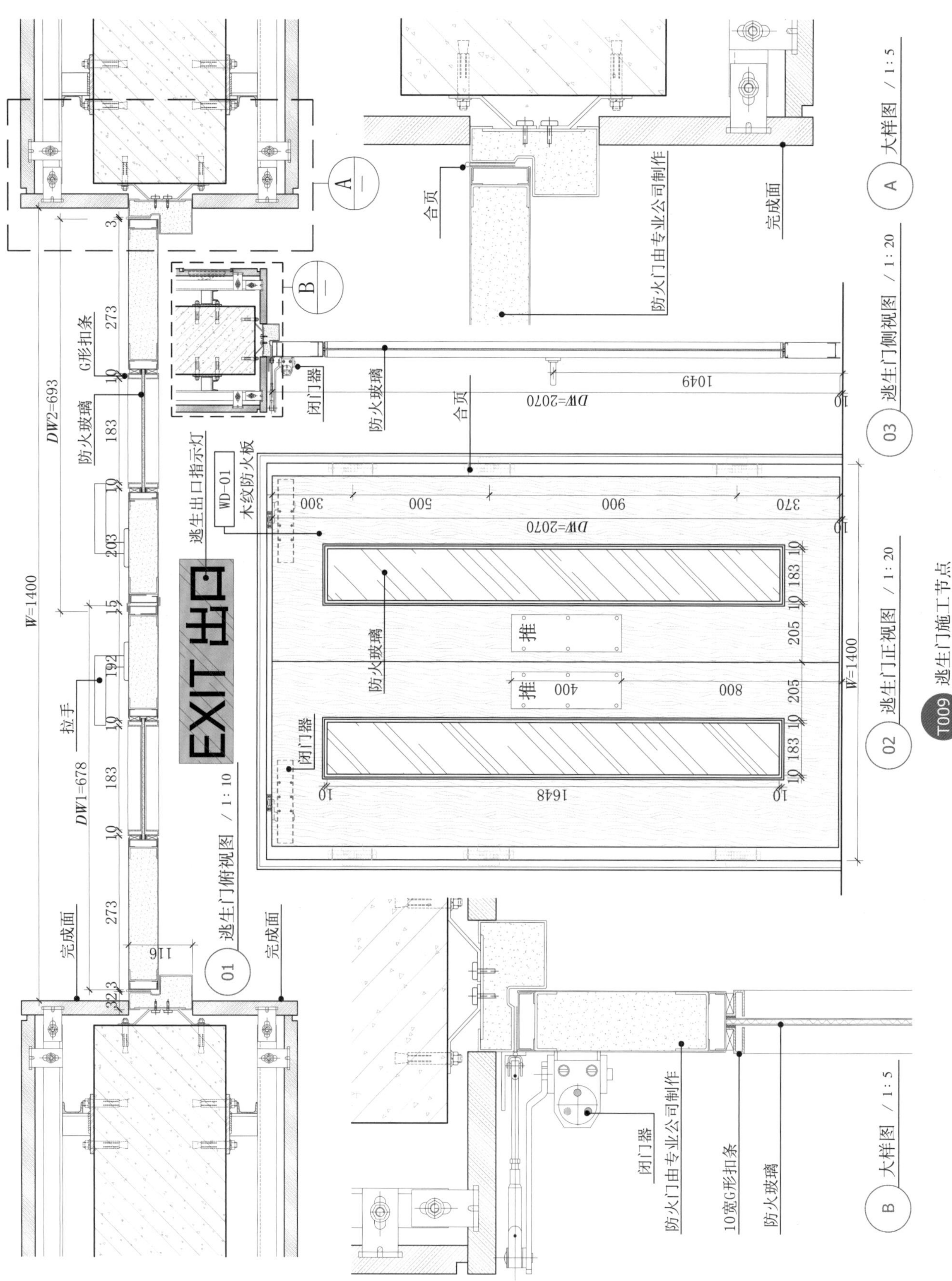

T009 逃生门施工节点
01 逃生门俯视图 / 1:10
02 逃生门正视图 / 1:20
03 逃生门侧视图 / 1:20
A 大样图 / 1:5
B 大样图 / 1:5
EXIT 出口
逃生出口指示灯
WD-01
木纹防火板
防火玻璃
G形扣条
拉手
完成面
闭门器
合页
推
防火门由专业公司制作
10宽G形扣条
W=1400
DW1=678
DW2=693
DW=2070

课堂小知识

逃生门（防火门）

逃生门也称防火门，其组成及分类如下：

一、防火门组成

1.防火门扇和门框：常用的木质防火门和钢质防火门的门扇和门框，分别是用难燃木材和钢材制作的。门扇内若填充材料，则应填充对人体无毒、无害的防火隔热材料。

2.防火玻璃：防火门上若需镶嵌玻璃，应采用防火玻璃，其耐火性能应符合相应类别的防火门条件。防火玻璃应经国家授权认可的检测机构检验合格。

3.闭门器：防火门应安装防火门闭门器，或设置让常开防火门在火灾发生时能自动关闭门扇的闭门装置（特殊部位除外，如管道井门等）。防火门闭门器应经国家授权认可的检测机构检验合格。

4.防火锁具：防火门安装的门锁应是防火锁，防火锁应经国家授权认可的检测机构检验合格。

5.顺序器：双扇防火门应具有按顺序自行关闭的功能，通过顺序器来实现。

6.合页：防火门用合页（铰链）板厚不应小于 3 mm。

7.提示标识常闭防火门应在其明显位置设置“保持防火门关闭”等提示标识。

二、防火门分类

防火门按耐火性能分为隔热、部分隔热、非隔热防火门，我们通常所说的防火门都是隔热防火门，耐火极限分为以下三种：甲级（1.5 h）、乙级（1.0 h）、丙级（0.5 h）。

三、防火门开启方向

任何楼梯前室的防火门的开启方向均应开向一楼的方向，即疏散方向，方便人员迅速逃离避险。

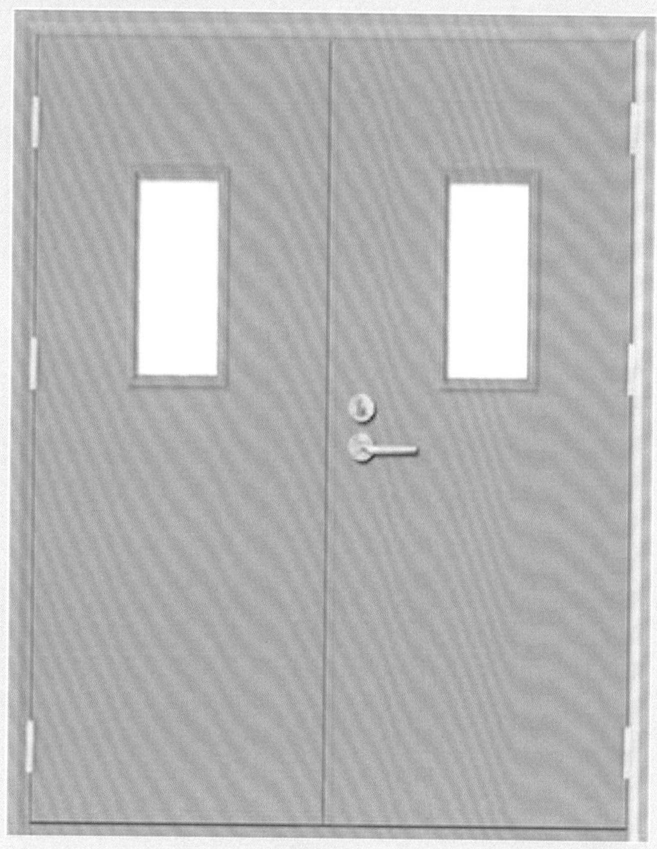

防火门

10 进户门

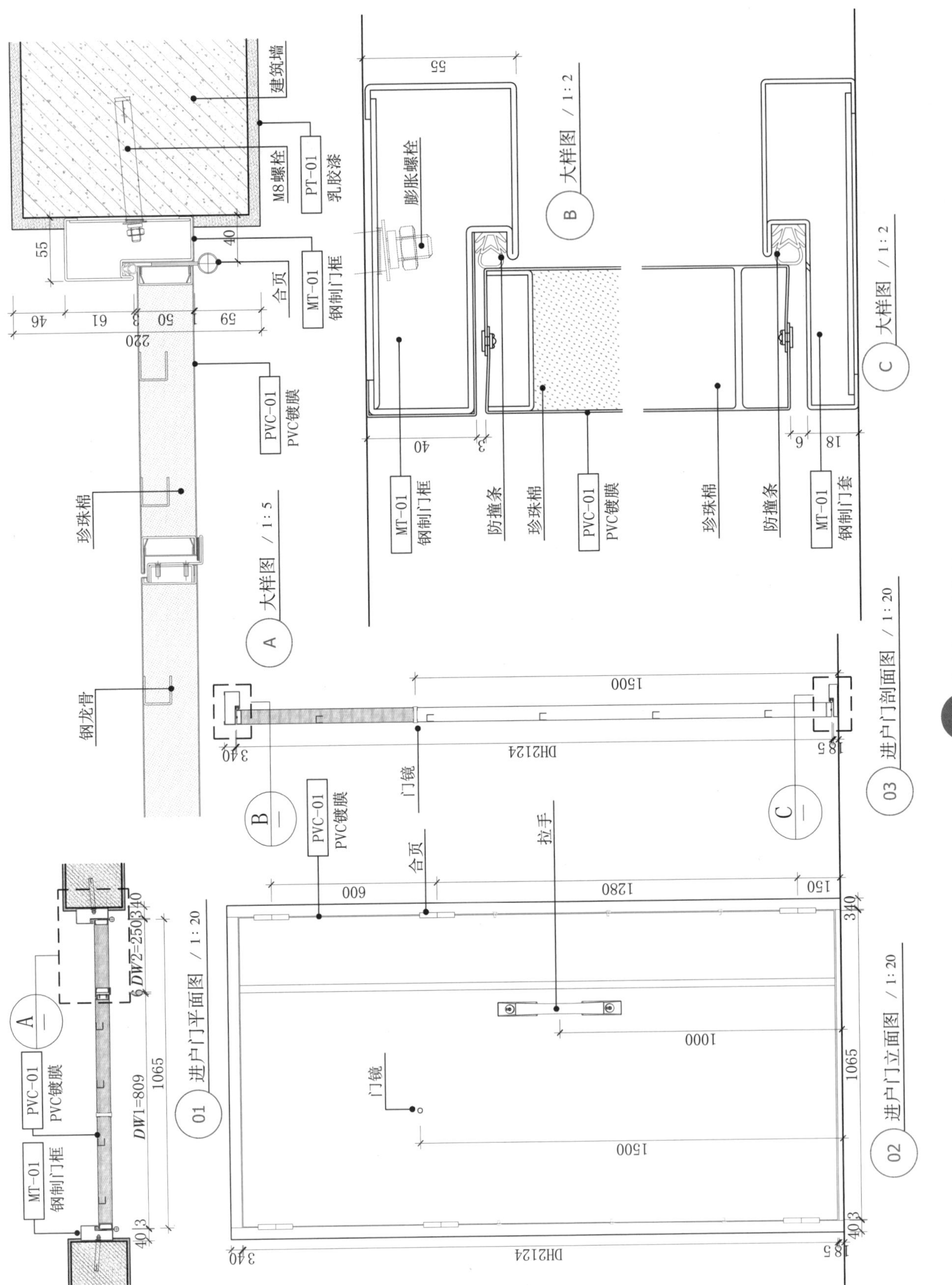

建筑墙
PT-01
乳胶漆
M8螺栓
MT-01
钢制门框
合页
PVC-01
PVC镀膜
珍珠棉
钢龙骨
A 大样图 / 1:5
B 大样图 / 1:2
膨胀螺栓
防撞条
C 大样图 / 1:2
MT-01
钢制门套
门镜
拉手
DW1=809
DW2=250
DH2124
01 进户门平面图 / 1:20
02 进户门立面图 / 1:20
03 进户门剖面图 / 1:20
T010 进户门施工节点

课堂小知识

进户门（防盗门）

进户门也称防盗门，其概念及分类如下：

一、防盗门的概念

防盗门的全称为“防盗安全门”。它兼备防盗和安全的性能。按照《防盗安全门通用技术条件》GB 17565—2007的规定，合格的防盗门在15 min内利用凿子、螺丝刀、撬棍等普通手工具和手电钻等便携式电动工具无法撬开或在门扇上开起一个615 mm^2的开口，或在锁定点150 mm^2的半圆内打开一个38 mm^2的开口。并且，防盗门上使用的锁具必须是经过公安部检测中心检测合格的带有防钻功能的防盗门专用锁。防盗门可以用不同的材料制作，但只有达到标准，检测合格，并领取安全防范产品准产证的门才能称为防盗门。

二、防盗门的分类

1.按防盗安全级别共分为甲、乙、丙、丁4级，其安全性能从高到低依次递减。

各级门的板材及材质要求：

（1）板材材质可选用钢、不锈钢、铝板、铜或其他复合材料。

（2）钢质板材厚度：

①门框厚度按防盗安全的乙、丙、丁级别分别应选用2.00 mm、1.80 mm、1.50 mm。

②门扇的外面板、内面板厚度用“外板/内板”形式表示，按防盗安全的乙、丙、丁级别分别应选用1.00 mm/1.00 mm、0.80 mm/0.80 mm、0.80 mm/0.60 mm。

③甲级防盗安全门的板材厚度在符合其防破坏性能的条件下，按产品设计选择厚度。若选择钢质板材，其厚度不应低于乙级防盗安全级别门框、门扇的厚度及允许偏差要求。

2.按防盗门的材质可分为栅栏式防盗门、实体式防盗门和复合门式防盗三种。

栅栏式防盗门是由钢管焊接而成的防盗门，它的最大优点是通风、轻便、造型美观，且价格相对较低。该类防盗门上半部为栅栏式钢管或钢盘，下半部为冷轧钢板，采用多锁点锁定，保证了防盗门的防撬能力。但在防盗效果上不如封闭式防盗门。

实体式防盗门采用冷轧钢板挤压而成，门板全部为钢板，钢板的厚度多为1.2 mm和1.5 mm，耐冲击力强。门扇双层钢板内填充玻璃棉保温防火材料，具有防盗、防火、绝热、隔声等优点。一般实体式防盗门都安装有门镜、门铃等设施。

复合式防盗门由实体式防盗门与栅栏式防盗门组合而成，具有防盗、防蝇蚊、通风、保暖、隔声的特点。配有防盗锁，在一定时间内可以抵抗一定条件下的非正常开启，具有一定的安全防护性能并符合相应防盗安全级别。

防盗门

11 消火栓隐形门（烤漆玻璃面）

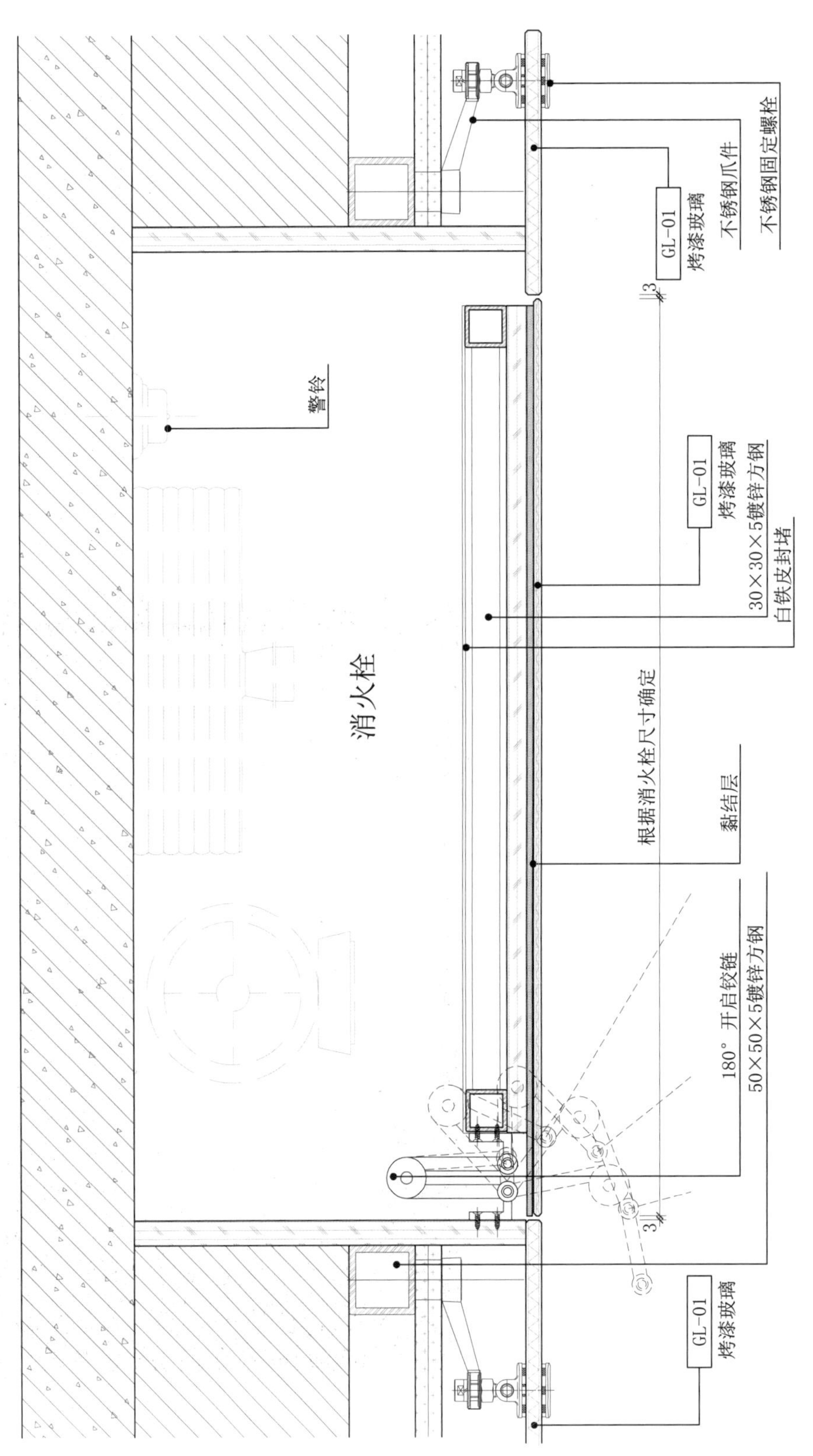

不锈钢固定螺栓
不锈钢爪件
GL-01
烤漆玻璃
警铃
GL-01
烤漆玻璃
30×30×5镀锌方钢
白铁皮封堵
消火栓
根据消火栓尺寸确定
黏结层
180° 开启铰链
50×50×5镀锌方钢
GL-01
烤漆玻璃
3
3

T011 消火栓隐形门（烤漆玻璃面）施工节点 / 1:5

注：消火栓烤漆玻璃暗门可按以下四种方式分类：

1.按安装方式可分为：明装式、暗装式、半暗装式。

2.按箱门形式可分为：左开门式、右开门式、双开门式、前后开门式。

3.按箱门材料可分为：全钢型、钢框镶玻璃型、铝合金框镶玻璃型、其他材料型。

4.按水带安置方式可分为：挂置式、盘卷式、卷置式、托架式。

12 消火栓隐形门（铝板饰面）

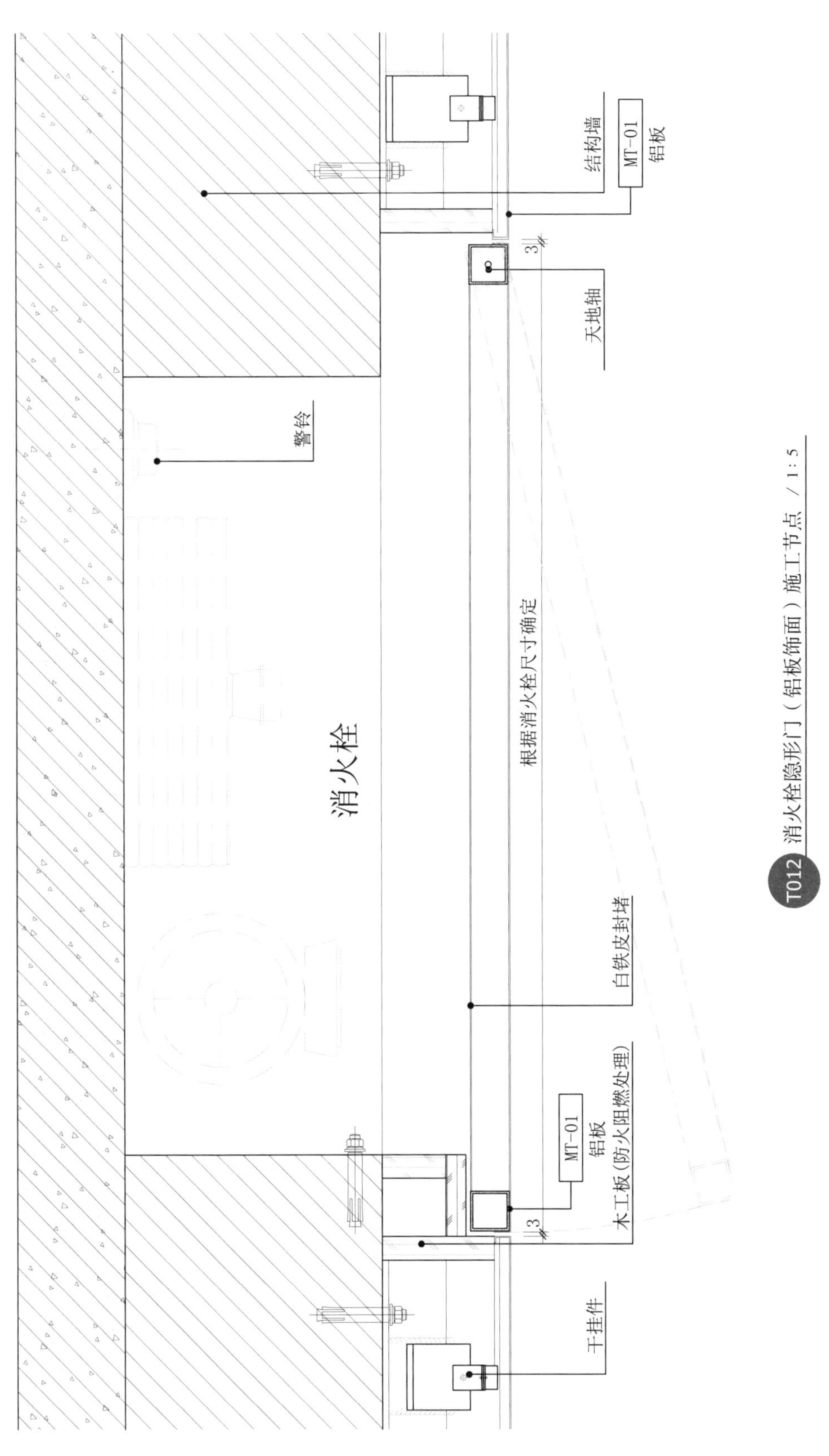

结构墙
MT-01
铝板
3
天地轴
警铃
消火栓
根据消火栓尺寸确定
白铁皮封堵
MT-01
铝板
木工板(防火阻燃处理)
3
干挂件

T012 消火栓隐形门（铝板饰面）施工节点 / 1∶5

注：消火栓的尺寸规格：

1.尺寸：800 mm×650 mm×240 mm，箱内包括室内消火栓1个、消防水枪1支、消防水带1盘，铁板厚度为1.0 mm。
2.尺寸：1200 mm×700 mm×240 mm，箱内包括室内消火栓1个或2个、消防枪1支或2支、消防水带1盘或2盘，铁板厚度为1.0 mm。
3.尺寸：1500 mm×700 mm×240 mm，箱内包括室内消火栓1个、消防枪1支、消防水带1盘、启泵按钮1只、干粉灭火器3具，铁板厚度为1.2 mm。
4.尺寸：1600 mm×750 mm×240 mm，箱内包括室内消火栓1个、消防水带1盘、启泵按钮1只、干粉灭火器3具，铁板厚度为1.2 mm。
5.尺寸：1800 mm×700 mm×240 mm，箱内包括SN65消火栓1个或2个、消防水枪1支或2支、消防水带1盘或2盘、启泵按钮1只、干粉灭火器3具，铁板厚度为1.2 mm。

13 消火栓隐形门［软（硬）包饰面］

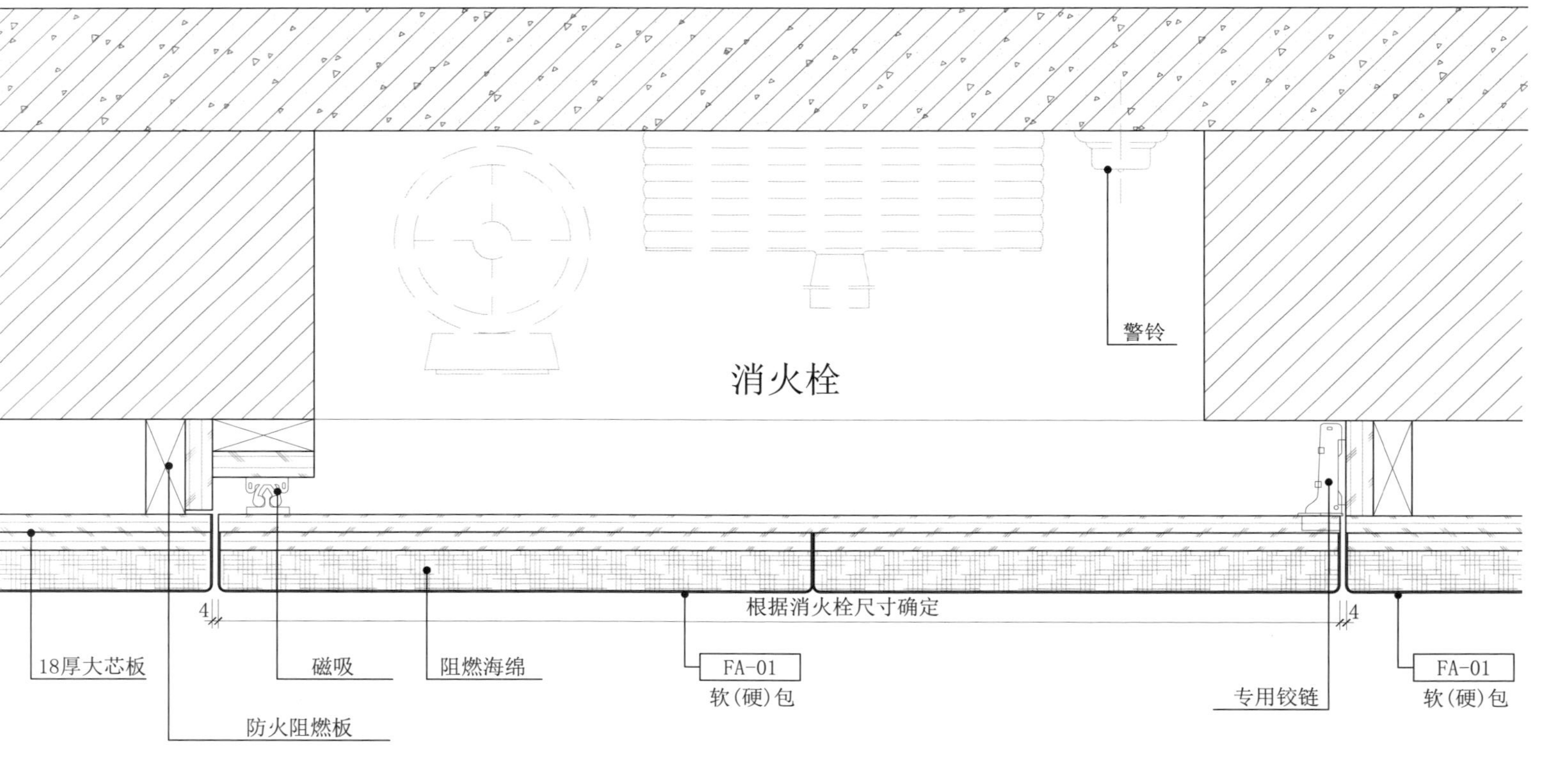

警铃
消火栓
18厚大芯板
防火阻燃板
磁吸
阻燃海绵
根据消火栓尺寸确定
4
FA-01
软(硬)包
专用铰链
4
FA-01
软(硬)包

T013 消火栓隐形门［软（硬）包饰面］施工节点 / 1∶5

注：根据《消防给水及消火栓系统技术规范》GB 50974—2014：

1. 消火栓的启闭阀门设置位置应便于操作使用，阀门的中心距箱侧面应为140 mm，距箱后内表面应为100 mm，允许偏差为±5 mm。
2. 室内消火栓箱的安装应平正、牢固，暗装的消火栓箱不应破坏隔墙的耐火性能。
3. 箱体安装的垂直度允许偏差为±3 mm。
4. 消火栓箱门安装完成后的开启不应小于120°。
5. 安装消火栓水龙带时，水龙带应与消防水枪和快速接头绑扎好，并根据箱内构造放置水龙带。
6. 双向开门消火栓箱耐火等级应符合设计要求，当设计没有要求时，应至少满足耐火极限1 h的要求。
7. 消火栓箱门上应用红色字体注明“消火栓”字样。

14 消火栓隐形门（木饰面）

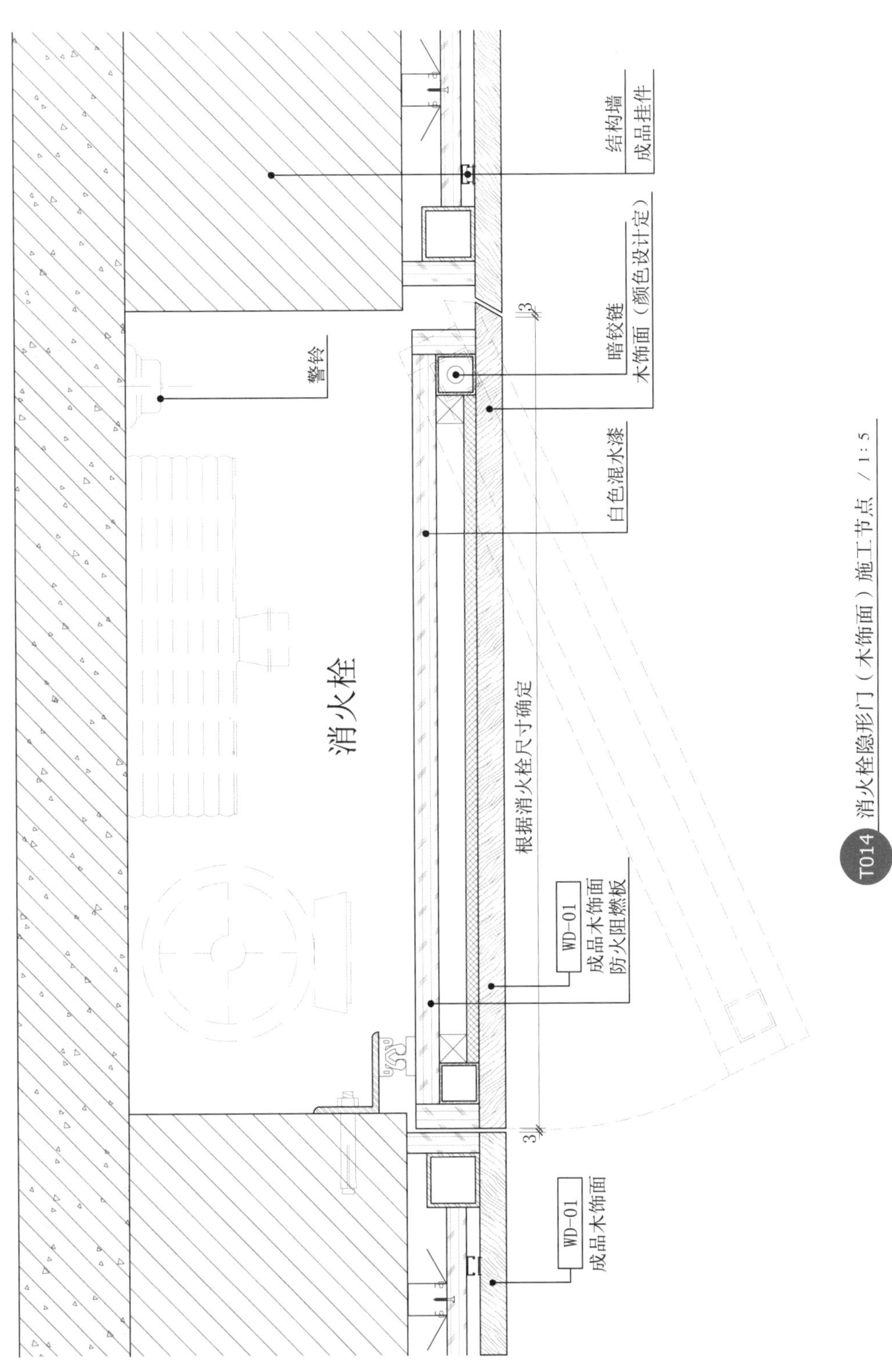
结构墙
成品挂件
暗铰链
木饰面（颜色设计定）
白色混水漆
警铃
消火栓
根据消火栓尺寸确定
WD-01
成品木饰面
防火阻燃板
WD-01
成品木饰面
3
3

T014 消火栓隐形门（木饰面）施工节点 / 1∶5

注：1. 消火栓栓口出水方向宜向下或与设置消火栓的墙面成90°角，出水栓口不应安装在门轴侧。
2. 室内消火栓箱正面1.5 m和两侧0.5 m范围内不能放置杂物，不得有遮挡消火栓的物品。

15 消火栓隐形门（石材饰面一）

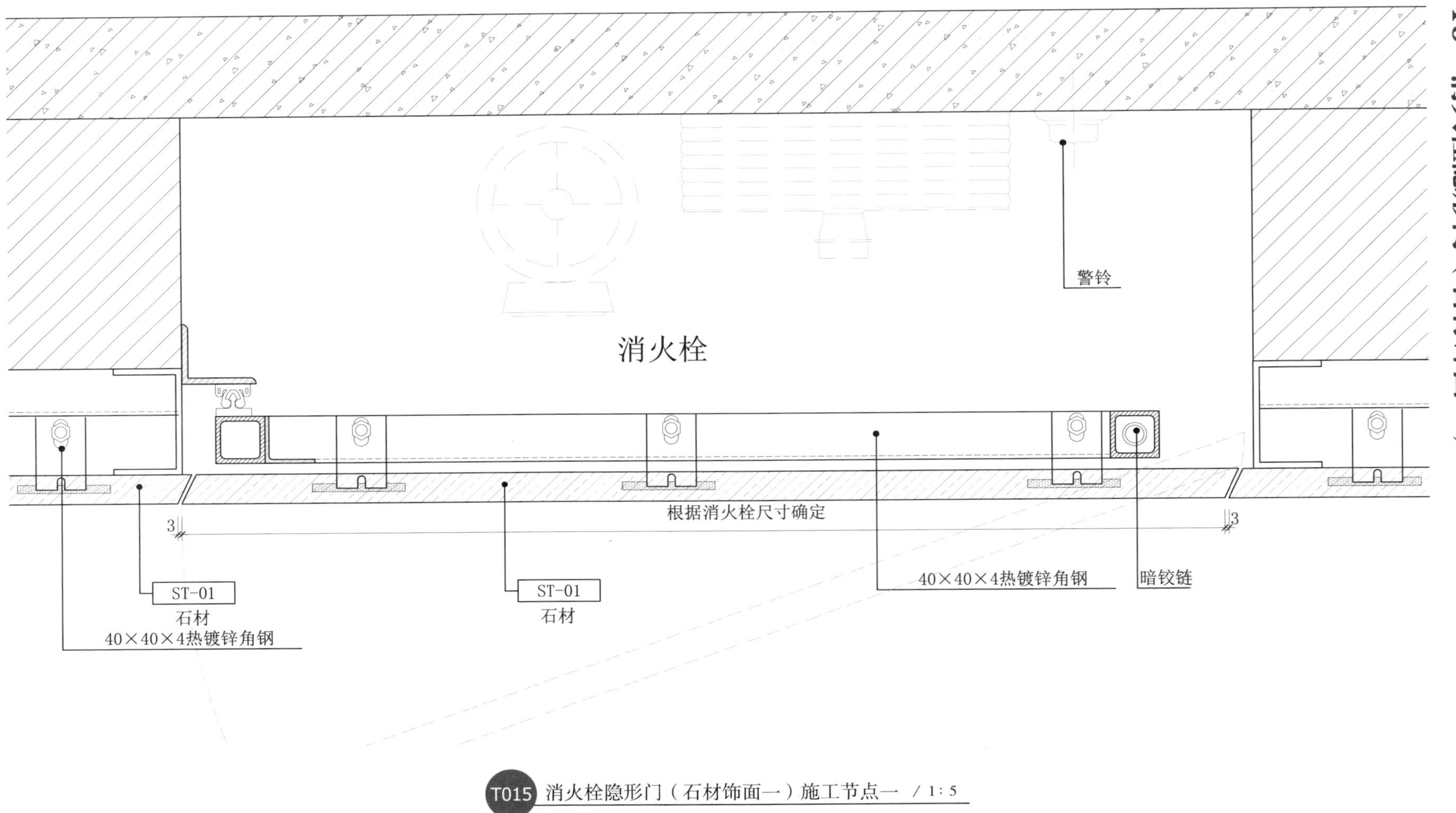
警铃
消火栓
根据消火栓尺寸确定
3
3
ST-01
石材
40×40×4热镀锌角钢
ST-01
石材
40×40×4热镀锌角钢
暗铰链

T015 消火栓隐形门（石材饰面一）施工节点一 / 1∶5

注：《消火栓箱》GB 14561—2019规定消火栓箱门的开启角度不能小于160°。在《消防给水及消火栓系统技术规范》GB 50974—2014中提到消火栓箱施工安装时，要求开启角度不能小于120°。难道这是两个规范冲突吗？这里需要说明一下，《消火栓箱》是产品规范，所谓产品规范，主要是对产品自身的规格、型号、分类方式、内部布置，以及包装运输储存之类进行规定。一般来说，对于一种设备，如何制造是产品规范的事，如何应用是设计规范的事，如何安装检测验收是施工规范的事。所以，《消火栓箱》中的160°是对消火栓箱在生产完成后，安装前，其箱门应该能达到的状态。但是在实际安装中，会有一种情况，就是建筑的档次比较高，甲方对室内效果有追求，厂家生产的消火栓箱的外观是无法满足要求的，需要内装公司进行二次装饰。所以，在《消防给水及消火栓系统技术规范》中对于安装完成以后的消火栓箱的开启角度作了放宽，即120°。当然，120°是下限，如果能达到160°则更好。这实际上是规范对建筑效果的一种妥协，实际上有利于规范的实施和实质上的安全，所以，规范的制定本身也是一个与时俱进、因势利导的过程。

16 消火栓隐形门（石材饰面二）

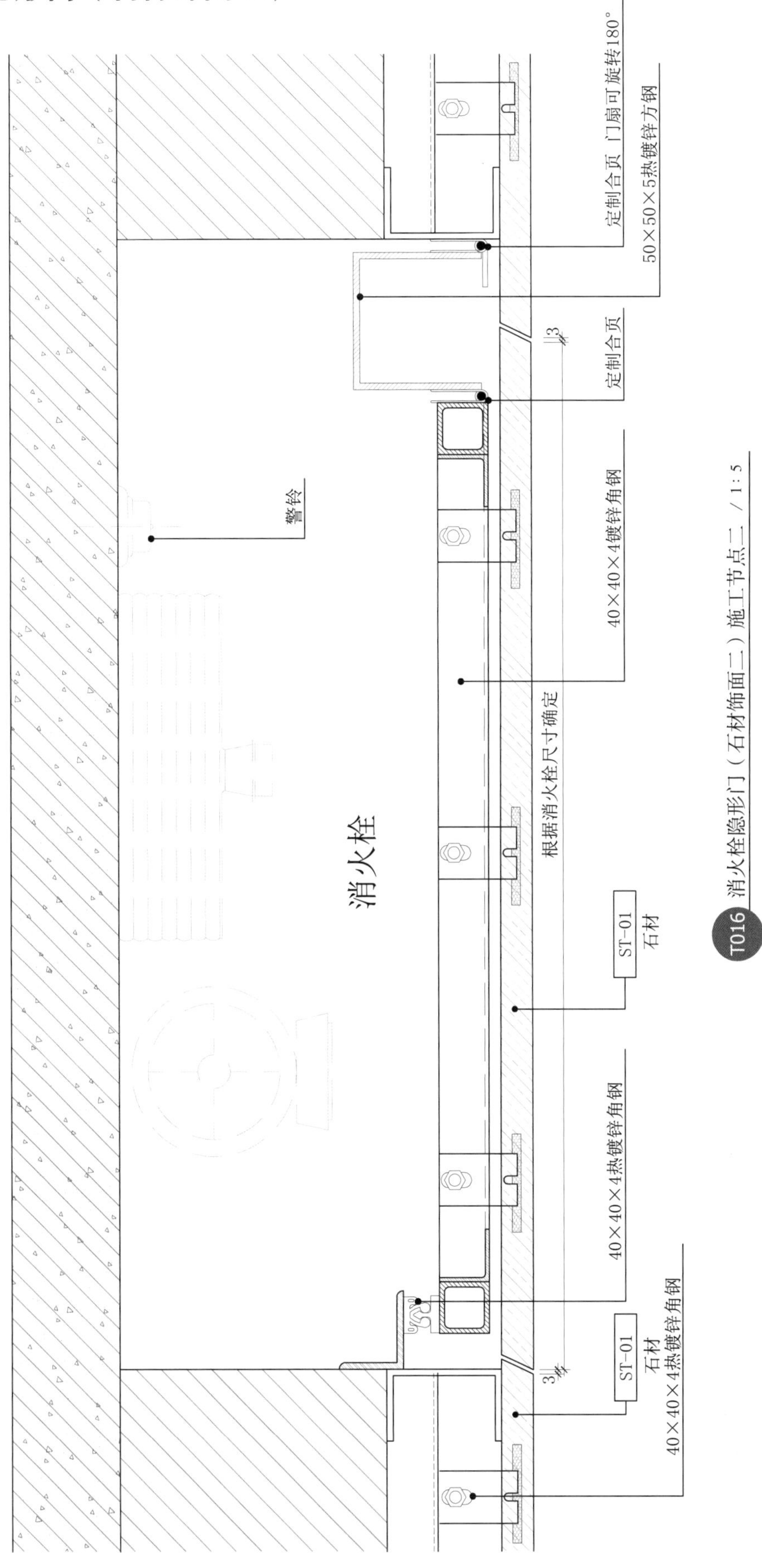

定制合页 门扇可旋转180°
50×50×5热镀锌方钢
定制合页
3
40×40×4镀锌角钢
警铃
根据消火栓尺寸确定
消火栓
ST-01
石材
40×40×4热镀锌角钢
3
ST-01
石材
40×40×4热镀锌角钢

T016 消火栓隐形门（石材饰面二）施工节点二 / 1:5

17 坐便间开门（柱式隔断）

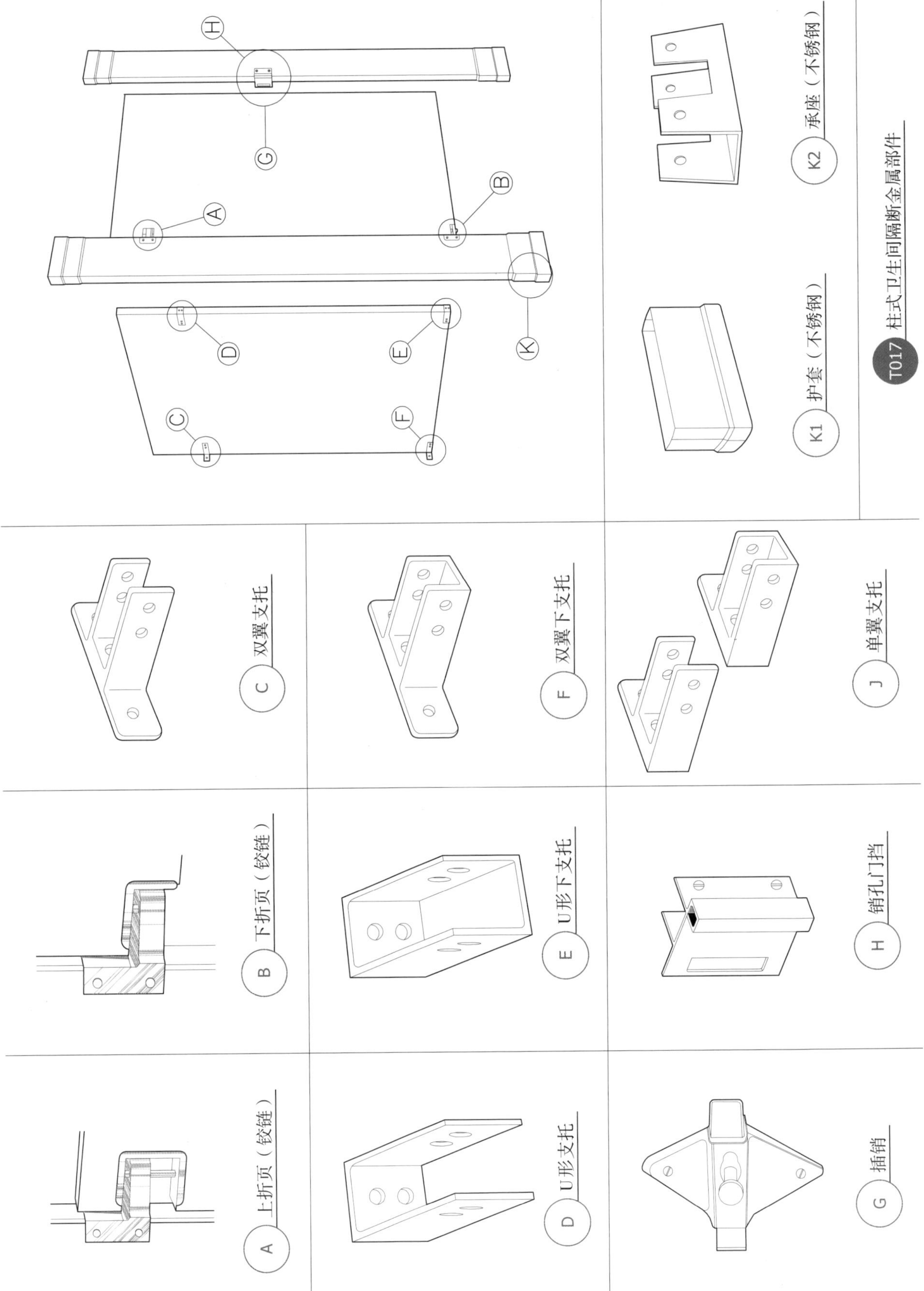

A 上折页（铰链）
B 下折页（铰链）
C 双翼支托
D U形支托
E U形下支托
F 双翼下支托
G 插销
H 销孔门挡
J 单翼支托
K1 护套（不锈钢）
K2 承座（不锈钢）
K
T017 柱式卫生间隔断金属部件

18 坐便间开门（横梁式隔断）

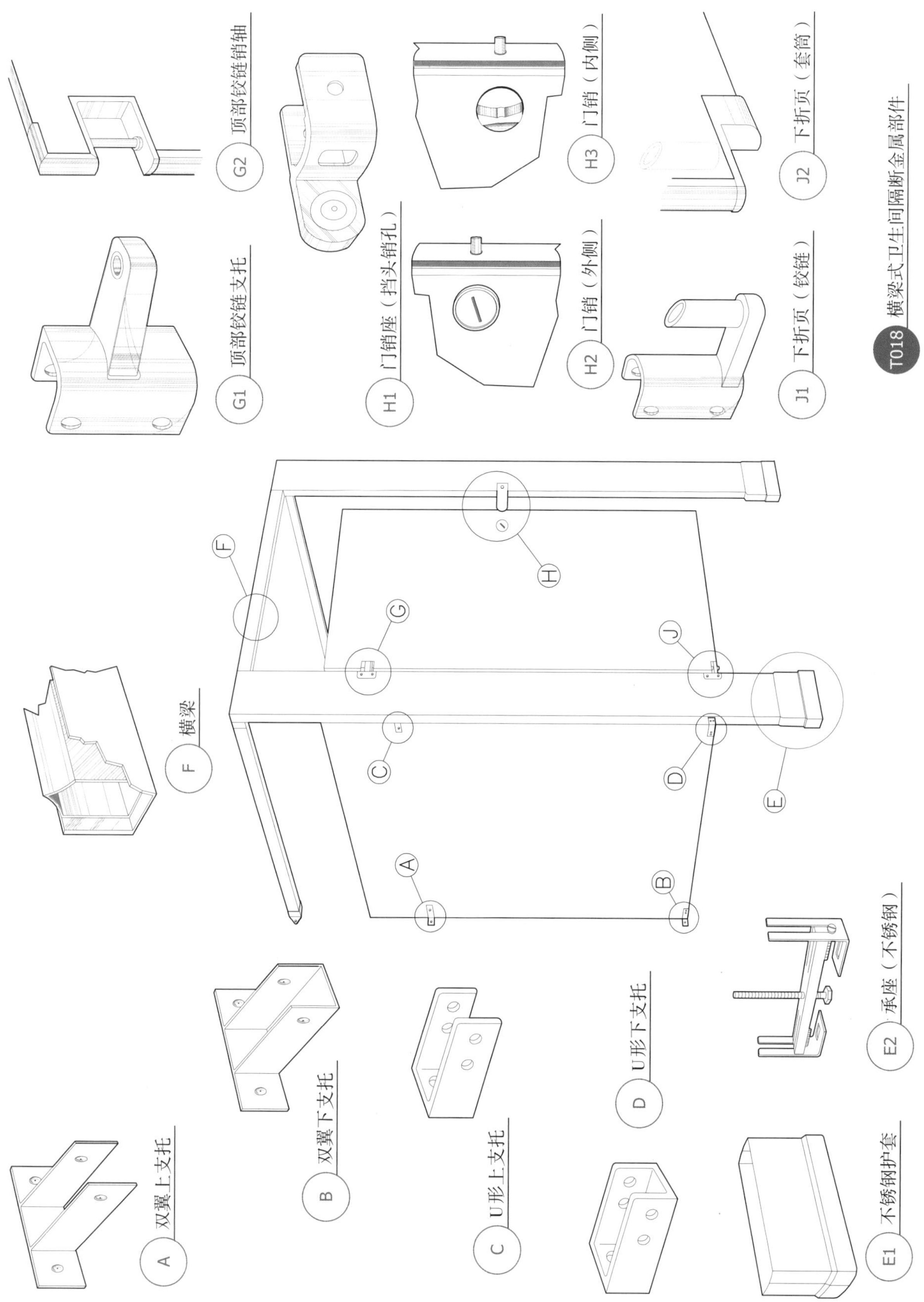
T018 横梁式卫生间隔断金属部件
A 双翼上支托
B 双翼下支托
C U形上支托
D U形下支托
E1 不锈钢护套
E2 承座（不锈钢）
F 横梁
G1 顶部铰链支托
G2 顶部铰链销轴
H1 门销座（挡头销孔）
H2 门销（外侧）
H3 门销（内侧）
J1 下折页（铰链）
J2 下折页（套筒）

19 坐便间开门（地脚式隔断）

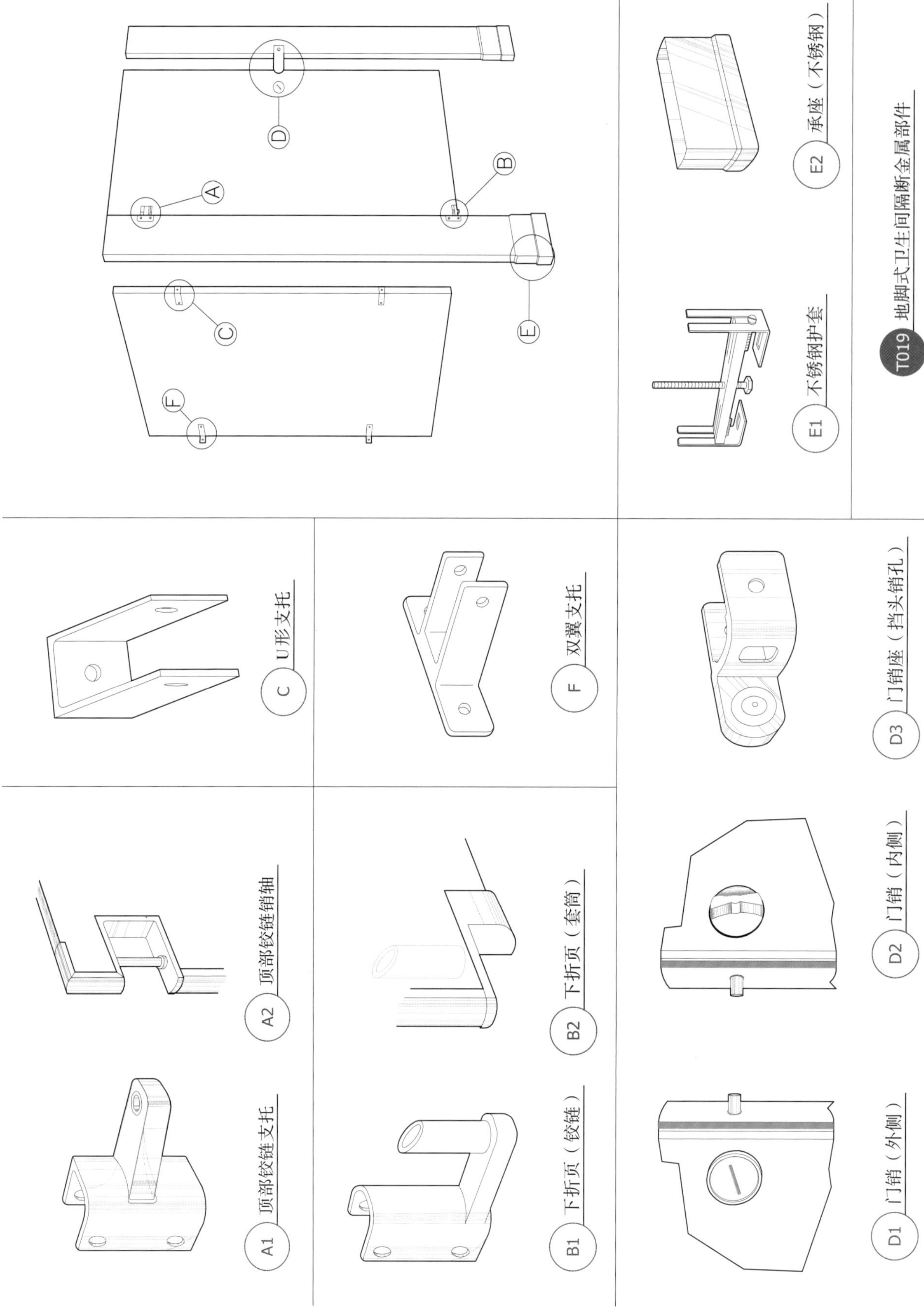
A
B
C
D
E
F
E2 承座（不锈钢）
E1 不锈钢护套
T019 地脚式卫生间隔断金属部件
C U形支托
F 双翼支托
D3 门销座（挡头销孔）
A2 顶部铰链销轴
A1 顶部铰链支托
B2 下折页（套筒）
B1 下折页（铰链）
D2 门销（内侧）
D1 门销（外侧）

20 坐便间开门（悬挂式隔断）

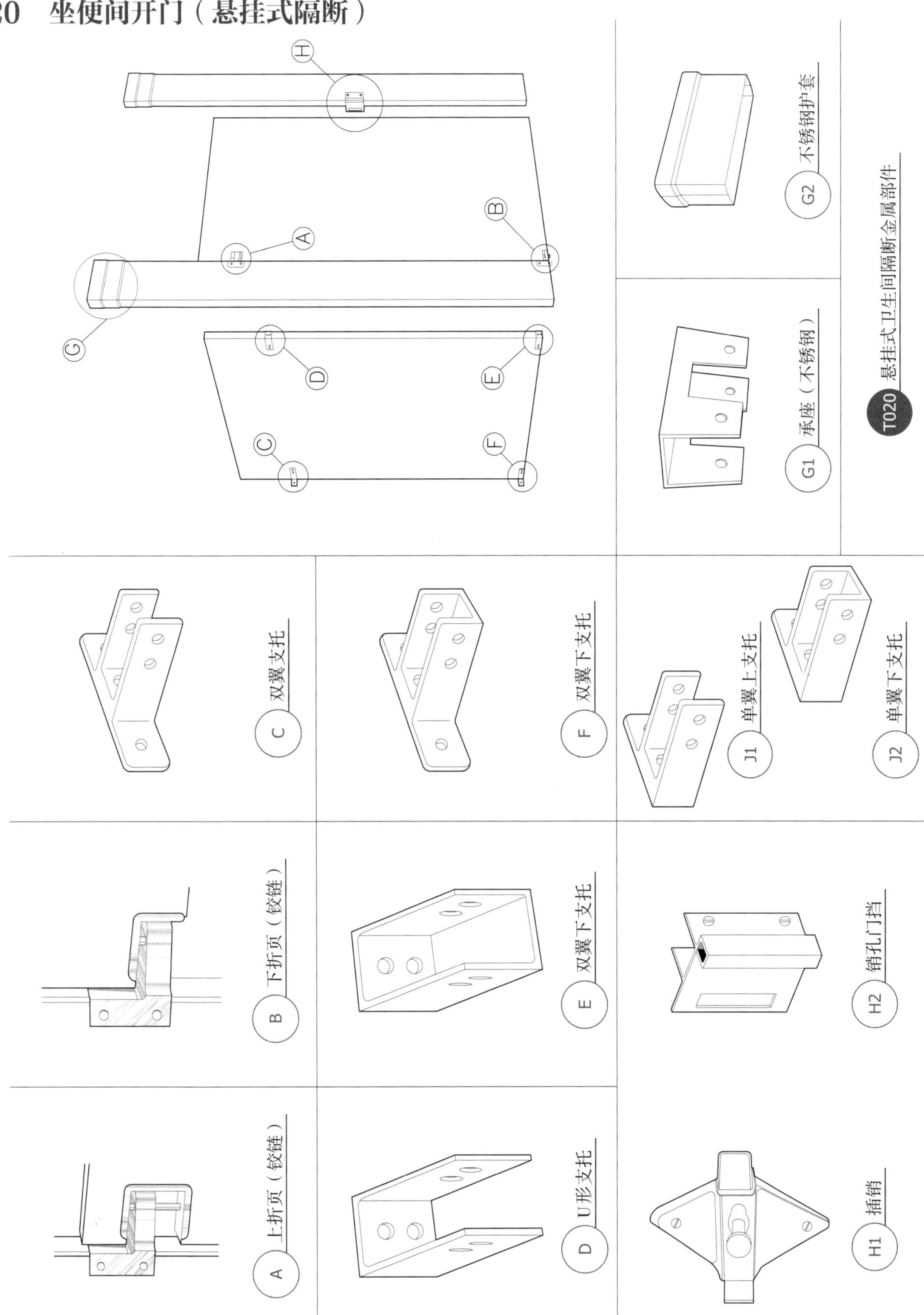

H
A
B
G
D
E
C
F
G2 不锈钢护套
G1 承座（不锈钢）
T020 悬挂式卫生间隔断金属部件
C 双翼支托
F 双翼下支托
J1 单翼上支托
J2 单翼下支托
B 下折页（铰链）
E 双翼下支托
H2 销孔门挡
A 上折页（铰链）
D U形支托
H1 插销

21 隐形门

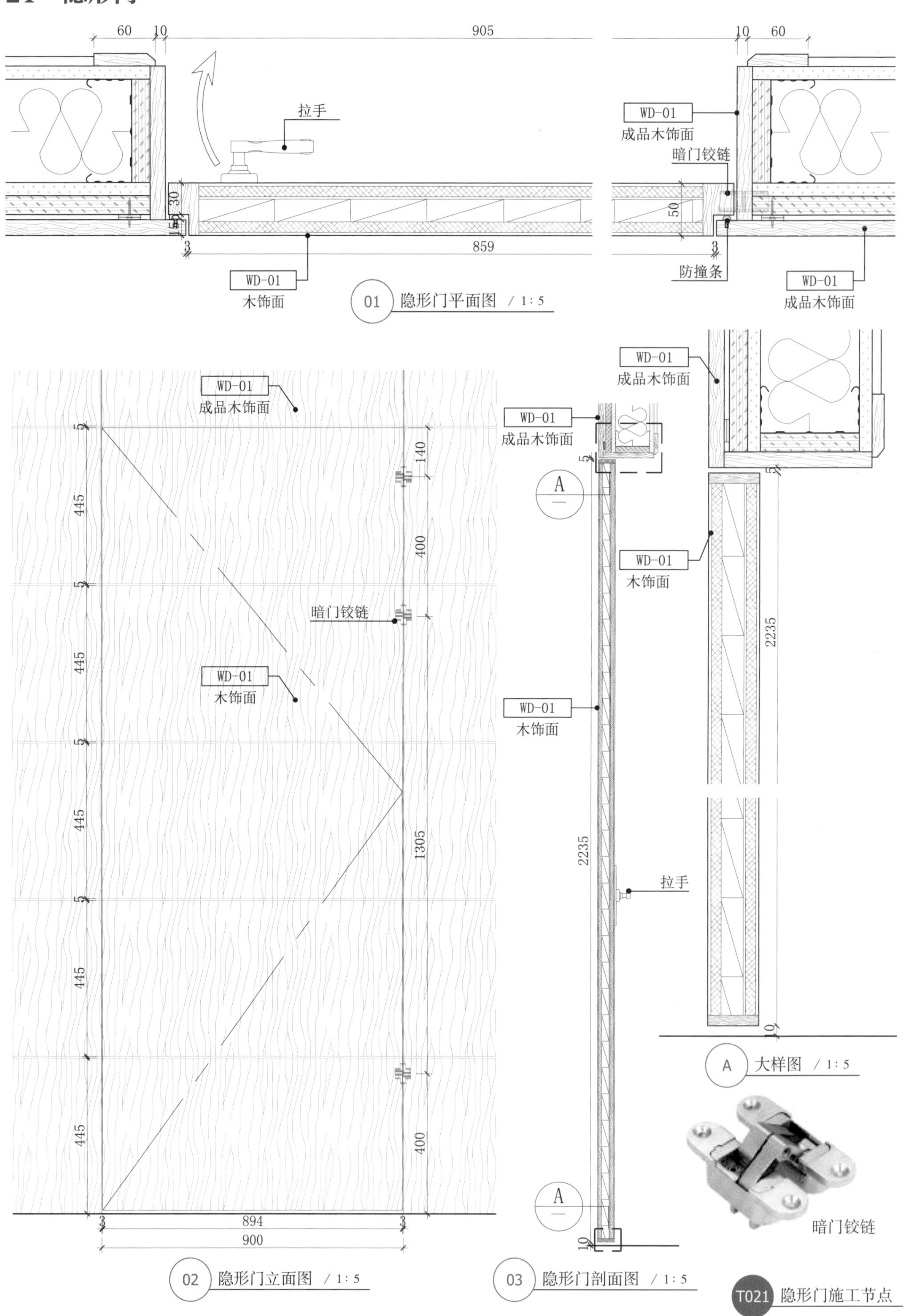
60
10
905
10
60
拉手
WD-01
成品木饰面
暗门铰链
30
50
3
859
3
防撞条
WD-01
木饰面
WD-01
成品木饰面
01 隐形门平面图 / 1:5
WD-01
成品木饰面
WD-01
成品木饰面
WD-01
成品木饰面
140
445
400
暗门铰链
WD-01
木饰面
445
445
1305
445
445
400
894
900
3
3
02 隐形门立面图 / 1:5
A
WD-01
木饰面
WD-01
木饰面
2235
2235
拉手
A
10
19
03 隐形门剖面图 / 1:5
A 大样图 / 1:5
暗门铰链

T021 隐形门施工节点

课堂小知识

隐形门

隐形门在我们的生活中是比较常见的，也是使用较多的。有的房屋原始结构不合理，空间与空间之间没有明显的分隔，所以需要通过设计手段来连接空间与空间，并进行一定的功能区域区分，同时又不影响整体空间的布局、风格和动线，此时，隐形门设计便被派上了用场。另外，区分公私空间也是隐形门的一大用处。

随着隐形密室门产品的日益普及，现在很多消费者都喜欢这种门，也有效带动了整体家居安防行业的发展，满足了不同消费者的需求。

具体做法是使门在区域范围内和周围饰面融为一体，通常是将门扇的缝与木饰面的留缝相融合，或者是隐藏在石材的留缝中，都能起到隐形的作用。若无门把手，效果更佳。当然，隐形门的形式多种多样，有的直接设置在墙壁上，有的设置在展示架后，有的藏在衣柜等家具中，有些甚至整个墙壁都是隐形门,所有这些形式都需要设计师根据房屋结构以及甲方诉求，结合装修的风格而定。

隐形门的材质也有很多种，可以是木材质、玻璃材质，也可以是石材、墙板等。

隐形门

22 淋浴间门

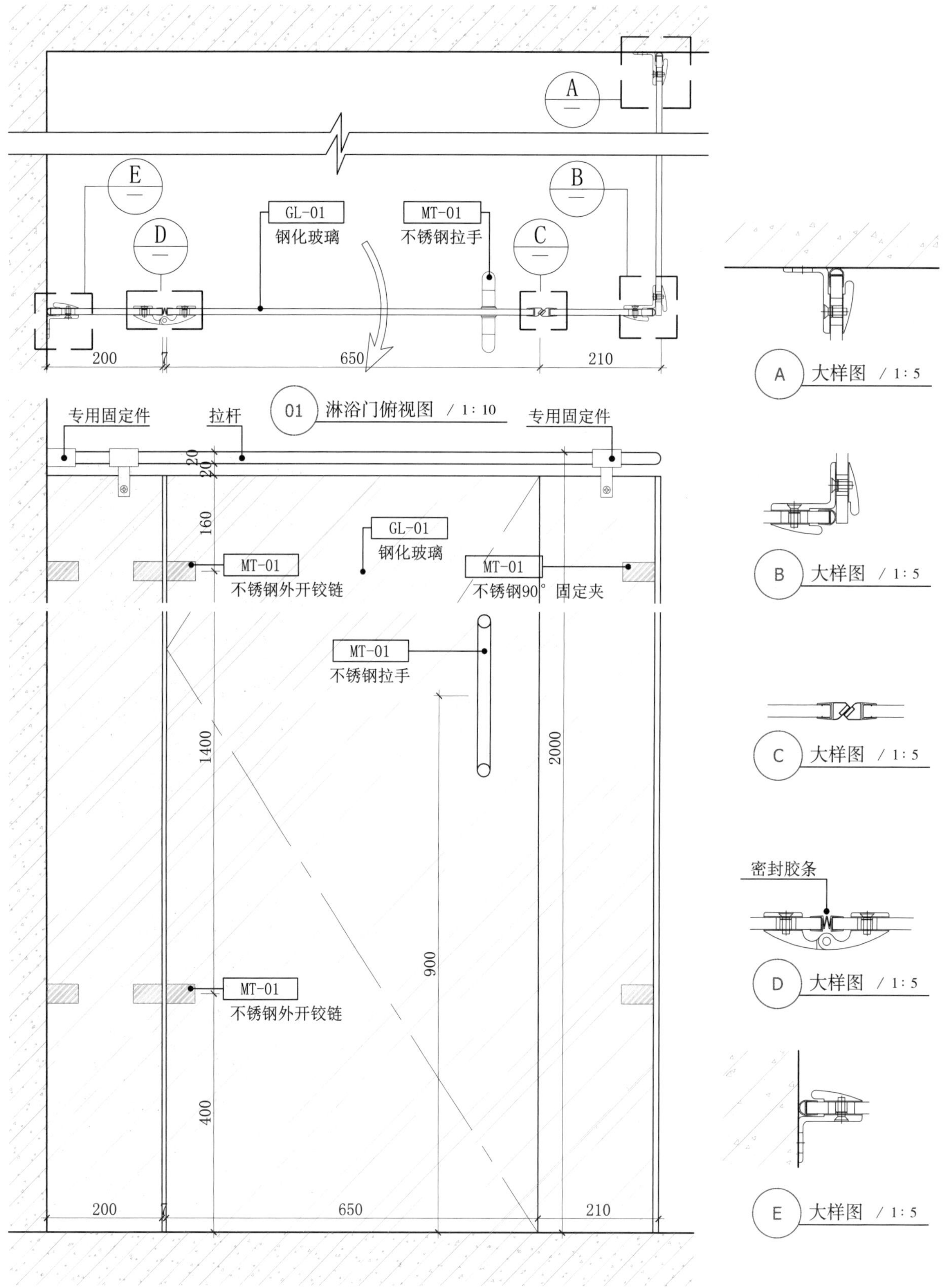

A
E
B
GL-01
钢化玻璃
MT-01
不锈钢拉手
C
D
200
7
650
210
A 大样图 / 1:5
01 淋浴门俯视图 / 1:10
专用固定件
拉杆
专用固定件
20
20
160
GL-01
钢化玻璃
MT-01
不锈钢外开铰链
MT-01
不锈钢90° 固定夹
B 大样图 / 1:5
MT-01
不锈钢拉手
1400
2000
C 大样图 / 1:5
密封胶条
900
MT-01
不锈钢外开铰链
D 大样图 / 1:5
400
200
7
650
210
E 大样图 / 1:5
02 淋浴门立面图 / 1:10

T022 淋浴间门施工节点

课堂
小知识

淋浴房选择标准

一般来讲，现代装修已经不再需要单独选配淋浴房的玻璃门，而是设计一套淋浴房的整体解决方案，包括五金、铝材、3C认证玻璃、配件，甚至提供安装等一条龙服务。

一、看玻璃

看玻璃是否通透，有无杂点、气泡等缺陷。制作玻璃的材料不纯或工艺有缺陷会导致玻璃有杂点和气泡等缺陷，从而降低玻璃的硬度、强度等。看玻璃原片上是否有3C标志认证，淋浴房产品无此标识不能销售。3C即“China Compulsory Certification”，全称为“中国国家强制性产品认证”。根据国家标准，钢化玻璃每50 mm × 50 mm面积的安全碎量要达到40粒以上。即使如此，仍然会有玻璃爆裂伤人的情况发生，所以选购正规厂家及大品牌的产品尤为重要。

二、看铝材

1.看铝材的硬度。淋浴房铝材往往需要支撑几十千克甚至上百千克玻璃的重量，如果硬度和厚度不足，淋浴房的使用寿命将会缩短，所以铝材的硬度和厚度是重要的考核指标。合格的淋浴房铝材厚度均在1.2 mm以上，走上轨吊玻璃铝材厚度需在1.5 mm以上。铝材的硬度可以通过手压铝框测试，韦氏硬度在13以上的铝材，成人用手压很难使其变形。

2.看铝材的表面是否光滑，有无色差和沙眼及剖面光洁度等情况。

三、看五金

淋浴房用的五金种类很多，有开门形式的五金，有移门形式的五金，还有折叠门形式的五金等。以移门为例，重要的五金是滑轮。

1.看滑轮的材料和轮座的密封性。滑轮的轮座要使用抗压、耐重的材料，比如304不锈钢、高端合成材料。轮座的密封性好，水汽不容易进轮子，轮子的顺滑性才能得到保障。

2.看滑轮和铝材轨道的配合性。滑轮和轨道要配合紧密，缝隙小，噪声小，在受到外力撞击时不容易脱落，避免发生安全事故。

四、看淋浴房水密性

淋浴房水密性主要观察的部位是：

1.淋浴房与墙的连接处。

2.门与门的接缝处。

3.合页处。合页因为要活动，水密性经常不好，需特别注意。

4.淋浴房与石基、底盆的连接处。

5.胶条与胶条的连接处。

淋浴房

23 电梯门

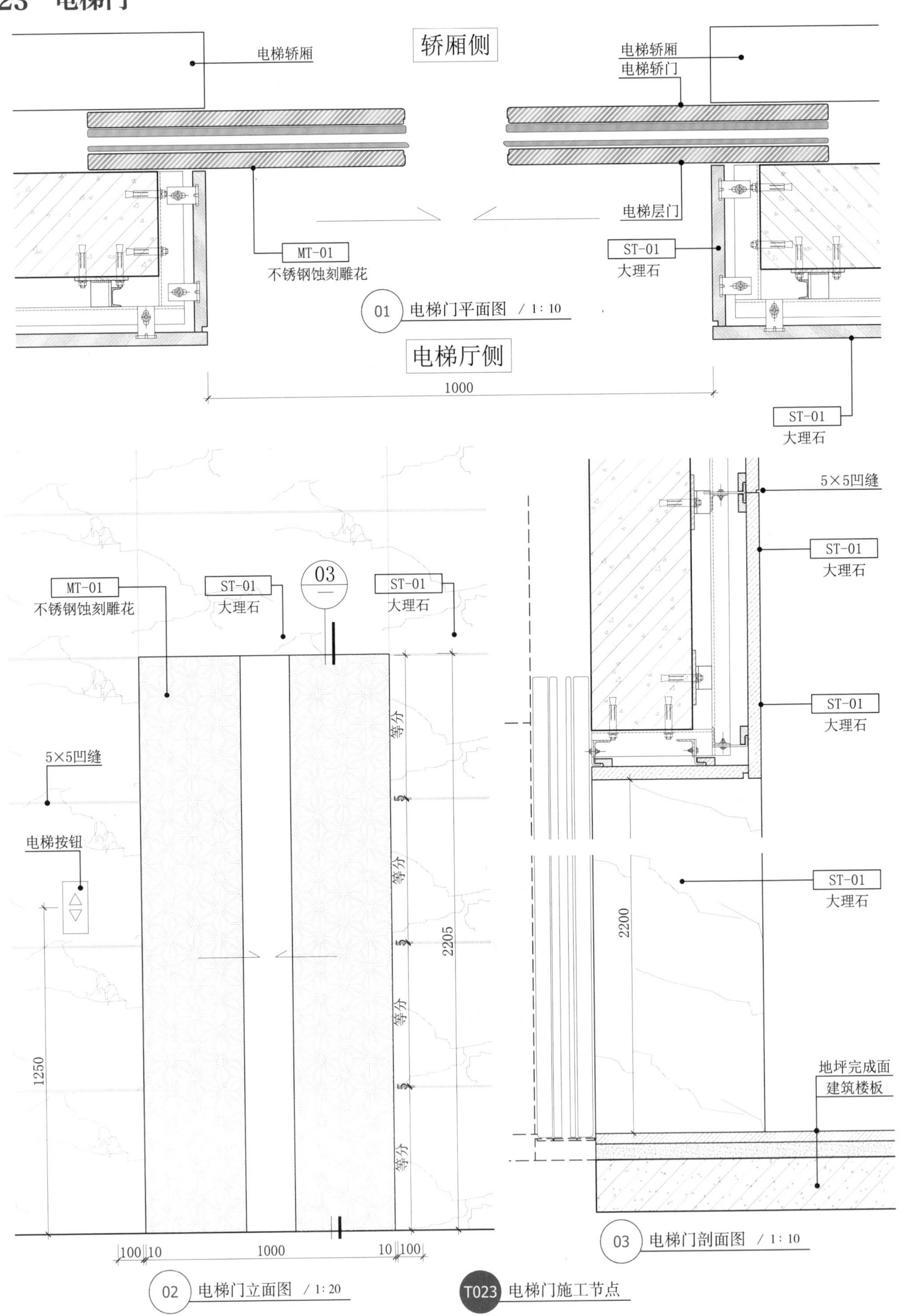

轿厢侧
电梯轿厢
电梯轿厢
电梯轿门
电梯层门
MT-01
不锈钢蚀刻雕花
ST-01
大理石
01 电梯门平面图 / 1:10
电梯厅侧
1000
ST-01
大理石
MT-01
不锈钢蚀刻雕花
ST-01
大理石
03
ST-01
大理石
5×5凹缝
电梯按钮
等分
5
2205
1250
100
10
1000
10
100
02 电梯门立面图 / 1:20
5×5凹缝
ST-01
大理石
ST-01
大理石
ST-01
大理石
2200
地坪完成面
建筑楼板
03 电梯门剖面图 / 1:10

T023 电梯门施工节点

课堂小知识

电梯门系统

电梯是机电合一的大型复杂产品，作为特种设备，在现代社会中担任着重要角色。电梯设备的运行质量影响着每一个人的人身和财产安全，受到人们的广泛关注。

电梯门系统主要包括轿门系统和层门系统，内部乘梯时看到的为轿门，外部候梯时看到的部分为层门。

轿门系统也称为门机系统，主要由门机装置、轿门和轿门地坎组成。门机装置是整个门系统运行的驱动装置，轿门是在轿厢中乘客能够看到的部分，轿门地坎主要用于承受出入轿厢物体的重量。

层门系统主要由层门装置、层门门板、层门门套和层门地坎组成。层门装置是由门机带动并实现整个层门系统运行的装置；层门门板是乘客候梯时在层站处直接看到的部分；层门门套安装在每一层门洞处，由开门宽度决定；层门地坎主要用于承受出入层站物体的重量。

电梯层门是电梯中的一个重要组成部分。电梯层门的开关是通过运用电梯轿门中的开门刀片进行的，直接影响电梯的运行。每个电梯层门和轿门的闭合都应当由电气安全装置来验证。如果滑动门是由数个间接机械连接的门扇组成的，则未被锁住的门扇上也应当设置电气安全装置以验证其闭合状态。电梯层门的关闭运用的主要结构有控制器、驱动装置、门入口保护装置、门机械装置、门锁和开关门限位等。

电梯间

24 设备间隐形门

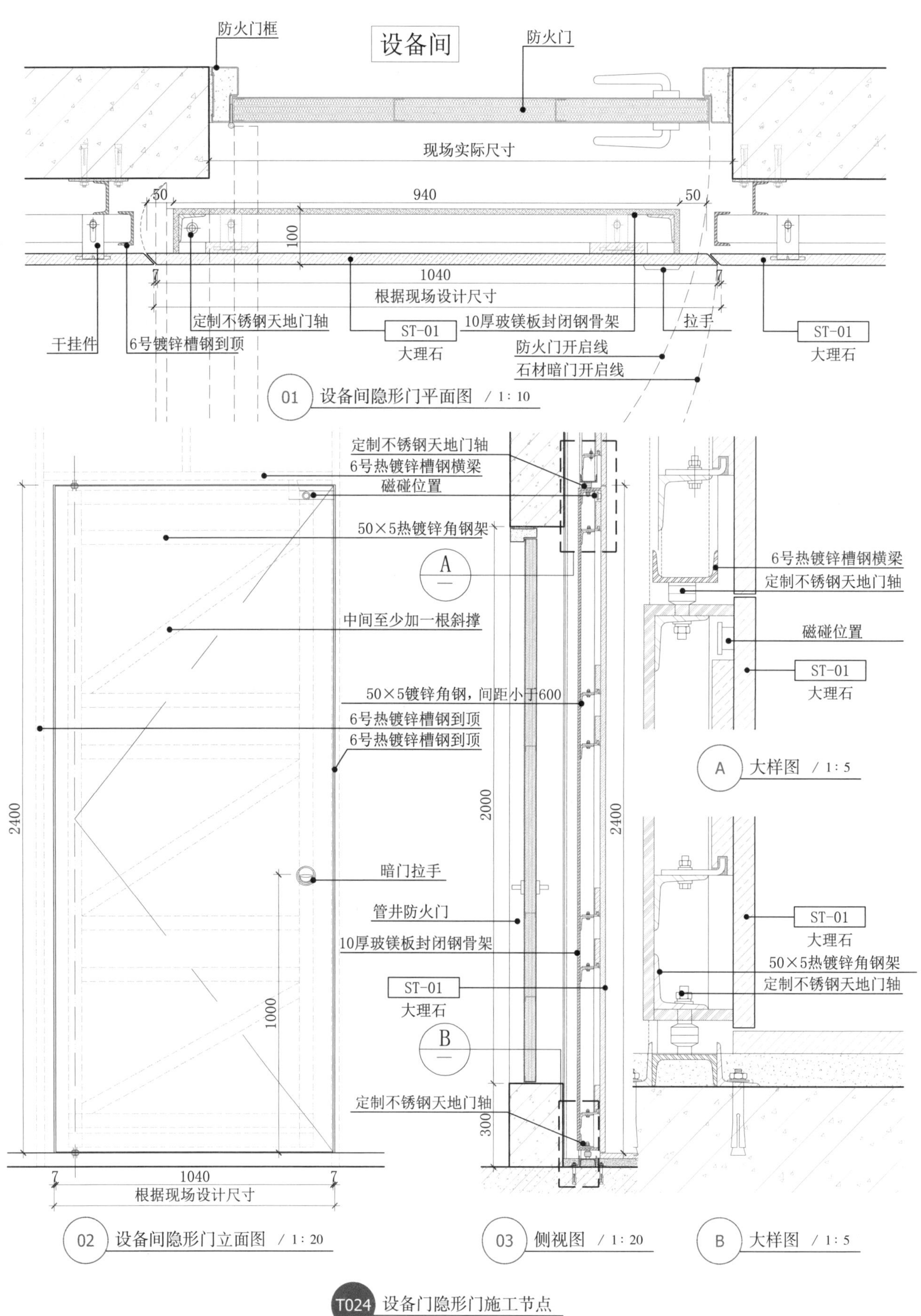

防火门框
设备间
防火门
现场实际尺寸
50
940
50
100
1040
7
7
根据现场设计尺寸
定制不锈钢天地门轴
10厚玻镁板封闭钢骨架
拉手
干挂件
6号镀锌槽钢到顶
ST-01
大理石
防火门开启线
石材暗门开启线
ST-01
大理石
01 设备间隐形门平面图 / 1：10
定制不锈钢天地门轴
6号热镀锌槽钢横梁
磁碰位置
50×5热镀锌角钢架
A
中间至少加一根斜撑
50×5镀锌角钢，间距小于600
6号热镀锌槽钢到顶
6号热镀锌槽钢到顶
2400
2000
2400
暗门拉手
管井防火门
10厚玻镁板封闭钢骨架
ST-01
大理石
1000
B
定制不锈钢天地门轴
300
7
1040
7
根据现场设计尺寸
6号热镀锌槽钢横梁
定制不锈钢天地门轴
磁碰位置
ST-01
大理石
A 大样图 / 1：5
ST-01
大理石
50×5热镀锌角钢架
定制不锈钢天地门轴
02 设备间隐形门立面图 / 1：20
03 侧视图 / 1：20
B 大样图 / 1：5

T024 设备门隐形门施工节点

课堂小知识

设备间门与防火门

随着社会的进步、时代的发展，人们的审美要求越来越高，对设计的要求也越来越追求完美。

一般来说，在高档会所、酒店甚至办公楼宇等，都会出现设备房，除了强电配电房、消防泵房外，还有弱电控制机房、通风机房、滤水房、消毒室、无人自动化控制机房、通信机房、互联网设备机房等。本节讨论的就是在物业管辖范围内的设备间门的装饰问题。

以酒店为例，对墙面进行装修时无法避免地会涉及原建筑的设备房门。正常做法是不拆除此门，在设备间的门外再增设一扇与装饰面相同的隐形门，既保证了美观性，又不违反消防法规。不能拆除是因为设备间的门不仅具有防火功能，同时还有防烟隔热的作用，内装所增设的装饰面的门很难达到同等要求，仅能满足美观性诉求。

防火门按材质可以分为木质防火门、钢质防火门、钢木质防火门以及其他材质防火门，常用的防火门是木质防火门和钢质防火门。防火门按耐火性能分为隔热防火门、部分隔热防火门、非隔热防火门三种，我们通常所说的防火门都是隔热防火门，基于耐火极限分为甲级（1.5 h）、乙级（1.0 h）、丙级（0.5 h）三种。

电缆井、管道井、排烟道、排气道、垃圾道等竖向井道，需要设置丙级防火门，防止火和烟气通过竖井或管道井蔓延。重要设备间需要设置防火门，以保护设备安全。常用的设备间有：变配电室（甲级）、通风空气调节机房（甲级）、消防水泵房（甲级）、电梯机房（甲级）、发电机房（甲级）、储油间（甲级）、消防控制室（乙级）、灭火设备室（乙级）。

设备间门

25 防火卷帘门

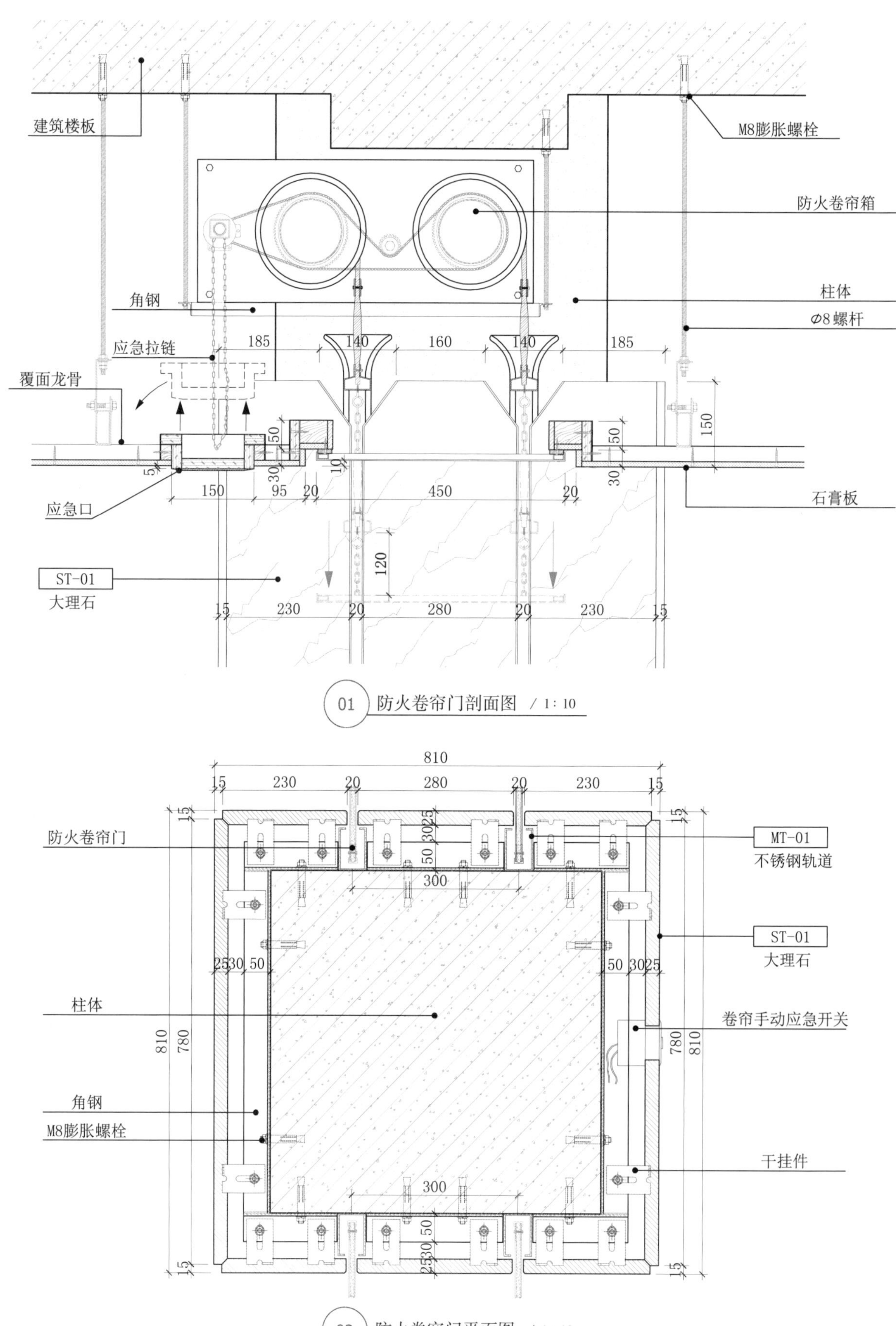
建筑楼板
M8膨胀螺栓
防火卷帘箱
柱体
Ø8螺杆
角钢
应急拉链
覆面龙骨
185
140
160
140
185
150
50
50
5
30
10
30
150
95
20
450
20
石膏板
应急口
120
ST-01
大理石
15
230
20
280
20
230
15

01 防火卷帘门剖面图 / 1：10

810
15
230
20
280
20
230
15
防火卷帘门
MT-01
不锈钢轨道
3025
50
300
ST-01
大理石
2530 50
50 3025
柱体
卷帘手动应急开关
810
780
780
810
角钢
M8膨胀螺栓
干挂件
300
50
2530
15
15

02 防火卷帘门平面图 / 1：10

T025 防火卷帘门施工节点

课堂
小知识

防火卷帘门的应用场所及其分类

一、防火卷帘门的应用场所

防火卷帘门与一般的卷帘门相比，在防火上要求更高，要符合《防火卷帘门》GB 14102—2005中代号TF3的要求。防火卷帘门广泛应用于各种工业与民用建筑中要求测量背火面温升、对抗风压要求低的场所，如办公室、超市、商厦、展览厅、地下车库、娱乐场所等的防火分区分隔。按国家标准规定，以背火面温升为判定条件，耐火极限不低于3h的防火卷帘为特级防火卷帘。

二、防火卷帘门的分类

防火卷帘种类很多，有气雾式钢质防火卷帘、蒸发式气雾防火卷帘、双轨双帘无机复合特级防火卷帘门，还有水雾式防火卷帘。

气雾式钢质防火卷帘在每节帘片的串接处中间加一根钻有小孔的薄壁钢管，在帘面两端设两根橡胶软管与薄壁钢管相接。当火灾发生时，水经橡胶软管流入钢管内并从小孔渗漏出来，遇热汽化，吸收并带走帘片的热量，使之降温。

蒸发式气雾防火卷帘是在帘片背火面侧面设一根钢管，在钢管上密密麻麻地钻上小孔。当发生火灾时，水经小孔射出洒在帘片上流下，吸热、蒸发，使帘片降温。

双轨双帘无机复合特级防火卷帘门是在两层帘面之间设有一定厚度的空气层。每幅帘面由三层材料复合组成：受火面采用防火耐火布，背火面采用防热辐射布或其他耐高温布，中间隔热层选用经特殊处理的增强型硅酸铝耐火纤维毯，帘面厚度为10~20 mm。帘面横向设置通长薄钢带，间距为300~600 mm；帘面纵向设置2 mm粗的不锈钢丝绳，间距为1500 mm。为抗负压，在导轨内的两端设帘面增强钢带，间隙处增加T形结构，防止火灾时产生的负压造成帘面从导轨中滑落。该防火卷帘隔热性好，不需用水保护，是一种新型的特级防火卷帘，目前许多地方已推广应用。

水雾式防火卷帘是一种构思新颖、结构简单、效果明显的新型防火卷帘。该卷帘由单板式钢质防火卷帘，在传动装置一侧布置的一根均匀安装水雾喷头的水管及控制系统组成。它保留了单板式钢质防火卷帘的优点，用水雾使帘面降温，在耐火极限3h内，帘面的背火面温度均在100℃以下，确保了该防火卷帘替代防火墙的隔热能力，是具有较强生命力的产品。

防火卷帘门封堵前

防火卷帘门封堵后

26 店面卷帘门

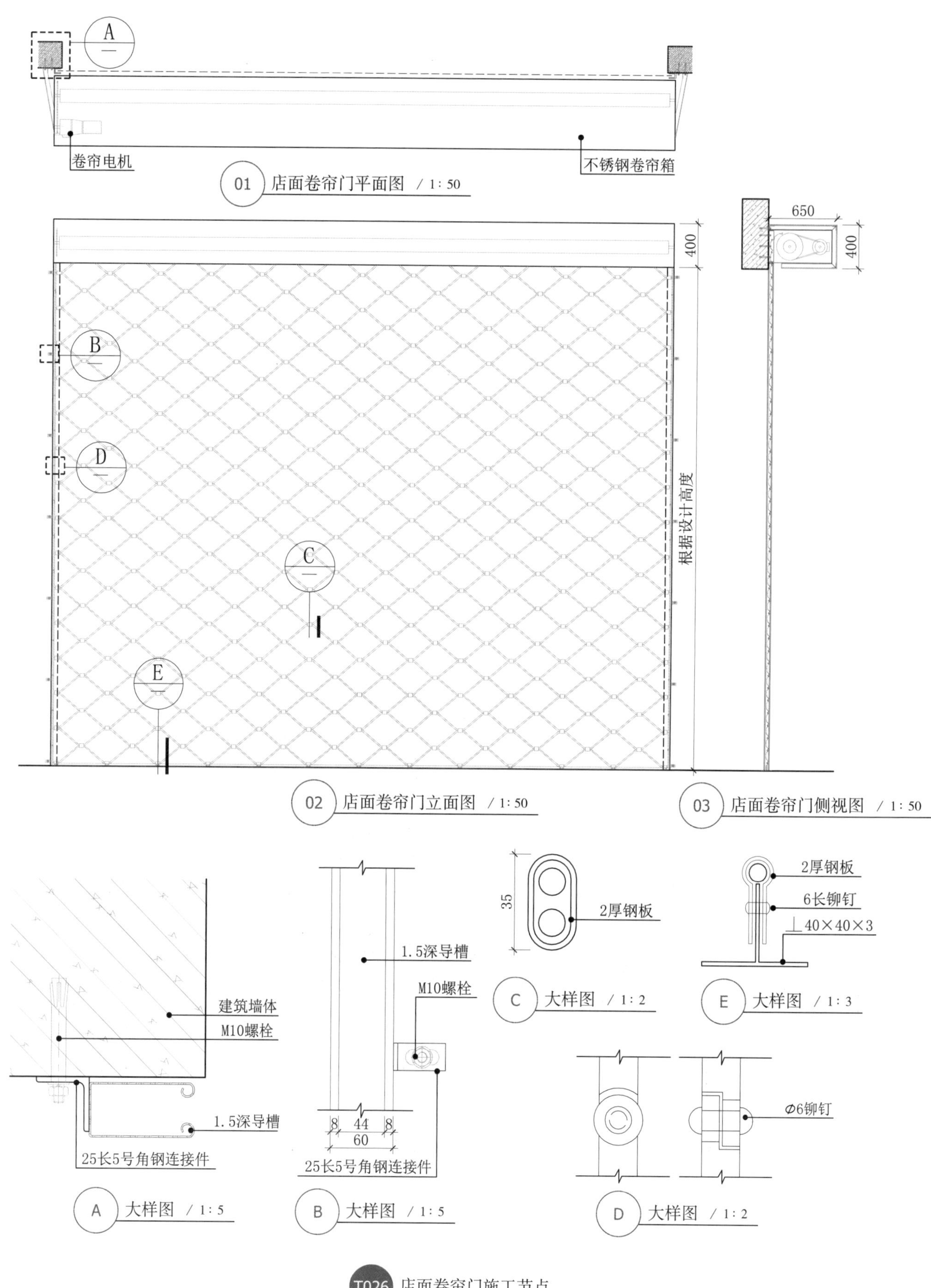
A
卷帘电机
不锈钢卷帘箱
01 店面卷帘门平面图 / 1:50
400
650
400
B
D
C
E
根据设计高度
02 店面卷帘门立面图 / 1:50
03 店面卷帘门侧视图 / 1:50
建筑墙体
M10螺栓
1.5深导槽
25长5号角钢连接件
A 大样图 / 1:5
1.5深导槽
M10螺栓
8 44 8
60
25长5号角钢连接件
B 大样图 / 1:5
35
2厚钢板
C 大样图 / 1:2
2厚钢板
6长铆钉
⊥40×40×3
E 大样图 / 1:3
Ø6铆钉
D 大样图 / 1:2

T026 店面卷帘门施工节点

课堂小知识

电动卷帘门

店面卷帘门多为电动卷帘门，电动卷帘门由多节活动的门片串联在一起，启动由电动机组带动。门在固定的滑道内，以门上方卷轴为中心上下转动，适用于商业门面、车库、商场、医院、厂矿企业等，尤其是在门洞较大、不便安装地面门体的地方可以方便、快捷开启，如用于车库门、商场防火卷帘门、飞机库门等。

依据电动卷帘门的门片材质可分为无机布型、网状型、铝合金型卷帘门和水晶卷帘门。

电动卷帘门还可依据专用电机种类划分，卷帘门专用电机有防火卷门机、澳式卷门机、外挂卷门机、管状卷门机、无机双帘卷门机、快速卷门机等。不同专用电机的电动卷帘门各有各的特点，可依客户的需求来定选择哪种。

电动卷帘门用途也分很多种，按照不同使用者的要求，有静音型、降噪型，有不锈钢卷帘门，还有防风、防火卷帘门和水晶卷帘门。

运行中电机隐藏于卷管内，通过电机转动带动传动轴转动，实现卷帘帘片的升降，上升时帘片卷绕在卷轴上，下降时帘片顺着导轨内侧滑下。遥控器控制卷帘的上升、停止、下降等动作。另有断电手动释放系统，在断电的情况下可通过手动摇杆使卷帘门升降。

SALE

电动卷帘门

27 旋转门

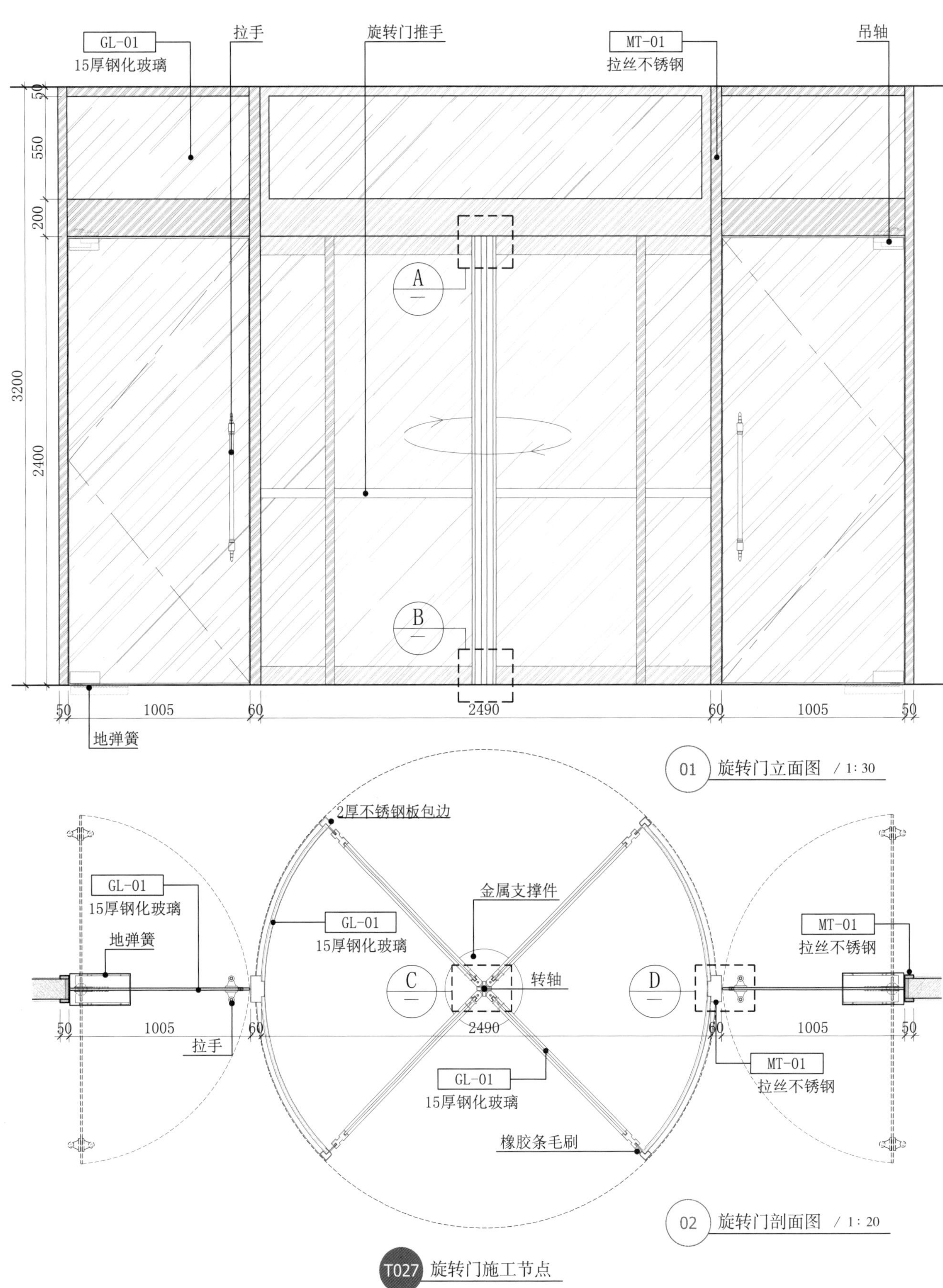

GL-01
15厚钢化玻璃
拉手
旋转门推手
MT-01
拉丝不锈钢
吊轴
50
550
200
3200
2400
A
B
50
1005
60
2490
60
1005
50
地弹簧
01 旋转门立面图 / 1:30
2厚不锈钢板包边
GL-01
15厚钢化玻璃
地弹簧
金属支撑件
GL-01
15厚钢化玻璃
MT-01
拉丝不锈钢
C
转轴
D
50
1005
60
2490
60
1005
50
拉手
MT-01
拉丝不锈钢
GL-01
15厚钢化玻璃
橡胶条毛刷
02 旋转门剖面图 / 1:20

T027 旋转门施工节点

注：自动旋转门由框架系统、电气控制系统、驱动系统和安全系统四部分构成。

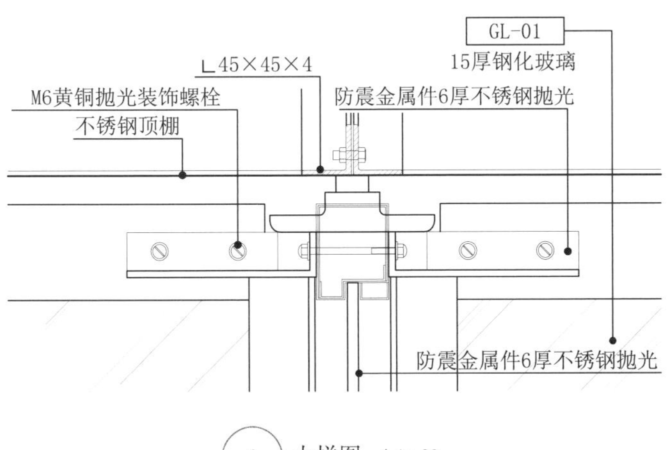
GL-01
15厚钢化玻璃
∟45×45×4
M6黄铜抛光装饰螺栓
防震金属件6厚不锈钢抛光
不锈钢顶棚
防震金属件6厚不锈钢抛光

A 大样图 / 1：20

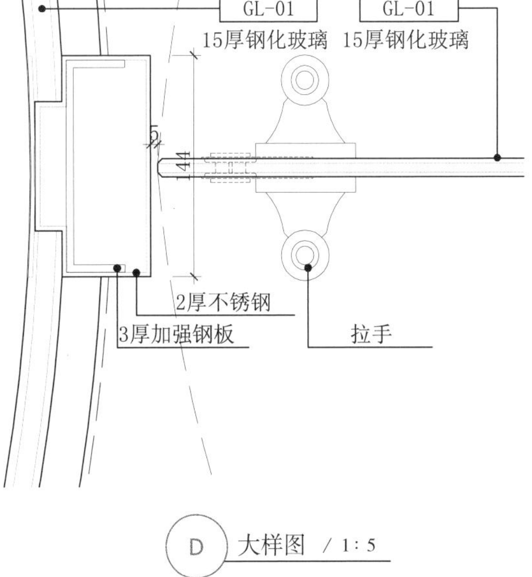
GL-01
15厚钢化玻璃
GL-01
15厚钢化玻璃
144
2厚不锈钢
3厚加强钢板
拉手

D 大样图 / 1：5

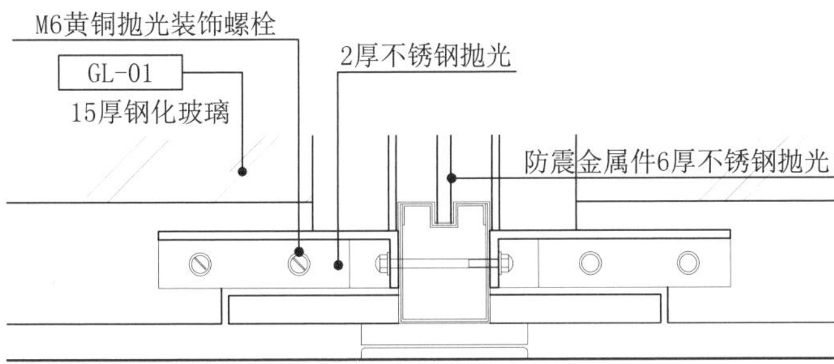
M6黄铜抛光装饰螺栓
GL-01
15厚钢化玻璃
2厚不锈钢抛光
防震金属件6厚不锈钢抛光

B 大样图 / 1：20

旋转门

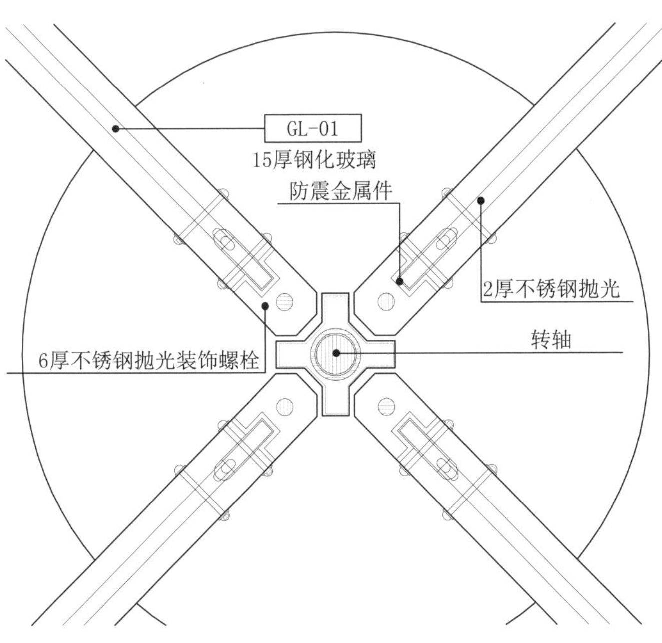
GL-01
15厚钢化玻璃
防震金属件
2厚不锈钢抛光
转轴
6厚不锈钢抛光装饰螺栓

C 大样图 / 1：5

续 T027 旋转门施工节点

28 变轨移门

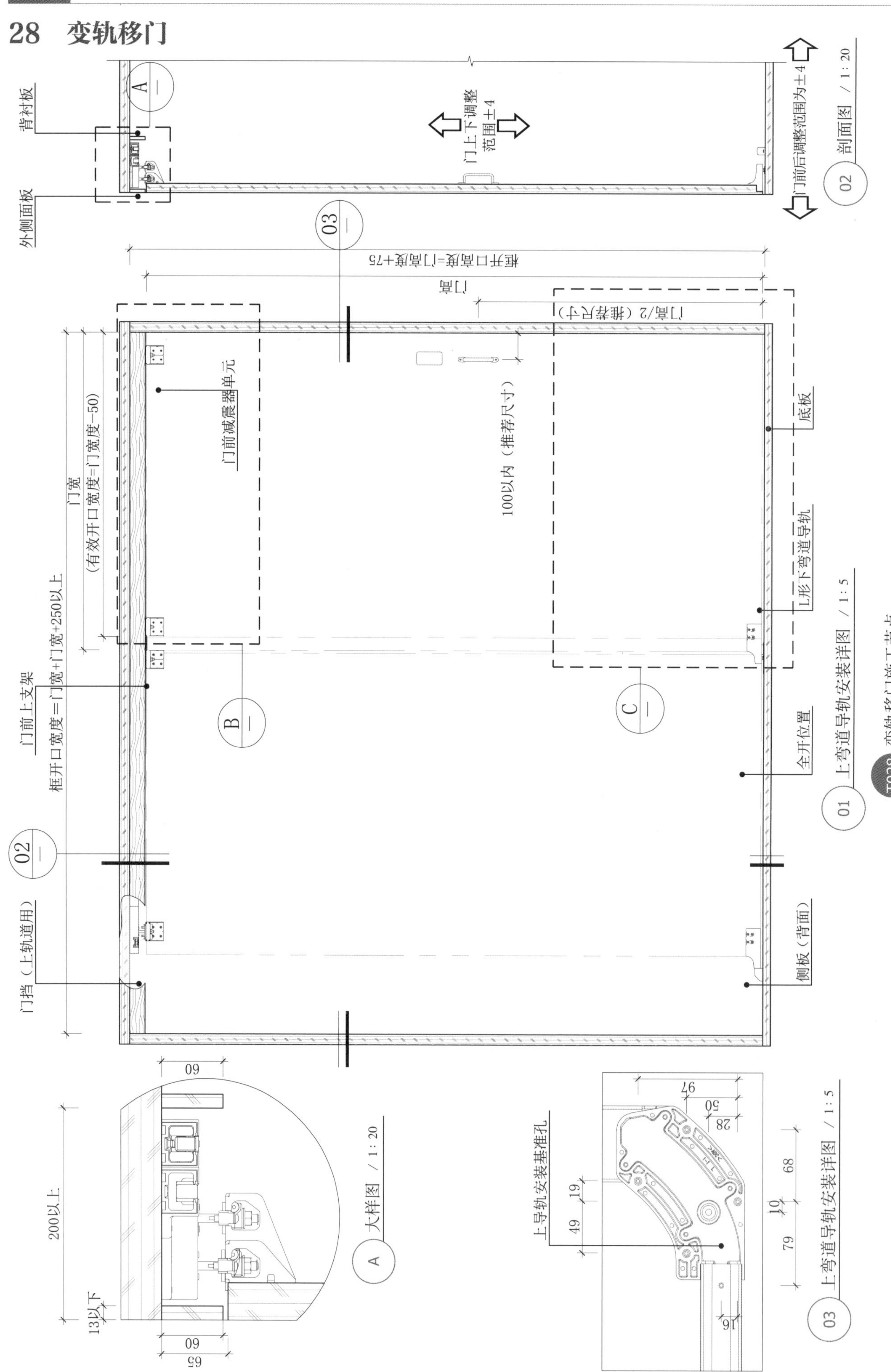

背衬板
外侧面板
门上下调整范围±4
门前后调整范围为±4
02 剖面图 / 1:20
框开口高度=门高度+75
门高
门高/2（推荐尺寸）
门前减震器单元
门宽
（有效开口宽度=门宽度-50）
框开口宽度=门宽+门宽+250以上
门前上支架
100以内（推荐尺寸）
底板
L形下弯道导轨
全开位置
侧板（背面）
门挡（上轨道用）
01 上弯道导轨安装详图 / 1:5
T028 变轨移门施工节点
A 大样图 / 1:20
200以上
13以下
60
60
65
上导轨安装基准孔
97
50
28
49
19
68
10
79
16
03 上弯道导轨安装详图 / 1:5

续T028 变轨移门施工节点

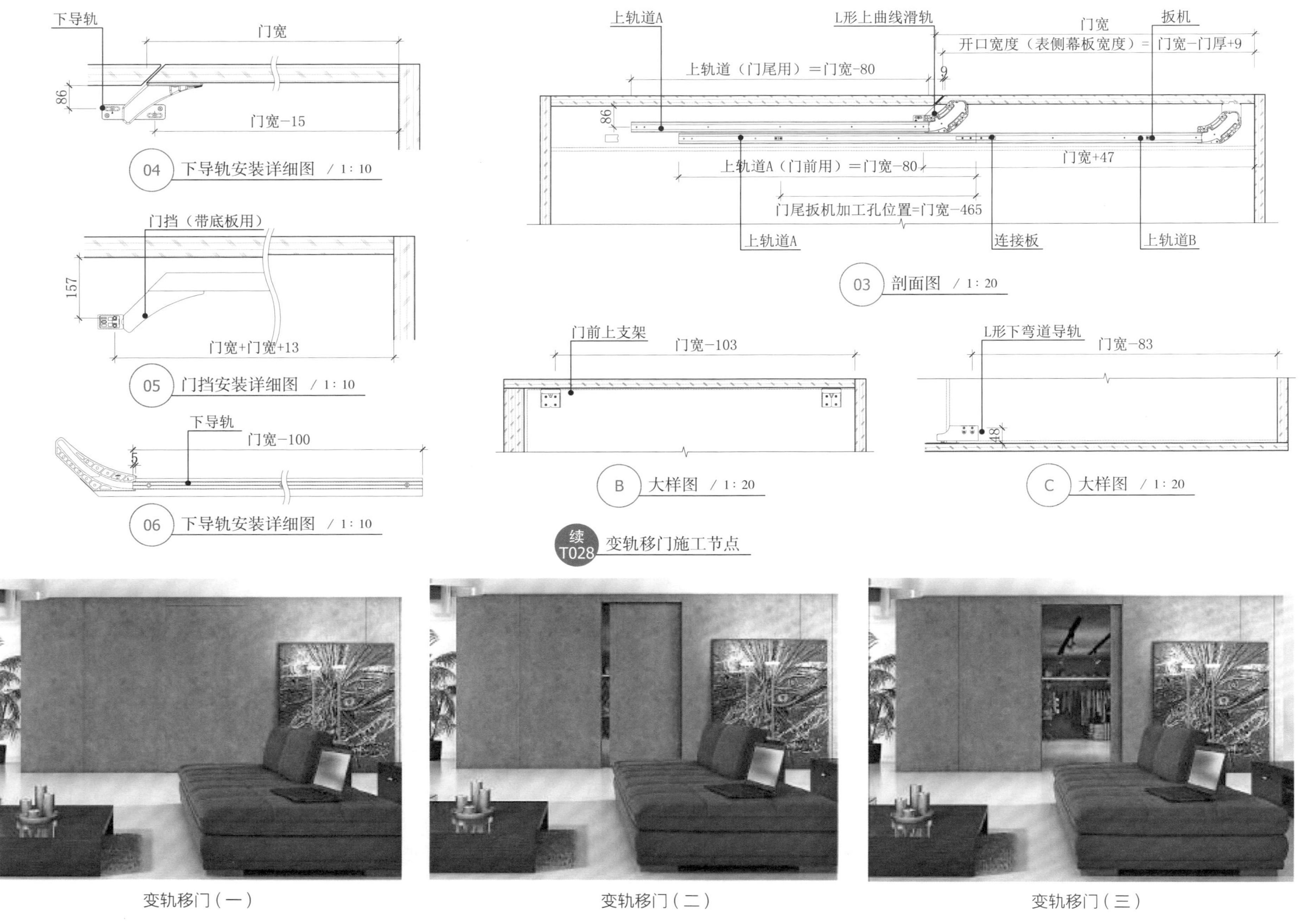
下导轨
门宽
86
门宽−15
04 下导轨安装详细图 / 1:10
门挡（带底板用）
157
门宽+门宽+13
05 门挡安装详细图 / 1:10
下导轨
门宽−100
5
06 下导轨安装详细图 / 1:10
上轨道A
L形上曲线滑轨
门宽
扳机
开口宽度（表侧幕板宽度）＝门宽−门厚+9
上轨道（门尾用）＝门宽−80
9
86
门宽+47
上轨道A（门前用）＝门宽−80
门尾扳机加工孔位置=门宽−465
上轨道A
连接板
上轨道B
03 剖面图 / 1:20
门前上支架
门宽−103
B 大样图 / 1:20
L形下弯道导轨
门宽−83
48
C 大样图 / 1:20

变轨移门（一）

变轨移门（二）

变轨移门（三）

29 活动折叠门

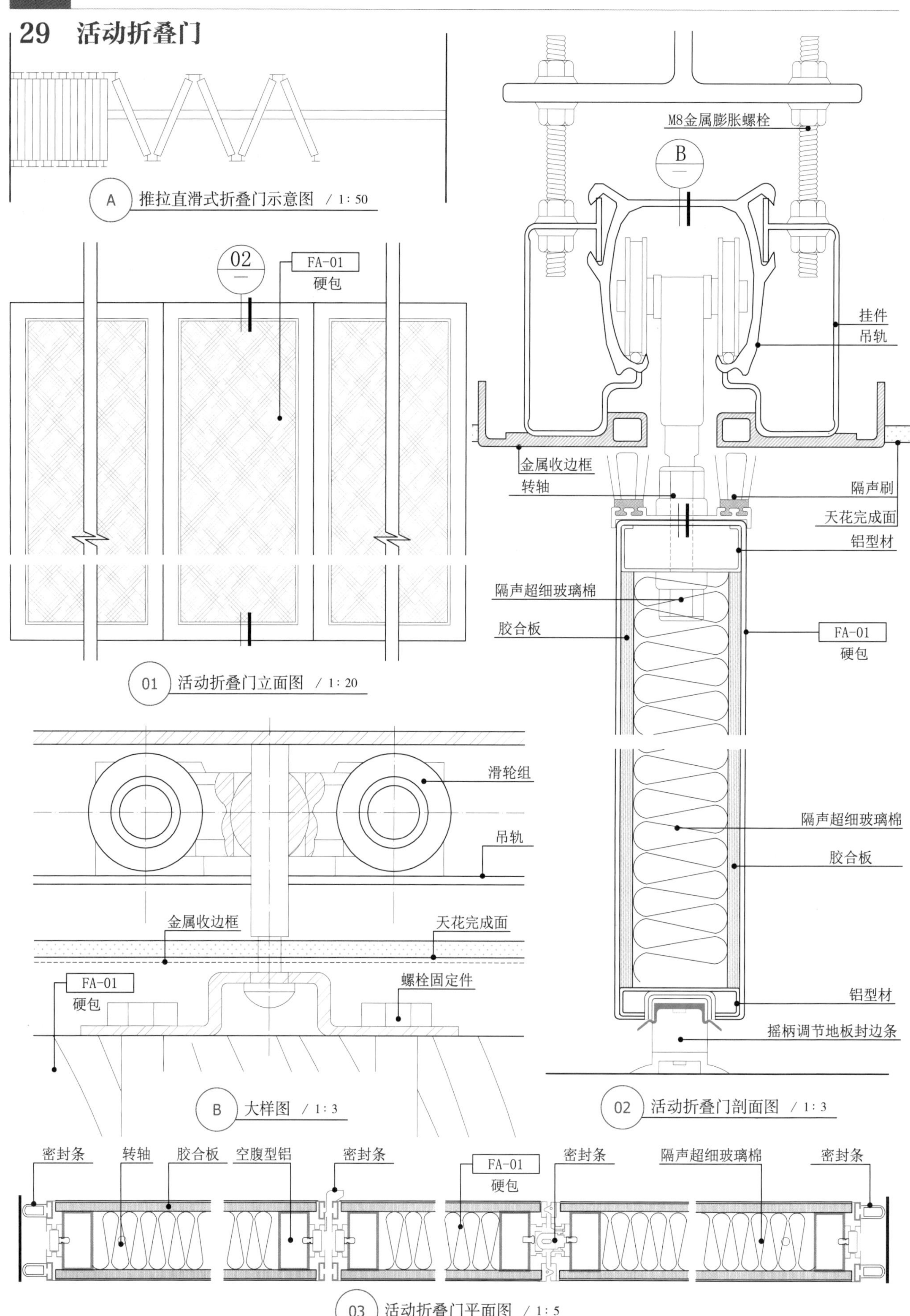

A 推拉直滑式折叠门示意图 / 1: 50
02
FA-01
硬包
01 活动折叠门立面图 / 1: 20
M8金属膨胀螺栓
B
挂件
吊轨
金属收边框
转轴
隔声刷
天花完成面
铝型材
隔声超细玻璃棉
胶合板
FA-01
硬包
隔声超细玻璃棉
胶合板
铝型材
摇柄调节地板封边条
02 活动折叠门剖面图 / 1: 3
滑轮组
吊轨
金属收边框
天花完成面
FA-01
硬包
螺栓固定件
B 大样图 / 1: 3
密封条
转轴
胶合板
空腹型铝
密封条
FA-01
硬包
密封条
隔声超细玻璃棉
密封条
03 活动折叠门平面图 / 1: 5

T029 活动折叠门施工节点

课堂小知识

活动折叠门

一、折叠门的组成

折叠门主要由门框、门扇、传动部件、转臂部件、传动杆、定向设备等组成，可分为单轮趴轨式和双轮吊轨式。悬挂导向的固定方式是在门扇顶部安装滑轮，且把滑轮嵌入轨道沟槽使门扇与轨道相连，每扇门逐块嵌入轨道，最后调整每扇门的位置，将内置伸缩系统打开，使每扇门上顶轨道、下抵地面。

二、折叠门的特点

1.折叠门打开后可以一推到底，只占用一些侧边的空间，十分节省空间，且光线也不会受到影响，让房间更加敞亮。

2.折叠门的保温性和密封性均较好，具有隔冷隔热、隔绝油烟、防潮防火、降低噪声等特点，密闭性能高，也能起到屏风的作用。现在的折叠门种类非常多，有手动、电动、遥控等类型。

3.折叠门大多是用新型材料制作而成，质量比较轻，开启和关闭都很方便。

4.折叠门款式繁多，可以根据家里的装修风格来选择，能够最大程度地提升家里的装修格调。

三、折叠门常规尺寸

在实际应用中，折叠门尺寸都是随环境而变化的，除了高度的变化很小，门扇数量、门扇宽度等均可根据实际场地尺寸调整。折叠门在市场上少有成品，大多是采用定制的方式。目前在室内装修设计中，常规的折叠门尺寸为宽450~800 mm，高1900~3600 mm。

四、折叠门应用场景

折叠门广泛用于办公空间、厂房车间及超大场所区域，可起到保温、防虫、防尘、遮蔽隔离的作用。

活动折叠门

30 巴士门

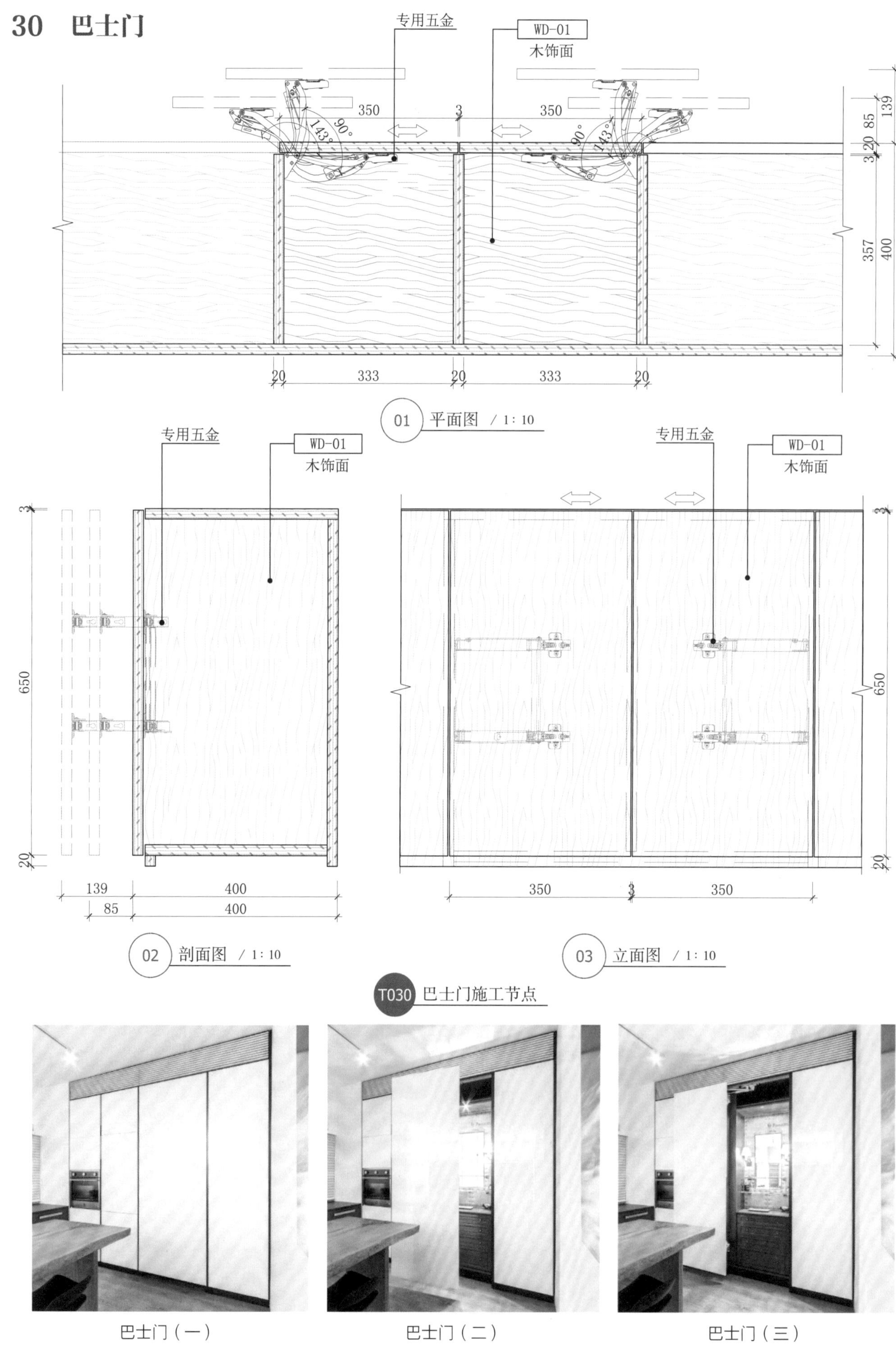

专用五金
WD-01
木饰面
350
3
350
90°
143°
139
85
3
20
357
400
20
333
20
333
20
01 平面图 / 1:10
02 剖面图 / 1:10
03 立面图 / 1:10
650
139
85
T030 巴士门施工节点

巴士门（一）

巴士门（二）

巴士门（三）

U

台盆柜节点

1 台上盆一

2 台上盆二

3 台下盆一

4 台下盆二

5 台下盆三

6 台下盆四

7 台下盆五

1 台上盆一

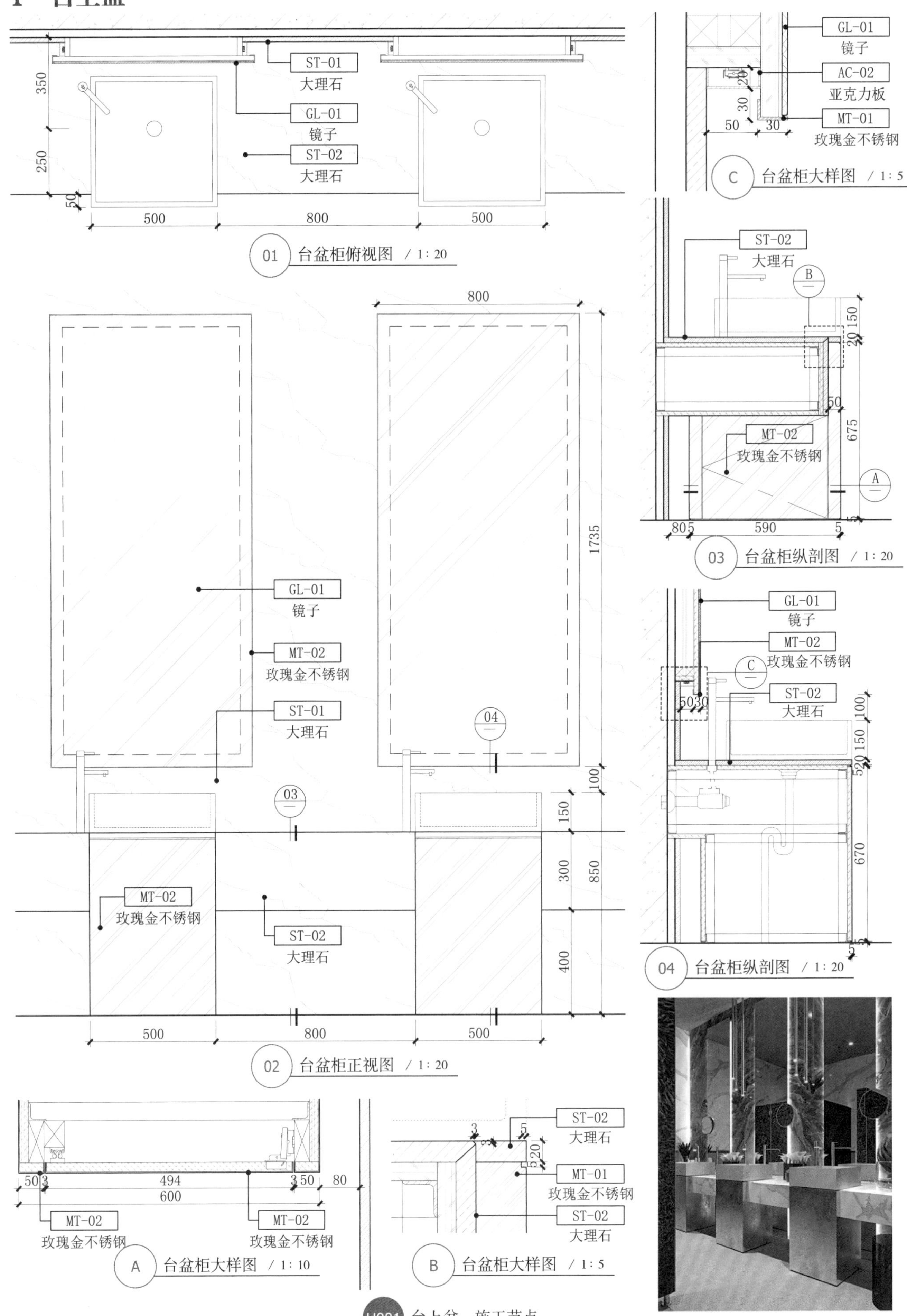

ST-01
大理石
GL-01
镜子
ST-02
大理石
350
250
50
500
800
500
01 台盆柜俯视图 / 1:20
GL-01
镜子
AC-02
亚克力板
MT-01
玫瑰金不锈钢
20
30
50
30
C 台盆柜大样图 / 1:5
ST-02
大理石
B
150
20
50
675
MT-02
玫瑰金不锈钢
A
805
590
5
03 台盆柜纵剖图 / 1:20
800
1735
GL-01
镜子
MT-02
玫瑰金不锈钢
ST-01
大理石
04
03
100
150
300
850
400
MT-02
玫瑰金不锈钢
ST-02
大理石
500
800
500
02 台盆柜正视图 / 1:20
GL-01
镜子
MT-02
玫瑰金不锈钢
C
ST-02
大理石
5030
100
150
20
670
5
04 台盆柜纵剖图 / 1:20
50
3
494
3
50
80
600
MT-02
玫瑰金不锈钢
MT-02
玫瑰金不锈钢
A 台盆柜大样图 / 1:10
ST-02
大理石
3
5
20
MT-01
玫瑰金不锈钢
ST-02
大理石
B 台盆柜大样图 / 1:5
U001 台上盆一施工节点

台上盆一

2 台上盆二

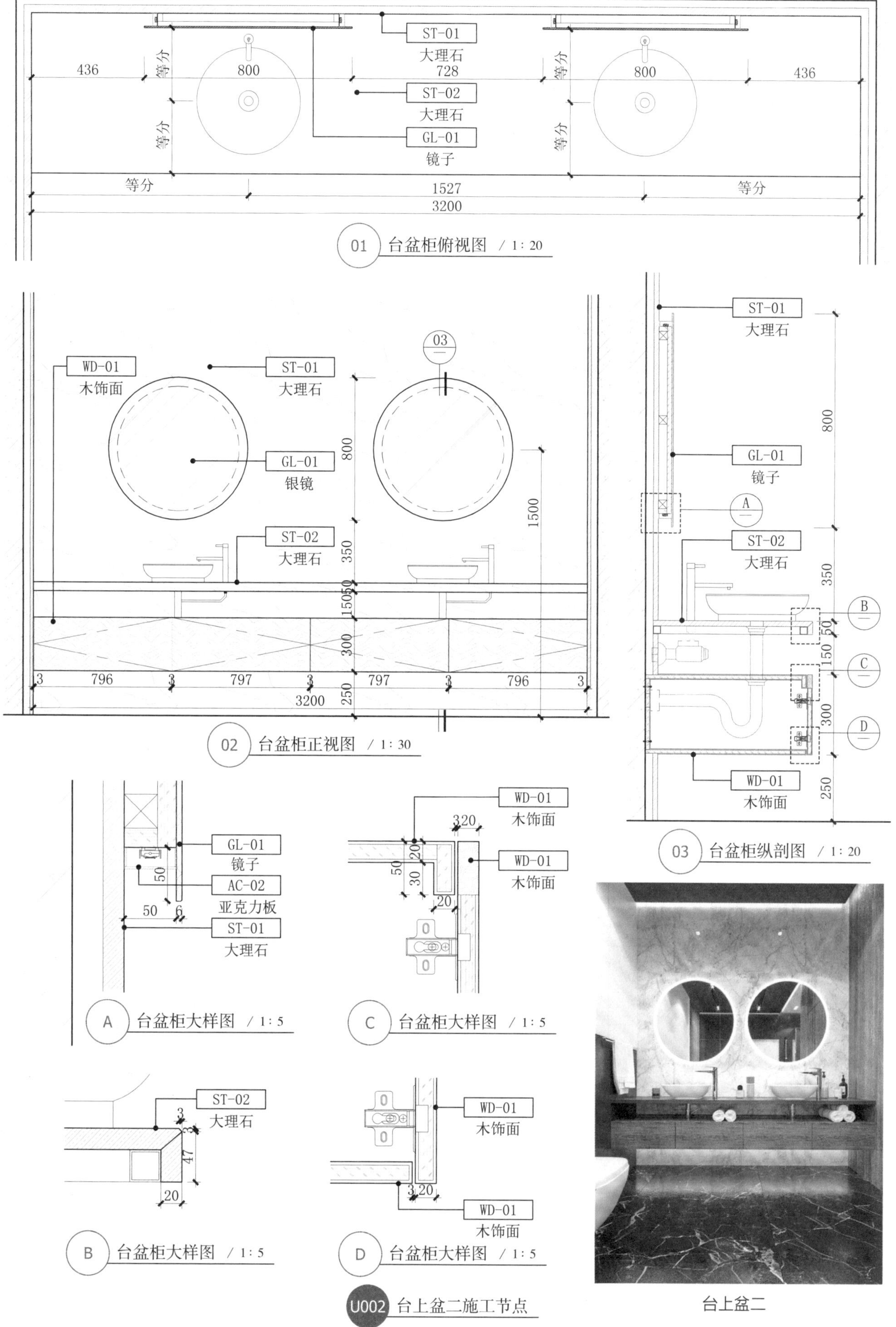
ST-01
大理石
ST-02
大理石
GL-01
镜子
436
800
728
等分
1527
3200
01 台盆柜俯视图 / 1:20
WD-01
木饰面
ST-01
大理石
GL-01
银镜
ST-02
大理石
03
800
350
150
300
250
1500
796
797
3200
02 台盆柜正视图 / 1:30
A
B
C
D
WD-01
木饰面
03 台盆柜纵剖图 / 1:20
AC-02
亚克力板
A 台盆柜大样图 / 1:5
C 台盆柜大样图 / 1:5
B 台盆柜大样图 / 1:5
D 台盆柜大样图 / 1:5

U002 台上盆二施工节点

台上盆二

3 台下盆一

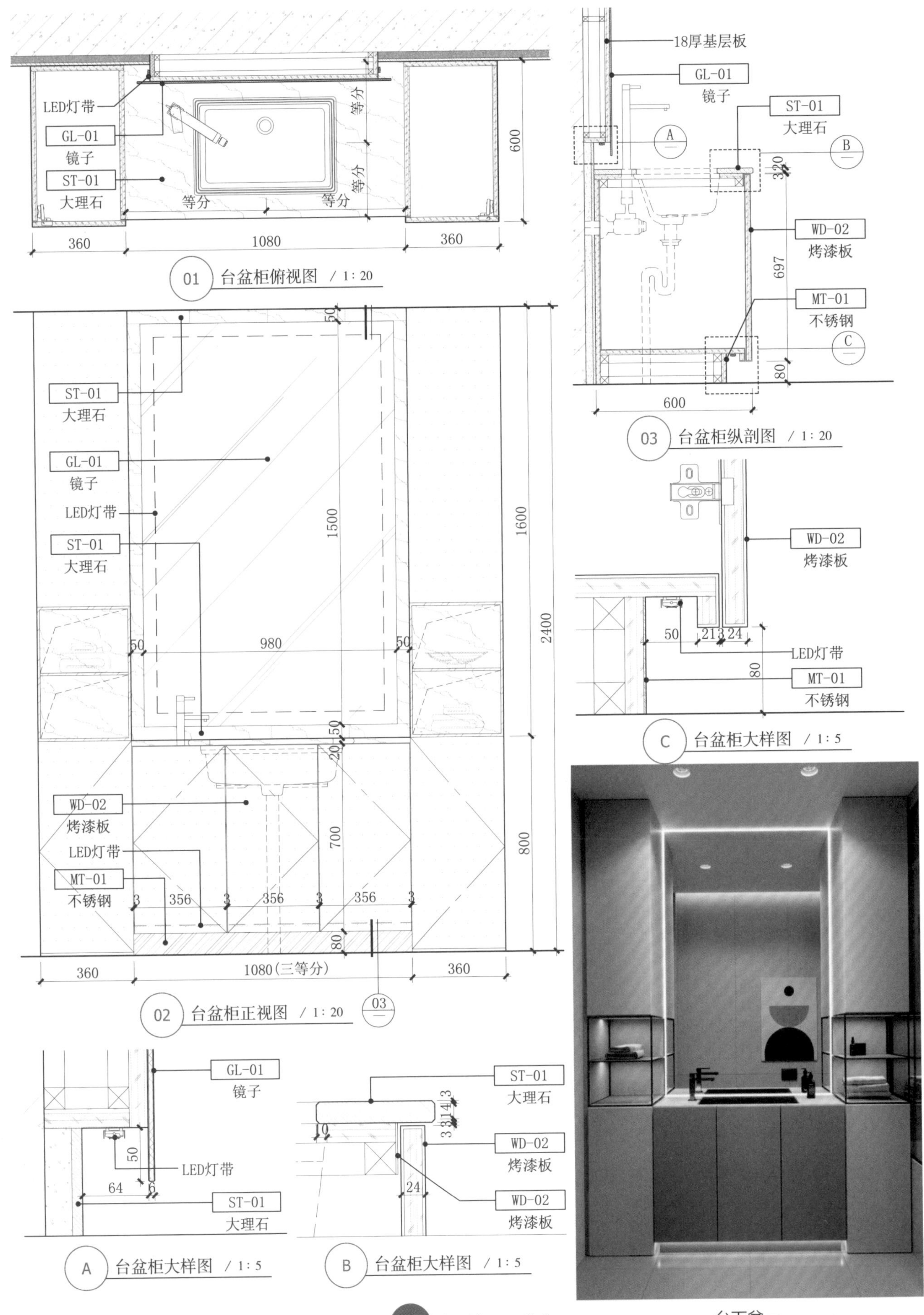
LED灯带
GL-01
镜子
ST-01
大理石
等分
等分
等分
等分
600
360
1080
360
01 台盆柜俯视图 / 1:20
ST-01
大理石
GL-01
镜子
LED灯带
ST-01
大理石
50
1500
50
980
50
50
20
1600
2400
WD-02
烤漆板
LED灯带
MT-01
不锈钢
700
800
3
356
3
356
3
356
3
80
360
1080(三等分)
360
02 台盆柜正视图 / 1:20
03
18厚基层板
GL-01
镜子
ST-01
大理石
A
B
320
WD-02
烤漆板
697
MT-01
不锈钢
C
80
600
03 台盆柜纵剖图 / 1:20
WD-02
烤漆板
50
21
3
24
LED灯带
80
MT-01
不锈钢
C 台盆柜大样图 / 1:5
GL-01
镜子
50
LED灯带
64
6
ST-01
大理石
A 台盆柜大样图 / 1:5
ST-01
大理石
3
3
14
3
3
10
WD-02
烤漆板
24
WD-02
烤漆板
B 台盆柜大样图 / 1:5

台下盆一

U003 台下盆一工节点

4 台下盆二

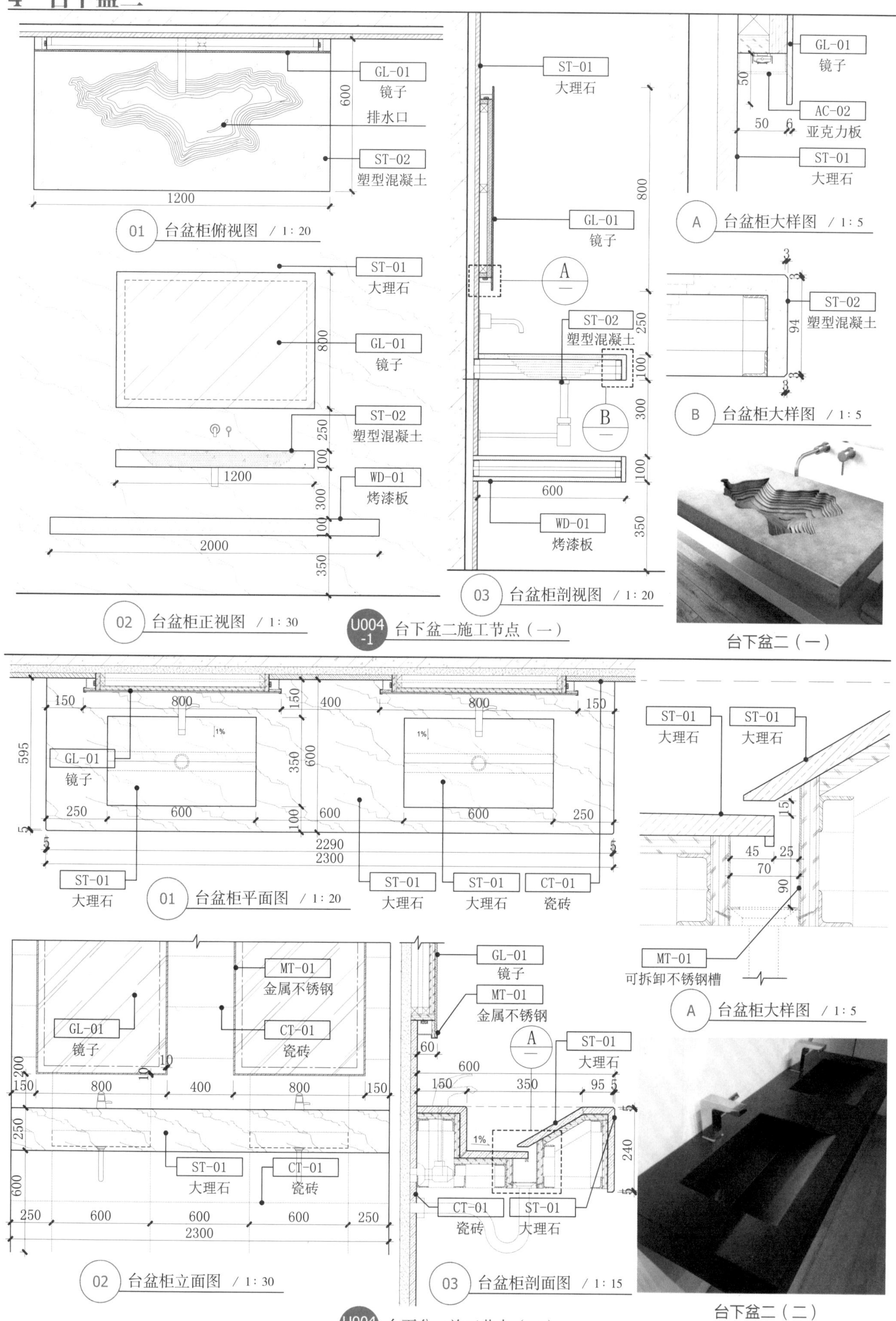
GL-01
镜子
排水口
ST-02
塑型混凝土
600
1200
01 台盆柜俯视图 / 1:20
ST-01
大理石
GL-01
镜子
ST-02
塑型混凝土
WD-01
烤漆板
800
250
100
1200
300
100
2000
350
02 台盆柜正视图 / 1:30
ST-01
大理石
GL-01
镜子
A
ST-02
塑型混凝土
B
600
WD-01
烤漆板
800
250
100
300
100
350
03 台盆柜剖视图 / 1:20
GL-01
镜子
AC-02
亚克力板
ST-01
大理石
50
50
6
A 台盆柜大样图 / 1:5
ST-02
塑型混凝土
3
94
3
B 台盆柜大样图 / 1:5
U004 -1 台下盆二施工节点（一）
台下盆二（一）
150
800
150
400
800
150
595
GL-01
镜子
1%
350
600
250
600
100
600
600
250
5
5
2290
2300
ST-01
大理石
01 台盆柜平面图 / 1:20
ST-01
大理石
ST-01
大理石
CT-01
瓷砖
ST-01
大理石
ST-01
大理石
15
45
25
70
90
MT-01
可拆卸不锈钢槽
A 台盆柜大样图 / 1:5
MT-01
金属不锈钢
GL-01
镜子
CT-01
瓷砖
10
10
200
150
800
400
800
150
250
ST-01
大理石
CT-01
瓷砖
600
250
600
600
600
250
2300
02 台盆柜立面图 / 1:30
GL-01
镜子
MT-01
金属不锈钢
A
ST-01
大理石
60
600
150
350
95
5
1%
240
CT-01
瓷砖
ST-01
大理石
03 台盆柜剖面图 / 1:15
台下盆二（二）
U004 -2 台下盆二施工节点（二）

5 台下盆三

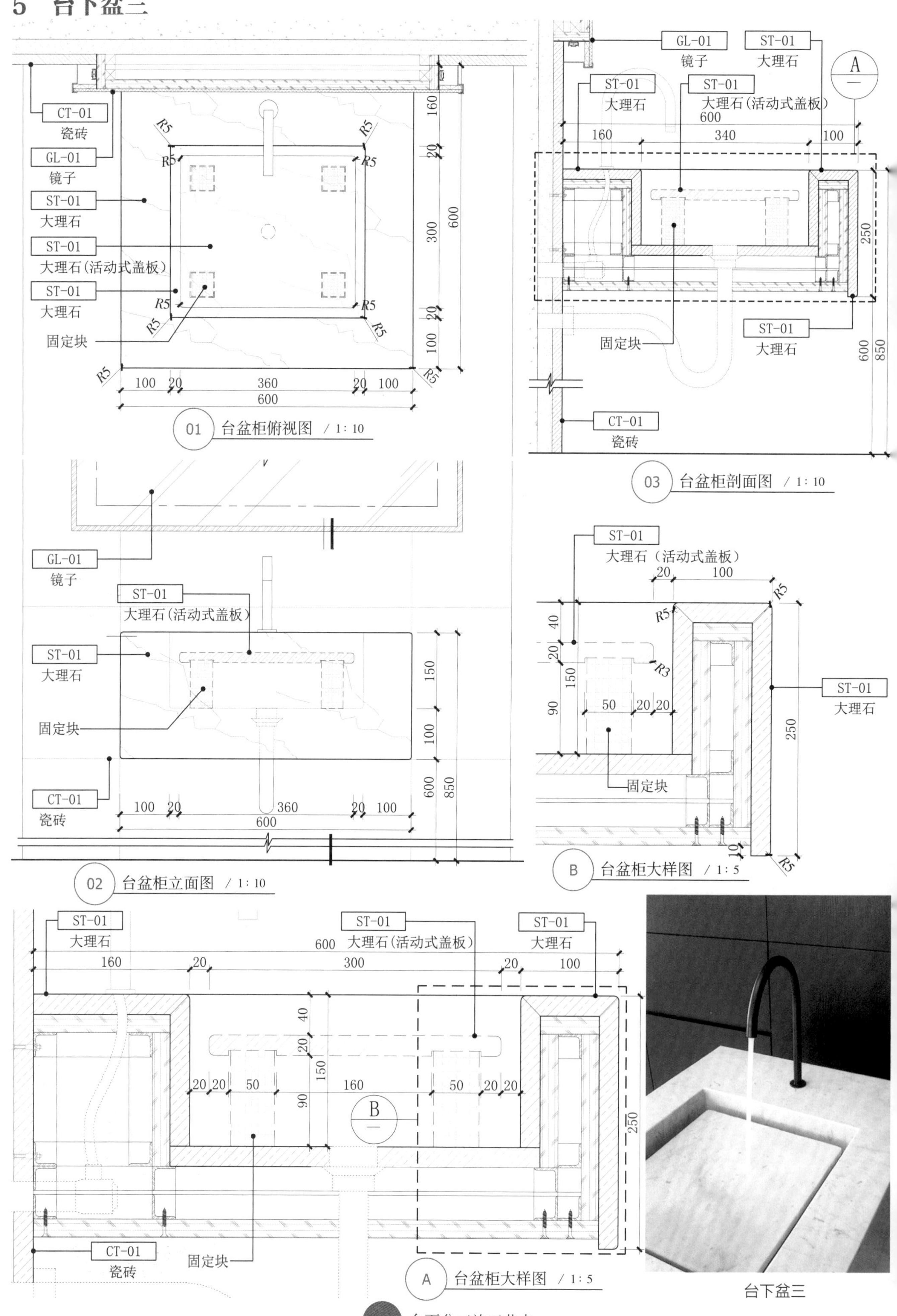
CT-01
瓷砖
GL-01
镜子
ST-01
大理石
ST-01
大理石(活动式盖板)
ST-01
大理石
固定块
01 台盆柜俯视图 / 1:10
03 台盆柜剖面图 / 1:10
02 台盆柜立面图 / 1:10
B 台盆柜大样图 / 1:5
A 台盆柜大样图 / 1:5

台下盆三

6 台下盆四

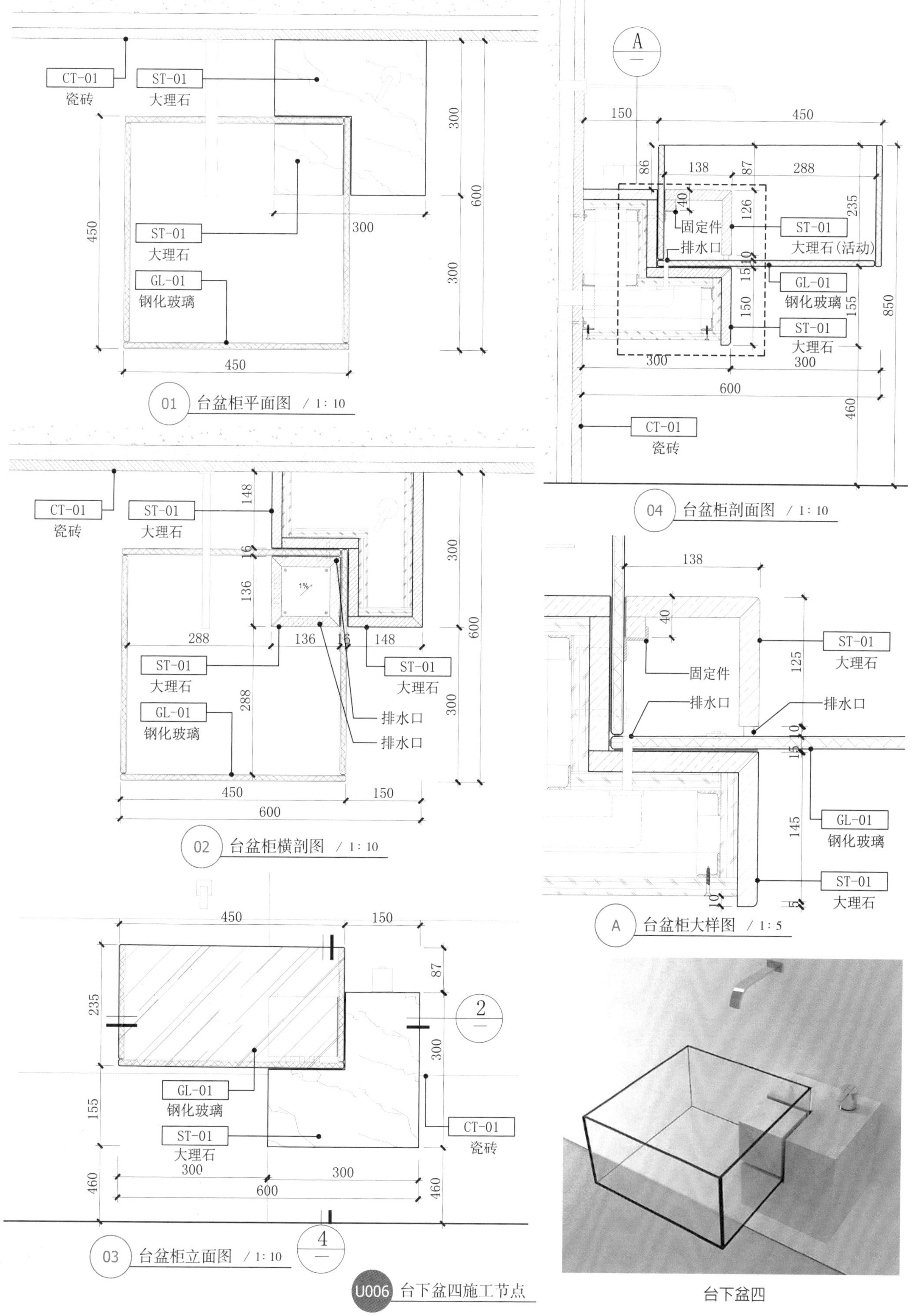
CT-01
瓷砖
ST-01
大理石
ST-01
大理石
GL-01
钢化玻璃
01 台盆柜平面图 / 1:10
A
固定件
排水口
大理石(活动)
04 台盆柜剖面图 / 1:10
02 台盆柜横剖图 / 1:10
A 台盆柜大样图 / 1:5
03 台盆柜立面图 / 1:10
U006 台下盆四施工节点

台下盆四

7 台下盆五

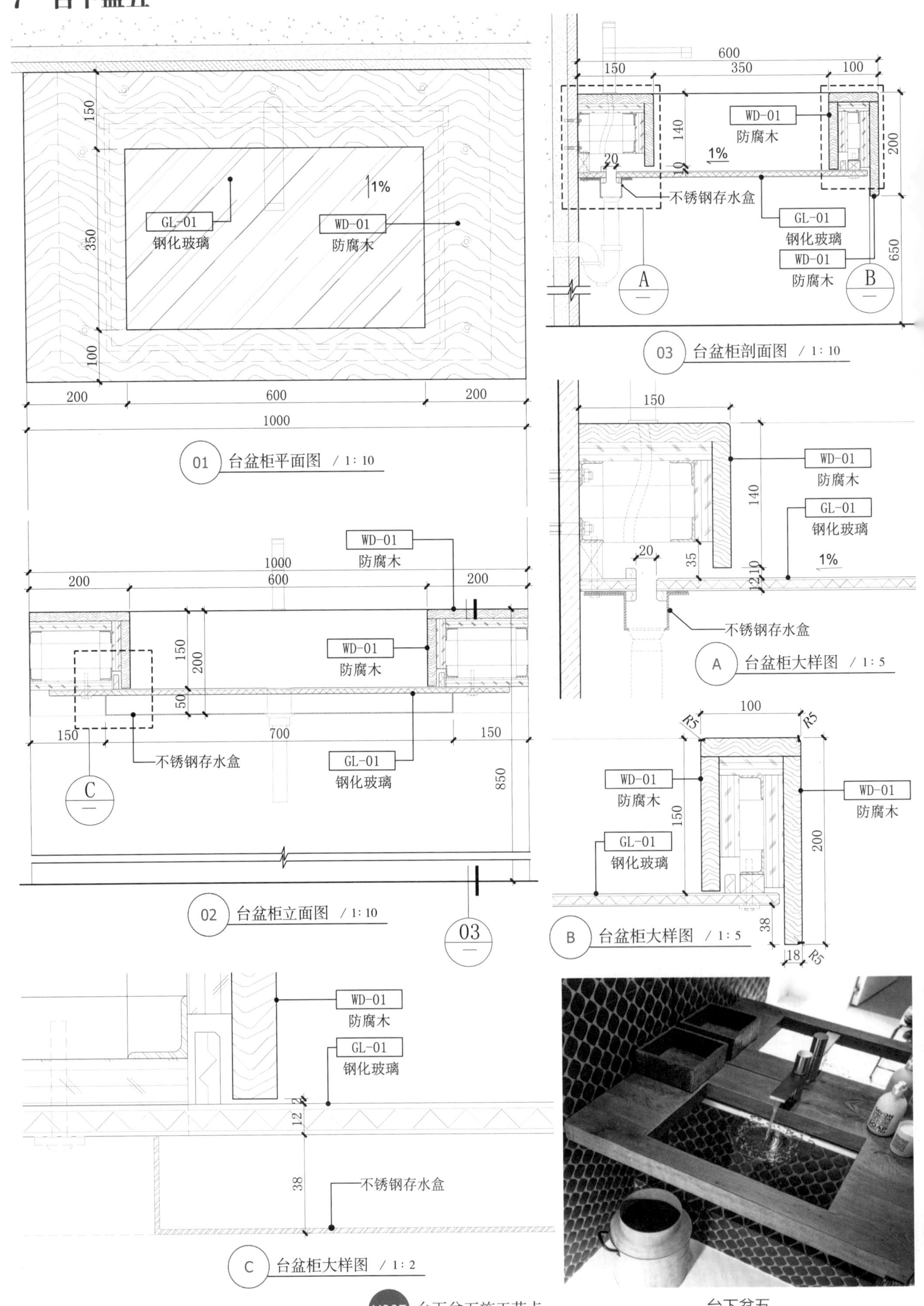

150
350
100
GL-01
钢化玻璃
WD-01
防腐木
1%
200
600
200
1000
01 台盆柜平面图 / 1:10
600
150
350
100
WD-01
防腐木
140
200
20
10
1%
不锈钢存水盒
GL-01
钢化玻璃
WD-01
防腐木
650
A
B
03 台盆柜剖面图 / 1:10
150
WD-01
防腐木
140
GL-01
钢化玻璃
20
35
1%
12
10
不锈钢存水盒
A 台盆柜大样图 / 1:5
WD-01
防腐木
1000
200
600
200
150
200
WD-01
防腐木
50
150
700
150
不锈钢存水盒
GL-01
钢化玻璃
C
850
02 台盆柜立面图 / 1:10
03
100
R5
R5
WD-01
防腐木
150
WD-01
防腐木
GL-01
钢化玻璃
200
38
18
R5
B 台盆柜大样图 / 1:5
WD-01
防腐木
GL-01
钢化玻璃
2
12
38
不锈钢存水盒
C 台盆柜大样图 / 1:2

U007 台下盆五施工节点

台下盆五

V

前台家具节点

1 前台家具一

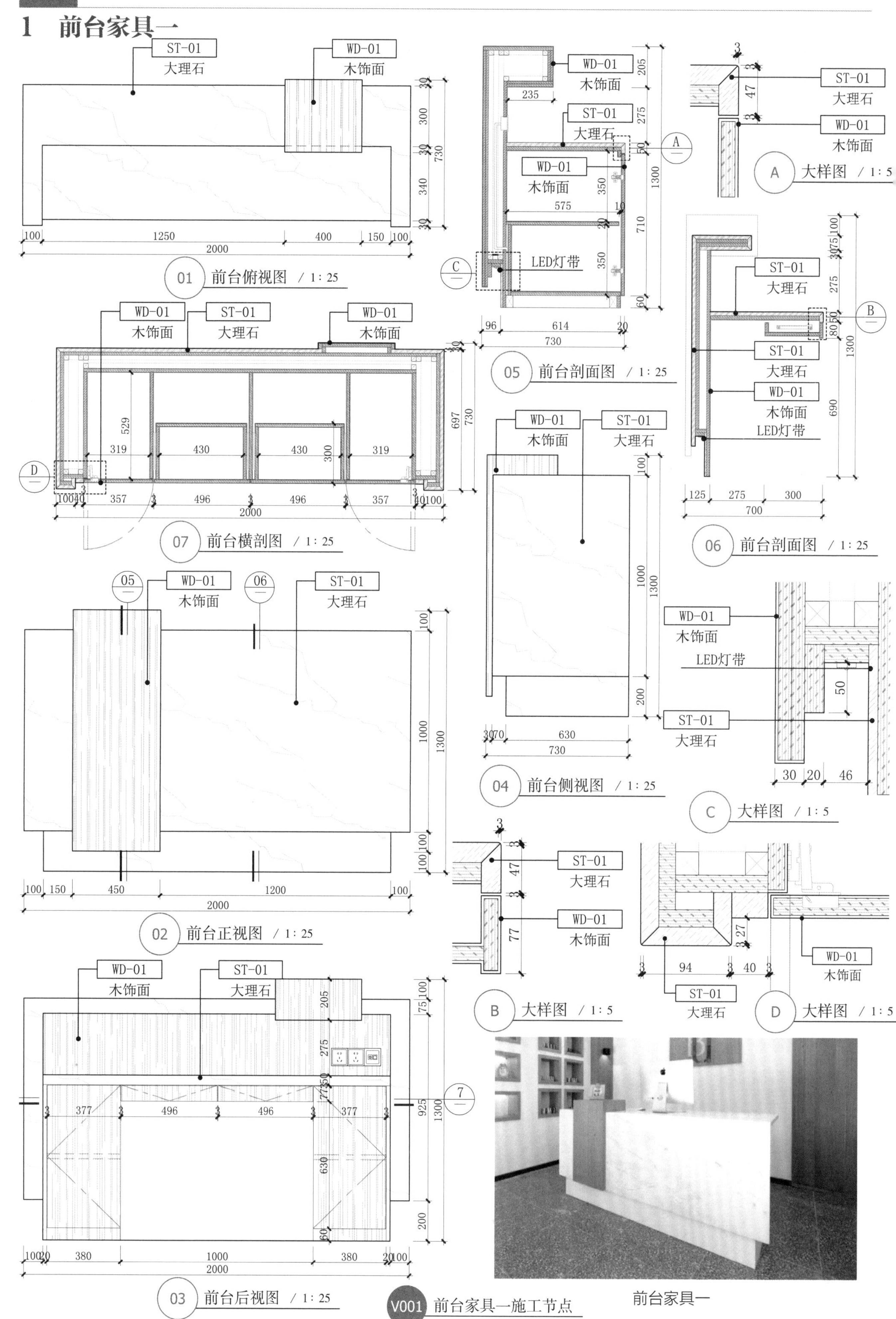

ST-01
大理石
WD-01
木饰面
01 前台俯视图 / 1：25
07 前台横剖图 / 1：25
02 前台正视图 / 1：25
03 前台后视图 / 1：25
05 前台剖面图 / 1：25
04 前台侧视图 / 1：25
06 前台剖面图 / 1：25
LED灯带
A 大样图 / 1：5
B 大样图 / 1：5
C 大样图 / 1：5
D 大样图 / 1：5
V001 前台家具一施工节点

前台家具一

2 前台家具二

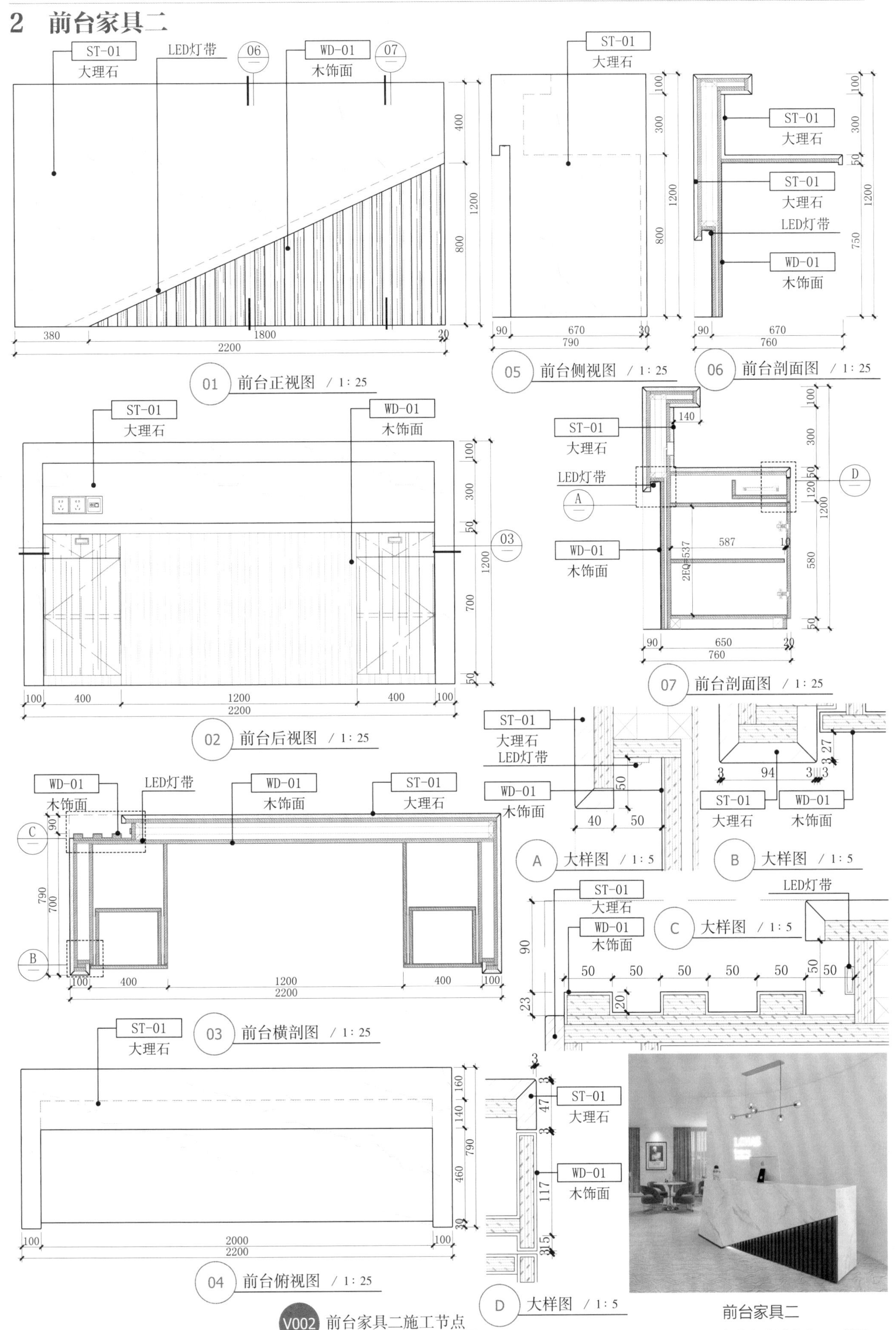
ST-01
大理石
LED灯带
WD-01
木饰面
01 前台正视图 / 1：25
05 前台侧视图 / 1：25
06 前台剖面图 / 1：25
02 前台后视图 / 1：25
07 前台剖面图 / 1：25
03 前台横剖图 / 1：25
A 大样图 / 1：5
B 大样图 / 1：5
C 大样图 / 1：5
04 前台俯视图 / 1：25
D 大样图 / 1：5
V002 前台家具二施工节点

前台家具二

3 前台家具三

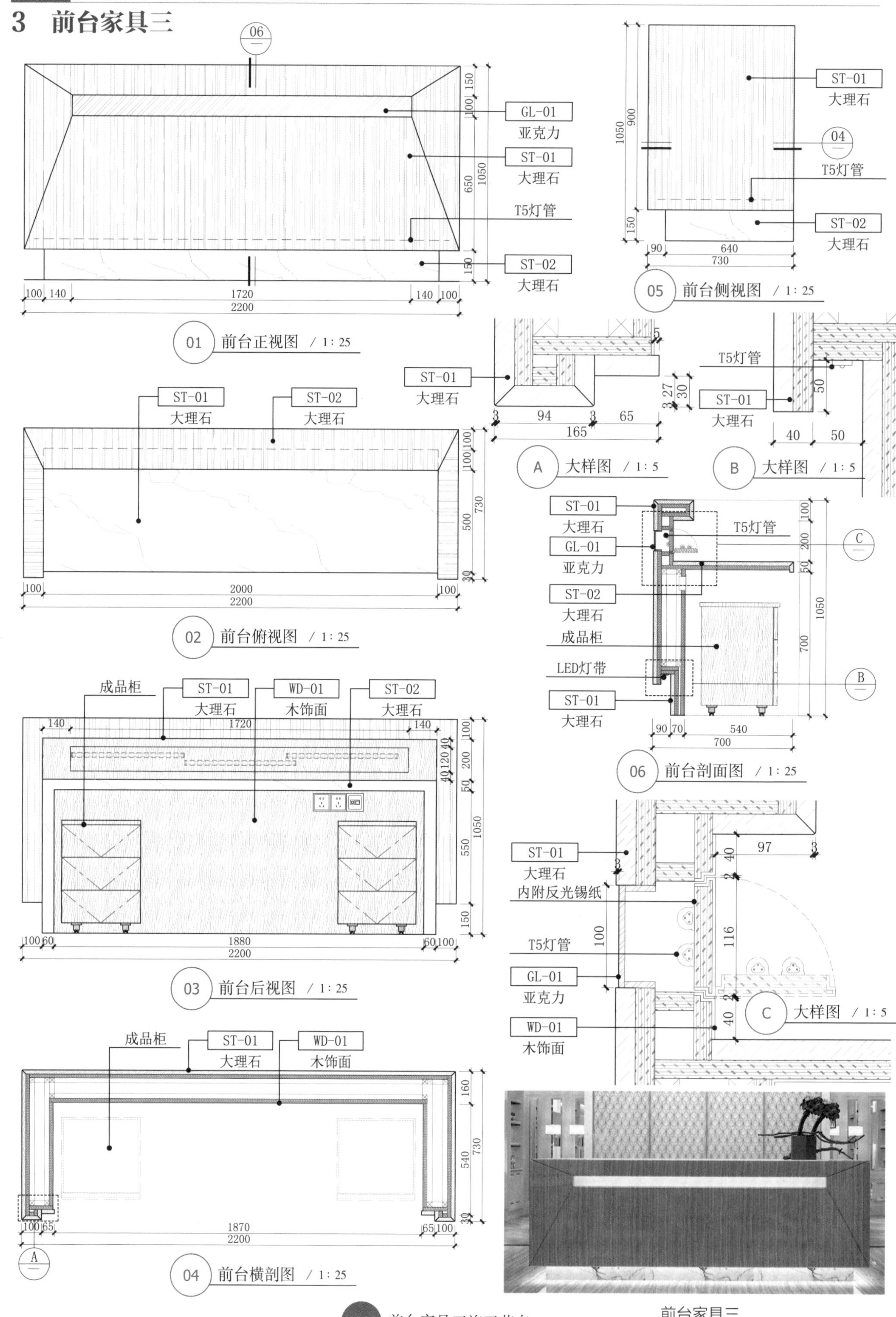

GL-01
亚克力
ST-01
大理石
T5灯管
ST-02
大理石
01 前台正视图 / 1:25
02 前台俯视图 / 1:25
成品柜
WD-01
木饰面
03 前台后视图 / 1:25
04 前台横剖图 / 1:25
05 前台侧视图 / 1:25
A 大样图 / 1:5
B 大样图 / 1:5
06 前台剖面图 / 1:25
LED灯带
内附反光锡纸
C 大样图 / 1:5

前台家具三

V003 前台家具三施工节点

4 前台家具四

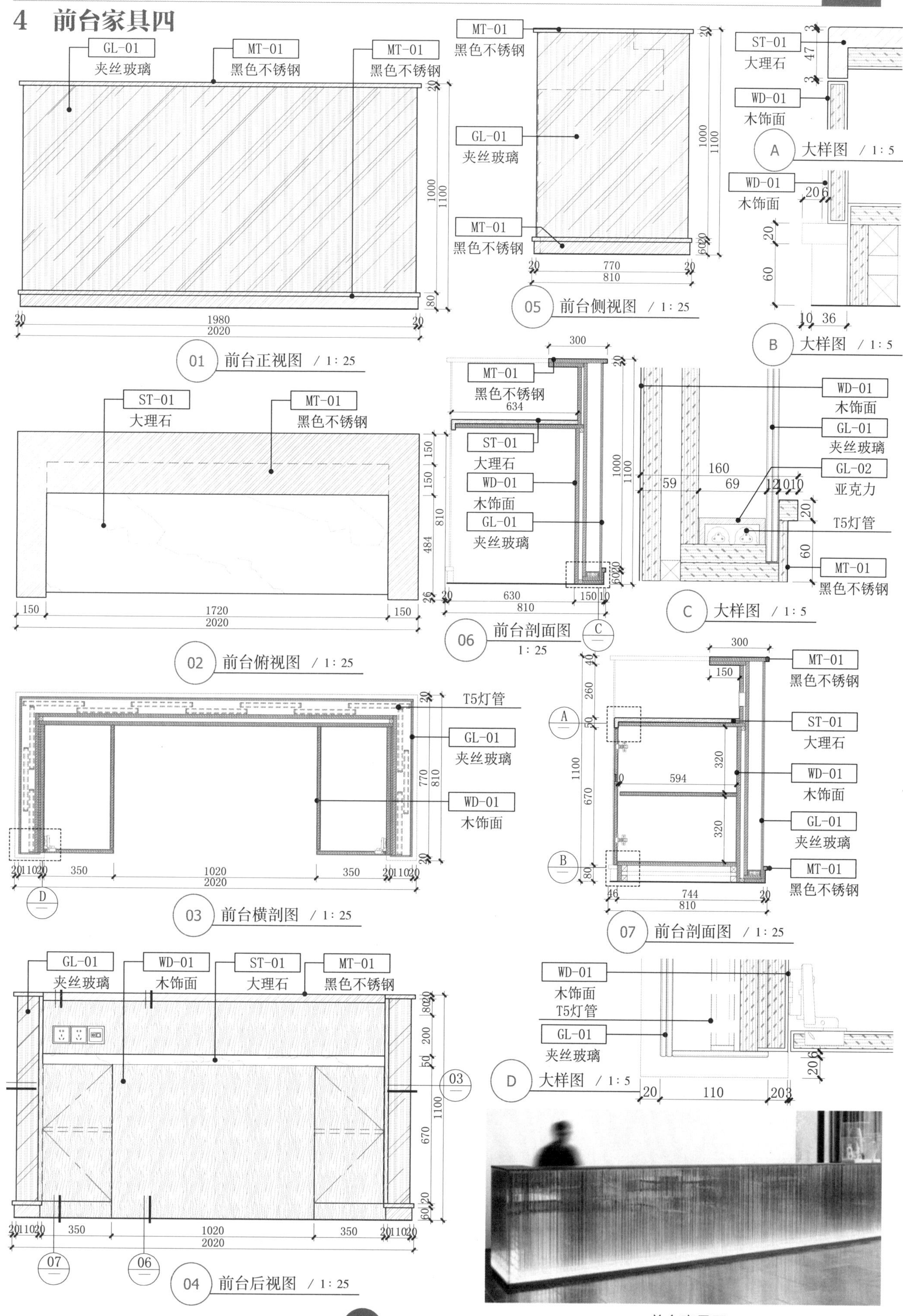
GL-01
夹丝玻璃
MT-01
黑色不锈钢
ST-01
大理石
WD-01
木饰面
GL-02
亚克力
T5灯管
01 前台正视图 / 1:25
02 前台俯视图 / 1:25
03 前台横剖图 / 1:25
04 前台后视图 / 1:25
05 前台侧视图 / 1:25
06 前台剖面图 1:25
07 前台剖面图 / 1:25
A 大样图 / 1:5
B 大样图 / 1:5
C 大样图 / 1:5
D 大样图 / 1:5

前台家具四

V004 前台家具四施工节点

5 前台家具五

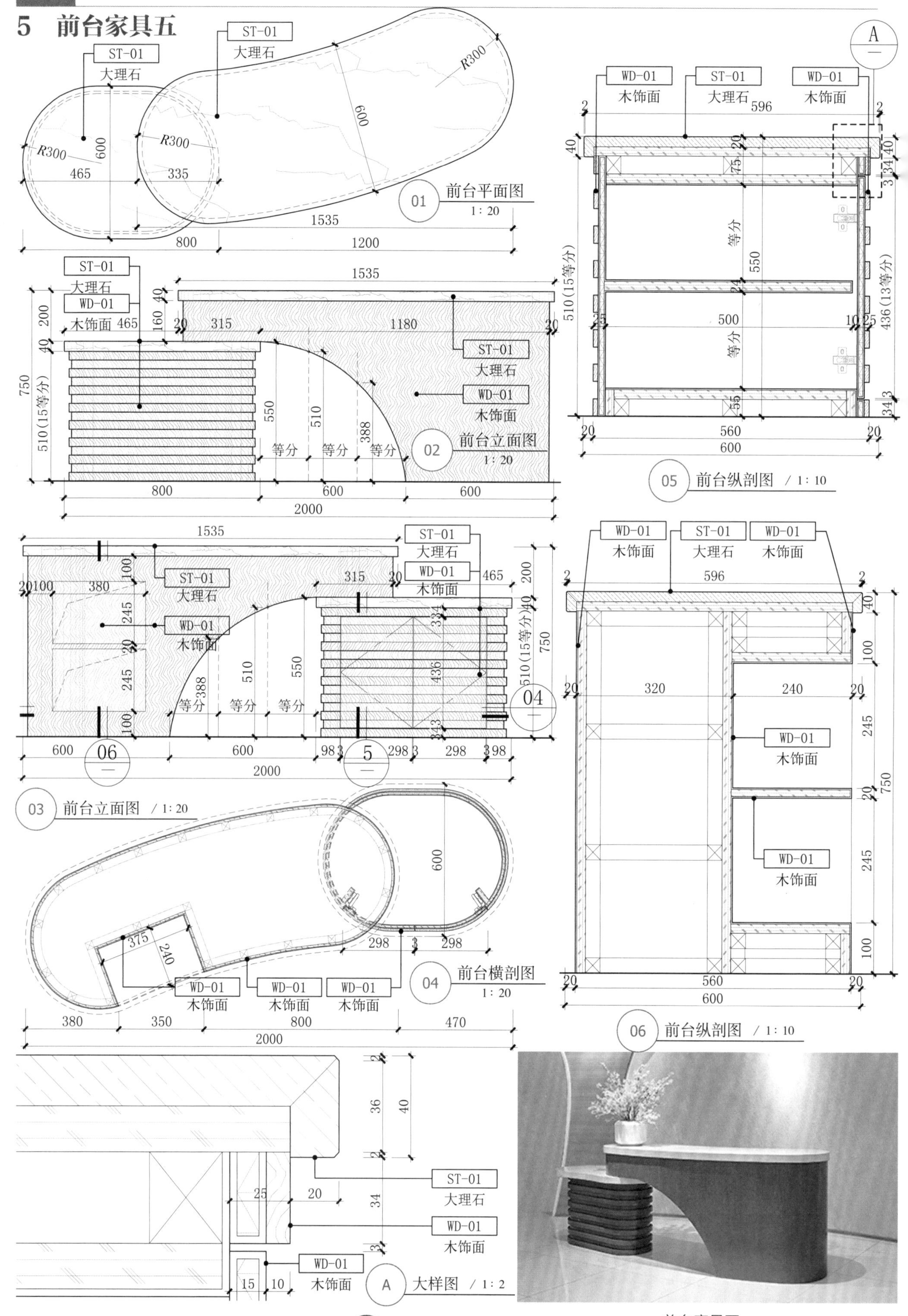

ST-01
大理石
WD-01
木饰面
R300
600
465
335
1535
800
1200
2000
01 前台平面图 1:20
02 前台立面图 1:20
03 前台立面图 1:20
04 前台横剖图 1:20
05 前台纵剖图 1:10
06 前台纵剖图 1:10
A 大样图 1:2
750
510(15等分)
436(13等分)
等分
315
1180
550
510
388
596
560
320
240
245

前台家具五

V005 前台家具五施工节点

6 前台家具六

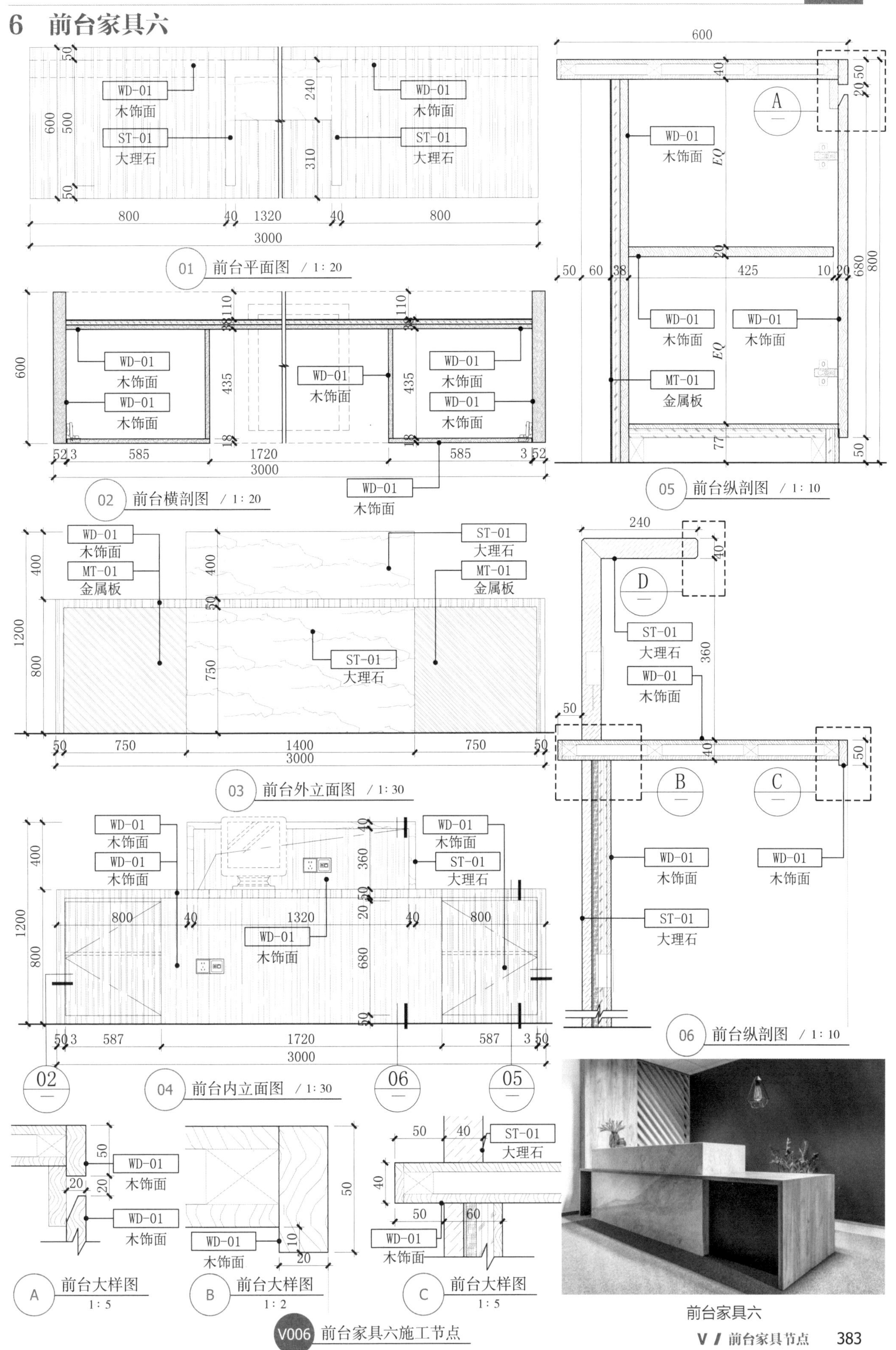

01 前台平面图 / 1:20
02 前台横剖图 / 1:20
03 前台外立面图 / 1:30
04 前台内立面图 / 1:30
05 前台纵剖图 / 1:10
06 前台纵剖图 / 1:10
A 前台大样图 1:5
B 前台大样图 1:2
C 前台大样图 1:5
WD-01 木饰面
ST-01 大理石
MT-01 金属板

前台家具六

V006 前台家具六施工节点

7 前台家具七

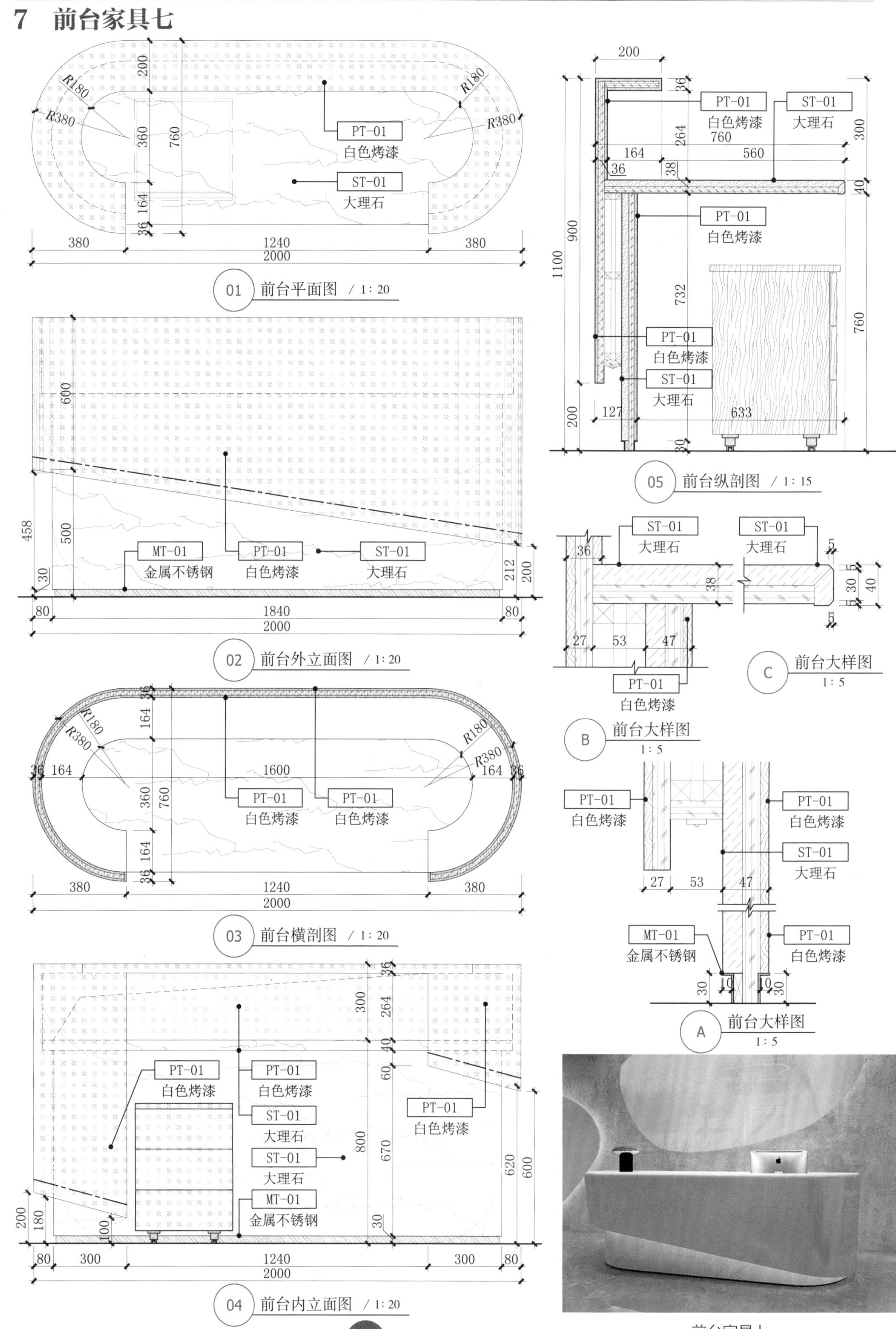

200
R180
R380
360
760
164
36
PT-01
白色烤漆
ST-01
大理石
380
1240
2000
01 前台平面图 / 1:20
600
458
500
30
MT-01
金属不锈钢
212
80
1840
02 前台外立面图 / 1:20
1600
03 前台横剖图 / 1:20
300
264
40
60
800
670
620
180
100
04 前台内立面图 / 1:20
560
900
1100
732
127
633
05 前台纵剖图 / 1:15
38
27
53
47
B 前台大样图 1:5
C 前台大样图 1:5
A 前台大样图 1:5

前台家具七

W

栏杆节点

1 栏杆一

2 栏杆二

3 栏杆三

4 栏杆四

5 栏杆五

1 栏杆一

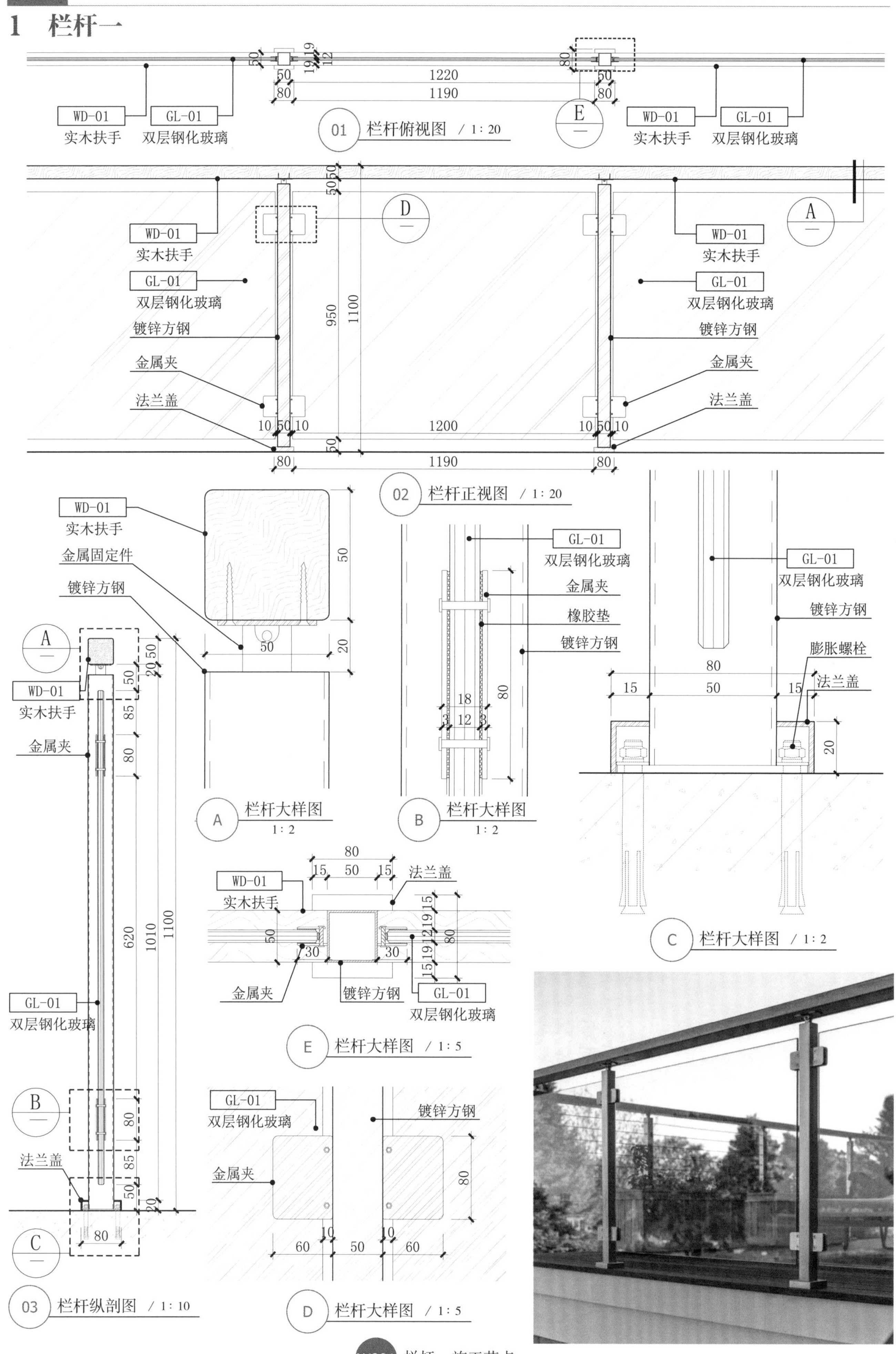

WD-01
实木扶手
GL-01
双层钢化玻璃
01 栏杆俯视图 / 1:20
02 栏杆正视图 / 1:20
镀锌方钢
金属夹
法兰盖
金属固定件
橡胶垫
膨胀螺栓
03 栏杆纵剖图 / 1:10
A 栏杆大样图 1:2
B 栏杆大样图 1:2
C 栏杆大样图 / 1:2
D 栏杆大样图 / 1:5
E 栏杆大样图 / 1:5

栏杆一

W001 栏杆一施工节点

2 栏杆二

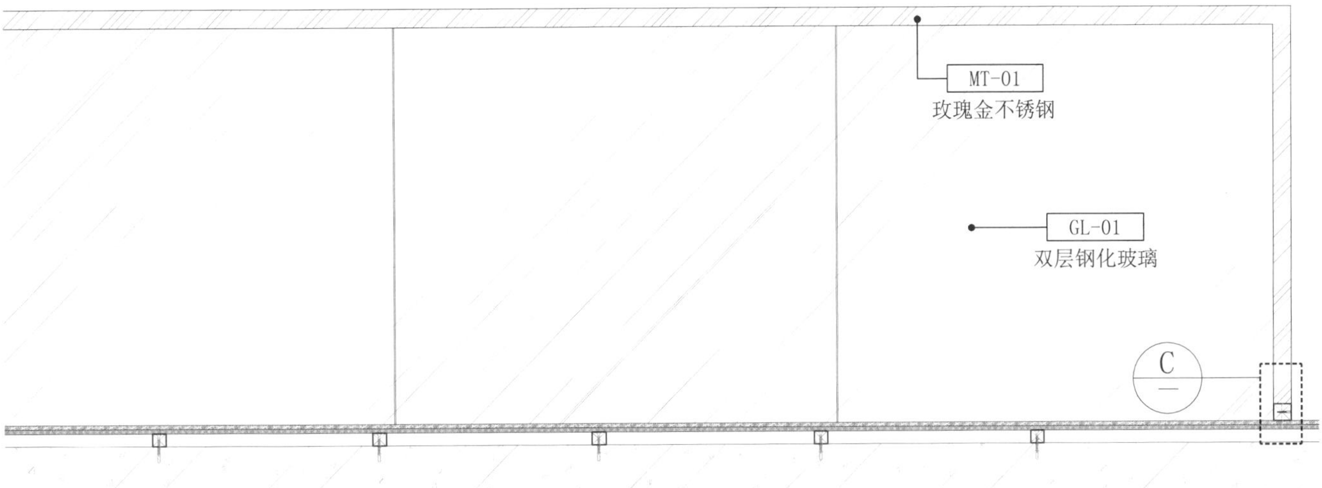

MT-01
玫瑰金不锈钢
GL-01
双层钢化玻璃
C

01 栏杆正视图 / 1∶20

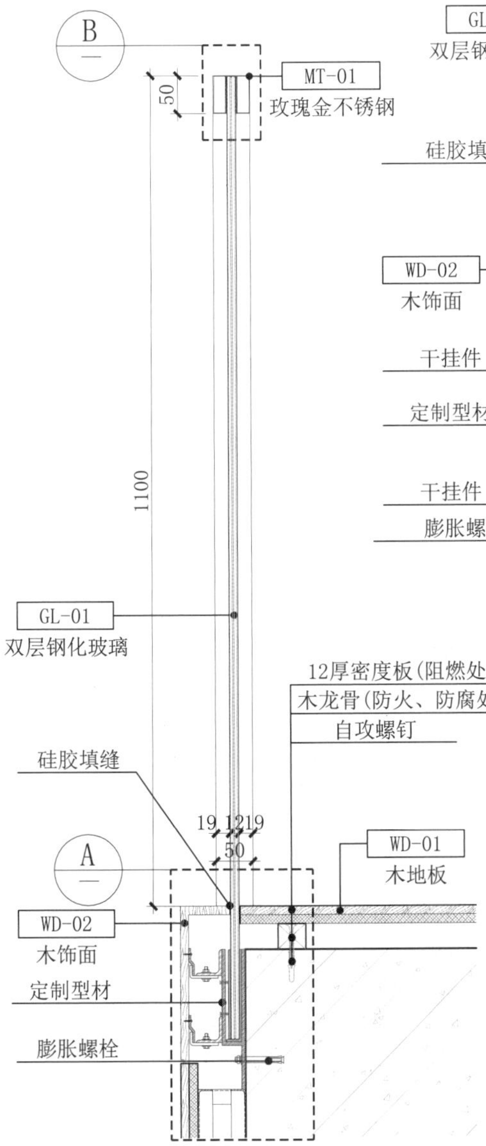

B
50
MT-01
玫瑰金不锈钢
1100
GL-01
双层钢化玻璃
12厚密度板(阻燃处理)
木龙骨(防火、防腐处理)
自攻螺钉
硅胶填缝
19 12 19
50
A
WD-01
木地板
WD-02
木饰面
定制型材
膨胀螺栓

02 栏杆纵剖图 / 1∶10

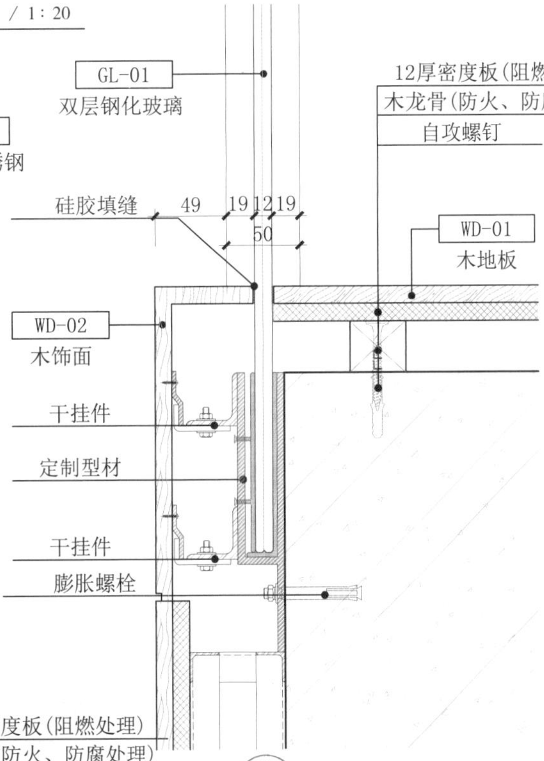

GL-01
双层钢化玻璃
12厚密度板(阻燃处理)
木龙骨(防火、防腐处理)
自攻螺钉
硅胶填缝 49 19 12 19
50
WD-01
木地板
WD-02
木饰面
干挂件
定制型材
干挂件
膨胀螺栓

A 栏杆大样图 / 1∶5

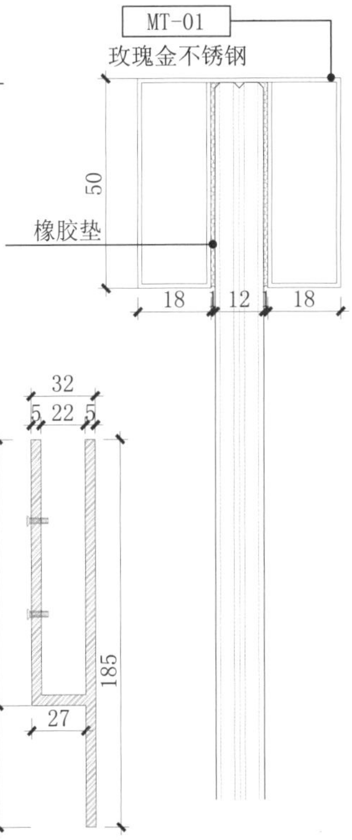

MT-01
玫瑰金不锈钢
50
橡胶垫
18 12 18
32
5 22 5
127
185
185
27
58

B 栏杆大样图 / 1∶2

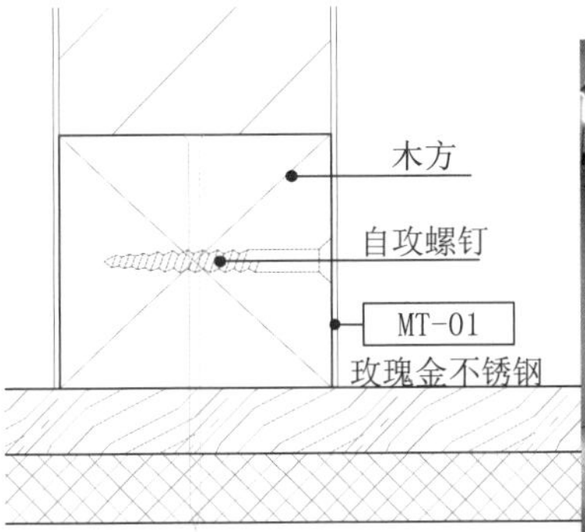

木方
自攻螺钉
MT-01
玫瑰金不锈钢

C 栏杆大样图 / 1∶2

栏杆二

W002 栏杆二施工节点

3 栏杆三

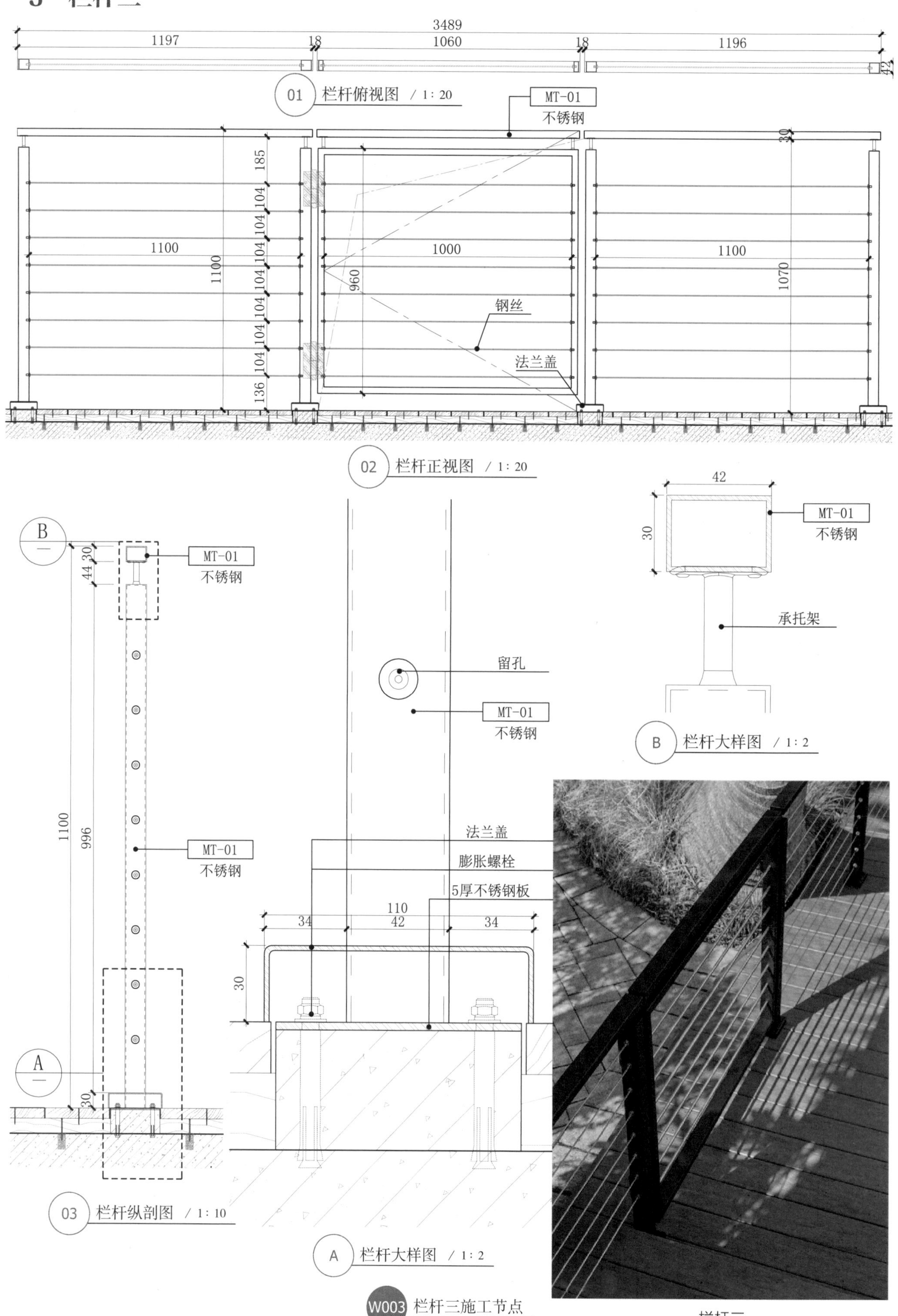
3489
1197
18
1060
18
1196
42
01 栏杆俯视图 / 1: 20
MT-01
不锈钢
185
104
104
104
104
104
104
104
136
1100
1100
1000
960
1100
1070
30
钢丝
法兰盖
02 栏杆正视图 / 1: 20
42
30
MT-01
不锈钢
承托架
B 栏杆大样图 / 1: 2
B
A
30
44
1100
996
30
MT-01
不锈钢
MT-01
不锈钢
03 栏杆纵剖图 / 1: 10
留孔
MT-01
不锈钢
法兰盖
膨胀螺栓
5厚不锈钢板
110
34
42
34
30
A 栏杆大样图 / 1: 2
W003 栏杆三施工节点

栏杆三

4 栏杆四

栏杆四（一）

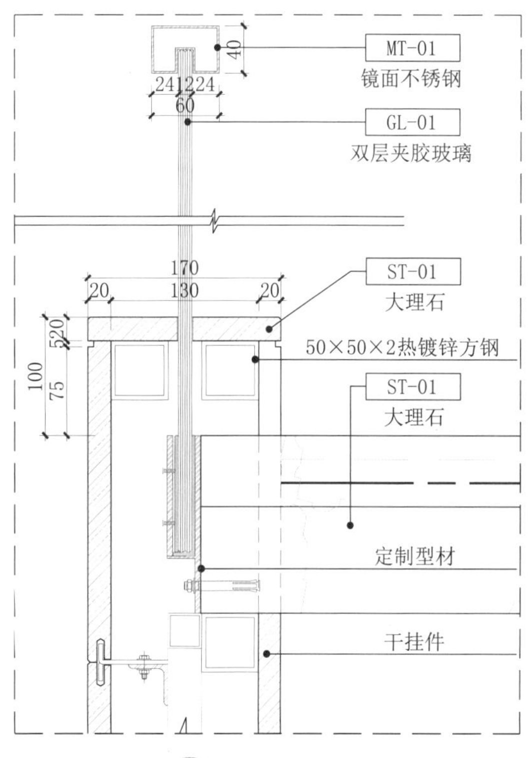
MT-01
镜面不锈钢
40
241224
60
GL-01
双层夹胶玻璃
170
20
130
20
ST-01
大理石
520
100
75
50×50×2热镀锌方钢
ST-01
大理石
定制型材
干挂件

01 栏杆大样图 / 1∶5

W004
-1

栏杆四施工节点（一）

栏杆四（二）

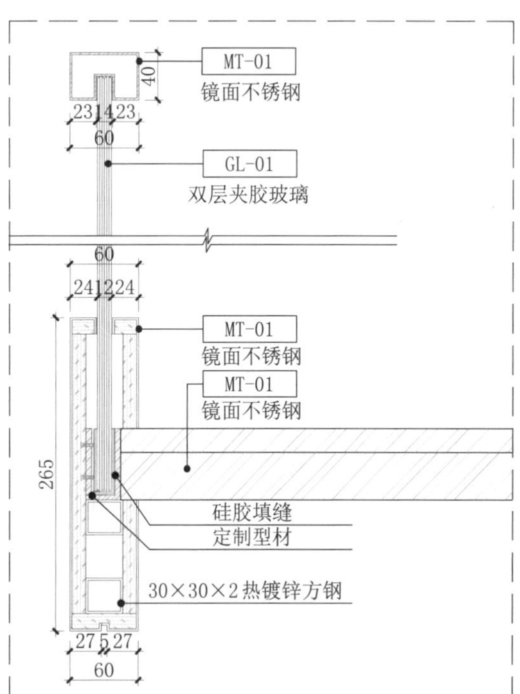
MT-01
镜面不锈钢
40
231423
60
GL-01
双层夹胶玻璃
60
241224
MT-01
镜面不锈钢
MT-01
镜面不锈钢
265
硅胶填缝
定制型材
30×30×2热镀锌方钢
27527
60

01 栏杆大样图 / 1∶5

W004
-2

栏杆四施工节点（二）

5 栏杆五

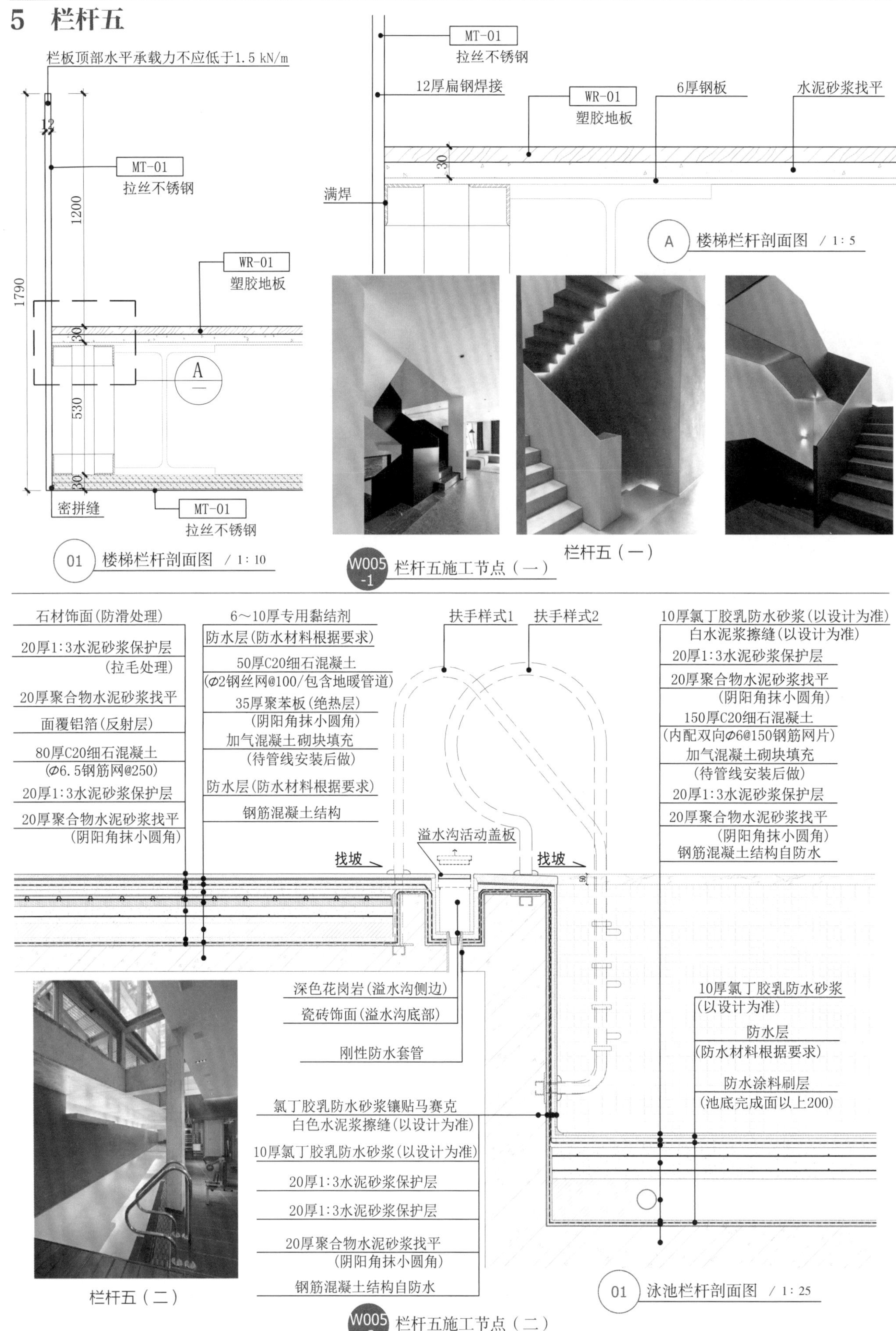

栏板顶部水平承载力不应低于1.5 kN/m
12
MT-01
拉丝不锈钢
1200
1790
WR-01
塑胶地板
30
A
530
30
密拼缝
MT-01
拉丝不锈钢
01 楼梯栏杆剖面图 / 1:10
MT-01
拉丝不锈钢
12厚扁钢焊接
WR-01
塑胶地板
6厚钢板
水泥砂浆找平
30
满焊
A 楼梯栏杆剖面图 / 1:5
W005-1 栏杆五施工节点（一）
石材饰面(防滑处理)
20厚1:3水泥砂浆保护层
(拉毛处理)
20厚聚合物水泥砂浆找平
面覆铝箔(反射层)
80厚C20细石混凝土
(Ø6.5钢筋网@250)
20厚1:3水泥砂浆保护层
20厚聚合物水泥砂浆找平
(阴阳角抹小圆角)
6~10厚专用黏结剂
防水层(防水材料根据要求)
50厚C20细石混凝土
(Ø2钢丝网@100/包含地暖管道)
35厚聚苯板(绝热层)
(阴阳角抹小圆角)
加气混凝土砌块填充
(待管线安装后做)
防水层(防水材料根据要求)
钢筋混凝土结构
扶手样式1
扶手样式2
溢水沟活动盖板
找坡
找坡
10厚氯丁胶乳防水砂浆(以设计为准)
白水泥浆擦缝(以设计为准)
20厚1:3水泥砂浆保护层
20厚聚合物水泥砂浆找平
(阴阳角抹小圆角)
150厚C20细石混凝土
(内配双向Ø6@150钢筋网片)
加气混凝土砌块填充
(待管线安装后做)
20厚1:3水泥砂浆保护层
20厚聚合物水泥砂浆找平
(阴阳角抹小圆角)
钢筋混凝土结构自防水
深色花岗岩(溢水沟侧边)
瓷砖饰面(溢水沟底部)
刚性防水套管
10厚氯丁胶乳防水砂浆
(以设计为准)
防水层
(防水材料根据要求)
防水涂料刷层
(池底完成面以上200)
氯丁胶乳防水砂浆镶贴马赛克
白色水泥浆擦缝(以设计为准)
10厚氯丁胶乳防水砂浆(以设计为准)
20厚1:3水泥砂浆保护层
20厚1:3水泥砂浆保护层
20厚聚合物水泥砂浆找平
(阴阳角抹小圆角)
钢筋混凝土结构自防水
01 泳池栏杆剖面图 / 1:25
W005-2 栏杆五施工节点（二）

栏杆五（一）

栏杆五（二）

X

幕墙节点

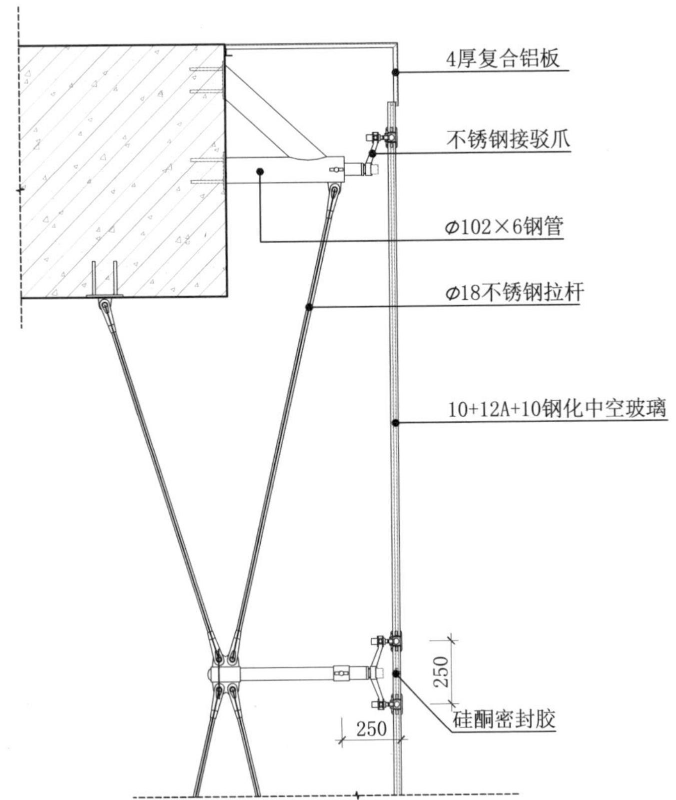
4厚复合铝板
不锈钢接驳爪
Ø102×6钢管
Ø18不锈钢拉杆
10+12A+10钢化中空玻璃
250
250
硅酮密封胶

X001 点支式幕墙转角封边节点 / 1∶30

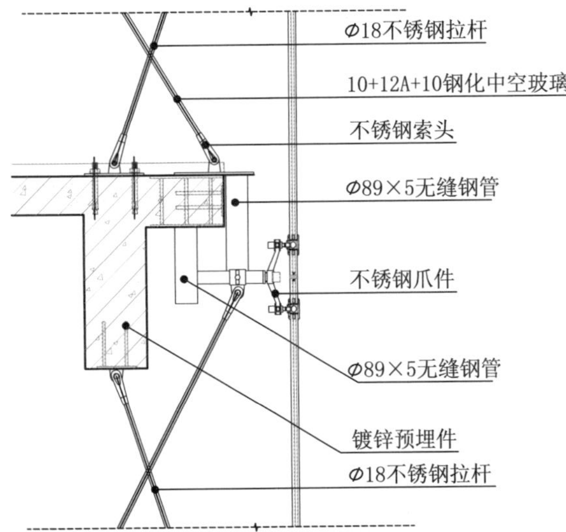
Ø18不锈钢拉杆
10+12A+10钢化中空玻璃
不锈钢索头
Ø89×5无缝钢管
不锈钢爪件
Ø89×5无缝钢管
镀锌预埋件
Ø18不锈钢拉杆

X002 点支式玻璃幕墙纵剖节点 / 1∶30

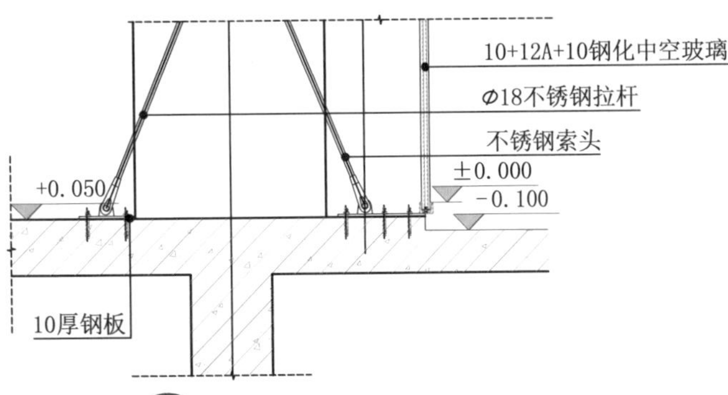
10+12A+10钢化中空玻璃
Ø18不锈钢拉杆
不锈钢索头
±0.000
+0.050
-0.100
10厚钢板

X003 点支式幕墙底部纵剖节点 / 1∶30

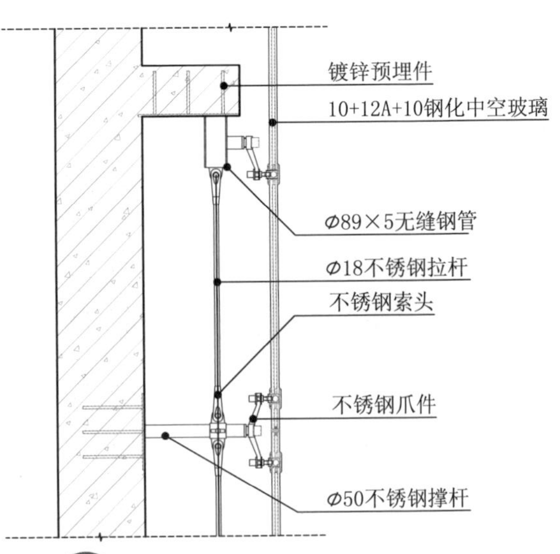
镀锌预埋件
10+12A+10钢化中空玻璃
Ø89×5无缝钢管
Ø18不锈钢拉杆
不锈钢索头
不锈钢爪件
Ø50不锈钢撑杆

X004 点式玻璃幕墙顶部纵剖节点 / 1∶30

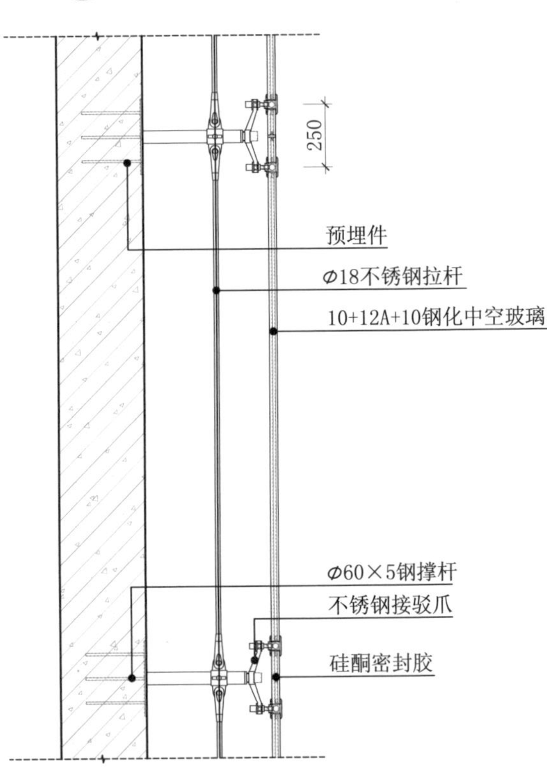
250
预埋件
Ø18不锈钢拉杆
10+12A+10钢化中空玻璃
Ø60×5钢撑杆
不锈钢接驳爪
硅酮密封胶

X005 点支式玻璃幕墙中部纵剖节点 / 1∶30

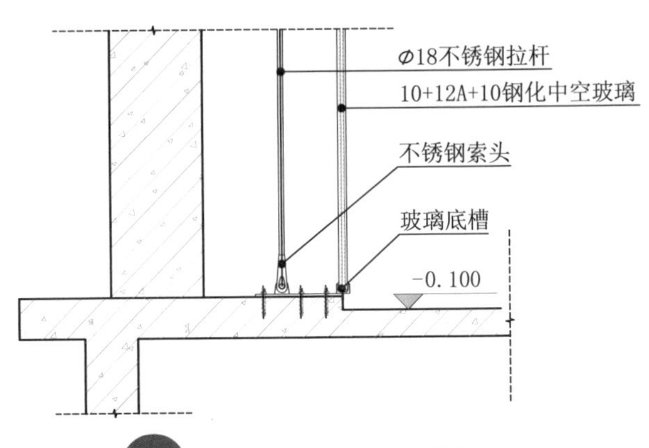
Ø18不锈钢拉杆
10+12A+10钢化中空玻璃
不锈钢索头
玻璃底槽
-0.100

X006 点支式幕墙底部纵剖节点 / 1∶30

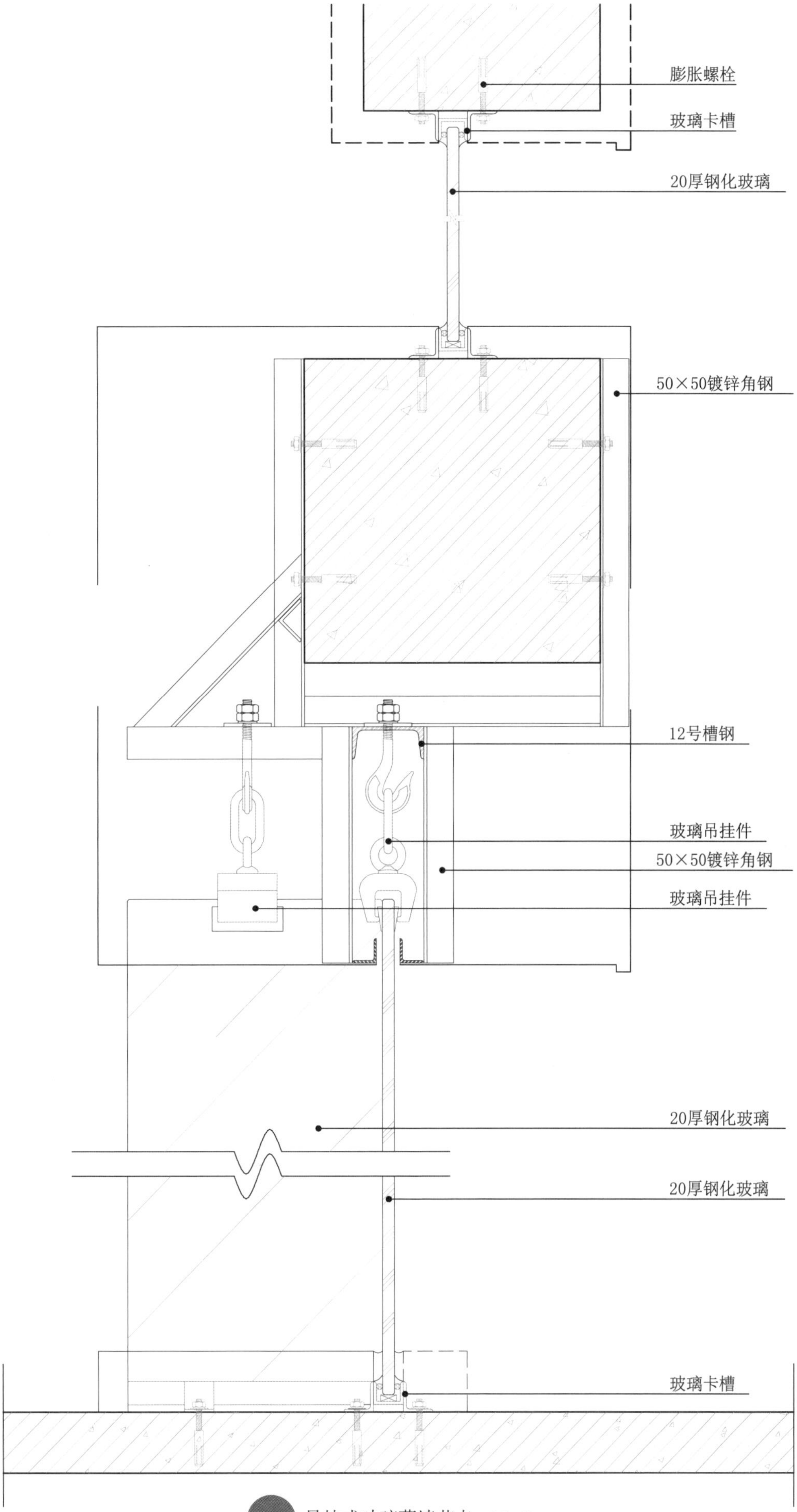

膨胀螺栓
玻璃卡槽
20厚钢化玻璃
50×50镀锌角钢
12号槽钢
玻璃吊挂件
50×50镀锌角钢
玻璃吊挂件
20厚钢化玻璃
20厚钢化玻璃
玻璃卡槽

X007 吊挂式玻璃幕墙节点 / 1：10

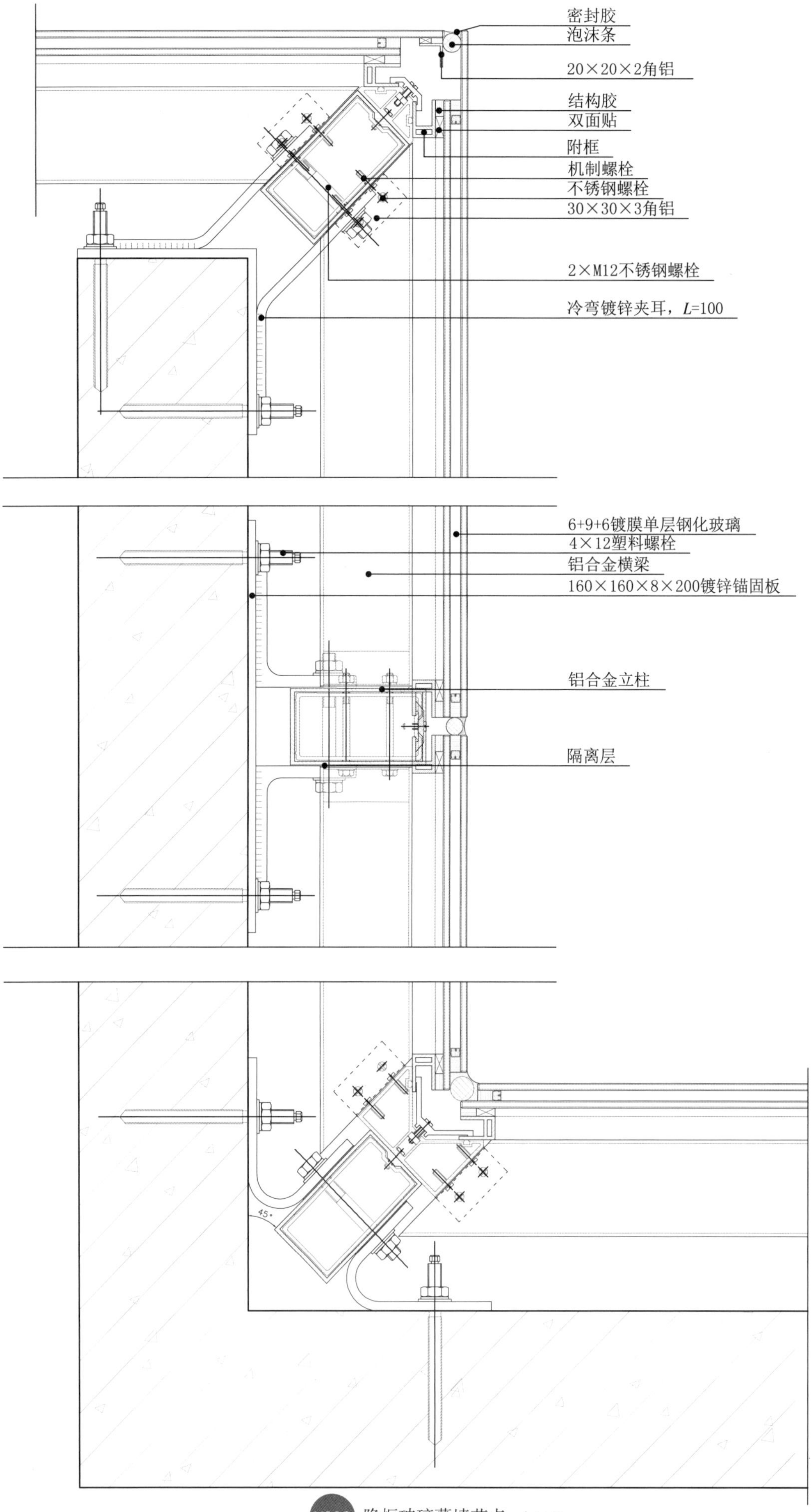

密封胶
泡沫条
20×20×2角铝
结构胶
双面贴
附框
机制螺栓
不锈钢螺栓
30×30×3角铝
2×M12不锈钢螺栓
冷弯镀锌夹耳，L=100
6+9+6镀膜单层钢化玻璃
4×12塑料螺栓
铝合金横梁
160×160×8×200镀锌锚固板
铝合金立柱
隔离层
45°

X008 隐框玻璃幕墙节点 / 1∶5

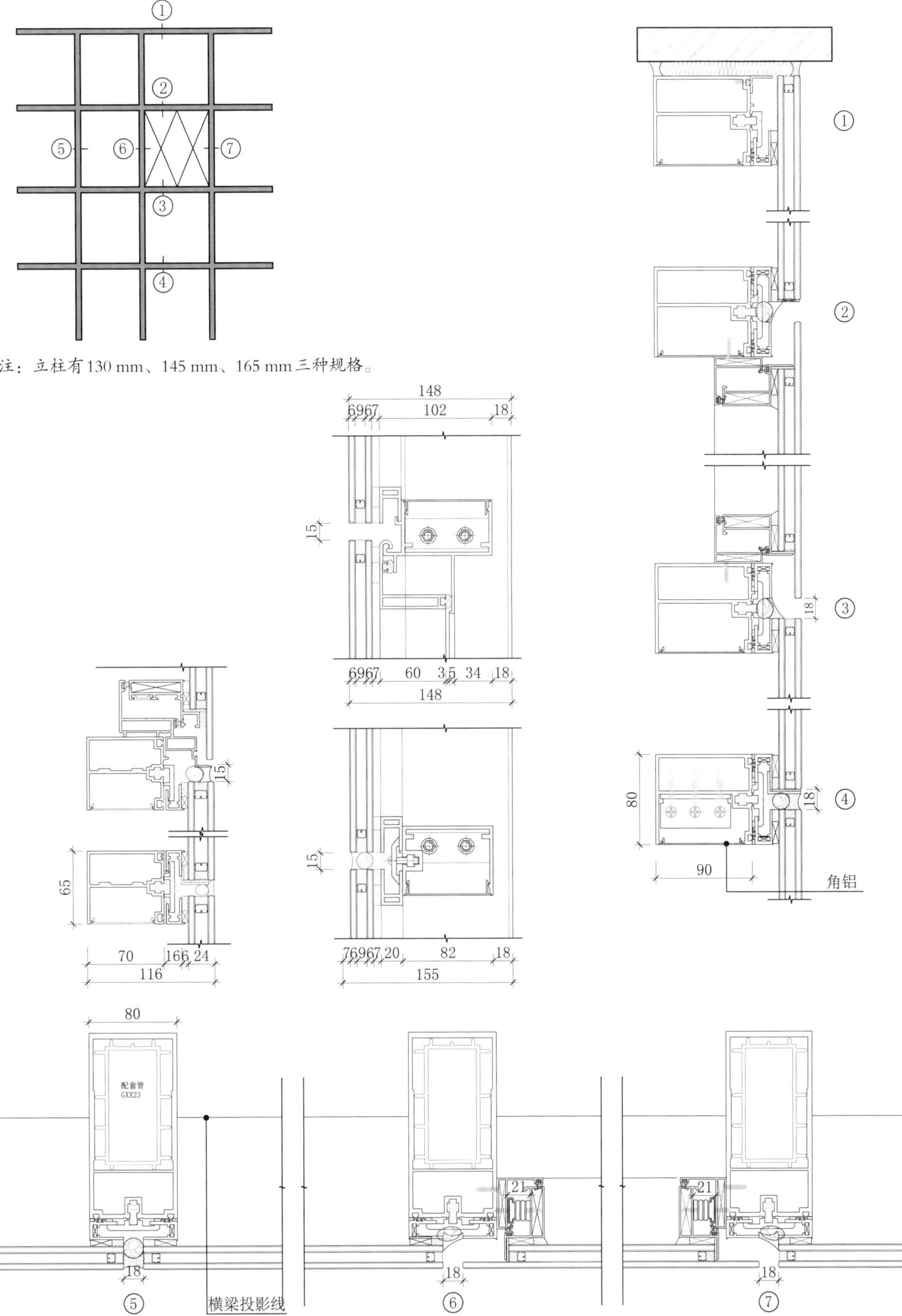
①
②
③
④
⑤
⑥
⑦
148
6967
102
18
15
6967
60
3 5
34
18
148
15
7696720
82
18
155
15
65
70
166
24
116
80
18
90
角铝
80
配套管
GXX23
横梁投影线
21
18

注：立柱有130 mm、145 mm、165 mm三种规格。

注：此开启窗为向外平推窗。

X009 隐框玻璃幕墙节点全图 / 1∶5

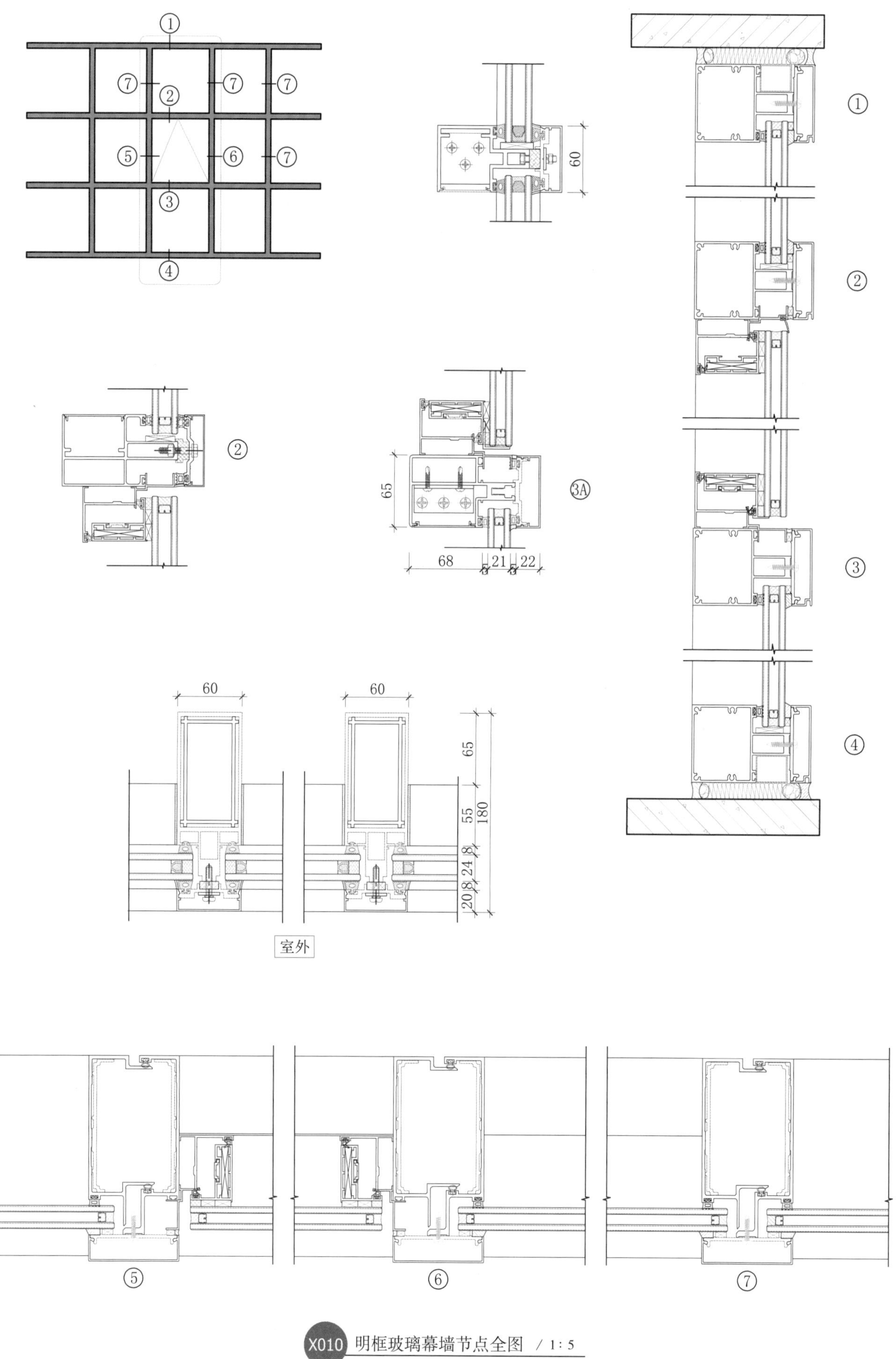
①
②
③
④
⑤
⑥
⑦
60
65
3A
68
21
22
55
180
8
24
20
室外

X010 明框玻璃幕墙节点全图 / 1:5

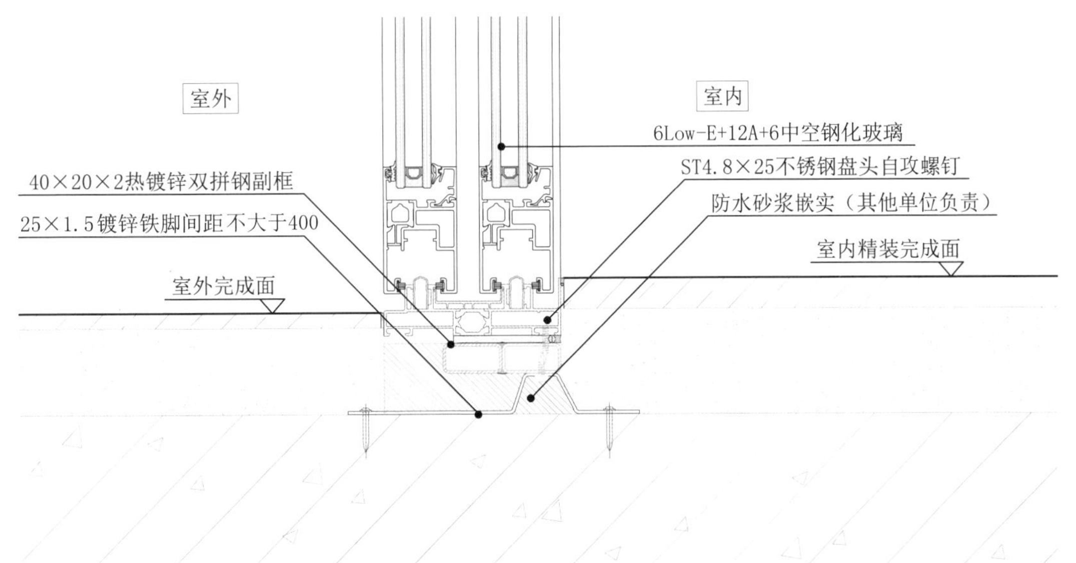
室外
室内
6Low-E+12A+6中空钢化玻璃
40×20×2热镀锌双拼钢副框
ST4.8×25不锈钢盘头自攻螺钉
防水砂浆嵌实（其他单位负责）
25×1.5镀锌铁脚间距不大于400
室内精装完成面
室外完成面

X011 室内外玻璃幕墙节点一 / 1:5

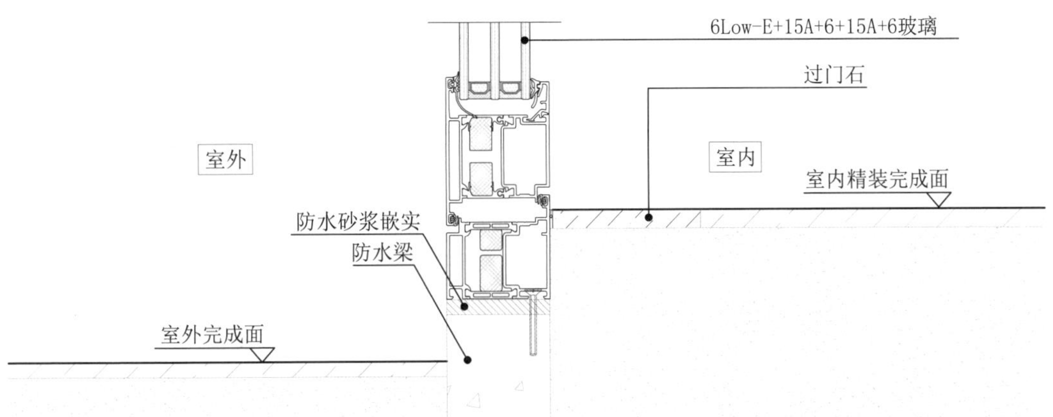
6Low-E+15A+6+15A+6玻璃
过门石
室外
室内
室内精装完成面
防水砂浆嵌实
防水梁
室外完成面

X012 室内外玻璃幕墙节点二 / 1:5

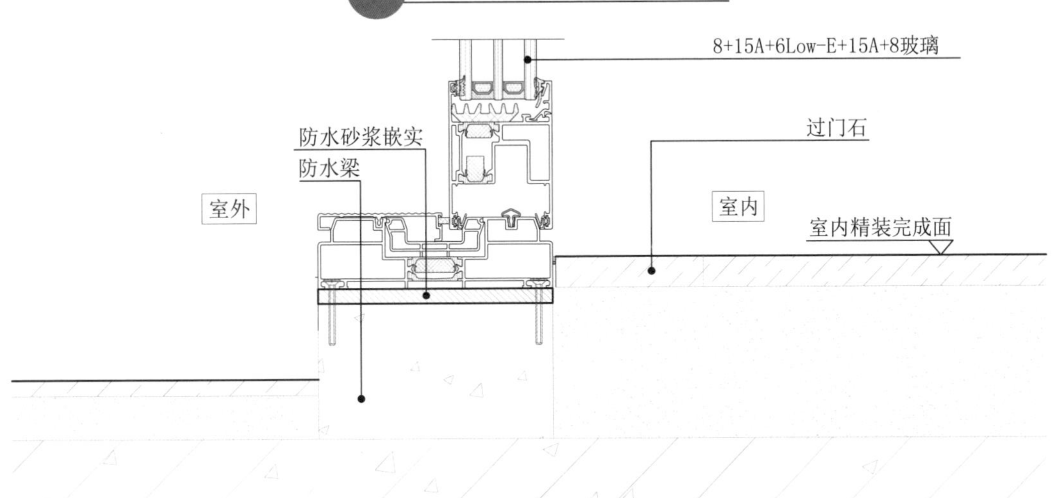
8+15A+6Low-E+15A+8玻璃
防水砂浆嵌实
过门石
防水梁
室外
室内
室内精装完成面

X013 室内外玻璃幕墙节点三 / 1:5

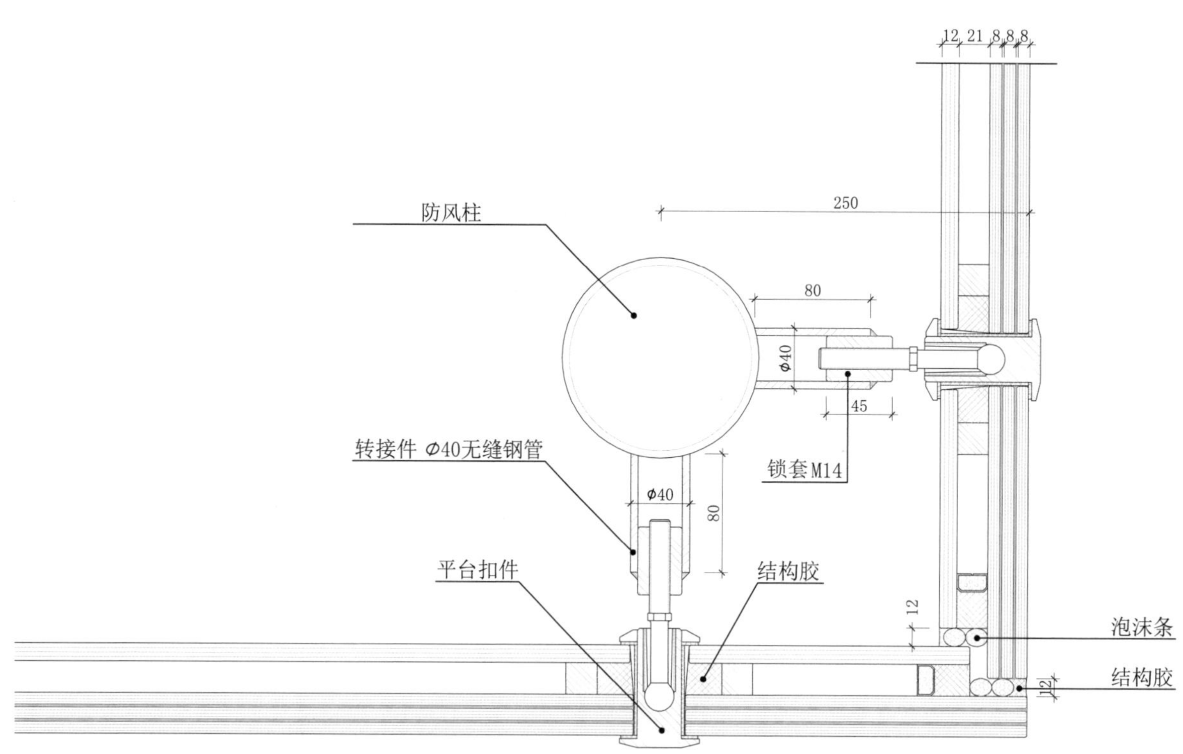
12 21 8 8 8
250
防风柱
80
Φ40
45
转接件 Φ40无缝钢管
锁套M14
Φ40
80
平台扣件
结构胶
12
泡沫条
结构胶
12

X014 点支式玻璃幕墙抗风柱节点 / 1∶5

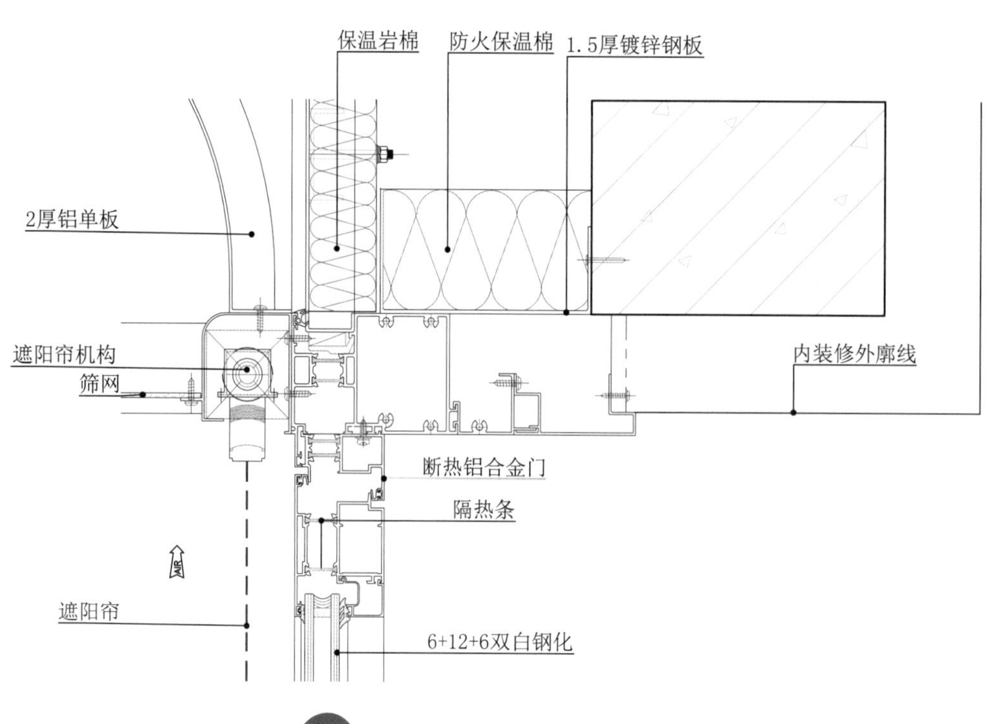
保温岩棉
防火保温棉
1.5厚镀锌钢板
2厚铝单板
遮阳帘机构
筛网
内装修外廓线
断热铝合金门
隔热条
遮阳帘
6+12+6双白钢化

X015 明框玻璃幕墙遮阳帘节点 / 1∶5

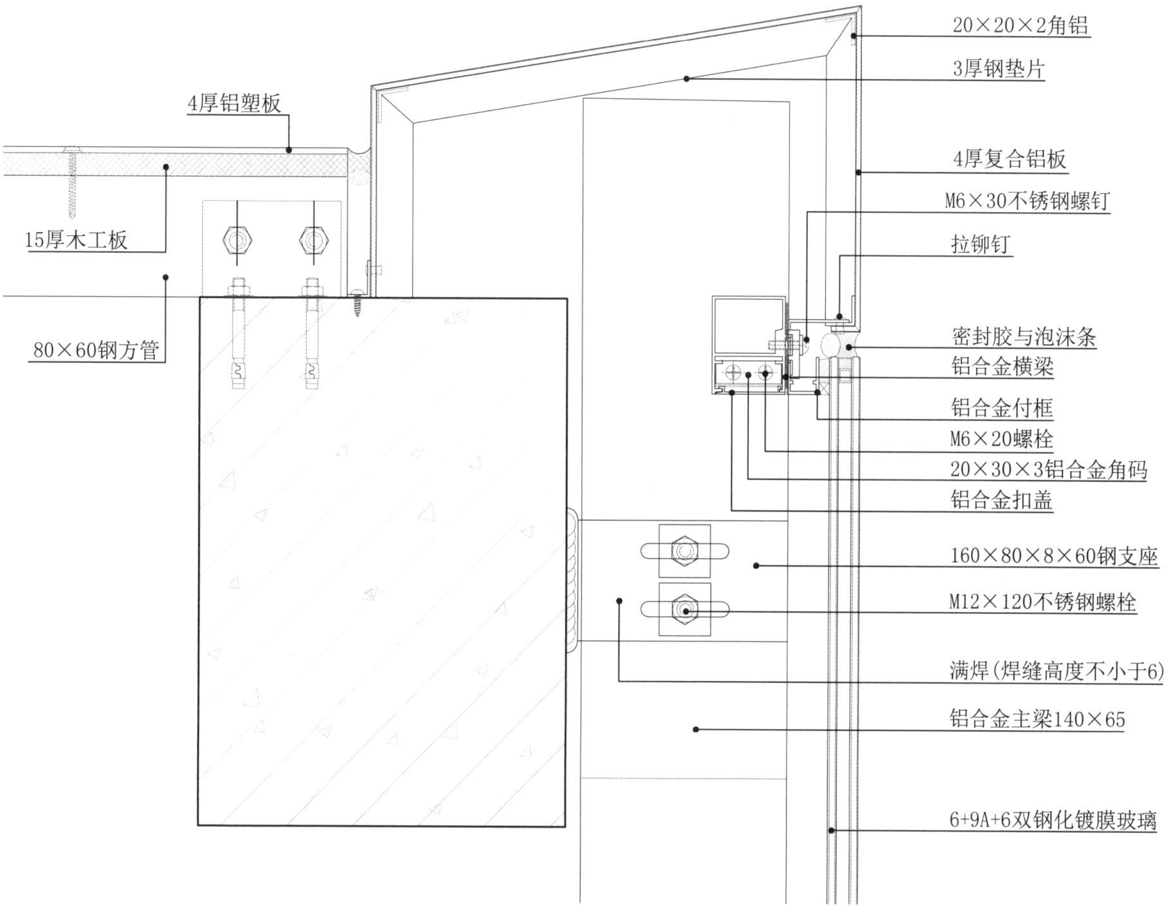

20×20×2角铝
3厚钢垫片
4厚铝塑板
4厚复合铝板
M6×30不锈钢螺钉
15厚木工板
拉铆钉
80×60钢方管
密封胶与泡沫条
铝合金横梁
铝合金付框
M6×20螺栓
20×30×3铝合金角码
铝合金扣盖
160×80×8×60钢支座
M12×120不锈钢螺栓
满焊(焊缝高度不小于6)
铝合金主梁140×65
6+9A+6双钢化镀膜玻璃

X016 玻璃幕墙女儿墙收口节点 / 1∶5

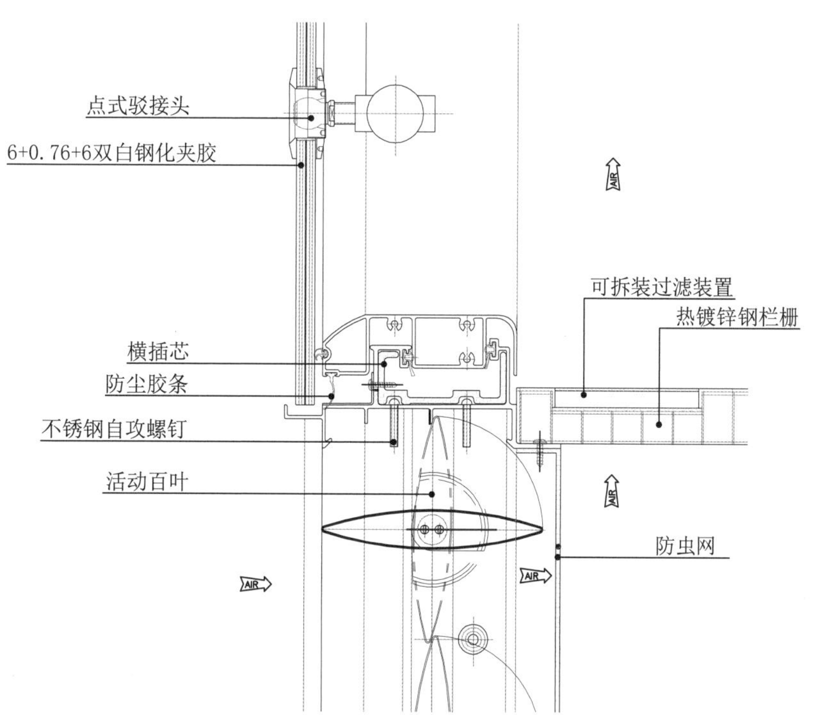
点式驳接头
6+0.76+6双白钢化夹胶
AIR
可拆装过滤装置
热镀锌钢栏栅
横插芯
防尘胶条
不锈钢自攻螺钉
活动百叶
防虫网
AIR
AIR
AIR

X017 明框玻璃幕墙活动百叶节点 / 1∶5

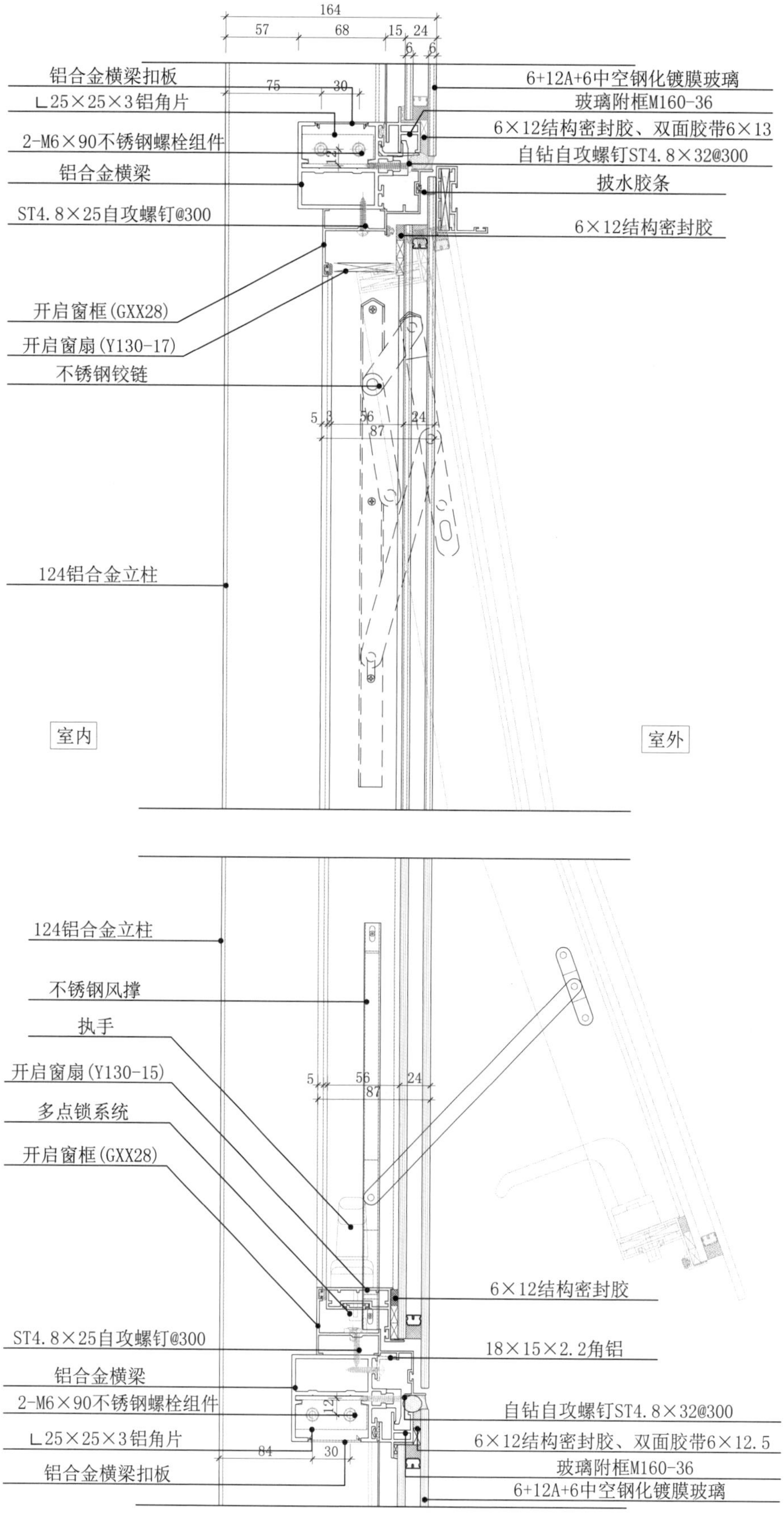

164
57
68
15
24
6
6
75
30
铝合金横梁扣板
∟25×25×3铝角片
2-M6×90不锈钢螺栓组件
铝合金横梁
ST4.8×25自攻螺钉@300
开启窗框(GXX28)
开启窗扇(Y130-17)
不锈钢铰链
124铝合金立柱
6+12A+6中空钢化镀膜玻璃
玻璃附框M160-36
6×12结构密封胶、双面胶带6×13
自钻自攻螺钉ST4.8×32@300
披水胶条
6×12结构密封胶
5
3
56
24
87
室内
室外
124铝合金立柱
不锈钢风撑
执手
开启窗扇(Y130-15)
多点锁系统
开启窗框(GXX28)
ST4.8×25自攻螺钉@300
铝合金横梁
2-M6×90不锈钢螺栓组件
∟25×25×3铝角片
铝合金横梁扣板
5
56
24
87
12
84
30
6×12结构密封胶
18×15×2.2角铝
自钻自攻螺钉ST4.8×32@300
6×12结构密封胶、双面胶带6×12.5
玻璃附框M160-36
6+12A+6中空钢化镀膜玻璃

X018 斜角30° 窗节点 / 1:5

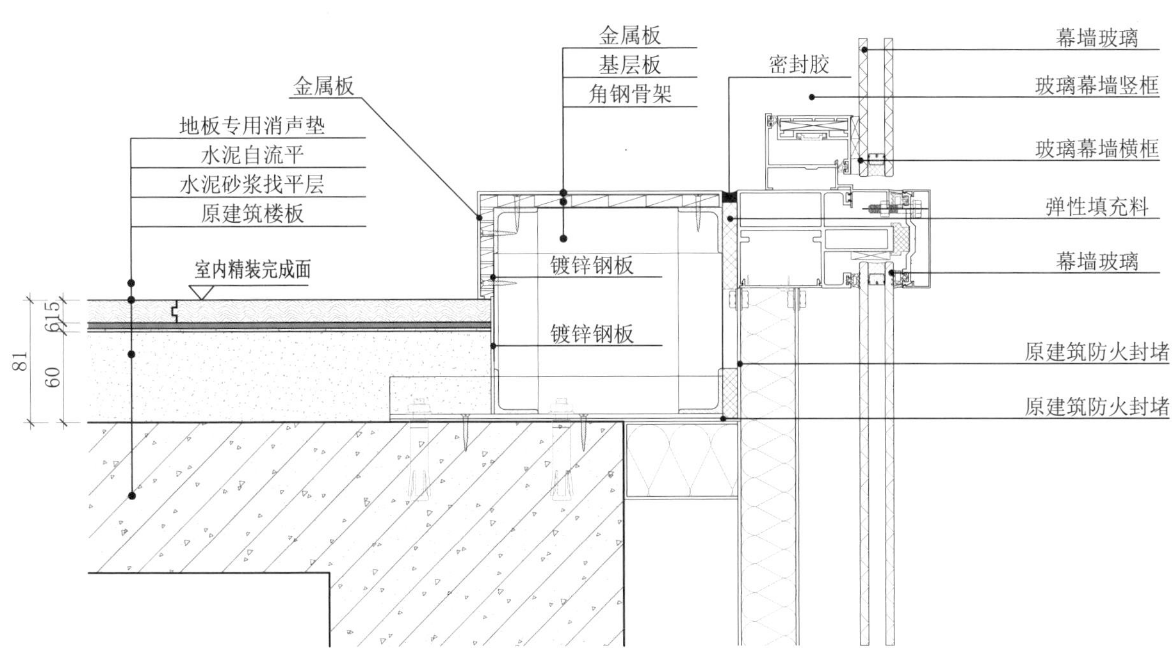

金属板
基层板
角钢骨架
密封胶
幕墙玻璃
玻璃幕墙竖框
金属板
地板专用消声垫
水泥自流平
水泥砂浆找平层
原建筑楼板
玻璃幕墙横框
弹性填充料
室内精装完成面
镀锌钢板
幕墙玻璃
镀锌钢板
原建筑防火封堵
原建筑防火封堵
81
6
15
60

X019 地面完成面与建筑幕墙交接节点一 / 1：5

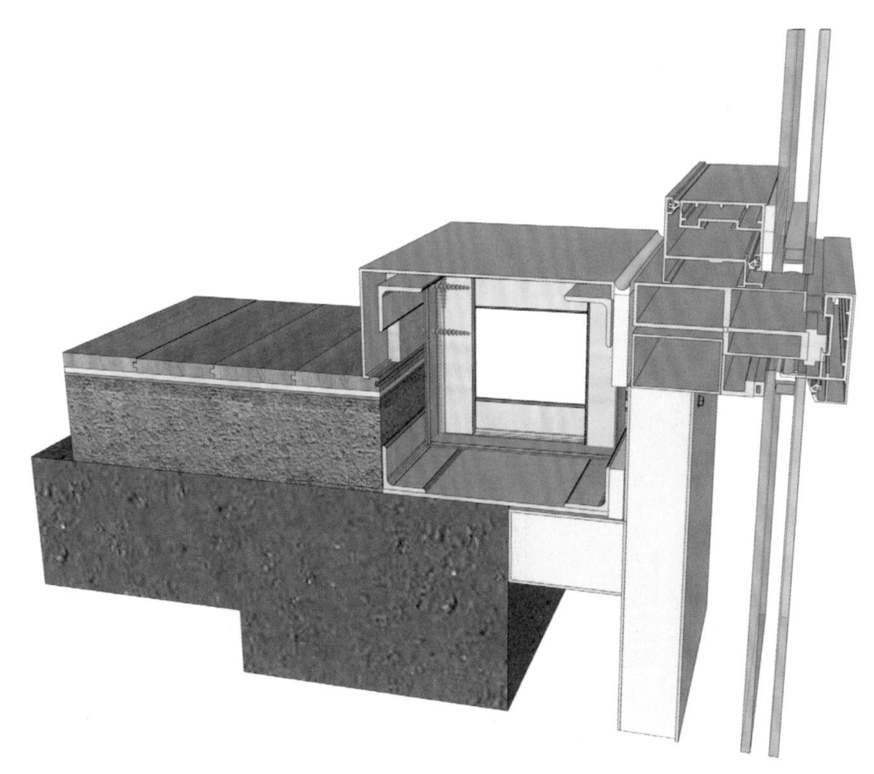

三维示意图（X019）

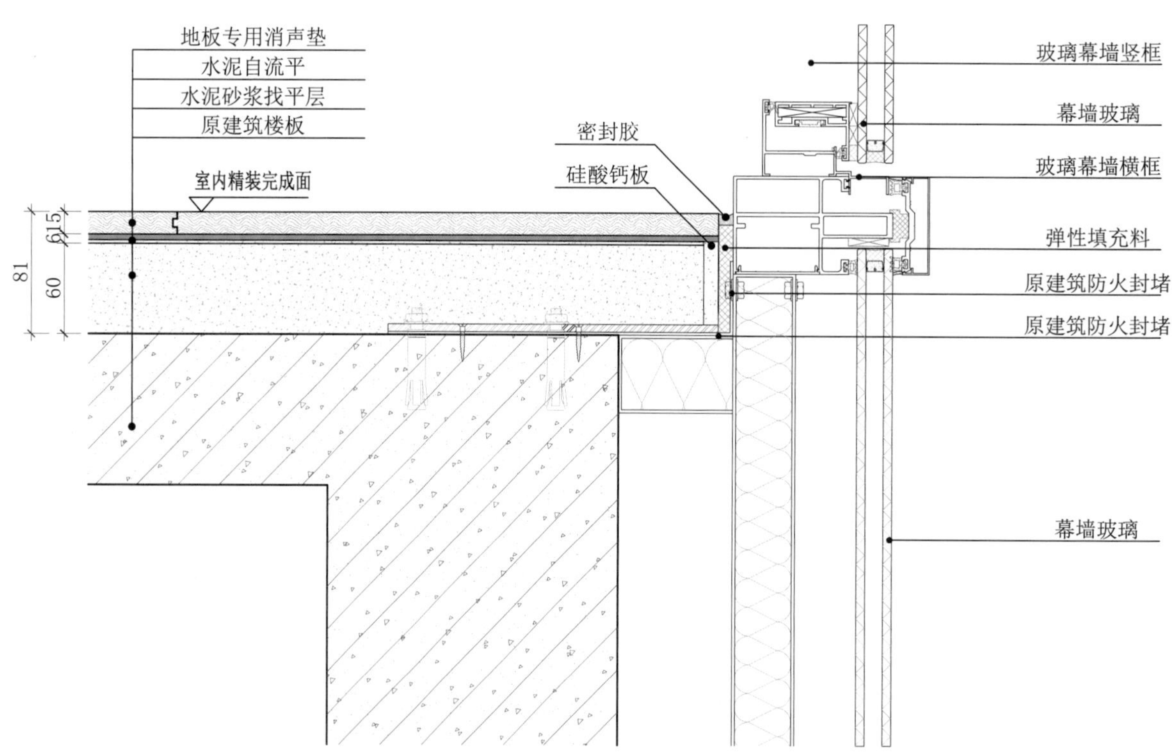
地板专用消声垫
水泥自流平
水泥砂浆找平层
原建筑楼板
室内精装完成面
密封胶
硅酸钙板
玻璃幕墙竖框
幕墙玻璃
玻璃幕墙横框
弹性填充料
原建筑防火封堵
原建筑防火封堵
幕墙玻璃
81
6
15
60

X020 地面完成面与建筑幕墙交接节点二 / 1∶5

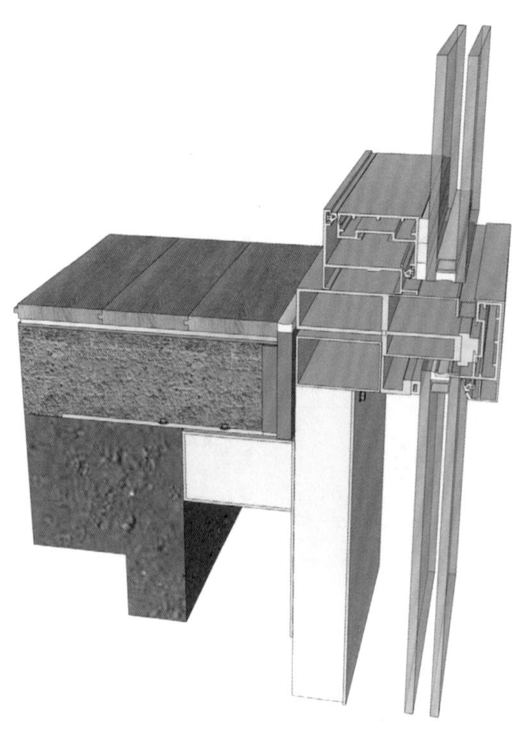

三维示意图（X020）

附录

1 常用装修材料燃烧性能等级速查清单

材料类别	级别	材料举例
各部位材料	A	花岗石、大理石、水磨石、水泥制品、混凝土制品、石膏板、石灰制品、黏土制品、玻璃、瓷砖、马赛克、钢铁、铝、铜合金、天然石材、金属复合板、纤维石膏板、玻镁板、硅酸钙板等
顶棚材料	B	纸面石膏板、纤维石膏板、水泥刨花板、矿棉板、玻璃棉装饰吸声板、珍珠岩装饰吸声板、难燃胶合板、难燃中密度纤维板、岩棉装饰板、难燃木材、铝箔复合材料、难燃酚醛胶合板、铝箔玻璃钢复合材料、复合铝箔玻璃棉板等
墙面材料	B_1	纸面石膏板、纤维石膏板、水泥刨花板、矿棉板、玻璃棉板、珍珠岩板、难燃胶合板、难燃中密度纤维板、防火塑料装饰板、难燃双面刨花板、多彩涂料、难燃墙纸、难燃墙布、难燃仿花岗岩装饰板、氯氧镁水泥装配式墙板、难燃玻璃钢平板、难燃PVC塑料护墙板、阻燃模压木质复合板材、彩色难燃人造板、难燃玻璃钢、复合铝箔玻璃棉板等
	B_2	各类天然木材、木制人造板、竹材、纸制装饰板、装饰微薄木贴面板、印刷木纹人造板、塑料贴面装饰板、聚酯装饰板、复塑装饰板、塑纤板、胶合板、塑料壁纸、无纺贴墙布、墙布、复合壁纸、天然材料壁纸、人造革、实木饰面装饰板、胶合竹夹板等
地面材料	B_1	硬PVC塑料地板、水泥刨花板、水泥木丝板、氯丁橡胶地板、难燃羊毛地毯等
	B_2	半硬质PVC塑料地板、PVC卷材地板等
装饰织物	B_1	经阻燃处理的各类难燃织物等
	B_2	纯毛装饰布、经阻燃处理的其他织物等
其他装修装饰材料	B_1	难燃聚氯乙烯塑料、难燃酚醛塑料、聚四氟乙烯塑料、难燃脲醛塑料、硅树脂塑料装饰型材、经难燃处理的各类织物等
	B_2	经阻燃处理的聚乙烯、聚丙烯、聚氨酯、聚苯乙烯、玻璃钢、化纤织物、木制品等

注：1. 本表摘自《建筑内部装修设计防火规范》GB 50222—2017。
2. 表内以常用建筑内部装修材料燃烧性能等级划分举例。

2 常用给水系统流程图

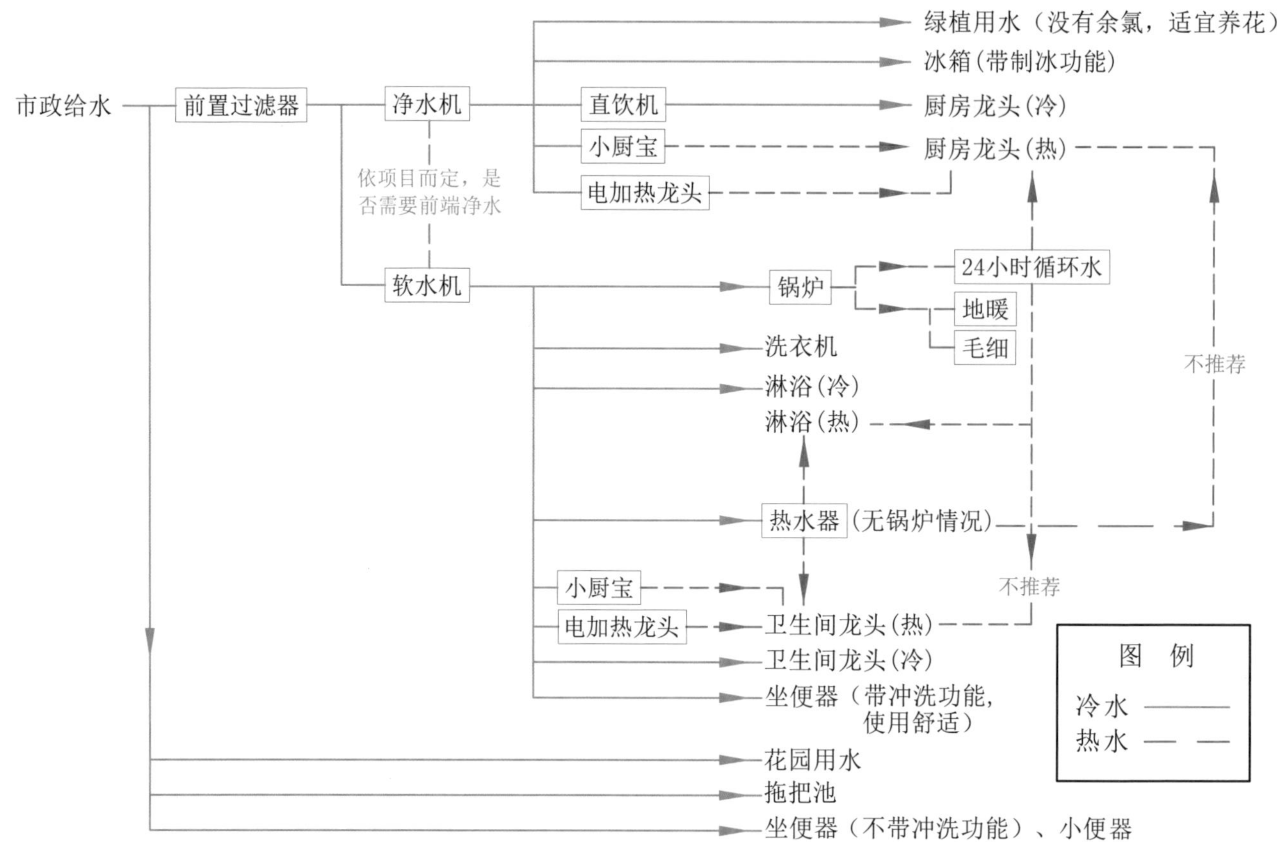

市政给水
前置过滤器
净水机
依项目而定，是否需要前端净水
软水机
直饮机
小厨宝
电加热龙头
绿植用水（没有余氯，适宜养花）
冰箱(带制冰功能)
厨房龙头(冷)
厨房龙头(热)
锅炉
24小时循环水
地暖
毛细
洗衣机
淋浴(冷)
淋浴(热)
热水器(无锅炉情况)
不推荐
小厨宝
电加热龙头
卫生间龙头(热)
卫生间龙头(冷)
坐便器（带冲洗功能，使用舒适）
不推荐
花园用水
拖把池
坐便器（不带冲洗功能）、小便器
图 例
冷水
热水

注：1. 从图中可知，出水端口的热水来源以现阶段技术能力可以实现的主要有四个，分别是热水器、小厨宝、锅炉、电加热龙头，根据项目情况，合理选择供应热水方式很重要。

2. 厨房内尽量使用净水，冷水还需要加设直饮机。

3. 一般情况下，软水之前不需要净水设备过滤，否则对滤芯消耗较大，仅对于水源有特别要求的项目，需要前端净水，这也是专业厂家的建议。

4. 一般家装项目，不建议龙头出水走热水器，原因有两点：第一加热时间较长，第二冷水浪费太大。可以想象一下冬天在卫生间洗手，要等上较长的时间热水器才能过来热水，所以建议热水器专供淋浴，龙头热水由小厨宝提供，即开即用，更符合使用诉求。

5. 总而言之，给人喝的用净水，给机器使用的用软水，没有功能要求的用原水即市政给水。

6. 上图仅供参考，不同的厂商、不同的产品、不同的项目，对于给水系统的设计要求均有不同，甚至天差地别，也欢迎更多的专业人士进行深度讨论，完善此表。

3　常用大理石颜色、纹路速查

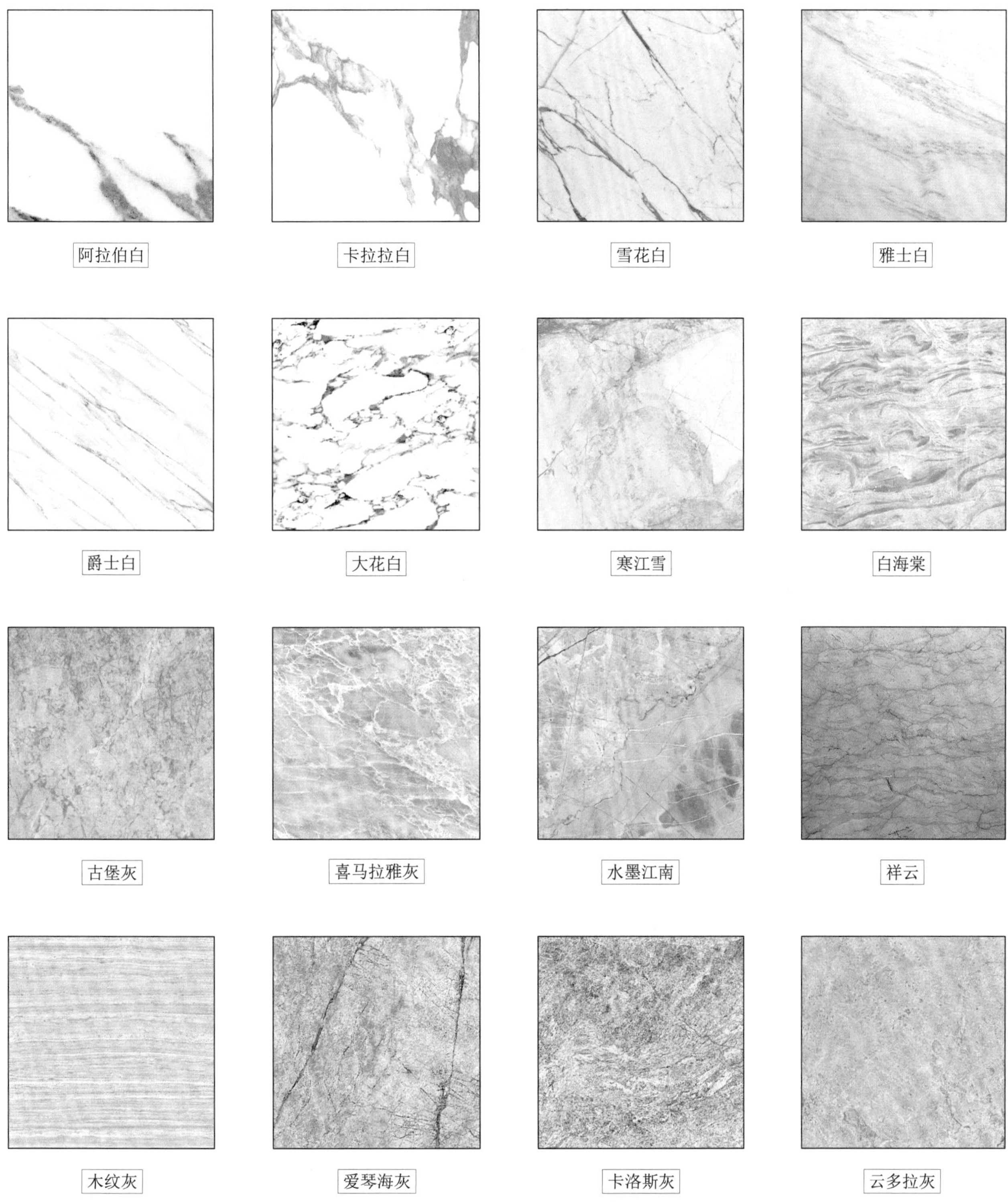
阿拉伯白
卡拉拉白
雪花白
雅士白
爵士白
大花白
寒江雪
白海棠
古堡灰
喜马拉雅灰
水墨江南
祥云
木纹灰
爱琴海灰
卡洛斯灰
云多拉灰

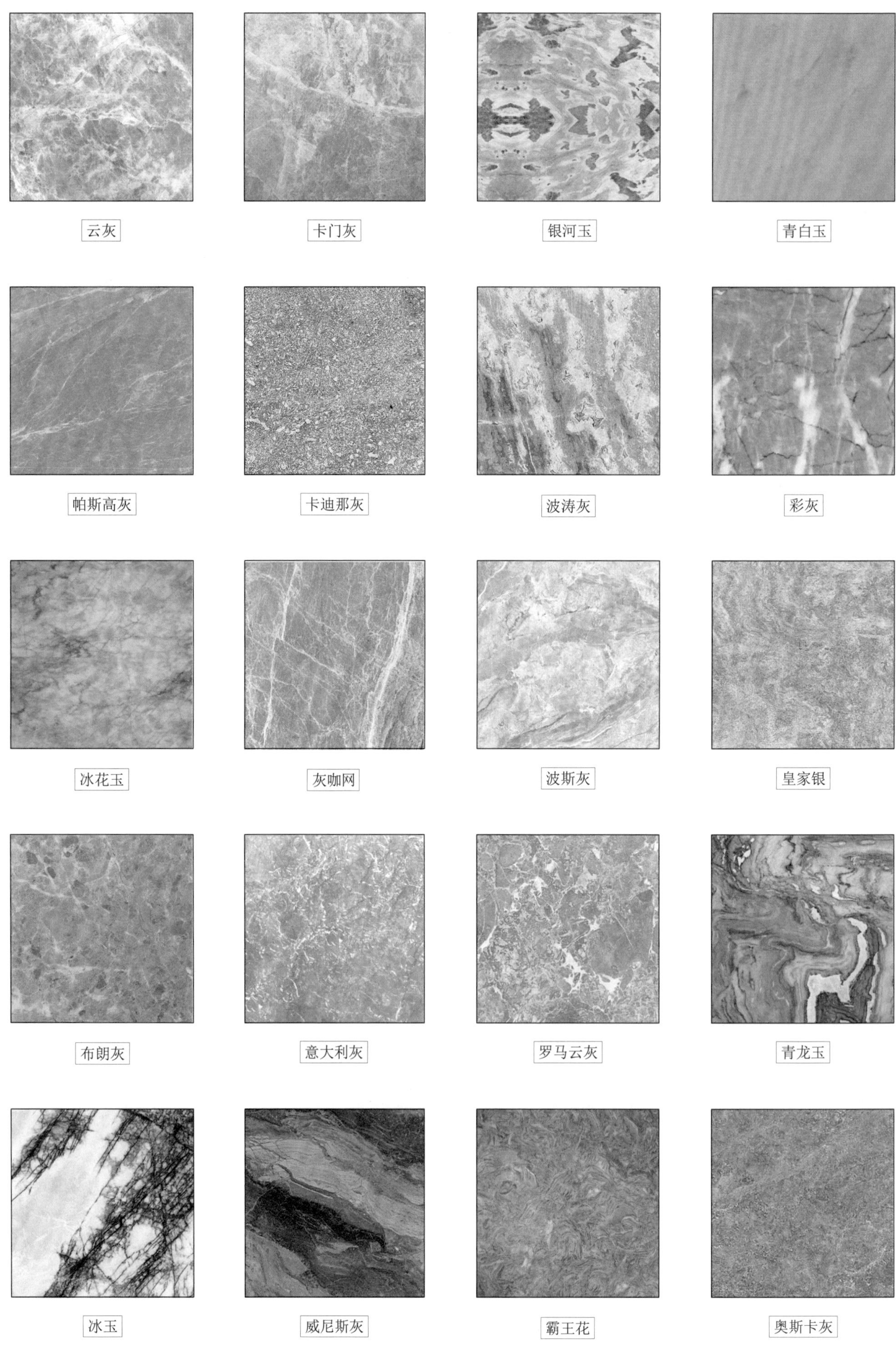
云灰
卡门灰
银河玉
青白玉
帕斯高灰
卡迪那灰
波涛灰
彩灰
冰花玉
灰咖网
波斯灰
皇家银
布朗灰
意大利灰
罗马云灰
青龙玉
冰玉
威尼斯灰
霸王花
奥斯卡灰

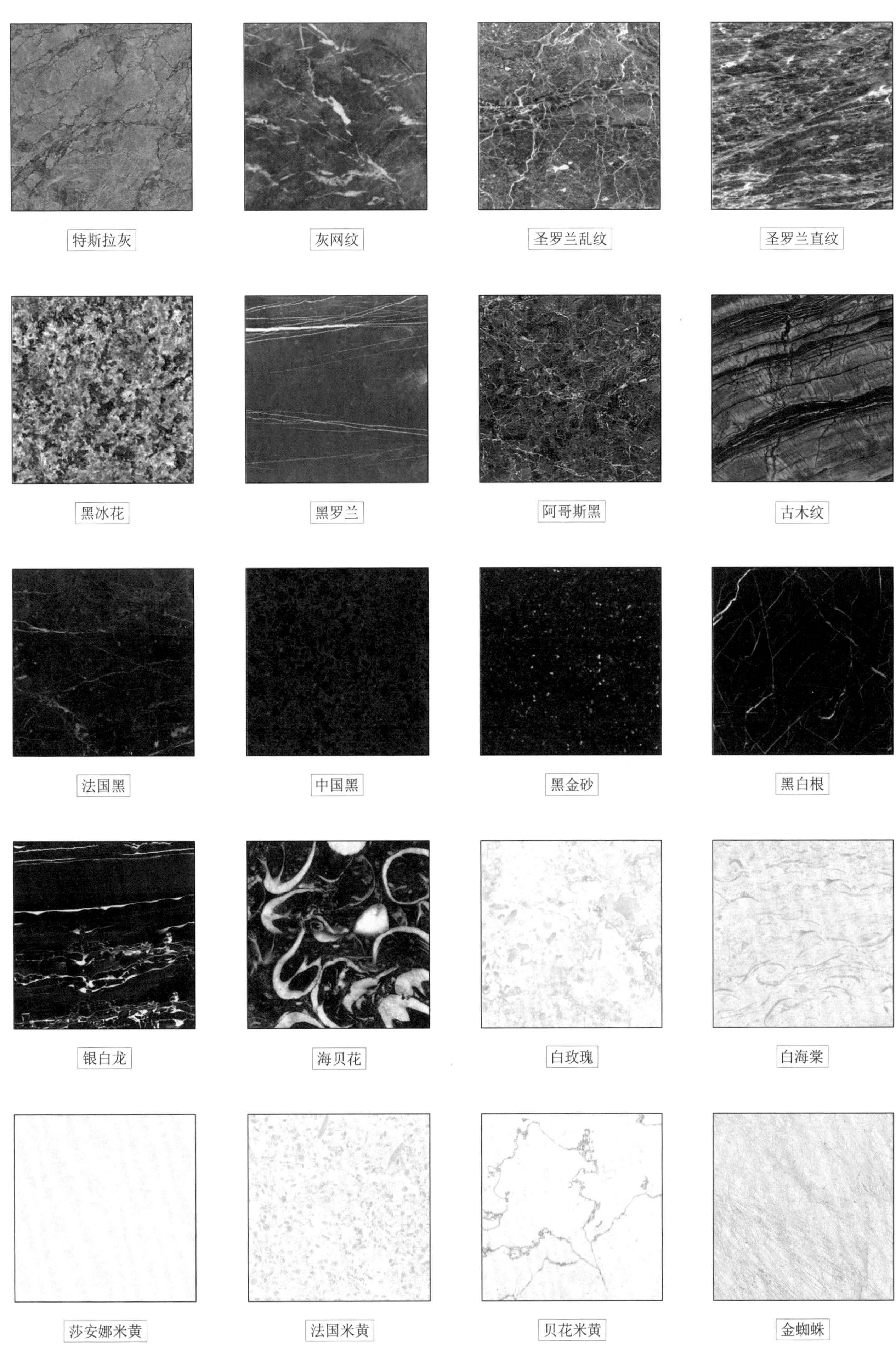
特斯拉灰
灰网纹
圣罗兰乱纹
圣罗兰直纹
黑冰花
黑罗兰
阿哥斯黑
古木纹
法国黑
中国黑
黑金砂
黑白根
银白龙
海贝花
白玫瑰
白海棠
莎安娜米黄
法国米黄
贝花米黄
金蜘蛛

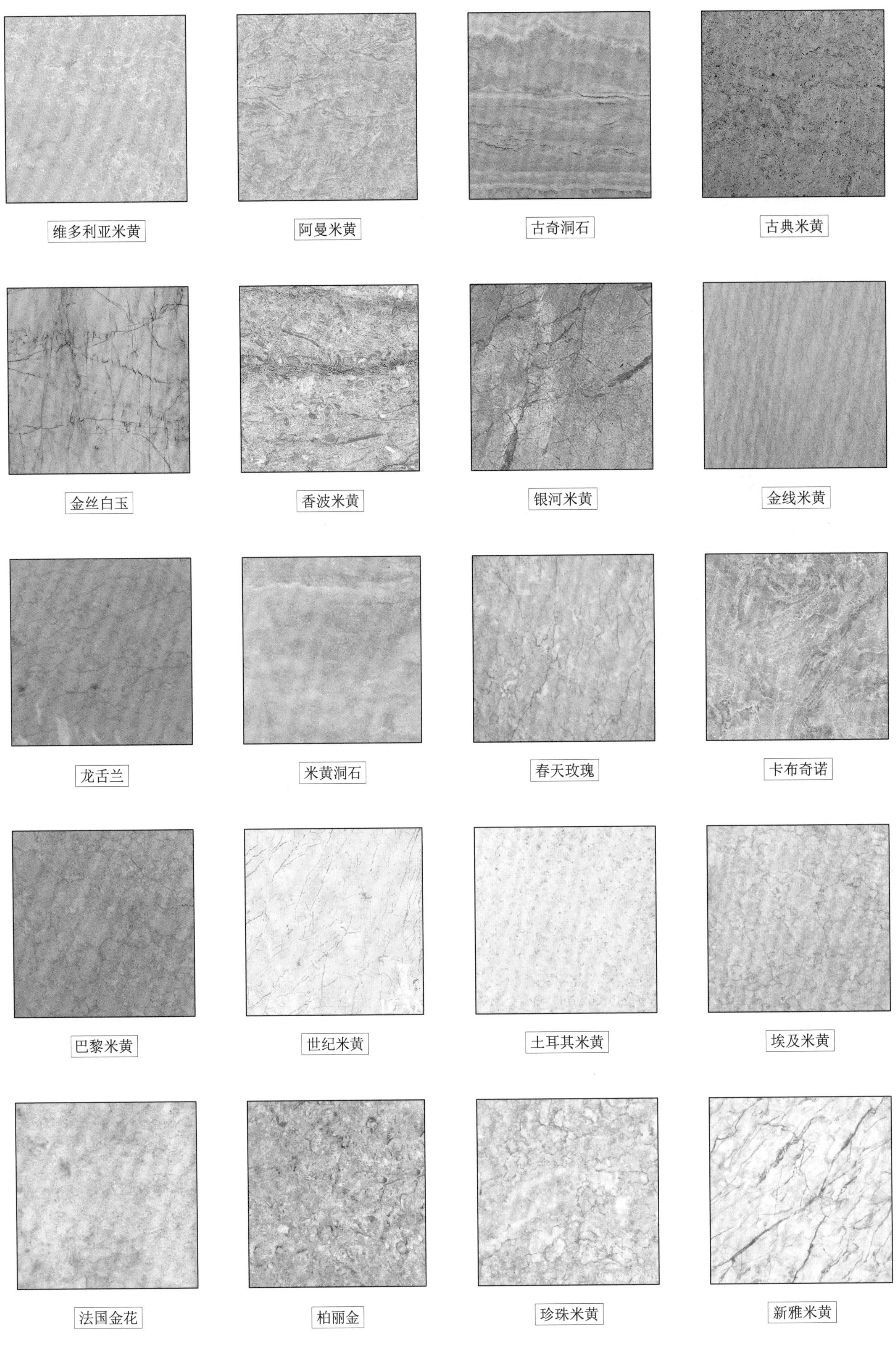
维多利亚米黄
阿曼米黄
古奇洞石
古典米黄
金丝白玉
香波米黄
银河米黄
金线米黄
龙舌兰
米黄洞石
春天玫瑰
卡布奇诺
巴黎米黄
世纪米黄
土耳其米黄
埃及米黄
法国金花
柏丽金
珍珠米黄
新雅米黄

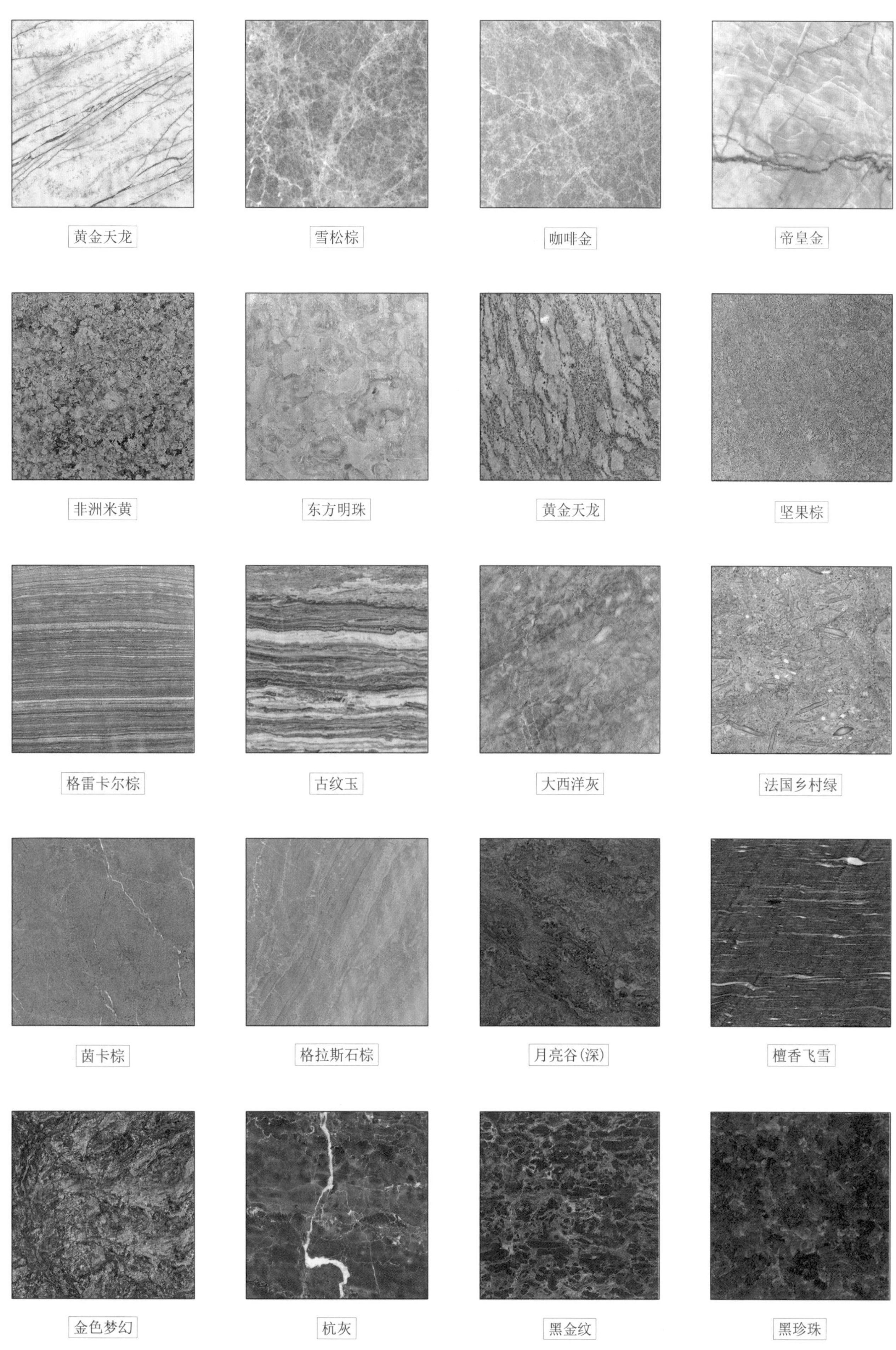

黄金天龙 雪松棕 咖啡金 帝皇金

非洲米黄 东方明珠 黄金天龙 坚果棕

格雷卡尔棕 古纹玉 大西洋灰 法国乡村绿

茵卡棕 格拉斯石棕 月亮谷(深) 檀香飞雪

金色梦幻 杭灰 黑金纹 黑珍珠

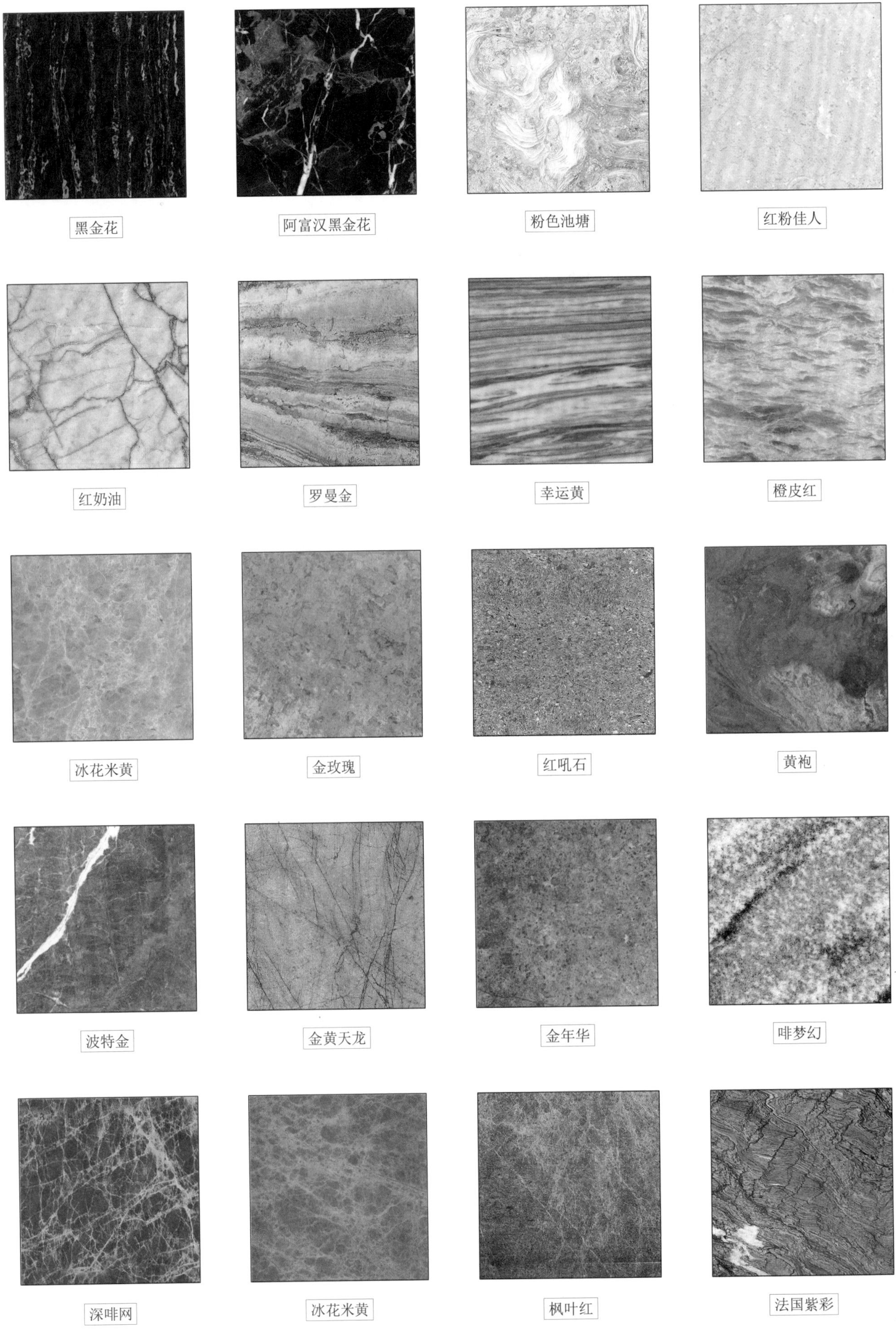

黑金花
阿富汉黑金花
粉色池塘
红粉佳人
红奶油
罗曼金
幸运黄
橙皮红
冰花米黄
金玫瑰
红吼石
黄袍
波特金
金黄天龙
金年华
啡梦幻
深啡网
冰花米黄
枫叶红
法国紫彩

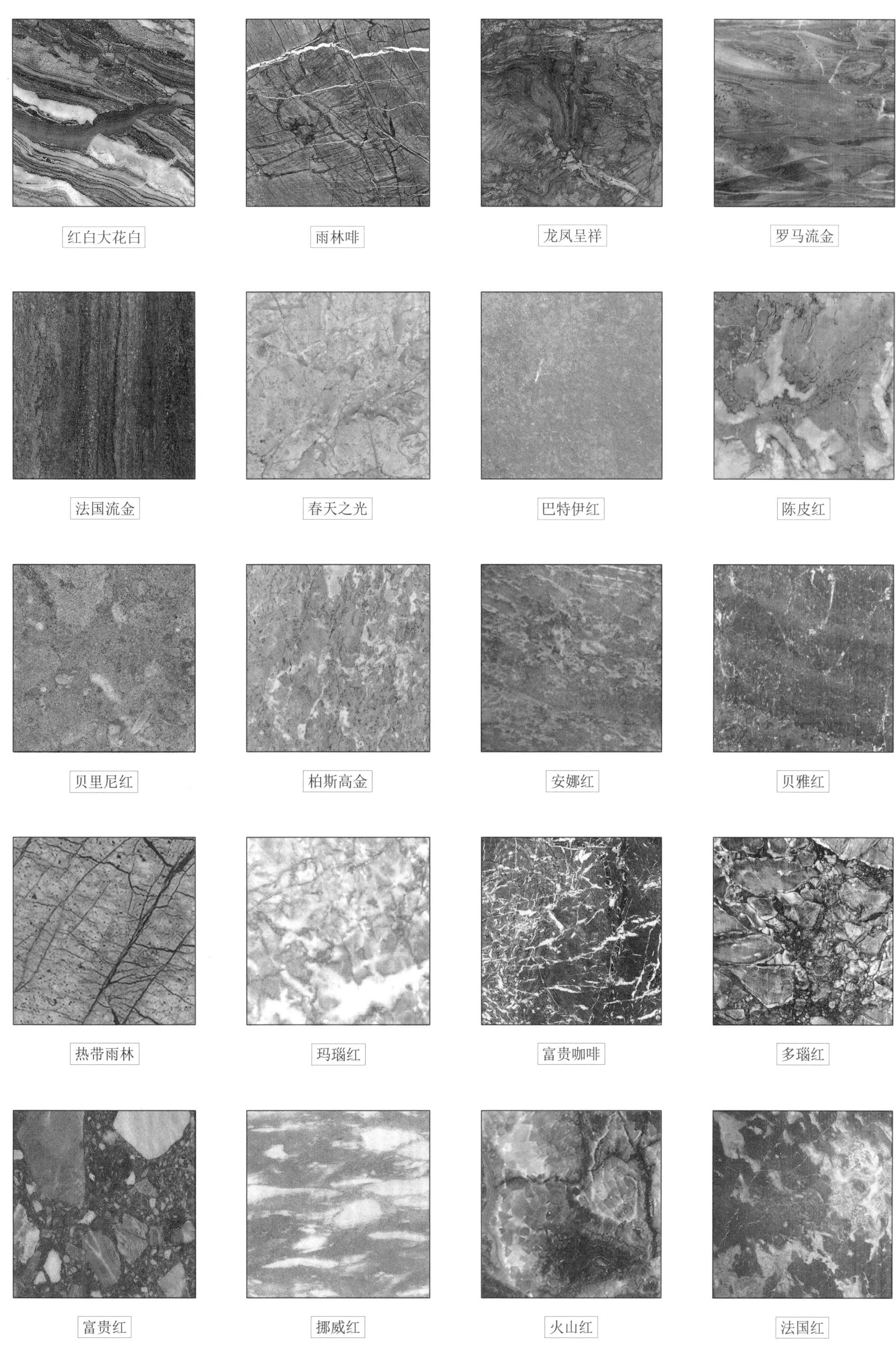

红白大花白
雨林啡
龙凤呈祥
罗马流金
法国流金
春天之光
巴特伊红
陈皮红
贝里尼红
柏斯高金
安娜红
贝雅红
热带雨林
玛瑙红
富贵咖啡
多瑙红
富贵红
挪威红
火山红
法国红

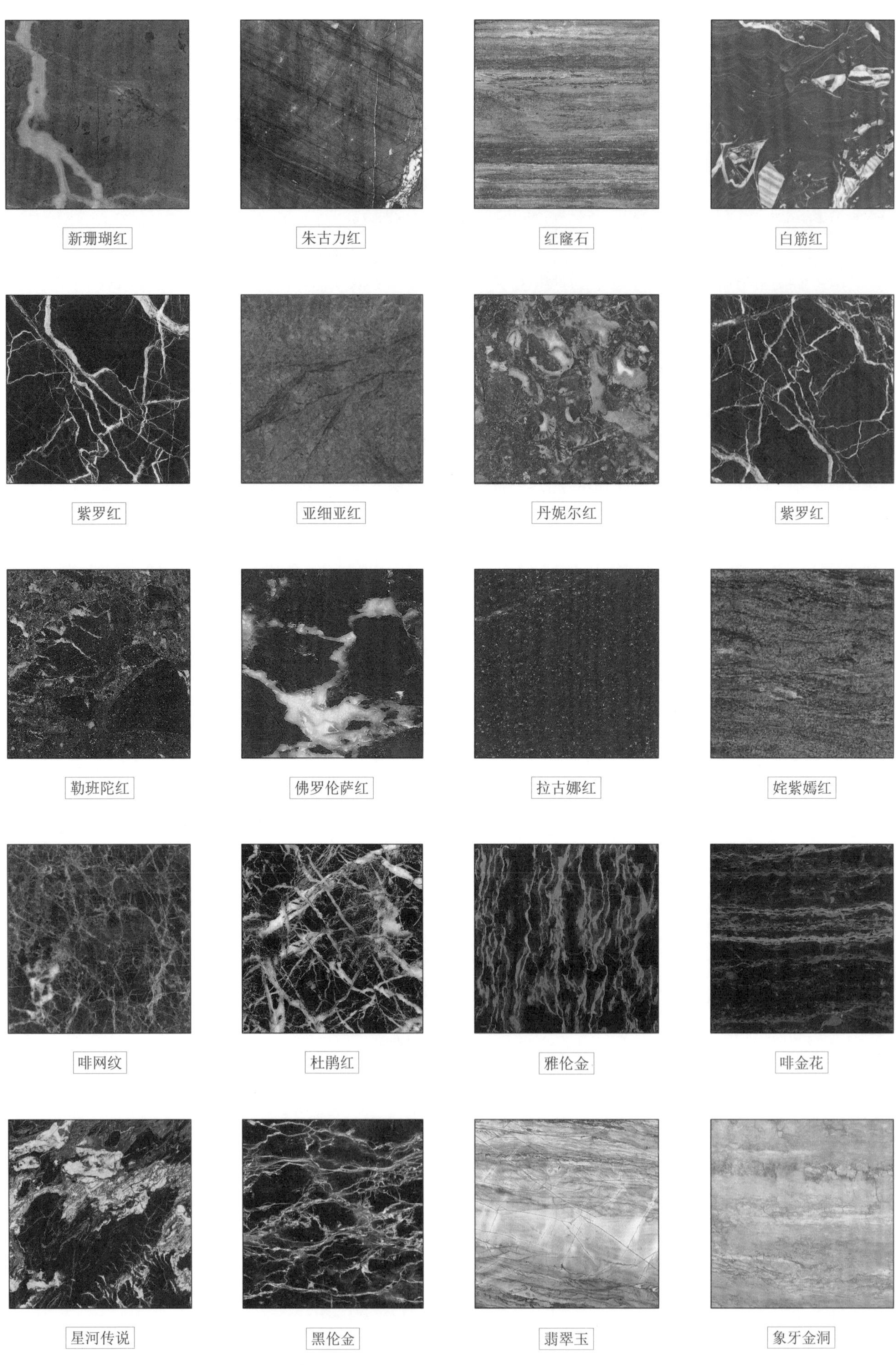

新珊瑚红　朱古力红　红窿石　白筋红

紫罗红　亚细亚红　丹妮尔红　紫罗红

勒班陀红　佛罗伦萨红　拉古娜红　姹紫嫣红

啡网纹　杜鹃红　雅伦金　啡金花

星河传说　黑伦金　翡翠玉　象牙金洞

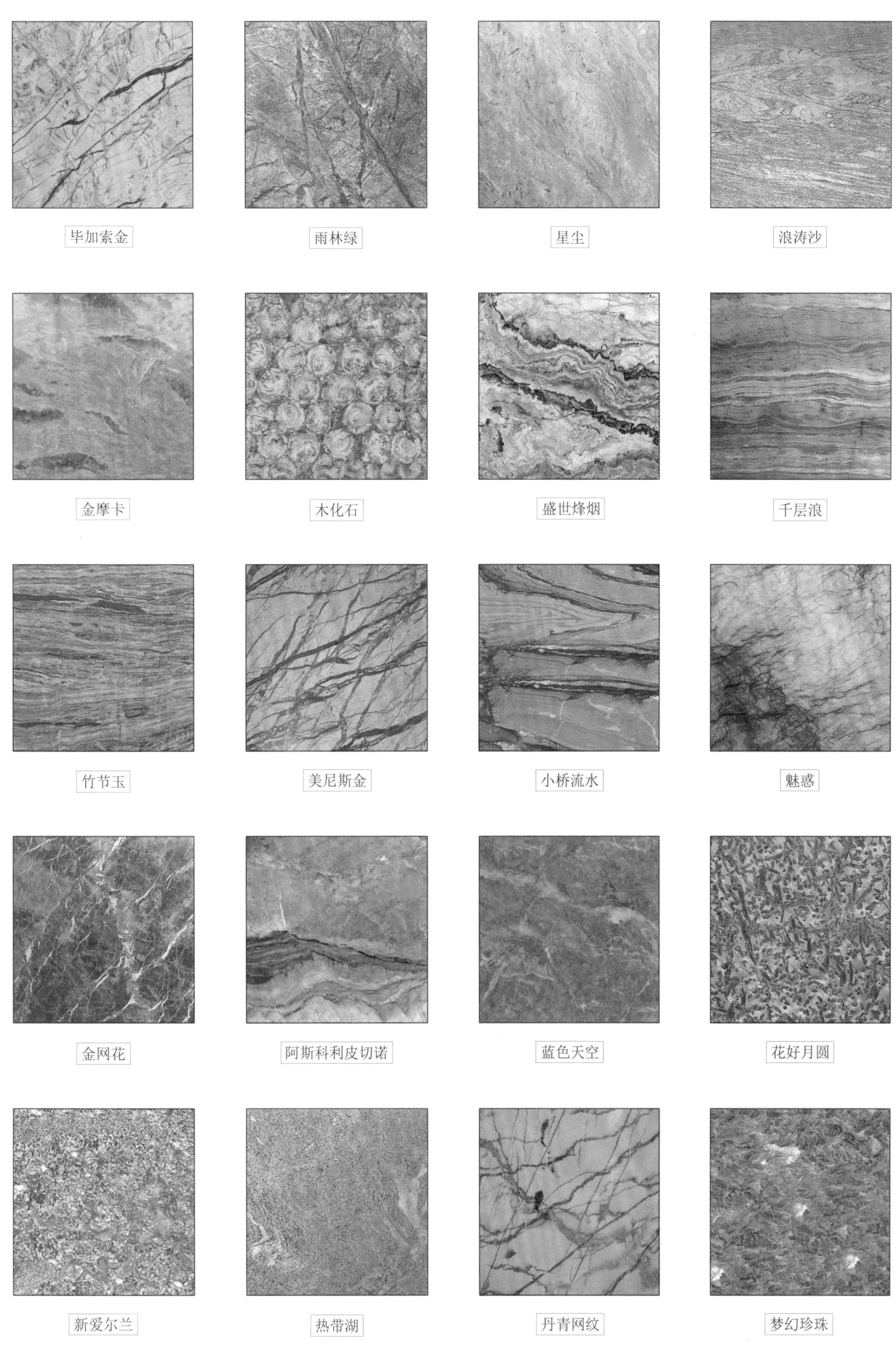

毕加索金　雨林绿　星尘　浪涛沙

金摩卡　木化石　盛世烽烟　千层浪

竹节玉　美尼斯金　小桥流水　魅惑

金网花　阿斯科利皮切诺　蓝色天空　花好月圆

新爱尔兰　热带湖　丹青网纹　梦幻珍珠

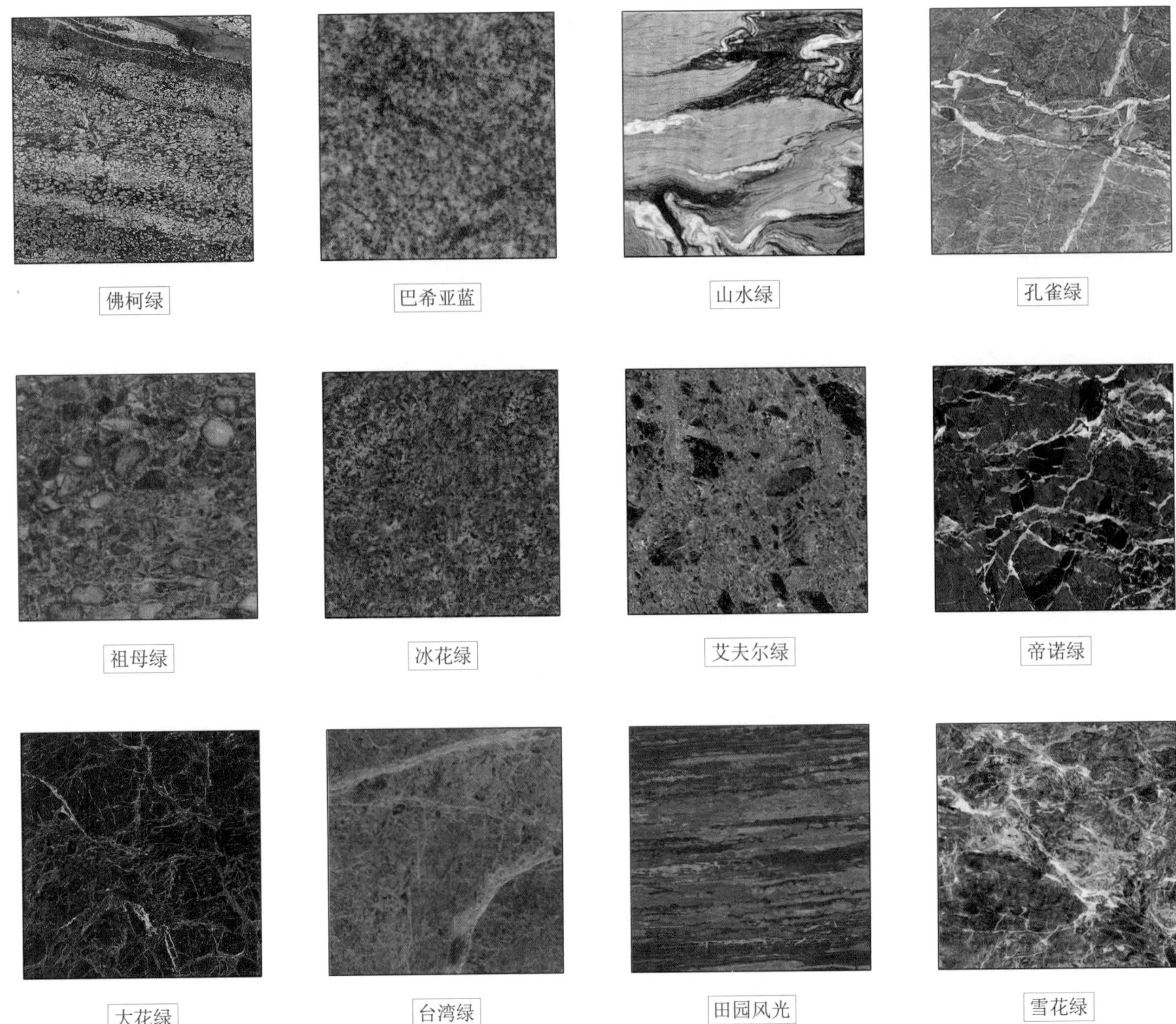
佛柯绿
巴希亚蓝
山水绿
孔雀绿
祖母绿
冰花绿
艾夫尔绿
帝诺绿
大花绿
台湾绿
田园风光
雪花绿

课堂小知识

大理石品质分类有哪些？

天然大理石石质细腻、光泽柔润，常见的花色有爵士白、金花米黄、木纹、旧米黄、香槟红、新米黄、雪花白、白水晶、细花白、灰红根、大白花、挪威红、苹果绿、大花绿、玫瑰红、橙皮红、万寿红、珊瑚红、黑金花、啡网纹等。我国国内有很多地方盛产大理石，花色品种较多。

大理石按品质可分为以下四类：

A类：优质的大理石，具有相同的、极好的加工品质，不含杂质和气孔。

B类：特征接近A类大理石，但加工品质比前者略差；有天然瑕疵；需要进行小量分离、胶粘和填充。

C类：加工品质存在一些差异，瑕疵、气孔、纹理断裂较为常见。修补这些差异的难度中等，通过分离、胶粘、填充或者加固等方法中的一种或者多种即可实现。

D类：特征与C类大理石相似，但是含有的天然瑕疵更多，加工品质的差异更大，需要用同一种方法进行多次表面处理。这类大理石没有石材的色彩丰富，所以不具有很好的装饰价值。

4　常用木饰面纹路速查

白松
柏木
白蜡木
沉香木
椴木
枫木
黑檀木
红松
胡桃木
花梨木
桦木
黄杨木
鸡翅木
榉木
柳木
绿檀木

楠木
泡桐
杉木
水曲柳
酸枝木
檀香木
条纹乌木
铁刀木
乌木
香樟木
橡胶木
樱桃木
柚木
榆木
柞木
樟木
红木
橡木
紫檀木
金丝柚木

5 常用钢材规格速查表

钢材尺寸规格表（一）——冷拔无缝方形钢管

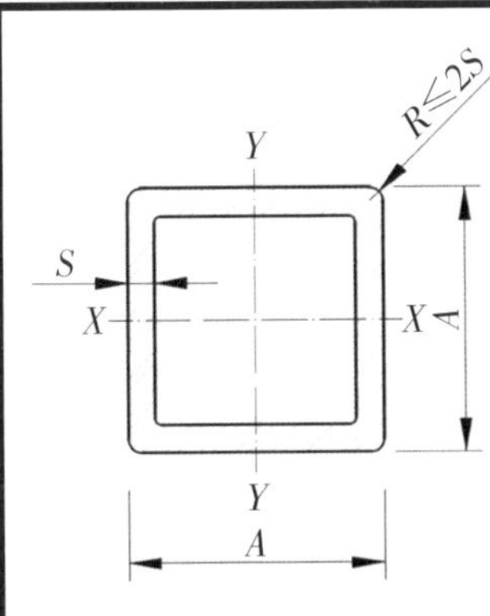

R≤2S
Y
S
X
X
A
Y
A

理论质量计算公式：

$G=0.0157S(A+A-2.8584S)$

式中：G——每米钢管的质量（kg/m）；

A——方形钢管的边长（mm）；

S——方形钢管的公称壁厚（mm）。

注：以钢管$R=1.5S$时，钢的密度为7.85 g/cm^3的计算公式。

基本尺寸 A (mm)	基本尺寸 S (mm)	截面面积 F/cm^2	理论质量 $G/(kg/m)$	惯性矩 $Jx=Jy/cm^4$	截面系数 $Wx=Wy/cm^3$
12	0.8	0.348	0.273	0.0739	0.123
	1.0	0 423	0.332	0.0873	0.146
14	1.0	0.503	0.394	0.144	0.206
	1.5	0.712	0.559	0.192	0.274
16	1.0	0.583	0.458	0.222	0.278
	1.5	0.832	0.653	0.3	0.374
18	1.0	0.663	0.521	0.324	0.36
	1.5	0.952	0.747	0.442	0.491
	2.0	1.21	0.952	0.535	0.595
20	1.0	0.743	0.583	0.453	0 453
	1.5	1.07	0.841	0.624	0.624
	2.0	1.37	1.08	0.763	0.763
	2.5	1.64	1.29	0.874	0.874
22	1	0.823	0.646	0.612	0.556
	1.5	1.19	0.936	0.85	0.773
	2	1.53	1.2	1.05	0.953
	2.5	1.84	1.45	1.21	1.10
25	2.5	2.14	1.68	1.86	1.49
	3	2.49	1.95	2.08	1.57
30	2.5	2.64	2.08	3.41	2.27
	3	3.01	2.42	3.86	2.58
	3.5	3.5	2.75	4.25	2.83
	4	3.89	3.05	4.58	3.05
32	2.5	2.84	2.23	4.21	2.63
	3	3.33	2.61	4.79	3
	3.5	3 78	2.97	5.29	3.31
	4	4.21	3.30	5.73	3.58
35	2.5	3.14	2.47	5.54	3.22
	3	3.69	2.89	6.45	3.68
	3.5	4.2	3.3	7.16	4.09
	4	4.68	3.68	7.78	4.45
	5	5.58	4.38	8.79	5.02
36	2.5	3.24	2.55	6.18	3.43
	3	3.81	2.99	7.07	3.93
	3.5	4.3_4	3.41	7.87	4.37
	4	4.85	3.81	8.56	4.76
	5	5.75	4.53	9.7	5.39
40	2.5	3.64	2.86	8.68	4.34
	3	4.29	3.37	9.98	4.99
	3.5	4.9	3.85	11.16	5.58
	4	5.49	4.31	12.21	6.11
	5	6.58	5.16	13.98	6.99
	6	7.55	5.93	15.34	7.67
42	2.5	3.84	3.02	10.15	4.83
	3	4.53	3.55	11.7	5.57
	3.5	5.18	4.07	13.1	6.24
	4	5.81	4.56	14.37	6.84
	5	6.98	5.48	16.56	7.87
	6	8.03	6.3	18.22	8.58
45	3.5	5.6	4.4	16.43	7.3
	4	6.23	4.94	18.07	8.03
	5	7.58	5.95	20.9	9.29
	6	8.75	6.87	23.19	10.31
	7	9.81	7.8	24.97	11.1
	8	10.8	8.44	26.3	11.59

基本尺寸 A (mm)	基本尺寸 S (mm)	截面面积 F/cm^2	理论质量 $G/(kg/m)$	惯性矩 $Jx=Jy/cm^4$	截面系数 $Wx=Wy/cm^3$
50	4	7.09	5.56	25.56	10.22
	5	8.58	6.73	29.81	11.93
	6	9.95	7.81	33.35	13.34
	7	11.21	8.8	36.23	14.49
	8	12.35	9.7	38.51	15.41
55	4	7.89	6.19	34.87	12.58
	5	9.58	7.52	40.95	14.89
	6	11.15	8.75	46.13	16.77
	7	12.51	9.9	50.47	18.35
	8	13.95	10.95	54.04	19.65
60	4	8.69	6.82	46.21	15.4
	5	10.58	8.3	54.57	18.19
	6	12.35	9.69	61.82	20.61
	7	14.01	11	68.03	22.68
	8	15.55	12.21	73.28	24.43
65	4	9.49	7.45	59.78	18.39
	5	11.58	9.07	70.92	21.82
	6	13.55	10.64	80.72	24.84
	7	15.41	12.1	89.27	27.46
	8	17.15	13.47	96.64	29.74
70	4	10.29	8.08	75.78	21.65
	5	12.58	9.87	90.26	25.79
	6	14.7	11.58	103.1	29.47
	7	16.81	13.19	114.5	32.72
	8	18.75	14.72	124.5	35.57
75	4	11.09	8.7	94.4	25.17
	5	13.58	10.66	112.8	30.08
	6	15.95	12.52	129.4	34.5
	7	1821	14.29	144.2	38.44
	8	20.35	15.98	157.3	41.94
80	4	11.89	9.33	115.9	28.96
	5	14.58	11.44	138.9	34.72
	6	17.15	13.46	159.7	39.93
	7	19.61	15.39	178.5	44.63
	8	21.95	17.23	195.4	48.85
90	5	16.98	13.33	217.1	47.19
	6	20.03	15.72	251.1	54.59
	7	22.97	18.03	282.3	61.38
	8	25.79	20.25	310.9	67.58
100	5	18.58	14.58	282.8	56.57
	6	21.95	17.23	328.2	65.54
	7	25.21	19.79	370.2	74.04
	8	28.35	22.26	408.9	81.78
110	7	28.01	21.99	503.4	91.54
	8	31.55	24.77	557.9	101.4
	9	34.98	27.46	608.4	110.6

注：钢材尺寸规格表（一）至（八）摘自国标规范：国标号GB/76728—2007。

钢材尺寸规格表（二）——冷拔无缝矩形钢管（1）

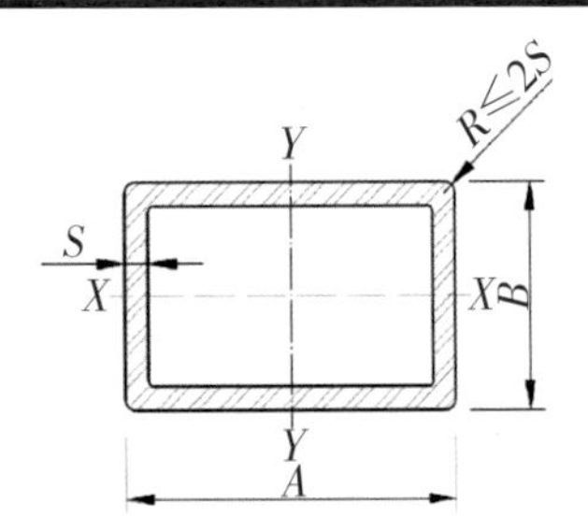
Y
R≤2S
S
X
X
B
Y
A

理论质量计算公式

$$G=0.0157S(A+A-2.8584S)$$

式中：G——每米钢管的质量（kg/m）；

A、B——矩形钢管的长与宽（mm）；

S—— 方形钢管的公称壁厚（mm）。

注：以钢管R=1.5S时，钢的密度为7.85 g/cm^{3}的计算公式。

基本尺寸			截面面积	理论质量	惯性矩		截面系数	
A	B	S			Jx	Jy	Wx	Wy
mm			F/cm^2	G/(kg/m)	cm^4		cm^3	
10	5	0.8	0.203	0.16	0.0074	0.0239	0.0297	0.0478
		1	0.243	0.191	0.0082	0.027	0.0329	0.0547
12	5	0.8	0.235	0.185	0.0088	0.0388	0.0354	0.0646
		1	0.283	0.222	0.0099	0.0449	0.0395	0.0748
	6	0.8	0.251	0.197	0.0139	0.0438	0.0462	0.073
		1	0.303	0.238	0.0157	0.0509	0.0524	0.0849
14	6	0.8	0.283	0.223	0.016	0.0654	0.0535	0.0935
		1	0.343	0.269	0.0182	0.0767	0.0608	0.11
		1.5	0.471	0.37	0.0215	0.0973	0.0715	0.139
	7	0.8	0.299	0.235	0.0233	0.0724	0.0665	0.104
		1	0.363	0.285	0.0268	0.0852	0.0765	0.122
		1.5	0.501	0.394	0.0324	0.109	0.0927	0.156
	10	0.8	0.347	0.273	0.0545	0.0934	0.109	0.133
		1	0.423	0.332	0.064	0.111	0.128	0.158
		1.5	0.591	0.464	0.0818	0.144	0.164	0.206
		2	0.731	0.574	0.0925	0.167	0.185	0.238
15	6	0.8	0.299	0.235	0.0171	0.0784	0.0571	0.105
		1	0.363	0.285	0.0195	0.0922	0.0651	0.123
		1.5	0.501	0.394	0.023	0.118	0.0768	0.157
		2	0.611	0.48	0.024	0.133	0.0799	0.177
16	8	0.8	0.347	0.273	0.0362	0.111	0.0905	0.139
		1	0.423	0.332	0.0421	0.132	0.105	0.165
		1.5	0.591	0.464	0.0525	0.173	0.131	0.216
		2	0.731	0.574	0.0579	0.2	0.145	0.25
	12	0.8	0.411	0.323	0.0941	0.148	0.157	0.186
		1	0.503	0.395	0.112	0.177	0.186	0.222
		1.5	0.711	0.559	0.147	0.236	0.244	0.295
		2	0.891	0.7	0.17	0.279	0.284	0.349
18	9	0.8	0.395	0.31	0.0532	0.162	0.118	0.18
		1	0.483	0.379	0.0624	0.194	0.139	0.215
		1.5	0.681	0.535	0.0796	0.258	0.177	0.287
		2	0.851	0.668	0.0897	0.304	0.199	0.337
	10	0.2	0.411	0.323	0.068	0.174	0.136	0.194
		1	0.503	0.395	0.0802	0.208	0.161	0.231
		1.5	0.711	0.559	0.1037	0.278	0.207	0.309
		2	0.891	0.7	0.119	0.329	0.237	0.366
	14	0.8	0.475	0.373	0.149	0.222	0.213	0.246
		1	0.583	0.458	0.178	0.266	0.255	0.296
		1.5	0.831	0.653	0.239	0.36	0.341	0.4
		2	1.051	0.825	0.283	0.432	0.404	0.48
20	8	0.8	0.411	0.323	0.0445	0.197	0.111	0.197
		1	0.503	0.395	0.052	0.236	0.13	0.236
		1.5	0.711	0.559	0.0654	0.315	0.164	0.315
		2	0.891	0.7	0.0728	0.373	0.182	0.373
	10	0.8	0.443	0.348	0.0748	0.227	0.15	0.227
		1	0.543	0.426	0.0884	0.272	0.177	0.272
		1.5	0.771	0.606	0.115	0.367	0.229	0.367
		2	0.971	0.763	0.132	0.438	0.263	0.438
	12	0.8	0.475	0.373	0.114	0.256	0.19	0.256
		1	0.583	0.458	0.136	0.308	0.226	0.308

基本尺寸			截面面积	理论质量	惯性矩		截面系数	
A	B	S			Jx	Jy	Wx	Wy
mm			F/cm^2	G/(kg/m)	cm^4		cm^3	
20	12	1.5	0.831	0.653	0.18	0.418	0.3	0.418
		2	1.05	0.825	0.211	0.503	0.352	0.503
		2.5	1.24	0.976	0.231	0.565	0.385	0.565
22	9	0.8	0.459	0.361	0.064	0.271	0.142	0.246
		1	0.563	0.442	0.0753	0.325	0.167	0.295
		1.5	0.801	0.629	0.0967	0.44	0.215	0.4
		2	1.011	0.794	0.11	0.527	0.244	0.479
		2.5	1.19	0.936	0.117	0.589	0.259	0.536
	14	0.8	0.539	0.423	0.177	0.361	0.253	0.328
		1	0.663	0.52	0.212	0.435	0.303	0.396
		1.5	0.951	0.746	0.286	0.598	0.408	0.543
		2	1.21	0.951	0.341	0.727	0.487	0.661
		2.5	1.44	1.13	0.381	0.828	0.544	0.753
24	12	0.8	0.539	0.423	0.134	0.403	0.224	0.336
		1	0.663	0.52	0.16	0.487	0.267	0.406
		1.5	0.951	0.747	0.213	0.669	0.355	0.557
		2	1.21	0.951	0.252	0.815	0.419	0.679
		2.5	1.44	1.13	0.277	0.928	0.462	0.774
25	10	0.8	0.523	0.411	0.0918	0.399	0.184	0.32
		1	0.643	0.505	0.109	0.482	0.217	0.386
		1.5	0.921	0.723	0.142	0.66	0.284	0.528
		2	1.17	0.92	0.164	0.802	0.329	0.642
		2.5	1.39	1.09	0.178	0.91	0.355	0.728
	15	1	0.743	0.583	0.279	0.626	0.372	0.501
		1.5	1.07	0.841	0.379	0.868	0.505	0.6914
		2	1.37	1.08	0.457	1.07	0.609	0.854
		2.5	1.64	1.29	0.515	1.23	0.687	0.983
28	11	1	0.723	0.567	0.151	0.683	0.274	0.488
		1.5	1.04	0.818	0.2	0.945	0.363	0.675
		2	1.33	1.05	0.235	1.16	0.426	0.328
		2.5	1.59	1.25	0.257	1.33	0.468	0.951
	14	1	0.783	0.615	0.263	0.792	0.376	0.566
		1.5	1.13	0.888	0.356	1.1	0.509	0.788
		2	1.45	1.14	0.428	1.36	0.612	0.973
		2.5	1.74	1.37	0.482	1.58	0.688	1.13
	16	1	0.823	0.646	0.357	0.865	0.447	0.618
		1.5	1.19	0.935	0.489	1.21	0.612	0.863
		2	1.53	1.2	0.595	1.5	0.743	1.07
		2.5	1.84	1.45	0.676	1.74	0.845	1.24
	22	1	0.943	0.74	0.744	1.08	0.677	0.774
		1.5	1.37	1.08	1.04	1.52	0.945	1.09
		2	1.77	1.39	1.29	1.9	1.17	1.36
		2.5	2.14	1.68	1.5	2.23	1.36	1.59
		3	2.49	1.95	1.67	2.5	1.52	1.79
		3.5	2.8	2.2	1.8	2.72	1.64	1.94
30	12	1.5	1.13	0.888	0.263	1.19	0.439	0.796
		2	1.45	1.14	0.312	1.48	0.52	0.984
		2.5	1.74	1.37	0.347	1.71	0.578	1.14
		3	2.01	1.57	0.369	1.89	0.614	1.26

钢材尺寸规格表（三）——冷拔无缝矩形钢管（2）

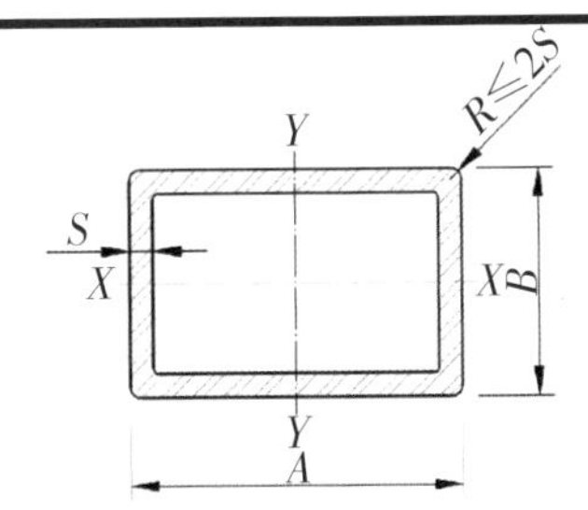

Y
R≤2S
S
X
X
B
Y
A

理论质量计算公式

$$G=0.0157S(A+A-2.8584S)$$

式中：G——每米钢管的质量（kg/m）；

A、B——矩形钢管的长与宽（mm）；

S—— 方形钢管的公称壁厚（mm）。

注：以钢管$R=1.5S$时，钢的密度为7.85 g/cm³的计算公式。

基本尺寸 A (mm)	B (mm)	S (mm)	截面面积 F/cm²	理论质量 G/(kg/m)	惯性矩 J_x (cm⁴)	惯性矩 J_y (cm⁴)	截面系数 W_x (cm³)	截面系数 W_y (cm³)
32	13	1.5	1.22	0.959	0.339	1.48	0.521	0.927
		2	1.57	1.23	0.406	1.84	0.624	1.15
		2.5	1.9	1.49	0.451	2.14	0.699	1.34
		3	2.19	1.72	0.488	2.39	0.751	1.49
	16	1.5	1.31	1.03	0.553	1.69	0.691	1.07
		2	1.69	1.33	0.674	2.11	0.842	1.32
		2.5	2.04	1.6	0.768	2.47	0.961	1.54
		3	2.37	1.86	0.84	2.77	1.05	1.73
	25	1.5	1.58	1.21	1.57	2.32	1.26	1.45
		2	2.05	1.61	1.97	2.92	1.58	1.83
		2.5	2.49	1.96	2.31	3.45	1.85	2.16
		3	2.91	2.28	2.6	3.91	2.08	2.44
35	14	1.5	1.34	1.05	0.439	1.96	0.627	1.12
		2	1.73	1.36	0.53	2.45	0.757	1.4
		2.5	2.09	1.64	0.599	2.86	0.856	1.64
		3	2.43	1.9	0.649	3.21	0.928	1.84
		3.5	2.73	2.14	0.683	3.5	0.975	2
36	18	1.5	1.49	1.17	0.811	2.46	0.901	1.37
		2	1.93	1.52	0.998	3.1	1.11	1.72
		2.5	2.34	1.84	1.15	3.65	1.28	2.03
		3	2.73	2.14	1.27	4.13	1.41	2.29
		3.5	3.08	2.42	1.37	4.53	1.52	2.51
	28	2	2.33	1.83	2.85	4.26	2.04	2.36
37	15	2	1.85	1.45	0.661	2.96	0.881	1.6
		2.5	2.24	1.76	0.753	3.47	1	1.88
		3	2.61	2.05	0.821	3.91	1.09	2.12
		3.5	2.94	2.31	0.87	4.28	1.16	2.31
		4	3.25	2.55	0.901	4.58	1.2	2.48
40	16	2	2.01	1.58	0.832	3.77	1.04	1.89
		2.5	2.44	1.92	0.953	4.46	1.19	2.23
		3	2.85	2.23	1.05	5.05	1.31	2.52
		3.5	3.22	2.53	1.12	5.55	1.4	2.77
		4	3.57	2.8	1.16	5.97	1.46	2.98
	20	2	2.17	1.7	1.41	4.35	1.41	2.18
		2.5	2.64	2.07	1.64	5.16	1.64	2.58
		3	3.09	2.42	1.83	5.87	1.83	2.93
		3.5	3.5	2.75	1.99	6.48	1.99	3.24
		4	3.86	3.05	2.11	7.01	2.11	3.5
	25	2	2.37	1.86	2.39	5.07	1.91	2.54
		2.5	2.89	2.27	2.82	6.04	2.25	3.02
		3	3.39	2.66	3.18	6.9	2.54	3.45
		3.5	3.85	3.02	3.49	7.65	2.79	3.83
		4	4.29	3.36	3.75	8.31	2.99	4.15
42	30	2	2.65	2.08	3.83	6.53	2.55	3.11
45	30	2	2.77	2.18	4.07	7.73	2.71	3.44
		2.5	3.39	2.66	4.83	9.26	3.22	4.12
		3	3.99	3.13	5.51	10.65	3.57	4.73
		3.5	4.55	3.57	6.11	11.9	4.07	5.29
		4	5.09	3.99	6.62	13.01	4.42	5.78
48	30	2	2.89	2.27	4.3	9.06	2.87	3.77
		2.5	3.54	2.78	5.12	10.87	3.41	4.53
50	32	2	3.05	2.4	5.18	10.48	3.24	4.19
		2.5	3.74	2.94	6.18	12.6	3.86	5.04
		3	4.41	3.46	7.07	14.55	4.42	5.82
55	38	2	3.49	2.74	8.36	14.93	4.4	5.43
		2.5	4.29	3.37	10.04	18.03	5.29	6.56
		3	5.07	3.98	11.58	20.91	6.09	7.6
		3.5	5.81	4.56	12.97	23.57	6.83	8.57
		4	6.53	5.12	14.23	26.01	7.49	9.46
60	40	3.5	6.3	4.95	15.84	30.41	7.92	10.14
		4	7.09	5.56	17.42	33.66	8.71	11.22
		5	8.57	6.73	20.15	39.41	10.07	13.14
70	50	4	8.69	6.82	34.05	58.35	13.52	16.67
		5	10.57	8.3	39.98	69.11	15.99	19.75
		6	12.34	9.69	45.04	78.51	18.02	22.43
		7	14	10.99	49.29	86.64	19.71	24.75
80	60	4	10.29	8.07	58.79	92.76	19.60.	23.19
		5	12.57	9.87	69.75	110.7	23.25	27.68
		6	14.74	11.57	79.4	126.8	26.47	31.7
		7	16.8	13.19	87.81	141.1	29.27	35.28
90	60	4	11.09.	8.7	65.07	123.7	21.59	27.48
		5	13.57	10.65	77.33	148.2	25.78	32.93
		6	15.94	12.52	88.18	170.4	29.39	37.86
		7	18.20	14.29	97.7	190.3	32.57	42.3
100	70	5	15.57	12.22	122	215.2	34.86	43.04
		6	18.34	14.4	140.1	248.6	40.04	49.73
		7	21	16.48	156.4	279.3	44.68	55.86
		8	23.54	18.48	170.9	307.1	48.83	61.43
110	75	5	17.07	13.4	155.8	285.8	41.54	51.96
		6	20.14	15.81	179.5	331.4	47.87	60.25
		7	23.1	18.13	201	373.4	53.61	67.89
		8	25.94	20.36	220.4	412.1	58.79	74.92
120	80	6	21.94	17.22	225.6	430.6	56.4	71.76
		7	25.2	19.78	253.4	486.6	63.35	81.1
		8	28.34	22.25	278.7	538.5	69.67	89.75
		9	31.37	24.63	301.6	586.5	75.41	97.74
130	85	6	23.74	18.64	278.9	547.8	63.63	84.28
		7	27.3	21.43	314.07	620.5	73.9	95.47
		8	30.74	24.13	346.3	682.4	81.49	105.9
		9	34.07	26.75	375.8	751.6	88.43	115.6
140	80	7	28	21.98	290.8	715.1	72.7	102.2
		8	31.54	24.76	320.3	794.1	80.08	113.4
		9	34.97	27.45	347.3	867.8	86.81	124
		10	38.29	30.05	371.7	936.4	92.92	133.8
150	75	7	28.7	22.53	266.0	814.6	70.93	108.6
		8	32.34	25.39	292.6	905.3	78.03	120.7
		9	35.87	28.16	316.8	990.1	84.47	132
		10	39.29	30.84	338.6	1069.3	90.29	142.6
160	65	8	32.34	25.39	220.9	975.4	67.97	121.9
		9	35.87	28.16	238.1	1066.8	73.27	133.3
		10	39.29	30.84	253.4	1152	77.98	144
		11	42.59	33.43	266.9	1231.2	82.13	153.9

钢材尺寸规格表（四）——H 型钢

类别	H型钢规格 ($h \times b \times t_1 \times t_2$)	截面积 A cm^2	质量 q kg/m	x-x轴 I_x cm^4	x-x轴 W_x cm^3	x-x轴 i_x cm	y-y轴 i_x cm^4	y-y轴 W_y cm^3	y-y轴 I_y cm
HW	100×100×6×8	21.9	17.22	383	76.5	4.18	134	26.7	2.47
	125×125×6.5×9	30.31	23.8	847	136	5.29	294	47	3.11
	150×150×7×10	40.55	31.9	1660	221	6.39	564	75.1	3.73
	175×175×7.5×11	51.43	40.3	2900	331	7.5	984	112	4.37
	200×200×8×12	64.28	50.5	4770	477	8.61	1600	160	4.99
	#200×204×12×12	72.28	56.7	5030	503	8.35	1700	167	4.85
	250×250×9×14	92.18	72.4	10800	867	10.8	3650	292	6.29
	#250×255×14×14	104.7	82.2	11500	919	10.5	3880	304	6.09
	#294×302×12×12	108.3	85	17000	1160	12.5	5520	365	7.14
	300×300×10×15	120.4	94.5	20500	1370	13.1	6760	450	7.49
	300×305×15×15	135.4	106	21600	1440	12.6	7100	466	7.24
	#344×348×10×16	146	115	33300	1940	15.1	11200	646	8.78
	350×350×12×19	173.9	137	40300	2300	15.2	13600	776	8.84
	#388×402×15×15	179.2	141	49200	2540	16.6	16300	809	9.52
	#394×398×11×18	187.6	147	56400	2860	17.3	18900	951	10
	400×400×13×21	219.5	172	66900	3340	17.5	22400	1120	10.1
	#400×408×21×21	251.5	197	71100	3560	16.8	23800	1170	9.73
	#414×405×18×28	296.2	233	93000	4490	17.7	31000	1530	10.2
	#428×407×20×35	361.4	284	119000	5580	18.2	39400	1930	10.4
HM	148×100×6×9	27.25	21.4	1040	140	6.17	151	30.2	2.35
	194×150×6×9	39.76	31.2	2740	283	8.3	508	67.7	3.57
	244×175×7×11	56.24	44.1	6120	502	10.4	985	113	4.18
	294×200×8×12	73.03	57.3	11400	779	12.5	1600	160	4.69
	340×250×9×14	101.5	79.7	21700	1280	14.6	3650	292	6
	390×300×10×16	136.7	107	38900	2000	16.9	7210	481	7.26
	440×300×11×18	157.4	124	56100	2550	18.9	8110	541	7.18
	482×300×11×15	146.4	115	60800	2520	20.4	6770	451	6.8
	488×300×11×18	164.4	129	71400	2930	20.8	8120	541	7.03
	582×300×12×17	174.5	137	103000	3530	24.3	7670	511	6.63
	588×300×12×20	192.5	151	118000	4020	24.8	9020	601	6.85
	#594×302×14×23	222.4	175	137000	4620	24.9	10600	701	6.9
HN	100×50×5×7	12.16	9.54	192	38.5	3.98	14.9	5.96	1.11
	125×60×6×8	17.01	13.3	417	66.8	4.95	29.3	9.75	1.31
	150×75×5×7	18.16	14.3	679	90.6	6.12	49.6	13.2	1.65
	175×90×5×8	23.21	18.2	1220	140	7.26	97.6	21.7	2.05
	198×99×4.5×7	23.59	18.5	1610	163	8.27	114	23	2.2
	200×100×5.5×8	27.57	21.7	1880	188	8.25	134	26.8	2.21
	248×124×5×8	32.89	25.8	3560	287	10.4	255	41.1	2.78
	250×125×6×9	37.87	29.7	4080	326	10.4	294	47	2.79
	298×149×5.5×8	41.55	32.6	6460	433	12.4	443	59.4	3.26
	300×150×6.5×9	47.53	37.3	7350	490	12.4	508	67.7	3.27
	346×174×6×9	53.19	41.8	11200	649	14.5	792	91	3.86
	350×175×7×11	63.66	50	13700	782	14.7	985	113	3.93
	#400×150×8×13	71.12	55.8	18800	942	16.3	734	97.9	3.21
	396×199×7×11	72.16	56.7	20000	1010	16.7	1450	145	4.48
	400×200×8×13	84.12	66	23700	1190	16.8	1740	174	4.54
	#450×150×9×14	83.41	65.5	27100	1200	18	793	106	3.08
	446×199×8×12	84.95	66.7	29000	1300	18.5	1580	159	4.31
	450×200×9×14	97.41	76.5	33700	1500	18.6	1870	187	4.38
	#500×150×10×16	98.23	77.1	38500	1540	19.8	907	121	3.04
	496×199×9×14	101.3	79.5	41900	1690	20.3	1840	185	4.27
	500×200×10×16	114.2	89.6	47800	1910	20.5	2140	214	4.33
	#506×201×11×19	131.3	103	56500	2230	20.8	2580	257	4.43
	596×199×10×15	121.2	95.1	69300	2330	23.9	1980	199	4.04
	600×200×11×17	135.2	106	78200	2610	24.1	2280	228	4.11
	#606×201×12×20	153.3	120	91000	3000	24.4	2720	271	4.21
	#692×300×13×20	211.5	166	172000	4980	28.6	9020	602	6.53
	700×300×13×24	235.5	185	201000	5760	29.3	10800	722	6.78

符号：h——高度；
b——宽度；
t_1——腹板厚度；
t_2——翼缘厚度；
I——惯性矩；
W——截面模量；
i——回转半径。

注："#" 表示的规格为非常用规格。

钢材尺寸规格表（五）——普通工字钢

符号：
h——高度；
b——宽度；
tw——腹板厚度；
t——翼缘平均厚度；
I——惯性矩；
W——截面模量；
i——回转半径；
Sx——半截面的面积矩。
长度：
型号10~18，长5~19 m；
型号20~63，长6~19 m。

型号		尺寸/mm h	b	tw	t	R	截面面积/cm^2	理论质量/(kg/m)	x-x轴 I_x cm^4	W_x cm^3	i_x cm	I_x/S_x cm	y-y轴 I_y cm^4	W_y cm^3	i_y cm
10		100	68	4.5	7.6	6.5	14.3	11.2	245	49	4.14	8.69	33	9.6	1.51
12.6		126	74	5	8.4	7	18.1	14.2	488	77	5.19	11	47	12.7	1.61
14		140	80	5.5	9.1	7.5	21.5	16.9	712	102	5.75	12.2	64	16.1	1.73
16		160	88	6	9.9	8	26.1	20.5	1127	141	6.57	13.9	93	21.1	1.89
18		180	94	6.5	10.7	8.5	30.7	24.1	1699	185	7.37	15.4	123	26.2	2
20	a	200	100	7	11.4	9	35.5	27.9	2369	237	8.16	17.4	158	31.6	2.11
	b		102	9			39.5	31.1	2502	250	7.95	17.1	169	33.1	2.07
22	a	220	110	7.5	12.3	9.5	42.1	33	3406	310	8.99	19.2	226	41.1	2.32
	b		112	9.5			46.5	36.5	3583	326	8.78	18.9	240	42.9	2.27
25	a	250	116	8	13	10	48.5	38.1	5017	401	10.2	21.7	280	48.4	2.4
	b		118	10			53.5	42	5278	422	9.93	21.4	297	50.4	2.36
28	a	280	122	8.5	13.7	10.5	55.4	43.5	7115	508	11.3	24.3	344	56.4	2.49
	b		124	10.5			61	47.9	7481	534	11.1	24	364	58.7	2.44
32	a	320	130	9.5	15	11.5	67.1	52.7	11080	692	12.8	27.7	459	70.6	2.62
	b		132	11.5			73.5	57.7	11626	727	12.6	27.3	484	73.3	2.57
	c		134	13.5			79.9	62.7	12173	761	12.3	26.9	510	76.1	2.53
36	a	360	136	10	15.8	12	76.4	60	15796	878	14.4	31	555	81.6	2.69
	b		138	12			83.6	65.6	16574	921	14.1	30.6	584	84.6	2.64
	c		140	14			90.8	71.3	17351	964	13.8	30.2	614	87.7	2.6
40	a	400	142	10.5	16.5	12.5	86.1	67.6	21714	1086	15.9	34.4	660	92.9	2.77
	b		144	12.5			94.1	73.8	22781	1139	15.6	33.9	693	96.2	2.71
	c		146	14.5			102	80.1	23847	1192	15.3	33.5	727	99.7	2.67
45	a	450	150	11.5	18	13.5	102	80.4	32241	1433	17.7	38.5	855	114	2.89
	b		152	13.5			111	87.4	33759	1500	17.4	38.1	895	118	2.84
	c		154	15.5			120	94.5	35278	1568	17.1	37.6	938	122	2.79
50	a	500	158	12	20	14	119	93.6	46472	1859	19.7	42.9	1122	142	3.07
	b		160	14			129	101	48556	1942	19.4	42.3	1171	146	3.01
	c		162	16			139	109	50639	2026	19.1	41.9	1224	151	2.96
56	a	560	166	12.5	21	14.5	135	106	65576	2342	22	47.9	1366	165	3.18
	b		168	14.5			147	115	68503	2447	21.6	47.3	1424	170	3.12
	c		170	16.5			158	124	71430	2551	21.3	46.8	1485	175	3.07
63	a	630	176	13	22	15	155	122	94004	2984	24.7	53.8	1702	194	3.32
	b		178	15			167	131	98171	3117	24.2	53.2	1771	199	3.25
	c		780	17			180	141	102339	3249	23.9	52.6	1842	205	3.2

钢材尺寸规格表（六）——普通槽钢

符号：同普通工字钢，但Wy为对应翼缘肢尖。
长度：
型号5~8，长5~12 m；
型号10~18，长5~19 m；
型号20~63，长6~19 m。

型号		尺寸/mm h	b	tw	t	R	截面面积/cm^2	理论质量/(kg/m)	x-x轴 I_x cm^4	W_x cm^3	i_x cm	y-y轴 I_y cm^4	W_y cm^3	I_y cm	y-y_1轴 I_{y1} cm^4	Z_0 cm
5		50	37	4.5	7	7	6.92	5.44	26	10.4	1.94	8.3	3.5	1.1	20.9	1.35
6.3		63	40	4.8	7.5	7.5	8.45	6.63	51	16.3	2.46	11.9	4.6	1.19	28.3	1.39
8		80	43	5	8	8	10.24	8.04	101	25.3	3.14	16.6	5.8	1.27	37.4	1.42
10		100	48	5.3	8.5	8.5	12.74	10	198	39.7	3.94	25.6	7.8	1.42	54.9	1.52
12.6		126	53	5.5	9	9	15.69	12.31	389	61.7	4.98	38	10.3	1.56	77.8	1.59
14	a	140	58	6	9.5	9.5	18.51	14.53	564	80.5	5.52	53.2	13	1.7	107.2	1.71
	b		60	8	9.5	9.5	21.31	16.73	609	87.1	5.35	61.2	14.1	1.69	120.6	1.67
16	a	160	63	6.5	10	10	21.95	17.23	866	108.3	6.28	73.4	16.3	1.83	144.1	1.79
	b		65	8.5	10	10	25.15	19.75	935	116.8	6.1	83.4	17.6	1.82	160.8	1.75
18	a	180	68	7	10.5	10.5	25.69	20.17	1273	141.4	7.04	98.6	20	1.96	189.7	1.88
	b		70	9	10.5	10.5	29.29	22.99	1370	152.2	6.84	111	21.5	1.95	210.1	1.84
20	a	200	73	7	11	11	28.83	22.63	1780	178	7.86	128	24.2	2.11	244	2.01
	b		75	9	11	11	32.83	25.77	1914	191.4	7.64	143.6	25.9	2.09	268.4	1.95
22	a	220	77	7	11.5	11.5	31.84	24.99	2394	217.6	8.67	157.8	28.2	2.23	298.2	2.1
	b		79	9	11.5	11.5	36.24	28.45	2571	233.8	8.42	176.5	30.1	2.21	326.3	2.03
25	a	250	78	7	12	12	34.91	27.4	3359	268.7	9.81	175.9	30.7	2.24	324.8	2.07
	b		80	9	12	12	39.91	31.33	3619	289.6	9.52	196.4	32.7	2.22	355.1	1.99
	c		82	11	12	12	44.91	35.25	3880	310.4	9.3	215.9	34.6	2.19	388.6	1.96
28	a	280	82	7.5	12.5	12.5	40.02	31.42	4753	339.5	10.9	217.9	35.7	2.33	393.3	2.09
	b		84	9.5	12.5	12.5	45.62	35.81	5118	365.6	10.59	241.5	37.9	2.3	428.5	2.02
	c		86	11.5	12.5	12.5	51.22	40.21	5484	391.7	10.35	264.1	40	2.27	467.3	1.99
32	a	320	88	8	14	14	48.5	38.07	7511	469.4	12.44	304.7	46.4	2.51	547.5	2.24
	b		90	10	14	14	54.9	43.1	8057	503.5	12.11	335.6	49.1	2.47	592.9	2.16
	c		92	12	14	14	61.3	48.12	8603	537.7	11.85	365	51.6	2.44	642.7	2.13
36	a	360	96	9	16	16	60.89	47.8	11874	659.7	13.96	455	63.6	2.73	818.5	2.44
	b		98	11	16	16	68.09	53.45	12652	702.9	13.63	496.7	66.9	2.7	880.5	2.37
	c		100	13	16	16	75.29	59.1	13429	746.1	13.36	536.6	70	2.67	948	2.34
40	a	400	100	10.5	18	18	75.04	58.91	17578	878.9	15.3	592	78.8	2.81	1057.9	2.49
	b		102	12.5	18	18	83.04	65.19	18644	932.2	14.98	640.6	82.6	2.78	1135.8	2.44
	c		104	14.5	18	18	91.04	71.47	19711	985.6	14.71	687.8	86.2	2.75	1220.3	2.42

钢材尺寸规格表（七）——等边角钢（1）

型号 (B×t)		单角钢										双角钢				
		圆角	重心矩	截面积	质量	惯性矩	截面模量		回转半径			i_y，当a为下列数值				
		R	Z_0	A		I_x	W_{xmax}	W_{xmin}	i_x	i_{x0}	i_{y0}	6 mm	8 mm	10 mm	12 mm	14 mm
		mm		cm²	kg/m	cm⁴	cm³		cm			cm				
∟20×	3	3.5	6	1.13	0.89	0.4	0.66	0.29	0.59	0.75	0.39	1.08	1.17	1.25	1.34	1.43
	4		6.4	1.46	1.15	0.5	0.78	0.36	0.58	0.73	0.38	1.11	1.19	1.28	1.37	1.46
∟25×	3	3.5	7.3	1.43	1.12	0.82	1.12	0.46	0.76	0.95	0.49	1.27	1.36	1.44	1.53	1.61
	4		7.6	1.86	1.46	1.03	1.34	0.59	0.74	0.93	0.48	1.3	1.38	1.47	1.55	1.64
∟30×	3	4.5	8.5	1.75	1.37	1.46	1.72	0.68	0.91	1.15	0.59	1.47	1.55	1.63	1.71	1.8
	4		8.9	2.28	1.79	1.84	2.08	0.87	0.9	1.13	0.58	1.49	1.57	1.65	1.74	1.82
∟36×	3	4.5	10	2.11	1.66	2.58	2.59	0.99	1.11	1.39	0.71	1.7	1.78	1.86	1.94	2.03
	4		10.4	2.76	2.16	3.29	3.18	1.28	1.09	1.38	0.7	1.73	1.8	1.89	1.97	2.05
	5		10.7	2.38	2.65	3.95	3.68	1.56	1.08	1.36	0.7	1.75	1.83	1.91	1.99	2.08
∟40×	3	5	10.9	2.36	1.85	3.59	3.28	1.23	1.23	1.55	0.79	1.86	1.94	2.01	2.09	2.18
	4		11.3	3.09	2.42	4.6	4.05	1.6	1.22	1.54	0.79	1.88	1.96	2.04	2.12	2.2
	5		11.7	3.79	2.98	5.53	4.72	1.96	1.21	1.52	0.78	1.9	1.98	2.06	2.14	2.23
∟45×	3	5	12.2	2.66	2.09	5.17	4.25	1.58	1.39	1.76	0.9	2.06	2.14	2.21	2.29	2.37
	4		12.6	3.49	2.74	6.65	5.29	2.05	1.38	1.74	0.89	2.08	2.16	2.24	2.32	2.4
	5		13	4.29	3.37	8.04	6.2	2.51	1.37	1.72	0.88	2.1	2.18	2.26	2.34	2.42
	6		13.3	5.08	3.99	9.33	6.99	2.95	1.36	1.71	0.88	2.12	2.2	2.28	2.36	2.44
∟50×	3	5.5	13.4	2.97	2.33	7.18	5.36	1.96	1.55	1.96	1	2.26	2.33	2.41	2.48	2.56
	4		13.8	3.9	3.06	9.26	6.7	2.56	1.54	1.94	0.99	2.28	2.36	2.43	2.51	2.59
	5		14.2	4.8	3.77	11.21	7.9	3.13	1.53	1.92	0.98	2.3	2.38	2.45	2.53	2.61
	6		14.6	5.69	4.46	13.05	8.95	3.68	1.51	1.91	0.98	2.32	2.4	2.48	2.56	2.64
∟56×	3	6	14.8	3.34	2.62	10.19	6.86	2.48	1.75	2.2	1.13	2.5	2.57	2.64	2.72	2.8
	4		15.3	4.39	3.45	13.18	8.63	3.24	1.73	2.18	1.11	2.52	2.59	2.67	2.74	2.82
	5		15.7	5.42	4.25	16.02	10.22	3.97	1.72	2.17	1.1	2.54	2.61	2.69	2.77	2.85
	8		16.8	8.37	6.57	23.63	14.06	6.03	1.68	2.11	1.09	2.6	2.67	2.75	2.83	2.91
∟63×	4	7	17	4.98	3.91	19.03	11.22	4.13	1.96	2.46	1.26	2.79	2.87	2.94	3.02	3.09
	5		17.4	6.14	4.82	23.17	13.33	5.08	1.94	2.45	1.25	2.82	2.89	2.96	3.04	3.12
	6		17.8	7.29	5.72	27.12	15.26	6	1.93	2.43	1.24	2.83	2.91	2.98	3.06	3.14
	8		18.5	9.51	7.47	34.45	18.59	7.75	1.9	2.39	1.23	2.87	2.95	3.03	3.1	3.18
	10		19.3	11.66	9.15	41.09	21.34	9.39	1.88	2.36	1.22	2.91	2.99	3.07	3.15	3.23
∟70×	4	8	18.6	5.57	4.37	26.39	14.16	5.14	2.18	2.74	1.4	3.07	3.14	3.21	3.29	3.36
	5		19.1	6.88	5.4	32.21	16.89	6.32	2.16	2.73	1.39	3.09	3.16	3.24	3.31	3.39
	6		19.5	8.16	6.41	37.77	19.39	7.48	2.15	2.71	1.38	3.11	3.18	3.26	3.33	3.41
	7		19.9	9.42	7.4	43.09	21.68	8.59	2.14	2.69	1.38	3.13	3.2	3.28	3.36	3.43
	8		20.3	10.67	8.37	48.17	23.79	9.68	2.13	2.68	1.37	3.15	3.22	3.3	3.38	3.46
∟75×	5	9	20.3	7.41	5.82	39.96	19.73	7.3	2.32	2.92	1.5	3.29	3.36	3.43	3.5	3.58
	6		20.7	8.8	6.91	46.91	22.69	8.63	2.31	2.91	1.49	3.31	3.38	3.45	3.53	3.6
	7		21.1	10.16	7.98	53.57	25.42	9.93	2.3	2.89	1.48	3.33	3.4	3.47	3.55	3.63
	8		21.5	11.5	9.03	59.96	27.93	11.2	2.28	2.87	1.47	3.35	3.42	3.5	3.57	3.65
	10		22.2	14.13	11.09	71.98	32.4	13.64	2.26	2.84	1.46	3.38	3.46	3.54	3.61	3.69
∟80×	5	9	21.5	7.91	6.21	48.79	22.7	8.34	2.48	3.13	1.6	3.49	3.56	3.63	3.71	3.78
	6		21.9	9.4	7.38	57.35	26.16	9.87	2.47	3.11	1.59	3.51	3.58	3.65	3.73	3.8
	7		22.3	10.86	8.53	65.58	29.38	11.37	2.46	3.1	1.58	3.53	3.6	3.67	3.75	3.83
	8		22.7	12.3	9.66	73.5	32.36	12.83	2.44	3.08	1.57	3.55	3.62	3.7	3.77	3.85
	10		23.5	15.13	11.87	88.43	37.68	15.64	2.42	3.04	1.56	3.58	3.66	3.74	3.81	3.89

钢材尺寸规格表（八）——等边角钢（2）

型号 ($B\times t$)		单角钢										双角钢				
		圆角	重心矩	截面积	质量	惯性矩	截面模量		回转半径			iy，当a为下列数值				
		R	Z_0	A		I_x	W_{xmax}	W_{xmin}	i_x	i_{x0}	i_{y0}	6 mm	8 mm	10 mm	12 mm	14 mm
		mm		cm²	kg/m	cm⁴	cm³		cm			cm				
∟90×	6	10	24.4	10.64	8.35	82.77	33.99	12.61	2.79	3.51	1.8	3.91	3.98	4.05	4.12	4.2
	7		24.8	12.3	9.66	94.83	38.28	14.54	2.78	3.5	1.78	3.93	4	4.07	4.14	4.22
	8		25.2	13.94	10.95	106.5	42.3	16.42	2.76	3.48	1.78	3.95	4.02	4.09	4.17	4.24
	10		25.9	17.17	13.48	128.6	49.57	20.07	2.74	3.45	1.76	3.98	4.06	4.13	4.21	4.28
	12		26.7	20.31	15.94	149.2	55.93	23.57	2.71	3.41	1.75	4.02	4.09	4.17	4.25	4.32
∟100×	6	12	26.7	11.93	9.37	115	43.04	15.68	3.1	3.91	2	4.3	4.37	4.44	4.51	4.58
	7		27.1	13.8	10.83	131	48.57	18.1	3.09	3.89	1.99	4.32	4.39	4.46	4.53	4.61
	8		27.6	15.64	12.28	148.2	53.78	20.47	3.08	3.88	1.98	4.34	4.41	4.48	4.55	4.63
	10		28.4	19.26	15.12	179.5	63.29	25.06	3.05	3.84	1.96	4.38	4.45	4.52	4.6	4.67
	12		29.1	22.8	17.9	208.9	71.72	29.47	3.03	3.81	1.95	4.41	4.49	4.56	4.64	4.71
	14		29.9	26.26	20.61	236.5	79.19	33.73	3	3.77	1.94	4.45	4.53	4.6	4.68	4.75
	16		30.6	29.63	23.26	262.5	85.81	37.82	2.98	3.74	1.93	4.49	4.56	4.64	4.72	4.8
∟110×	7	12	29.6	15.2	11.93	177.2	59.78	22.05	3.41	4.3	2.2	4.72	4.79	4.86	4.94	5.01
	8		30.1	17.24	13.53	199.5	66.36	24.95	3.4	4.28	2.19	4.74	4.81	4.88	4.96	5.03
	10		30.9	21.26	16.69	242.2	78.48	30.6	3.38	4.25	2.17	4.78	4.85	4.92	5	5.07
	12		31.6	25.2	19.78	282.6	89.34	36.05	3.35	4.22	2.15	4.82	4.89	4.96	5.04	5.11
	14		32.4	29.06	22.81	320.7	99.07	41.31	3.32	4.18	2.14	4.85	4.93	5	5.08	5.15
∟125×	8	14	33.7	19.75	15.5	297	88.2	32.52	3.88	4.88	2.5	5.34	5.41	5.48	5.55	5.62
	10		34.5	24.37	19.13	361.7	104.8	39.97	3.85	4.85	2.48	5.38	5.45	5.52	5.59	5.66
	12		35.3	28.91	22.7	423.2	119.9	47.17	3.83	4.82	2.46	5.41	5.48	5.56	5.63	5.7
	14		36.1	33.37	26.19	481.7	133.6	54.16	3.8	4.78	2.45	5.45	5.52	5.59	5.67	5.74
∟140×	10	14	38.2	27.37	21.49	514.7	134.6	50.58	4.34	5.46	2.78	5.98	6.05	6.12	6.2	6.27
	12		39	32.51	25.52	603.7	154.6	59.8	4.31	5.43	2.77	6.02	6.09	6.16	6.23	6.31
	14		39.8	37.57	29.49	688.8	173	68.75	4.28	5.4	2.75	6.06	6.13	6.2	6.27	6.34
	16		40.6	42.54	33.39	770.2	189.9	77.46	4.26	5.36	2.74	6.09	6.16	6.23	6.31	6.38
∟160×	10	16	43.1	31.5	24.73	779.5	180.8	66.7	4.97	6.27	3.2	6.78	6.85	6.92	6.99	7.06
	12		43.9	37.44	29.39	916.6	208.6	78.98	4.95	6.24	3.18	6.82	6.89	6.96	7.03	7.1
	14		44.7	43.3	33.99	1048	234.4	90.95	4.92	6.2	3.16	6.86	6.93	7	7.07	7.14
	16		45.5	49.07	38.52	1175	258.3	102.6	4.89	6.17	3.14	6.89	6.96	7.03	7.1	7.18
∟180×	12	16	48.9	42.24	33.16	1321	270	100.8	5.59	7.05	3.58	7.63	7.7	7.77	7.84	7.91
	14		49.7	48.9	38.38	1514	304.6	116.3	5.57	7.02	3.57	7.67	7.74	7.81	7.88	7.95
	16		50.5	55.47	43.54	1701	336.9	131.4	5.54	6.98	3.55	7.7	7.77	7.84	7.91	7.98
	18		51.3	61.95	48.63	1881	367.1	146.1	5.51	6.94	3.53	7.73	7.8	7.87	7.95	8.02
∟200×	14	18	54.6	54.64	42.89	2104	385.1	144.7	6.2	7.82	3.98	8.47	8.54	8.61	8.67	8.75
	16		55.4	62.01	48.68	2366	427	163.7	6.18	7.79	3.96	8.5	8.57	8.64	8.71	8.78
	18		56.2	69.3	54.4	2621	466.5	182.2	6.15	7.75	3.94	8.53	8.6	8.67	8.75	8.82
	20		56.9	76.5	60.06	2867	503.6	200.4	6.12	7.72	3.93	8.57	8.64	8.71	8.78	8.85
	24		58.4	90.66	71.17	3338	571.5	235.8	6.07	7.64	3.9	8.63	8.71	8.78	8.85	8.92

6 常用液晶电视机规格速查表

规格	液晶电视机规格（英寸）	长宽比		尺寸（英寸）			尺寸（厘米）		
		长	宽	对角线	长	宽	对角线	长	宽
1	14	4	3	14	11.20	8.40	35.56	28.45	21.34
2	15	4	3	15	12.00	9.00	38.10	30.48	22.86
3	17	4	3	17	13.60	10.20	43.18	34.54	25.91
4	19	4	3	19	15.20	11.40	48.26	38.61	28.96
5	21	4	3	21	16.80	12.60	53.34	42.67	32.00
6	25	4	3	25	20.00	15.00	63.50	50.80	38.10
7	14	16	10	14	11.87	7.42	35.56	30.15	18.85
8	15	16	10	15	12.72	7.95	38.10	32.31	20.19
9	17	16	10	17	14.42	9.01	43.18	36.62	22.89
10	19	16	10	19	16.11	10.07	48.26	40.92	25.58
11	22	16	10	22	18.66	11.66	55.88	47.39	29.62
12	24	16	10	24	20.35	12.72	60.96	51.69	32.31
13	14	16	9	14	12.20	6.86	35.56	30.99	17.43
14	15	16	9	15	13.07	7.35	38.10	33.21	18.68
15	17	16	9	17	14.82	8.33	43.18	37.63	21.17
16	19	16	9	19	16.56	9.31	48.26	42.06	23.66
17	22	16	9	22	19.17	10.79	55.88	48.70	27.40
18	25	16	9	25	21.79	12.26	63.50	55.35	31.13
19	30	16	9	30	26.15	14.71	76.20	66.41	37.36
20	32	16	9	32	27.89	15.69	81.28	70.84	39.85
21	37	16	9	37	32.25	18.14	93.98	81.91	46.07
22	39	16	9	39	33.99	19.12	99.06	86.34	48.57
23	40	16	9	40	34.86	19.61	101.60	88.55	49.81
24	42	16	9	42	36.61	20.59	106.68	92.98	52.30
25	46	16	9	46	40.09	22.55	116.84	101.83	57.28
26	48	16	9	48	41.84	23.53	121.92	106.26	59.77
27	49	16	9	49	42.71	24.02	124.46	108.48	61.02
28	50	16	9	50	43.58	24.51	127.00	110.69	62.26
29	55	16	9	55	47.94	26.96	139.70	121.76	68.49
30	60	16	9	60	52.29	29.42	152.40	132.83	74.72
31	65	16	9	65	56.65	31.87	165.10	143.90	80.94
32	70	16	9	70	61.01	34.32	177.80	154.97	87.17
33	80	16	9	80	69.73	39.22	203.20	177.10	99.62
34	85	16	9	85	74.07	41.67	215.90	188.15	105.84
35	90	16	9	90	78.43	44.12	228.60	199.20	112.10
36	100	16	9	100	87.15	49.02	254.00	221.36	124.51
37	120	16	9	120	104.59	58.83	304.80	265.66	149.43
38	150	16	9	150	130.74	73.54	381.00	332.07	186.79
39	200	16	9	200	174.31	98.05	508.00	442.75	249.05
40	250	16	9	250	217.89	122.56	635.00	553.44	311.31
41	300	16	9	300	261.46	147.07	762.00	664.12	373.57

注：相同厂家不同型号的液晶电视机尺寸也各不相同，此表仅为大家提供一个参考的普遍数值。